U0725079

中国园林文化

曹林娣 著

图书在版编目（CIP）数据

中国园林文化/曹林娣著. —北京：中国建筑工业出版社，2005（2024.7重印）

ISBN 978 - 7 - 112 - 07211 - 8

Ⅰ. 中… Ⅱ. 曹… Ⅲ. 园林－文化－研究－中国 Ⅳ. TU986.62

中国版本图书馆 CIP 数据核字（2005）第 012649 号

《中国园林文化》分上中下三编，上编寻觅中国园林文化发展的踪迹，具体地阐释中国园林从萌芽、产生、发展到成熟的文化变迁；中编阐释体现在园林建筑、植物、山水等物质符号中的文化因子；下编将中国园林文化置于全球文化语境中，分析其文化特质和发展变迁的深层文化原因。最后设"余论"一章，客观地对中国园林文化进行价值评判。

责任编辑：崔　勇
责任设计：孙　梅
责任校对：刘　梅　李志瑛

中国园林文化

曹林娣　著

中国建筑工业出版社出版、发行（北京西郊百万庄）
各地新华书店、建筑书店经销
北京嘉泰利德公司制版
建工社（河北）印刷有限公司印刷
开本：787×1092毫米　1/16　印张：32　字数：520千字
2005年5月第一版　2024年7月第八次印刷
定价：**68.00**元
ISBN 978-7-112-07211-8
　　　（13165）

版权所有　翻印必究
如有印装质量问题，可寄本社退换
（邮政编码　100037）

目录
Contents

第四章　宏大兼融的唐型文化及其蜕变与士人园林走向成熟

第五章　封闭、内倾、淡雅的宋型文化

中编　园林物质建构要素与中国文化

第一章　园林选址的文化内涵

中
·
国
·
园
·
林
·
文
·
化

下编　多维视野中的中国园林文化特质及其历史成因

第一章　文化的自然场与园林

第二章　家国同构的政治结构与中国园林

中·国·园·林·文·化

中·国·园·林·文·化

中·国·园·林·文·化

主要参考书目

后记

绪 论
中国园林及其文化的本体阐释

古罗马诗人、哲学家卢克莱修（前98～前55年）说，壮丽的神的形象首先是在梦中向人类的心灵显现；伟大的雕刻家是在梦中看见超人灵物优美的四肢结构。每个人在创造梦境方面都是完全的艺术家，而梦境的美丽外观是一切造型艺术的前提。[①] 地球上不同民族的原始先民都曾经做过类似的梦，那就是幻想过最理想的生存空间——"乐园"。

犹太教、基督教的《圣经》将人类始祖居住的乐园叫伊甸园，据《圣经·创世纪》记载，上帝造了人类的始祖亚当和夏娃后，专为他们造了伊甸园，园内生长各种美丽的树木，出产好吃的果子，景色优美。后来两人偷食了禁果，上帝遂将他们驱逐出园，并派天使把守道路，不让后人重新寻见。

伊斯兰教的天国乐园是一座美丽的花园，那里，果实常时不断，诸河流于其中，那是水质不腐的水河，乳味不变的乳河，饮者称快的酒河和蜜质纯洁的蜜河。[②]

佛教幻想的西方极乐世界，众生无有众苦，但受诸乐，极乐国土，七重栏楯，七重罗网，七重行树，皆是四宝周匝绕，有七宝池、八功德水，[③] "八功德水，湛染盈满，清净香洁，味如甘露。黄金池者，底白银沙；白银池者，底黄金沙；水精池者，底瑠璃沙；瑠璃池者，底水精沙；珊瑚池者，底琥珀沙；琥珀池者，底珊瑚沙……"[④] 四边阶道是金、银、琉璃、玻璃合成，上有楼阁，亦以金、银、琉璃、玻璃、砗磲、赤珠、玛瑙而严饰之。池中莲花，大如车轮，青色青光，黄色黄光，赤色赤光，白色白光，微妙香洁。彼佛国土，常作天乐，黄金为地，昼夜六时，雨天曼陀罗华……

---

① 尼采著，周国平译：《悲剧的诞生》，华龄出版社1996年版，第3~4页。
② 《古兰经》，现代中文译本，第47章。
③ 《观音经咒》。
④ 《佛教十三经·佛说无量寿经》，第212~213页。

天国乐园、极乐世界，都有楼阁清池、嘉木甘果，实际上正是人类理想的园林蓝图。

中华先民也创造过昆仑神话、蓬莱仙岛和天堂瑶池，与世界各民族不同的是，中华先民臆想的"天堂"很早就在"人间"实实在在地出现了，这"天堂"就是中国的古典园林。中国古典园林滥觞于商周，发展于魏晋，成熟于唐宋，发达于明清。中国古典园林与中国的山水画、京剧、烹饪并称为"中国文化四绝"。①

一、"园林"的本体认定——渐次扩展的概念

园林，是个渐次扩展的概念，古籍中根据园林不同的性质，亦称作"囿"、"园囿"、"囿游"、"苑囿"。古代天子及诸侯蓄养禽兽、进行打猎等游乐活动的场所称为"囿"。如周王之"灵囿"，《诗·大雅·灵台》曰"王在灵囿。"毛传："囿，所以域养鸟兽也。"也有"园囿"并称者，如《孟子·滕文公下》："弃田以为园囿，使民不得衣食。"《荀子·成相篇》："大其园囿，高其台。"囿中也种菜，《大戴礼记·夏小正》："囿有见韭。"孔广森补注："有墙曰囿，见，始生也。"周代于大苑之中筑小苑，又于小苑之中筑离宫，作为游观处所，称为"囿游"，《周礼·天官·阍人》："王宫每门四人，囿游亦如之。"郑玄注："囿，御苑也，游，离宫也。"孙诒让正义："盖郑意囿本为大苑，于大苑之中别筑藩界为小苑，又于小苑之中为宫室，是为离宫。以其囿中游观之处，故曰囿游也。"也称为"园池"，《吕氏春秋·重己》："昔先圣王之为苑囿园池也，足以观望劳形而已矣。"高诱注："树果曰园，《诗》曰：'园有树桃。'有水曰池。可以游观娱志。"囿中有观赏鸟兽鱼鳖之台称囿台，是古代天子三台之一。先秦时期已经将四周圈围，种植蔬果花木的地方称园，如《诗经·将仲子》："将仲子兮，无逾我园，无折我树檀。"朱熹注："园者圃之藩，其内可种木也。"并非单单为种菜之所。园圃基本上属于自然态的山水，是生产养息的基地，也为娱乐场所，带有审美性质。

汉后多称"苑"，或称"苑囿"，如汉董仲舒《春秋繁露·王道》："桀纣皆圣王之后，骄溢妄行，侈宫室，广苑囿。"汉时也称"园庭"者：《隶释·汉成阳令唐扶颂》："白菟素鸠，游君园庭。"

---

① 孟兆桢：《避暑山庄园林艺术·引言》，北京紫禁城出版社 1985 年版，第 1 页。

"园林"一词，是魏晋南北朝随着士人园的出现而出现的。西晋张翰有"暮春和气应，白日照园林"[①] 句，左思有"驰骛翔园林，菓下皆生摘"句，[②] 东晋陶渊明的诗歌则已经直接歌颂园林之美："静念园林好，人间良可辞"、[③] "诗书敦宿好，林园无世情"，[④] 北魏《洛阳伽蓝记》称"惟伦最为豪侈……逾于邦君。园林山池之类，诸王莫及"。唐宋以后，"园林"一词广为运用：唐贾岛《郊居即事》："住此园林久，其如未是家。"明刘基《春雨三绝句》之一："春雨和风细细来，园林取次发枯荄。"清吴伟业《晚眺》："原庙寒泉里，园林秋草旁。""园林"，已经成为传统古典园林的常用名称。当然，也有称"园亭"、"庭园"、"园池"、"山池"、"池馆"、"别业"、"山庄"等。

现代人的园林观念在传统园林的基础上内涵扩大了，变得十分宽泛，它不仅为游憩之处，亦有保护和改善自然环境，以及恢复人体身心疲劳之功效。故其含义除包含古典园林外，也泛指公园、游园、花园、游憩绿化带及各种城市绿地，郊区游憩区、森林公园、风景名胜区、天然保护区及国家公园等所有风景游览区及休养胜地，也都被列入园林范畴。这与英美各国的园林观念相当接近，英美将园林称为 garden，park，landscape，cardcn，即花园、公园、景观、山水等。事实上，它们的性质并不完全一样。可见，"园林"这一观念，既有古今之别，也有广狭之分。广义的园林指在一定的地段范围内，利用并改造天然山水、地貌或者人为地开辟山水地貌，结合植物的栽植和建筑布置，从而构成一个供人们观赏、游憩、居住的环境。[⑤] 狭义的园林观念，则是专指传统古典园林。它具有广义"园林"的基本内涵，但又有独特的艺术个性，即对一定的地段范围的选择和对该地段环境的改造，必须是通过整体的艺术构思规划并通过艺术的手段和工程技术完成的，因而创造出来的自然环境具有审美意义。艺术手段，涉及到艺术创作的一系列范畴，包括园林创作的艺术理论，诸如相地、立意、选材、构思、造型、形象和意境创造等。所以，我们研究的园林，"是为了补偿人们与大自然环境相对隔离而人为地创设的'第二自然'"。[⑥] 这个"第二自然"，具有美的生

① 张翰：《杂诗》三首之一，见萧统编、李善注《文选》卷29，中华书局1977年版，第420页。
② 左思：《娇女诗》，见文学古籍刊行社影印明翻宋陈玉父本《玉台新咏》。
③ 陶渊明：《陶渊明集》卷3《庚子岁五月中从都还阻风于规林其二》，中华书局1979年版，第72页。
④ 陶渊明：《陶渊明集》卷3《辛丑岁七月赴假还江陵夜行涂口》，中华书局1979年版，第74页。
⑤ 杜汝俭、李恩山、刘管平主编：《园林建筑设计》，中国建筑工业出版社1986年版，第1页。
⑥ 周维权：《中国古典园林史》，清华大学出版社1990年版，第1页。

中·国·园·林·文·化

境、美的画境、美的意境。因此，园林是人类进入高级文明的象征。①

本书论述的"园林"显然属于狭义的"园林"范畴，因而，不包括绿化、景观设计、公园和一般的公共游览场所。主要研究对象是以苏州园林为代表的江南的私家园林，北方的皇家园林和寺观园林，也将涉及某些具有特殊文化意义的地域风景名胜，如唐之曲江、宋之西湖等。

二、"园林文化"的本体认定——中华文化中的特殊范畴

迄今为至，学者们对"文化"一词作过不下几百种的阐释。事实上，对文化的内涵有广义和狭义的不同理解，广义的文化指人类在社会实践过程中所获得的物质、精神的生产能力和创造的物质、精神财富的总和。苏联哲学家罗森塔尔·尤金的《哲学小辞典》称"文化是人类在社会历史实践过程中所创造的物质财富和精神财富的总和"。1871 年，美国人类学家泰勒的《原始文化》认为："文化包括知识、信仰、艺术、道德、法律、习俗和任何人作为一名社会成员而获得的能力和习惯在内的复杂整体。"莫伊谢依·萨莫洛维奇·卡冈将文化分为物质的、精神的和艺术的三个层次。②

中国古代的"文化"概念，偏重于狭义的精神层面的东西。《周易·贲》："观乎天文，以察时变，观乎人文，以化成天下。"唐孔颖达疏："圣人观察人文，则诗书礼乐之谓。"主要指文学艺术和礼仪风俗等属于上层建筑的那些东西，即文化就是在历史上一定的物质资料生产方式的基础上发生和发展的社会精神生活形式的总和。

中国园林创造的是一种"第二自然"，而"自然"当然是物态化的，它是可观可游可赏的，是可以直接诉之于人们感官的。但是这种"第二自然"是"替精神创造一种环境"，③ 这种"环境"，体现了古代文人士大夫实现人生理想的方式的一种选择，其"精神"充分地体现了古代士大夫的内心世界，特别是人格精神，而"人格是文化理想的承担者"。④ 园林从本质上说是体现古代文人士大夫的一种人格追求，是古代文人完善人格精神的场所。诚如费夏所说："观念越

---

① 培根：《人生论·论园艺》，华龄出版社 1996 年版，第 199 页。
② 莫伊谢依·萨莫洛维奇·卡冈著，凌继尧译：《美学和系统方法》，中国文联出版公司 1985 年版，第 87～88 页。
③ 黑格尔著，朱光潜译：《美学》第 3 卷上册，商务印书馆 1984 年版，第 103 页。
④ 马尔库塞著，李小兵译：《审美之维》，三联书店 1989 年版，第 34 页。

高，便含的美越多，观念的最高形式是人格。"① 文化的魅力正导源于文人士大夫的人格精神。园林也成了中国文化的一种精神性象征，成为中国文化的重要载体。基于此，曹聚仁在《吴浓软语说苏州》中说："苏州才是古老东方的典型，东方文化，当于园林求之。"

可见，"园林文化"包括物态文化层面，其中应该包含有莫伊谢依·萨莫洛维奇·卡冈所说的艺术层面，也包括心态文化层面，因而，属于中华文化的特殊范畴。

三、"园林文化结构"的认定——物态和精神文化的总和

物态文化指凝结在园林的表层结构载体上，具体地指凝结在构成园林的四大物质要素，即建筑、山石、水和植物表层结构上的可视、可感文化。

如建筑包括屋宇、建筑小品以及各种工程设施，园林建筑样式、布局、木构架、大屋顶、须弥座、斗拱、彩画等，从中体现出来的制度文化和习俗行为文化等。它们不仅在功能方面必须满足游人的游憩、居住、交通和供应的需要，同时还以其特殊的形象而成为园林景观的必不可少的一部分。建筑的有无也是区别园林与天然风景区的主要标志。建筑较少受到自然条件的制约，人工的成分最多，是造园中最为灵活因而也是最积极的一个手段。建筑具有点景、观景、范围园林空间、组织游览路线等作用。园林中的山，主要是假山，假山和真山混杂，也有少数真山，它是可观可游可赏的，是可以直接诉之于人们感官的。

心态文化指园林物质建构的深层结构的非物态化存在，飘离在物质载体之外，隐藏在物质形式的背后，透过物质建构所反映的社会心理、思维模式、传统价值观念、生活方式、行为方式、哲学意识、伦理道德、文化心态、审美情趣等等。

狄尔泰认为，整个世界由机械的"自然世界"与充满人的心灵自由的"人文历史世界"所构成，单用机械的自然科学因果论解释不了复杂的充满生机的人类精神现象。人的全部行为和活动（包括园林艺术）及其产物都是有意义，并传递着意义的，都具有符号学与象征的特征，都需要理解和解释。对此，必须……把握"体现在某个物质符号中的精神现象活动"，② 并"复原它们所表示

---

① 转引自徐复观：《中国艺术精神》，沈阳春风文艺出版社 1987 年版，第 49 页。
② 《狄尔泰全集》第 5 卷，哥廷根 1977 年版，第 318 页。

的原来的生命世界"。我们讨论的重点正是凝聚在建筑、山水、植物这些物质符号上的"精神现象活动"。

　　本书分上中下三编，上编寻觅中国园林文化发展的踪迹，具体地阐释中国园林文化的历史变迁；中编阐释体现在园林某个物质符号中的"精神现象活动"；下编将中国园林文化置于全球文化语境中，分析其文化特质和发展变迁的原因。

上编

中国园林文化寻踪

作为高级文明的园林文化基因，源自先民对原始生态环境的长期生活积累，源自对自然的恐惧、敬畏、神秘的心理，并由此产生的自然崇拜和对最佳生活环境的幻想，诸如产生了神话中的天宫、昆仑神山和蓬莱仙境的构想等。秦汉帝王宫苑，主要模仿幻想中的天上世界和神话仙境。汉代私家园林开始模山范水，至魏晋，既富且贵的门阀士族，侵淫于玄佛之中，"玄对山水"，逐渐从青山绿水中找到了任人啸傲的"仙境"，于是挖池堆山，乐于丘壑之间，出现了"有若自然"的士人山水园林。中唐士大夫们找到了可供人日涉成趣的宅园这一园林样式，开中国文人写意园的先河。宋代则是世俗地主阶级在整个文

化思想领域内多样化地全面开拓和成熟时期，园林主题园大量出现，文人将绘画所用笔墨换成山石花草，完成三度空间的立体画。元代带有不同于汉族的异域文化因子的皇家园林放出异彩，随着经济文化的恢复，江南私家园林在城镇星罗棋布。明代随着经济的发展和资本主义意识形态的出现，王学左派的高扬人欲，明末清初迎来了中国园林文化的最后辉煌，文人将园林作为"地上之文章"。但随后逐渐出现了中国古典园林艺术鼎盛后的滞化现象，园林趋向定型化和程式化。西学东渐，在中西文化交融和碰撞中，中国古典园林中的异质文化因子逐渐增多，出现了以传统为主、中西合璧的园林，或以西洋园林为主，辅之以传统艺术手段的园林样式。

园林作为一门艺术，它凝聚着中华民族心灵的呐喊，而精神的升华必定又被融入到美的形式中：环境气氛给人以意境感受，造型风格给人以形象感知，象征涵义给人以联想认识。[1] 先民对"美"的创造，使园林具有了净化人心灵的作用，它作用于人的心灵和情感，带给人们以美的享受。[2]园林史同样展示了中华祖先特别是士大夫的心路历程。

中国古典园林蕴涵的"天人合一"的哲学理念，反映出的中华先人异乎寻常的人类生存智慧，以及生活艺术化、艺术生活化的高雅文化环境和诗意人生，今天，成为可持续发展的思想、文化、艺术资源。

时代文化精神是历史的灵魂，历史是时代文化精神的外在显现过程，我们追寻历史深处的文化精神，也是对隐而不显的历史灵魂的审视，古人的足迹为我们昭示了他们的价值选择，古人的身影也留给我们深刻的人性启示。

本编试图将中国园林置于中国文化的大背景中，全方位地探寻中国园林文化的发展踪迹。

---

[1] 王世仁：《圆明园和避暑山庄的审美意义》，见牛枝慧编《东方艺术美学》，国际文化出版公司1990年版，第146页。

[2] 陈兆复、邢琏：《原始艺术史》，上海人民出版社1998年版，第325页。

第一章
自然崇拜与中国皇家宫苑的胎生

　　本章探求园林文化的最初渊源，寻觅远古先祖生活中隐隐显现的园林文化的因子和基素。人类最早的宗教——自然宗教是人对自然界的一种纯粹动物式的意识，这种意识的产生是由于自然界起初只是一种完全异己的、有无限威力的不可制服的力量与人们相对立，人们就像牲畜一样服从它的权力，于是人们把自然力人格化，产生了最初的神。①原始人类"把它周围的实在感觉成神秘的实在：在这种实在中的一切不是受规律的支配，而是受神秘的联系和互渗律的支配"。②在他们的眼睛里，大自然是一个充满神灵的世界，人类是这个世界中受各种神灵支配的弱势群体，既受大自然神灵的恩赐，又受制于自然神灵，于是，产生了最原始的宗教祭拜形式，中国的园林滥觞于这种原始宗教的祭拜形式。

第一节　原始自然崇拜与园林的物质要素

　　在原始社会缓慢的发展过程中，人们的原始宗教观念逐渐形成，原始宗教的集中体现就是原始的祭祀。首先跃上人类祭坛的是自然崇拜，天地山川是其崇拜的核心，天文、气象、山川、土地、动物、植物等等，乃是出于人类繁衍生息的

---

① 吾淳、马德邻、旺晓鲁等：《宗教，一种文化现象》，上海人民出版社1987年版，第5页。
② 列维·布留尔：《原始思维》，商务印书馆1981年版，第238页。

迫切需要。"万物有灵观念、自然精灵、自然神，是大多数自然神形成过程的模式，但有些较晚形成的自然神可能没有经历过自然精灵这一阶段，如雷神派生的雨神、云神等，是直接在万物有灵观念的基础上被神化为神的。"①

《礼记·祭法》曰："山林川谷丘陵，能出云，为风雨，见怪物，皆曰神。"天地崇拜和灵物崇拜，又是神话产生的温床。

原始先民的心智发展水平还处在比较低级的阶段，他们在感知自然时，以己观物，以己感物，主体和客体还不能明确区分，出于对山水灵物的恐惧和敬畏的心理，他们往往从自身的生命形态感受到精灵的存在，从而，收拾起零星的原始人类的记忆碎片，加上自己最美好的理想，以其特殊的认知和表达方式，伴随着浓烈的情感体验，用带有野性的神话思维，编织成一个个神话故事：有世界上最原始的无性创世神话群，② 有昆仑神话系及蓬莱神话系等。

这些神话是原始人类在极其幼稚的观念支配下，对自然和社会本身所作的自以为真实可信的描述和解释。它们是远古历史的回音，它真实地记录了中华民族在童年时代瑰丽的幻想、顽强的抗争以及步履蹒跚的足印。

一、天和日月崇拜

恩格斯在《自然辩证法》中说："首先是天文学——游牧民族和农业民族为了定季节，就已经绝对需要它。"《太平御览》记载琉球国"无文字，月亏盈以纪时节"，以观察月亮的盈虚来纪时节。郑州大河村出土的仰韶文化时期的陶片上，就有新月和残月的月亮纹。③ 在长期观察天象的过程中，沉湎于幻想中的原始心灵似乎都对天空产生了神秘感。古埃及人将世界看成是一只长方形盒子，稍呈凹形的大地是盒子底，天是盒子顶，撑在从大地四角升起的四座大山顶上，形状是平的，或者有些拱起。环绕大地周围的是宇宙之河，尼罗河是宇宙之河从南方分出来的一个支流，流过大地的中央。这条宇宙之河的河面并不比支撑天空的山顶低多少，所以可供每天越过天空的太阳神所乘的船行驶。④ 纽约市立美术博

① 何星亮：《中国自然神与自然崇拜》，上海三联书店1992年版，第17页。
② 见《艺文类聚》卷1引徐整《三五历记》的盘古开天辟地、《淮南子·览冥训》、《太平御览》卷78引《风俗通》。
③ 郑州市博物馆发掘组：《谈谈郑州大河村遗址出土的彩陶上的天文图象》，《河南文博通讯》1978年第1期。
④ 参见斯蒂芬·F·梅森著，上海外国自然科学哲学著作编译组译：《自然科学史》，上海人民出版社1977年版，第9页。

物馆藏有一幅传给了希腊人的埃及天文图画"星座图",据国王山谷中西提一世(第十九王朝,约公元前1300年)墓内的壁画所绘制。巴比伦人相信占星术,对天象观察很仔细。美索不达米亚人设想天地是浮在水上的两个扁盘,后来则将天想像为半圆的天穹覆在水上,水则包围着地的扁盘,天穹上面是更多的水,水外面是诸神的住处。太阳和其他天体都是神,他们每天从自己的住处出来,在静止的天穹上描出有限的轨道。诸神执掌着地上发生的事情,所以天体的运动被看作是诸神赋予世人规定的命运的种种征兆。"天空被认为是神和某些神秘生活的住所,这些神和生物都在天国里给予了确定的位置"。①

距今七八千年我国原始农业已经有相当发展。黄河流域的粟作农业和长江流域的稻作农业成为中国本土儒道文化的物质基础。以农立国的中华先民,通过观察与农业生产密切相关的天象循环变化的规律来掌握季节和气候的变化。17世纪天主教耶稣会教士初到北京,认为中国天文学四千年前就有了,据甲骨文记载约在公元前1500年。所以顾炎武说中国"三代以上,人人皆知天文。'七月流火',农夫之辞也;'三星在户',妇人之语也;'月离于毕',戍卒之作也;'龙尾伏辰',儿童之谣也。"②

"天"在中国的甲骨文、金文中皆象人形(见图1),先民们基于万物有灵的原始自然观,将天人格化、意志化、神圣化了,认为神秘的"天"既统治宇宙万物,也保佑宇宙万物,《周易·大有·上九》:"自天祐之,吉无不利。""天"成了至上神,掌握着整个神灵世界。

中华先民很早就开始对宇宙的探索:产生过"盖天"、"宣夜"、"浑天"③ 等宇宙学说,影响最大的是盖天说。古代宇宙论中的盖天说,即"天圆地方"说:"蔡邕所谓《周髀》者,即盖天之说也。其庖牺氏立周天历度,其所传则周公受于殷高,周人志之,故曰《周髀》。髀,股也,股者,表也。其言天似盖笠,地法覆槃,天地各中高外下。"④ "天圆地方"的观念成为"艺术的宇宙图案"的园林的天然蓝本。园林中的礼式建筑格

图1 天

————————
① 海斯、穆恩、韦兰著,中央民族学院研究室译:《世界史》,北京三联书店1975年版,第106页。
② 顾炎武:《日知录》卷30,上海古籍出版社影印本。
③ 《晋书·天文志》上。
④ 同上。

中·国·园·林·文·化

局、装饰图案、建筑小品样式等方面都不乏源于天体崇拜的符号（详见中编第二章第二节）。

最集中体现在"天宫"崇拜上。古人设想了"上帝"在天界的居所，因而产生了"三垣、四象、二十八宿"之说。

三垣即太微垣、紫微垣和天市垣。按隋唐时代的《步天歌》，紫微垣为三垣的中垣，有星 15 颗，以北极为中枢，成两屏藩的形状，左右枢之间有阊阖门。北极是移动的，极星移动非常缓慢，给古人造成极星不变的错觉，所以古今极星不同。周秦时代的天帝星，指小熊座之 β 星为极星；隋唐及宋，以天枢星为极星，即小熊座之 α 星。

"北极，天之中，阳气之北极也。极南为太阳，极北为太阴。日、月、五星行太阴则无光，行太阳则能照，故为昏明寒暑之限极也。"① 古人产生了北极崇拜，并与人间的"王者"相联系。北极的"光耀"是王者"当天心"的标志。《史记·天官书》"天行德，天子更立命；不德，风雨破石"，索隐案："天，谓北极，紫微宫也。言王者当天心，则北辰有光耀，是行德也。北辰光耀，则天子更立年也。"② 孔子在希望最高统治者成为道德的中心时也说："为政以德，譬如北辰，居其所而众星共之。"③ 这里的北辰就是北极④，星空中，此星处在临制四方的位置上。上皇即太一就住在这里："中宫天极星，其一明者，太一常居也；旁三星三公，或曰子属。后句四星，末大星正妃，余三星后宫之属也。环之匡卫十二星，藩臣，皆曰紫宫。"⑤ 而"太一者，牢笼天地，弹压山川，含吐阴阳，伸曳四时，纪纲八极，经纬六合。覆露照导，普氾无私。蠉飞蠕动，莫不仰德而生。"⑥ 俨然至上神。

北斗星亦为帝王象征，《星经》有"北斗星谓之七政……齐七政斗为号令之主"。《晋书·天文志》："太微天子庭也，五帝之座也，十二诸侯府也，其外藩九卿也。"故亦有将太微星垣喻帝王之居者。

二十八宿是分布于黄道附近一周天的 28 个星官，中国古代选作观测日月五

---

① 《史记》卷 27《天官书》，中华书局 1959 年版。
② 同上。
③ 《论语》第 2《为政》。
④ 二十八宿围在北斗星四周，北斗星绕着天极星旋转，当时天极星中最亮的一颗星不是现在的北极星，而是后世的"帝星"，即孔子所称的"北辰"。
⑤ 《史记·天官书》。
⑥ 《淮南子·本经训》。

上编 中国园林文化寻踪

星在星空中运行及其他天象的相对标志，二十八星宿体系，古印度、埃及和伊朗等阿拉伯国家也有。他们的星宿组成与各宿距星和中国的只有部分相同。国际天文学界公认，中国和印度的二十八宿体系出现较早，而且同源。创立二十八宿体系的是战国甘公和石申夫，全部星名最早见于《吕氏春秋·有始览》。阿拉伯的二十八星宿由印度传去。[①]

二十八宿与三垣结合在一起，成为隋唐以后划分天区的标准。古人又将二十八个星宿每一方的七宿星联系起来想像成四种动物形象来镇守四方，称为"四象"：即东方苍龙、西方白虎、南方朱雀、北方玄武，恰似二十八位天将拱卫着北极帝星。这样，组成了一个由"三垣、四象、二十八宿"为主干的组织严密、等级森严的空中社会。

以上"空中世界"成为中国宫苑"象天"的范本。后世风水观念中的四神模式，正是"天宫"模式的翻版。

对天崇拜的符号在人们意念之中往往用永恒不变的圆形太阳来表示。在世界上，凡是有阳光的地方都崇奉太阳神。但丁在《康维托》中说："世上没有一种可感知的物体可以和太阳媲美，有资格作上帝的证明，太阳用可见的光首先照亮了自己，而后照亮了天上和地上的物体。"中华本土在新石器时代就已产生原始太阳教，太阳崇拜的最初方式之一，是向天空中的太阳跪拜叩头，最晚于尧舜时期，部落联盟就已形成固定的崇拜日神仪式，即"寅宾出日"、"寅饯纳日"。国家形成后，原始太阳教与王权结合，成为王权（秦以后是皇权）的保护神。夏桀以日（太阳）自称。商部落自第八世上甲微开始，转而以太阳为保护神，把日神当作天来拜，"宾日于东，饯日于西"。中国古代良渚文化中常出土璧琮，璧刻有太阳鸟和其他天象。郑州大河村出土了 12 片太阳纹彩陶片，陶钵房上的太阳都排列成均匀的 12 个。[②] 太阳神崇拜是其他自然崇拜产生的基础。太阳发出的光和热，对人类和农耕文明有着至关重要的作用。太阳的光照引起酷暑和干旱，都令人生畏而产生膜拜心理。《管子·白心》："化物多者，莫多于日月。"神话中的十日之母是月神常羲（或称羲和），《灵宪》曰："月者，阴精之宗。"

---

① 《史记·天官书》和《汉书·天文志》，二十八宿和四象的记载，最早见于战国初期（前 5 世纪），它形成的年代当更早。

② 郑州市博物馆发掘组：《谈谈郑州大河村遗址出土的彩陶上的天文图象》，《河南文博通讯》1978 年第 1 期。

二、山岳灵石崇拜与昆仑神话

在原始先民眼里，神秘化的"上帝"掌握着整个神灵世界，他命令羲和掌管御日，望舒御月，风神飞廉、雨神屏翳、旱神女魃、火神祝融等。主宰神灵世界的至高无上的上帝和群神，在人间的住所在哪里？先民们想到了巍峨的高山。神话中的昆仑为世界之中，昆仑山上具备了理想的仙居环境：

> 海内昆仑之墟，在西北，天帝之下都，昆仑之墟方八百里，高万仞，上有木禾，长五寻，大五围；上有九井，以玉为槛；四面有九门，门有开明兽守之，百神之所在……开明兽，身大类虎而九首，皆人面，东向立昆仑上。[1]

昆仑山的外围环境是"西海之南，流沙之滨，赤水之后，黑水之前，有大山名昆仑之丘……其下有弱水渊环之，其外有炎火之山，投物辄燃。"[2]

天帝和百神在人间的住所——昆仑神山，周围有神水，山上有神树，长五寻、大五围；还有九口井，以玉为槛栏；有九个门，守门神开明兽，人脸虎身，有九头。管理这山的神灵名叫陆吾，长得人面、虎身、虎爪、九尾。这山不仅靠着流沙河、黑河和赤水，而且，它的外围依然有神山水保卫着，外物难以靠近。环山的河叫弱水，连鸟的鸿毛这样轻的东西也要下沉；弱水外还有火焰山围绕着，任何东西碰上都会燃烧。这就是初民心目中的"人间天堂"，那里的山水神灵，都令人战栗，不可望也不敢望。

这是上古先民对大自然敬畏和恐惧心理的反映。但昆仑神话中的"圃"却有令人着迷之处：

> 昆仑之丘，或上倍之，是谓凉风之山，登之不死；或上倍之，是谓悬圃，登之乃灵，能使风雨；或上倍之，乃维上天，登之乃神，是谓天帝之居。[3]

---

① 《山海经》卷11《海内西经》。
② 《山海经》卷16《大荒西经》。
③ 《淮南子》卷4《地形训》。

昆仑山上的平圃、县圃、悬圃、疏圃、元圃、玄圃等，都是有灵的仙境，是神仙居所。圃中有池，《淮南子·地形训》说，县圃"在昆仑阊阖之中，是其疏圃。疏圃之池，浸之黄水。黄水三周复其原，是谓丹水，饮之不死。"古人心目中的神仙是不死的，永存的。山水环绕的昆仑山模式成为中国园林文化中仙境神域景观模式之一。

灵石信仰源于土地崇拜，古人以为石为云之根，山之骨，石积为山，为大地之骨柱，是人间神幻通天之灵物，女娲用以补天。《物理论》："土精为石。石，气之炫也。"在人类幼年时代，石是人类谋生的天然工具，旧石器和石器成为人类社会发展的一个标志。石的功能及万古不变的特性，使它具有各种文化象征或符号意义。世界各民族都产生过石崇拜，也都有原始的巨石建筑等史前文化符号，诸如石棚、石神、神石等，还有大量用来表示大地神、社神、祖先神和生殖崇拜的符号。石还作为母体的象征，如大禹生于石，他的儿子启也是在他妻子涂山氏化石后所生，齐天大圣孙悟空乃石猴等，乃至古典园林中每每出现的石敢当等都有神性和灵性。许慎《说文解字》曰："玉，石之美有五德者。"旧石器时代晚期的山顶洞人就打制小石珠当装饰品，半坡出土了淡绿色宝石坠饰，还有先人佩带玉琮、玉珮以辟邪，给死者穿玉衣以求永恒等，都是灵石崇拜的原始遗存。

三、灵水崇拜和蓬莱仙岛

水是人类生命之源，是孕育农业文明之源，但是，水滋润万物也能吞噬万物，水对人类恩威并施，人随之产生了对水的感恩、敬畏和原始崇拜。

对水的原始崇拜同时刺激了人类的神秘主义幻想，水神就是水的原始意象与神秘主义想像结合的产物。

水神的真正形成是以其形象的人格化特征显现为标志的，即水神开始以一种半人半神或者完全人性化的面目出现。南海渚中的海神"人面，珥两青蛇，践两赤蛇，曰不廷胡余"，[1] 河神河伯、冯夷等水神，已经摆脱了动物化的古怪面目，而且具备了鲜明的人性化色彩。湘水女神则竟为尧之二女所变，她们是那么美丽、多情。[2]

① 《山海经》卷15《大荒南经》。
② 见《楚辞集注》卷2《九歌·湘君》、《九歌·湘夫人》。

居住在沿海水滨的先民，对烟波浩森的海洋有着崇拜敬畏的心理，何况大气中由于光的折射，能把远处的景物显示到空中或地面上，形成海市蜃楼的奇异幻景："时有云气如宫室、台观、城堞、人物、车马、冠盖，历历可见。"① 这种奇异的幻景，更激发了古人的无穷遐想，遂产生了具有海岸地理型特色的蓬莱神话体系：大海中有三座神山，蓬莱、方丈、瀛洲，高下周旋三万里，顶平旷可九千里，洪波万丈的黑色圆海成为天然的护山屏障，山上既有可供人类居住的金玉琉璃之宫阙台观，赏玩的苑圃，那里有晶莹的玉石、纯洁的珍禽异兽，又有食之可以令人长生不死之神芝仙草、醴泉和美味的珠树华食。物质生活富裕华贵，精神生活充实纯洁，而且这种生活是一种永恒的享受。

> 其山高下周旋三万里，其顶平处九千里。山之中间相去七万里，以为邻居焉，其上台观皆金玉，其上禽兽皆纯缟，珠之树皆丛生，华实皆有滋味，食之皆不老不死。②

《海内十洲记》记载说：蓬莱周围环绕着黑色的圆海，"无风而洪波万丈"；方丈，"专是群龙所聚，有金玉琉璃之宫"；瀛洲，"上生神芝仙草，又有玉石，高且千丈，出泉如酒，名之为醴泉，饮之数升辄醉，令人长生。"仙岛上有宫阙苑圃、珍禽异兽和长生不死之药。王圻、王思义《三才图绘》也说：蓬莱乃神仙之都，上帝游息之地，海水正黑为溟渤，无风而为波浪，万丈不可往来，惟飞仙间能到者。蓬莱模式也成为中国园林仙境模式中的理想景观之一。

中华先民臆想的神灵们的生活空间，是神山和大海的结合，其中山、水、石、植物、建筑，一应俱全，恰好正是后世造园的几个基本要素。原始初民出于对山岳和天体崇拜和对人生命的眷恋、对生命永生的渴望这种本能，却为中国园林描绘了一张美丽的魅力无穷的蓝图。后世的这种神仙说已经躁动在神话母体之中了。

风水佳穴的意念模式正是地景崇拜的产物（详见中编第一章）。

四、动物、植物崇拜

在世界文明史上，人类原始宗教中祭拜的神灵雏形往往都是怪禽异兽，是自

---

① ［宋］沈括：《梦溪笔谈》卷21，文物出版社1975年版。
② 《列子》第5《汤问》。

图2 女神巴斯泰化身①

然力量的代表。如古埃及常以当地"三合神"的形式作为膜拜的神祇,三合神由神、神妻、神子组成。"三合神"的组合名称各地有所不同。在孟菲斯,他们分别是卜塔、塞赫迈特和奈弗顿;在阿拜多斯,是奥西礼斯、伊希斯和何露斯;而在底比斯则是阿蒙、穆特和孔斯。许多神是以鸟兽的形象出现的。如何露斯,像隼神,塞赫迈特像母狮,还有一些是鸟头人身或兽头人身。图2为安德森青铜猫,是公元前600年以后女神巴斯泰的化身,镀银护胸上刻着隼神何露斯的神眼。希腊神话中,以动物表现神形者也很多,如:宙斯为鹫、白马或牡牛,其妻伯拉为牝牛,阿波罗为狼,阿瑞那为鸥,地神为蛇。②

相传东方殷民族所奉祀的上帝俊,头似鸟而有两角,猕猴的身子,只有一只脚。"禹治洪水,通轘辕山,化为熊。"③《山海经·西山经》中记载的山神,守护昆仑的陆吾,虎身九尾,人面虎爪。恒山天神状如牛,八足、二首、马尾,音如勃皇。水神天吴,"其为兽也,八首、人面、八足、八尾,皆青黄"。④水神蛮蛮,"其状如凫,而一翼一目,相得乃飞"。在出土的远古资料中,大量的神形刻绘中不乏动物形的怪神形象,如长沙子弹库出土的楚帛书上的十二月神形象,"或三首,或珥蛇,或鸟身,不一而足,有的骤视不可名状。"⑤

商代早期的刻绘图形中,"其中之动物的确有一种令人生畏的感觉,显然具有由神话中得来的大力量。"⑥"商周青铜器上的动物纹样也扮演了沟通人神世界的使者的角色"。⑦现在可见的殷商后期周初时期的各种青铜器彝器上的动物图形多假想的动物图形,如饕餮、夔龙、夔凤、虬、肥遗等,都是具有神性的动

---

① 引自《大英博物馆》(中文)图册介绍。
② 岑家梧:《图腾艺术史》,学林出版社1986年版,第1页。
③ 《汉书》卷6《武帝本纪》元封元年颜师古注引《淮南子》。
④ 《山海经》卷9《海外东经》。
⑤ 参见盖山林:《中国岩画学》,书目文献出版社1995年版,第37、76页;李学勤:《东周与秦代文明》,文物出版社1991年第二版,第284、354页。
⑥ 张光直:《商周神话与美术中所见与动物关系之演变》,载《中国青铜时代》,三联书店1983年9月版,第292页。
⑦ 张光直:《美术、神话与祭祀》,辽宁教育出版社1988年版,第52页。

物。如饕餮之名，最早见《吕氏春秋·先识览》："周鼎著饕餮，有首无身，食人未咽，害及其身，以言报更也。"据马承源《中国青铜器研究》，实际上青铜器上的这类纹饰是各种各样动物或幻想中的物象头部的正视的图案，常配置鸟和龙，故称"使鸟驭龙神"，是良渚文化时代东夷民族风俗的继承和发展。① "四灵"和鹤、鹿、鱼等崇拜也日益盛行。有的动物作为自然神的符号，除了前面提到的"四象"用朱雀、玄武、青龙、白虎来象征，还常常用三足乌来象征太阳，② 以蟾蜍、白兔③象征月亮神等。动物还大量被原始氏族作为图腾符号（详见中编第四章第一节）。

对动物和假想动物的崇拜，体现了"被神秘化了的客观历史前进的进程的超人的力量"和"原始宗教神秘观念"，"人在这里确乎毫无地位和力量"。④ 至今北京中南海居仁堂门外还陈列着 12 座兽首人身铜像。

原始先民的动物崇拜中也包括对人类自身的崇拜，人类对自身的崇拜最突出的是对人类的生殖崇拜和语言语音崇拜。生殖崇拜导致对多子的动植物的崇拜，如鱼、葫芦、石榴等。语言本是人类与生俱来的本能，但原始先民却将语言看成天赐之物，是神造之物。世界上各民族都有风行一时的语言神话。古印度婆罗门教的语言女神叫伐克，⑤ 基督教犹太教《旧约全书·创世纪》中称天、陆、海、昼、夜等名称都为上帝所赐予，上帝之子亚当再给各种生灵命名。董仲舒说"名号异声而同本，皆鸣号而达天意者也，天不言，使人发其意……名则圣人所发天意"。⑥《礼记·祭法》："黄帝正名百物以明民共财。"万物的名称是黄帝所创造。《尚书·洪范》中的"九畴"和"五福"等都被看作是上帝对人类的训词，是神圣的、万能的，这是一种语言拜物教。

在很多原始的文化社团中，认为语言有一种超人的魔力，可以用来同神怪对话，乞福祛邪，役使万物。基于对语言语音的迷信，出现了语言巫术和语言禁忌

① 《中国青铜器研究的丰硕成果》，光明日报 2003 年 8 月 26 日理论周刊版。

② 古人想像日神如飞翔的鸟，段玉裁注释《说文解字》"东"说："日在木中曰东，在木上曰杲，在木下曰杳。"

③ 马骕《绎史》卷 13 引张衡《灵宪》曰：嫦娥，羿妻也。窃西王母不死之药，服之奔月，将往，杖筮之于有黄，有黄占之曰：'吉，翩翩归妹，独将西行，逢天晦芒，毋惊毋恐，后且大昌。'嫦娥遂托身于月，是为蟾蜍。"又曰："积而成兽，象兔。"

④ 李泽厚：《美的历程》，北京文物出版社 1982 年版，第 1 页。

⑤ 见《梨俱吠陀》第 10 卷。

⑥ 董仲舒《春秋繁露》卷 10《深察名号》。

两种基本的文化现象。

所谓语言巫术，企图凭借语言、文字或图画使巫术奏效，以达到臆想的目的。如诅咒，其特殊形式就是巫师念咒语，包括歌曲和咒语。原始人开始模仿周围各种声音，作为超越原始能力的手段，于是，咒语作为一种特殊的语言和特殊的声音，成为驱鬼降魔的有力武器。

传说中的黄帝是咒语的创始人。《路史·后纪》载黄帝巡狩东海，得白泽神兽而知天下鬼神之事，"帝乃作祝邪之文，以祝之。"其后，神农（伊祈）作"蜡辞"，以祀天地八神。《伊耆氏蜡辞》："土，反其宅；水，归其壑！昆虫，毋作；草木，归其泽！"。① 命令的口吻，是对自然界发出的"咒语"，大水泛滥，淹没了大地，昆虫成灾，草木荒芜，农业收获无望。人们靠着有韵律的语言来指挥自然，企图改变自然，服从自己的愿望。《山海经·大荒北经》："魃不得复上，所居不雨……魃时亡之，所欲逐之者，令曰：'神，北行！先除水道，决通沟渎。'"旱灾是旱神魃肆虐的结果，旱魃被驱逐，天就会降雨。这里，人们都把人的能力、诗歌语言的作用理想化了。高尔基在《论文学》中这样评述："古代劳动者们，渴望减轻自己的劳动，提高劳动效率，防御四脚和两脚的敌人以及用语言的力量，即用'咒文'和咒语的手段来影响自发的害人的自然现象。最后一点特别重要，因为它表明人们是多么深刻地相信自己语言的力量，而这种信念之所以产生，是因为组织人们的相互关系和劳动过程的语言是具有明显的和十分现实的用处。他们甚至企图用'咒语'去影响神。"

《周礼》将咒语分为"六祝"，即六类，而古代，祝与咒通。《尚书·无逸》曰："民否则厥心违怨，否则厥口诅祝。"疏："祝音咒，谓告神明，令加殃咎也。"

语言巫术在宗教中大量出现。如印度的佛教和中国的道教。

周一良说："我国自来称印度文为梵文。因为印度人相传，他们的文字是梵天所制。"② 梵字梵语（悉昙）是每一字的声音（声波）中，具含有无量的意义，现在一般密宗所修的咒语大多是由藏音翻译过来的。而藏音的源头又是悉昙音。它的很多发音原则及咒的音和字都是译自悉昙音。悉昙古音是天人说的天籁之音，用它来持咒效应极为殊胜。如佛教《楞严咒》称，如果念此经文修行，今生就能得成就。但依照修学的人很多，得证的人却鲜闻，据说重要的关键是

---

① 《礼记·郊特牲》。

② 周一良：《魏晋南北朝史论集》，中华书局1963年版，第323页。

"咒音不准"！唸咒最重要的是音准。悉昙字代表佛的符号，是佛的心光所化出来的符号，所以念前先得洗手，态度必须谨慎恭敬。咒也是佛教的密令，犹如通向佛国的密码、口令。密教阿阇黎很注意这个传承，他不传纸、不传字，只传音，为的是怕悉昙音失真。

符箓与咒术也是中国道教的主要法术，尤以符咒为要。《灵宝无量度人上经大法》卷三六说："夫大法旨要有三局，一则行咒，二则行符，三则行法。咒者，上天之密语也，群真万灵随咒呼召，随气下降。符者，上天之合契也，群真随符摄召下降。法者，主其司局仙曹，自有群真百灵，各效其职。必假符咒，呼之而来，遣之而去，是曰三局。"《太平经》卷五十《神祝文诀》曰："天上有常神圣要语，时下授人以言，用使神吏应气而往来也。人民得之，谓为神祝也，祝也，祝百中百，祝十中十，祝是天上神本经传辞也。其祝有可使神伭为除疾，皆聚十十中者，用之所向，无不愈者也。但以言愈病，此天上神谶书也。"[1] 各种咒语乃是上天神灵的"密秘辞"，包含着巨大神力，能禳灾致福，保命长生。

道教咒语又称隐语，或作隐讳、隐名、隐韵。认为乃是由元始天尊的弟子玉晨大道君所撰，用以表示宇宙之间的正音，它们分布于三十三天，全称为"大梵隐语无量音"。这类创造世界的元始声音，便是被称为玉音、灵音、梵音等的咒语。《度人经》曰："玉音摄气，灵风聚烟。"唐薛幽栖注："玉音，即太皇高真啸咏之音也。言太皇啸咏，则玉音冠霄以摄气，灵风生虚以聚烟者也。"[2]

汉语中同音词较多，单音节词还有相当数量，而且，汉人喜欢运用对仗格式，注重成双，喜欢比附联想，[3] 对谐音形成一种特殊的听觉与心理的反应模式、固定的联想取向。因此汉语谐音数量之多、应用之广都超过世界上其他民族语言。在中国古典园林中许多吉祥图案和文化符号，都是自觉地有意识地运用谐音原理。"谐音是诙谐之下乘，然而是高等文明之始基"。[4] 因为，正如萨丕尔所言："每一种语言本身都是一种集体的表达艺术，其中隐藏着一些审美的因素——语音的、节奏的、象征的、形态的——是不能和任何的语言全部共有的。"[5] 如

① 王明：《太平经合校》，中华书局 1979 年版，第 181 页。
② 陈景元：《元始无量度妙以品妙人上经四注》卷 3。
③ 参赵金铭：《谐音与文化》，见赵金铭著《汉语研究与对外汉语教学》，语文出版社 1997 年版，第 376 页。
④ 罗伯特·路威著，吕淑湘译：《文明与野蛮》，三联书店 1984 年版，第 117 页。
⑤ 萨丕尔：《语言论》，商务印书馆 1985 年版，第 201 页。

人们大量借助与主题名称的同音字，如与"福禄寿"等吉利语音相同的事物以求福。谐音达意，可以使主题意境的表达含蓄而风雅。谐音比拟，用具象物化的指称表现抽象的观念，使板滞、空泛的内容艺术化。根据谐音原理巧妙而优雅地实现了图案意义的转化，形象优美，耐人涵咏咀嚼。即使原来与主题毫不相干的事物或东西，根据谐音进行巧妙组合，就把一种意义从这一不相干的事物及现象转移到了另一事物及现象上，谐音在两个不相干的事物之间架起了沟通的桥梁，建立起象征和被象征、符号形式和意义内涵以及彼此可以转换并能够相互说明的关系。①

谐音求福的吉祥图案，借助了语音和鲜活优美的具体形象，造成强烈的视觉冲击力，给人以深刻的印象。这些图案都雕刻或图绘在日涉成趣的宅园中，寓瑞于日常生活，寓美于起居歌吟，营造出吉祥美好的精神氛围，如春风化雨，滋润着人们的心田（详见中编第三章）。

语言魔力造成了许多语言禁忌，实际上是对谐音的避忌，躲避因语音相同或相近而造成的意义上的联想，这是一种消极的防御性避忌。

无论是大量使用谐音以求福祉的习惯，还是因谐音而避忌，都带着原始人类语音崇拜的胎记。

在人类童年时代，植物的生长周期往往也成为纪年月的根据，因此，对植物的观察很仔细。《竹书纪年》记载："有草荚阶而生，月朔始生一荚，月半而生十五荚，十六日以后，日落一荚，及晦而尽。月小则一荚焦而不落，名曰冀荚，一曰历荚。"通过对草荚荣枯观察，认识了一月内朔望的变化。虽然"植物的灵性不像动物那样显著，因此，植物神灵崇拜远不如动物神灵崇拜那样丰富而深入人心"。② 但是，在远古万物有灵观念的支配下，植物神灵早就出现在神话中的昆仑山和蓬莱仙岛上，仅《山海经》中就有圣木、建木、扶木、若木、朱木、白木、服常木、灵寿木、甘华树、珠树、文玉树、不死树等20余种，这些灵木仙卉，"珠之树皆丛生，华实皆有滋味，食之皆不老不死"。③ 中国古代以为灵芝为不死之药，班固《西都赋》："于是灵草冬荣，神木丛生。"李善注："神木灵草，谓不死药也。"灵芝又名三秀，陈淏子《花镜·灵芝》还认为，灵芝是"禀

---

① 参见王铭铭、潘忠党《象征与社会·中国民间文化的探讨》，天津人民出版社1997年版，第4页。
② 詹鄞鑫：《神灵与祭祀——中国传统宗教综论》，江苏古籍出版社1992年版，第111页。
③ 《列子》第5《汤问》。

山川灵异而生"，"一年三花，食之令人长生"。松柏之类四季长青、寿命极长的树木也被称为"神木"。张衡《西京赋》："神木草，朱实离离。"《文选》注曰："神木，松柏灵寿之属。"古希腊罗马民间的生命之树是两条主枝呈"8"字形交盘而上，通天通阳，耶稣十字架的原型就是宇宙的生命树，《圣经》中描写，上帝创造的伊甸园中间有一棵赐生命的树，也有一棵能使人辨别善恶的树。

据赵殿增《三星堆文明原始宗教的构架特征》载，四川发现的龙山时代三星堆早期遗存和年代大致在夏至商末周初或更晚的祭祀坑中，发现了大约 6 株铜神树（尚未修复完成），是神圣的原始宗教崇拜物。神树下端有云山状基座，主干挺拔直达树巅，9 条树枝分成 3 层弯曲下垂，树上有立鸟、飞龙、仙果、光环以及璧瑗等神器祭器。其中最大的青铜神树高 384cm，树上九枝，枝上立鸟栖息，枝下硕果勾垂，树杆旁有一龙援树而下，十分生动、神秘，它把有关古代扶桑神话形象具体地反映出来了。树木本身常常被作为

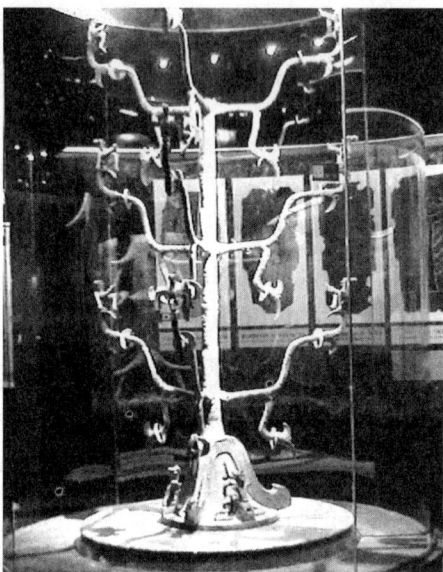

图3　三星堆青铜神树

生长、繁衍的象征，当作生命力和生殖力的崇拜对象。也有的学者认为，铜树是"社树崇拜"、"地母崇拜"的体现物，代表着有生命的"树神"，同时又被作为生长繁衍的象征，被奉为"生命之神"、"生殖之神"。树上的"太阳鸟"、"圆涡纹"，代表着太阳崇拜。古人想像太阳像飞翔的鸟，"西"为太阳栖息在扶桑树上的大鸟巢，而铜树本身则为太阳升起和栖息之处，成为类似于神话学上的"宇宙树"扶桑和若木。树上的飞龙盘旋而下，象征着铜树是通接天与地、人与神的"天梯"，就像是被称为"天枢"、可让"众帝援之上下"的天梯"建木"。作为土地之神的"社树"，又成为本土本族的保护神、社稷神。这类灵木仙卉就成为后世园林装饰植物类图案的主要题材。

上述原始神话是人类创造、参与、把握有序世界的第一次努力。这中间，空间的有序化、时间的有序化，总而言之，对自然的有序化思维的依次发生，可以说是人类意识形成的一块基石……二仪、四象、七窍与空间的线性、平面、立体思维这几次人类时空抽象思维的惊天地动鬼神的大飞跃直接勾联榫接，让人不得

不信神话对人类文化的形成曾起过立大宪发护照的巨大作用。①

第二节 中国园林的雏形

商周之际是中国社会从神本向人本的转型期，也是中华尊礼文化草创期。基于原始宗教祭仪的囿台逐渐褪却了神秘色彩，娱乐现世人生的世俗色彩逐步浓化。

一、中国园林之根——囿、台

公元前 2000 年前后，相当于新石器文化晚期，出现了最早的统治王朝夏王朝，但目前有甲骨文和殷墟遗址佐证的是公元前约 1600 年的殷商王朝。

中国种族奴隶制的特点，氏族血缘纽带关系特别牢固，因此，伦理观念产生得很早。殷代就有了"至上神"的观念，始称为"帝"，后来称为"上帝"，大约在殷周之际又称为"天"子。② 这样"上帝"又具有宗祖神的意义，对"帝"的崇拜，就成为对王室祖先的崇拜。基于此，殷商氏族社会就产生了伦理观念，出现"德"、"礼"、"孝"的思想。郭沫若《十批判书·孔墨的批判》中说："礼是后来的字，在金文里面我们偶尔看见有用'豊'字的，从字的结构上来说，是在一个器皿里面盛有两串玉具以奉事于神，《盘庚篇》里面所说的'具乃贝玉'就是这个意思。大概礼之起源于祀神，故其字后来从示，其后扩展而为对人，更其后扩展而为吉、凶、军、宾、嘉的各种仪制。这都是时代进展的成果。愈往后走，礼制便愈见浩繁，这是人文进化的必然趋势，不是一个人的力量可以把它呼唤得起来，也不是一个人的力量可以把它叱咤得回去的。"

"德"，甲骨文写作"𢛳"，是"礼"的辅助，因为有"德"的修养，才能达到作为规范的"礼"的作用，两者是相辅而行的。"孝"，甲骨文作"𡥏"、"𡥈"，③ 可见，"德"、"礼"、"孝"这些伦理观念，都是"从上帝的意旨中引申出来的"。④

① 仇丹：《本始之茫，诞者传焉》，见《读书》1992 年第 10 期，第 101 页。
② 郭沫若：《青铜时代》，科学出版社 1960 年版，第 9 页。
③ 金璋编：《金璋所藏甲骨卜辞》。
④ 列宁：《青年团的任务》，见《列宁选集》第 4 卷，人民出版社 1972 年版，第 351 页。

中·国·园·林·文·化

先民们包括人间实际统治者们只有采用祭祀的方式才能和神沟通，承担沟通人神关系任务的是卜、史、巫、觋、祝一类的所谓文化官。

《史记·礼书》："上事天、下事地，尊先祖而隆君师。"首先得到祭祀的是天地。同时，基于万物有灵的观念，祭祀对象也遍及所有自然因子。

古人画像以象天，画的是日月星辰和四季变化，未有画一圆丘的。《周礼·神士》："凡以神士者，掌三辰之法，以犹鬼、神、示之居。"郑玄注："天者，群神之精，日、月、星辰其著位也。"贾公彦疏："天无形体，人所不睹，惟睹三辰。"《周礼·画缋》："土以黄，其象方，天时变。"郑玄注："古人之象无天地也。为此记者，见时有之耳……郑司农云：'天时变，谓画天随四时色。'"贾公彦疏："天逐四时而化育，四时有四色。今画天之时，天无形体，当画四时之色以象天也。"

《尚书·舜典》曰："正月上日，受终于文祖。在璇玑玉衡，以齐七政。肆类于上帝，禋于六宗，望于山川，遍于群神。辑五瑞，既月，乃日觐四岳群牧，班瑞于群后。"孔传："精意以享谓之禋。宗，尊也。所尊祭者，其祀有六：谓四时也、寒暑也、日也、月也、星也、水旱也。祭以摄告。""九州名山大川、五岳四渎之属，皆以时望祭之。群神谓丘陵、坟衍、古之圣贤，皆祭之。"

在殷商甲骨文中，仅拜祭水神、求雨等原始祭祀活动就有500条之多。如："帝令雨足年？帝令雨弗其足年？"[1] 即问上帝下雨的情况，这一年的农业收成好不好。"舞雩"和"作龙"就是围绕着求雨而产生的祭祀方式。

夏殷商先民认为体量高大的山岳和缥缈的水面是至上神"天帝"所居、众神所在之处。祭天之台，象征着高山巨岳，是人王与"天"通话、受命于天的特殊场所。[2]《山海经》中出现了"轩辕之丘、轩辕之台"和"帝尧台、帝喾台、帝丹朱台、帝舜台，各二台，台四方，在昆仑东北"，"夏启有钧台之享"，[3]"夏桀作倾宫、瑶台，殚百姓之财。"[4] 据说还有"夏台"。商王构筑了用来登临望气的鹿台、瑶台等。

殷商甲骨文中就出现了"囿"字，囿是在一定自然范围内放养动物、种植

上编 中国园林文化寻踪

---

[1] 罗振玉编：《殷墟书契前编》卷1，1913年版，第50页，第1块。
[2] 祭祀天地诸神灵的活动世代相沿袭，北京至今还有明清两代帝王祭祀天地、日月和祈年之地，如天坛、地坛、月坛、社稷坛和先农坛等。
[3]《左传》昭公四年，中华书局1981年版，第1250页。
[4]《文选》卷3《东京赋》，李善注引《汲冢古文》。

植物、挖池筑台，然后供皇家打猎、游观、通神明之用。"囿人"为专职官吏，"掌囿游之兽禁，牧百兽"，① 囿中有三台，各有其不同功能："灵台"用以观天象，"时台"以观四时，"囿台"以观走兽鱼鳖，囿中还建有璇宫、倾宫、琼室等大规模的宫苑建筑群。所以，园林界认为乃是中国园林之根。这样，供人登高眺望的台，成为最原始的园林中的主要形式。囿台以满足"人王"精神需要为主要特征，它已经超越了人类社会中产生的第一种价值形式——功利价值，逐渐演变为具有审美价值的建筑了。如商之鹿台，实际上是规模宏大的宫殿，"其大三里，高千尺"，上有酒池肉林，酒池之大，可"牛饮者三百人"。纣王常与宠妃嬖臣饮酒歌舞，通宵达旦，清晨即可听到其靡靡之音，故人们把鹿台所在的商都称为"朝歌"。殷纣王还坏宫室以为池，弃田以为园圃。殷王"囿"、"圃"具备了后世园林的文化基因，只是范围宽广，主要借助天然景色，利用自然草木和鸟兽。

"丘、台"建筑模仿山岳，象征权力神授，主要由直线和斜线组成，孤高巍峨，表现出强烈的体积感和力量感，材料主要用夯实的土和砖石，成为皇家苑囿的最原始的形式。

二、文王之囿——中国最古之公园

西周以来，供人临眺的高台上逐渐构筑起木构建筑台榭，成为后世园林中楼阁亭台的滥觞，这样，台榭建筑的宗教意义更加淡化，园林景观越来越多地融入基于现世理性和审美精神的明朗节奏感，游宴享乐之风超越巫祝与狩猎活动，宫苑园林更富于人情味。园林审美中，山水人格化始露端倪。

周的祖先后稷为农业始祖，农业文明奠基于此。周的先祖居住在西北地区，他们主要采取穴居的居住方式，所谓"陶复陶穴"，② 陶即掏，复，从山崖旁往里掏的叫洞，向下挖的叫穴，如今西北地区还有不少窑洞。《诗经·公刘》开始相土，观其阴阳，建造宫室，定居的农业生活，周公制礼作乐，出现了孔子称道的"郁郁乎文哉"的局面！

周文王的灵台成为他展示"仁义"、推行礼乐文化的载体。《诗经·灵台》："经始灵台。"肥美的麋鹿卧悠悠，白鸟张开洁白的羽毛，鱼儿在水池中欢跃。所以，《诗序》曰："《灵台》，民始附也。文王受命，而民乐其灵德，以及鸟兽

---

① 《礼记·地官》。
② 《诗经》卷3《大雅·绵》。朱熹《诗集传》，中华书局据文学古籍刊行社影印宋刊本。

昆虫焉。"周文王之囿，方圆七十里，并允许老百姓在里面打柴和捕猎野鸡、野兔，所谓"与民同乐"。① 《三辅黄图》记载，文王还筑有"灵沼、灵囿"，沼、囿前虽然冠以"灵"，"是对着殷人或殷旧时的属国说的"。② 周灭殷以后，因袭了殷人的天人观念，但他的尊天只是做给殷人看的，为了说明"文王受天有大命"、③ "丕显文武，皇天宏厌厥德，配我有周，膺受大命"，④ 使殷民臣服，自己却疑天，重视人间现实，为天人观之进步。

"灵台"的娱人色彩更加明显，所以梁思成称其"为中国史传中最古之公园"。⑤

《穆天子传》中描写周穆王骑八骏马见西王母，描摹的园圃是"春山之泽，水清出泉，温和无风，飞鸟百兽之所饮，先王之所谓'县圃'。"虽然尚难有人文精神的审美意识，但山水含情，鸟兽共乐，已经摆脱了神话的神秘，充满了人间情味。

第三节　"天下裂"时的文化重组

春秋战国时期，社会发生巨大深刻的变革，奴隶制的衰落，西周建立起来的礼乐文化遭受到新兴力量的巨大冲击，形成了"礼崩乐坏"的局面。春秋时代，出现了"民为神之主"的思想，学术下移，"士的崛起，意味着一个以'劳心'为务从事精神性创造的专业文化阶层形成"，⑥ 中华民族文化在此时奠基，被哲学家称为中国文化的"轴心时代"。

一、崇台峻基，开苑囿之渐

春秋盛游猎之风，故喜园囿。最有创造性的是吴楚所建崇台峻基。春秋时的吴楚，国家体制没有中原完备，被中原称为"蛮夷"，但楚越之地，"地广人稀，

---

① 《孟子》梁惠王下。
② 郭沫若：《先秦天道观之进展》，《青铜时代》，第20页。
③ 《大盂鼎》西周铭文。
④ 白川静：《金文通释》，第181页。
⑤ 梁思成：《中国建筑史·上古时期》，百花文艺出版社1998年版，第36页。
⑥ 张岱年：《中国文化概论》，北京师范大学出版社1994年版，第8页。

饭稻羹鱼，或火耕而水耨，果随蠃蛤，不徒贾而足。地势饶食，无饥谨之患。"①
人们获取生活资料比北方地区要容易得多，故江淮以南，无冻饿之人，亦无千金
之家。不像北方出现的十分悬殊的贫富差别：庖有肥肉，厩有肥马，野有饿莩。
《史记·平准书》记元鼎间（公元前116年～公元前110年），"山东被河灾，及
岁不登数年，人或相食，方一二千里。天子怜之，诏曰：'江南火耕水耨，令饥
民得流，就食江淮间。欲留，留之。'"黄河泛滥成灾，天子诏令灾民到江南
就食。

　　春秋时"楚灵王之章华台、吴夫差之姑苏台，假文王灵台之名，开后世苑囿
之渐"，②是规模庞大的人工自然园林的滥觞。楚灵王之章华台，高大精美，"三
休而乃至其上"，③楚灵王偕伍举登之，伍举说此台有"彤镂"之美，④由层台
累榭组成，已呈大型的园林建筑群之势。⑤

　　吴国早在阖闾之祖父寿梦时，就为了盛夏纳凉的需要而"凿湖为池，置苑为
囿，故今有苑桥之名"，即"夏驾湖"。⑥到阖闾时，吴国威大盛，见诸文献记载
的吴国苑囿别馆有30多处。

　　　当吴之盛时，高自矜侈，笼西山以为囿，度五湖以为池，不足充其
　　欲也。故传阖闾秋冬治城中，春夏治城外，旦食鱼且山，昼游苏台，射于
　　鸥陂，驰于游台，兴乐石城，走犬长洲，其耽乐之所多矣。⑦

大差更是穷奢极欲，次有台榭陂池，宿有妃嫱嫔妾。

　　　吴王夫差筑姑苏台，三年乃成。周旋诘屈，横亘五里，崇饰土木，
　　殚耗人力，宫妓数千人。上别立春宵馆，为长夜之饮，造千石酒钟。夫
　　差作天池，池中作青龙舟，舟中盛陈妓乐，日与西施为水嬉。吴王于宫

---

①《孟子·梁惠王下》。
②童寯：《江南园林志》，北京：中国建筑工业出版社1987年版，第21页。
③《新书·退让》。
④《国语·楚语上》。
⑤章华台故址在今湖北潜江县境，1984年发现，附近有沟通汉水和长江的扬水。章华台要收罗逃亡
的奴仆住在里面，可见其大。
⑥陆广微：《吴地记》，江苏古籍出版社1986年版，第41页。
⑦《吴郡图经续记·城邑》，江苏古籍出版社1986年版，第6页。

中作海灵馆、馆娃阁，铜钩玉槛，宫之楣槛皆珠玉饰之。①

迫及战国，诸侯均已"高台榭，美宫室"。苏秦说齐湣王"厚葬以明孝，高宫室大苑囿以明得意"②。魏之温囿、鲁之郎囿，都争筑高台建筑以临眺，并在台上造木构架建筑。此时象征"天子"受命之"台"，已非"上帝"的"下都"，完全成为诸侯华贵宫苑逸乐游宴的审美主体。梁思成说"自周中世以降，尤尚殿基高巨之风，数殿相连，如赵之丛台，即其显著之一例。今日燕故都巍然之台址，犹有三十余所。"③《汉书·高后纪》："赵王宫丛台灾。"颜师古注曰："连聚非一，故名丛台。"凝定了秦汉唐宋的建筑规模。

图4 战国高台

春秋战国时期的园囿出现了一些新的时代特色：一是重视利用水景，在水边建造台阁，作泛舟水嬉之游，至今苏州尚存"锦帆路"，因吴王带宫女们锦帆以游而得名，当年是水路。二是游乐方式的变化。吴王在馆阁中，主要是欣赏妓乐，聆听舞步踏在响屧廊上的节奏等，摒弃了商纣王仅仅寻求肉欲刺激的粗俗的玩乐方式，开后世"舟游式园林"之法门，重视精神上的享受和文化上的陶冶，显示了社会文化的进步。三是主体景致以人工池塘、馆阁楼台为主，路径环曲，取代了纯粹的自然山泽水泉，也不同于中原规整板滞的灵台、灵沼。园林完成了由自然生态到人工摹拟的转变，从原始的生活文化形态走向自然模仿的文化形态。四是园林摆脱了生息的物欲需求，注意利用自然的美妙山水，注意人工景点与自然之间的和谐。如春秋时期的楼台，都建于风景优美的地方，相传河南开封东南郊的古吹台，是春秋大音乐家师旷吹乐处，楼台飞檐，掩映在青松绿桧之间，奇花异卉，错落其间，冬天白雪覆盖，千树万树梨花开，美丽极了。当年师旷就在这里演奏出高雅无比的古乐《阳春》、《白雪》。

二、茅茨土阶的滥觞和院落建筑群的创制

在"多元一体"的中国古代建筑中，其主体——木构架建筑体系萌芽很早。

---

① 《太平广记》卷236引《述异记》。

② 《史记》卷69《苏秦列传》。

③ 梁思成：《中国建筑史》，第38~39页。

中华原始初民为了生存的需要，采用了巢居和穴居两种基本居住方式。

《庄子·盗跖篇》："古者，禽兽多而人民少，于是民皆巢居以避之。昼拾橡栗，暮栖木上，故命之曰有巢氏之民。"《墨子·辞过篇》："古之民……就陵阜而居，穴而处。"穴居和巢居有时也交互使用，"冬则居营窟，夏则居橧巢"。①

"南越巢居，北朔穴居，避寒暑也。"② 南方先民为避潮湿，大都巢居，有巢氏就是代表。

据目前出土的资料看，南方潮湿的地区较早从巢居发展到干阑建筑。浙江河姆渡村和四川广汉古遗址，距今 6000～7000 年，与半坡同时或略早，发现了干阑建筑形式，房屋架在高出地面的木柱上，以求在潮湿和闷热的环境中得到凉爽和干燥的住所。遗物中有用木材制作的梁枋、板等建筑构件，在不少构件上发现有多种类型的榫卯、榫头，有方有圆，还有双层榫，卯眼也有方有圆，榫卯技术已经得到应用。南方的巢居形成的干阑建筑促进了穿斗结构的诞生和发展，浙江余姚河姆渡遗址中，有距今 6900 多年的干阑构件的遗存，在这个遗址的第四文化层中，有圆桩、方桩、板桩及梁、柱、地板等木构件和梁头榫、柱头榫、柱脚榫等各种榫卯。北方穴居采用了土的穴身和木的顶盖，为土木混合结构的滥觞。

北方干旱，原始先人最早寻找自然洞穴居住，如北京周口店猿人、山顶洞人等。距今 5000～6000 年前新石器时代后期的仰韶文化（即黄河流域的文化），黄河中游的氏族部落，已经由穴居到半穴居乃至进入地面木构建筑时代。仰韶人用木架和草泥建造了简单的半穴居或地面建筑，从半坡遗址可见，祖先已掌握了伐木、绑扎和夯土等技术，方形或长方形的地面式土木建筑已经成为当时建筑的典型。

右图是巢居和穴居的演变形式。③

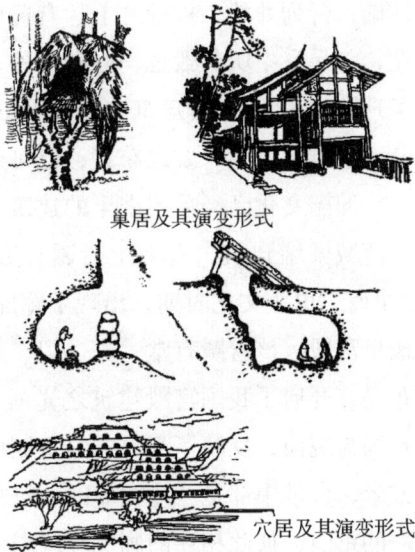

巢居及其演变形式

穴居及其演变形式

图 5　巢居和穴居的演变形式

①　《礼记·礼运》
②　张华撰、范宁校注：《博物志·五方人民》，中华书局 1980 年版，第 12 页。
③　庄裕光：《古建春秋》，四川科技出版社 1989 年版，第 8 页。

中
·
国
·
园
·
林
·
文
·
化

　　土地面、木柱、泥墙和草顶是基本样式。台西村商代遗址中还有使用土坯筑墙的想像，①《小雅·斯干》："约之阁阁，椓之橐橐。"约，捆束，指紧紧地捆扎筑墙用的木框架，捆时咯咯作声。朱熹曰："约，束板也，阁阁，上下相乘也。"严粲曰："筑墙之时，以绳束其板，阁阁然上下相乘，即所谓束版以载。"椓，敲打建筑，用杵夯土，橐橐，夯土声。《小雅·斯干》："殖殖其庭，有觉其楹。"《说文》"楹，柱也。"《大雅·公刘》："涉渭为乱，取厉取锻，止基乃理。"厉与砺同，锻即段。《易传》曰："训锻为石，则厉亦石也。"《说文》："厉，旱石，段，厉石。"基，基地。选择土木作为最主要的建筑材料。周太王从原始穴居地迁徙至歧下，以版筑为主要方法，采用木柱营造宫室，木构架已成定法。

　　庞大的建筑群也早就出现。典型的大型建筑出现于二里头文化晚期，房屋建在经过夯筑的一座长36m、宽25m的长方形房基上。房基上部残存着柱洞和柱础，从柱洞分析，房屋是面阔八间、进深三间的殿堂式建筑。围绕这座建筑有院、庭、廊、庑、门等完整的附属建筑。② 殷代末年，纣王广作宫室，据中央研究院历史语言研究所《安阳发掘报告》看，"其中有多数土筑殿基，上置大石卵柱础，行列井然。柱础之上，有覆以铜楶者。其中若干处之木柱之遗炭尚宛然存在，盖兵乱中所焚毁也。除殿基外，尚有门屋、水沟等遗址在。其全部布置颇有条理"，"后代中国建筑之若干特征，如阶基上立木柱之构架制，平面上以多数分座建筑组合为一院之布置，已可确考矣。"③

　　仰韶文化已经采用夯土的建筑方式，属于商代二里岗文化期的郑州商城和湖北商城城墙建筑，有夯土台基、夯土筑出的城垣，内侧筑出层层的斜行夯土。"早商二里头文化时期，出现了廊庑式的宫廷、宗庙建筑，这是我国目前发现的最早宫殿。该宫殿有堂、庑、门、庭等建筑构成，主次分明，结构严谨。其平面布局，开启了我国宫殿建筑之先河。它按一定的营造设计而建成，宫殿的组合、布局与规模，反映了当时的宫室制度。宫殿居于二里头遗址中部，占地约1万平方米，台基中部是一座宽8间、进深3间的殿堂。堂前是平坦的庭院，南面是宽敞的正门，彼此相连的廊庑环绕殿堂四周，组成壮观的宫殿建筑。晚商时的望楼建筑，是二里头文化主体宫殿翻版和变体"。④

上
编
中国园林文化寻踪

———————————————————

① 《1977年河南永城王油坊遗址发掘概况》，见《考古》1978年第1期。
② 《河南偃师二里头早商宫殿遗址发掘简报》，见《考古》1974年第4期。
③ 梁思成：《中国建筑史》，百花文艺出版社1998年版，第36页。
④ 谢崇安：《商周艺术》，第92页。

商代已经出现了颇具规模的崇楼伟阁，"殷人重屋，堂修七寻，堂崇三尺，四阿重屋。"①二里岗类型的郑州商城和偃师尸乡沟商城目前都发现有三重城垣，宫城内都有大片宫室建筑，后者外城墙外还发现有护城壕②。

周代出现了庞大的建筑群，古公亶父在歧山建造了大规模的宫室。

周代建筑规模都很大。《诗经·斯干》："似续妣祖，筑室百堵，西南其户。"《诗经·绵》："率西水浒，至于歧下"，"百堵皆兴，鼛鼓弗胜"，古公亶父在歧山建造了大规模的宫室，从歧山凤雏宫室基址看，"它是由3个庭院及其周围的房基组成。"③从平面分布看，整个基址是以殿堂为中心，围绕着殿堂，合理地安排了庭、房、门、廊、阶、屏等单体建筑，建筑大多是坐北朝南，具备了基础、墙体、门窗、屋盖等基本建筑构件。外观相当美观，具有一定的审美意义。屋顶造型上出檐伸张和屋角起翘，"如鸟斯革，如翚斯飞"，④

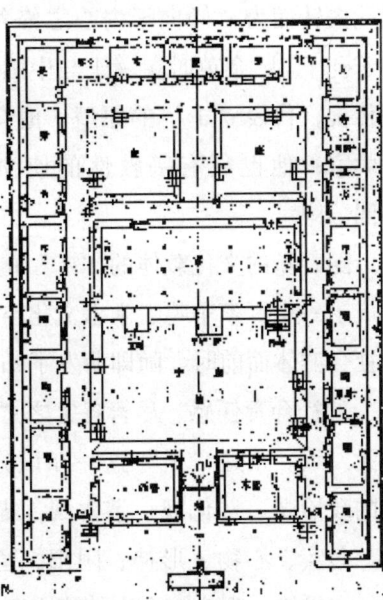

图6 陕西歧山凤雏西周建筑平面图⑤

屋角反翘，追求柔美的线条和精巧的框架，并由此体现出人情意味和理性精神。后世的木构架建筑是巢居和穴居的综合：栋宇，乃巢居之遗，筑墙则穴居之变。

三、原创性文化的崛起和隐士的价值取向

如果说，未被基督教取代前的希腊文化是原创文化的标本的话，春秋战国也正是中华原创性文化崛起的时代。文化巨人孔子、世界文化名人屈原以及足以与希腊哲学家相辉映的诸子先后出现。有所谓"九流十家"——指儒家、道家、法家、阴阳家、名家、墨家、纵横家、农家、杂家、小说家，除小说家外的九

---

① 《周礼·考工记·匠人》。
② 王立新：《早商文化研究》，高等教育出版社1998年版，第149页。
③ 北京大学历史系考古教研室商周组：《商周考古》，文物出版社1979年版，第181页。
④ 《诗经》卷2《小雅·斯干》。
⑤ 张驭寰：《中国古代建筑欣赏》，北京出版社1998年版，第33页。

家，各成学派。彼时文化扬弃了殷商以来流行的占卜文化，发展了华夏民族最初的理论思维形式。

"士"最初是指武士，职能是"执干戈以卫社稷"，居于国（都市）中，有统驭平民的权力，时称"国士"。顾颉刚在《武士与文士之蜕化》中认为，使赳赳武夫转而为"倾向于内心之修养"而不习武事、羞言戎兵的彬彬文士，乃得力于孔子。① 余英时在《士与中国文化·引言》中说："孔子来自中国文化的独特传统，代表'士'的原型。他有重'理性'的一面，但并非'静观溟想'的哲学家；他也负有宗教性的使命感，但又与承'上帝'旨意以救世的教主不同。"②

随着新的文化载体的"士"的出现，中国的文化学术有了突飞猛进的发展，构成了一个百家争鸣、学术文化空前繁荣的局面。"士"以其独特面貌出现于其他社会群体面前时，随即萌发了知识分子的自我意识、风节操守意识和"舍我其谁"的社会责任感。尽管各家之"道"各不相同，但在承担特殊使命的意识上，并无二致。正是"士"这一知识分子群体，在中华民族文化发展史上形成了系统的政治观、文化观、宇宙观，提出了一系列重要的哲学范畴，诸如天人、有无、名实、心物、形神、阴阳、道器、太极、动静等。这些精神的主动创造成果，在思维、观念、人生等诸方面奠定了中国哲学原创的基础，正是中华的"原创性文化"，其对于人格的完成与完美的汲汲追求，在漫长历史中，主导了中国古代知识分子的追求。代表的是当时的先进文化，闪烁着原创性智慧。

"士志于道"，"道不同则不相为谋"，王权专制和士之道之间的冲突也在所难免，"士"之"道"伸，志难展，精神上的苦闷引起了对自由王国的向往，《论语》中出现了"避世之士"及"逸民"、"隐者"等隐士，他们作为"士"的组成部分，作为一种文化现象，值得注意的是隐士呈现出两种主要价值取向：

一种是因看不惯春秋战国时期剧烈的社会变革，他们以隐居为目的，不问政事。其中也有三类人：一类是认为在天下汹汹之时，"避人"不如"避世"，如孔子碰到的"耦而耕"的长沮、桀溺、荷蓧丈人、佯狂的接舆等，他们缺乏社会责任感，明哲保身。二类隐士如伯夷、叔齐，是信守正统，反对变革，为维护

---

① 余英时认为，"文士并不是从武士蜕化而来的，他们自有其礼乐诗书的文化渊源"，见《士与中国文化》，上海人民出版社 2003 年版，第 19 页。
② 余英时：《士与中国文化》，第 6 页。

自己的"道"而隐居，他们反对武王以臣的身份伐商，为不做贰臣，他们不食周粟，隐居首阳山，采芝而食，最后终于饿死。第三类隐士以庄周为代表，粪土王侯，著书立说，猛烈地抨击社会，创造文化，代表了文化道义和社会良心，属于抱志守道者。另一种隐士是以隐为手段，达到出仕的目的。其中有以隐居干禄者，也有身怀治世之才，隐居是为了择贤君而达其志的，姜尚为其代表。姜太公渭水垂钓，传说他钓鱼不设鱼饵，愿者上钩。他的垂钓江湖，是为了出仕，他代表了后世隐居者的一种类型，一种手段，对自我价值的肯定，是一种自信的表示。

春秋战国时期，隐士具有较高的社会地位。士的趋向常常关系到国家的成败，各国国君不得不敬。

当时士君关系比较平等，后世的忠君思想尚未成为士的行为规范，士与君之间存在着一定意义上的雇佣与被雇佣的关系。隐士们可以不从征召，不应聘命，也完全有权利择主而事，而不是依附于某一个君主，因而具有较为独立的人格以及优越的社会地位。

第二章
秦汉宫苑及时代文化精神的嬗变

　　随着人本精神和天人合一天道观的逐渐确立，经过战国的审美积累，秦汉时期迎来了造园史上的第一个高潮。秦汉宫苑规模巨大，含蕴万物，布局上"体天象地"、"经纬阴阳"，既是象征着天帝所住的"天宫"，又是人间帝王居住享乐的"人间天堂"。

　　公元前221年秦王嬴政"吞二周而亡诸侯"，建立了中国历史上第一个专制主义君主集权的统一帝国——秦王朝，成为与东地中海的罗马、南亚次大陆的孔雀王朝并立而三的世界性大国，为中国文化共同体的最终形成奠定了坚实的基础。秦王嬴政"君天下，故称帝"，①秦始皇豪宏英迈，有凌越前代、引领后来之势。他"致昆山之玉，有随和之宝，垂明月之珠，服太阿之剑，乘纤离之马，建翠凤之旗，树灵鼍之鼓"，广集天下奇珍异宝。汉代是中国封建社会开始逐步巩固、完善的时期，汉武帝刘彻，雄才大略，继承了汉立七十多年积累起来的丰厚遗产，并具有"秋风客"之才思，变汉初小心谨慎、细致思虑的文化心理为大胆想像、猎奇和进取的心理。秦汉帝王都崇尚力量和气势，向往仙山，憧憬天国，在寻仙觅道的同时，他们在人间营建起"天堂"，以圆他们的"仙真人"梦。

---

　　① 《史记》卷6《秦始皇本纪》。

第一节　秦汉宫苑——体象乎天地，经纬乎阴阳

秦汉园林以山水宫苑的形式出现，离宫别馆与自然山水环境结合，范围大到方圆数百里，营建的思想原则是"体象乎天地，经纬乎阴阳"。20世纪70年代在长沙马王堆汉墓发现的帛画极具园林文化意义，画面上部的天国有红日、金乌，有扶桑树、玉兔、神兽、仙鹤、天门。画面中部的开筵场面如同园中宴饮，有案、鼎、壶，有侍从。画面下部有龟蛇鸟鱼。整个画面就是人们想像中的从人间到天堂的园林生活。

一、天宫与"人间天堂"

秦始皇以天界的秩序为艺术模仿的对象，在地上造起臆想中的"天堂"。

秦始皇所"筑咸阳宫（信宫亦称咸阳宫），因北陵营殿，端门四达，以则紫宫，象帝居。引渭水灌都，以象天汉；横桥南渡，以法牵牛"。[①]《三辅黄图》载：他的"离宫别馆，弥山跨谷，辇道相属，阁道通骊山八十余里。表南山之颠以为阙，络樊川以为池"，"周驰为复道，度渭属之咸阳，以象太极阁道抵营室也"。《史记·秦始皇本纪》曰："更命信宫为极庙，象天极，自极庙道通骊山，作甘泉前殿……（阿房宫）表南山之巅以为阙，为复道，自阿房渡渭，属之咸阳，以象天极阁道绝汉抵营室也。"在终南山顶建阙，以樊川为宫内水池，气势之壮阔可以概见，完全是想像中的"天宫"在地下的翻版。

据《长安志》记载，秦始皇同样是以天地为模仿对象修筑幽宫的：秦始皇陵是"以水银为百川江河大海，机相灌输，上具天文，下具地理……树草木以象山"，四周有庞大的护卫部队——与真人一般大的陶塑兵士用兵器与战车和陶塑的马匹——防卫着秦始皇的陵寝。

汉代宇宙理论更加活跃，出现了盖天说、浑天说和宣夜说（无限空间说）等三种宇宙理论。汉人以星象的位置来认定宇宙模式、宇宙秩序。与此相应，城市和园林建筑包括墓葬都"象天法地"。汉都城长安就具有天地相应、象天设都的文化含义。汉高祖刘邦据说在汉元年十月兵临咸阳时有过"五星相聚"的"受命之符"，十月时长安城西北为北斗极，南面自然为南斗极，因奠都长安时，

都城作于南北斗之间，都城成迂回曲折之状，《长安志》以为像天空南北斗之状，人们称之为"斗城"，在象征"紫微帝宫"的中心筑长乐、未央、北宫、桂宫，呈现出以南北二斗拱卫着北极星的平面构图。"循以离宫别寝，承以崇台闲馆，焕若列宿，紫宫是环"。① 刘敦桢《大壮室笔记》中也说，汉长安未遵古礼对称均齐之法，亦未若后代之有皇城宫城区分内外，实为历代都邑之变体。长安面积 36km²，相当于同时期欧洲最大都城罗马的 4 倍。"飞甍夹驰道，垂杨荫御沟"，城内外漕渠纵横，清流潺潺引注入城，芳草如织，鸟语花香。

汉武帝刘彻时期，大汉帝国如日中天，国库殷实，且武帝性好奢侈，于是大兴宫殿，广辟苑囿，"武帝广开上林……穿昆明池象滇河，营建章、凤阙、神明……"② 苑中有苑、苑中有宫、苑中有观，兴建规模更加宏大的建筑群。苑址跨占长安、咸宁等五县耕地，范围四百余里。"其宫室也，体象乎天地，经纬乎阴阳。据坤灵之正位，仿太紫之圆方"，③ "循以离宫别寝，承以崇台闲馆，焕若列宿，紫宫是环"，④ 出现了庞大的建筑群。汉上林苑是中国皇家园林建设的第一个高潮。

东汉宫苑也是"复庙重屋，八达九房，规天矩地，授时顺乡"。⑤ 东汉王延寿《鲁灵光殿赋》，描写汉景帝程姬之子鲁恭王余之所建的灵光殿，"其规矩制度，上应星宿"，是"配紫微而为辅"，灵光殿嵯峨崔嵬，"迢峣倜傥，丰丽博敞，洞轇轕乎其无垠也，邈希世而特出，羌瑰谲而鸿纷，屹山峙以纡郁，隆崛岉乎青云"，"崇墉冈连以岭属，朱阙岩岩而双立。高门拟于阊阖，方二轨而并入"，洞房窈窕幽邃，飞梁偃蹇。海有圆渊方井，荷蕖吐荣，飞禽走兽，朱鸟白鹿。"岩突洞出，逶迤诘曲，周行数里，仰不见日"，作者慨叹曰："何宏丽之靡靡"!⑥

汉代出现的富可敌国的王侯私园，也一如恭王余之所筑宫苑。吴王刘濞在郊野继续修葺吴长洲苑，其豪华富丽，甚至超过上林苑。《吴郡志》载："枚乘说吴王濞云：'汉修治上林，杂以离宫，佳丽玩好，圈守禽兽，不如长洲之苑。'"

---

① 汉班固：《西都赋》，见《文选》卷1。
② 《汉书》卷87《扬雄传》。
③ 汉班固：《西都赋》，《文选》卷1。
④ 同上。
⑤ 汉张衡：《东京赋》，《文选》卷3。
⑥ 汉王延寿：《鲁灵光殿赋》，见《文选》卷11。

汉人墓葬中也普遍出现时人想像中的宇宙模式，或许是祝愿死者灵魂升上天宫。如西汉末董贤的棺木上，有朱砂画的四时之色，左苍龙、右白虎，上著金银日月。① 普通人的坟墓中，也不例外。洛阳市王城公园发掘的一座普通西汉墓中，狭小的墓室顶部也有象征深远天空的覆斗形，象征黄道的 12 块顶砖，并用彩绘画上了天象图。

二、人造的蓬瀛仙境

原始神话被战国的神仙方士们改造，成为仙话的一个来源，仙话一般讲述通过修炼或仙人导引，达到长生不老或幻化成仙。仙话出于某些人或集团的有意识的改造或创造，有着鲜明的目的性和狭隘的功利性。

战国诸侯和秦汉帝王都神往于海中神山，不遗余力地进行过寻找神山的活动。

早在战国中期，燕齐一带的神仙方士，就大肆渲染蓬莱神话，宣传长生不老之说，战国齐威王和燕昭王先后派人入海去寻找"不死药"，结果"未至，望之如云；及到，三神山反居水下；临之，风辄引去，终莫能至云"，② 皆无功而回。

秦始皇既敢于和超自然的力量较量，如因风阻不能渡湘水而归罪于湘水女神，砍伐山上树木以示报复，但又迷信人可不死的仙话，自称自己是不死的自由之神"仙真人"。他履足市廛，出游名山大川，秘密来往于咸阳四周二百里范围内的 270 处宫、观之间的"甬道"上。同时发兵五十万去远征南海，亲临会稽等地望祭海神，并移民三万户于琅邪，留恋于之罘者三月。于公元前 215 年东巡碣石拜海求仙。他先后派卢生、侯公、韩终等两批方士携带童男女入海求仙，寻求长生不老之药，碣石因名"秦皇岛"。还派遣山东滨海商人方士徐福等带领童男女数千人，到海上去寻找神话中的神山，采长生不老之药。至今在日本尚留有徐福庙。

秦始皇在表现对海外神仙世界热烈向往之时，同时将神话中的"蓬莱"仙境建进了园林。"始皇都长安，引渭水为池，筑为蓬、瀛……"③ "蓬莱山"和"蓬瀛"模拟的是神仙海岛，"筑"，说明这些"蓬、瀛仙岛"，都是夯土而成的

---

① 《汉书》卷 93《佞幸传》。
② 《史记》卷 28《封禅书》。
③ 《史记》卷 6《秦始皇本纪》三十一年十二月条正义引《秦记》。

图7　秦皇岛上秦始皇求仙处

假山。中国园林以人工堆山的造园手法即肇始于此时。

汉武帝继秦始皇的衣钵，笃信海中有长生不死药的神山仙苑，曾多次东临大海，遥想位于神秘大海中的缥缈仙岛，"云涛烟浪最深处，人传中有三神山。山上多生不死药，服之羽化为天仙"，① 武帝大规模派遣船只入海寻找蓬莱仙岛，并派专人守候在海边以望蓬莱之气。② 当然，这种仙岛始终没有找到，于是，汉武帝便将成为"仙人"的梦想在地上的园林中实现，将遐想变成可观可游的地上仙宫。

武帝扩建了秦上林苑，规模宏伟，功能齐全，既有皇家住所，也有欣赏自然美景、狩猎，乃至跑马赛狗的场所。

上林苑中的水体象征"天汉"，水池的规模很大，"池中有龙首船，常令宫女泛舟池中，张凤盖，建华旗，作棹歌，杂以鼓吹，帝御豫章观临观焉。"③ 池中"有二石人，立牵牛、织女于池之东西，以象天河"。④ 张衡《西京赋》称昆明池"牵牛立其右，织女居其左"。牛女双星"盈盈一水间，脉脉不得语"。⑤ 建章宫北的太液池中，"渐台高二十余丈，名曰泰液，池中有瀛洲、壶梁，象海中神山龟鱼之属。"一曰三神山名方丈、瀛洲、蓬莱。⑥

尽管"君看骊山顶上茂陵头，毕竟悲风吹蔓草"，⑦ 但是，神仙方士们的理想境界，丰富与提高了园林艺术的构思，促进了园林艺术的发展。虽然对山水的处理，还不像后世那样运用以少胜多的写意形式，而是自然主义地力求其体量的庞大与形式的逼真。自此，由秦始皇开其端，而汉武帝集其成的"一池三岛"布局纳入了园林的整体布局，从而成为中国人造景观的滥觞，也成为皇家园圃中

---

① 白居易：《海漫漫——戒求仙也》，见朱金城笺校《白居易集笺校》，上海古籍出版社 1988 年版，第 149 页。

② 《汉书》卷25《郊祀志》，王先谦撰《汉书补注》，中华书局 1983 年版。

③ 《三辅黄图·池沼》引《三辅故事》，第 94 页。

④ 《三辅黄图·池沼》引《关辅古语》，第 95 页。

⑤ 《古诗·迢迢牵牛星》，据胡刻《文选》本。

⑥ 《汉书》卷87《扬雄传》。

⑦ 白居易：《海漫漫——戒求仙也》，见朱金城笺校《白居易集笺校》，第 149 页。

创作宫苑池山一种传统模式，称为秦汉典范。

三、崇楼伟阁以象仙居

汉武帝时期，董仲舒的"天人感应"神学目的论成为汉代的官方哲学，加强了神权与政权的联系，使神权、王权、父权三位一体，奠定了中国封建社会最基本的精神哲学。到东汉神仙方术思想与儒教神学进一步合流，文人颂神、鼓吹"天人感应"的作品很多。绘画、建筑等宣传谶讳神学的故事传说很普遍。但从汉画像砖上的图案看，内容却缺乏西方雕塑中常常出现的天使、救主和赎罪等宗教性题材，而多为历史故事、奇异的传说、传奇人物或日常生活等题材，说明人们关注的主要是现世的人生，董仲舒鼓吹"天人感应"，还是基于政治实用理性，因为他知道，"鬼神不能正人事之变戾"，无非是企图借助天象来儆示人君。

西方上古先民曾羡慕蛇的蜕皮，以为是蜕解长生。上古的中国先民也对昆虫的蜕皮现象十分关注，特别是蝉的蜕皮。出土的殷商青铜器和白陶具上多装饰蝉纹，大致如日本人滨田耕作在《古玉概说》中所说，汉人从蝉的蜕脱复能成虫的现象，悟出转生再生——复生的道理。赵有声等补充说，还有蝉的"居高饮清"的特性，饮而不食，传说中的仙人正是饮清避谷，才能如蝉般的身轻腾飞，长生不死。

蝉的"居高饮清"启发了方士，以为仙人好楼居，于是，汉武帝才"令长安则作飞廉、桂馆、甘泉，则作益寿、延寿馆，使卿持节设具而候神人，乃作通天台（又名候神台、望仙台），高 20 丈，以香柏作殿梁，香闻 10 里，故又名柏梁台，置祠具其下，将招来神仙之属。"① 还在台上建铜柱（金茎），高 30 丈，上有仙人，掌捧铜盘玉杯，以承云表之甘露，即承露盘也。盘大七围，去长安二百里可望见云。即《西都赋》所谓"抗仙掌以承露，擢双立之金茎"。

建章宫北治大池，中有渐台，高二十余丈，为后世钓鱼台之渐。建章与未央之间，则"跨玑池，作飞阁，构辇道以上下"相属，② "立神明台、井干楼，高五十丈。辇道相属焉"。③ 这类天宫楼阁、飞阁浮道之属，建筑构架已经相当复杂，开辟了神仙思想的一种建筑形式，对后世园林产生了深远的影响。

---

① 《汉书·天文志下》。
② 《三辅黄图》，卷1，第1页。
③ 《汉书》卷25《郊祀志》。

中·国·园·林·文·化

大凡高阁崇楼皆与仙人有染，如耸立于武昌蛇山黄鹤矶头的黄鹤楼，辉煌瑰丽，附会了许多神话。《南齐书》载仙人子安曾乘黄鹤过此，《环宇记》载神仙费文炜成仙后驾鹤憩息于此，明清时代又有吕洞宾登黄鹤楼飞身仙去的传说等。

第二节 模山范水和中国建筑体系的基本形成

一、模山范水

茂陵富民袁广汉，藏镪巨万，家僮八九百人，他建于洛阳北邙山下的私园范围很大，"东西四里，南北五里，激流水注其中。构石为山，高十余丈，连延数里。养白鹦鹉、紫鸳鸯、牦牛、青兕，奇兽珍禽，委积其间。积沙为洲屿，激水为波涛，致江鸥海鹤，孕雏产殼，延漫林池；奇树异草，靡不培植。屋皆徘徊连属，重阁修廊，行之移晷不能遍也。"① 竭力模仿自然界的山形、水势、草木和动物。东汉桓帝时，外戚梁冀之妻孙寿在洛阳城门内所造私园，是"采土筑山，十里九阪，以象二崤；深林绝涧，有若自然；奇禽驯兽，飞走其间……又多拓林苑……包含山薮，远带丘荒，周旋封域，殆将千里。"② 如果说，袁广汉的"构石为山"还只是无意识泛化地模仿自然，孙寿的园林则直接取法自然界的真山二崤，将人工假山造得"有若自然"。他们都将目光从天上移向现实世界，突破了幻想中的天宫和神山仙海模式，首开了"模山范水"的先河，成为魏晋自然山水园的先声，在造园史上具有特殊意义。

二、木构架体系的基本形成

两汉是形成中华民族独特的木构建筑风格的时期。木构架建筑属于中国古代建筑主体，穿斗结构源于巢居，土木混合结构源于穴居，是世界原生型建筑文化之一。如前所说，西汉所建的层楼，模仿的是先秦"积土四方而高"、"广基似于山岳"的仙居高台，即逐层叠堆横木的井干式楼，"积木而高，为楼若井干之形也"。③ 虽然改积土为积木，但依然显得板滞臃肿。东汉时大量使用成组斗栱木构的楼阁逐渐增多，砖石建筑也发展起来了，砖券结构有了较大发展，表现

① 《三辅黄图》，卷4，第84页。
② 《后汉书》列传卷24《梁统传》，王先谦撰《后汉书集解》，中华书局1984年版，第416页。
③ 《汉书》卷25下《郊祀志》"井干楼 高五十丈，辇道相属焉"颜师古注。

梁、柱、枋、斗栱等木框架构件间结构关系的梁架式楼逐渐取代了井干楼，成为后代楼房建造的基本样式，代表中国木构建筑的风格。中国古代建筑作为一个独特的体系至此基本形成。

汉代的木构框架已经完善，如屋顶式样有四阿（清式称庑殿）、九脊（歇山）、不厦两头（悬山）、硬山、四角攒尖、卷棚等形式，用斗栱组成的构架也出现了，还有形式多变的柱形、柱础、门窗、拱券、栏杆、台基等。门窗、门上已经都刻着铺首，作饕餮衔环图案，门扉双合，扇各有铺首门环。明清时常见的门制，汉代已经形成。①

图8　汉墓陶宅模型

汉代的明器中有二、三层的楼阁模型，多有斗栱以支承各层平坐或檐者。"观其斗栱栏楯门窗瓦式等部分，已可确考当时之建筑，已备具后世所有之各部，二层或三层之望楼，殆即望候神人之'台'，其平面均正方形，各层有檐有平坐。魏晋以后木塔，乃由此式多层建筑蜕变而成，殆无疑义。"② 图8所示的陶质住宅模型也可见一斑。③

图9　汉画像砖上的院落建筑⑤

2001年南京博物院考古队在泗水王陵的发掘中，出土了被中国历史博物馆研究员孙机称为"西汉第一弩"的错金银弩机和"汉代最大的建筑模型"。这个木结构建筑是两层的建筑模型，上有院落回廊、主楼阁等，还有车马、男女木俑及鸡狗等。④

据《石索》所载，秦瓦有16种之多，汉瓦当有筒瓦、板瓦两种。砖有普通砖、发券砖、方形地砖、空心砖等多种。

---

① 梁思成：《中国建筑史》，第61～62页。
② 梁思成：《中国建筑史》，第57页。
③ 引自帕瑞克·纽金斯著，张百平译：《世界建筑艺术史》，安徽科技出版社1990年版，第62页。
④ 据《现代快报》2003年3月13日胡玉梅报道。
⑤ 庄裕光：《古建春秋》，四川科技出版社1989年版，第33页。

第三节 士大夫人格理想的确立

"事实上，循吏不过是汉代士阶层中的一个极小的部分而已。但是，由于他们能利用'吏'的职权来推行'师'的'教化'，所以其影响所及较不在位的儒生为大。"① 循吏代表了汉代士大夫确立的内圣外王人格理想。士大夫在中国被当作知识阶层的代称，主要是偏重于指称既有文化，又有地位的文化人，出身寒门又无职无位的文化人本来是不能称士大夫的，后来，人们以士大夫来泛指整个文化阶层。他们创造文化、光扬文化，作为文化的直接载体。孔子自觉地以"斯文"自任，认为自己个人的命运是同"斯文"的兴衰成败相联系，"士志于道"，自觉地将变无道为有道加诸士身。从先秦诸子、汉博士从事阐扬先秦文化的纯文化工作，汉代的循吏则通过为官行政的条件，努力推阐文化。汉后的士大夫的人格理想无不以汉这种循吏为基础，一方面希望创造事功，另一方面，他们渴望将圣王之教推广开来，教化众生，这就是内圣外王的人格。

两汉时代，士大夫经历过从积极入世到消极隐退心路历程。西汉士大夫以"悲士不遇"为抒情主题，感叹自己未能遭遇历史的机遇；东汉则以知命求解脱。

一、山中兮不可以久留

汉初，经过了秦末的农民起义和五年的楚汉相争，人们渴望安定。统治者汲取秦以苛暴速亡的教训，"约法省禁，轻田租"，减轻了对广大人民的剥削，也听取了有识之士的劝导，懂得了可以从马上得天下，但不能以"马上治天下"，需要大量知识分子的参与。当时，富有社会责任感的士阶层，继承战国诸子的优良传统，积极参与政治，他们针对社会上的种种弊病，议论风发，感情炽热，如陆贾、贾谊、晁错辈。

《史记·留侯世家》和皇甫谧《高士传》中谈到秦末乱世，逃匿于商山的"四皓"（东园公、绮里季、夏黄公和里先生），在秦败后，汉高祖闻而征之，但他们皆以为高祖轻慢侮辱士人，故深自匿终南山，不能屈己，义不为汉臣。但是，当汉高祖欲废太子刘盈，吕后采用了张良之策，还是将"四皓"迎接下山辅佐太子，安定了皇储。

---

① 余英时：《士与中国文化》，上海人民出版社 2003 年版，第 181 页。

武帝时代的淮南王刘安，喜爱辞赋，他及其宾客作赋甚多，他的群臣赋作今存小山的《招隐士》一篇。《楚辞章句·招隐士》篇首《序》说："《招隐士》者，淮南小山之所作也。昔淮南王安，博雅好古，招怀天下俊伟之士……各竭才智，著作篇章，分造辞赋，以类相从。"有大山、小山等类，据此，"淮南小山"实为刘安门客中某一门类的名称。但《招隐士》反映了积极出世的时代思潮。

赋中描写了山中优美的景色："桂树丛生兮山之幽，偃蹇连蜷兮枝相缭。山气茏苁兮石嵯峨，溪谷崭岩兮水曾波。"但是，"猿狖群啸兮虎豹嗥，攀援桂枝兮聊淹留。王孙游兮不归，春草生兮萋萋。岁暮兮不自聊，蟪蛄鸣兮啾啾。块兮轧，山曲岪，心淹留兮恫慌忽。罔兮沕，憭兮栗，虎豹穴，丛薄深林兮人上栗……虎豹斗兮熊罴咆，禽兽骇兮亡其曹。王孙兮归来，山中兮不可以久留。"朱熹解释曰："言山谷之中，幽深险阻，非君子之所处，猿狖虎豹，非贤者之偶。"[1] 作者将隐士们隐居的"山中"描写得幽深险阻，猿狖群啸兮虎豹嗥，丛薄深林兮人上栗，环境恐怖，人的内心恐惧，正好印证了孔子所说的：人不可与鸟兽同群！

二、"悲士不遇"与避世"金马门"

汉代群儒之首的董仲舒，创立了以天道、阴阳之说阐述奉天、尊君、正名、正道一同的思想理论，提出了"罢黜百家，独尊儒术"的国策，深得汉武帝的赏识，委以重任，拜为江都相，以言灾异，下狱几死；公孙弘因仲舒恨其阿谀奉顺，请汉武帝免仲舒为太中大夫，徙相胶西王。仲舒恐久获罪，疾免居家，时已近七十，写下《士不遇赋》，[2] 张溥《汉魏六朝三家集题辞》云："公孙用事，同学怀妒。出相胶西，谢病自免。怨哉董生，向赋不遇，今其然耶？"细品该赋，董仲舒的"不遇"，实乃"内圣外王"之道未得充分实现之悲。

赋一开始就感叹"时来曷迟，去之速矣。屈意从人，悲吾族矣。正身俟时，将就木矣。"实现士人理想的时机来得太迟而结束得又太早。董仲舒在武帝"举贤良文学之士"时才得到任用的机会，年已50有余，到70多岁辞职，虽然"正身"，坚守着"内圣"之道，但"外王"理想尚未充分舒展，自己已经行将就木

---

① 《楚辞集注》卷8。
② 见《艺文类聚》卷37。

中
·
国
·
园
·
林
·
文
·
化

了。更让董仲舒感到忧愤的是"士道"之不畅，"末俗以辩诈而期通，贞士以耿介而自束。鬼神不能正人事之变戾，圣贤亦不能开愚夫之违惑。出门则不可与偕同，藏器又蚩其不容。退洗心而内讼，固亦未知其所从。观上世之清晖，廉士荦荦而靡归。殷汤有卞随与务光，周武有伯夷与叔齐"，世风不良，信守"士道"之"贞士以耿介而自束"，而"末俗"之流如公孙弘之辈却飞黄腾达。《汉书·董仲舒传》曰："公孙弘治《春秋》不如仲舒，而弘希世用事，位至公卿。仲舒以弘为从谀，弘嫉之。"《汉书·公孙弘卜式倪宽传》说公孙弘："其性意忌，外宽内深。诸常与弘有隙，无近远，虽阳与善，后竟报其过。杀主父偃，徙董仲舒胶西，皆弘力也。"与公孙弘同事的汲黯指出：公孙弘最大的特点就是诈，是个"内奢泰而外为诡服以钓虚誉者"，他位在三公，俸禄很多，却盖布被。与汲黯统一证实，佯同而阴毁，每每陷汲黯于不利之境。董仲舒大怒斥其"目信云而言眇，口信辩而言讷"。尽管如此，公孙弘却以《春秋》，白衣而为天子三公，封以平津侯①。钱穆说"汉初真得称士者有贾谊"，"继贾生而起者有董仲舒。……而仲舒亦终未大用于当朝。公孙弘乃自东海牧豕，超用为汉相。未能正学以言，而曲学以阿世，与仲舒有别。然则在中国，真为士，即不得大用。获大用者，多非真士。"② 公孙弘并非"真士"，他早就异化了。董仲舒和公孙弘的矛盾，是中国历史上的"真士"与异化了的"非真士"之间的矛盾。董仲舒守"士"之修齐治平之礼，"进退容止，非礼不行"，但直到古稀之年也没有看到他理想的社会，只能从卞随、务光、伯夷、叔齐身上得到点安慰，最终求得归于一善，恭行他的"内圣"之道。事实上，"仲舒在家，朝廷如有大议，使使者及廷尉张汤归其家而问之，其对皆有明法"，③ 他依然在尽"循吏"之道，履行他的社会责任，董仲舒是一代"士"之楷模。

东方朔是武帝时代的儒生，《史记·滑稽列传》记载他"好古传书，爱经术"，曾上书用"三千奏牍"，武帝"读之二月乃尽"，"诏拜为郎，常在侧侍中"。但他被召至帝前，非谈国家政事，而仅仅为逗武帝谈笑取乐，形同俳优。东方朔自言："如朔等，所谓避世于朝廷间者也。古之人，乃避世于深山中。"他乘着酒酣，据地歌曰："陆沉于俗，避世金马门。宫殿中可以避世全身，何

上
编
中国园林文化寻踪

① 方苞：《方苞集·书儒林传后》，上海古籍出版社1983年版，第52页。
② 钱穆：《宋代理学三书随劄》，三联书店2002年版，第182页。
③ 《汉书》卷56《董仲舒传》。

必深山之中、蒿庐之下。"金马门者，宦者署门也，门傍有铜马，故谓之曰"金马门"。① 东方朔也曾上书自荐，陈说自己文武之才，但始终未得大用。他对"吏隐"选择，是很自觉的。本传中还记载了一段"博士诸先生"议论之言，将他与苏秦、张仪相比，认为苏张获得了"卿相之位，泽及后世"，而东方朔"修先王之术，慕圣人之义，讽诵《诗》、《书》百家之言，不可胜数。著于竹帛，自以为海内无双，即可谓博闻辩智矣。然悉力尽忠以事圣帝，旷日持久，积数十年，官不过侍郎，位不过执戟"，反差很大，东方朔以时代不同，机遇有所不同为由作答。认为"天下无害灾，虽有圣人，无所施其才；上下和同，虽有贤者，无所立功"，实在是无奈之说。他盛赞当世之处士，时虽不用，崛然独立，决然独处，上观许由，下察接舆，策同范蠡，忠合子胥，天下和平，与义相扶，寡偶少徒，固其常也。② 东方朔认为，天下无道，君子"遂居深山之间，积土为室，编蓬为户"，③ 他并不在乎在朝在野，而是强调了精神的独立和人格的尊严。老子为周柱下守藏室吏，柳下惠为士师，"三黜"而不去，孔子还是称他们为"逸民"。东方朔的"隐于金马门"，为晋王康琚的"大隐隐朝市"开了法门。

三、"渔隐"和"归田"

东汉时，崇尚节义，士人能相尚以道，最好的典范无过于光武帝刘秀及其故人严光了。严光（公元前37年～公元43年），东汉会稽余姚人，字子陵，一名遵，少有高名，与光武帝刘秀同学。及刘秀即帝位，他变姓名隐居，刘秀聘他至京师，与刘秀相处如昔。光武帝欲其出仕，严光回答道："士故有志，何至相逼乎！"拜谏议大夫，不就。归，耕钓于富春江畔。后人称他所居游之地为严陵山，称钓鱼之地为严陵濑、严濑或严陵钓台，都是以他的姓名名之。《后汉书·隐逸传》有传。严子陵为保持"士"之"志"，视爵禄为粪土，始终不肯出仕，隐逸耕钓，表现了高尚的节操，特别是他富春江钓鱼的"渔隐"方式，垂范于后世。他的"不事王侯，高尚其事"的行为，被宋儒家名臣范仲淹赞誉为"盖先生之心，出乎日月之上"，可以使"贪夫廉，懦夫立，是大有功于名教也"，因歌颂道："云山苍苍，江水泱泱，先生之风，山高水长！"④

---

① 引文皆见《史记》卷126《滑稽列传》。
② 《史记》卷126《滑稽列传》。
③ 东方朔：《非有先生论》，见《汉书》卷65《东方朔传》。
④ 范仲淹：《严先生祠堂记》，见《古文观止》卷9。

东汉初年的冯衍怀才不遇，坎坷终身，写《显志赋》以抒其愤，推崇老庄高蹈隐逸思想：

> 陟山谷而闲处兮，守寂寞而存神。夫庄周之钓鱼兮，辞卿相之显位。於陵子之灌园兮，似至人之仿佛。盖隐约而得道兮，羌穷悟而入术。离尘垢之窈冥兮，配乔松之妙节。惟吾志之所庶兮，固与俗其不同。既倜傥而高引兮，愿观其从容。

处在东汉和、顺时期的文学家、天文学家张衡（公元78～139年），虽然做过皇帝的高级顾问，"掌侍左右，赞导众事，顾问应对"，顺帝经常将他"引在帷幄，讽议左右"，但顺帝懦弱，大权旁落，张衡颇有危机感，仕途之污浊常使他郁郁不快，但想游离于纷乱的尘世之外又办不到。于是憧憬那与官场形成鲜明对比的田园生活，萌生了归田隐居、不愿同流合污的愿望，他构想出一个充满自然情趣的田园景象：

> 仲春令月，时和气清，原隰郁茂，百草滋荣。王雎鼓翼，鸧鹒哀鸣，交颈颉颃，关关嘤嘤。①

春日的田园，风和日丽，百草丰茂，禽鸟飞鸣，充满勃勃生机。张衡设想回归自然犹如"龙吟方泽，虎啸山丘"，蓬庐远离尘嚣之外，可以轻松自由地射钓："仰飞纤缴，俯钓长流。触矢而毙，贪饵吞钩。落云间之逸禽，悬渊沉之鲇鳎。"可以"弹五弦之妙指，咏周、孔之图书"，还可以挥毫奋藻，述说人生："挥翰墨以奋藻，陈三皇之轨模"。竭力追求精神世界的宁恬，最后与冯衍一样，以老庄思想作为医治心灵的妙药："苟纵心于物外，安知荣辱之所如！"

汉末前后，中国历史上出现了"士道"与"王权"的大规模的激烈碰撞。汉末政治黑暗，生灵涂炭，"举世浑浊，清士乃现"，清议之风大盛。清"寓纯洁、公正之意，"清士包括名士、清流。"名士，不仕者"，德行高洁，负有时望，不与权贵同流合污者。太学士为清议之中坚，大名士陈蕃、李膺、范滂为领袖。这些儒教熏陶下的中国"士"人，依仁蹈义，舍命不渝，他们指点江山，

---

① 张衡：《归田赋》，见《文选》卷15。

激扬文字，抨击皇亲国戚、宦官太监乃至皇帝，企图移风易俗、整饬朝纲，尽管最终被宦官镇压，被处死、流放，或监禁，史称"党锢"。但是，具有"党人"精神的知识分子，依然肩负时代道义，用自己的方式伸张社会正义。他们面对着"舐痔结驷，正色徒行"、"邪夫显进，直士幽藏"的时代痼疾，耿直倨傲如赵壹者，还是大胆抗议："宁饥寒于尧舜之荒岁兮，不饱暖于当今之丰年"。[1] 倜傥敢直言有"狂生"之称的仲长统，则"欲卜居清旷，以乐其志。论之曰：'使居有良田广宅，背山临流，沟池环匝，竹木周布，场圃筑前，果园树后'"。

但是，"汉代循吏在中国文化史上的长远影响还是不容低估的。宋明的新儒家在义理的造诣方面自然远越汉儒，但是一旦为治民之官，他们仍不得不奉汉代的循吏为最高准则。"[2]

党锢之祸促使了隐逸文化精神气候的形成，于是，丘园、山林、归田园、渔钓成为文人的狂热追求。

---

① 赵壹：《刺世疾邪赋》，据王先谦《后汉书集解》卷110《赵壹传》，第919页。
② 余英时：《士与中国文化》，第183页。

第三章
多元文化走向与私家园林的诞生

汉帝国崩解后，中国陷入一段黯淡无望的长期动乱时代。兵祸连接，统治者波此倾轧，朝代更替频繁，三百多年间，竟有二十多个王朝鼎革，使社会秩序彻底瓦解。于是，一个个"坞堡"似的地方自卫组织相继建立，中国俨然进入另一个新形态的战国时代。

在意识形态领域，先秦两汉艺术的理性精神是被纳入极端的政教功利主义轨道，情感要素并未得到重视，魏晋南北朝时期，理的转移与情的升华，在一个共同的文化背景和审美趋向下，既重析理，又执着于审美情感的艺术实践，重理主情，并将情更多地与个体生命的志趣爱好、理想的追求、啸咏感唱相联系。儒学失去了支撑社会心理的功能，带来了文化的多元走向。由老庄无为学说与佛学糅合而成的玄学，成为社会思潮，玄学在社会心理失衡时给人以新的心理支撑，"非汤武而薄周孔"的道家"名士"、心存"济俗"的佛教"高僧"反而更能体现"士"的精神。①他们主张毁弃礼法，追求自然。手执麈尾、蝇拂、团扇、如意的士大夫们，对自然的永恒与一瞬，生命的长久与短暂，人生的欢乐与痛苦等等问题进行思索，时时在反观人生，思索着人生的价值，他们越来越感到个人的存在、生命延

---

① 余英时：《士与中国文化》，第 7 页。

续、生存自由的重要，对人作为单个生命的人的价值、才能，没有谁像他们那样重视过。他们深情于人生，慨叹、悲哀、迷惘、彷徨，"木犹如此，人何以堪"！他们常常在寻求人的永恒——精神的永恒与肉体的永恒，甚至将自然之理置于皇权之上，削弱了人们对皇权的依附，强化了人与客观自然的联系。人们的宇宙观、宗教观都发生了变化，开始漠视天国，更加关注人生。于是，远离城市与风景优美的庄园，逗留在有若自然的小园，成为士族进行游赏活动的人化环境。反映了人的意识的觉醒、人的本质力量的觉醒。

东汉以来自给自足的独立的庄园经济日益巩固和发达，出现了一批门阀世族和世俗地主，他们也是文化的拥有者，为从事私家园林提供了雄厚的经济和文化基础。

第一节　玄学与山水文化气候

处在乱世的人们由于对前途感到失望与不安，于是就寻求精神方面的解脱，佛经大量传译和名僧的大量来华，扩大了中国知识分子的视野，人们沉醉于道家和佛教的思想之中。深邃神秘的《周易》、玄虚幽奥的《老子》、《庄子》，成了士大夫爱不释手的经典。玄远的哲理，成了他们挥麈执扇、唇枪舌剑的内容，不懂得谈论哲理乃是耻辱，只晓得世务乃是庸碌之辈。老庄玄学冲决了儒家实用和狭隘的功利观。在这股理论兴趣背后萌动的依然是对人生的关切，士大夫们对有限的人生感到失望才去探寻那无限的永恒，人们对嚣扰的现实感到厌倦才去讨论静谧的哲理世界，借心中的永恒与静谧抵御现世的短暂与纷扰，以玄远的言语来平息内心的焦灼与冲动。因此，玄学成了南方士大夫经久不衰的时髦。玄佛合流，又为玄学提供了新的思想、内容，深刻地影响着社会心理和审美情趣的变化，这种思潮最后发展成为中唐以后风靡一时的禅宗佛教、禅悟、契合永恒的大道，不为一事一物所拘囿、羁绊，浪漫不羁。有道是："我今滔滔自在，不羡王公卿宰，四时犹若金刚，苦乐心常不改。法宝喻于须弥，智慧广于江海。不为八风所牵，亦无精进懈怠。任性浮沉若颠，散诞纵横自在。遮莫刀剑临头，我自安然不采。"① 中国艺术开始走上自觉发展的时代。

一、丘壑情与林下风

自汉末以来，文人发出大量的人生咏叹，他们开始对生命予以重视，关注人生价值，表露出对"生年不满百，常怀千岁忧"的质疑，以及"服药求神仙，多为药所误"的现实悲哀，同时对追求生命永恒的努力感到深深的失望，姑且"对酒当歌，人生几何?"于是，产生了"何不秉烛游的慨叹"，及时行乐，增加生命的密度，忘却现实的悲哀。深情于人生的魏晋名士，"俯仰之间，皆为陈迹"，所以要"且尽生前一杯酒"了。世族名士们出身世家大族，无衣食之忧。习于逸乐，率性而为。他们或沉溺于辩名析理的概念游戏，宾主往复，废寝忘食，或寄情于酒，"挈榼提壶，惟酒是务。衔杯漱醪，奋髯箕踞"，② 或啸傲行吟于山际水畔，体会自然真谛，"穷诸名山，泛沧海，叹曰：'我卒当以乐死'"③等等，成为士人的时代风尚。

士人"以玄对山水"，从自然山水中领悟"道"，唤起了人的自觉、文学艺术的自觉，在这种时代精神气候下，士人中出现了为后人所艳称的"魏晋风度"，讲究艺术的人生和人生的艺术，诗、书、画、乐、饮食、服饰、居室和园林融入到人们的生活领域，特别是幽远清悠的山水诗、潇洒玄远的山水画和士人山水园林，作为士人表达自己体玄识远、高寄襟怀的精神产品，呈现出诗画兼融的发展态势。

晋顾恺之为了自娱所画的《云雾望五老峰图》和《云台山图》首开山水画之先河，宗炳《画山水序》提出，游山水和看山水画都是为了"澄怀观道"、"畅神而已"，其至倡导"卧以游之"的观点，认为"嵩、华之秀，玄牝之灵，皆可得于一图矣"。崇尚自然，返璞归真，成为时代风尚。《文心雕龙·原道》："云雾雕色，有逾画工之妙；草木贲华，无待锦匠之奇；夫岂外饰，盖自然耳。至于林籁结响，调如竽瑟；泉石激韵，和若球锽。故形立则章成矣，声发则文生

① 《景德传灯录》卷29。
② 刘伶：《酒德颂》，见《晋书》卷49《刘伶》本传。
③ 《晋书》卷80《王羲之传》。

矣!"说明自然界之美出自天然,而非人工所为,天籁之鸣本身就是美妙的诗章。

魏晋南北朝妇女也都能以反传统的姿态登上社会舞台,率性而动,不拘行迹。她们可以和男子一起宴饮,可以率真自然地追求情爱,可以旷达不羁,超然脱俗。有气韵、有风致、有雅兴、有才调的才女大量涌现,如谢道蕴、鲍令晖、韩兰英、左芬等。①

魏晋名士们爱庭园成癖,既可享受山水之乐,又能免跋涉之劳,并在营造"第二自然"中得到艺术的无上乐趣。《世说新语·言语》载:"孙绰赋《遂初》,筑室畎川,自言见止足之分。"注引《遂初赋叙》曰:"余少慕老庄之道,仰其风流久矣。却感于陵贤妻之言,怅然悟之,乃经始东山,建五亩之宅,带长阜,倚茂林,孰与坐华幕击钟鼓者同年而语其乐哉!"

二、"谢公志"与"曲水韵"

"会稽有佳山水","顾长康从会稽还,人问山川之美。顾云:'千岩竞秀,万壑争流,草木蒙笼其上,若云兴霞蔚。'"② 王羲之之子献之也说:"从山阴道上行,山川自相映发,使人应接不暇。"③ 南下的东晋名士沉溺在南方的灵山秀水之中。谢安出仕前,曾高卧东山(今浙江上虞县东南,亦属会稽)。他出身世族高门,又被称为"清贵有鉴裁"的大名士王羲之,在仕与隐的道路上徘徊了一阵之后,终于接受了朝廷任命,出任右军将军、会稽内史。"谢公志"与"曲水韵"就是讲这两位大名士纵情山水,游心翰墨,清谈老庄,思想和言行都具有鲜明的时代特征。

"谢公志"是指谢安的"东山之志",即隐居东山以自娱。《世说新语·德行》引《文字志》曰:"谢安,字安石……世有学行,安弘粹通远,温雅融畅。桓彝见其四岁时,称之曰'此儿风神秀彻,当继踪王东海。'善行书。"《世说新语·雅量》引《中兴书》曰:"安先居会稽,与支道林、王羲之、许询共游处,出则渔弋山水,入则谈说属文,未尝有处世意也。"④ 同书《识鉴》⑤ 写谢安在

---

① 庄华峰:《魏晋南北朝时期妇女的个性解放》,见《中国史研究》1993年第1期。
② 刘义庆:《世说新语》上卷上《言语》第2,余嘉锡《世说新语笺证》,中华书局1983年版,第143页。
③ 同上。
④ 刘义庆:《世说新语》中卷上《雅量》引《中兴书》,第369页。
⑤ 刘义庆:《世说新语》中卷上《识鉴》第7,第403页。

东山畜妓，注引宋明帝《文章志》曰："安纵心事外，疏略常节，每畜女妓，携持游肆也。"谢安爱散发岩阿，性好音乐，陶情丝竹，欣然自乐，甚至"期功之惨，不废妓乐"。[①] 于土山营墅，楼馆林竹甚盛，每携中外子侄往来游集，肴馔亦屡费百金。谢安高卧东山二十余年，以敷文析理自娱，曾屡违朝旨，后因严命屡臻，势不获已，始就桓公司马，累迁太保，录尚书事，赠太傅，遂有"小草"之讥。事实上，谢安后虽受朝寄，然东山之志，始终不渝，人称"江左风流宰相"。既风流又成功地指挥了肥水之战，所谓"高卧东山四十年，一堂丝竹败符坚"，[②] 赢得身前身后名。谢安在当时就声满朝野，宋明帝《文章志》记载："安能作洛下书生咏，而少有鼻疾，语音浊，后名流多学其咏，弗能及，手掩鼻而吟焉。"谢安的东山风流，成为后世文人园津津乐道并予以效仿的典范。

东晋名士的曲水之宴，流风余韵数千年。中国的曲水宴，是于水畔饮酒作乐的一种形式，引水环曲为渠，以酒杯置于水上，渊源于水边袚禊的原始宗教活动。西方基督教的"洗礼用水一方面象征着洗去原罪的污浊，另一方面又象征着即将开始的精神上的新生"。[③] 中华自古就有在上巳节举行修禊活动的习俗。据《韩诗外传》记载："郑国之俗，三月上巳之辰，于两水上，招魂续魄，拂除不祥。"即修禊。应劭《风俗通义》作了比较详细的阐释："按《周礼》，女巫掌岁时以被除疾病。禊者，洁也，故于水上盥洁之也。巳者，祉也，邪疾已去，祈介祉（大福）也"。《后汉书·礼仪志》载："是月上巳，官民皆絜于东流水上，曰洗濯被除，去宿垢疢，为大絜。絜者，含阳气布畅，万物讫出，始絜之矣。"咏之诗赋的有夏侯湛《禊赋》、张协《洛禊赋》、阮瞻《上巳会赋》等。《晋书·束皙传》："武帝问三日曲水之义。皙进曰：'昔周公成洛邑，因流水以汜酒，故《逸诗》云'羽觞随波'。又：秦昭王以三日置酒河曲，见金人奉水心之剑，曰：'令君制有西夏，乃霸诸侯。'因此立为曲水。二汉相缘，皆为盛集。"曲水宴在中国历史上，可以追溯到西周时期：周公旦引泗水入苑池行曲水宴，当初只是作为袚禊。曲水宴与魏晋风流联系起来，源自东晋王羲之等人的兰亭雅集。晋穆帝永和九年（公元353年）暮春三月三日，王羲之、谢安、许询、支遁和尚等41

---

① 房玄龄：《晋书》卷75《王坦之传》。
② 余怀：《谢公墩》。
③ 叶舒宪译编：《神话——原型批评》，陕西师范大学出版社1987年版，第228页。

人于会稽山阴之兰亭，在曲水之畔，以觞盛酒，顺流而下，觞流到谁的面前，随即赋诗一首，如作不出，便罚酒三觞。结果，王羲之等 11 人，各赋诗二首，另 15 人各赋诗 1 首，作不出者便被罚酒。王羲之乘着酒兴，汇集诸人雅作，并写下了千古传诵的《兰亭集序》。序文中描绘了文人大规模集会、饮酒赋诗的盛况，在"有崇山峻岭，茂林修竹"的优美环境中，将"清流激湍，映带左右，引以为流觞曲水"，作文字饮。在玄学的支配下，名士们对山水的欣赏，由"目寓"到"神游"，体会庄子"道通为一"的观点，"宇宙之大"和"品类之盛"同为一体，都体现了自然之道。对自然的观察思考，怡情养性之外，还可明理与悟道。"清流激湍"、"惠风和畅"，鱼鸟相亲，达到道的最高境界，即王羲之《兰亭诗》中说的，"三春启群品，寄畅在所因。仰望碧天际，俯瞰绿水滨。寥朗无厓观，寓目理自陈。大矣造化功，万殊莫不均。群籁虽参差，适我无非亲。"他们在游目骋怀、极视听之娱的同时，悟出了道，融山水、玄学为一炉，"信可乐也"。[1]

魏晋名士们多在园林的真水中进行，如石崇的金谷宴饮，陶渊明的斜溪游宴等。"曲水流觞"的环境和形式，成为中国园林造景的最好模板。"人事有代谢，往来成古今"，[2] 淙淙作响的一曲清溪，遂成为名士雅集的一种风雅环境，从此曲水流觞这一修禊的传统习俗被雅化为文士雅集的风流，传为千古韵事。

皇家贵族园林常建流杯亭，在亭中地面的石板上凿出弯弯曲曲的槽沟并引水入沟，参加宴会的人分列两侧，把盛满酒的木制酒杯或青瓷羽觞从上游放下，任其漂流，杯飘到谁的面前停下时，谁就得饮酒赋诗。圆明园中的流杯水渠设在开敞的地面，名"坐石临流"，上不盖亭。宁寿宫花园禊赏亭亭内用石板凿成弯弯曲曲的流杯渠（图 10），流杯

图 10　宁寿宫花园禊赏亭内的流杯渠

渠的水源来自南侧假山上的水缸，山下有水井，汲井水入缸中，水由缸底漏孔进入缸下管道，由管道导入流杯渠，又由流杯渠中流出注入地沟。每年春天三月三

---

① 王羲之：《兰亭集序》，见《晋书》卷80《王羲之传》。
② 孟浩然：《与诸子登岘山》，见赵桂藩注《孟浩然集注》卷5，旅游教育出版社1991年版。

日，皇帝与几位文学侍臣列坐渠旁，将酒杯置于渠水之上，酒随水行，行至某人面前停止不动，某人便饮酒，并赋诗连句。其他尚有北京南海的流水音、潭柘寺的猗玕亭、恭王府流杯亭等。

三、蓬蒿三径名士风

魏晋时期，人们并不以仕隐出处为标准分优劣，"朝亦可隐，市亦可隐。隐初在我，不在于物"，① 甚至大唱"小隐隐陵薮，大隐隐朝市。伯夷窜首阳，老聃伏柱史"。② 但"在古代中国社会中，最富有独立精神的人是在荒山穷谷中的道家隐士，但即使是这类人，也是墨守着道家的理想化原始社会的概念，而不能越雷池一步。"③ 山水能安息精神，在质朴、清逸、幽深的山水境界中，最能表现品性的清高和超脱。"蓬蒿三径名士风"，一些人只与志同道合者交往，如汉代的蒋诩只与羊仇、羊仲来往一样，庭中独辟"三径"。遵循原始的"凿岩石而为室"，④ 隐遁山林，远离王权者依然很多。《晋书·隐逸传》载，张忠隐泰山，"其居依崇岩幽谷，凿地为窟室，弟子亦窟居"。公孙凤隐居在九城山谷，"冬衣单布，寝处土床，夏则并食于器，停令臭败，然后食之，弹琴吟咏，陶然自得"，只求精神的独立自由。于是，出现了一些隐士集团：如陶渊明、刘遗民、周续之有"浔阳三隐"之称，嵇康、阮籍、向秀、刘伶、山涛、王戎、阮咸有"竹林七贤"之号。他们或为顺应环境、保全性命，或寻求山水、安息精神。嵇康提出了"越名教而任自然"的离经叛道说，将自然真率、洒脱逍遥的生活方式作为理想的人生境界去追求。深沉的自然山水意识渗透到生活领域。清谈、静坐、吟诗、绘画、读书、诵经、调素琴、弈棋、啜茗、饮酒、垂钓、采药、炼丹、游山泛舟等成为魏晋南北朝文人生活的主要内容，也是后世文人园林中的主要活动。

乱世中有条件肥遁于庄园、闲居南村者，"其中由于总藏存这种人生的忧恐、惊惧，情感实际是处在一种异常矛盾复杂的状态中。外表尽管装饰得如何轻视世事，洒脱不凡，内心却更强烈地执著人生，非常痛苦。这构成了魏晋风度内在的

---

① 房玄龄：《晋书》卷82《邓粲传》。
② 王康琚：《反招隐》，见《文选》卷22。
③ 斯蒂芬·F·梅森著，上海外国自然科学哲学著作编译组译：《自然科学史》，上海人民出版社1977年版，第77页。
④ 冯衍：《显志赋》，见《后汉书》卷18《冯衍传》。

深刻的一面。"①

当时，也已经出现了"充隐"作秀者，指新皇朝为了点缀太平受到优遇的沽名钓誉之徒。《晋书·桓玄传》说：桓玄篡位做了皇帝以后，"以历代咸有肥遁之士，而己世独无。乃征皇甫谧六世孙希之为著作，并给其资用，皆令让而不受，号曰高士，时人名为'充隐'。"

第二节　有若自然的六朝私园

东晋、南北朝士人、官僚、富商私园在上述精神气候的沐浴下，如雨后春笋，绽芽破土。特别是时代文化的代表士大夫们，更是领时代潮流之先，普遍追求"五亩之宅，带长阜，倚茂林"②的高品位的精神生活。

私家园林有位于郊外、宅内者，有供豪门士族"肥遁"的宏阔庄园，也有"少寄情赏"的一壶之园，但都以有若自然为宗旨。

一、庄园经济与郊外别墅园

魏晋南北朝是中国历史上士族宗族势力发展最为强盛的时期。维护士族特权的九品中正制、占田荫户制等制度的建立，使士族拥有极其强大的政治、军事、经济实力和极高的社会影响。

魏晋时期，以河内司马氏为首的中原大姓控制了政权。士族家族具有雄厚的经济实力，多采取大庄园经济的形式，他们圈占了大量的土地，甚至"封山占泽"，形成一个很大的庄园。西晋政权灭亡后，南逃江南的司马氏残余势力在琅邪王氏的鼎力拥戴下，建立了东晋政权，时谚称"王与马，共天下"。北方士族凭借自身的政治优势和从北方带来的大量佃客、部曲和奴僮，在南方进行了大规模的占山固泽活动。

东晋至刘宋前期，尽管国家三令五申禁止私人占山固泽，但士族根本不予理会，禁者自禁，占者自占。至刘宋大明初年，朝廷不得不改变政策，颁布占山格，规定当朝官员从一品到九品，都可依其品级占领山泽，数量从三顷到一顷不等，已占足额者不得再占，未占足者有权先占。国家所有山泽一律解禁，

---

① 李泽厚：《美的历程》，第 102 页。
② 孙绰：《遂初赋叙》，见《世说新语》注引，第 140 页。

私人占领山泽后向国家登记，占山格取消了国家对山泽的垄断权，确认了私人占领山泽的合法性，这一法令颁布后，士族占山固泽的活动达到高潮，"名山大川，往往占固"，士族庄园制度在江南地区普遍发展起来。北方地区也同样如此。

庄园经济的发展，促使隐逸方式的变化。谢灵运《山居赋序》云："古巢居穴处曰岩栖，栋宇居山曰山居，在林野曰丘园，在郊郭曰城傍。"在这四种隐居方式中，士族们一般不会去岩栖，但后三种方式却都兼而有之。他们隐居在经过精心选择的优美的自然景区，既能享受城市社会的文明，也能享受大自然的乐趣。所以，寻访名山，对风景进行掠夺性的开发，也就成为这些拥有土地、金钱的贵族所热衷的活动。

西晋以掠夺、斗富闻名的石崇，晚年也追求山水之乐，他说："五十以事去官，晚节更乐放逸，笃好林薮，遂肥遁于汉阳别业。其制宅也，却阻长堤，前临清渠。百木几千万株，流水周于舍下，有观阁池沼，多养鸟鱼……出则以游目弋钓为事，入则有琴书之娱，又好服食咽气，志在不朽，傲然有凌云之操……困于人间烦黩，常思归而求叹。"① 金谷园，一称河阳别业，是建于郊外的别墅园，位于洛阳城西十三里金谷涧中，太白原水流经金谷，称为金谷水。石崇因川谷西北角，随地势高低筑台凿池，楼榭亭阁，高下错落，金谷水萦绕穿流其间，郦道元《水经注》谓其"清泉茂树，众果竹柏，药草蔽翳"，金谷园是当时全国最美丽的花园，每当阳春三月，风和日暖，梨花泛白，桃花灼灼，柳绿袅袅，百花含艳，鸟啼鹤鸣，池沼碧波，楼台亭榭，交相辉映，犹如仙山琼阁。石崇结诗社24人，史称"金谷二十四友"，朝夕游于园中，饮酒赋诗。寓人工山水于天然山水之间，是生活、游赏和生产于一体的庄园式园林。曾几何时，"繁华事散逐香光，流水无情草自春"。② 这类山庄别业琅邪王氏、陈郡谢氏都有。

潘岳的庄园内"池沼足以渔钓，春税足以代耕"，他自称："灌园鬻蔬，以供朝夕之膳；牧羊酤酪，以俟伏腊之费。"各种果树靡不毕植。

山水诗人谢灵运有山水之癖，他从始宁"移籍会稽，修营别业，傍山带江，尽幽居之美"，有"北山二园，南山三苑"。他在《山居赋》中生动地描写了惬意的庄园生活："春秋有待，朝夕须资。既耕以饭，亦桑贸衣。艺菜当肴，采药

---

① 石崇：《思归引序》，见《文选》卷45。
② 杜牧：《金谷园》，见缪钺选注《杜牧诗选》1957年版，第102页。

救颓。自外何事，顺性靡违。"① 赋中描述了谢氏广阔的庄园，宏伟的宅院，茂密的竹木森林，繁多的飞禽走兽，家畜池鱼，瓜果蔬菜，品种十分丰富。难怪他身游京华，也未尝废丘壑。

刘宋会稽公主的丈夫徐湛之在广陵的私园，有"风亭、月观、吹台、琴室"、"果竹繁茂，花药成行"，② 可尽游观之乐，也属于带生产经营性质的庄园别墅。

吴姓士族孔灵符在永兴（今浙江萧山）的庄园，周回33里，水陆地265顷，含带二山，有果园9处。③

北魏张伦所造景阳山私园，重岩复岭，深溪洞壑，逦迤连接，俨然真山，高树巨林，足使日月蔽云。悬葛垂萝，能令风烟出入。石路崎岖，似壅而通，峥嵘涧道，盘行复直，④ 匠心巧思。

北周车骑大将军萧大圜对奢侈惬意、优游逍遥的庄园生活也心向往之，他说：果园在后，蔬圃居前，仰观翔鸟，俯玩游鱼，田二顷种粮食，园十亩供丝麻，侍儿三五充织，家僮数四代耕，畜鸡种黍，沽酒牧羊，烹羔豚，迎伏腊，手持书卷，口谈故典，"歌纂纂，唱乌乌"，无人间之烦，有神仙之乐。⑤

这类建置在郊野依托天然山水的庄园，兼有农业自然经济与游息的双重功能。

二、聚石引水的宅内私园

六朝时期已经出现与住宅结合的城市私园。

南方吴姓士族受侨居大姓的控制，在政权中不占主导地位，但其代表家族如吴郡的顾、陆、朱、张，也在东晋政权中分得了一杯羹。据《抱朴子》记载，苏州顾、陆、朱、张四大姓的庄园，都是"僮仆成军，闭门为市，牛羊掩原隰，田池布千里"、"金玉满堂，伎妾溢房，商贩千艘，腐谷万庾"。顾氏为四大家之一，辟疆官郡功曹、平北参军，性高洁。"顾辟疆园"，当时号称"吴中第一私园"，以美竹闻名，文徵明《顾荣夫园池》用"水竹人推顾辟疆"称美，也有

---

① 《宋书》卷67，中华书局1974年版。
② 《宋书》卷71《徐湛之传》。
③ 《宋书》卷54。
④ 杨衒之：《洛阳伽蓝记》卷2《正始寺·张伦景阳山私园》。
⑤ 令狐德棻：《周书》卷42，中华书局点校本。

"怪石纷相向"。辟疆园已经属于家宅中的园林了。①

南朝齐时，会稽孔珪在宅内造园，列植桐柳，多构山泉，殆穷真趣。

文人艺术家也营构宅旁人工山水园。著名的是刘宋时名士戴颙的宅园。戴颙的父亲戴逵，安徽宿州人，出身士族，然终身不仕，而且傲视权势之人，《晋书》将其列为"隐逸"。戴逵是当时著名的画家、雕塑家，善铸佛像及雕刻，曾积思三年，刻高六丈的无量寿木像。他的儿子戴勃和戴颙都在当时有高名，他们继承了乃父的道德和艺术，山水画虚灵、疏淡，更是著名的雕塑家。戴颙"巧思通神"，早年随父亲客居浙江剡县，兄死后，卜居苏州齐门内，据《吴郡图经续记》载："士共为筑室，聚石引水，植林开涧，少时繁密，有若自然。三吴将守及郡内衣冠，要其同游野泽，堪行便去，不为矫介，众论以此多之。"

刘宋末年，刘缅在钟岭之南，"以为栖息，聚石蓄水，仿佛丘中，朝士爱素者，多往游之"。② 刘所以穿池种树，是为了"少寄情赏，培塿之山，聚石移果，杂以花卉，以娱休沐，用托性灵"者。③

北方也有在宅内构园、有若自然的景观。天水人姜质在《亭林赋》中说："庭起半山半壑，听以目达心想"，"纤列之状一如古，崩剥之势似千年"，堆土凿壑，由大而缩为庭院之内，借景入户，小中见大。

刘缅质朴的士人园，雅致而小巧，少寄情赏，融合了幽远清悠的山水诗文和潇洒玄远的山水画的意境，园林从写实向写意过渡，代表园林的文人化走向。庾信的《小园赋》将文人畅想中的"小园"风貌，用文学手段表现出来了，这是一个仅能容身的安静的小园林：

> 若夫一枝之上，巢父得安巢之所；一壶之中，壶公有容身之地。况
> 乎管宁藜床，虽穿而可坐；嵇康锻灶，既暖而堪眠。岂必连闼洞房，南

---

① 龚明之《中吴纪闻》卷 1 引唐陆羽诗，上海古籍出版社 1986 年版。据《世说新语》称，时为中书令的王献之，高迈不拘，风流为一时之冠，他"自会稽经吴，闻顾辟疆有名园，先不识主人，径往其家，值顾方集宾友酣燕，而王游历既毕，指麾好恶，傍若无人。顾勃然不堪曰：'傲主人，非礼也！以贵骄人，非道也！失此二者，不足齿人，伧耳！'便驱其左右出门。王独在舆上，回转顾望，左右移时不至，然后令送门外，怡然不屑。"顾氏对富且贵的东晋豪族王氏，如此蔑视，既有南方士族对北方士人的敌视，又表现了士人不攀附权门，甚至傲视权贵的共同心理特征。《晋书·王徽之传》则载有类似的内容："吴中一士大夫家，有好竹，欲观之，便造竹下，讽啸良久，主人洒扫请坐，徽之不顾，将出，主人乃闭门。徽之便以此赏之，尽欢而去。"

② 《宋书》卷 86。

③ 《南史》卷 60。

阳樊重之第；绿墀青琐，西汉王根之宅。余有数亩弊庐，寂寞人外，以
拟伏腊，聊以避风霜……

小园宁静、简朴，栖迟偃仰其中，过着知足常乐、与世无争、任性自然、怡
然自乐的生活。欣赏桐叶轻轻落下、柳风徐徐吹来，可以抚琴、读书。园中有棠
梨酸枣之树而无馆台之丽。小园虽小，但有二三行榆柳、百余株梨桃。一寸二寸
之鱼，三竿二竿之竹。有门而长闭，无水而恒沉。小园简朴、宁静、恬淡，与纷
乱喧嚣的尘世和华丽的第宅恰成鲜明的对比。不管这个小园实际上是否存在，但
这是文人第一次详细描绘出来的具体可感的文人园，"情"与"景"之间有着内
在的紧密联系。文人园林迈出了模仿自然、写意山水的重要一步。

三、坞堡与桃花源梦幻

魏晋乱世中大量出现的"坞堡"，含有文人"桃花源"的某些因子和基素。
西晋之末，中原丧乱，少数民族大举进入中原，各割据政权旋起旋灭，很多留居
北方的士族，纷纷纠集宗族成员，筑坞自保，据险自守，自成一统。坞堡出现于
东汉，发展在魏晋，负有抗御外敌，保护族众生命财产安全的责任。魏晋间，全
国坞堡林立。

坞堡往往傍山聚族而居，如三国时的田畴，率举宗族所附从数百人"入徐无
山中，营深险平敞地而居，躬耕以养父母。百姓归之，数年间至五千余家"。[①]
西晋八王之乱时，颍川人庾衮"乃率其同族及庶姓保于禹山"。[②] 西晋末年兵乱，
高平金乡人郗鉴，"举千余家俱避难于鲁之峄山"。[③] 深山，成为与外部世界在地
理上隔离因而保安全的屏障。

坞堡在管理上，具有原始氏族色彩的民主意识，坞主由族众推选。内部还建
立共同必须遵守的法令，如庾衮在禹山坞通过与族众共同立誓的办法，制订了如
下法令："均劳逸，通有无，缮完器备，量力任能，物应其宜……上下有礼，少
长无仪，将顺其美，匡救其恶。"庾衮自己能够"劳则先之，逸则后之，言必行
之，行必安之。是以宗族乡党，莫不崇仰"。[④]

---

① 陈寿：《三国志》卷11，中华书局1959年版。
② 房玄龄：《晋书》卷88。
③ 同上，卷67。
④ 同上，卷88。

这类坞堡在宗族势力大发展的历史环境中，采取了与其他时代不同的组织形式，外面远离战乱，内部无君，远离了皇权的控制，成员均劳逸、通有无，人人量力任能，物应其宜，自然成了人们保家苟安的理想之地。乱世的人们，尤其渴望安定、幸福的生活。春秋时期，《诗经·硕鼠》中的农奴们，反对剥削，热烈憧憬"乐土"，"乐土乐土，爰得我所"。春秋思想家老子构想了一个"甘其食，美其服，安其居，乐其俗。邻国相望，鸡犬之声相闻，民至老死不相往来"的小国寡民社会。①《礼记·礼运》篇出现了一个"大同世界"："大道之行也，天下为公。选贤与能，将信修睦。故人不独亲其亲，不独子其子；使老有所终，壮有所养……"魏晋易代之际，阮籍设想了无君无臣的世界，他在《大人先生传》中提到"无君而庶物定，无臣而万事理"的言论，鲍敬言则大倡《无君论》，认为"有司设则百姓困，奉上厚而下民贫"。

东晋和刘宋易代之际，"江州一隅之地，当逆顺之冲，自桓玄以来，驱蹙残败，至乃男不被养，女无匹对，逃亡去就，不避幽深。"② 于是出现了刘晨、阮肇在"晋太元八年"在天台山的艳遇描写，他俩在天台山绝岩邃涧之间，红桃青溪之旁，见到了仙女之居。刘义庆《幽明录》"刘晨阮肇"条。传为陶渊明的《搜神后记》中则记有袁相、根硕在山中的艳遇：

> 会稽剡县民袁相、根硕二人猎，经深山重岭甚多。见一群山羊六七头，逐之，经一石桥，甚狭而峻，羊去，根等亦随渡，向绝崖。崖正赤壁立，名曰赤城。上有水流下，广狭如匹布，剡人谓之瀑布。羊径有山穴如门，豁然而过。既入内，甚平敞，草木皆香。有一小屋，二女子住其中，年皆十五六，容色甚美，著青衣，一名莹珠，一名□□。见二人至，忻然云："早望汝来。"遂为室家。忽二女出行，云："复有得婿者，往庆之。"曳履于绝岩上行，琅琅然。二人思归，潜去归路，二女追还已知，乃谓曰："自可去。"乃以一腕囊与根等，语曰："慎勿开也。"于是乃归。后出行，家人开视其囊，囊如莲花，一重去，一重复，至五盖，中有小青鸟飞去。根还如此，怅然而已。后根于田中耕，家依常饷之，见在田中不动；就视，但有壳如蝉蜕也。

---

① 《老子》第80章。
② 《晋书·刘毅传》。

传说有个刘子骥，名骥之，居然在深山采集到了仙药。《天平御览》引《晋中兴书》说：刘子骥"好游于山泽，志在存道，常采药至名山，深入忘返，见有一涧水，南有二石囷，一囷开，一囷闭，或说囷中皆仙方秘药，骥之欲更寻索，终不能知"。

人迹罕至的深山成为神秘而富有魅力的去处。古人的理想、坞堡的现实和种种传说，都成为东晋文学家陶渊明创构"桃花源"的思想艺术渊源，以致桃花源成为后世造园的不倦主题（详见中编第六章第二节）。

第三节 "紫闼"与"青云"的错位

士人园的书卷气和文化的高品位，对皇家宫苑都产生了巨大的文化冲击波，"紫闼"与"青云"产生了严重错位。

在时代精神气候的浸染下，帝王园苑的面貌发生了巨大的变化。魏晋六朝时期帝王宫苑的发展处于转折时期，在布局和使用内容上既继承了汉代苑囿的某些特点，又增加了较多的自然色彩和写意成分，规模较秦汉山水宫苑小，开始走向高雅。

一、华林野趣与濠濮间想

六朝帝王们都有追求自然野趣的雅尚，追求精神的满足。魏初的"铜雀园"，就是利用天然山水资源而建。东晋南朝建都建康后，天然湖泊玄武湖成为御苑区，历代帝王充分利用这一优美的自然山水，精心设计，做足了园林文章。刘宋时覆舟山的乐游苑、青溪上的芳林苑、玄武湖东岸的青林苑、北岸的上林苑，至梁武帝时臻于极盛，成就了"六朝金粉"。

有的皇帝酷好园林，甚至亲自掘土堆山。如魏文帝曹丕亲自参与了洛阳城内东北隅华林园的修筑，据孙盛《魏春秋》记载："黄初元年，文帝愈崇宫殿。雕饰观阁，取白石英及紫石英、五色大石于太行城之山。起景阳山于芳林园，树松竹草木，捕禽兽以充其中。于时百役繁兴，帝躬自掘土，率群臣。三公以下，莫不展力。"园中种植松竹草木，捕禽兽以充其中，掘土堆山凿池，引谷水绕于殿堂前，形成园内完整的水系，野趣盎然。

帝王们服膺士人自然山水园的高逸格调，欣赏仿效士人风范，甚至专请著名的士大夫文人来设计、监造皇家园林。文惠太子萧长懋性爱山水，所开拓之玄圃园，内有明月观、宛转廊、徘徊桥等，又聚叠奇石，后池可泛舟。园中还建"茅斋"一所，并请工于卫恒散隶书法的名士周颙书其壁。周颙其人"清贫寡欲，终日长蔬食，虽有妻子，独处山舍"，然"音辞辩丽，出言不穷，宫商朱紫，发口成句"。①

受时代美学思潮的浸润，皇家宫苑中的人工建构、布局追求与自然山水的巧妙结合，构山合乎真山的自然体势，林木掩映，楼观高下随势，妙极自然。齐明帝萧鸾建于建武三年（公元496年）的芳乐苑，苑内出现了跨池水而建的紫阁等新的建筑形式。湘东苑池沿岸种植莲荷，岸边杂以奇木。建筑物有跨水而过的通波阁，高踞山巅的阳云楼。

园林中还出现了可以移动的建筑。如湘东苑中有芙蓉堂、隐士亭、映月亭、修竹堂、临水斋等，并备有移动式"行堋"的乡射堂（堂前有射堋和马埒，以供骑射）。② 文惠太子的玄圃园，也因其中楼观塔宇，多聚奇石，妙极山水。有愈上宫，所以，"虑上宫望见，乃傍门列修竹，内施高障。造游墙数百间，施诸机巧，宜须障蔽，须臾成立，若应毁撤，应手迁移。"③ 说明建筑艺术的发展。总之，南北朝皇家造园艺术已经升华到较高的艺术水平，为隋唐时的全盛奠定了基础。

"会心处不必在远，翳然林木，便自有濠、濮间想也。觉鸟兽禽鱼，自来亲人"的"濠、濮间想"，就是身为君王的晋司马昱的典故。④ 大自然被人格化，进入极高的审美境界。

史载昭明太子萧统，"性爱山水，于玄圃穿筑，更立亭馆，与朝士名素者游其中。尝泛舟后池，番禺侯轨称此中宜奏女乐。太子不答，咏左思《招隐诗》云：'何必丝与竹，山水有清音。'轨惭而止。"⑤ 萧统追求的是山水清音，而不是低级的感官之欲，他的审美追求与一般文人毫无二致。

正如齐高帝子衡阳王萧钧所说，他们是"身处朱门，情游江海；形入紫闼，而意在青云。"⑥

① 《南齐书》卷41《周颙传》。
② 《太平御览》卷44，中华书局1960年版，第1100页。
③ 《南齐书》卷21《文惠太子传》。
④ 刘义庆：《世说新语》上卷《言语》第2，第120页。
⑤ 《南史》卷53。
⑥ 《南史》卷41《齐宗室》。

尚武的北朝帝王也颇能欣赏佳石、美竹和山林野致。

二、"若神仙居所"的仙都苑

魏晋南北朝时期的皇家宫苑，依然遵循着汉代宫苑"体天象地"的设计理路和秦汉典范，热衷于修筑人间仙都，但也增加了若干世俗的生活内容。

如后赵石虎役使十余万人修御园，最著名的是华林苑，苑中三观四门，其中三门通漳水。北齐武成帝时，又增饰"若神仙居所"，改称仙都苑。武成帝又于仙都苑内"别起玄洲苑，备山水台观之丽"。顾炎武《历代宅京记·邺下》云："苑中封土为五岳。五岳之间，分流四渎为四海，汇为大池，又曰大海。海池之中为水殿。其中岳嵩山北，有平头山，东西有轻云楼，架云廊十六间。南有峨嵋山，山之东头有鹦鹉楼，其西有鸳鸯楼。北岳南有玄武楼，楼北有九曲山，山下有金花池，池西有三松岭。次南有凌云城，西有隥道，名曰通天坛。大海之北，有飞鸾殿。其南有御宿堂。其中有紫微殿、宣风观、千秋楼，在七盘山上。又有游龙观、大海观、万福堂、流霞殿、修竹浦、连璧洲、杜若洲、麋芜岛、三休山。西海有望秋观、临春观，隔水相望。海池中又有万岁楼。北海中有密作堂，贫儿村，高阳王思宗城，已上并在仙都苑中。"筑五岛以象征五岳，四个水域比四渎，已经开始容天下于一园，模写山水，有写意象征的意义。帝王自喻为仙都，但还建贫儿村、买卖街，高欢还在此兴建楼台庙宇，安置了能演奏器乐的机器人，很具世俗情韵。

魏晋南北朝的皇家宫苑，规模远比秦汉宫苑小。湘东苑是梁元帝萧绎未即帝位为湘东王之时所筑，或倚山，或临水，借景园外，山水主题很突出。苑内穿池构山，长数百丈。山有石洞，入内可宛转潜行 200 多步。后燕主慕容熙筑龙腾苑，广袤不过 10 余里，苑内的景云山，基广 500 步，峰高 17 丈。[①] 这些都不可与秦汉宫苑同日而语了。

第四节　玄佛合流与寺园一体

六朝佛玄道兴盛，不同文化之间的碰撞，促进了不同文化的交融，在这样的

---

① 房玄龄：《晋书》卷 124《慕容熙载记》。

文化土壤中，孕育出中国式的寺庙园林。

一、玄佛合流与寺庙园林的兴盛

佛教早在东汉就已经传入中国，但直到东晋，随着佛经的大量传译，来自印度、锡兰、西亚、中亚及爪哇、柬埔寨的高僧作为使者和讲经者来到中国，士大夫文人才真正发现了它与以老庄学说为核心的玄学之间的相通之处，并把它作为一种哲学理论来研究。

作为一门学术，玄学的基本特征在于它是一种抽象思辩的哲学，其主要内涵，是关于宇宙本体的讨论以及各种事物名理的辩析，而佛教，不仅使人得到精神寄托的信仰，得到一门可以深入思索探讨的神学，而且它那种带有宇宙论色彩的哲学，与玄学又是那么相通，从而激发了士子们研究佛理的热情。与此同时，名僧也看到了般若学与老庄思想的相通之处，他们将精研玄理作为必备的功夫。名僧手握麈尾，结交清流，跻身清流，也成为佛门时尚。名士与名僧往来频繁，出现了佛学与玄学的合流。合流的结果是佛学在玄学化的同时，又为玄学提供了新的思想、新的内容。名僧支遁，对老庄玄学的阐述能自标新义，僧肇和竺道生，实现了佛学对玄学的超越。这时候的佛僧，既没有汉魏时的方士气，也没有后世佛教徒的虔诚，而是与魏晋名士毫无二致的倜傥名流。在这个过程中，佛教逐渐脱去了印度纯粹思辩的色彩，渗入了中国儒、道思想文化的血液。名士们以佛典的理趣、风格、诗句、故实入诗文，"诗僧"也层出不穷，影响了整个社会心理和审美情趣的变化。

南北朝后，佛教已经成为中国朝野上下普遍的社会思潮，并深刻地影响了中国本土的道教，促使道教发生了巨大的变革，寇谦之、陆静修、陶弘景等把道家的学说同围绕着早期萨满教这个核心而形成的大量方术性科学知识结合起来，从而使道教变成为一种有组织的、可以和佛教相抗衡的宗教。如陶弘景仿照佛经的格式编撰道经，仿《佛说四十二章经》造出旨在规范道教戒律的《真诰》，他全面承袭佛教的科仪、咒术、梵呗等宗教形式，系统地改造了道教。东晋道教提倡"安心忘法之法"，首先要真诚地相信道、敬重道，与俗事断绝，"弃事则形不劳，无为则心自安"；其次则要做到收心简事，不作妄想（真观），"形如槁木，心如死灰，无感无求，寂泊之至"，这样就能得"道"。这"归根复命"、"寂泊之至"就是"静"，心理的宁静和生理的清净。司马祯《坐忘论》提出"存我之神，想我之想"，闭目即见自己之目，收心即见自己的心，最后归于"坐忘"——一种空廓虚无的寂静状态。这与禅宗太相似了。司马祯也用佛家话头说，存想即是"慧"，而坐忘即是"定"。道佛合一，《南史·陶弘景传》载："遗令：既没不须沐浴，不须施床，止两重席于地，因所著旧衣上加生裓裙及臂衣袜，冠巾法服，左肘录铃，右肘药铃，佩符络左腋下，绕腰穿环，结于前，钗符于髻上，通以大袈裟覆衾蒙首足，明器有车马。"陶弘景的穿戴正是儒道释三教合于一身的形象说明。一般士人也有这种趋势，如南齐张融，临终遗令是"左手执《孝经》、《老子》，右手执小品《法华经》"，① 也是儒道释融合的图解。

寺观园林作为一种宗教园林形态在这个时期同时出现。东晋南朝佛教很发达，佛寺特多，梁武帝时，仅建康一地，佛寺就多达 500 余所。"南朝四百八十寺，多少楼台烟雨中"！北魏奉佛教为国教后，更大建佛寺，据《洛阳伽蓝记》载，洛阳城内外有 1000 多所，北齐时全国佛寺约有 30000 多所。专供女的比丘尼修行的尼寺也在东晋出现，即南京的铁索寺。② 赤乌二年（239），孙权为仙公葛玄造洞元观。③ 茅山成为上清派道教园林最集中的地方。

二、舍宅佞佛与寺园一体

佛教的第一精舍——祇洹精舍据说是建在释迦牟尼舍出的"太子园"里的，因此，佛教号召世人施财舍宅来佞佛。《上品大戒经》说"施佛塔庙，得以千倍报"，是积德行善之举。佛教传入中国以后，受释迦牟尼舍园为精舍的传说影响，以园为寺、舍宅为寺的习俗也随之传入，寺庙园林兴建之初，就与山水园或宅园结缘。

"寺"，《说文》解释为"廷"，即朝廷，亦泛指官署。《广韵》："寺者，司也，官之所止，有九寺。"《汉书》注曰："凡府廷所在皆谓之寺。"《释名》也说："寺，嗣也，治事者相嗣续于其内。"寺本来就是官署，官署衍为宗教场所，与中国最早的汉传佛教寺院白马寺有关。据《洛阳伽蓝记》载，汉明帝梦佛，遣使西域求佛法、佛经，"时白马负经而来"，遂将原鸿胪寺官署即皇室宾馆转建而成"白马寺"，寺仿印度祇洹精舍。

皇家献官署为寺，达官贵人纷纷舍私园建寺，根据《洛阳伽蓝记》与《南

---

① 《南齐书》卷 41 张融传。
② 张敦颐：《六朝事迹编类》卷 11，上海古籍出版社 1995 年版，第 108 页。
③ 同上，卷 10，第 106 页。

朝佛寺记》的记载，当时洛阳与南方的许多寺院均是达官贵人的私家花园：建中寺为宦官司空刘腾私宅、平等寺为广平武穆王怀舍宅所立、景宁寺为太保司徒公杨椿所立、愿会寺为中书舍人王许栩旧宅、高阳王寺为高阳王雍旧宅等等。杨衒之《洛阳伽蓝记·法云寺》载，洛阳城里"王侯第宅，多题为寺，寿丘里间，列刹相望，祗洹郁起，宝塔高凌"。掩映于楼台烟雨中的江南四百八十寺，亦复如此。如苏州最古老的佛寺报恩寺（北寺），是三国吴主孙权的母亲吴夫人（一说为孙权奶妈陈氏）舍宅所建。苏州虎丘的东西两寺，是东晋时丞相王导的两个孙子王珣和王珉捐出的两套别墅所建。衙署园林和达官贵人的宅园的舍作寺院，加深了寺庙与园林的特殊关系，寺庙建筑往往也带有贵族豪华的色彩，有的装饰得金碧辉煌，与帝王的宫城并无二致。

但寺观作为参禅修炼的清净场所，它要营造庄严肃穆的氛围，创造幽静的环境，必须要竹木森森，丛林葱郁，以花木取胜。布局也比较自由，水木明瑟，环境幽雅宜人，与士大夫园林一样，寺僧们可以在此享受到自然真趣。寺庙园林带有公共游憩的场所，香客们在此除了进行宗教活动以外，也可以在此享受一份自然之真趣。风流士子们在此游山玩水，欣赏自然美色，激发创作热情。很多寺庙园林中的山水之美，与士人园一样。

基于玄佛道的融合，以及对世俗情怀的迎合，中国的寺观从诞生伊始就奠定了寺园一体这个基本特色，中国寺观本身和周围环境都有园林化的特色（详见本书中编第一章第三节）。

第四章
宏大兼融的唐型文化及其蜕变与士人园林走向成熟

隋至盛唐，是中国封建社会辉煌灿烂的时期，隋唐统一大帝国，经济的繁荣带来了文化的繁荣，特别是唐代最高统治者视"华夷如一"的文化心态，对外交通和商业的发展，远远超越前代，在中国的都城里定居有叙利亚人、阿拉伯人、波斯人、吐蕃人与安南人等，形成了开放的文化环境。隋唐时代不仅继承了南北朝文化发展的水平，而且，广泛地吸收了外来文化的营养，西方宗教诸如景教、摩尼教、祆教、伊斯兰教、拜火教等传入中国，与盛行的道教、佛教、儒教并存，创造了中国文化史上灿烂辉煌的繁荣时代。雕版印刷、天文历算、医学、地理学都有发明和发展，文学艺术更是丰富多彩，绚丽多姿的文学、史学、音乐舞蹈、建筑雕刻、绘画书法交相辉映，画论诗论交融渗透，极大地丰富了中国艺术家的思想，扩大了艺术家们的视野。

吴门画家张璪在《绘境》中提出了"外师造化，中得心源"的著名艺术创作观点。运用到艺术上，则强调了"心悟"、"顿悟"等心理体验，艺术成为一种"自娱"的产物、或成为寻求内心解脱的一种方式。唐人将晋人在艺术实践中的"以形写形，以色貌色"的"形似"发展为"畅神"指导下的"神似"，自此，"外师造化，中得心源"，遂成为中国艺术包括构园艺术创作所遵循的原则。

园林成为文人名士风雅的体现和地位的象征。

诗人画家直接参与营构园林，讲究意境创造，力求达到"诗情画意"的艺术境界，从美学宗旨到艺术手法都开始走向成熟；大体上都是借助真山实景的自然环境，加上人工的巧妙点缀，诗画意境的熏染，虽然依然属于自然风景庭园的范畴，但已经呈现出园林艺术从自然山水园向写意山水园过渡的趋势，为中国传统园林艺术体系的成熟奠定了基础。

风景名胜区继魏晋南北朝向天然山水的开拓而更为普及与提高。城沿有踏青禊饮和登高处；江湖之远也有美阁名楼。唐长安城沿著名的乐游原、曲江池，地势垲爽、烟水明媚。更有芙蓉园、杏园与青龙、慈恩等寺院园林形成风景名胜系统。曲江畅游、雁塔题名、杏园赐宴等一代风流盛举，至今传为美谈。

随着动地而来的渔阳鼙鼓，盛唐的一切都被蒙上了阴霾，盛唐气象只存在人们的回忆中，文人从"兼济"、"独善"到醉卧青楼、逍遥钓矶、独斟篷底，于是，池边闲吟、园中徘徊，园林中装载的是他们歌月舞扇中的自得和无奈的心灵泪水，抒情写意式的"主题园"亦肇始于此。

第一节 隋与盛唐宫苑

隋唐皇家园林趋于华丽精致，隋之西苑和唐之禁苑，山水构架巧妙、建筑结构精美、动植物种类繁多，呈现出新的时代特色。

一、渠柳条条水面齐

隋开凿了贯通南北的大运河，促进了以后千余年间中国南北地区的物质和文化交流与发展。隋开皇初建大兴城，此城规划出于隋朝贵族宇文恺之手，史称他"有巧思，多技艺"，规模宏大，分区明确，是都城的空前杰作。唐时将大兴城扩建，易名为长安。长安城分三重，外廓城、皇城和宫城。宫城犹如紫宫，皇城象征着地平线上以北极星为圆心的天象，从东西南三面卫护皇城与宫城的外廓城则象征着大周天。城内百千家似围棋局，南北十三坊象征十三州、东西十坊比拟全国十道。① 城市东南角有芙蓉苑曲江池。宫城东北，有大明宫。长安是当时世界上最大的城市和贸易、文化中心。

唐时，"九天阊阖开宫殿，万国衣冠拜冕旒"，② "稻米流脂粟米白，公私仓廪俱丰实"、"百余年间未灾变，叔孙礼乐萧何律"，③ "东至于海，南极五岭，皆外户不闭，行旅不赍粮，取给于道路焉"。④

长安城位于关中平原，"关中八川"灞、浐、泾、渭、酆、镐、潦、潏等都流经长安。源出蓝田县西南的灞水，经过长安过灞桥，西北流合浐水而北注于渭水。源出秦岭的酆水，西北流经长安，纳潏水，又西北分流，并注入渭水。镐水发源于长安县南，其下游则由镐池北注入渭水，潦水东北入咸阳西南境内注入渭水，这就是八水绕长安。南对终南山，气候温和，物产丰富，山明水秀，风景宜人。城内修建了多条渠道引水入城：南城有永安渠合清明渠，永安渠引交水北流入城，经过西市的东侧又北流出城入苑，再北流注入渭河。渠的两岸都种植茂密的柳树，王建《早春五门西望》云："官松叶叶墙头出，渠柳条条水面齐。"清明渠引沇水北流经过安化门西侧入城，向北引入皇城，再入宫城里注为三海（南海、西海、北海，都在太极宫西部）。

在城东修龙首渠，引浐河水入城。龙首渠分为二支：一支由东城春明门北流入城，向西入兴庆宫注为"龙池"，再西流入皇城，然后向北流入太极宫注为"山水池"，再北流注为"东海"。另一支于东城外北流，经城东北隅，折而西流入大明宫东内苑注为"龙首池"，然后又出而西流，经大明宫丹凤门里向西出大明宫而入西内苑，到光化门东汇合永安渠，北流入渭河。

渠水便利，不少官僚贵族以及商贾之家都引渠入第，建造私家的山水池院。因此长安城出现了不少著名的私家园林。如在长安城西，兴庆池的西边，唐宁王池院。它引兴庆池水入院，屈曲连环，疏凿成九曲池。又筑土叠石成山，山上广植松柏，且"奇石、怪兽、异木、珍禽毕有"。山上有落猿岩与栖龙岫，水际有鹤洲、仙渚，殿宇相连，有沧浪、临漪诸亭，宁王常和宫人、宾客在此宴饮弋钓。

① 周积明等：《中国古都》，广东人民出版社1996年版，第40页。
② 王维：《和贾至舍人早朝大明宫之作》，见《王右丞集笺注》，第177页。
③ 杜甫：《忆昔》，见《分门集注杜工部诗》卷13，《四部丛刊》初编·集部。
④ 司马光：《资治通鉴》卷193《太宗皇帝》。

二、西苑巧丽冠古今

隋炀帝的西苑，筑于大业元年（公元605年），位于当时洛阳宫城西面，规模宏大，建筑众多，以水景为主，园中有园，为皇家园林的开创之举。据《海山记》、《大业杂记》等记载，西苑周围200里，内有16院。设四品夫人16人，各主一院。各院围龙鳞渠屈曲周绕，庭内种植名花。秋冬之时，叶落花谢，复剪彩帛予以装缀，甚至还以人工剪制出水上的芰荷。龙鳞渠宽二十步，各院均开西、东、南三门，门俱面水，水上架飞桥以达彼岸。过桥百步，即有杨柳修竹，郁茂隔护。

龙鳞渠南流入海，海周十余里（一说海名北海，周环四十里），水深数丈，海中有方丈、蓬莱、瀛洲三山，各相去三百步，山高出水面百余尺。山上有通真观、习灵台、总仙宫等，又有风亭、月观，并装有机械装置，可以升起或隐没，"若有神变"。苑中有五湖，每湖各十里见方，湖中积土石为山，并构筑屈曲的亭殿，"穷极人间华丽"。另有曲水池、曲水殿、冷泉宫、青城宫、凌波宫、积翠宫、显仁宫等游赏景点，以及"八面合成，结构之丽，冠绝今古"的"逍遥亭"等巧构。每年八月中秋月明之夜，炀帝常与宫人三、五十骑，从阊阖门进入西苑，歌乐至天亮。湖海之中，都可通行龙凤舟。十六院中，植名花美草，还以院名设屯，屯内养畜养鱼，种蔬植瓜，据称"肴馔水陆之产，靡所不有"。

隋洛阳会通苑，《洛阳县志》云此苑北距邙山，西至孝水，伊洛支渠，交会其间，周围126里。苑内有朝阳宫、栖云宫、景华宫、显仁宫、成务殿、大顺殿、文华殿、春林殿、春和殿，以及回流、露华、飞香、留春等十三亭和山水景观。入唐，改名东都苑，一称芳华苑；武后执政期间，改名神都苑，园内有合璧宫、凝碧池、凝碧亭、明德宫（即隋显仁宫）、射堂、官马坊、黄女宫、黄女湾、芳树亭等，设有17个苑门。亦有文献云龙鳞宫即在苑中央，宫门临龙鳞渠，渠北有十六院，可能与隋西苑并合。

三、绣出骊山岭上宫

唐长安禁苑，在长安城东北三华里之龙首原最高处，原大明宫正殿含元殿北面。据日本足立喜六《长安史迹研究》，唐代的太液池，又称蓬莱池。池中筑有蓬莱山，山上有蓬莱亭。池南有蓬莱殿、珠镜殿、郁仪殿、拾翠殿等。

唐内苑为长安禁苑。共有宫亭24处，禽兽蔬果莫不具备，凡祭祖需用供物，各族朝贡来京都宴会，果肴可以自给，似比隋朝的十六院自产方式，组织和规模上更为严密和庞大。内苑有鱼藻宫、南北望春亭、春坛亭、青门亭、樱桃园、临渭亭、桃园亭、梨园、南北昌国亭、流杯亭、洁绿池和咸宜宫、未央宫等。西内苑有冰井台、大安宫等。大安宫内，多山村景色。东内苑有龙首殿和龙首池等。内苑为继承隋朝大兴苑原址营造，占地较大，故供养方面，可以自行豢养食兽及栽植蔬果。

　　建于临潼骊山山麓的华清宫，为一以温泉为主的离宫苑囿。早在秦、汉、隋等朝，均有帝王来此游幸。山顶传为周幽王和褒姒逗戏诸侯的烽火台。北周时宇文护于皇堂石井后二处泉眼修造房屋，并种植松柏千余株。唐贞观十八年（公元644年），营建宫殿，称温泉宫。天宝六年（公元747年），改名华清宫。园内，引骊山泉汇为莲花池，池周各依地势，布置亭台楼阁掩映于绿荫之中，并以坡道、台阶相连。池在园中央，西有船亭、飞霞阁、杨妃池，山坡有五间轩、杨轩等；东有旗亭、碑亭、飞虹桥、望河亭等。过飞虹桥，出开阳门，即旧时东花园，可寻觅唐宫宜春亭、观风殿、斗鸡殿、瑶光楼、小汤、梨园、椒园、东瓜园、西瓜园等。真是"柏叶青青栎叶红，高低相竞弄秋风。夜来风雨轻尘敛，绣出骊山岭上宫"。其中观风殿有复道与大明宫相通，当年，每到十月，唐代皇帝即来此避寒游幸，直到过年，始回长安。华清宫是中国历史上"宫"、"苑"分置、兼作政治活动的行宫御苑。

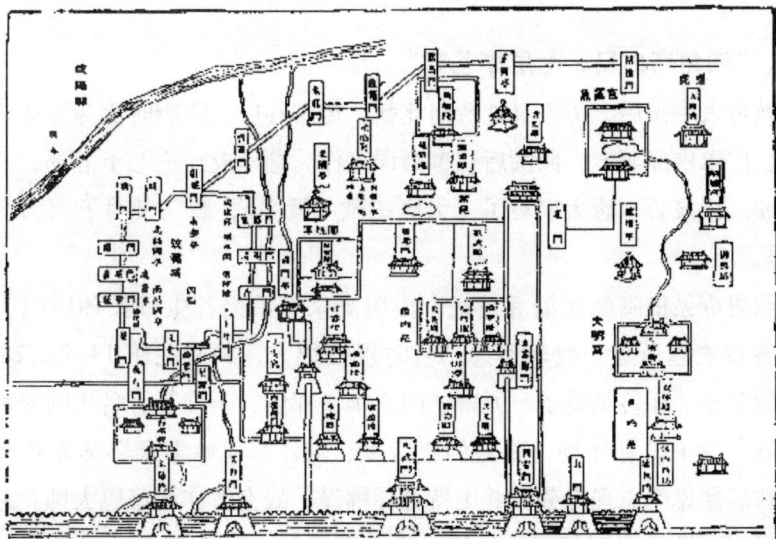

图11　唐三苑图①

---

①　录自宋程大昌：《雍录》卷9，四库全书本。

中·国·园·林·文·化

隋唐宫苑都规模宏大，气势磅礴，隋唐宫苑中的宫殿与园景紧密结合，寓变化于严整之中。宫苑本身仍袭仙海神山传统格局，但吸收了私家园林追求诗画意境的构园经验，以山水为骨架，尤其以缅邈的水景为主，讲求山池、建筑、花木之间的合理配置，注重建筑美、自然美之间的和谐，将人工美融于自然美之中。

王公贵戚私园竞尚豪华，韦元旦《幸长乐公主山庄》诗描写山庄"刻凤蟠螭凌桂邸，穿池凿石写蓬壶"。

第二节 佛寺道观和公共游豫园林

在唐代开放的文化政策的哺育下，催化出多元的宗教园林。有一段时期，长安城内就有 64 座大佛寺，27 座佛庵，10 所道观，6 所女道观，还有 4 所袄教寺，1 座摩尼寺和 1 所景教教堂。如长安的大慈恩寺、大兴善寺为西域僧不空传布密宗之所，寺殿崇广。散置于繁华的市井和幽静的名山，装点着意态爽朗与朝气蓬勃的盛世。

一、"四角碍白日，七层摩苍穹"

佛教传入中国后，历经汉魏晋南北朝，传布甚广，隋唐时更为发达。高僧玄奘西游，广求佛经异本，回国后从事翻译工作。翻译成经论七十五部，一千三百三十五卷。译成后，唐太宗写了《大唐三藏圣教序》，高宗又写了《大唐三藏圣教序记》。

大慈恩寺系依隋朝无漏寺遗址，由唐高宗李治追荐生母长孙后的"昊天罔极"的养育之恩所建，故名慈恩。当时规模很大，共有院落 13 个，1897 间房屋，富丽堂皇。相传吴道子、尹琳、阎立本、郑虔、王维等著名大画家都在寺内作有壁画。寺中设有译场，著名的旅行家、翻译家、佛学家玄奘先在长安弘福寺，后移居慈恩寺总理寺务，并主持翻译佛经，故玄奘亦称慈恩大师。慈恩寺塔是为了保存玄奘从印度带回的佛经、佛像而建的。据《慈恩寺三藏法师传》卷三记载：摩揭陀国有一佛寺，一天，有群鸿飞过，忽然一雁离群落羽，摔死地上，僧人惊异，以为雁即菩萨，众议埋雁建塔，故名大雁塔。塔高七层，高

上编 中国园林文化寻踪

64m，底层每边 25m，呈方形锥状。①

唐制，进士考试春季发榜，士子考中进士后，皇帝要在曲江池、杏园一带赐宴，怡赏春光，然后登上大雁塔，在塔内题名留念，称为"雁塔题名"。孟郊二次落第，第三次应试考中进士后，也来此写下了"昔日龌龊不堪嗟，今朝放荡思无涯。春风得意马蹄疾，一日看尽长安花。"② 文人学士都热衷于来此登高赋诗。边塞诗人岑参曾与高适、薛据、储光羲应杜甫的邀请，同登慈恩寺塔，赋诗赞曰："塔势如涌出，孤高耸天宫。登临出世界，磴道盘虚空。突兀压神州，峥嵘如鬼工。四角碍白日，七层摩苍穹。下窥指高鸟，俯听闻惊风。连山若波涛，奔凑似朝东。青槐夹驰道，宫馆何玲珑。秋色从西来，苍然满关中，五陵北原上，万古青濛濛。净理了可悟，胜因夙所宗。誓将挂冠去，觉道资无穷。"③ 在塔上鸟瞰长安近郊景色，视野高远，空间阔大，气象不凡，甚至想挂冠皈依佛教。至今，塔前留下了自唐朝到清朝一千多年里进士及第题名的刻石。

苏州寒山寺因唐代诗僧寒山而名声远播。"寒山诗包括世俗生活的描写、求仙学道和佛教内容。其中表现禅机禅趣的诗，有着广泛而深远的影响。"④

随着佛经、佛教哲理的大量传入，唐代出现了众多的佛教宗派，至后期，惟有禅宗和净土宗一直流传下来。禅宗起于北魏末，在唐代得到进一步发展，禅宗奉达摩为始祖，至唐代前期分为南北两派。神秀为北派之祖，主张"时时勤拂拭"的"渐悟"；劳动僧出身的慧能为南派之祖，主张"本来无一物"的"顿悟"。禅宗有这样一种功能，即把人的情欲导向内向反省，使情欲转化为人生情操的自我修养动力，从而平息了向外追求的躁动，令人"颓然自足"，甚至心满意足。这种把心理、生理、人生情趣乃至人生理想联系起来，主张向内心、本性寻觅人生真谛的意向，受到士大夫的一致青睐。清净、空寂、恬淡、无为，不仅是心理健康与生理健康的不二法门，也是一种在生活上表现一种高雅闲逸的方式，这很吻合士大夫的口味。禅宗给唐代文化带来一种新的文化品质。

① 据说印度释迦牟尼佛的坟塔"窣堵坡"翻译成"方坟"，故早期方塔较多。
② 孟郊：《登科后》，见《孟东野诗集》，人民文学出版社 1959 年版，第 55 页。
③ 岑参：《与高适薛据登慈恩寺浮图》，陈铁民、侯忠义校注《岑参集校注》上海古籍出版社 1981 年版，第 101 页。
④ 袁行霈主编：《中国文学史》第四编《绪论》，高等教育出版社，第 207 页。

中
·
国
·
园
·
林
·
文
·
化

二、人间丹丘仙游桃

《再游玄都观》："种桃道士知何处？前度刘郎今又来。"刘禹锡、韩翃《同题仙游观》："仙台下见五城楼，风物凄凄宿雨收。山色遥连秦树晚，砧声近报汉宫秋。疏松影落空坛静，细草香闲小洞幽。何用别寻方外去，人间亦自有丹丘。"在仙游观远眺"仙台下见五城楼"，四周景物"山色遥连秦树晚，砧声近报汉宫秋"，观中"疏松影落空坛静，细草香闲小洞幽"，一片清幽。

唐代皇帝姓李，就追尊老子为教祖，唐皇帝依托附会，与自己的祖先攀上关系，大倡道教。高宗封老子为太上玄元皇帝。道士、女冠享有法律上的许多特权。信徒甚多，连皇帝的女儿都出家当女道士。据《唐会要》记载，长安城里的道观就有三十所之多，建筑都极其华丽。"疏松影落空坛静，细草香闲小洞幽"的道观庭园也就分外诱人了。

三、林花翠带曲江雨

烟水明媚的曲江池，位于长安城东南隅之低凹地带，隋宇文恺设计大兴城时，为人工挖掘的屈曲之湖泊，据考证，曲江池总面积约 $2.4km^2$，水面 $0.7km^2$。林木茂盛，风景优美。康骈《剧谈录》记载曲江的风景说："开元中疏凿为妙境，花卉周环，烟水明媚，都人游赏盛于中和节。江侧菰蒲葱翠，柳阴四合，碧波红蕖，湛然可爱。"江头还有"宫殿锁千门"。池南有紫云楼、彩霞亭、芙蓉苑，池西有杏园、慈恩寺，是一个与周围小园、尼庵、寺院等融为一体、风光独具的游乐苑。当年这里是"穿花蛱蝶深深见，点水蜻蜓款款飞"，[1] "桃花细逐杨花落，黄鸟时兼白鸟飞"。[2] 每年农历中和（二月初一）、上巳（三月初三）、中元（七月十五）、重阳（九月九日）等日，皇室贵族、达官显贵都来此游赏宴饮，新进士及第，亦来此聚会庆贺，百姓也结伴来游。为方便皇宫内苑往来，不与百姓混杂，内廷人等出入，另有东城墙复道与禁苑相通。唐代文人，曾留下了大量的诗文。

曲江实际上成为一座公共游览性质的大型园林。皇帝为新进士所赐的"曲江宴"，设于曲江岸边的杏园，亦称杏园宴。正当杏花怒放之时，红杏遂被称为"及第花"。新进士们还要选出两名最年轻者当"两街探花使"，或"探花郎"，

上
编
中国园林文化寻踪

---

① 杜甫：《曲江二首》，见《全唐诗》卷225。
② 杜甫：《曲江对酒》，见《全唐诗》卷225。

骑马遍游长安的大街名园，采摘各种早春鲜花（后世科举称进士第三名为"探花"，即源于此）。中唐诗人孟郊的《登科后》是唐诗写"探花"的名作："昔日龌龊不堪嗟，今朝放荡思无涯。春风得意马蹄疾，一日看尽长安花。"孟郊于贞元十二年（公元796年）进士及第已四十六岁，当不上"探花郎"，但也兴致勃勃地"放荡"一番，跟着走遍全城采花。

第三节　隋和盛唐士人园

一、怪柏锁蛟龙，丑石斗貙虎

山西省新绛县城内西北隅的绛守居园，是隋临汾县令梁轨的私园。据记载，隋开皇十六年（公元596年），梁轨引导鼓堆泉开渠灌田，引余水入城内官衙，园内蓄水为大池，水面泓横，硖旁潭中，瀑布三丈余，涎玉吐珠，池上建有洞涟亭、虎豹门、新亭、槐舍、望月渠、苍塘、风堤、白滨等景观与建筑25处。明李文洁书写的"动与天游"石匾，概括了园林宏阔缅邈的水景。池两旁植竹木花柳，范仲淹《绛守居园池诗》有"怪柏锁蛟龙，丑石斗貙虎"句，可见当年园内之树态石姿绝非一般。

绛守居园将自然美景与建筑巧妙结合，营造出如诗如画的美的意境，引后代士大夫文人们为之折腰，诗文歌咏，代不乏人，其中，唐绛州刺史樊宗师《绛守居园池记》以其"涩"味的"古文"享誉后世。宋孙冲书写《重刻绛守居园池记序》、宋名臣范仲淹有《绛守居园池诗》、元王说立石刻《绛州怀古》诗等。

二、蓝田丘壑漫寒藤

盛唐士人具有宏大壮阔的文化精神和乐观开朗的胸怀，他们嘲笑那些"宁栖野树林，宁饮涧水流。不用食粱肉，崎岖见王侯"的人是"鄙哉匹夫节，布褐将白头"，[①]"宁为百夫长，胜作一书生"。社会的稳定和经济的繁荣，安定、富裕的生活，使广大士大夫可以从容地领略自然之美，对自然美的认识有了完全的自觉，园林与士大夫们的生活也结合得更为密切。士大夫私园多富有山村野居情

---

① 王维：《献始兴公》，见《王右丞集笺注》，上海古籍出版社1984年版，第85页。

中
·
国
·
园
·
林
·
文
·
化

调，孟浩然在《浮舟过陈逸人别业》诗中这样描写陈逸人别业："水亭凉气多，闲棹晚来过。涧影见藤竹，泽香闻艾荷。"一派水乡野趣，幽美闲雅。

盛唐山水田园诗派的代表、被推为"南宗文人画"之祖的王维，精通音乐，酷爱书法，又精禅理。晚年无意于仕途荣辱，"晚年唯好静，万事不关心"。[①] 他"居常蔬食，不茹荤血，晚年长斋，不衣文彩"，"在京师日饭十数僧，以玄谈为乐"，"退朝之后，焚香独坐，以禅诵为事"，[②] 临死将所居辋川别业舍为佛寺。

王维隐居的"辋川别业"，原为诗人宋之问的"蓝田山庄"，位于今陕西蓝田县西南10公里处的辋川山谷。当时辋谷之水，北流入灞水。园林就建在山岭起伏、树木葱郁的冈峦环抱中的山谷之中。王维以画设景，以景入画，使辋水周于堂下，各个景点建筑诸如孟城坳、华子冈、文杏馆、斤竹岭、鹿砦、木兰砦、茱萸沜、宫槐陌、临湖亭、南垞、欹湖、柳浪、栾家濑、金屑泉、白石滩、北垞、竹里馆、辛夷坞、漆园、椒园等都散布于水间、谷中、林下，隐露相合。

王维营造的辋川别业，将诗画禅理互渗互融，辋川的空山、深林、云彩、鸟语、溪流、青苔，乃至新雨、山路、桂花、斑驳的色泽等，统统都浮动着空灵与恬静。山川草木为无情之物，但在诗人笔下，却都具有了喜怒哀乐。诗中的山水，乃为心中山水，物色带情，"空山不见人，但闻人语响。返景入深林，复照青苔上"，[③] 恬静而幽深，冷、暖色相映，诗歌交响。《山居秋暝》，雨后秋山充溢着生机与高洁的情趣，在恬静优美流爽自然的景物描写中，蕴涵着诗人归隐山林的热望。王维对大自然中的声音、色彩特别敏感，他用身心去体验自然美的内涵，并进行了审美的选择过滤，再经过主观情思的熔铸，融化进辋川的山水之中，使其情韵悠长，形神兼备。"自然美与心境的美完全融为一体，创造出如水月镜花般不可凑泊的纯美诗境"，[④] "文杏裁为梁，香茅结为宇"，[⑤] 是山野茅庐的构筑，极富山野趣味。"木末芙蓉花，山中发红萼，涧户寂无人，纷纷开且落"，[⑥] 芙蓉花显然着有诗人孤寂的心境，而充分理解那位"独坐幽篁里，弹琴复长啸"[⑦] 的高人雅士的"知音"，不就是主动来"相照"的"明月"吗！这个

————————————————

① 王维：《酬张少府》，《王右丞集笺注》，第120页。
② 《旧唐书》卷190《王维传》。
③ 王维：《鹿柴》，《王右丞集笺注》，第241页。
④ 袁行霈主编：《中国文学史》第四编《盛唐的诗人群体》，第237页。
⑤ 王维：《文杏馆》，《王右丞集笺注》，第241页。
⑥ 王维：《辛夷坞》，同上。
⑦ 王维：《竹里馆》，同上。

"明月"，富有人情味！这些诗，或景以情观，或缘景生情，或移情于景，达到了物我交融、情景融浑妙合无垠的境界。辋川诗和辋川别业已经融浑为一，诚如宋苏轼在《书摩诘蓝田烟雨图》中所说的"诗中有画，画中有诗"者。"一种脱情志于俗谛桎梏的义蕴；其心无滞碍、天机清妙的精神境界"，"超出了一般意义上的苟全性命的避世隐居，具有更为丰富和新鲜的思想文化蕴涵"。① 王维在辋川诗中反映的"人的感觉、感觉的人性，都只是由于它的对象的存在，由于人化的自然界，才产生出来"② 的，它们是王维心灵的产品。王维诗画中流露出看破红尘、身心两空的思想感情，这种思想感情并非直言，而是通过描摹若有若无、刹那生灭的境象蕴藉地表现出来，由此，就形成了"禅趣"。苏轼心中的王维，是一个潇洒出尘的高雅之人。真如杜甫《解闷》诗所言："不见高人王右丞，蓝田丘壑漫寒藤。"

辋川别业是天然山地园，具有湖山之胜，诗人融自然美与艺术美于一体，成为一幅淡雅超逸的山水画卷，王维的《辋川图》就以之为无上粉本。据唐朱景玄《唐朝名画录》载，《辋川图》"山谷郁郁盘盘，云水飞动"，"意出尘外，怪生笔端"，开了后世写意式山水园的先河。

现藏日本圣福寺中的传为王维"辋川图"的唐人摹本，画中，别墅在群山环抱之中，树林掩映，亭台楼阁，古朴端庄。别墅外，云水流肆，偶有过往小舟，幽美悠闲的画面，呈现出淡泊绝俗的意境。③

三、结庐名山巢云松

盛唐文人都有漫游名山大川、求仙访道的风尚和解读山林寺观的风气，秉受山川英灵之气，山水的自然美开阔了视野，清幽的环境陶冶了情操，李白"五岳寻仙不辞远，一生好入名山游"。④

结庐名山胜景，成为盛唐诗人的雅尚，大诗人李白在天宝十五年（公元756年）曾经筑室于庐山的五老峰下的屏风叠。

大诗人杜甫在浣花溪畔建草堂，随地势高下修筑亭台水槛，点缀以竹木和花果，屋顶覆以茅草。人与大自然如水乳般交融在一起。

---

① 袁行霈主编：《中国文学史》第四编《盛唐的诗人群体》，第243页。
② 《马克思恩格斯全集》第42卷，第126页。
③ 按：此画真伪尚存疑。
④ 李白：《庐山遥寄卢侍御虚舟》，《全唐诗》卷173。

唐太傅陈邕宅园，在福建漳州市南郊。开元中，陈邕利用丹霞山及九龙江之天然山水，巧为布局，凿池叠石，缀以楼台亭榭，建成一处碧瓦飞檐、山池清秀、蔚为大观的私家园林。陈宅大门，与龙口相向，面对昼夜不息之九龙江，大有吞吐龙江水之意。

第四节 中晚唐文化之蜕变和士人主题园之萌芽

安史之乱像一股凛冽的寒风，扫荡尽盛唐烂漫的春意，池苑依旧，然鲜花飘零，秋雨霖铃，梧桐叶落，加上激烈的党争、宦海沉浮，中唐士人失去了盛唐士人那种昂扬的精神风貌、高士的情怀，代之以寂寞孤独、惆怅萧飒的冷落心境，追求清雅高逸的情调。儒学与禅宗开始携手。柳宗元说佛教"不爱官，不争情，乐山水而嗜闲安"，"性情爽然不与孔子异道"，① 吕温则说佛教"极力以持其善心，专念以夺其浮想"，能使人"心无所念，念无所求"。秋风夕阳下的晚唐，更是令人"伤时伤势更伤心"，文人性格趋向狂放不羁。

一、古槐疏冷夕阳多

王公贵族在动乱中家破人亡，门祚衰落，宗族凋零，元稹笔下的《行宫》是"寥落古行宫，宫花寂寞红"，"行尽江南数十程，晓星残月入华清"，② "将军魏武之子孙，于今为庶为清门"。③ 汾阳王的旧宅，也是"古槐疏冷夕阳多"，④ 大批庶族地主阶级知识分子开始登上历史舞台，如果说，盛唐风习仍以炫耀门户、标榜阀阅为荣，那么，"白衣卿相"日渐增多的中唐，文人墨客取得了前所未有的优越地位，如刘禹锡《乌衣巷》所云："旧时王谢堂前燕，飞入寻常百姓家。"门阀制度寿终正寝，但永贞革新的失败，激烈的牛李党争，耗尽了唐之元气，政局长期陷入混乱，经济崩溃，贫富悬殊加剧。"富者有连阡之田，贫者无立锥之地"，李商隐"一生襟抱未曾开"，⑤ 空有"欲回天地"的抱负，他登上游乐胜地乐游原，给他带来的是"夕阳无限好，只是近黄昏"的感伤。

① 柳宗元：《送僧浩初序》，见《柳河东全集》卷25，第284页。
② 杜常：《华清宫》，见林德保等《详注全唐诗》，大连出版社1997年版，卷550，第2868页。
③ 杜甫：《丹青引》，《杜少陵集详注》卷13。
④ 赵嘏：《经汾阳旧宅》，《详注全唐诗》卷731，第2150页。
⑤ 崔珏：《哭李商隐》二首其二，《详注全唐诗》卷591，第2320页。

荆叔则用"暮云千里色，无处不伤心"来《题慈恩寺塔》。文人的山水园已经大量出现。位于城外的山庄别业占了很大比重，更有意义的是，士大夫们较多地采用了"结庐在人境"、可以供人日涉成趣的宅园这一园林样式，并醉心于造园手法的发挥和着意于形式美的追求，开始以小中见大的造园理论与手法，创造变化丰富的艺术空间。

二、数峰太白雪，一卷陶潜诗

在中国文化史上，士大夫是代表整个社会心理的阶层，它对于舆论、思想、行为的影响是巨大的。

才情照映古今的白居易，字乐天，出身寒门，贞元十六年进士及第，从此进入官场。前期参政热情很高，后遭贬谪，晚年以刑部尚书致仕。白居易是中唐士大夫的代表，他的行为模式，上承魏晋风流，下启宋人范式，我们可以通过白居易来解读中唐文人。

白居易明确地提出过自己的志向："仆志在兼济，行在独善。奉而始终之则为道，言而发明之则为诗。谓之讽喻诗，兼济之志也；谓之闲适诗，独善之义也。"①

当宰相李训、凤翔节度使郑注等人谋诛专权的宦官仇士良等保守势力的甘露之变失败后，白居易写道："祸福茫茫不可期，大都早退似先知。当君白首同归日，是我青山独往时。顾索素琴应不暇，忆牵黄犬定难追。麒麟作脯龙为醢，何似泥中曳尾龟！"② 露出"独善其身"的愿望。

他的闲适诗，表现的是"知足保和，吟玩性情"，满足于"窗前有竹玩，门外有酒沽"，③"数峰太白雪，一卷陶潜诗"，④ 表现出悠然闲适的情调。

他提出了"不如作中隐，隐在留司官"的理论，并将园池作为中隐的精神载体。

> 大隐住朝市，小隐入丘樊。
>
> 丘樊太冷落，朝市太嚣喧。

---

① 白居易：《与元九书》，见《白居易集笺校》卷45。
② 白居易：《九年十一月二十一日感事而作》，见《白居易集笺校》卷32。
③ 白居易：《常乐里闲居偶题十六韵》，见《白居易集笺校》卷5。
④ 白居易：《官舍小亭闲望》，见《白居易集笺校》卷5。

不如作中隐，隐在留司官。

似出复似处，非忙亦非闲。

不劳心与力，又免饥与寒。

……

人生处一世，其道难两全。

贱即苦冻馁，贵则多忧患。

唯此中隐士，致身吉且安。

穷通与丰约，正在四者间。①

白居易的中隐理论是中唐士大夫们最安全、最理想的处世理论：在政治上，他中和了出仕与隐居的矛盾；在生活上解决了冻馁之病；在精神上又得到了满足。白居易"隐在留司官"其实就是孔子说的食禄，处淤泥而不染、汉代东方朔隐于"金马门"、王维式的"亦官亦隐"。他的发明是将私家园池作为中隐理论最现实的载体：

进不趋要路，退不入深山。深山太濩落，要路多险艰。不如家池上，乐逸无忧患……富者我不愿，贵者我不攀。②

唐元和十年（公元 815 年），白居易因为越职言事以及一些莫须有之罪，被贬官江州司马（今江西省九江市）（宪宗元和十二年），选择了天然名胜之区庐山香炉峰构筑了草堂，作为他谪官后的居住之所。庐山草堂具有范式意义：

首先是园林的选址佳。他选择了"云水泉石，胜绝第一"的庐山，"隐士无论做怡情养性的功夫，或是求知探理的课业，对于喧嚣的环境都不合适，这是隐士舍平原而取山谷和丘陵地的第一个原因。"③ "隐士酷爱自然而卑视人为的"，"山中好处无人别，涧梅伪作山中雪。野客相逢夜不眠，山中童子烧松节。"④ 可以旁若无人，放浪形骸之外，中国隐士的地域分布以庐山最密，王思任《游庐山

---

① 白居易：《中隐》，见《白居易集》卷 22。

② 白居易：《闲题家池寄王屋张道士》，见《白居易集》卷 36。

③ 蒋星煜：《中国隐士与中国文化》，上海书店 1992 年据中华书局 1947 年版，第 45 页。

④ 顾况：《山中赠答》，《顾况诗集》，赵昌平编，江西人民出版社 1983 年版，第 108 页。

记》："星渚浔阳之间，人无几，奔走城市不暇给，以故予山游不见发人，亘古无妇尼之足，亦少靓色，僧亦无处得酒肉，赋命清兀，得遂其高，若生于富闹之乡，则辱淫喧亵，万丈之尺短矣。吾所绝恋者，无山不峰，无峰不石，无石不泉也。至于彩霞幻生，白云面起，朝朝暮暮，其处江湖之界乎，此所谓山泽通气者矣。"

第二，草堂建筑巧于因借。草堂建筑定位于面峰腋寺的香炉峰麓开阔谷间，构成垂悬在香炉峰中的青山绿水画的核心部位，是个极佳的赏景点，草堂前乔松十数株，修竹千余竿，可以"仰观山，俯听泉，旁睨竹树云石，自辰及酉，应接不暇"，且一年有四季之景："春有'锦绣谷'花，夏有'石门涧'云，秋有'虎溪'月，冬有'炉峰'雪"。斜竹拂窗，青萝为墙，流水周于舍下，仰首可见层峦叠翠，可听泉落瀑泻、鹿啸鹤鸣。草堂充分利用了自然环境，一切都保持了自然的原生态，园林与自然水乳交融。

第三，草堂建筑设计，体现了返璞归真、自然天成的审美品位。草堂建筑十分简易，仅三间两柱，二室四墉，木不加丹，墙不粉白，墙壁只抹泥灰，以竹制帘子，以纸幕窗，以麻布制帐，山石为础，桂木为柱，竹篾编墙，梁柱只用刀斧略加剁削，一切皆就地取材。

第四，草堂陈设简朴、书卷气。堂内仅"木榻四，素屏一，漆琴一张，儒、道、佛书各三两卷"，但却体现了中唐士大夫的美学趣味和生活情趣，三教合一的生活理念、高雅的文化追求。

第五，符合养生之道。作者说，他在草堂"一宿体宁，再宿心恬，三宿后颓然、嗒然，不知其然而然"。①

白居易晚年归休之"履道里园"，带有宅园性质。园不大，其居室与园地、水面、竹林的比例为："地方十七亩，屋室三之一，水五之一，竹九之一，而岛池桥道间之。"园中有粟廪、书库、琴亭、环池路、中高桥、西平桥，园池中尚筑海中三神山，水中植白莲、折腰菱，水面有具有苏州地方色彩之青板舫，观赏石有杭州的天竺石、苏州的太湖石，并蓄养华亭之鹤，充溢着苏州、杭州的气息。

白居易《池上竹下作》诗说："穿篱绕舍碧逶迤，十亩闲居半是池。食饱窗间新睡后，脚轻林下独行时。水能性淡为吾友，竹解心虚即我师，何必悠悠人世

---

① 见白居易：《草堂记》，《白居易集笺校》卷43。

上，劳心费目觅亲知？"这小园里的水、竹成为白居易审美情感的人格化呼应对象，具有浓厚的抒情写意色彩。白居易首开江南文人写意园的先河。

以白居易为代表的士大夫文人，信奉的依然是"内圣外王"之道，他们担任作为地方官吏期间，除了在力所能及的范围内，履行"外王"之道，造福一方，还尽量搞一些文化建设。

唐宝历元年（公元825年），白居易任苏州刺史，组织修路凿渠，将苏州的名胜虎丘与苏州城区相联，水路即山塘河，凿河之土堆成大堤，延亘七里，人称七里山塘，"又缘山麓凿水四周，溪流映带，别成仙岛，沧波缓溯，翠岭徐攀，尽登临之丽瞩矣。"沿堤种桃李莲梅数千株，人称虎丘山塘为"白公堤"。白居易曾兴奋地写道："自开山寺路，水陆往来频。银勒牵骄马，花船载丽人。芰荷生欲遍，桃李种仍新。好住河堤上，长留一道春。"他自己游览虎丘，"一年十二度，非少亦非多"。① 从此，山塘成为苏州名胜。

白居易以刑部尚书致仕后，闲居洛阳履道里，日与僧人交往唱酬，自号"醉吟先生"、"香山居士"。香山，今名东山，位于河南洛阳南郊龙门，白居易晚年寓居于此，可以近听伊水潺湲，远观嵩岳烟岚。"居士"，译自梵语 Grhapati（迦罗越），亦译作"家主"，原指古印度吠舍种姓工商业中的富人，因信奉佛教者颇多，故佛教用以称呼受过"三皈依"和"王戒"的在家佛教徒。在家修道、居家道士称为"居士"。白居易心中早就存在佛、道思想，晚年更是消尽了早年的"浩然气"。这种出世逃禅、效法陶潜、知足保和的"居士风流"，代表了帝制社会文人的一种普遍的心理和生活态度。龚颐正在《芥隐笔记》中曾说，宋人"醉翁"、"迂叟"、"东坡"之名，皆出于白乐天诗。

白居易的构园思想、园池建构及其行为模式，为后世文人及其园池开了法门。

三、平泉嘉卉阶庭石

由于唐代的私家园林作为身份财富的标志，所以往往建园者不一定游园，白居易有诗曰："今日园林主，多为将相官。终身不曾到，只当图画看。"

中唐出现了几位名相园林，这些名相都是能诗善文之士，在政治上，他们可以斗得你死我活，但在构园、酷爱大自然上所表现出的，却有着惊人的同一性，

---

① 白居易：《夜游西虎丘寺八韵》，《白居易集笺校》卷24。

体现了士大夫的审美特征和时代风尚。

中唐名相李德裕,在政治、军事上颇有建树,好著书为文,诗文也情感真切,作为世族地主阶级的代表,与代表庶族地主阶级的牛僧孺党争激烈,但据《河南邵氏闻见后录》卷27称:牛僧孺、李德裕相仇,不同国也。其所好则每同,今洛阳公卿园圃中石,刻奇章者僧孺故物,刻平泉者李德裕故物,相半也。李德裕在党争中失败,晚年被贬崖州,"岭头无限相思泪,泣向寒梅近北枝"。① 他在长安私第,别构起草院,院有精思亭,② 并在洛阳城外三十里建山居别业平泉庄,山居内有书楼、瀑泉亭、流杯亭、西园、双浯碧潭和钓台等景点,但以泉石奇木取胜,仅洛阳各名园所没有的奇木异花、怪石药草,即达80余种,大都来自现江、浙、皖、赣、湘、鄂、桂、粤等地,山水也是模仿大自然,庄内驯养有白鹭鸶及猿等动物,有"卉木台榭,若造仙府。有虚槛对引,泉水萦回,疏凿象巫峡、洞府、十二峰、九派,迄于海门,江山景物状之"。③ 颇似一轴立体的长江万里图。

唐丞相牛僧孺宅园,在洛阳城中归仁里。他把在淮南任职时的"嘉木怪石,置之阶庭","馆宇清华,木竹幽邃,常与诗人白居易吟咏其间"。白居易为之写《太湖石记》一文,文中说,牛僧孺在"游息之时,与石为伍",太湖石列为石族之甲,牛之"东第南墅,列而置之",太湖石"有盘拗秀出如灵丘鲜云者,有端俨挺立如真官神人者,有缤润削成如珪瓒者,有廉棱锐刿如剑戟者。又有如虬如凤,若跧若动,将翔将踊,如鬼如兽,若行若骤,将攫将斗者。……公待之如宾友,视之如贤哲,重之如宝玉,爱之如儿孙……"④ 将牛僧孺嗜石、搜集、石形、居意等癖好描写得淋漓尽致。

湖园是唐丞相裴度宅园。在洛阳城中集贤里,"筑山穿池,竹木丛萃,有风亭水榭,梯桥架阁,岛屿回环,极都城之胜概"。⑤ 宋李格非《洛阳名园记》记此宅园,有百花洲(湖中之堂名)、四并堂、桂堂、迎晖亭、梅台、知止庵、环翠亭、翠越轩等,认为"若失百花酣而白昼眩,青苹动而林阴合,水静而跳鱼鸣,木落而群峰出,虽四时不同,而景物皆好","洛人云,园圃之胜不能相兼

---

① 李德裕:《到恶溪夜泊芦岛》,见《李文饶文集·别集》卷9,《四部丛刊》初编·集部。
② 《旧唐书》卷174。
③ 李德裕:《平泉山居草木记》,见《李文饶文集·别集》卷9,《四部丛刊》初编·集部。
④ 白居易:《太湖石记》,见《白居易集笺校》外集卷下。
⑤ 《旧唐书》卷170。

者六：务宏大者，少幽邃；人力胜者，少苍古；多水泉者，艰眺望。兼此六者，惟湖园而已。"裴度另有别墅，在洛阳城南十里之午桥，知名度大于湖园。据《旧唐书》，园内"花木万株，中起凉台暑馆，名曰绿野堂。引甘水贯其中，酾行脉分，映带左右"。裴度公余之暇，常与诗人白居易、刘禹锡，"酣宴终日，高歌放言，以诗酒琴书自乐。当时名士，皆从之游。"①

石已经作为独立的审美对象罗列庭园，欣赏的主要是石本身的自然美。

四、"忘筌"高情"休休"亭

北魏的孝文帝元宏曾提出园题的"名目要有其义"，但真正有深刻思想内涵的题名出现在中唐。白居易长庆二年（公元 822 年）在杭州刺史衙门园林中的亭、堂分别名"虚白堂"、（一曰"虚白亭"即"虚白堂"）"忘筌亭"。"虚白"取《庄子·人间世》"虚室生白，吉祥止止"之意，虚室，指虚静空明的心室，白，纯白的光辉，意思是说，只有虚空寂静的心室，才能生出纯白的光辉，种种吉祥的征兆都会集于心境的静止当中。白居易有《虚白堂》诗："虚白堂前衙退后，更无一事到中心。移床就日檐间卧，卧咏闲诗侧枕琴。""忘筌"，见《庄子·外物》篇："筌者所以在鱼，得鱼而忘筌……言者所以在言，得意而忘言。"获得鱼，就可以忘掉捕鱼的工具，知道意思，就可以忘掉言语。意思说要把握用语言文字形式所表达的意义与精神，而不在形式自身。白氏《忘筌亭》诗曰："翠巘公门对，朱轩野径连。只开新户牖，不改旧风烟。空室闲生白，高情澹入玄。酒容同座劝，诗借属城佳。自笑沧江畔，遥思绛帐前。庭台随事有，争敢比忘筌。"

丞相牛僧孺的"归仁园"，因所居"归仁里"而得名，但题名取意的是《论语》"吾欲仁，则仁归焉"，亦带有较深刻的意义。但并非园林的主题。

晚唐司空图别墅中有"濯缨亭"，显然取自《楚辞·渔父》中的"沧浪之歌"。司空图易名作"休休"，《唐书·卓行传》载："司空图本居中条山王官谷，有先人田，遂隐不出，作亭观素室，悉图唐兴节士文人，名亭曰休休。作文以见志曰……因自目为耐辱居士。"所作《休休亭记》言："休，休也，美也，既休而具美存焉。盖量其才，一宜休；揣其分，二宜休；耄且聩，三宜休；又少而

① 《旧唐书》卷170。

惰，长而率，老而迂，是三者皆非济时之用，又宜休也。"① 又作《耐辱居士歌》，题于北楹曰："咄咄，休休休，莫莫莫……"② 源于《世说新语·黜免》篇中殷浩被废黜后终日恒书"咄咄怪事"之典，有退隐休闲、保其本真的意味。宋辛弃疾有"书咄咄，且休休，一丘一壑也风流"句。显然，"休休亭"已经融入了园主的主观情思，成为园林的"灵魂"，因而已经具有"主题园"基本思想要素，可视为后世主题园的滥觞。

晚唐五代主题园的萌芽，标志着文人园林正在走向成熟。

---

① 《新唐书》卷 194 《卓行传》。
② 同上。

第五章
封闭、内倾、淡雅的宋型文化

　　从中唐到两宋，是中国古典园林走向成熟的时期。宋代社会经济得到恢复，农业生产发展，也是中国原始工业化进程的启动时期，是中国早期市民文化发展时期。"中国好像进入了现代，一种物质文化由此展开。货币之流通，较前普及。火药之发明，火焰器之使用，航海用之指南针，天文时钟，鼓风炉，水力纺织机，船只使用不漏水舱壁等，都于宋代出现。在 11、12 世纪内，中国大城市里的生活程度可以与世界上任何其他城市比较而无逊色。"①北宋京城汴京，城内已经"比汉唐京邑繁庶，十倍其人"，②"甲第星罗，比屋鳞次，坊无广巷，市不通骑"，③浮华享乐之风盛行。从张择端描画开封极盛时期的《清明上河图》上可以看出，在物质生活上讲，12 世纪的中国无疑已领先世界各国。南宋虽经"靖康之难"的重创，面对半游牧民族的挑战，但南宋地处江南，繁华不下汴京。面对满目佳山水，特别是"满湖醉月摇花"的西湖，那些"会享人天清福"的皇帝贵族文人雅客，踏花寻月，惯看瘦石寒泉，吸尽杯中花月。诗画渗融的写意式山水园林，作为寄寓理性人格意识及其优雅自在生命情韵的载体，在这文运独盛的宋代更走上精雅一途，且遍布

---

① 黄仁宇：《中国大历史》，第 127 页。
② 《续通鉴长编》至道元年张洎语。
③ 《汴京遗迹志》载《皇畿赋》。

城乡：士人宅园、皇家宫苑、酒楼花园……北宋的
洛阳私家园林之盛，几与汴京相伯仲。南宋临安的
园林，见诸《都城纪胜·园苑》上的著名园林就有
近60个，至于一般士大夫的私人宅园，更不计其
数。他们将文人的情致浓浓地浸润在园林中，通过
文学题咏表达出来，真正意义上的主题园出现了。
这是中国园林文化的第三次自我超越。

宋徽宗崇宁二年（公元1103年），李诫作《营
造法式》，对建筑进行了理论上的总结，是中国古代
最杰出的建筑经典之一。它以模数衡量建筑，使建
筑有比例地形成了一个整体，组合灵活拆换方便。

第一节　宋型文化与士大夫的心理法式

宋代的开国之主赵匡胤于太庙立"誓碑"，其中有"不得杀士大夫及上书言
事人"，并"严令"子孙，有逾此誓言者天必殛之。因而，"六朝及天水一代，
思想最为自由"，[①]"天水一代"即指赵宋王朝，故"华夏民族之文化历数千载之
演进，造极于赵宋之世"。[②]

一、"佑文"政策和"崇文"风习

鉴于唐末五代武将骄横擅权造成的社会大动乱，北宋建国伊始，就确立了
"以文治国"的"佑文"政策。宋太宗说："王者虽以武功克敌，终须以文德致
治"[③]，出现了历史上名副其实的"文治"社会。君权高度强化，门阀势力完全
消失，朝廷广开科考，士人通过科举，可以"朝为田舍郎，暮登天子堂"，给予
文人优厚的政治、经济待遇，大大提高了文人的社会地位，打破贵族门阀，大量
的世俗地主阶层的知识分子进入了官场，上层知识分子数量的剧增，且享有丰厚

---

① 陈寅恪：《寒柳堂集·论再生缘》。
② 陈寅恪：《金明馆丛稿二编·邓广铭宋史职官志考证序》，上海古籍出版社，1980年，第245页。
③ 李攸：《宋朝事实》卷3。

的高薪。《宋史》卷155《选举志》载：宋太祖时进士及第仅50余人，而太宗一次就得进士500余人，参加考试的贡士近2万人。仁宗一朝进士总数达4570人，宋真宗也唱起了"书中自有颜如玉，书中自有黄金屋"。

宋代的文化政策使学术空气空前活跃，北宋统治者大量雕刻儒佛道经典，强化思想统治。真宗曾自撰《文宣王赞》，歌颂孔子是"人伦之表"，孔学是"帝道之纲"，作《崇儒术论》，刻石立于国子监，说："儒术污隆，其应实大，国家崇替，何莫由斯！"① 儒学、佛教、道教都受到统治者的极大重视，佛教、道教"助世劝善"，后周世宗说："释氏真宗、圣人妙道，助世劝善，其利甚便。"②

宋代理学，是在野哲学，不仅将纲常伦理确立为万事万物之所当然和所以然，亦即"天理"，而且高度强调人对"天理"的自觉意识。南宋的朱熹更突出了"正心、诚意"的"修身"公式，将外在的规范转化为内在的主动欲求，亦即伦理的"自律"。张载提出："为天地立心，为生民立命，为往圣继绝学，为万世开太平。"强调通过道德自觉达到理想人格的建树，强化了中华民族注重气节和德操、注重社会责任感与历史使命感的文化性格。应该说，宋理学是中国后期社会最为精致、完备的理论体系，但理学将"天理"与"人欲"对立，进而以天理遏止人欲，约束了带有个人色彩的情感欲求，成为许多人间悲剧的思想元凶。理学专求"内圣"的经世路线及"尚礼仪不尚权谋"的致思趋向，将传统儒学的先义后利发展成片面的"重义轻利观念"，对中华帝国的科学文化产生了负面影响。

二、崇雅黜俗的文化心理

宋代的尚文政策，造成了倾心学术、精心文章、崇尚文化的社会时尚。饱读诗书的文化人，养成"多面手"的文化品格。他们中不乏诗、书、画全才型人物。"腹有诗书气自华"，宋代士大夫生活情趣和审美情趣普遍高雅化，上层士大夫以追求儒雅，厌弃"金玉锦绣"、错彩镂金，嗜尚"蔬笋气"、"山林气"，欣赏出水芙蓉，雅淡神逸，鄙视粗俗的声色狗马、朝歌暮嬉的感官享受。阮葵生《茶余客话》谈到，苏轼以女妓丝竹招待俗客，自己则数日不与交谈；招待雅士则屏妓丝竹，坐谈累日。黄庭坚自言，三日不读《汉书》，便觉得俗气逼人。

① 转引自李致忠：《历代刻书考述》，巴蜀书社1990年版，第72页。
② 《旧五代史》卷114《后周·世宗本纪》。

"嗜酒豪纵，不治绳检"时称"泼韩五"的抗金名将韩世忠，文化程度不太高，且素来以"子曰"鄙称读书人，在他被解除兵权以后，也出现"雅化"变异，"逍遥家居，常顶一字巾，跨驳骡，周游湖山"，俨然高人雅士。即使身处困踬环境，仍能保持其高雅的精神气质而不肯从俗。①

士大夫们既享受"红袖添香"的风流，又追求"夜读书"的清雅。热衷于"园林雅赏"、"书斋雅玩"，诸如：赏雨茅屋、观摩名画、把玩古器、收藏鼎彝。书画家米芾的宝晋斋专收藏晋人法帖。陆游《幽事》："快日明窗闲试墨，寒泉古鼎自煎茶。"②"展画发古香，弄笔娱昼寂。"③

南宋赵希鹄《洞天清录集·序》："多蓄法书、名画、古琴、旧砚……窗明几净，罗列布置，篆香居中，佳客玉立，相映时取古文妙迹以观鸟篆蜗书，奇峰远水，摩挲钟鼎，亲见商周。端研涌岩泉，焦桐鸣玉佩，不知身居人世，所谓受用清福，孰有逾此者乎！"自谓"赵、李族寒，素贫俭"的金石学家赵明诚和词人李清照夫妇，"每朔望谒告出，质衣，取半千钱，步入相国寺，市碑文果实。归，相对展玩咀嚼，自谓葛天氏之民也。"又说"后或见古今名人书画，一代奇器，亦复脱衣市易"，"得书、画、彝、鼎，亦摩玩舒卷，指摘疵病，夜尽一烛为率"。④ 嗜雅风尚可见一斑。

米芾的"宝晋斋"周围，"高梧丛竹，林樾禽弄"，斋内，"异书古图，左右栖列"，集百氏妙迹于此而展玩，拊琴赋诗，悠闲雅逸之气，可以想见。

这样，宋代的士大夫文人构筑起宇宙间最美好、最精雅的境界，虽丈室容膝，却可在六合神游。

在崇文尚雅的精神气候下，贪婪如权奸贾似道，也在西湖葛岭营造"半闲堂别墅"，并以"半闲道人"自名，冒充隐士风流。尽管唐灵澈丈人早就在《东林寺酬韦丹刺史》中一针见血地指出："相逢尽道休官好，林下何曾见一人"！但为了与雅士挂上关系，有的人不惜杜撰"家谱"，闹出笑话。如林可山为了与山林雅士林和靖攀亲，竟然冒称为林和靖七世孙，令人喷饭，时人笑之曰："和靖当年不娶妻，因何七世有孙儿？若非鹤种并梅种，定是瓜皮搭李皮。"⑤

---

① 参杨海明：《唐宋词与人生》，河北人民出版社2002年版，第223～224页。
② 陆游：《陆游集·剑南诗稿》卷16。
③ 陆游：《夏日》同上。
④ 《李清照集校注》卷3《金石录后序》，人民文学出版社1979年版，第176～178页。
⑤ 据陈世崇：《随隐漫录》卷3。

中·国·园·林·文·化

三、少陵雅健，彭泽清闲

宋人崇尚杜少陵的雅健，摄其人格风神，也欣赏陶彭泽的清闲，慕其生活韵度。宋文人在知性反省、造微于心性的理学的影响下，认为"惟其与万物同流，便能与天地同流"。① 如郭熙、郭思《林泉高致》所称，"林泉之志，烟霞之侣"、"不下堂筵，坐穷泉壑，猿声鸟啼，依约在耳，山光水色，滉漾夺目，此岂不快意实获我心哉"。寂寂渡口、疏疏人行、竹坞人家、萧条古寺、松林佛塔，都那么安宁平静，人与自然是那么娱悦亲切，"山居之意裕如也"，这才是宋代士大夫的生活理想和审美观念。

清净、空寂，摒去俗务、回归静室，远离凡尘，超脱、幽玄、清闲。从心理上的清净恬淡、无欲无念，到生理上的主静去躁、守气养神，再到生活情趣的清高脱俗、高雅闲逸及行动上的雍容泰然、不急不躁，构成了宋代士大夫最中意的一套人生哲理与行为模式。

士大夫丰厚的俸禄，优渥的待遇，使他们失去了进取和开发的精神，只希望保持和稳定既得利益。从封建皇帝到普通的士人，追求生活享受、追求风雅，体现出精神上的同一性。但剧烈的党争和宦海的沉浮，又使士大夫的心灵充满了苦涩和痛苦，摆脱这些痛苦，获得心灵抚慰的就是"中隐"模式，"终朝对云水，有时听管弦"，悠然清雅，榜样是陶渊明、白居易。宋士人中出现了许多这类典范人物：

欧阳修，晚年自号"六一居士"，作《六一居士传》曰"吾家藏书一万卷，集录三代以来金石遗文一千卷，有琴一张，有棋一局，而常置酒一壶……以吾一翁，老于此五物之间，是岂不为'六一'乎？"②

苏轼被美学家李泽厚作为有宋一代文艺思潮和美学趋向的典型代表："苏一生并未退隐，也从未真正'归田'，但他通过诗文所表达出来的那种人生空漠之感，却比前人任何口头上或事实上的'退隐'、'归田'、'遁世'要更深刻更沉重。"③ 苏轼是封建社会里"三教合流"的典范人物，他自号"东坡居士"，又一生崇道，并不断地试验、实践道教的生活方式，企图炼成内丹，成为神仙式的人物，晚年几乎成为一个道士，还写了数百首涉及自己炼内功、求神仙的诗歌，

---

① 《二程集·河南程氏遗书》卷6，四库全书本。
② 欧阳修：《欧阳文忠集》卷44。
③ 李泽厚：《美的历程》第161页。

故后人称他为"坡仙"。

宋理学家周敦颐隐居濂溪，植荷花，并写出了脍炙人口的《爱莲说》一文，"濂溪乐处"遂具有了中国文化中高情逸趣的符号意义。据《宋史·邵雍传》载："雍岁时耕稼，仅给衣食，名其居曰安乐窝。"于是，"安乐窝"、"安乐国"、"邵窝"等也涂上了特殊的文化色彩。林逋隐居孤山植梅养鹤，以"梅妻鹤子"，"自言不作封禅书，更肯悲吟白头曲"，① 是洁身自好的真隐士。梅横孤影自绝俗，山附高人亦可传，林逋算得上"高人"，范仲淹甚至说："风俗因君厚，文章至老淳"。②

上述人物的诗文内涵和行为方式，成为后代园林造景重要的文化依据。

四、酒被诗情掇送

宋代大兴教育，全民文化素养普遍有所提高，也提升了整体的审美水平。物质生活享受的时候，同时追求精神生活的满足，园林的普及也就有了条件，酒楼庭园的大量出现，有力地说明了这一文化走势。

宋代城市繁华，"城中酒楼高入天，烹龙煮凤味肥鲜"，③ 王安中《登丰乐楼诗》称"金碧楼台虽禁御，烟霞岩洞却山林"，丰乐楼就是宋都城中的白矾楼，位于美丽的西湖边，丰乐楼上可延风月，下可隔断尘嚣，内部装饰精美，"四面栏杆彩画檐"。据孟元老《东京梦华录》载，当年城中的酒楼，必有庭院，廊庑掩映，排列着小阁子，吊窗花竹，各垂帘幕。带有简、疏、雅、野特征的住家式宅园的酒楼，是宋代城市私家园林风格的一种变体，它以私家园林作为艺术范本来营构的。如司马光的独乐园，在竹林中有两处是结竹杪为庐为廊，成为钓鱼休憩之所，富郑公的园林则在竹林深处布置了一组被命名为"丛玉"、"夹竹"、"报风"的亭子，错落有致，这些都被宅园酒楼所仿效。北宋的皇家园林艮岳中也建设了高阳酒楼。

许多酒楼径冠以园名。如东京的中山园子正店、蛮王园子正店、姜宅园子正店、梁宅园子正店、郭小齐园子正店、杨皇后园子正店等……

市民无不向往在这样的酒楼中饮酒作乐，那里花竹扶疏，野卉喷香，佳木秀

---

① 苏轼：《书林逋书后》，《苏东坡全集》上册卷15，北京市中国书店1986年版，第209页。
② 范仲淹：《寄赠林逋处士》，见《范文正公集》卷3，四部丛刊初编·集部。
③ 宋话本：《赵伯升茶肆遇仁宗》中的《鹧鸪天》。

荫、芳林匝阶……连高级官员也纷纷便服出去，到酒楼潇洒一番。因为那里百物具备，宾至如归。①

第二节 宋代士人园和"归来"主题

宋代士人园，大多为"主题园"，他们往往通过园林题咏，将自己的审美理想、政治愤懑寄寓其中，园林成为重要的抒情载体。园中景点都有寓意隽永的题名。如宰相富弼目营心匠的洛阳私园"富郑公园"，园中诸景皆有文学性题名：探春亭、四景堂、通津桥、方流亭、紫筠堂、荫樾亭、赏幽台、垂波轩、土筠洞、水筠洞、石筠洞、榭筠洞、丛玉亭、披风亭、漪岚亭、夹竹亭、兼山亭、梅台、天光台、卧云堂、四景堂等。

一、一官归去来

"归来"即回归江湖和田园，是宋代文人园林不倦的主题。园林中的一草一木一石，都成为文人们抒发情感的特殊工具。他们在那里读圣贤书，园林中的亭台花木布局，一任自然，不对称，犹山林之景，水静而跳鱼鸣，木落而群峰出，虽四时不同而景物皆美。朱敦儒隐居嘉兴，筑室在四面环水的湖中小岛，就觉得"洗尽凡心，相忘尘世"。②

苏州是宋元文学的中心。文人以诗画入园，私家文人园有 50 多处，其中大多属于"归来"主题：苏舜钦的沧浪亭、蒋堂的隐圃、叶清臣的小隐堂、程致道的蜗庐、胡元质的招隐堂、范成大的石湖别墅、史正志的渔隐……

朱长文别业"乐圃"，他自己撰文阐释说，他"乐"的是春秋隐士长沮、桀溺的田耕之乐，商山四皓采芝隐逸之乐，严子陵、郑弘渔樵之乐，陶渊明、白居易隐居之乐。他在"邃经堂"中讲论六艺，在"琴台"上弹琴、"墨池亭"挥毫，"钓渚"垂钓，徜徉于鹤室、蒙斋、见山冈、华严庵、草堂、西丘、笔溪、招隐、幽兴等景点，看花赏月。园内树木众多，"高或参云，大可合抱"，并且姿态各异；花卉药草，名类繁多。

韩侂胄是南宋势倾朝野的权臣，有废立天子之权，宰相兼掌枢密院、领太师

---

① 参伊水文：《宋代市民生活》，中国社会出版社 1999 年版，第 163 ~ 171 页。
② 朱敦儒：《念奴娇·垂虹亭》，《全宋词》第 2 册，第 456 页。

头衔，骄奢专横若此，但也附庸风雅，唱起"归隐"雅调。他将潴水艺稻和牧畜之地称"归耕之庄"，建筑题名中有许闲堂、岁寒堂、忘机堂、远尘亭、多稼亭等。还专请大诗人陆游到他的南园，殷勤招待，请作《南园记》装点门面。

二、沧浪之歌因屈平

《楚辞·渔父》载：战国末期，楚国忠臣、中国文学史上第一个伟大诗人屈原忠而被谤，流放泽畔，脸色憔悴，形容枯槁，隐归江湖的高人沧浪渔父见此情景，就唱了一首当时楚地流传的民歌《沧浪之歌》（也叫《孺子歌》）："沧浪之水清兮，可以濯我缨；沧浪之水浊兮，可以濯我足！"于是，沧浪水遂具有了江湖隐逸的特定内涵。唐王维《暮春太师左右丞相诸公于韦氏逍遥谷燕集序》曰："犹有濯缨清歌，据梧高咏，与松乔为伍，是羲皇上人。"

苏州沧浪亭为诗人苏舜钦（字子美）所筑，苏为参知政事苏易简之孙，少即慷慨有大志，诗文名满天下，被清聂谢誉为"开宋诗之一代面目"者。经范仲淹举荐，经召试，授集贤校理，监进奏院。其岳父杜衍为宰相，当时与范仲淹、富弼等均为庆历革新的主要人物。御史中丞王拱辰为反对杜衍等，借口苏舜钦与右班殿直刘巽等用公钱召妓乐，对有关人员进行劾治，而苏舜钦则以"监守自盗"之罪，被除籍为民，同座十余人皆受贬黜，王拱辰等自喜道："吾一举网尽矣！"① 苏于是带着郁愤之气，闲居苏州因萌江湖之思。"一日过郡学，东顾草树郁然，崇埠广水，不类乎城中"，饶花木泉石之胜，极城市山林之妙，遂以四万青钱买下，构亭北碕，号沧浪，自此"与风月为相宜"，濯缨濯足取适兴，并自号"沧浪翁"。苏舜钦既有如屈原一般忠而被谤、无罪被黜的遭遇，自然与渔父之歌产生了思想共鸣，他也要"潇洒太湖岸"，扁舟急桨，"撇浪载鲈还"，做一名渔父了。唐宋文人向以事渔为隐：敦煌《浣溪纱》词中的隐士是一位"卷却诗书上钓船，身披蓑笠执鱼竿"的钓鱼翁；宋朱敦儒词中的渔父，"摇首出红尘"，看透了世态炎凉，摆脱了尘世扰攘，这与苏舜钦"迹与豺狼远，心随鱼鸟闲"② 的心境何等契合！他的诗友梅尧臣在《寄题沧浪亭》诗中称他"行吟《招隐》诗，懒带醉中巾……今子居所乐，岂不远尘埃"；宋杰《沧浪亭》诗云："沧浪之歌因屈平，子美为立沧浪亭。亭中学士逐日醉，泽畔大夫千古醒。醉醒

---

① 《宋史》卷442《苏舜钦传》。
② 苏舜钦：《沧浪亭》，《苏舜钦集编年校注》，巴蜀书社1990年版，第218页。

今古彼自异，苏诗不愧《离骚经》。"这些足可以作为园名主题的注解。诗人向有"丈夫志"、"耻疏闲"，如今只好终日"向沧浪深处，尘缨濯罢，更飞觞醉"了。故"沧浪"一词，深藏着作者的政治愤懑。后以亭名名此园。

苏舜钦《沧浪亭记》云："古之才哲君子，有一失而至于死者多矣，是未知所以自胜之道。予既废而获斯境，安于冲旷，不与众驱，因之复能乎内外失得之原，沃然有得，笑闵万古，尚未能忘其所寓，自用是以为胜焉！"据此可知，"自胜"就是指人受到委屈、挫折以后，能够借助大自然的美景，战胜自己荣辱得失等世俗情欲，故"自胜"就是战胜自我。宋人的情绪比较内敛，善于对生活进行反思，善于思索人生，注重主体的思考，寻求自我的点滴发现，带有思辨的抽象和演绎色彩。力求借内在的心理调节，处理人世间的纠纷、争端，求之于自我精神的满足、陶醉。"沧浪"水，成了他的心灵与世俗社会之间的一道不可逾越的屏障，让个人的荣辱得失在"沧浪"水中淡化、消融，在园中尽情地享受自然真趣。

图12 沧浪亭外沧浪水

三、乐与众殊司马公

司马光于宋神宗熙宁六年（公元1073年），为排遣其"自伤不得与众同也"的抑郁，在洛阳尊贤坊北关建园名"独乐"，自为之记："孟子曰'独乐乐，不如与人乐乐；与少乐乐，不如与众乐乐'，此王公大人之乐，非贫贱者所及也。孔子曰：'饭蔬食饮水，曲肱而枕之，乐在其中矣'；颜子'一箪食，一瓢饮，不改其乐'，此圣贤之乐，非愚者所及也。若夫鹪鹩巢林，不过一枝，偃鼠饮河，不过满腹，各尽其分而安之，此乃迂叟之所乐也。"司马光自号"迂叟"，以"独乐乐"为宗旨，区别"王公大人"的"与众乐乐"，他清贫澹泊自守，此园为其私人读书著述休憩的退隐之地。此园占地二十亩，简朴秀野，园内自透出一股平易清新之气。景物有读书堂、弄水轩、钓鱼庵、种竹斋、采药圃、浇花亭、见山台。李格非在《李氏独乐园记》中说："园卑小，不可与它园班"，但因为"温公自为之序，诸亭台诗，颇行于世。所以为人所慕者，不在于园耳"，园小而名大，主要在于仰慕司马温公的人品和诗文，园属于真正的私家园林。日人景徐周鳞就曾赋诗赞"独乐园"。全诗是："乐与众殊司马公，满园花竹倚春风，一朝蝉冕忧天下，坐锁深衣皮箧中。"

四、清风明月无尽藏

宋代园林注重野趣，视野开阔，如门下侍郎安焘购筑的丛春园，园内乔木森然，"丛春亭出社荼蘼上，北可望洛水，盖洛水自西汹涌奔激而东，天津桥者，垒石为之，直边其怒而纳之于洪下。洪下皆大石，底与水争，喷薄成霜雪，声闻数十里。予尝穷冬月夜登是亭，听洛水声；久之，觉清冽侵人肌骨，不可留，乃去。"南宋时宰相洪适在波阳（今江西波阳）的别业盘洲，地处两溪之间，有荒地百亩，前部地形，尖如犁头，而后部逐渐展宽，最宽处弓箭不能横飞而过；溪南有营山及波阳旧城墙，溪北堤外有田二、三顷，芝岭耸其东，牛首山蹲于西，林岫相续，周围景色颇佳。

园林中名木异卉很多。沈括的梦溪园，园内有百花堆、壳轩、花堆、岸老堂、萧萧堂、杏嘴、苍峡亭、深斋亭、远亭等景观，溪流萦环，花木扶疏，花堆阁上有大树笼罩，万竹丛中溪水回环，再点置轩亭，构筑堂舍于其间，更使园景如画，野趣盎然。陆游《老学庵笔记》中，还特别提到富郑公园内一凌霄花"挺然独立，高四丈，围三尺余，花大如杯，旁无依附"。

花木专题园也很多。如天王院花园子，是牡丹园。种植牡丹几十万株，开花之时，"张幕幄，列市肆，管弦其中。城中士女，绝烟火游之"，热闹非凡。

作为大自然精灵的石头，自中唐以来就受到文人的膜拜，崇石、赏石之风，至两宋达到鼎盛。出现了书画艺术家米芾这样对石痴迷到近于癫狂的地步，人称"米癫"。南宋初叶梦得在浙江湖州西门外15里之弁山得地构宅，以就山石之胜；而弁山之石，色类灵璧石，清润又超过灵璧，且形状奇巧，罗布山间，拱环宅居，因以名其地为石林。范成大《骖鸾录》说其地高峰层峦、松桂深幽。叶梦得《避暑录话》云石林有泉数处，或导为池，种植常熟破山重台白莲；或决为涧，大池相汇。自称"李翱习之论山居，以怪石、奇峰、走泉、深潭、老林、嘉草、新花、视远七者为胜；今吾山乏者，独深潭、老木耳"。叶梦得每年在山中增种松一千、桐杉各三百，隙地俱植竹。石林内，有兼山堂、石林精舍、承诏堂、求志堂、从好堂、净乐庵、爱日轩、跻云轩、碧琳池、岩居、真意亭、知止亭等。

两宋士人园建筑一般体量较大，精雅而简朴，在园中处于配景地位，或踞山远眺，临池俯影，或向花木，倚奇石。园林多自然野逸之趣，植物多群植成林，形成蓊郁森然气氛，假山多呈丘壑冈阜、峰峦涧谷之势，接近自然，有的混假山于真山之中，浑然一体。池岸叠石凹凸自然、石矶错落。

第三节 绮丽纤巧的皇家宫苑

皇家园林的发展至宋代掀起了第二次高潮。宋代的皇家宫苑，太祖朝建设未尝求奢，而多豪壮，太宗时规模愈大，启北宋崇奉道教侈致宫殿之端，轮奂壮丽，金碧荧煌，迨及能诗书善画的宋徽宗，性好奢丽工巧，所建殿阁亭台园苑，"叠石为山，凿池为海，作石梁以升山亭，筑土冈以植杏林，又为茅亭鹤庄之属"，① 以仿天然，已为艮岳之制。北宋御苑规模建制远逊于唐，但艺术和技法则过之，作风渐趋，多去汉唐之硕大、朴素大方，而易之以纤靡，重在刻意进行细部装饰，而不重魁伟。

一、艮岳及北宋宫苑

艮岳是宋代写意山水园的代表作，是在平地上以大型人工假山来仿制中华大地山川的优美范例。

艮岳，一名万岁山，或称阳华宫。是宋徽宗亲自设计的杰作。艮岳位于北宋首都汴梁（今河南开封）城东北隅，《易·说卦》："艮，东北之卦也。"因名艮岳，周长约 6 里，面积约 750 亩。具备了写意山水园的主要特点：

该园是"按图度地"，按照宋徽宗构想的山水景色图绘，作为施工的指导。园林在构图立意，对远近不同景区的布局安排上，悉符山水画理，全园以艮岳为园内各景的构图中心，以万松岭和寿山为宾辅，形成主从关系。介亭立于艮岳之巅，成为群峰之主。左为山，平地起山，右水，池水出为溪，自南向北行岗脊两石间，往北流入景龙江，往西与方沼、凤池相通，形成了谷深林茂、曲径两旁的完好水系。艮岳东麓，植梅万株，辅以"萼绿草堂"、"萧森亭"等亭台，之西是药用植物配置。西庄是农舍，帝皇贵族在此可以"放怀适情，游心玩思"，欣赏田野风光。艮岳中的亭台楼阁，依自然地势而建，因地制宜，隐露相间，使艮岳如"天造地设"一般自然生成。

---

① 《宋史》卷85《地理志》。

艮岳的假山具备了自然山体的基本特征：艮岳主峰万岁山，周围达 10 多里，最高一峰 90 步；位于园东，可由被誉为"有蜀道之难"的栈道上下。东南的是寿山，两峰并峙；南山之外的小山，也横亘 2 里。中部的万松岭，与艮岳一同构成层峦叠嶂之势，相互开合收转，或成巨谷或为险峪。三山相交处有雁地，以汇艮岳、万松岭之水。水有静流，有瀑布。周围种草药以示求道长生，辟农舍以示心悬天下。作为艮岳陪衬的万松岭和寿山，高度和体量都比较小，三山各不雷同，各具精神，林麓畅茂，峰峦迭起，奇石罗列，"万形千状，不可得而备举也……皆物理之自然，岂人力之所能？"① 位置高下有致，动静得宜，徘徊其间，如置身名山大壑、深谷幽岩之中，成为绝胜。

宋徽宗《艮岳记》中得意地说："东南万里，天台、雁荡、凤凰、庐阜之奇伟，二川、三峡、云梦之旷荡，四方之远且异，徒各擅其一美，未若此山并包罗列。又兼其绝胜，飒爽溟滓，参诸造化，若开辟之素有，虽人为之山，顾岂山哉！"

不但模仿造化，而且集中、提炼并作了典型化创造。山中有大洞数十，以石灰石置于其中，自生烟云，俨然真山。在山洞的处理上，符合生态科学，"其洞中皆筑以雄黄及卢甘石，雄黄则避蛇虺，卢甘石则天阴能致云雾，滃郁如深山穷谷。"②

艮岳这座典型的山水宫苑，构园设计以情立意，以山水画为蓝本、诗词品题为景观主题，苑内石峰，最著名的为神运、昭功、敷文、万寿四峰，又二峰还特地筑亭庇护，一为玉京独秀太平岩，一为卿云万态奇峰；其余得到赐名刻石的，有"朝日升龙"等 44 峰。神运峰的刻字，以金涂饰，其余则用青黛。

苑内景物，都有品题，诸如萼绿华堂、书馆、八仙馆、紫石岩、栖真嶝、览秀轩、龙吟堂、雁池、雍雍亭、绛霄楼、药寮、西庄、巢云亭、白龙片、濯龙峡、蟠秀、练光、跨云亭、罗汉岩、万松岭、倚翠楼、大方沼、雨洲、芦渚、浮阳亭、梅渚、雪浪亭、凤池、流碧馆、环山馆、巢凤阁、三秀堂、挥雪亭、介亭、极目亭、萧森亭、丽云亭、漱琼轩、炼丹亭、凝真观、圌山亭、高阳酒肆、清澌阁、胜筠庵、蹑云台、萧闲馆、飞岑亭、芙蓉城、曲江（原瑶华宫址）、蓬壶堂等。园中有诗，园中有画。创造了一种趋向自然野致的意态和趣味，成为

---

① 李质：《艮岳赋》，见王明清《挥麈录·后录》卷 2。
② 周密：《癸辛杂识》，中华书局 1988 年版，第 15 页。

元、明、清宫苑的重要借鉴。

艮岳突破了秦汉以来"一池三山"的传统规范，进行了以山水为主题的创作。建筑物具有了使用与观赏的双重功能，园中的禽兽已经不再供帝皇们狩猎之用，而是起增加自然情趣的作用，作为园林景观的组成部分。

北宋京城汴梁（今河南开封）的著名苑池有金明池，又名西池、教池。据《东京梦华录》，金明池，有大门几座，周长为九里三十步，池西直径七里余。池中心有殿五座，殿岛和池岸间由三个拱形木桥相连，朱漆栏杆，恰似一道飞虹，称之为仙桥或骆驼虹。南岸有临水殿，皇帝在此观看龙舟争标及赐宴。金明池在每年三月初一至四月初八对百姓开放。兼有公共游豫性质。

金明池的南面有琼林苑，北宋为宴饮进士之处。大门牙道两旁古松怪柏，并有石榴园、樱桃园等专类园，上有华觜岗，高数丈，建横观，金碧相射，极为华丽；下则"锦石缠道，宝砌池塘，柳锁虹桥，花萦风荷"，水面景物，与金明池有相映成趣之妙。苑内花卉，多为闽、广、江、浙进贡之南方品种。

与琼林苑、金明池并称北宋四大名园的还有宜春苑和玉津园。从苏轼游玉津园诗中可知，园内有耕地桑田，并有小山连岗，花木扶疏，云庄斜阳等组景。

二、南宋宫苑独创之雅致

南宋"借江南湖山之美，继艮岳风格之后，着意林石之幽韵，多独创之雅致"。①

南宋园林风格一度表现为清新活泼，自然风景与名胜得到进一步的开发利用。江南出现了文人园林群，南宋都城临安（今杭州）的西湖及近郊一带，在绿荫掩映下，散置着560多处的皇家宫苑和贵族富豪的园林，还点缀着寺庙园林，这些利用自然胜区的旖旎风光，再进行加工点缀，成为"古今难画亦难诗"的园林艺术佳景，"西湖十景"也在此时定出，即平湖秋月、苏堤春晓、断桥残雪、曲院风荷、雷峰夕照、南屏晚钟、花港观鱼、柳浪闻莺、三潭印月、双峰插云，景名皆两两相对，平仄对仗。

南宋都城临安（今浙江杭州）宫廷大内宫苑。包括南内苑、北内苑、北大内。由于南宋与金人长期争战，偏处一隅，国力十分衰竭，所以建筑物规模都不大，且比较简朴。南内苑有聚远楼、香远堂、清深堂、松菊三径、梅坡、月榭、

---

① 梁思成：《中国建筑史》，第165页。

清妍亭、清新堂、万岁桥、芙蓉岗、载忻堂、欣欣亭、临赋亭、射厅、灿锦堂、至乐堂、清旷堂、半绽红亭、泻碧亭、冷泉堂、飞来峰、冷香亭、芙蓉石、文香馆、静乐堂、浣溪亭、绛华堂、依翠亭、蟠松、旱船、清华堂等；又有大池，池水引自西湖，池中叠石成山；象征飞来峰。

南宋为外御园之一的聚景园，与西湖相通，可乘船由园入湖游赏。园内景物，有会芳殿、瀛春堂、揽远堂、芳华亭、花光亭、柳浪桥、学士桥、瑶津、翠光、桂景、艳碧、凉观、琼芳、彩霞、寒碧、花醉、澄澜等；亭宇匾额，全为孝宗亲笔。

富景园园景略仿西湖湖山景色；园前有升仙桥，园内有德寿宫，宫后有圃，又有百花池。外御园之一的屏山园，正对南屏山，又名翠芳园。园内有八面亭，入亭，则一片湖山，均在目前，以水景最佳。园中有专备之御舟，称为蓝拽。雷峰塔前，有真珠泉、高寒堂、杏堂、水心亭等，并有御港，似专供帝王游幸之用。还有西湖之昭庆湾的谢太后府园、琼花园等。

南宋宫苑都是利用湖山胜景构筑，特别是水景，在此不一一尽数。

第六章
民族文化冲突中的辽金元园林

元代是我国历史上第一个由少数民族的统治者入主中原的政权，也是传统的中原农耕文化和特点鲜明的蒙古游牧文化发生激烈碰撞的时代，但也是各民族文化沟通、融合的时期，并以蒙古文化的汉化为基本特征。

中国皇家宫苑文化打破了一元格局，体现了汉族和蒙古族文化的融汇，出现了鲜明的游牧文化成分。但相对宋朝来说，皇家造园活动处于迟滞局面，除元大都御苑"太液池"，别无其他建设。

元代民族压迫深重，统治者实行民族压迫和民族歧视政策，汉文人失去了传统的"学而优则仕"的进身之路，加上落后的宗教、喇嘛教、道教的哲学，消极遁世以及复古主义思想泛滥。儒学沉沦、文人地位的下降，文人园林比较萧条。官家园林寥落，私家园林也屈指可数，唐诗人姚合《扬州春词》咏歌的"园林都是宅，车马少于船"的扬州，至元代，也只有"江山风月亭"、"明月楼"、"居竹轩"、"平野轩"等寥寥几个园林。随着元末江南城镇经济文化的发展，带来士人宅园的复苏。

第一节　元文化特色及园林

元代文化，有许多不同于宋代的新气象，蒙古统治者不愿接受儒学的首一地位，不让汉人影响过大，于是各方求才，聘任于政府的有波斯人、回纥人、东欧人等，统称为"色目"人，如聘西藏的八思巴为国师，以喇嘛教为国教，挽留意大利旅行家马可波罗，参与国家机密达17年之久，使波斯人阿哈默德为宰相，迎罗马教皇之使者，起天主教会堂等，具有国际色彩，这些皆与汉族各朝大异其趣。

一、文化冲突与融合及文人写意画的成熟

代表游牧文化的元朝统治者与传统的汉民族农耕文化发生了强烈的碰撞，从马上得天下的元统治者，开始时采取了强硬的统治手段，把国民分为蒙古、色目、汉人和南人四等，藉以晋身的科考制度长期停止，至元仁宗延佑二年（公元1315年）即元世祖攻灭南宋政权后36年才施行，中间又停止，终元之世，取士仅1200人，尚不满元官员总数的22分之一。① "仕进有多歧，诠衡无定制"，登第者也不得大用，往往只为州县佐贰下僚。直到1352年才有诏书，废除"省院台不用南人"之旧律，长期以来，蒙古人独揽了国家军政大权。元代法律明确规定："诸蒙古人与汉人争，殴汉人，汉人勿还报，许诉于有司"，"知有违犯之人，严行断罪"。②

蒙古铁骑是带着奴隶制时代的野蛮习性入主中原的，野蛮的征服者自己总是被他们征服的民族的较高文明所征服。忽必烈灭宋后，遂取儒家经典《易经》中"乾哉大元"之义，国号为"元"，表明了他对汉文化的皈依。并任用一些儒生，表示对儒、道的尊重。制定"稽列圣之洪规，讲前代之定制"③ 的纲领，融合蒙汉文化。朝廷设立官学，以儒家四书五经为教科书，封孔子为"大成至圣文宣王"。

元朝统治者虽然确认了程朱理学的统治地位，但由于他们对宗教采取兼容并蓄的优礼政策，"明心见性，佛教为深，修身治国，儒、道为切"，④ 宗教有北方全真教，南方正一教，禅宗和理学等，萨满教、喇嘛教、伊斯兰教、基督教等亦皆在国内流行。元《经世大典·工典·僧寺》载："自佛法入中国，为世所重，而梵宇遍天下；至我朝尤加崇敬，室宫制度，如帝王居，而侈丽过之，或赐以内帑，或给以官币，虽所费不赀，而莫与之较，故其甍栋连接，檐宇翚飞，金碧炫

---

① 许凡：《论元代的吏员出职制度》，载《历史研究》1984年第6期。
② 《元史》卷105《刑法志》四。
③ 《元史》卷4《世祖本纪》。
④ 《元史》卷26"仁宗三"。

耀，亘古莫及。"信仰的多元化，势必削弱儒学思想的影响。

文人地位的急遽下降，传统仕途之堵塞，使大量文人将聪明才智转向艺术，特别是寄情绘画以自娱，以"元四家"即倪云林、黄公望、吴镇和王蒙为代表，更发展了诗的表现性、抒情性和写意性这一美学原则，"更强调和重视的是主观的意兴心绪"。① 倪云林所谓的"逸笔草草，不求形似，聊以自娱"，直泻胸中逸气；吴镇所称"墨戏之作，盖士大夫翰墨之余，适一时之兴趣"。② 于是，黄公望笔下的雄浑有力的礬头山峰、王蒙的山重水复、倪云林恬淡简劲的萧疏树石、吴镇的墨竹等这些自然山水、幽亭秀木等客体，完全成为承载主观心绪的载体。对文人园林风格的演变产生了直接的影响。如扬州园林的结构以平远山水或单一题材为主，"平野轩"受倪云林平远山水的画风影响，以"平野风烟望远"为主题，倪云林曾为之写"平野轩图"。

二、满城绣幕风帘

元初，蒙古军队大肆掠杀，广大中原经济遭受极大破坏，元军南下，"财货子女则入于军官，壮士巨族则殄于锋刃；一县叛则一县荡为灰烬，一州叛则一州莽为丘墟"。③ 大量耕地圈作牧场、草场，严重影响农业生产的发展。

忽必烈在中统和至元年间，屡次颁布严禁扰民圈地的禁令，并将荒地分给无田农户，蠲免赋税，兴修水利，采取了一系列恢复农业生产的措施。生产逐渐得到恢复。

元朝统治者一反传统的"重农抑商"政策，而"以功诱天下"，大大提高了商人地位。促进商业经济的空前发达，城市经济发展。大都、真定、汴梁、平阳，南方的扬州、镇江、苏州、福州、温州、杭州等，都是锦绣富贵之地。马可·波罗称杭州"这座城市的庄严和秀丽，堪为世界其他城市之冠"。④ 元曲描写杭州"普天下锦绣乡，寰海内风流地……满城中绣幕风帘，一哄地人烟辏集。百十里街衢整齐，万余家楼阁参差。并无半答儿闲田地……"⑤

---

① 李泽厚：《美的历程》，第180页。
② 吴镇：《铁网珊瑚》，转引自李泽厚《美的历程》，第181页。
③ 胡祗遹：《民间疾苦状》，见《紫山先生大全集》卷22。
④ 马可波罗：《马可波罗游记》，福建科技出版社1981年版，第111、175页。
⑤ 关汉卿：《南宫·一枝花·杭州景》，见《关汉卿全集》，广东高等教育出版社1988年版，第603页。

元成宗于公元 1294 年下令弛商禁，允许泛海经商，海运开通给庆元、澉浦、上海、太仓等地带来了大宗财富，成为重要的商业贸易中心。大力发展棉纺织业和手工业，引进新棉种，鼓励种棉花。时有诗曰："是邦控岛夷，走集聚商舶。珠香杂犀象，税入何其多。"① 海运、漕运的沟通，非农业人口激增，时"洞庭之种橘者，其利与农亩等"，江南经济得到恢复与发展。《林外野言》记载的《昆山谣·送友人》："吴东之州娄东江，民庐蠹蠹如蜂房。官军客马交驰横，红尘轧投康与庄。鸡鸣关市森开张，珠犀翠象列道旁……舟工花服百夫雄，蛮音獠语如吃羌……"可见南北各地水陆贸易之繁忙，特别是水上贸易的开展，当时有"娄江码头天下少"之称。"三山云海几千里，十幅蒲帆挂烟水……春风一曲鹧鸪词，花落莺啼满城绿。"② 马可波罗眼中的苏州，那时就"漂亮得惊人"。

三、大隐在关市

失去了传统的"学而优则仕"进身之路的汉文人，地位下降，甚至有"十儒九丐"之说。经过宋元易代，特别是一向信守夷夏之别的汉族文人，思想苦闷，民族情绪终元之世，没有稍减，他们"思肖"（肖者，赵宋也），画无土之兰，发泄愤懑。

儒学影响力的淡化，士人求官不易，士人中沽名代贾者"假客于江皋，缨情于好爵者"有之，厌恶世事、避身远祸者有之，隐逸林泉，高蹈全志者有之，既然是"兴亡千古繁华梦"，那就去做"酒中仙、林间友、尘外客"，"数间茅舍，藏书万卷，投老村家"，去享受松花酿的酒，春水煎的茶。

文人士大夫和商人、市民的接触，使浸染在传统儒学中的文人思想发生了某些混乱，也催其创新，唤起自我情性，甚至出现了完全改变传统的隐逸理念者。典型的是元末东吴文人，他们不再像许由、庄周、陶渊明那样，去隐居山林、田园，而是依附于城市，流连于市井，辗转城镇，交游唱和，笙歌玉宴，以"得从文酒之乐"为幸事。这就是杨维祯所谓的"大隐在关市，不在壑与林"。诗人杨维桢进士中举 20 余年后仅仅充任杭州四务提举，冗务繁多，"日益爬梳"，"尘土满衣襟"，才得以"苟食于市，犹胜于挟策小儿"。③ 他在《金处士歌》诗序

---

① 黄时鉴：《元朝史语言》，北京出版社 1985 年版，第 133 页。
② 萨都剌：《过嘉兴》，《萨都剌诗选》，刘世俊等选注，宁夏人民出版社 1982 年版，第 130 页。
③ 《宋学士文集·杨君墓志铭》、《东维子集》卷 27 上《樊参政书》。

中以吴人金可父之口说："予幸有庐一区在市关，可以避风雨；田一廛在郊外，可以给衣食；学圣人之道，可以自乐，不愿仕也。且仕荣利禄，隐乐真素，苟以相易，彼此两乖。乖而强合，吾不能已。"杨诗曰："新阙下，足终南。贫贱易屈，贵富易淫。故大隐在关市，不在壑与林。"①

晋人康琚"大隐隐朝市"，着眼于不受外界干扰的"心隐"，杨追求不受利禄束缚的纯真之心、逍遥之身。"隐丘复事王侯"及时行乐和辞官退隐，讥陶、汉之邵平"占清高总是虚名"。

元末江淮、杭州畔烽烟四起，士人多迁居城镇。谢徽《侨吴集·附录》曾这样说："（姑苏）民俗富而淳，财赋强而盛。故达官贵人、豪隽之士与夫羁旅逸客无不喜游而侨焉。"加上太尉张士诚"颇以仁厚有称于其下，开宾贤馆，以礼羁寓"，"一时士人被难，择地视东南若归"。于是，姑苏、昆山、华亭等林薮之美，池台之胜，远近闻名。江南小城镇吸引了大批士人，促使小城镇文化的兴盛和城镇士人园的发展。②

第二节 宫苑中的琼岛瑶屿

一、金之琼华瑶屿

公元 10 世纪初，西辽河上的契丹族占据了唐代的蓟城，定为陪都称作南京（或燕京），那时的南京城位置还在今北京城的西南角上，这里由于有着小山水池等自然条件，已被辽代的封建统治者选择作为游玩的地方了，当时称之为瑶屿，传说岛屿之巅曾有辽太后的梳妆台。《辽史》上记载："皇城西门日显西，设而不开，北日子北，其西城巅有凉殿。"推想当时这里还是一处位于郊外自然风景较好的地点，人工建筑与设施还是比较少的，由于历史文献不多，遗迹久已不存，当时的情况已不容易查考了。

公元 1153 年金代统治者完颜亮正式建都"中都"，都城的位置在辽南京差不多的位置上。由于琼华岛的自然条件和辽代的基础，同时又位于中部近郊，便于统治者们游览享乐，于是便大事经营，建筑了精美的离宫别馆。据金代的历史文

---

① 杨维桢：《铁崖古乐府》卷6，四部丛刊初编·集部。
② 参孙小力：《元末东吴一带文人的隐居》，见复旦大学出版社《中西文化新认识》1988 年版，第
142～149 页。

献记载:"京城北离宫有大宁官,大定十九年(1179)建,后更为宁寿官,又更为寿安。"① 明昌二年(公元1191年)更为万宁官,京城北离宫有琼林苑,有横翠殿,宁德宫,西园有瑶光台、琼华岛、瑶光楼,② 是以琼华岛为中心、围绕海子建造离宫别馆的形式。传说还特意派人去汴京拆下艮岳太湖山石,运来装点琼华岛。传说金代统治者迫使南方和中原地区的人民把粮食缴运到中都,但允许将拆运的艮岳山石折合粮食,故人们把琼华岛的山石又称为"折粮石"。

二、元之上苑太液池

元代的皇家宫苑主要有禁苑、御苑和后苑。

公元1215年元代统治者攻陷了金王朝的中都,忽必烈至元四年(公元1267年)全国逐步统一,便决定在金中都的东北郊重建新的都城,命名为大都。大都的规划与建设以金的琼华岛海子为中心,在其东西布置大内与许多宫殿建筑。琼华岛便由辽金时代的郊外苑囿,变成了包围在城市中心宫殿内部的一座封建帝王的禁苑,称为"上苑"。琼华岛上建广寒殿,至正八年(公元1348年)山名万寿(亦称万岁山),池名太液。范围包括今之北海和中南海。

元代太液池万岁山的情况,陶宗仪《辍耕录》中描写得比较详细:万岁山在大内(即今故宫位置)的西北,太液池的南面,其山皆用玲珑石作成,峰峦隐映,松桧隆郁,秀若天成。并且把金水河的水引到山后,转机运(音构,作注入解),汲水至山顶,从石龙嘴流出,注入方池,伏流至仁智殿后,水从昂首石蟠龙的嘴中喷出(即人工的喷泉),然后再从东西两面流入太液池内,山顶上有广寒殿七间,山半有仁智殿三间,山前有白玉石桥长200余尺,直达仪天殿(即今团城)的后面。桥北有玲珑山石,拥木门五道,门皆为石色,门内有平地,对立日月石,西有石棋坪,又有石坐床。平地的左右两面皆有登山路径,萦纡万石中,出入于洞府,宛转相迷。山上的一殿一亭都各自构成美景。山之东有石桥长76尺,阔41尺半,桥上有石渠,即用以载金水而流至山后以汲于山顶的桥。又东为灵圃,③ 奇兽珍禽在焉。

万岁山上的建筑很多,广寒殿在山顶,面宽七间,东西120尺,进深62尺,

---

① 《金史》卷6《世宗本记》。
② 《元史》卷58《地理志》。
③ 《金鳌退食笔记》称即今景山。

高50尺，重阿（重檐）藻井，文石地，四面琐窗，室内板壁满以金红云装饰，蟠龙矫蹇于丹楹之上，殿中还有小玉殿，里面设金嵌玉龙御塌，左右从臣坐床，前面架设一个巨大的黑色玉酒瓮，玉瓮上有白色斑纹，随着斑纹刻作鱼兽出没于波涛之状，其大可贮酒30余担。殿的西北有侧堂一间，东有金露亭，亭为圆形，高24尺，尖顶，顶上安置琉璃宝顶。西有玉虹亭，形状与金露亭相同。从金露亭的前面，有复道（即爬山走廊之类）可登上直达荷叶殿，方壶亭。又有线珠亭、瀛洲亭在温石峪室的后面，形制与方壶、玉虹亭相同。在荷叶殿的西面有胭粉亭、为后妃添妆之所。

仁智殿在半山之上，三间。其东有介福殿，亦是三间，东西41尺，高25尺。仁智殿的西北尚有延和殿，形状与介福殿相同。介福殿前即是马重幢室，为牧人的住所，延和殿前有庖室三间，马重幢室前东侧为浴室。万岁山东西山脚平地上为更衣殿，三间两夹室，为帝后来此登山更衣之所。

太液池在大内西，周回若干里，植芙蓉。太液池北岸建筑物较少，尚具自然成分较大。

琼华岛上皆以玲珑石叠垒成自然峰峦形态，但已经与宋徽宗艮岳的模写自然山水、追求山林气势不同，而是将这些玲珑山石，置于"松桧隆郁"之下，造成"峰峦隐瑛"秀若天成的意境，空间与山体缩小，构园艺术进一步走向写意。

第三节 士人园及禅院

元代北方私家园林较少，比较有名的有元汝南王张柔在河北保定市中心开凿的"古莲花池"，是役使了大批从江南俘掠来的园林工匠所构，引城西北鸡距泉与一亩泉之水，种植荷莲，构筑亭榭，广蓄走兽鱼鸟，名为雪香园。元初宋宗室裔大书法家赵孟頫在归安的莲庄，元末倪云林在无锡的清闷阁等，留存至今的，最著名的是苏州的狮子林，但已非原貌。

一、畦田细流　瘦竹茅亭

江南经济在元末得到蓬勃发展，景象繁华，"楚舞吴歌娱晚景，内台盘，春笋奉甘旨。五马贵，未足拟。"富家大户争奇斗艳，各造庭园，延请文人游赏小憩，求撰文美之。据统计，元代苏州私家园林约有40处，在府城的不足10处，其余皆在苏州乡镇。

昆山诗人画家顾瑛，隐居在嘉兴合溪，筑宅园玉山草堂。园按画意布局，畦田细流，疏林茅亭，草草若不经意中而具韵致。表现出文人园幽淡萧疏的园亭风格。

画家曹知白，华亭人（今上海松江），与倪云林、顾瑛等交往，善画山水，笔墨疏秀清润，画风简淡。他以画意布局宅园，园林林木平远，溪流曲折，闻名一时，因生性澹泊，不求功名，匾其居曰："常清净"。

南方最著名的园林是"元四家"之一的大画家倪云林的清閟阁。倪云林，无锡人，善画山水，以平远清瘦山林小景著称，亦工诗曲，作品大多描写山光水色。一生不愿做官，"屏虑释累，黄冠野服，浮游湖山间"，散巨款广造园林，筑清閟阁、云林草堂、朱阳馆、萧闲馆等。以清閟阁最为著名，这是一座以建筑为主体的园林。前植碧梧，四周列以奇石，辅以平冈残阜、瘦竹疏林，显示出与其画风相同的清远意境。此种疏淡简拙的隐逸风格，对明清叠山家，如张涟、戈裕良影响颇大。

二、"云林画本旧无双"

狮子林园址原为宋代贵家别墅，元至正二年（公元1342年）高僧天如禅师惟则为纪念其师中峰和尚而建。中峰倡道于天目山狮子岩，故名狮子林，也象征佛经中的狮子座，"林"为丛林省称，即寺院。元明之际，经书画名家倪云林等人绘画品题，声名远播。康熙、乾隆帝南巡，数度游园，并仿造于北京长春园和承德避暑山庄。今天的规模为民国初期贝氏重修建。

狮子林素以峰石假山著称。约占全园面积的七分之一的假山，峻峰凌空，姿态各异的狮子围绕着雄踞其首的狮子峰顶礼膜拜，具有浓厚的佛教幻想意境。山有九径十一洞，分上、中、下三层。洞壑宛转盘旋，山路高下曲折。山洞内外景观各具风致，有"桃源十八景"之称。

元代的狮子林以土丘竹林、石峰林立为主要特色，并无山洞，建筑物也很少。大画家倪云林曾受邀为狮子林作过画，今卧云室对联中尚有"云林画本旧无双"之语，厅上悬有"云林逸韵"的大匾。由于倪云林的绘画艺术在审美上被誉为逸格的顶峰。明洪武六年（公元1373年）应狮子林如海方丈之求画的《狮子林图》，据钱培兴《狮子林图卷》称，园景概括，笔简气壮，景少而意长。翠竹、秋山、寒林、寺居，气势雄伟苍凉，显示了独特风貌。倪云林擅长山水，多以水墨为之，初宗董源，后参荆浩、关仝法、创用"折带皴"写山石，以表现体态顽劣之石，亦即江南黄石的景观，树木则兼师李成，好作疏林坡岸，浅水遥岑之景。意境幽淡萧瑟。倪在自题狮子林跋文中说："余与赵君善长以意商榷作师子林图，真得荆、关遗意，非师蒙辈所能梦见也。"朱德润、徐贲也都为狮子林作图。倪图现为柯罗版，其真迹传至台湾。狮子林建园之初，淡静幽旷，与倪云林枯寒清远的画风相似。

狮子林，原名菩提正宗寺，元末至正二年（公元 1342 年），禅僧惟则（天如禅师）改称今名。其含义，元代欧阳玄曾作这样的解释："林有竹万千，竹下多怪石，有状如狻猊者，故名狮子林。且师得法于普应国师中峰本公，中峰倡道天目山之狮子岩，又以识其授受之源也。"狮子为佛国神兽，佛为人中狮子，称佛说法为狮子吼；"林"为"丛林"之约称，唐僧怀海（公元 720～814 年）始称"寺院"为"丛林"。"狮子林"就是禅宗寺院之意。

"禅"是梵语"禅那"的简写，意即静虑。静坐沉思，称为"坐禅"或"禅定"、"定慧"。"定"，即摒除杂念，把持心性，这是印度佛教的修持方法；中国佛教注重"慧"之一法。由慧能创始的禅宗，自称"教外别传"，强调"我佛一体"、直心见性之学说，认为人人皆有佛性，"青青翠竹，尽是法身；郁郁黄花，无非般若（智慧）"；所谓"衣以表信，法乃印心"，法衣作为信物，代代相传；法是以心传心，令人自悟，达到"佛"的最高境界，这个"佛"，不是释迦牟尼，而只存在于自己的精神世界。禅宗强调"心外无佛"，也无"净土"，只有"净心"，是高度思辨化的佛教派别。

怀海师事慧能高足怀让的弟子马祖道一，研习禅宗，后居新吴（今江西奉新）百丈山，弘扬马祖之说，使马祖一派大振，形成"洪州宗"，世称其为"百丈禅师"。他鉴于慧能南宗推倒一切戒律的提法，创建禅院，使禅宗、律宗僧徒在生活规则上有所区别，立《禅门规式》，世称《百丈清规》，其中有禅寺只立法堂，不设佛殿，以示佛祖传授，以当代为尊的内容。天如禅师是禅宗临济宗虎丘派门徒，因此狮子林表现的是禅宗的境界。据元危素的《师子林记》载，元代狮子林的建筑主要有：

　　燕居之室曰"卧云"，传法之堂曰"立雪"……今有"指柏"之轩、"问梅"之阁，盖取马祖、赵州机缘以示其采学。曰"冰壶"之井、"玉鉴"之池，则以水喻其法云。师子峰后结茅为方丈，扁其楣曰

"禅窝"，下设禅座，上安七佛像，间列八镜，镜像互摄，以显凡圣交参，使观者有所警悟也。

体现了禅门清规，今之狮子林因时代变迁，迭经修葺，庭园华丽雕琢，已失去园初之貌，与云林画风不同，且涵禅蕴俗，但依然能看出它所体现的禅宗教义。

狮子林"心外无佛"，不设佛殿，无偶像膜拜。禅寺内有些轩、阁、堂、室名沿用至今，蕴涵禅宗公案，发人深省。

寺僧静坐敛心、止息杂虑的禅室名卧云，四周环以酷似群狮起舞的峰峦叠石，小楼恰似卧于峰峦之上。古人以云拟峰石，故小楼如卧云间。创造了"人道我居城市里，我疑身在万山中"的神秘意境。

图 13　狮子林

"揖峰指柏轩"，"指柏"，系"赵州机缘"。一僧问赵州从稔禅师："'如何是祖师西来意?'师曰：'庭前柏树子。'曰：'和尚莫将境示人?'师曰：'我不将境示人?'曰：'如何是祖师西来意?'师曰：'庭前柏树子。'"① 和明高启的"人来问不应，笑指庭前柏"诗句一样，"指柏"非为赏柏，而是禅师启发人从眼前之柏中获得"悟"的契机，使人"蓦然心会"、"自识本心"、发现"自家宝藏"。缘于马祖问梅禅宗公案故事的"问梅阁"，《五灯会元》卷3载，马祖道一禅师的弟子法常，初参马祖道一时，听到马祖说"即心即佛"，当即大悟，于是便到大梅山去做主持，后称大梅法常禅师。马祖听说大梅法常住山后，想了解他领悟的程度，便派一名弟子去问大梅法常，曰："你住此山，究竟于马祖大师处领悟到什么?"法常说："马祖大师教我即心即佛。"那弟子说："马祖大师近日来佛法有变，又说'非心非佛'。"法常说："这老汉经常迷惑人，不知要到何日。他说他的'非心非佛'，我只管'即心即佛'。"法常从明心见性、我即是佛的禅悟中，由自心自性这一核心出发，已经获得了自我的精神觉醒，领悟到人生的宇宙的永恒真理，已经把握住了自己的生命本性，自足、宁静，能打破偶像与观念的束缚，不受外在世界人事、物境的牵累。所以当那弟子回寺院告诉马祖道

① 普济：《五灯会元》卷4，中华书局1984年版，第202页。

中·国·园·林·文·化

一时，马祖道一禅师赞许地对众弟子说："大众，梅子熟了!"即谓大梅法常对"非心非佛"和"即心即佛"不二之理已经了悟。

寺里和尚传法之所"立雪堂"，取意于唐方干《赠江南僧》诗中"继后传衣钵，还须立雪中"句意。据《景德传灯录》载：禅宗二祖慧可初次参见菩提达摩人（中国佛教禅宗创始人），夜间适逢雨雪交加。但他求师心切，不为所动，恭候不懈。至天明，积雪已没及膝盖。菩提达摩见其求道诚笃，终于收他为弟子，授与《楞伽经》四卷。又传慧可自断手臂，终于感动了达摩，于是上前问他："你究竟想求什么?"答："弟子心未安，请大师为我安心。"曰："请把你的心带来，我就能为你安心。"慧可陷入沉思，良久曰："我虽尽力寻思，但这心实在是难以捉摸。"达摩见其已开悟，便点醒说："我已为你安心了!"

旧时狮子林以竹子为主，"室不满二十楹，而挺然修竹则几数万个"，造成"密竹鸟啼邃清池，云影闲名雪炉烟"、"万竿绿玉绕禅房"之景。今仍有"修竹阁"，阁旁仍有丛竹摇曳，旧时风貌依稀可见。

狮子林大量的狮形假山石峰象征悟道的佛门弟子，还有象征南海观音、达摩一苇渡江的太湖石峰等，向世人宣示佛学渊源。

图14 承德山庄的狮子林

今狮子林之东南部、峰峦峻奇，峰石摩拟人体与狮形兽像，象征众僧率怪异狮兽在顶礼膜拜，寓有佛教气氛，池西，则亭台楼阁，流泉飞瀑，颇富自然山水之趣。今狮子林假山有上、中、下三层，并有水旱之分，共有九条路线、21个洞口，占地1.73亩，高低俯仰，上下内外，峰回路转，仿佛自性迷妄的"芸芸众生"在没有"悟"道的时候，在洞曲如珠穿假山洞里徘徊，最后享受到了豁然开朗的乐趣。大多数游客欣赏狮子林的这种"物趣"，因而狮子林独享"假山王国"之誉，吸引了众多国内外游客，乾隆皇帝一连仿建两座狮子林于皇家园林之中，这也属罕见了。

第七章
传统文化鼎盛时期的明代园林

　　明朝，居中国历史上一个即将转型的关键时代，致力于恢复中国固有文化的历史，朱元璋决心固守中国"内地"，不再向外发展，声称明军"永不证伐"包括朝鲜、日本、安南（越南）及至南海各小国等凡15个。对北方民族，则借长城以作防卫。所以黄仁宇称明朝的特点是"内向和非竞争性"。①但明代又是一个极其中央集权的朝代。

　　明代园林经过了明初一段时间的沉寂，随着经济的发展，到明中叶以后逐渐发展起来，士人园林再度掀起高潮，一般府、邸均有园林。以苏州园林为代表的江南私家园林，在宋元基础上继续写意化，园林创作中主体意识得到进一步强化。其造园意境，达到了自然美、建筑美、绘画美和文学艺术的有机统一，成为融文学、哲学、美学、建筑、雕刻、山水、花木、绘画、书法等艺术于一炉的综合艺术宫殿。城市山林，成为"大隐于朝"、"中隐于市"的理想环境和生活模式，成为人类环境创作的佳构。它以清雅、高逸的文化格调，成为中国古典园林的正宗代表，也是明清时期皇家园林及王侯贵戚园林效法的艺术模板。

---

① 黄仁宇：《中国大历史》北京三联书店1997年版，第177页。

第一节 资本主义萌芽和文化生态

明代先有明成祖朱棣的改弦更张，派遣郑和下西洋，主动与海外诸邦交流沟通，后有西方传教士东来叩启闭关自守的大门，至明代中叶资本主义萌芽之时。

一、资本主义萌芽和政治环境

明代初期，明初是封建专制主义的中央集权制度恶性发展时期。朱元璋废除了有一千多年历史的宰相制度和七百多年历史的三省（中书、门下、尚书）制度，将军政大权独揽一身。此后又建立内阁制度，削弱诸王权力，还设立锦衣卫和东西厂，负责缉访谋逆、妖言、大奸恶事，对群臣和百姓进行监视，实行恐怖的特务统治。同时屡兴文字狱，提倡程朱理学、实行八股取士等，有效地钳制和禁锢着人们的思想。万历后政治极端腐败，危机日益严重，但是文禁相对松弛。宦官和权臣相继把持朝政，统治阶级内部斗争激烈。做官常受到株连而获罪，遭到廷杖等酷刑甚至死罪，一般官吏做官时间很少超过8年。既然官场没有安全感，那些官吏一旦获得了政治地位、声誉和金钱，便萌生了辞官归隐的念头，造园便成为归隐下野的官吏或准备归隐的官吏们一项高雅的文化建设活动。

明初在经济上采取了传统的"重农轻商"政策，商业经济一度受挫。明嘉靖后官方抑商政策出现了一定松动，特别是江、浙两省，经济富庶，文化发达，仅苏州一地，在明代产生了400余名进士。明代资本主义萌芽、社会经济形态的重大变化，促进了城市工商业发达、市民在政治、经济上的势力不断增长。地处海洋文化和内陆文化交汇地的苏州，"机户"崛起。隆庆后海禁一度废除，海外贸易不断发展，苏州等城市成为商品集散地之一，手工业、商人、作坊、文人士子、人数众多，在明代洪武年间，已经发展到200万人口。其经济情况与隋唐洛阳、南宋吴兴、明代南京相类似。苏州，成为红尘中一、二等富贵风流之地、中国经济文化的缩影。吴中田赋，甲于东南，比他邑高达十倍，"四百万粮充岁办，供输何处似吴民"，每年向政府缴纳的粮食占全国的十分之一以上，"苏湖熟，天下足"。

苏州作为商业中心的城市，消费生活发生了更新，并迅速改变了人情风貌，去朴尚华、异调新声的新的生活时尚，成为对礼制严格约束下拘谨、守成、俭约的封建社会刻板生活方式的巨大冲击波。苏州城里，"小巷十家三酒店，豪门五日一尝新。市河到处堪摇橹，街巷通宵不绝人"。① 苏州山塘自唐白居易为苏州刺史时开掘以来，沿河之山塘街至明代异常繁华，明张凤翼有诗曰："七里长堤列画屏，楼台隐约柳条青。山云入座参差见，水调行歌断续听。隔岸飞花拥游骑，到门沽酒客船停。"《元和县志》

图15 颐和园苏州街

云："虎丘山塘，游赏者春秋为盛，当花晨月夕，仙侣同舟，佳人拾翠，四方宦游之辈，靡不毕集。花市则红紫缤纷，古玩则金玉灿烂，孩童弄具，竹器用物，鱼龙杂戏，罗布星列，令人目不给赏。至于红阑水阁，点缀画桥疏柳，斗茶赌酒，肴馔倍于常价，而人愿之者，乐其便也。"山塘街与杭州西湖并美，远播海内外，清初乾隆首先将其仿造在圆明园，名之为苏州街，慈禧太后又依照山塘街的形状和风貌在北京颐和园内建造了"买卖街"（苏州街）。

二、"朱学"和"王学"的碰撞以及"人欲"的张扬

明代统治者提倡程朱理学、实行八股取士，加上特务的恐怖政治和文字狱等，有效地钳制和禁锢着人们的思想。

程朱理学，是中国文化中最为精致、完备的理论体系，不仅将纲常伦理确立为万事万物之所当然和所以然，亦即"天理"，而且高度强调了人对"天理"的自觉意识，朱熹突出了"正心、诚意"的"修身"公式，将外在规范转化为内在的主动欲求，亦即伦理的"自律"。诚然，"朱学"强调的通过道德的自觉达到理想人格的建树的道德理想，张载《西铭》倡"为天地立心，为生民立命，为往圣继绝学，为万世开太平"的理学精神，强化了中华民族注重气节和德操、注重社会责任感与历史使命感的文化性格。但"朱学"将"天理""人欲"对立，甚至提出"存天理，灭人欲"，以天理遏止人欲，约束带有自我色彩的、个人色彩的情感欲求，显然是违背人文精神、悖逆人性的。

明代在政治思想领域，以王守仁为代表的主观唯心主义的哲学体系，发展了宋代陆九渊的"心学"，王守仁《与王纯甫》中提出了"理"在人们心中，"心

---

① 唐寅：《姑苏杂咏》，见《唐伯虎全集》卷2。

外无物，心外无事，心外无理，心外无义，心外无善"的理论，并在《传习录》中说："圣人之学不是这等束缚苦楚的，不是妆做道学的模样。"反对朱熹的"先知后行"，主张"知行合一"。王学在反对程朱理学的传统束缚、启发人们大胆思想方面起了很大作用。

此后，王学流派很多，泰州学派，也称王学左派，代表人物是王艮，著有《王心斋全集》，提出"百姓日用即道"。李贽著有《焚书》、《藏书》等，他说"穿衣吃饭是人伦物理，除去穿衣吃饭，无论物矣！"理欲之辨就由李贽的个性解放延伸为社会解放的思想，由思想领域的反传统拓展为对社会制度方面的批判和探讨。但"人欲"也因此大大张扬。

三、闲来写幅丹青卖

晚明时期中国的商业繁荣已经超过了历史上任何一个时代。资本主义发展，产生了新的社会价值观念，追求享乐和尊重人欲的人本主义思潮泛滥。由于政治的腐败，在中国政治思想领域已经失控，王学左派"心学"的兴起与禅宗思想的广泛渗透，洒然无拘、自在情景的禅韵，追求适意自在的人生、注重内心的自我平衡，处世超然、旷达，精神宁静恬淡成为士大夫们闲暇时表示高雅淡泊的一种手段，失意时心理平衡的一种自我安慰。

人的自我价值觉醒，越来越多的士人冲破了僵化的思维，于是，晚明出现高扬个性和肯定人欲的思潮。肯定世俗人欲，肯定"好货"、"好色"，张扬个性，更多的文人将目光引向"穿衣吃饭"、"百姓日用"上来，他们出入市井，乐意与商人、名工巧匠、出色艺人等交游，越来越具有一种世俗平民化的特征，艺术审美趣味也有了深刻的变化，文学艺术创作也已经不再停留在"自娱"上，实际上成为商品，文人也直言不讳，唐寅"不炼金丹不坐禅，不为商贾不种田。闲来写幅丹青卖，不使人间造孽钱"，理直气壮。文人既追求雅逸，又非出尘绝俗，与此同时，商人中附庸风雅，"与贤士大夫倾盖交欢"者也不乏其人。

第二节 私家园林的勃兴

随着资本主义的萌芽，张扬个性、肯定人欲的思潮的涌动，私家园林经过明初一段时期的沉寂，到正德、嘉靖、万历前后，勃郁而起，再度掀起高潮，尤以北京、南京、苏州为最。

北京西北郊一带，除了皇家园林、寺庙园林以外，富商巨贾、官宦贵戚、文人雅士的私家园林也点缀其间，方圆二十余里，鸟语花香。京城私园受皇家气派的影响，大多追求奢华，如《五杂俎》所言："大抵气象轩豁，廊殿多而山林少，且无寻丈之水可以游帆。"但李伟的清华园、米万钟的勺园、李戚的畹园等，都具有广池山林，颇有江南风味。

米氏勺园，取海淀一勺之意，在今北京大学内，其中有五大胜景：一色天空、二太乙叶、三松垞、四翠葆榭、五林於澡。园有百亩，穿池凿山，山峻湖广，登高俯远近景物，下水可得舟楫之乐。畹园也在海淀，方圆有十余里，有屿石百座、乔木千计、竹万计、花亿万计、宽广的荷花池，还有灵璧、太湖、锦川等奇石。

图16　北京大学内园林旧址荷池

官僚年老退休归乡，购田宅，设巨肆，以其所得大造园林以娱晚境。手工业所生产，亦供给他们享用。荷兰汉学家高罗佩说："明代末期在这个泛称江南的地区，住着一批有钱的乡绅，另外还住着不少富商……还住着许多从京城卸任，见过大世面的官员。他们希望在宁静的环境和宜人的气候中安度余生。所以这些有钱人都赞助作家、艺术家和手艺人。他们喜欢三日一请，五日一宴，过得轻松愉快，所以这一带的艺妓和妓女也空前发达。"[1]

一、苏州好，城里半园庭

对生活在温柔富贵之乡的有钱的苏州人，顾颉刚作过如下分析："饮酒、品茗、堆假山，凿鱼池，清唱曲子，挥洒画画，冲淡了士绅们的胸襟，他们要求的只是一辈子能够消受雅兴清福，名利的念头轻微得很，所以，他们绝不贪千里迢迢为官作宦，也不愿设肆作贾，或出门经商，只是一味眷恋着温柔清幽的家园。"构园成为苏州人雅尚，《吴风录》所谓吴中富豪，竞以湖石筑峙奇峰隐洞，凿峭嵌空为绝妙，虽闾阎下户，亦饰小山盆岛为玩，于是乎，"城里半园亭"，有明

---

① 高罗佩：《中国古代房内考》，上海人民出版社1961年版。

图17 拙政园中部

一代，苏州园林先后有园林271处，苏州被列入世界文化遗产的私家园林中，就有拙政园、留园、艺圃。

拙政园始建于明正德四年。苏州拙政园为中国四大名园之一，明正德四年（公元1509年）解职归田的御史王献臣所筑，取晋潘岳《闲居赋·序》中"筑室种树"、"灌园鬻蔬"，"此亦拙者之为政也"之意，遂名"拙政"。

其地"不出郛郭，旷若郊野"、"宅舍如荒村"，有积水亘其间，颇具山野之气。明文徵明诗云："流水断桥春草色，槿篱茆屋午鸡声。绝怜人境无车马，信有山林在市城"。① 园中以水和植物为主要景观，疏置亭台，画面平旷开阔。当时景物有沧浪池、若墅堂、梦隐楼、繁香坞、倚玉轩、小飞虹、芙蓉隈、小沧浪、志清处、柳隩、意远台、水花池、净深亭、待霜亭、听松风处、怡颜处、来禽囿、得真亭、珍李坂、玫瑰柴、蔷薇径、桃花沜、湘筠坞、槐雨亭、尔耳轩、竹涧、瑶圃、嘉实亭、玉泉、钓谷、槐屋、芭蕉槛等，以明瑟旷远的自然景观为基调。今中部尚保留明代旷远之风格，"凡诸亭、槛、台、榭，皆因水而为势。"② 水面占三分之一，水池东西呈狭长形，中有三岛，以低临水面的石桥相联，以衬托水面之宽阔。建筑皆面水而筑，水木明瑟、疏朗雅致，体现出明代园林的艺术风尚。主厅远香堂前"一池三岛"，意境缅邈；水阁、飞虹、旱船、书房幽斋，庭院深深，迂回曲折。北寺塔借入园内，为借景妙构。

北岸边丛篁叠翠、芦苇摇曳，野趣横生。陈从周先生称其清空骚雅，空灵处如闲云野鹤，去来无踪，如姜白石词风，成为江南园林的代表作。

图18 留园中部

---

① 文徵明：《拙政园图咏·若墅堂》，见苏州市地方志编纂委员会、苏州市园林管理局编《拙政园志稿》，1986年版，第105页。
② 文徵明：《王氏拙政园记》，见《拙政园志稿》，第73页。

建于明代嘉靖年间的留园，时以奇石著称，明公安派文学家袁宏道激赏周时臣所堆石屏，"高三丈，阔可二十丈，玲珑峭削，如一幅山水横披画，了无断续痕迹，真妙手也"。[①] 今中部山池仍保存着明代的布局形式，山水相依，特别是大型假山连绵逶迤，山上银杏、枫杨、榆、柏、青枫等十余株百年古树，营造出浓郁的山林野趣。留园以宜居宜游的山水布局，疏密有致的空间对比，独具风采的石峰景观，成为江南园林艺术的杰出典范。

艺圃位于苏州阊门内文衙弄。初为明代袁祖庚醉颖堂，后归文震孟，改称药圃。清初姜埰建为敬亭山房，其子实节易其为今名，寓意归田养志。园林有"隔断城西市语哗，幽栖绝似野人家"之胜，园内山池布局大致为明末清初旧貌，园景体现了简练开朗、自然质朴的明代园林风格。刘敦桢在《苏州古典园林》中高度评价了苏州艺圃的水池，认

图19　艺圃水池

为它简练开朗，池岸低平，水面集中，无雍塞局促之感，风格自然朴质，有相当的历史价值与艺术价值。

苏州除了建构"城市山林"，园林遍布苏州城外的乡村，仅苏州城郊就有40多处，尤以东山、灵岩山为最。这种私园不是建在住宅之前后左右，而是建在较广阔的山上水旁，屋宇建筑和山水花木错落构置，尤其是充分利用四周的山水自然风光，为园林造成优美的外部环境，使园内园外、天然之景和人工之景浑然一体，既有山林壮美之势，也有宅院精巧之美。

东山的明内阁大学士、文学家王鏊及其子弟亲属，纷纷利用太湖之胜构园。

"真适园"为王鏊建，有16景。其仲兄王磐之"壑舟园"为其中最著者，沈周、蒋春州为绘"壑舟图"，唐寅、祝允明皆题诗其上。"且适园"为王鏊之弟王铨所筑，园中杂莳花木，有峰有池，诸景参峙汇列。"招隐园"为王鏊季子延陵筑，这是一处傍山依林、以水为主的庭园。叶承庆《乡志类稿》称其"丘壑擅莫里之胜。""从适园"为王鏊之侄王学筑，于湖波荡漾间得亭榭游观之美。王鏊之婿徐子溶的园池，文徵明曾有10多首诗分咏各景点。东山的"集贤圃"

---

① 袁宏道：《园亭记略》，见钱伯诚笺校《袁宏道集笺校》卷4，上海古籍出版社1981年版，第180页。

为翁彦升光禄所筑，"背山面湖，亭榭水石之胜甲吴下"，此园建于太湖之中，既得天然之美，又有人工经营，有城中园林所不可比拟处。董其昌、陈继儒等文人画家常来吟眺其间。"西坞书舍"贺元忠庐墓处，亭馆松竹花卉甚茂。"湘云阁"，在东山翁巷，翁颜博筑，罗名花奇石，左右错列，崇台亭馆，曲廊庭院，入内几迷东西。

曲溪，又名"夏荷园"，在东山马家地安仁里，严公奕筑，文徵明为题额。灵岩山近处的园林，首推"上书屋"，此园在灵岩、天平之间的上河村。始为吴江高士徐白（字介白）园居，后为郡人陆積别业，陆積增拓之后亦为胜地。著名画家王石谷曾为之绘图，为当时名园。三十年后，园为毕秋帆尚书营兆地。嘉庆末年园荒芜。"五湖四舍"在木渎白阳山下，为陈淳（道夏）园居，极幽居之胜。"秀野园"在灵岩山麓香溪，城里"归田园居"主人王心一建于乡间别墅，后人韩璟改建为"乐（疗）饥园"，有溪山风月之美，池亭花木之胜，远胜于其他园林。

二、江南其他名园

江南还有顾大典的谐赏园、上海潘允端的豫园和顾名世的露香园、无锡的寄畅园和西林、南林等名园，皆初建于明代中叶。

上海豫园在老城隍庙，建于嘉靖三十八年，本为明代四川布政使潘允端的宅园，专为"豫悦老亲"而筑。原有七十余亩地，时与太仓王世贞弇山园同为江南名园之冠。以江南叠山名家张南阳所叠大假山最为著名，山势磅礴，重峦叠嶂。山高四丈，迂回曲折，其间有磴道盘旋。乔钟吴在《西园记》中说：大假山"层崖峭壁，森森若万笏状……遥望之若壶中九华，天造地设，几不知为人力也"。现全园大致可分为西、北、东、南及内园五个部分。西部池北即为明代大假山遗构，系用浙江武康黄石堆叠，高约12m，层峦叠嶂，峭壁幽壑，涧谷瀑布，气象万千。山顶望江亭可观赏申城楼堞、浦江帆影。江南名石玉玲珑耸立在南部照壁前。内园原名东园，面积仅二亩，假山约占其半。建筑环山而筑，为小园杰构。

瞻园位于南京秦淮河畔，原为明初开国功臣魏国公徐达府第的西圃，后修葺成园，泉石花木之盛，为金陵诸园之冠。入清，改作衙署。乾隆南巡时曾驻跸于此，赐额"瞻园"，寓"瞻望玉堂"之意，并仿建于长春园中。瞻园以假山为主景。主体建筑静妙堂把园林分为南北二区，南狭北广，各有水沼假山。南假山临池壁立，具溶洞景色。有三叠瀑布，山上树木苍翠，藤蔓披拂，俨然真山野林；北假山雄峙水际，幽谷深涧，山径盘旋。西部，山峦冈阜高下蜿蜒，别有一番山林野趣。瞻园以石盛，有友松、倚云、仙人诸峰，磐石、伏虎、三猿诸洞，玲珑峭拔，曲邃盘纤。

　　无锡惠山东麓的"凤谷行窝"，是明正德年间兵部尚书秦金私园，万历时湖广巡抚秦耀改建园居，取王羲之"取欢仁智乐，寄畅山水阴"诗意，改名寄畅园。清康熙年间，又经叠山造园名家张涟及其侄张钺改筑，园景益胜，名声益盛。康熙、乾隆六次南巡，均驻跸园中，并仿建于北京清漪园内（即今颐和园内的谐趣园）。该园几百年来一直属秦氏子孙所有，故整体规模，保存较好。今园占地约15亩。选址得山、泉之胜，大师所叠假山似与惠山东麓余脉相接，园外锡山峰峦和龙光塔影浮现于林木梢头，倒映于碧水池中，成为绝妙的借景。山泉迂回入涧，如八音齐鸣，称八音涧。园内以锦汇漪为中心，沿东园墙一带临池构筑亭榭，连以游廊。西筑土石相间的黄石假山，为张南垣从子张钺的作品，假山内用黄石砌成八音涧，使人仿佛置身于深山曲谷之间，背靠锡山、惠山二山美景，二泉细流淙淙作响，人工美与自然美相融，深得山林野趣。卓然成为江南山墅园林的典范。

　　明代江南私家园林，继承发展了宋元写意山水园的艺术经验。园林风格更趋向小型化和象征化，小者一二亩，大者几十亩。园景仍以天然景观的趣味为主，往往以水池为中心，四周点缀山石花木，有的以假山为中心，周旁浚池和种植花木。假山普遍采用土石相间，山体线型平缓，仿佛天然，便于种植花木，石材和花木都具有地方特色，重视

图20　寄畅园

就地取材。如苏州多用产自太湖西山的具有瘦、漏、透、皱之妙的太湖石堆叠，亦有用尧峰石等石者。各园林都有自己独具个性的花木，有的以竹胜，有的以梅胜，有的多种白皮松等。小型园林的水往往聚而不分，模仿天然水体，设置港汊、崎角、矶滩、水湾等。园中建筑玲珑精致，类型十分丰富，厅堂馆轩楼阁榭舫亭廊等很少雷同，往往虚实相生，在有限的空间里有较大的变化，巧妙地组成千变万化的景区和游玩路线。多楹联诗词题咏，利用文学手段丰富园林的内涵，

使之充满诗情画意。

这种妙在小、贵在变、长在情的园林，被赞为"无声的诗、立体的画"。

三、"国能"巧艺夺天工

在江南造园活动日益繁荣的艺术环境和艺术实践中，造就了一批造园名家。他们大都善画，并能以画意叠山造园。如计成、张涟（南垣）、朱舜水、朱三松、周秉忠、陆叠山等。

张南垣，松江华亭人，是明末清初首屈一指的叠山大师，他精通绘画，阮葵生《茶馀客话》说他"能以意叠石为假山，悉仿营丘（宋·李成）、北苑（宋·董源）、大痴（元·黄公望）笔意。"松江的横云山庄、嘉兴的竹亭湖墅、太仓王时敏的乐郊园、常熟钱谦益的拂水山庄、吴伟业的梅村、上海的豫园、太仓王世贞的弇山园，都是张南垣的手笔，皆名噪一时。王时敏曾赞其假山"巧艺直夺天工"。张氏所构园林山水，以接近自然为极致，以少胜多，寓大山于园中局部水石之中，创写意式山林造景法。《明史·张南垣传》载其造园意匠：

> 且人之好山水者，其会心正不在远，于是为平冈小坡，陵阜逶迤，然后错之以名，缭以短垣，翳以密筱，若是平奇峰绝巘，累累平墙外而人或见之也，其石脉之奔注，伏而起，突而怒，犬牙错互，决树莽，把轩楹而不去，若似乎处大山之麓，截流断谷，和此数石为吾有也。方塘石沮，易以曲岸回沙，邃阏雕楹，改为青扉白屋，树取其不雕者，松杉柏杂植成林；石取其易致者，太湖尧峰，随宜布置，有林泉之美，无登涉之劳。

南垣有四子，俱继承父亲的技术，次子张然尤为突出。张然后来在东山造了依绿园和许氏园、席氏园，为汪琬在尧峰山庄造假山。又于康熙时代供奉内廷成为皇家园林的总园林师。

上海人张南阳，善用画家手法叠假山，随地赋形，万山重叠，变化神奇，大小假山，一经他的点缀，便成奇观，峰峦岩洞，岭嶂溪谷，陂坂梯磴，具体而微。陈所蕴《日涉园记》讲到的叠山师曹谅，技艺可抗衡张南阳，"玲珑透彻或谓过之"，他的布石小品，"疏疏莽莽，不减云林道人一幅小景"，亦为奇观。为明代苏州东园（今留园）和苏州惠荫园叠假山的周秉忠，是个制瓷家、雕塑家和画家，巧思过人，所叠东园假山，被袁宏道称赏为"如一幅横披山水画"，惠荫园的"小林屋"水假山，也颇享誉。上海南翔古漪园，出于明代工艺家兼造园家朱稚征之手，他也是一位丹青手，善画远山淡石、丛竹枯木，其竹刻承传家法，技艺臻妙。明代杭州叠山名手陆叠山，"堆垛峰峦，拗折洞壑，绝有天巧"，张靖之赠其诗称："出屋泉声入户山，绝尘风致巧机关。三峰景出虚无里，九仞功成指顾间。灵鹫峰来群玉垛，峨嵋截断落星间。方洲岁晚平沙路，今日溪山送客还。"①

　　清初的造园叠山大师董道士、戈裕良等都是继承了计成、石涛诸人的遗规，并在此基础上得到更大的发展。如戈裕良在吸收张南垣叠山艺术精华的基础上，创环桥法将大小石钩带联络，如真山洞壑一般，叠出独步江南的"神品"苏州环秀山庄假山。

图21　惠荫园的"小林屋"地下水假山

① 明田汝成：《西湖游览志余》卷19《术技名家》。

第三节 士人园文化体系精雅化、理论化

随着造园活动的全面展开，文人、专业造园家与工匠三者的结合，促使园林向系统化、理论化方向发展。

一、艺苑理论之花

早在宋代就出现了李格非的《洛阳名园记》，日人冈大路在《中国宫苑园林史考》中称誉它"为中国园林的研究建立了光明的灯塔"。明后期文人，讲究怡情养性，重视生活艺术，诸如居住环境、居室雅化、艺花赏花、收藏、鉴赏等，精神上的贵族化，生活上的享乐化达到极致。一批著名的造园理论家与建筑家，同时也都是书画艺术家，从不同的方面对中国造园艺术作了理论概括，一批有关园林艺术美的著作也应运而生了，其中既有构园的专业性理论著作，也有散见于笔记、小品、游记及小说之中的精辟论述。诸如明末王象晋的《群芳谱》、高濂的《遵生八笺》、计成的《园冶》、林有麟的《素园石谱》等，在公安三袁、屠隆、袁枚等人的著作中亦均有精辟的造园理论。一批园记文集，也颇多理论色彩，如明田汝成的《西湖游览志》、王世贞的《游金陵诸园记》、《娄东园林志》、张岱的《西湖梦寻》、《陶庵梦忆》等。象征着造园艺术的高度成熟。

二、奇葩共赏

在奇彩纷呈的艺苑中，最为夺目的奇葩是计成的《园冶》和文震亨的《长物志》，袁宏道的《瓶史》因其原创性特色也颇令士人瞩目。

苏州人计成写出了中国古代第一部园林学专著《园冶》，成为中国造园理论的经典名著。计成，字无否，他在书中自序说："少以绘名，……最喜关全、荆浩笔意"，亦能诗。他是造园的实践家，所造之园富有诗意，游之若荆浩、关全的山水画，饮誉江南。郑元勋赞曰："宇内不少名流韵士，小筑游卧"，只要经他略加区划，便"别具幽灵"，"更能指挥运斤，使顽者巧，滞者通"。

是书为他多年实践的总结。全书三卷，卷一讲相地、立基、屋宇和装折；卷二为栏杆、栏杆图式；卷三写门窗、墙垣、铺地、掇山、选石、借景等。并以图样作全书之骨，共有插图235张。他用诗化的语言，总结出诗画一体的园林理

论，"瑟瑟风声，静扰一榻琴书"，明月清光，"移将四壁图书"。① 并提出了构园的一系列基本原理，诸如："虽由人作，宛自天开"的创作思想、"巧于因借，精在体宜"的设计方法、"以粉壁为纸，以石为绘"的掇山理论等。但此书没有涉及花木。明末为满足优游享乐和进行文化活动的需要，建筑倍受重视而具有天然意味的生趣正在日渐萎缩。此书既有理论又具有实践指导意义，其所论述的造园与建筑各种理论及其形式，迄今仍为世界科学家所重视。

明代书、诗、画三绝的文徵明曾孙文震亨，是位享有盛誉的造园名家。文人长期艳称的是"身无长物"，"长物"即指多余之物，出《世说新语·德行》篇，称赞王恭为人，"身无长物"。文震亨称他所论及之物是"长物"，但又径为"长物"作志，反映了当时传统文人的矛盾心理。《长物志》12 卷，论述了我国古典园林的艺术特色和风格，是将文学意境、山水画的原理运用于造园艺术设计的典范之作。是书特别重视园林各厅堂斋馆的陈设以及如何营造优雅的艺术氛围。

在室内插花赏花也是一种生活艺术，文学家袁宏道的《瓶史》就是第一部插花赏花的专著。他在全书小引中说："天下之人，栖止于嚣崖利薮，目眯尘沙，心疲计算，欲有之而有所不暇。故幽人韵士，得以乘间而踞为一日之有。夫幽人韵士者，处于不争之地，而以一切让天下之人者也。惟夫山水花竹，欲以让人，而人未必乐受，故居之也安，而踞之也无祸。"这是一种最安全、也是最无功利的嗜好。全书讲述了自己插花养花的方法和体会，如"宜称"，讲插花方法，"置瓶，忌两对，忌一律，忌成行列，忌以束缚。夫花之所谓整齐者，正以参差不伦，意态天然，如子瞻之文随意断续，青莲之诗不拘对偶，此真整齐也"。表现了作者的审美趣尚。他在《瓶史·鉴戒》："花快意凡十四条：窗明几净，古鼎、宋砚、松涛、溪声、主人好事能诗、门僧解烹茶、蓟州人送酒、座客工画、花卉盛开，快心友临门，手抄艺花书……"又讲了使花折辱的二十三条，告诉人们应如何爱护花木。

三、雅净精美的家具

明代传统文化达到了自唐以来第二次鼎盛。明代家具造型做工渊源于汉唐，古朴典雅，随着明代海禁的日益开放，大量名贵木材从东南亚地区输入中国，精微凝重的紫檀木、温润似玉的黄花梨木、鸡翅木等，材质昂贵、做工精雅、式样

① 计成：《园冶》卷 1《相地》，陈植校注《园冶注释》，中国建筑工业出版社 1988 年版，第 56 页。

中
·
国
·
园
·
林
·
文
·
化

讲究的明代家具，成为园林厅堂中的高雅陈设，蕴涵着超凡脱俗的美学意蕴，代表了中国古典家具的精华。明代家具遗物中黄花梨木数量最多，色泽秀润，纹理变化无穷，在华贵之中带素雅美。①

明代家具的格调"简洁、合度"。在简洁的形态之中，具有雅的韵味，表现在：一、外形轮廓的舒畅与忠实；二、各部线条的雄劲而流利。② 造型上呈现出质朴、雅净，纹理美丽。明代家具的制造，经过缜密的构造设计和熟练的施工技术，卯榫就有格角榫、综角榫、明榫、闷榫、通榫、半榫、托角榫、长短榫、抱肩榫、勾挂榫、燕尾榫、穿带榫、夹头榫、削丁榫、穿楔、挂楔、走马楔、盖头楔等名称，很少使用鱼胶一类的粘合剂，坚固、牢实，历三、四百年，完美如新，所以既耐用也耐看。

苏州是我国明式家具的主要发源地，苏州制作的家具始终顺沿着明代的风格、特征，简称为苏式家具。苏式家具外形质朴舒畅、简练秀拔，线条雄劲流利，各部曲度比例与人体形态相适应，突出了适用的功能。雕刻精美，又不刻意造作。还常用四周起线，中间镂空的洞，使家具更富有虚实相宜的韵味。

如苏州拙政园藕香榭、艺圃南斋、网师园大厅的明式家具是真正的明代家具，乃世所罕见的稀世珍品。

明代园林中家具的配置方法，是取纯自然形势，不为固定的法式所拘。

图22 苏州艺圃的明式家具

图23 苏州网师园的明式家具

上
编
中国园林文化寻踪

———————————————

① 参见杨耀：《明式家具研究》，中国建筑工业出版社2002年版，第19页。
② 同上第25页。

第八章
清代园林的盛极而衰和传统园林文化的异化

清代康熙六下江南、平三藩、三征西域、征台湾、靖东北，偃武修文，修明政治，疏浚河工，开博学鸿词科。在意识形态领域，独尊程朱理学，康熙推重朱子，说其"文章言谈之中，全是天地之正气、宇宙之大道。朕读其书，察其理，非此不能知夫人相与之奥，非此不能治万邦于衽席，非此不能仁心仁政施于天下，非此不能内外为一家"，①程朱理学成为官方哲学。雍、乾承继其业，三代开创盛世，经济繁荣，国力隆盛，人口大幅度增长。但文字狱日益严苛，文人一涉笔，惟恐触碍于天下国家，"人情望风觇景，畏避太甚，见鳝而以为蛇，遇鼠而以为虎，消刚正之气，长柔媚之风，此于人心世道，实有关系。"②19世纪中叶道光年间，中国受到帝国主义列强的侵略，殖民文化开始强行驻入，西学东渐……

康乾盛世，中国皇家园林不仅数量多而且规模大，展现出皇家气派。皇家园林展现出"移天缩地在君怀"的气魄和"天上人间诸景备"的恢宏，呈现出中国古典园林艺术大总结的趋势。

私家园林继承了宋明以来的造园传统，在清初又进一步高涨。大批文人参与构园，构园理论著作层出不穷，如李渔的《闲情偶寄·一家言》（居室、器玩两部），陈溟子的《花镜》，清李斗的《扬州画

---

① 康熙：《御纂朱子全书·序言》，四库全书本。
② 李祖陶：《与杨蓉诸明府书》，见《迈堂文集》卷1。

舫录》，高士奇的《北墅抱瓮录》，钱泳的《履园丛话》（园林部分）等，皆为一代名著。屠隆、郑板桥、曹雪芹、沈复等著作中均有精辟的造园理论。构园名家妙手迭出，清钱泳《履园丛话·园林》载："堆山者，国初（清代初叶）以张南垣为最。康熙中有石涛和尚，其后有仇好石、董道士、王天於、张国泰，皆为妙手。近有戈裕良者，常州人，其堆法尤胜于诸家。"苏州园林、扬州园林、岭南园林各具风采。数量众多的清代私家园林，规模比明代要小，人工因素增加，自然因素和水面相对退缩，追求"小中见大"的艺术效果，景观组合灵活，园林中建筑占地面积比明代园林增加了一倍，呈现建筑化的特色，而弱化了自然野趣。

第一节　清初皇家园林的鼎盛

　　清皇家园林的高潮，奠定于康熙，完成于乾隆，是中华大帝国最后一个繁荣时期。清代乾隆以后，皇家园林以北京西郊的三山五园、皇城西侧的三海御苑和长城外的避暑山庄为代表。

　　北京西北郊区泉水充沛，西山参差逶迤，形成许多原始堤塘湖泊，造园的条件好。"三山五园"，指香山静宜园、圆明园、畅春园等人工山水园林，玉泉山静明园和万寿山清漪园。北海宫苑也在辽金元基础上增加了寺庙园林和文人园林部分，大大丰富和深化了园林的文化含蕴。

一、圆明园——万园之园

　　圆明园是明代遗留下来的故园，武清侯李伟曾在此修建了清华园。清代康熙皇帝开始在清华园旧址上修建了畅春园，雍正时扩建，增加了不少殿、宇、亭、榭，引水蓄池，培植林木，作为他自己游览、休息和听政议事的场所，成28景，始定名为圆明园。他解释为"圆而入神，君子之时中也；明而普照，达人之睿智也。"取恪守圆通中庸，聪明睿智之意。乾隆增景12个，圆明园共40景。圆明园实际上由圆明、万春、长春三园组成。

乾隆在位的60年，圆明园从未停止过修建，随着统治阶级的腐败，加剧了阶级矛盾。在嘉庆、道光、咸丰三个时代，虽不像乾隆那样挥霍，但是圆明园的修建仍然一直没有停顿过，长达151年，被称为"万园之园"。① 总面积350公顷，周长为20华里。水面占半，山脉延续30km以上，有各类建筑145组。

三园中圆明园面积最大，前后共有48景，每景中又可分若干景，建筑中不外乎楼、台、殿、阁、亭、榭等等，但是在布局上婉转曲折，人造的山、水、岛屿，更增加了自然的美感，这种园林建筑的体裁，是以传统中神仙隐居的理想幻境和中国山水画中假想出来的深山幽谷及江南风景著名写生的画面，再加上吸取中国历代园林宫廷建筑的优

图24　北大校园内原圆明园华表

点作骨干建筑出来的。在平面布局上可以分成三组：前湖以前和两侧的建筑区是皇帝听政议事的场所，庄严的正大光明殿前，两旁排列整齐的朝房，很像今天故宫的太和殿；后湖以北的建筑区和福海四周的建筑区分为两组，都为游玩、娱乐、居住、避暑等等享乐的场所，总之想尽一切办法来满足统治者的欲望。

万春园一直作为皇太后的住所。著名的建筑和风景区有"迎晖殿"、"中和堂"、"敷春堂"、"蔚藻堂"、"涵秋馆"、"天地一家春"、"展诗应律"、"庄严法界"、"四宜书屋"、"缀表盘"、"延寿寺"、"消夏堂"、"绿满轩"、"点景房"等。

福海以东的长春园，主要建筑在乾隆十四年（公元1749年）到十六年（公元1751年）建成，园内30景，建筑风格中西合璧，其中"西洋楼"建筑群最为著名。

圆明园等园林艺术征服了世界，法国大文学家雨果浩叹："一个近乎超人的民族所能幻想到的一切都荟集于圆明园。圆明园是规模巨大的幻想的原型，如果幻想也可能有原型的话。只要想象出一种无法描绘的建筑物，一种如同月宫似的

---

① 法国传教士王致诚在1747年写回欧洲的长信中称圆明园为"万园之园"。

中
·
国
·
园
·
林
·
文
·
化

图25 圆明园西洋楼的断垣残壁

仙境，那就是圆明园。假如有一座集人类想象力之大成的灿烂宝库，以宫殿庙宇的形象出现，那就是圆明园。"①

"三山五园"毁于1860年的英法侵略军。圆明园在1860年和1900年，遭到英法联军和八国联军两次抢劫、捣毁和焚烧。现在只存下断垣残壁，成为欧洲帝国主义侵华的历史见证。

二、避暑山庄——北国水云乡

康熙四十二年开始在热河兴建避暑山庄，至乾隆五十五年（公元1790年）基本完成，前后八十五年，占地面积约560公顷，环绕山庄的宫墙约长20华里。

康熙题避暑山庄36景，景名皆四字，并作序、赋诗、绘画成《御制避暑山庄记》。乾隆在其祖父基础上加以发展，增赋了36景，景名皆三字，并写了《御制避暑山庄后序》，"总弗出皇祖归定之范围"，并表现出孙辈不敢超越祖制。

避暑山庄分宫殿区和苑景区两大部分。

宫殿区包括正宫、松鹤斋、万壑松风和东宫四组宫殿建筑，是清代皇帝驻跸山庄期间居住和处理朝政、举行庆典、召见王宫大臣及少数民族政教首领、接见外国使臣之所。从丽正门、避暑山庄门、澹泊敬诚、四知书屋、烟波致爽、云山胜地到岫云门，按顺序排列在一条主轴线上，共有九进庭院，以表现皇帝"身居九重"的含义。以万岁照房为界，正宫分作前朝和寝宫两部分。

苑景区由湖区、平原区和山峦区组成。湖区面积58公顷，总称塞湖，由堤桥等形成澄湖、长湖、西湖、半湖、如意湖、银湖、镜湖等，湖岸任由草木覆盖。其间分布着月色江声、如意洲、青莲岛、金山、戒得堂、清舒山馆、文园狮子林、环碧（千林岛）、芝径云堤等十来个大小不同、形态各异的洲岛，真个是"岛屿堪图画，溪桥宛自成"。楼亭掩映，湖光变幻，康熙所谓"天然风光胜西湖"。平原区分蒙古牧马场万树园和试马埭两部分。万树园古枫苍松、老柳巨槐之间，掩映着嘉树轩、春好轩、永佑寺、乐成阁等建筑，蓊郁苍茫，麋鹿出没。

上
编
中国园林文化寻踪

① 转引自王德胜：《半槛泉声过四海，一亭诗境飘域外》，见宗白华等《中国园林艺术概观》，[南京] 江苏人民出版社1987年版，第461页。

试马埭绿草如绒，极富天然牧区风光。平原区还有甫田丛樾、莺啭乔木、濠濮间想和水流云在四亭。山峦区占避暑山庄四分之三，群峰苍翠，峡谷深邃。有松云峡、梨树峪、松林峪、榛子峪、西峪等幽谷溪流，峰回路转，点缀着碑碣塔铭，清雅幽静。峰峦上因地制宜地布置了各式亭台楼阁，有南山积雪、锤峰落照、清枫绿屿、北枕双峰、凌太虚、山近轩、宜照斋、碧静堂、梨花伴月、创得斋、绿云楼、食蔗居、四面云山、秀起堂、静含太古山房、有真意轩、倚望楼、松鹤清樾等建筑。另有珠源寺、旃檀林、水月庵、碧峰寺等寺庙和广元宫、斗姥阁等道观。古朴典雅的建筑和自然山水融为一体。

避暑山庄外的外八庙，依山傍水，主次分明而又错落有致，宛如众星捧月，烘托着山庄，成为山庄与周围群山及武烈河等自然景物联结的纽带。

避暑山庄是以山为宫、以庄为苑，是在名胜中妆点的园林。山庄鉴奢尚朴、宁拙舍巧，以人为之美入天然，以清幽之趣药浓丽的原则和澹泊、素雅、朴茂、野奇的格调，更加突出了山庄风景的特色。[①]

图 26　避暑山庄水心榭

三、颐和园——移天缩地在君怀

颐和园在清漪园的废墟上重建，以万寿山为中心，分前后山区和湖区。

前山为全园的中心，山顶正中为一琉璃阁，名智慧海，是万寿山最高处的建筑，琉璃阁内部用砖石发券结构，外面嵌砌琉璃小佛，色泽鲜丽，尚是乾隆时的建筑。正中是一组巨大的建筑群，光绪十八年建的佛香阁巨厦三层为全园最高大的建筑，原为一座九层宝塔，咸丰庚申被帝国主义侵略军焚毁。排云殿为万寿山正中的一座主殿宇，也为光绪十八年（公元 1892 年）由寺庙改建。排云殿前有排云门，廊庑周匝，门前有云辉玉宇坊。从智慧海、佛香阁、德辉殿、排云殿、排云门到云辉玉宇坊，构成一条中轴线。中轴线建筑的两边，分别建有许多陪衬的建筑物：东边以转轮藏为中心，转轮藏仿杭州西湖法云寺的藏经阁，内有轮转木塔用以贮存经券，转动一周即如诵读一遍。另有重翠亭、玉峰彩翠、意在云迟、无尽意、写秋轩、含新亭、养云轩；西边以宝云阁为中心，宝云阁全部用铜

---

① 孟兆桢：《避暑山庄园林艺术》，紫禁城出版社 1985 年版，第 12 页。

铸成，故俗称铜亭或铜殿，原来是庆典及朔望之日诏传喇嘛诵经之处，亭后有高数米之石壁，为诵经时悬挂佛像之用。还有邵窝、云松巢、山色湖光共一楼、湖山真意、画中游、听鹂馆、延清赏楼、小有天、清宴舫、澄怀堂、迎旭楼等。

这些建筑都各抱地势，勾心斗角，或富丽堂皇，或幽静深邃，彼此争辉，并有许多假山邃洞可以上下穿行。

万寿山前还有面湖的273间长廊，东起邀月门，与乐寿堂相连，正中经过排云殿的前面，西边抵达石丈亭，中间还有留佳亭、对鸥舫、寄澜亭、秋水亭、鱼藻轩、清遥亭等建筑，使长廊增加变化曲折的意味。长廊的梁枋上更画有许多风景人物故事的写生彩画"苏式彩画"。

颐和园南部是广渺的昆明湖，占全园面积五分之四以上，几处岛屿点缀其间，又以长堤和大小桥梁加以联系，使湖面空阔而又不呆板。清乾

图27　颐和园排云殿

隆时，曾大大疏浚昆明湖，并增筑堤岸和桥梁、亭、阁等建筑，现在的规模和许多建筑物大都是这时候留下的。

西堤六桥是颐和园中一条漫长的游道，自万寿山西面的柳桥起，到湖的南端界湖桥长达5里，贯穿昆明湖的西半部。沿堤垂杨拂水，碧柳含烟，当人们沿着堤岸漫步时，胸襟为之舒畅。此堤亦为乾隆游江南时仿杭州西湖苏东坡所筑苏堤手法而建置的。在堤上由于水流穿行的需要和点缀风景，设置了不同形式的六座桥梁，自北而南为柳桥、豳风桥（乾隆旧名桑苎桥）、玉带桥、镜桥、练桥、界湖桥。六桥中尤以玉带桥的建筑别具风格，桥身隆起，坡度陡峻与湖南端的绣漪桥相同。

在西堤的西面，有藻鉴堂、冶镜阁、畅观堂等岛屿，是据"海中神山"的神话设置的。

自西堤而南，湖面逐渐收小，湖水总汇流入长河直达城内，在这里有一座桥面隆起的白石拱桥，与西堤上玉带桥形式一样。名叫绣漪桥，俗称之为罗锅桥。洁白石栏和桥身掩映着垂杨流水，分外明快爽朗。

在昆明湖的湖心略靠东部，水中矗立一座独立岛屿，作为万寿山的对景，岛屿上建有广润灵雨祠、月波楼、鉴远堂、涵虚堂等建筑。涵虚堂与排云殿正隔湖

中·国·园·林·文·化

[上编] 中国园林文化寻踪

相对，乾隆时为望蟾阁，仿自武昌黄鹤楼，堂下有石洞上下。

岛屿的东岸边有十七孔石桥，桥长150余米，伏卧波心，气势雄壮。桥上的石栏杆柱上刻大小石狮，各具姿态，据说仿自卢沟桥的石狮。桥头有一大八角亭叫廓如亭，亭旁有一铜牛，昂首伏卧，仰望湖心，背上铸有乾隆时的铭刻，说明这牛是仿夏禹治河铁牛传颂的故事，用来镇压湖水的。

桥南湖中尚有一小圆岛叫做凤凰墩，原来上面还有凤凰楼，四面临水，要乘船才能上去。

在仁寿殿之后，临水建筑了乐寿堂、宜芸馆、藕香榭、夕佳楼等。乐寿堂为东山临湖的一组较大的建筑，曾作为慈禧太后的寝宫，现在还保留原来的陈设。

颐和园后山的气氛与前山适成一对比。前山以宏壮的佛香阁、排云殿和广阔的昆明湖表现了一幅壮丽的图画，而后山则以松林幽径和小桥曲水取胜。山路盘旋在山腰，两旁古松桠槎，如入画境。

山脚是一条曲折的苏州河，时而山穷水尽，忽又柳暗花明，真有江南风景的感觉。山下为苏州河，自清琴峡起西至北宫门一带都是土山树木，行走其间，有如江南乡村景色。

在后山的正中原来是香岩宗印之阁，是仿西藏式的庙宇建筑，位于智慧海下。阁下为须弥灵境，俗称为后大庙，均为乾隆时所建筑的。在香岩宗印之阁的两侧有喇嘛式小台建筑，所谓四大部洲，即东胜神洲、南赡部洲、西贺牛洲、北俱卢洲等。小台的平面作圆形、月形等。

后山的东部大部为山林树木，山腰有一花承阁，建筑已毁；尚余琉璃宝塔一座，五光十彩突兀半山。此外，尚有轻河轩、赅春园、留云、南虚轩、会芳堂、停霭、绮望轩、贝阙等建筑点缀其间，互相呼应。

颐和园兼具南北园林之长，是中国古典园林典范之作。

第二节　皇家园林的艺术特征

康熙、乾隆都钟情于园林，乾隆更是"山水之乐、不能忘于怀"，曾先后六次到江南巡行，足迹遍及扬州、无锡、苏州、杭州、海宁等私家园林精华荟萃胜地，去"眺览山川之佳秀"，留下了大量的诗篇，还将许多宠物携归内府，如文房四宝、扬州九峰园的太湖石峰、杭州南宋德寿宫遗址内的梅花石等。此外，凡他所中意的园林，均命随行画师摹绘成粉本"携园而归"，作为皇家建园的参考，提高北方园林的技艺水平。在客观上乾隆促成北方与南方、皇家与民间的造园艺术的融汇，使皇家园林艺术达到了前所未有的高度。

帝王全面接受了江南私家园林的审美趣味和构园理论，包括与主流文化产生离心力的隐士情怀。皇家宏阔的气派与袖珍精雅的江南小园、金碧重彩和清秀雅淡、唯我独尊和出世倾向、礼式建筑的中轴线和杂式建筑的因山就势等矛盾而又水乳般交融在皇家园林中，巧若天成。皇家园林运用北方刚健之笔抒绘江南丝竹之情，形成了迥异于私家园林的艺术风格。

一、远近胜概，历历奔赴

皇家园林充分利用借景原理，将园外广阔的自然空间环境纳入园内，达到从有限到无限，又从无限到有限的回归。注重建筑美与自然美的彼此揉合、烘托而相得益彰，使雍荣华贵的皇家建筑亦不失朴实淡雅的文化气质。

承德山庄居住朝会部分位于山庄之东，正门内为楠木殿，素雅不施彩绘，因所在地势较高，故近处湖光，远处岚影，可卷帘入户，借景绝佳。显示了人对组织竖向空间这类特殊形式美法则进一步开掘，乾隆在《食蔗居诗》中阐述，"石溪几转遥，岩径百盘里；十步不见屋，见屋到咫尺"。在山岳区经营建筑，保持山野趣，按照自然地貌尺度，仅在山脊和山峰的四个制高点上建本身体量较小的亭子，略加点染。磐锤峰是山庄借景的主题，又在山庄外围仿蒙、藏地区著名庙宇形式兴建了外八庙，如同众星拱月，再拓展到周围崇山峻岭作为一个统一整体来考虑，园内群峰与壮丽的磐锤峰、罗汉山、僧帽山建立了有机的联系，整个山庄与武烈河东岸起伏的山峦遥相呼应，构成约 $20km^2$ 的山水园林与庙宇寺观交织的壮丽景观，园内外之景浑然一体，雄浑磅礴、自然天成，层次清晰、野趣横生。

山区建筑基址的选择也考虑到外借的因素，做到有景可借。山庄四处山巅各冠一亭。即"四面云山"、"锤峰落照"、"南山积雪"、"北枕双峰"。每个亭都与园外特定的胜景相关联，他们把周围千岩万壑的奇妙景观借于园内。登亭俯瞰湖区全貌，极目远眺可见绵延的群峦，挺拔峻峭的奇峰，雄伟壮丽的寺庙群，蜿蜒流淌的武烈河等等。

"三山五园"则将西山层峦迭峰成为园林的背景，其旷达的景深打破了园林的界域，同时三山五园之间的相互借景、彼此成景亦得到虽非我有而为我备的境界。西面以香山静宜园为中心形成小西山东麓的风景区，东面为万泉河水系内的圆明园、畅春园等人工山水园林，之间系玉泉山静明园和万寿山清漪园。

静宜园的宫廷区、玉泉山主峰、清漪园的宫廷区三者构成一条东西向的中轴线，再往东延伸交汇于圆明园与畅春园之间的南北轴线的中心点。这个轴线系统把三山五园之间的 $20km^2$ 的园林环境，串连成为整体的园林集群。在这个集群中，西山层峦叠峰成为园林的背景，其旷达的景深打破了园林的界域，同时三山五园之间的相互借景、彼此成景亦得到虽非我有而为我备的境界。

圆明园的布局是园中有园的"集锦式"处理，避免了起伏较小的人工假山与占地五千余亩广渺面积之间的不谐调，组成一个个自成体系的山水空间与建筑、花木结合的独立小园，由曲折岗坡把园林空间分隔得迷离扑朔，山重水复，并将其连缀为一个有机的整体，收到"远近胜概，历历奔赴"[①] 之势的艺术效果。

二、天上人间诸景备

避暑山庄分山区、平原区和湖区三部分，将北国山岳、塞外草原、江南水乡的风景名胜，集萃于一体，按照恰当的比例（山岭占五分之四，平原、水面占五分之一），构成巨幅山水画中堂。

圆明园的 40 景，每景都由楼台殿阁和奇石秀水组成。它集中了天上的"仙境"和人间的美景，真是"移天缩地在君怀"。模仿神话仙境的"别有洞天"、"蓬莱瑶池"和"方壶胜境"；模仿天下绝景的有庐山"西峰秀色"，云梦泽"上下天光"，西湖的"曲院风荷"、"平湖秋月"；仿建的有海宁安澜园、南京瞻园、苏州狮子林、宁波天一阁，"坦坦荡荡"景，吸取杭州西湖"玉泉观鱼"主题。承德山庄湖区主景金山亭、西苑琼岛北岸的漪澜堂，均是再现镇江"寺包山"格局的金山的"江天一览"胜概。

清漪园的长岛"小西泠"一带，则是模拟扬州瘦西湖"四桥烟雨"的构思。颐和园后山则以松林幽径和小桥曲水取胜。山路盘旋在山腰，两旁古松桠槎，如入画境。山脚是一条曲折的苏州河，真有江南风景的感觉。谐趣园之前身，即是效仿无锡寄畅园。乾隆在《惠山园八景诗序》中写道："略师其意，就其自然之势，不舍己之所长。"

---

① 乾隆：《圆明园图咏》。

中·国·园·林·文·化

兼收并蓄中国园林的多种风格。如乾隆修缮北海时，集中自然美景和山水画家笔下的仙岛神山，将渊源于昆仑和蓬莱神话系统的蓬岛瑶池艺术地再现在北海之中，体现了三千年的历史传统。修复新建了道教、佛教建筑，引人注目的白塔就是喇嘛教的标志"喇嘛塔"，并将道观和佛教建筑规范在中轴对称的严整的几何形体之内，体现了儒家君权至上，而且，庞大的寺观建筑群都掩映在四周逶迤起伏的丘陵之中，依然有城市山林之感。濠濮间、画舫斋和镜清斋等园中园，则引进了江南文人园林的精华。

濠濮间位于自南而北伸展的土岗之后，一泓清池，沿岸为玲珑叠石，一道弯曲石梁横跨水面，桥北头饰以石坊，桥南建临水轩室，旧额称为"壶中云石"，幽静有致，别有一番境地。画舫斋隐蔽于土山林木之间，是面临方形水池的殿阁，坐北朝南，红色廊柱，灰瓦歇山顶，向水中推出平台，犹如一艘江南彩画船，雕梁画栋的倒影，在微澜中荡漾，令人有舫游之想。四周围以廊屋，与春雨林塘殿、观妙、镜香、古柯庭、得性轩等建筑物组成一个完整的院落。

镜清斋内部的园林布局以水池、石桥、假山和亭、阁、堂、室所组成。前门正对着琼岛的中心，南墙为透空花墙，使内外景色可隐约联系。西部进门为水池，对面有贴墙爬山廊缘山而上，再从北面绕到东部而下。自假山之上俯览池中曲桥、回廊、亭、榭建筑与池水相映照，园内叠翠楼，墙外鲜碧亭，采撷大自然的翠绿，枕峦亭享受山色，沁泉廊，看"青溪泻玉，石磴穿云"，"韵琴斋"，聆听这山水清音，山光水色收入眼底，浸润在大自然美色之中。隔而不隔的一个个景区，都自成一幅幅山水画面，"罨画轩"鉴赏自然名画，"画峰室"描绘山峦美景。整个镜清斋就是一幅可望可游可居的山水画妙品。

图28 北海·沁泉廊

以上景区都具有江南园林的情调，意境内涵也是文人园林所追慕的寄情山水，相忘尘俗的"风雅"。濠濮间，取《庄子·秋水篇》濠梁观鱼和濮水钓鱼的意境。宋欧阳修《画舫斋记》云："凡入予室者，如入乎舟中……盖舟之为物，所以济险而非安居之用也。"又说："予闻古之人，有逃世远去江湖之上，终身不肯返者，其必有所乐也。"画舫斋取的就是个中之意。画舫斋中的古柯庭，取意陶渊明《归去来兮辞》中的"眄南柯以怡颜，倚南窗以寄傲"、得性轩取意陶渊明《归田园居》诗中的"少

上编 中国园林文化寻踪

无适俗情，性本爱秋山"。当然，皇帝富有天下、统治万民，并非表示认同庄子"粪土王侯"的思想，而是效法传统文人的"风雅"来点"寄傲山水"的思想点缀。

三、"夷夏"建筑风格之集成

承德山庄还组合民族建筑形式于一区。如正宫、月色江声等处，运用了北方民居四合院的组合方式；万壑松风、烟雨楼等运用了江南园林手法灵活布局。

颐和园后山的正中原来是一座仿西藏式的庙宇建筑，在智慧海下，名香岩宗印之阁。阁下为须弥灵境。均为乾隆时所建。在香岩宗印之阁的两侧有喇嘛式小台建筑，并有四大部洲等。小台的平面作圆形、月形等。

承德山庄宗教建筑造型也是兼收道释各派，如安远庙仿新疆伊犁固尔扎庙、普宁寺仿西藏山南贡县的桑鸢寺、须弥福寿之庙仿后藏日喀则扎什伦布寺、普陀宗乘之庙仿西藏拉萨红山布达拉宫、殊像寺仿山西五台山的殊像寺、罗汉堂仿浙江江宁安国寺的罗汉堂等，其他各寺如溥善寺、溥仁寺、普乐寺、普佑寺、广安寺、狮子园等寺庙与别园，分别模仿新疆、西藏等少数民族建筑造型，以及山海关各地建筑风格，崇巍瑰丽，与山庄建筑呼应争辉。道教建筑有广元宫、斗姥阁等。

圆明园是以建筑造型的技巧取胜，显示了人对一般形式美法则的熟练掌握。园内 15 万 m^2 的建筑中，个体建筑的形式就有五六十种之多；而一百余组的建筑群的平面布置也无一雷同，可以说是囊括了中国古代建筑可能出现的一切平面布局和造型式样。但却万变不离其宗，都是以传统的院落作为基本单元。

乾隆不仅要收罗中国国内园林精华于一园，而且要囊括天下奇观，这就是圆明园西洋楼建筑群。西洋建筑风情和金碧辉煌的"外朝"和"天地一家春"等美景别宫，迎来了圆明园的鼎盛时代。

集传统装修之大成。圆明园建筑的内部装修同样堪称集传统装修之大成，装修多采用扬州"周制"，以紫檀、花梨等贵重木料制作，上镶螺钿、翠玉、金银、象牙等，使外部造型绚丽精巧，内部装修华丽精致有机组合，卓绝的技能融于形式美的法则之中，可谓技艺融合。

追求富丽华贵、繁缛雕琢，家具精雕细刻，造型厚重，镶嵌大理石、宝石、珐琅和螺钿等，反映出清代追求奢侈华贵的审美倾向。

圆明园几乎每座殿堂都有珍贵的文物和精美的器具，其中许多都是稀世之宝，价值连城。这里收藏了唐宋元明清历代名家书画及孤本图书，金佛像等等。四十景之一的舍卫城是供奉佛像的地方，藏有金、铜、玉、石佛像数十万尊。这里的殿堂，乃是艺术的宝库。无价之宝，数不胜数。1860 年英法联军劫掠了圆明园的稀世之宝。法国侵略军的一个炮兵队长在《纪事》中说："圆明园中堆积如矿山似的财宝和国内所有各种珍奇物品"，"一间一间的屋子充满着价值连城的物品，或系国产，或来自欧洲。"一个英国军官描写他看到的珍宝有，"最精美的碧玉项圈，上面镶着红宝石"，"天蓝色的宝石雕镂得很精致"。一个英军秘书描写他看到园中的陈设，"栏杆上面，每隔二、三十码的地方，都放着美丽的景泰蓝花瓶，插着珊瑚、玛瑙、碧玉和其他宝石所仿制的花朵。""玉器、书籍、地毯、图画、景泰蓝物品等等，你能想到的一切东西，这里都应有尽有。"一个英军的随军牧师写道："很多宝物，我们似乎从来都没曾见过"，"二尺多高的金菩萨"，"一箱箱黄色御用瓷器，这些杯子上镌着五爪龙纹，手工极其精细；绿玉和白玉制的龙纹；两个高高的瓷缸，涂着很浓厚的彩色，描绘着几幅连续追赶虎鹿的猎景。"现在，英、法博物馆内收藏的中国文物中，就有许多是掠自圆明园的。如英国伦敦大英博物馆里的晋代大画家顾恺之的《女史箴图》的唐人摹本，和法国巴黎国家图书馆藏的沈源、唐岱所画的《圆明园四十景图》等。

第三节 清私家文人园林

清代私家园林数量最多，江南是中国古典园林的集萃之地，太湖之滨、秦淮河头、扬子江边、西子湖畔，山阴道上，名园如绘，各具胜概。南京、苏州、扬州、杭州、吴兴、常熟和广州岭南为重点。

曾园原名虚郭园，俗称曾家花园，坐落在常熟古城西南隅。这里曾是明万历年间监察街史钱岱"小辋川"遗址的一部分，清光绪年间刑部郎中曾之撰构筑此园，被推为常熟园林之首。曾园现占地约五亩，园内清池、红梅、绿竹、翠柏、丹枫，楼榭假山，皆环山而筑。花木之间立峰石一座，高丈许，皱、瘦、透三者具备，上刻曾之撰所作小记，由其子曾朴书。曾朴为近代著名文学家，在此园所撰小说《孽海花》曾轰动一时。

郭庄位于杭州西湖西岸，原为清代宋端甫的宅园，称宋庄。后归郭姓所有，名汾阳别墅，所构砖雕门楼形制古朴，别具一格。现全园占地约六亩。园中清池澄碧，建筑环池而筑，高低错落，隐现于高树奇石之间。沿湖花墙接连，漏窗空灵。花木假山之中置一小轩，题额"乘风邀月"。跨水湾以湖石构一飞梁，上建亭阁，题额"赏心悦目"，点出了郭庄的幽趣和胜概。

青藤书屋位于绍兴前观巷大乘弄，是明代著名文学家、戏曲家、书画家徐渭的故居。占地不足一亩。屋外辟有小园，花木掩映、修竹摇曳，假山玲珑，小径曲折，清幽可人。青藤书屋天井西首花坛上栽植青藤一株，枝干蟠曲，绿叶繁茂，郁郁葱葱，使整座书屋平添了几分古雅和生气。

由于地域民风不同，形成苏州园林、扬州园林和岭南园林之称，且各具特色。

一、勿云此园小，足以养吾拙

清代苏州经济继续繁华，清赵筠《吴门竹枝词》称："山中鲜果海中鳞，落索瓜茄次第陈；佳品尽为吴地有，一年四季卖时新。"园林营造的势头未减，据不完全统计，清代苏州园林共有 130 处，直到 20 世纪，苏州尚存大中小园林、庭院 169 处。著名的有网师园、耦园、怡园、退思园、环秀山庄等。

江南园林多宅园式的"城市山林"，小巧淡雅，虽仅咫尺天地，却有清流碧潭、千岩万壑、亭台楼阁之胜，兼有曲径通幽、柳暗花明之趣，恍入嫏嬛仙境、世外桃源。俞樾对面积仅约200m²的曲园十分满意，并有言："勿云此园小，足以养吾拙。"

江南园林建筑多为粉墙黛瓦，不事雕饰，宋代以后成为中国园林的主流。亦园主人尤侗在《揖青亭记》中说："白云青山为我藩垣，丹城绿野为我屏茵，竹篱茅舍为我柴栅，名花语鸟为我供奉，举大地所有，皆吾有也"，道出了江南园林淡雅风格之中所蕴含的对自然的依恋和追求。

"网师"为渔翁，含隐于渔钓之意。园本为南宋侍郎史正志万卷堂故址，堂前辟花圃名"渔隐"。清乾隆中，光禄寺少卿宋宗元于此筑园，径名"网师"。今之布局大致为乾隆末瞿远村所营构。占地约九亩，是造园家推誉的小园典范。

网师园是典型的清代官僚第宅：大门南向，门前置八字照墙及东西圈门。宅第有轿厅、大厅和楼厅。厅堂宏敞轩昂，陈设典雅。花园在住宅西侧，以水池为中心分为池南、环池和池北三个景区。池南为昔日宴聚雅集的小院落，藏而不露。中部"彩霞池"，虽仅半亩方塘，却显得水广波延，源头不尽，尽得理水之妙。水面聚而不分，水湾藏源、池岸贴水、建筑小巧。天光山色，亭阁花影，倒映如画。池北是书房式的游息之地。建筑与水池之间隔以庭院、树木，增加了园景的层次和深度，堪称匠心独运的神来之笔。庭院中的古柏、白皮松，老根盘结，浓绿如染，平添几许风韵。轩西小院"殿春簃"，取宋诗"尚留芍药殿春风"而名，有一亭一潭，院内湖石嶙峋，花容绰约，铺地雅洁，简净明快，成为美国纽约大都会艺术博物馆内所建中国庭园"明轩"的艺术蓝本。网师园布局紧凑，结构精巧，比例适度，是"以少胜多的典范"。

环秀山庄曾为明万历大学士申时行宅邸。清道光间归汪氏，称今名。园中湖石假山为叠山名家戈裕良所筑。石块拼接按照湖石纹理和体势有机组合，一石一缝，交待妥贴。山洞采用穹隆顶或拱顶做法，将石料钩带联络而成，坚实逼真。有"尺幅千里"、"独步江南"之誉（参中编第二章第一节）。

耦园处处流露夫妇双双归隐桃花源、情深意笃的情趣（详中编第六章第一节）。

苏州怡园为清光绪年间浙江宁绍道台顾文彬的私园，园名兼有"颐性养寿"和"兄弟怡怡"之意，闪烁着东方人伦之美。面积约九亩，布局是中国山水画意境在立体空间的艺术再现。园有集锦之妙构，将沧浪亭的复廊、拙政园的旱船、环秀山庄的假山、网师园的水池再现于园中。昔日园有"五多"：湖石多、白皮松多、楹联多、小动物多、胜会多。

图29 退思园山水园一角

苏州同里的退思园，园主任兰生曾任凤阳、颖川、六安、泗川兵备道，遭弹劾而革职，取《左传》"退思补过"之意，请著名画家袁东篱巧构此园。全园占地 9.8 亩，左宅右园，西为住宅，中为内庭院，东为花园。花园因地制宜，小中见大，亭台楼阁皆贴水而筑。园内"菰雨生凉轩"、"闹红一舸"画舫和水香榭皆取宋词人姜夔《念奴娇·闹红一舸》词中意境。一园之内，春夏秋冬有景，琴棋书画皆备。

二、十里画图新阆苑

扬州得盐铁之利、交通之便，是两淮盐务衙门驻节之地，众多盐商居住于此，财力雄厚。会馆园林大盛，当时设有岭南会馆、湖南会馆、江西会馆、陕西会馆等，大都拥有殷实的财力，通常都有花园。其中以湖南会馆的花园历史最久、规模最大、构筑最精。乾隆南巡期间，盐商纷纷构园以期得到皇帝题词，园林曾盛极一时。寺庙、书院、餐馆、歌楼、浴室，都开池筑山，瘦西湖至平山堂一带，"两岸花柳全依水，一路楼台直到山"，楼台画舫，十里不断，官僚富商、文人园林星罗棋布，有大小园林百余处，时有"扬州以园亭胜"之说。明代那种"士隐"式士大夫园居生活，已逐渐为富贾豪商以生活享乐为主的园居生活所替代。①

个园位于扬州东关街。清嘉庆间，两淮商总黄应泰兴建。应态别号个园，取苏轼"宁可食无肉，不可居无竹；无肉使人瘦，无竹使人俗"之意，并取一竹为"个"，名"个园"，寓君子高节和孤芳自赏之意。园内植竹万竿。布局简洁，南以厅堂为主，北沿墙建楼厅七间，中为水池等。造景楼山结合。个园利用不同的石头的色彩和季节特色，构

图 30　扬州瘦西湖

筑了四季假山。春山在个园石额门前，两侧植以翠竹，竹间树以白果石笋，圆洞门旁侧丛植千竿修竹，点缀以 12 生肖像形山石，以"寸石生情"点出"雨后春笋"、万物复苏之寓意，"淡冶而如笑"也；"夏山"位于西北朝南，以玲珑剔透的太湖石叠成，具有瘦、皱、漏、透的特色，云头状峻石表示夏云多奇峰，山顶有柏如盖，山下水声淙淙，山腰蟠根垂萝，造成浓荫幽深的清凉世界，符合郭熙所谓的"夏山苍翠而如滴"的特色；"秋山"位于院东，以黄石叠成，拔地而起，峻峭凌云，山道盘旋崎岖，为全园的制高点，面迎夕照，配以红枫，一片象征成熟和丰收的秋色，"明净而如妆"；"冬山"以宣石叠于南墙之北，宣石"其

---

①　张家骥：《园冶全释·序言》，山西人民出版社 1993 年版。

色洁白……愈旧愈白，俨如雪山也"。① 部分山头借助阳光照射，光泽耀眼。"雪山"附近的南墙开了四排圆洞，每排 6 个，称为音洞，因外面是狭巷高墙，阵风掠过洞口，呼呼作响，真有"北风呼啸雪光寒"之感。加上用白矾石冰裂纹铺地，植以腊梅、南天竺烘托、陪衬，尽得岁寒冷趣，真个是"惨淡而如睡"也。

图 31　个园夏山

图 32　个园冬山

寄啸山庄又名何园，位于扬州新城徐凝门街花园巷，系清光绪年间道台何芷舠私园，取陶渊明《归去来兮辞》中"倚南窗以寄傲，登东皋以舒啸"之意名园，是清代扬州园林中的最后一个作品。园虽居平地，却峰峦嶙峋，幽洞峭壁，建筑群皆建于山麓陂泽，使人产生山居之感。全园可分东、中、西三部分。占地十余亩，但崇楼高堂、复道修廊、池沼假山，浑然一体，布局精妙。被誉为扬州清代住宅园林中的杰作。

片石山房与何园毗邻，本为清乾隆年间吴家龙别业，后归何芷舠，现两园已相通。园以假山闻名，叠石精妙，形制古朴，相传系清初大画家和叠山家石涛所筑，堪称"人间孤本"。现存假山，颇存石涛"峰与皴合，皴自峰生"的画理。

三、惠是苣萝村里质

岭南是我国南方五岭（大庾岭、骑田岭、都庞岭、萌渚岭和越城岭）之南的概称，主要包括广东、福建南部、广西东部及南部。

岭南园林在选址、建筑布局、山水处理等方面别具风格。著名的有顺德清晖园、佛山梁园、东莞可园和番禺的余荫山房，号为岭南四大名园。

顺德清晖园的布局形式和局部构件受西方建筑文化的影响，如传统建筑却采

---

① 计成：《园冶》，第 232～233 页。

用了罗马式的拱形门窗和巴洛克的柱头，水池用条石砌筑成规整形式，厅堂外设铸铁花架等，反映出中西兼容的岭南文化特点。

东莞可园以不拘一格的园景布局闻名。可园筑于可湖旁，如浮水面，园地呈不规则多边形，园内建筑无中轴线对位关系，回环曲折，一楼、五厅、六阁、十五房、十九厅的建筑组合，平面灵活多变，立面高低错落，沿墙设以曲折游廊，中庭缀以山池花木，布局自由活泼，主庭以当地珊瑚石砌筑"狮子上楼台"假山为主景，造型别致风趣。为因借园外景色，览远畅怀，又在园西的可轩之上重楼架屋，建筑了高达15.6米的邀山阁。使远近诸山、沙鸟江帆，莫不奔赴、环立于烟树出没之中，去来于笔砚几席之上。

余荫山房建成于1871年，以小巧玲珑、诗意盎然著称。

全园布局精巧，以藏而不露、缩龙成寸的手法，将画馆楼台、轩榭亭桥、假山碧池尽纳于三亩之地内，小中见大，浅中见深，幽旷兼收。入园后但见四时花果，古木挺秀，花树争辉，碧水涟漪。池南有"临池别馆"响应，前出回廊，凭栏可赏水中红莲。池心结石为台基，上筑"玲珑水榭"，窗开八面，以曲廊跨池连接"听雨轩"，为主人煮酒论文、吟弄风月之所。东西两庭中巧妙分隔的廊桥，造型优美，雕饰华丽，中段耸起一座四角飞檐的亭盖，桥洞恰如飞虹拱月。每到春末夏初，绿荫染指，落英缤纷，上桥如入画境，故取桥名为"浣红跨绿"，极富诗意。园中回环幽深、虚实相映的亭台池馆、山石花木，借助诗文题咏的点染开拓，达到了隐小若大、静中有动的审美效果。

岭南庭园，是以建筑空间为主的造园，主体建筑在民居的基础上演成"联房博厦"式，喜欢用"船厅"和"壁潭"二法处理建筑物和水的关系，船厅实际上是个跨（临）水面的厅堂，多作会客、觞咏之用。也有建在临崖处，如南海西樵山白云洞的船厅，题匾额曰："一棹人云深"，寓意为船出没于云海之中。布局自由洒脱，适意即可。叠山多用壁型、峰型和孤散三式。理水喜用规则式曲池、方池和回型水面。①

岭南园林集中在自然风景名胜和政治、经济、文化集中的州府及近郊的风景名胜之区，呈现出浓厚的地方民间色彩。清吴骞在《西湖记胜》中说："西湖西子比相当，浓抹杭州惠淡妆；惠是苎萝村里质，杭教歌舞媚君王。"

李敏在《岭南园林》一文中总结出岭南园林的特点：植根于民间，既无皇

---

① 参见刘管平：《南国秀色》，见《中国园林艺术概观》第123～141页。

家园林的常规祖制，也没有江南文人园林的严谨章法，园景构图根据生活内容的需要而随机应变，求实重效，顺从人意。

第四节 "欧风美雨"与传统园林文化的异化

明中叶至清中叶，是传统文化向近代文化缓慢转型的时期。自耕农的普遍发展，庶族地主力量增长，屯田向私有和民田转化。西方社会资本主义蓬勃发展，在这样的世界格局中，西方耶稣会传教士相继东来，带来科学知识，成为传统文化的补充。资本主义生产关系的萌芽开始在封建制度母体内出现。古典文化成熟，也包含着文化大总结的意蕴。由于宗法专制社会政治结构的强固以及伦理型文化传统的深厚沉重，传统园林在发展到鼎盛时期之后，已经出现了程式化和建筑化倾向。

鸦片战争以后，中国受到列强的侵略，走向衰落，口岸被迫开放，"欧风美雨"席卷而来，极大地冲击了传统的中国古典园林。园林中的"异质文化"因子从清初的悄然出现，到西方式花园洋房的出现，物质文化要比非物质文化（有时也称为"适应性文化"）发展速度更快。没有任何一种艺术品能够像建筑那样，具体反映出一个民族的生活、宗教、历史和思维方式。童寯在《江南园林志·序》① 中说：

> 自水泥推广，而铺地垒山，石多假造。自玻璃普及，而菱花柳叶，不入装折。自公园风行，而宅隙空庭，但植草地。加以市政更张，地产增价，交通日繁，世边益亟。盖清咸、同以后，东南园林久未恢复之元气，至是而有根本灭绝之虞。如南京刘园，地接雨花台，近因修筑铁路，已夷为平地，并前之断垣枯树涸池而不可寻。其他委于荒烟蔓草中者，亦触目皆是。天然人为之摧残，实无时不促园林之寿命矣。

任何一个民族成员都不可能"超越"自己的时代和自己涵咏其内的文化传统，所以这一时期出现的园林，依然是传统与蜕变并存，而且大多以传统为主。这里有一个文化的心理认同与适应问题，人们强烈的"寻根"意识，促使其要

---

① 童寯：《江南园林志·序》，中国建筑工业出版社 1984 年版，第 3 页。

保存民族文化的固有血脉。当然还有技术适应问题，外国建筑师可以来华设计，但施工人员是我国的传统匠师，他们不可能轻易抛弃几千年的传统。

一、园林异质文化因子的悄然出现

清帝国一向以天朝大国自居，傲视他国，自我感觉一直良好，无意学习先进的异质文化，以至产生倦怠和近乎麻木的封闭心理。但这些并不妨碍乾隆猎奇西方文明的兴趣，他任用了欧洲画家、传教士，并由他们设计，在圆明园建造了西洋园，以满足他的猎奇心理。

长春园欧式宫殿，由意大利传教士郎士宁设计，包括谐奇趣、储水楼、花园门、方外观、远瀛观、海晏堂、黄花阵、大水法、线法山、线法墙。其中建筑群体和回廊柱式具有强烈的意大利式样，西洋巴洛克式建筑的骨架，罗马式的汉白玉雕刻，门窗仿自波洛明尼式，且有热那亚宫殿格局，雕饰纹样则按路易十四时期的法国风格，欧洲园林式的迷宫"万花阵"，欧洲中世纪园林式庭山"线法山"，利用透视学原理加大景深效果的"线法墙"等。三组大型喷泉，喷水的机械部分由精于此技的蒋友仁负责建造。但是，屋顶仍采用中国特有的琉璃瓦，一些柱石用了汉白玉，园内观瞻的布局，按照中国民族风格设计，是中国园囿和巴洛克宫苑的奇妙结合。

北京恭王府花园正门，两边的砖雕、建筑的样式都很像圆明园中的西式建筑，是一座具有西洋建筑风格的汉白玉石拱门，门额外题"静含太古"，取自老子"山静似太古，小日如长年"之意，门额外题"秀挹恒春"，此门正是中西合璧的艺术杰作，为锐意革新、热心洋务运动的恭亲王奕訢所造。

士人园也有吸纳西洋建筑或构件者，如袁枚随园中的"琉璃世界"，窗户上镶嵌了西洋光怪陆离的五色玻璃。乾隆时扬州江园，仿西洋人制法构屋，室中陈设自鸣钟等。①

图33　恭王府花园大门

---

① 见王毅：《园林与中国文化》，上海人民出版社1991年版，第729页。

中·国·园·林·文·化

二、中西文化碰撞中的园林

鸦片战争以后，"欧风美雨"席卷而来，近代西方殖民主义者在海外的扩张，西方建筑强行入驻中国海岸城市。如我国天津、青岛、大连和上海等沿海城市首先受到侵淫。于是中国大地上出现了被称为"花园洋房"的园林样式，有英、法、德、西班牙、俄罗斯、日等式样，从古希腊、罗马建筑柱式、拜占廷式、哥特式、文艺复兴式、巴洛克式、古典主义和新古典主义，包罗万象。其中古典式、城堡式豪华、庄重、恢弘气派，乡村别墅式则新颖、明快、自有韵律，中西合璧海式宅院和西式洋房与中式花园"合二而一"的花园洋房也别有韵味。洋房的出现，虽然是列强殖民侵略、中国被迫开放的结果，但在客观上，通过西方建筑在中国的移植，开始了中西文化的冲撞。

据上海市徐汇区房屋土地管理局编的《梧桐树后的老房子》一书所附，仅上海市的徐汇区，列入优秀近代建筑名录的就有90幢。

图34 丁香花园龙凤嬉水之景

位于上海华山路上的丁香花园，是上海第一幢西式花园住宅。主楼二层，局部三层。南立面细方木柱支撑起的二层敞廊，以及局部山墙面的半露垂直木构架带有英国建筑风格，带拱券的门廊，而底层遮阳板上的图案则是中国传统的金钱图案。与这建筑隔一绿地相望的是中国式的园林，园内龙蟠狮踞，亭榭错落，蜿蜒曲折的琉璃瓦龙墙长达百余米，龙首对着未名湖，与湖上八角亭顶端的凤凰遥遥相视，成龙凤嬉水之景。①

上海武康路117弄1号也是融合中西建筑艺术的花园住宅，庭园全仿中国式园林布局，有小桥、流水、假山点缀其间，植有香樟、广玉兰、桂花、腊梅等多种名贵树木。

有些近代花园别墅，基本上以中国式为主，兼容了西洋某些建筑文化因子。如上海黄金荣的郊居别墅黄家花园，黄金荣的造园意图

图35 黄家花园颐亭

---

① 上海市徐汇区房屋土地管理局编：《梧桐树后的老房子》，上海画报出版社，2001年版，第19～20页。

是："为戚友酬酢处，为及门畅叙处，为己身憩息处，故薄具亭台花木山石之胜，以备来宾觞咏娱情。"赏景中心取《论语·述而》"予以四教，文行忠信"名"四教厅"。建筑多处使用钢筋混凝土结构。黄家花园的风格犹如花园中湖心的"颐亭"，屋顶为中式亭形状，屋顶以下和建筑内部却为西洋风格，似亭非亭、不中不西，就像一位头戴瓜皮帽，身穿西服，赤脚站脚盆里的怪人。[①]

"欧风美雨"也影响了一批传统的私家园林，如爱俪园，仿《红楼梦》中的大观园，中西风格混杂。画家姚伯鸿建的半淞园，面积百亩，有藕香榭、群芳圃、江上草堂、碧梧轩等建筑。历代经营蚕丝出口的南浔商人，大都常年居住上海、广州等城市，清末上海口岸的对外开放，使他们有更多的机会去海外游历，接触西方文化。因而，他们在设计、营造自己的住宅时，就自然而然地吸收、融入西洋的建筑风格。南浔小莲庄内建有洋式楼房、舞厅，并有铁制的亭子。

苏州春在楼的建筑构件中采用了铸铁栏杆，中间的文字图案是传统的"延年益寿"字样，扬州的何园的欧式建筑等，都具有中西兼融的建筑风格，但整个格调和建筑布局依然是中国传统式样。

花园住宅注重人和自然、房屋与四周环境的和谐及融合，具有风格迥异、建筑华丽、设备精良，环境幽静的特点。花园住宅造型颇多，有的强调平面对称，追求立面气派，讲究装饰细致；有的采用木屋架、斜房面，周围衬以草坪林荫；有的层高较低，室内装饰简单；有的注重功能与外形，布局趋向于自由；有的强调平面的自由和空间的灵活，注意园林绿化和室内环境的协调。

三、传统园林形式和功能的异化

上海清末三大经营性私园已经发生了形式上的异化和功能异化。[②]

徐园以水池为中心，建筑环水而筑，与明代园林布局无异。建筑除了有一亭的顶端用水泥框架代替了瓦顶，其他都是传统式样。主要景点如"草堂春宴"、"寄楼听雨"、"曲榭观鱼"、"画桥垂钓"、"兰言室"等均为文人园之韵味。

愚园假山、亭台、楼厅建筑以中式为主，只是增加了舞厅和书场，是西洋特

---

① 上海市徐汇区房屋土地管理局编：《梧桐树后的老房子》，上海画报出版社，2001 年版，第177 页。

② 朱宇晖：《海派园林及流变》，载苏州园林管理处编《苏州园林》2002 年 4 期。

色。亭台楼阁的题名还是颇有传统文人园韵味的，如杏花村、云起楼、倚翠轩等。书条石上刻上的辜鸿铭用英文、德文写的诗歌，显出欧化信息。

张园本来就是洋人格农别墅，园中不仅建筑是西洋的，花木也多西洋品种。有聚会大厅、剧场、弹子房、照相馆、电气屋等游乐设施，是纯西洋式园林。

上述园林已经从私家园林蜕变为公共游娱园林，园林的主要功能也发生了根本性变化，即变游览观赏风景为游乐活动场所，以赢利为目的，园林风景只是游乐活动的环境。这类园林的文脉可以上溯到宋代的酒馆园林，当然，建筑设施上具有鲜明的时代特色。

中编

园林物质建构要素与中国文化

中国园林创造的"环境"固然是我们祖先探索宇宙、理解人生、认识自我的记录，体现了中华民族实现人生理想方式的一种选择，但作为艺术，它和其他艺术品一样，要带给人以美的享受。本编所探寻的重点，是凝聚在建筑、山水、植物这些体现美的物质符号上的"精神现象活动"，指的是被融入到园林美的物质建构形式之中的被升华了的精神。诸如园林的选址、山水的寓意象征、花木的比德、建筑的组合形式、装饰的文化内涵等等。此外，园林作为一门综合艺术，与诗书画关系尤为密切，园林本身就属于诗画艺术载体，因此，探讨其与诗文、绘画、书学之间的交互渗融的关系，也成为本编的重要内容。

第一章
园林选址的文化内涵

园林作为一种理想的人居环境，"相地"是构园的第一步，"相地合宜"为造园艺术创作的基本原则。一要善于选择园林的地址，再根据园址的地形形势，因地制宜，"如方如圆，似偏似曲；如长弯而环璧，似偏阔以铺云。高方欲就亭台，低凹可开池沼，卜筑贵从水面，立基先究源头，疏源之去由，察水之来历。"① 二需要考虑园林选址的环境特点，如在山林、江湖、郊野、城市、乡村等不同的环境中造园，也应有不同的"立意"。

群经之首的《易经》用太极图描绘了宇宙模式的图样：阴阳、八卦。"八卦"表示的天、地、雷、风、水、火、山、泽八种自然物，构成宇宙万物的基础，象征自然宇宙的原初状态。古代哲人还将触角伸向物质世界最原始、最基本的组成成分，并归纳、抽绎出金、木、水、火、土五种元素，即"五行"，以"五"为中心的五行思想，成为如顾颉刚所说的中国人的"思想津"。出于对宇宙系统的信仰，古人对星空的观察，产生了"三垣、四象、二十八宿"之说。根据先民当时的观察视野，又有"四海"与"天下"的概念。

尽管《易经》阴阳八卦和五行等思想具有若干自然哲学倾向，但由于中国古代哲人偏重于人与自

---

① 计成：《园冶》，第56页。

然的利害关系，缺乏对自然科学的兴趣，而致力于政治学、伦理学等"人学"的研究，因此，他们习惯以伦理学的眼光观察宇宙，并与现实社会相比附，于是将宇宙说与政治学混为一谈。

第一节 "五行"、"四象"的宇宙论与风水环境意识

"中国传统的科学与文化，是以阴阳五行作为骨架的。阴阳消长、五行生克的思想，弥漫于意识的各个领域，深嵌到生活的一切方面。"[1]《易经》在研究宇宙人生的现象和道理时，往往用抽象的阴阳八卦来说明宇宙人生变化的法则。传统文化注重的宅园"风水"，讲求人和宇宙的调和，用得较多的就是阴阳八卦和五行、四象之说，反映了中华古人对地质地理、生态、景观、建筑等的综合观念，这是一种"天人合一"的地理观，被西方科学家称为"东方文化生态"。

一、阴阳五行的宇宙论

中国早期的阴阳说与五行观念是殷周宗教思想的重要组成部分，"它虽然与社会思想纠结在一起，但主要内容属于自然观念，更多地受到当时科学知识的影响。"[2] 阴阳本是表示太阳向背造成的明暗现象的概念，是对自然状态的一种描述，后用来表示对世界的一种看法，成为一对哲学范畴，一种思维方法。西周初年，阴阳观念发展成包含有辩证因素的阴阳说，集中体现并贯穿在《周易》的经文中，指的也是一种变化发展的观念。产生于战国末年的《易传》，是解说和发挥《易经》的著作，其思想体系中包含着对自然和社会的普遍规律的认识，作者提出"一阴一阳谓之道"，把阴阳交替看作宇宙的根本规律。

"五行"最早见于夏代留下来并经过后人润饰、改定的古代文献《尚书·甘誓》篇中，记述夏启讨伐造反的有扈氏时的决战誓师词，称其罪行为"威侮五行"。在殷商卜辞中又发现了五方观念，即东土、南土、西土、北土和中商，那时，大约已经出现了祭祀五方神的仪式。西周初年流传下来的历史文献《尚书·

---

① 一丁、雨露、洪涌：《中国古代风水与建筑选址》，河北科技出版社 1996 年版，第 26 页。

② 张岂之：《中国思想史》，第 8 页。

洪范》篇中，箕子讲治国安民的九类法即《洪范·九畴》时，第一类就是五行，序次为水、火、木、金、土。水能使地下的泥土湿润，以利种子萌发；火能蒸腾，使地面上的温度升高，以助植物生长；木可以作成曲直之体，象征植物生长之形；金象征着植物的成熟和收割；土象征着储藏和换代。这样，水、火、木、金、土的次序，实际上表示植物从播种、发芽、生长、成熟和储藏的五个阶段。但认为这是天赐给人间的根本大法，纳入了宗教思想体系之中，已经具有后来"天人感应"的意蕴了。

战国时代"五行"增加了"相生相克"的哲学成分，"相生"即相互促进，如"木生火，火生土，土生金，金生水，水生木"；"相克"，即互相排斥，如"水胜火、火胜金、金胜木、木胜土、土胜水"等，具有朴素的唯物论和自发的辩证因素。

战国末期的阴阳家把阴阳与五行撮合在一起，齐国的阴阳五行家邹衍提出"五德终始说"这一神秘的历史循环观念，把五行的属性称为"五德"，用来附会王朝兴替和社会政治的嬗替。早期的五行学说被神秘化，而且具备了道德和政治意义。

基于上古人们的自然崇拜和农业生产的需要，中华先人观测天象非常精勤，早在甲骨卜辞中就有了某些星名和日食、月食的记载，至汉代先人的天文知识就更丰富而且普及。西汉时，阴阳五行之说与神仙方士之说、谶讳之学参互，五帝、五星、五神配祀五方，五方又与五色相配，如下表：

黄帝	钧天	镇星	土星	土用	黄龙	黄色	中	土德
太昊	苍天	岁星	木星	春	苍龙	青色	东方	木德
少昊	颢天	太白星	金星	秋	白虎	白色	西方	金德
炎帝	炎天	荧惑星	火星	夏	朱雀	赤色	南方	火德
颛顼	玄天	辰星	水星	冬	玄武	黑色	北方	水德

天上五星运行，地下五方定位，黄帝居于中央之"土"。东（春）生，南（夏）长，西（秋）收，北（冬）藏，反映了一年四季的自然规律。由四方概念衍变出八方、十六方，乃至三百六十五度为圆。由方而圆，由地而天。

二、风水说与园林选址

中国风水观以天地人"三才"为核心，以阴阳五行思想及八卦说为哲学支撑，以"理"、"数"、"气"、"形"等为理论框架，以占天卜地为主要手段，演绎出关于建筑选址中方位、色彩、数字等的全面理论。

拭去风水说迷信的尘垢，可以看到其中蕴涵着的许多朴素的科学原理，有着不容忽视的文化意义。风水说源于中华先民早期对环境的自然反映。新西兰奥克兰大学的尹弘基教授提出风水起源于中国黄土高原的窑洞、半窑洞的选址与布局，距今6000多年前陕西西安半坡的仰韶文化，已经是一个典型的风水例证。①

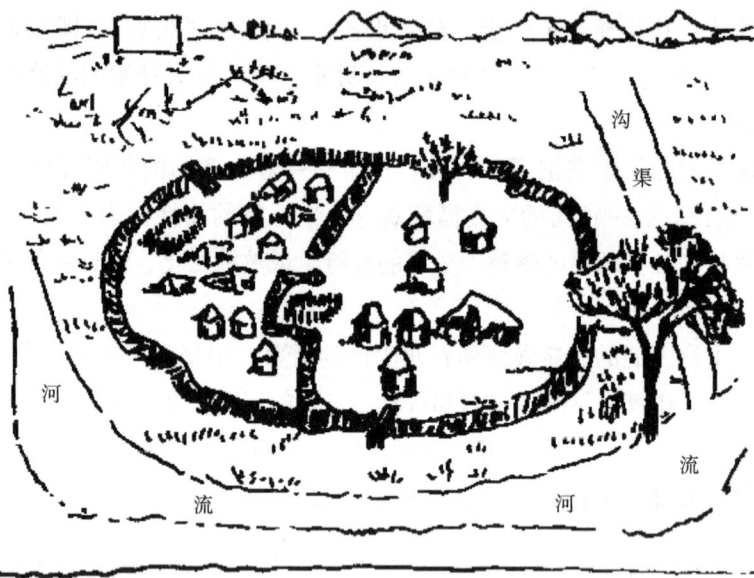

图36　半坡原始村落平面布局

环绕村落的大壕沟，是一条为保护居住区和全体公社成员的安全而作的防御工程，犹如古代的城墙或城壕的作用。壕沟规模相当大，平面呈南北长不规则的圆形，全长300余米，宽6～8米，深5～6米，上宽下窄，像现在的水渠一样。靠居住区一边的沟沿高出对面沟沿约1米，这是挖沟时将掘出的土堆积在内口沿形成的，起加强防卫的作用。穿过村落中心的一条沟道，把居住区分成南北两半，沟道中间偏东处有一缺口，缺口中间是一个家畜圈栏。沟的长度除去已破坏的，现长53米，深、宽平均各1.8米。其用途可能是区分两个不同氏族的界线。

① 丁一、雨露、洪涌：《中国古代风水与建筑选址》，第6页。

半圆形的壕沟下的流水在居民区的东南组成一个两水交汇的"合口"。这正是风水形局。①

可见，古人环境吉凶意识，是在漫长的历史进程中的生态经验积累，中国原始人选择的适合自己居住的满意生态环境，是中国人理想环境的基本原型。《周礼·地官司徒》曰："以相民宅而知其利害，以阜人民，以蕃鸟兽，以毓草木，以任土事"。②

中国古代造园讲究风水，又称堪舆，这是中国术数文化的重要分支。据1988年9月24日《新民晚报》上载文《风水术圆满破译千古之谜》说："长期以来，国内外建筑史学界的专家常常为这样一个问题所困惑，即中国古代建筑在空间环境的整体处理上，在人文景观和自然景观的有机结合及大规模建筑组群布局等方面，有着较强的科学性。"它究竟有何科学的理论依据呢？王其亨通过多年研究和实地勘察，发现这个千古之谜从风水中得到答案。"他的研究成果表明，风水术实际上是集地质地理学、生态学、景观学、建筑学、伦理学、美学等于一体的综合性、系统性很强的古代建筑规划设计理论。"

中华先人特别重视人居，住宅的选址也就分外讲究。《黄帝宅经·序》曰："夫宅者，乃是阴阳之枢纽、轨横，非夫博物明贤，未能悟斯道也。"十分重视住宅的选址。《历代名画记·述古之秘画珍图》中列有"相宅园地图"和"阴阳宅相图"。《阳宅十书》是探讨风水专著，其中有"阳宅外形吉凶图说"和"阳宅内形吉凶图说"。《鲁班经匠家镜》卷3附有房屋布局吉凶72例等，"它积累和发展了先民相宅实践的丰富经验，承继了巫术占卜的迷信传统，糅合了阴阳、五行、四象、八卦的哲理学说，附会了龙脉、明堂、生气、穴位等形法术语，通过审察山川形势、地理脉络、时空经纬，以择定吉利的聚落和建筑的基址、布局，成为中国古代涉及人居环境的一个极为独特的、扑朔迷离的知识门类和神秘领域。"③

古人认为，"天不足西北，地不满东南"，西北方地势高亢为"天门"，东南方低下为"地户"。所以，风水家观水则认为水自西北流向东南为佳，"抱水"——宅前池塘或河流，呈半月状或环抱状，抱水的作用是可使基址之地生气

---

① 丁一、雨露、洪涌：《中国古代风水与建筑选址》，第7页。
② 《周礼》第2《地官司徒·大司徒之责》。
③ 侯幼彬：《中国建筑美学》，黑龙江科学技术出版社1997年版，第192页。

凝聚而不散泄，这些理论影响传统园林理水在水形、走向、聚散等方面的处理。

天上的"四象"成为风水术中的"四灵"，其构成模式完全套用五行四灵方位图式，只是将四灵具体化为山（玄武）、河（青龙）、路（白虎）、池（朱雀）等环境要素。但用的是相对方位，称左青龙，右白虎，前朱雀，后玄武。四灵之地为最理想的环境。风水歌诀曰：

"阳宅须教择地形，背山面水称人心。山有来龙昂秀发，水须围抱作环形，明堂宽大斯为福，水口收藏积万金，关煞二方无障碍，光明正大旺门庭。"

其堪舆工具"六壬盘"和风水罗盘，是时空合一的相卜占地工具，是将天人合一思想模式化和仪轨化，① 它共分四个堪舆阶段：

"觅龙"，风水学以山脉为龙，觅龙就是依地理山形之脉，确定其中最佳段脉，山的自然形象被附会成金、木、水、火、土"五星"，贪狼、禄存、文曲、武曲等"九星"或"华盖"、"宝盖"等具象的象征，以审察其气脉和寓意的吉凶。

"察砂"，察考龙脉四周的小山、屏障，即山的群体格局。"龙无砂随则孤，穴无砂护则塞"，十分重视砂山对来龙主山的臣服隶从，重视青龙、白虎左右砂山和朱雀屏砂的妥帖形势，要求砂山达到"护卫区穴，不使风吹，环抱有情，不逼不压，不折不窜"。② 宋黄妙应《博山篇》"论砂"说："两边鹄立，命曰侍砂，能遮恶风，最为有力。从龙抱拥，命曰卫砂，外御凹风，内增气势。绕抱穴前，命曰迎砂，平低似揖，拜参。面前特立，命曰朝砂，不论远近，特来为贵。"

觅龙、察砂的理想环境就是"四象"。

"观水"，审视宅基龙脉附近的水势。水为山的血脉，福之所依，财之所倚，水也称"财水"。首先寻觅萦回环抱的水势。水来处谓之"天门"，若来不见源流谓之"天门开"，水去处谓之"地户"，不见水去谓之"地户闭"，"水本主财，门开则财来，户闭则用不竭"，③ 并注重水态的澄凝团聚，水貌的钟灵毓秀，水质的色碧气香、甘甜清冽。

"点穴"，确定宅基的范围。穴点所在的地段，称明堂、区穴或堂局，穴就

---

① "六壬盘"由上下两盘同轴叠合而成，上层圆形以象天，称天盘，下层方形以象地，称地盘，二盘叠合，暗含"天圆地方"。风水罗盘，将对生存空间的选择与考察纳入了传统的阴阳、五行、八卦相配合所构划的宇宙模式之中。

② 缪希雍：《葬经翼》，转引自侯幼彬《中国建筑美学》第 194 页。

③ 《人山眼图说》，转引自楼庆西《中国古建筑二十讲》，三联书店 2001 年版，第 301 页。

是明堂的核心。《地理五诀》："乃众砂聚会之所，后枕靠，前朝对，左龙砂，右虎砂，正中曰明堂。"实际上是对于龙、砂、水选择的综合权衡。

中国风水将最吉祥的地点称为穴，这一古老惯例是古人试图寻找或建造一个理想的洞穴的居住者传下来，并演化至今的。[①]

郭璞《葬经》以"玄武垂头（穴在山脉止落之处），朱雀翔舞（穴前明堂，水流屈曲），青龙蜿蜒（左侧护山回环），白虎驯俯（右侧护山抱怀）"作为最佳的风水模式，要求穴的四周山环水绕，明堂开朗，水口含合，水道绵延曲折。这是一种高度理想化和抽象化的择穴模式。

三、风水说与环境生态意识

上述风水理论，几乎容纳了整个天地自然。其中固然有许多迷信的成分，但如果剔除其中的迷信糟粕成分，就其科学的成分来讲，无疑反映了中华民族早熟的环境意识，符合环境生态，他们既"以自身适应自然，并以自然适应自身"，实际上是一种选择和利用自然地形构成理想环境的理论。该理论讲究聚气，不耗散、不冲破、不泄漏，如有不利之处，即采用补救之法，以趋吉避凶。它所追求的是环境的回合封闭和完整均衡、背阴向阳、背山面水、坐北朝南、爽垲高敞，"具有日照、通风、取水、排水、防涝、交通、灌溉、采薪、阻挡寒流、保持水土、滋润植被、养殖水产、调整小气候，便于进行农、林、牧、副、渔多种经营等一系列优越性"。[②]

这种山环水抱，重峦叠嶂、山青水秀、郁郁葱葱的自然环境的和谐风貌，形成良好的心理空间和景观画面。环境心理学所追求的实质上是心理上的满足，一个完整、安全、均衡的世界。企图利用天然地形来为意愿中的环境构图，反映了中华先人的摄生智慧。

李约瑟赞美道："在许多方面，风水对于中国人民是有益的，如它提出植树木和竹林以防风，强调流水近于房屋的价值。虽在其他方面十分迷信，但它总是包含着一种美学成分，遍中国农田、居室、乡村之类，不可胜收。"[③] 他是从人与自然不可分离这点上谈的。今天，中国的风水说被国外生态学研究者充分肯

① 一丁、雨露、洪涌：《中国古代风水与建筑选址》，第4页。

② 侯幼彬：《中国建筑美学》，第195页。

③ 李约瑟：《中国之科学与文明》，见王其亨主编《风水理论研究·李约瑟论风水》，天津大学出版社1992年版，第273页。

中·国·园·林·文·化

中编 园林物质建构要素与中国文化

定，被称为"通过对最佳空间和时间的选择，使人与大地和谐相处，并可获得最大效益，取得安宁与繁荣的艺术"，是"驾驭龙的真正的科学"，誉其为"宇宙生物学思维模式"和"宇宙生态学"。①

中华先人早熟的"环境意识"是植根在中华农耕文明基础上的。人们关注的都是与农耕即与人们生活息息相关的大自然，自然崇拜也表现为"感恩型"，所谓"天地之大德曰生"，② 所以，人们重视得更多的是顺应自然，与自然保持亲和态度，因地制宜，力求与自然融合协调。《诗经·大雅·公刘》写周族酋长公刘率领全族迁居豳地，寻找土地富庶草木繁茂之地，他亲自登山临水，察看地形，"相其阴阳"，"度其隰原"，以确定建筑朝向和基址范围。

《阳宅十书》讲周围环境"凡住左有流水谓之青龙，右有长道谓之白虎，前有污池谓之朱雀，后有丘陵谓之玄武，谓最贵地。"

《黄帝宅经》认为，"宅以形势为身体，以泉水为血脉，以土地为皮肉，以草木为毛发，以屋舍为衣服，以门户为冠带。若得如斯俨雅，乃为上吉"。实际上是对住宅周围环境的理想要求。背山面水，空气流通，挡住呼啸的北风，青山绿水，鸟语花香，冬暖夏凉，符合人们生活的生态需要。

风水学认为，"凡宅居滋润光泽阳气者吉，干燥无润泽者凶"。住宅固然要求干燥，但周围如果没有溪水环绕，就断绝了生机。

风水中符合医学的也很多。如住宅建筑前屋低后屋高的吉，符合人们对于光照的需要，阳光紫外线可以杀菌。大门前不可种大树，以免阻挡阳光，阻挠阳气生机进入屋内，屋内阴气不易驱出。

又如认为不宜选择草木不生之处，土地太贫瘠当然没有生气。噪声也是妨碍人体健康的大敌，所以，风水所说的"不宜居大城门口及狱门、百川口去处"，自然很科学。至于粪屋对门，痛痹长存；天井积水，易染疫痢；窗户漏风，切宜避忌等，都是完全合乎医学卫生常识的。

清代乾隆时请法国传教士韩国英协造圆明园，"希望北面有座山可以挡风，夏季招来凉意，有泉脉下注，天际远景有个悦目的收束，一年四季都可以返照第一道和末一道光线。"注重了人和自然的有机联系及交互感应。乾隆"静宜园"，建在北京西郊的香山山坳里，北、西、南三面环山，"即旧行宫之基，葺垣筑室。

① 转引自俞孔坚：《景观：文化、生态与感知》，北京科技出版社1998年版，第96页。
② 《易经·系辞下》。

佛殿琳宫。参差相望，而峰头岭腰，凡可以占山川之秀、供揽结之奇者，为亭、为轩、为庐、为广、为舫室、为蜗寮。自四柱以至数楹，添置若干区"。① 因山势高低层层构筑建筑物，与周围的苍松翠柏、溪流瀑布、峭壁悬崖，相融相和，犹如天造地设一般。避暑山庄也是"自然天成地就势，不待人力假虚设。君不见，磬锤峰，独峙山麓立其东；又不见，万壑松，偃盖重林造化同。"② 因为"胜景山灵秘，昌时造物始……土木原非亟，山川已献奇。卓立峰名磬，模拖岭号狮。滦河钟坎秀，单泽擅坤夷……宛似天城设，无烦班匠治。就山为杰阁，引水作神池。"③ 就自然原型，随基势而高下。

传统风水说中还体现了保护原生态环境的意识。如风水术有关植树的规定，有大环境和小环境两类。在大环境中，风水术认为，草木为龙之皮，来龙是村落住宅、墓地之命脉，伐山木必至伤龙。且树木位于吉方者，伐之则去吉，位于凶方者，动之则招凶，所以严禁伐木。有时还主张在大环境中有目的地植树，如在水口堤岸、山峦以及草木稀疏的后山来龙和左右植树。广陌局散，非有护障不足以护生机；山谷风重，非有树障不足以御寒气。草木繁盛则生气旺盛，护荫地脉，斯为富贵坦局。

风水术对小环境的树种选择甚为讲究，主张宅周植树，"东种桃柳（益马）、西种栀榆、南种梅枣（益牛）、北种柰杏"，又"中门有槐，富贵三世，宅后有榆，百鬼不近"，"宅东有杏凶，宅北有李、宅西有桃皆为淫邪"。《相宅经纂》卷4也有"门庭前喜种双枣，四畔有竹木青翠则进财"之说。这些规定貌似迷信，却颇符合科学，它既符合树种的生植特性，又满足了改善宅旁小气候观赏的要求。"桃李罗堂前，榆柳阴后檐"，俗语称："树木弯弯，清闲享福。桃株向门，荫庇后昆；高树殷齐，早步云梯；竹木回环，家足衣绿；门前有槐，荣贵丰财。"

风水术有"青松郁郁竹漪漪，色光容容好住基"之说，提倡种松竹。大门前不可种大树、独树和空心树、瘦结如瘤之树、藤萝纠缠之树等。风水术的上述貌似迷信荒诞的吉凶说，对保护山木、根据不同树种的生长习性规定栽种方向，有利于环境的改善。

---

① 于明中等编纂：《日下旧闻考》卷86，北京古籍出版社1981年版。
② 康熙：《芝径之堤》，《避暑山庄诗选》承德避暑山庄管理处编印，第3页。
③ 乾隆：《避暑山庄百韵歌》，见杨天在《避暑山庄碑文释》，紫禁城出版社1985年版，第113页。

诚然，风水术中确实有许多不科学的迷信成分，如历代相传的所谓三十六吉相和三十六凶相。我国在长期的造园实践中，逐渐拂去了构园活动中浓重的迷信色彩，而强调了构园中符合人们的环境生态、环境心理的科学性和实际性，如明代造园经典《园冶·立基》明确地说："选向非拘宅相。"认为园林的建筑布置、向背应该根据造园的立意，因地制宜，而不可完全为堪舆迷信所迷惑。

第二节 风水与园林选址的环境心理

风水说作为中国人关于人与环境关系的信仰体系，表达了中国人的环境理想。既追求环境条件好，也追求环境的美。《都天宝照经》所谓"地有奇巧有丑拙，巧是穴形美且奇，拙是穴形媸且丑"，它要求穴形的秀美、吉利、多变和含情。这里涉及到人们趋吉避邪的环境心理。

当然，皇帝、士大夫、隐士、宗教人士等各类人物环境选择时的文化心理是有区别的。

一、囊括四海、包举宇内

秦刻石文中有："皇帝之德，存定四海……六合之内，皇帝之土。"[1] 自秦始皇以来，中华帝国皇帝都有"皇极意识"，"运天下于股掌之中"成为帝王思维的意识中心，因此，园林要体现囊括四海、包举宇内的帝王心理。清代最大的皇家宫苑避暑山庄的选址，最能反映帝王的这种环境心理了。

承德山庄坐落在塞外的自然风景区。武烈河蜿蜒于东，滦河横贯于南，群山环抱，奇峰竞秀，景色壮丽而幽美，气候宜人。符合风水要求的"美"。"西北山川多雄奇，东南多幽曲，兹地实兼美焉"。[2] 地形地貌恰如中国的版图缩影：西北高、东南低，巍巍高山雄踞于西；具有蒙古草原风情的"试马埭"守北，绿草如茵，麋鹿成群，大有"风吹草低见牛羊"的牧区情趣；具有江南秀色的湖区安排在东南，水光潋滟，洲岛错落，花木扶疏，俨然一派江南景色。长达20华里的虎皮石宫墙，蜿蜒起伏在群山上，正是万里长城的象征，符合皇帝独尊、端威庄严之势。

① 李斯：《琅琊台刻石》，《史记》卷6。
② 张廷玉：《恭注御制避暑山庄三十六景诗跋》。

北有层峦叠翠的金山作为天然屏障，东有磬锤诸山毗邻相望，南可远舒僧冠诸峰交错南去，西有广仁岭耸峙，武烈河自东北折而南流，狮子沟在北缘横贯，二者贯穿东、北。避暑山庄崛起在"丫"形河谷中，环抱的群山呈奔趋之势，近低远高，有"顺君"之意，众山犹如辅弼拱揖于君王左右的臣僚。符合风水学"觅龙"要求的山

图37　承德避暑山庄①

势远观得势，近观得形，群峰起伏，山势奔驰，为藏气之地，山含情水有意，水曲折而来，盘桓而去，绕抱有情。后来所建藏汉结合的"外八庙"，与山庄呈"众星拱月"之势，正合康熙皇帝"四方朝揖，众象所归"的政治需求。整个环境都面面有情，环水抱山山抱水。合宋黄妙应《博山篇》"论龙"所说："认得真龙，真龙居中，后有托的，有送的，旁有护的，有缠的。托多，送多，护多，缠多，龙神大贵、中贵、小贵，凭这可推。"这正为"大贵"之地，并有"北压蒙古，右引回部，左通辽沈，南制天下"的军事意义。

康熙皇帝跑遍了全中国才找到这块风水宝地，太符合帝王的"理想"了。

北京紫禁城的建筑布局，是最符合帝王心理的"佳穴模式"。两大宫区分别为前后三殿，古人认为三数是生致，繁生万物。以天、地、人为三才，日、月、星为三光。前三殿为太和殿、中和殿、保和殿。正南为"太和殿"，也称金銮殿，"太和"即"大和"，是紫禁城里最大的宫殿。太和殿后为"中和殿"，"致中和，天地位焉，万物有焉"，②"保和殿"居二殿之后，"保合大和乃利贞"。③后三殿，即乾清宫、交泰殿、坤宁宫，帝之寝宫即象征紫微垣中的北极帝星所在，称"乾清"，"坤宁"为帝后寝宫，象征地，"乾清"，"坤宁"即天清地宁

①　《避暑山庄与外八庙》，第29页。
②　《礼记》第31《中庸》。
③　《易·乾·象辞》。

中·国·园·林·文·化

之意。位于乾清、坤宁之间的"交泰殿",表示天地的交感。"泰,小往大来吉亨,则是天地交而物通也,上下交而其志同也。"表示帝后和睦。前三殿为天子听政之处,属阳,故建筑高敞、宏伟,布局疏朗,丹陛的柱头以及台阶数量都为阳数,即单数。在后三宫的两侧隔巷并列着东西六宫,象征十二星辰,乾清宫庭院东西两庑的两门,东曰"日精",西曰"月华",象征日月。后三殿是后宫,属阴,所以建筑纤小,布局紧凑,丹陛的柱头以及台阶的数量都为阴数,即双数。因中央为土,其色黄,为天子所居之处,故前三殿用露台与丹陛相连,构成一个巨大的"土"字,土地之色黄,居中央,土为万物之本,农业大帝国以土为最贵,黄色成为五色之中心,天子穿黄色龙袍,宫殿屋顶都用黄色琉璃瓦。紫禁城的城门颇像地道,穿过几重门仿佛登上几重天,如到太和殿,入端门,又入门洞,再入午门,出门又有河,登上月台,台上的太和殿,寓意人从地底下上到天。[1]

二、福禄绵长、家道昌盛

日本学者郭中端在专论中国风水一文中说:"选风水,则是为了使家庭和子孙后代在将来能够福禄绵长,财源茂盛。"追求家道昌盛是选址时一种普遍的环境心理。

"八卦"是平面上八个方位之象,为四方位细分的派生物,因此,住宅大门是房子的嘴,主吸纳灵气,所以,园林住宅大门的朝向最为重要,一般坐北朝南,以八卦中的离(南)、巽(东南)、震(东)为三吉方,其中以东南为最佳,在风水中称青龙门。门边置屏墙,避免气冲,屏墙呈不封闭状,以保持"气畅"。私家园林住宅的大门一般偏于东南,处于属"木"的"巽"位,"巽"为"风"卦,水木相生,"风"为入,寓意财源滚滚而入,且向阳、通风。正南"离"卦,属午火,阳气最旺,惟"帝王"和"神"消受得起,一般人不避反伤,所以私家园林大门鲜有朝正南开者。

私家园林选址自然以四神兽模式为最佳。如苏州耦园,三面环水,藏书楼殿后,西面大路,是大吉之地。拙政园住宅部分位于山水园的南部,分成东西两部分,呈前宅后园的格局。住宅坐北面南,纵深四进,有平行的二路轴线,主轴线由隔河的影壁、船埠、大门、二门、轿厅、大厅和正房组成,侧路轴线安排了鸳

鸳花篮厅、花厅、四面厅、楼厅、小庭园等，两路轴线之间以狭长的"避弄"隔开并连通。住宅大门偏东南，也避开了正南的子午线。据说，民间认为东南风水最好，东南风可以感受到平和恬淡、安详和纯朴的自然情调。[①]

清代北方人修四合院，以离（南）、巽（东南）、震（东）为吉方，东南最佳，所以大门都开在院子正面前左角，位于八卦中的巽位，称巽门，又称青龙门，最吉利。四合院大门为气口，除居吉方外，还须朝向山峰、山口、水流，以迎自然之气。

徽州商人在明代的住宅也避开正南，他们认为"五音"中的"商"与"南"结合是凶兆，对经商不利。

"宅东有流水达江海者吉"，所谓"财源茂盛达三江"，古代陶朱公的发家致富，就和江河水流有关。风水家称水为"财水"，有的地方还建塔把水盖住。陕西至今还有一句俗谚："陕西一大怪，房子造半边。"陕西黄土高原上雨水珍贵，盖的房子大多中间是院子，四周屋檐朝向院子，屋檐不朝外，房子成半边，叫"肥水不外流"。南方的住宅部分有"天井"，四周四面屋顶皆坡向天井，将雨水集中于住宅之内，被称为"四水归一"，"肥水不外流"。

三、不事王侯、高尚其事

以隐逸为旨趣的明清文人，大多将宅园建在城市里，营造的是"居尘而出尘"的"城市山林"，相土选址以"地僻为胜"，"远往来之通衢"。当然，实在没有选择的余地时，只好以"心远地自偏"来自我慰藉。

苏州园林的"主人"，大多是官场上败退下来的官吏或倦游归来的游子或隐于"艺"的文人，他们将理想的乐土建在小巷深处，杂厕于民居之间。如苏州四大名园之一的网师园，大门不对着为纪念乾隆这位"十全老人"的南巡命名的"十全"街上，而是在一条极窄的羊肠小巷阔家头巷深处。当年，要到网师园，就得穿过带城桥小弄（现已修成大马路），再向左拐弯，进入小巷，脚踩石子路，往东行。窄巷墙边路口长着斑斑驳驳的青苔，路上还时不时出现几棵小草顽强地挤出石缝，仿佛可以闻到了拙朴的乡野气息。这样曲曲折折走到这条小巷深处，才见到"网师园"。藉以避大官舆从的羊肠小巷，犹如抒情诗中的一串含蕴丰富的省略号，它表示："不事王侯，高尚其事"，富者我不攀，贵者我不顾，

---

① 按：避开正南开门的现象多见于明代和清代前期的建筑，到清代中、后期就不大讲究了。

故"轩车不容巷"。卑视利禄,高洁自乐,以示清高雅逸。

艺圃位于文衙弄,不远处就是曹雪芹《红楼梦》中说的"红尘中一二等风流繁华之地"的阊门,但却"隔断尘西市话哗,幽栖绝似野人家",要找到艺圃,非得有寻幽探芳的决心不可。耦园僻处苏州"城曲"小新桥巷,三面环水,至今罕有车迹。明代末年,拙政园东部是王心一的"归田园居",当年也是"门临委巷,不容旋马","委巷"即东首的百花小巷。

号称"吴中第一名园"的留园,位于苏州阊门外,当时从城内出城去留园,都是狭窄的石子小道。留园东北是花埠里,北至半边街、东邻五福弄、西迄绣花弄,都是小巷。南面的留园路,原先也是小道。

当然,苏州园林的选址,也注意风水要求的"美、吉、变、情"等特点。宋代苏舜钦选址见到苏州学宫旁边,即"近泮村",那里草树郁然,崇阜广水,不类乎城市。杂花修竹之间有小路,三面环水,旁无居民,左右都有林木相亏蔽,前竹后水,水之阳又竹无穷极,澄川翠干,光影会合于轩户之间,尤与风月为相宜。网师园"负郭临流,树木丛蔚,颇有半村半郭之趣……居虽近廛,而有云水相忘之乐"。① 拙政园之地,早在唐代诗人陆龟蒙所居时,就是"不出郛郭,旷若郊野"。北宋时胡峄居此,也是"宅舍如荒村"。明代依然有"流水断桥春草色,槿篱茆屋午鸡声"② 的野趣。这些均反映了吴中文人筑园选址的文化心态。

第三节 名山胜境与宗教园林

宗教具有哲学和神学两方面的内涵,宗教典籍中的天堂乐园、仙山神水都是人类梦中最美的园林化环境。原始宗教中出现了"昆仑神话"与"蓬莱仙岛",都具有山水植物等自然景物。宗教中得道成仙的"真人"也好,修炼成佛获得正果的佛门弟子也好,几乎都在名山秀林中成就,那里是超凡脱俗的圣地,与恶俗的现实世界相对立,它远离充满物质诱惑的尘世,纯洁无垢,"道法自然"是使精神获得净化的惟一途径,所以佛道都在名山秀水之地建立寺观,作为灵魂净化的场所,也是净化了的灵魂的一个归宿。名山胜境与宗教结缘,既是宗教教义

---

① 钱大昕:《网师园记》,见网师园书条石。
② 文徵明:《拙政园图咏·若墅堂》,见《拙政园志稿》,第105页。

之需要，也是修身养性之精神追求。

一、纯化灵魂、体性悟道

佛教创始人释迦牟尼在成道之时，大梵天王劝其普渡众生，释迦牟尼即于波罗奈仙人所居的鹿野苑中开讲说法。之后，即往摩揭提国舍卫城中弘法，频婆娑罗王以迦陵竹园居之。佛经上称，释迦牟尼修道之初，至跋伽仙人苦行林中，见园林寂静，心生欢喜，即坐林中树下，观树思维，感天动地，六反震动，演大光明，覆蔽魔宫，后遂成道。可见，是寂静的园林环境，起到了自然纯化的作用。纯化了的灵魂归宿之处，也是具有灵山胜水的优美园林。佛画中的极乐世界就是重楼华宇，回廊殿阁，虹桥卧碧波，廊外有山林美景，天上有吉祥天女。①

五岳之一的嵩山，山势挺拔，层峦叠翠，风景绝佳，寺庙宫观林立，自古就有"上有七十二峰，下有七十二寺"之说。诸如中岳庙、少林寺、初祖庵、达摩洞、嵩岳寺塔、法王寺、会善寺等。峨眉天下秀，在两晋南朝时，佛教曾将道教挤走，大建佛寺，成为著名的佛教圣地——普贤道场。由山麓的报国寺古刹到金顶全长 60 公里的沿途，古寺次第错落。伏虎寺、清音阁、仙峰寺、万年寺、接引殿等相互辉映，掩映在葱茏苍翠的古木之中，构成一幅清、幽、秀、雅的天然图画。五台山，气候凉爽，花木繁茂，溪水淙淙，故又名清凉山，东汉时就有人在此建佛寺，后来成为大型的文殊道场。东晋沙门"康僧渊在豫章，去郭数十里立精舍，旁连岭，带长川，芳林列于轩庭，清流激于堂宇。乃闲居研讲，希心理味，庾公诸人多往看之"。② 寺庙作为参禅修炼的清净场所，竹木森森，丛林葱郁，营造出庄严肃穆的氛围，众僧在这种静寂、无尘的环境里，潜心修炼，达到涅槃的安乐境界。

创立净土宗的慧远的东林寺，《徐霞客游记》载："南面庐山，北依东林山，山不甚高，为庐之外廓，中有大溪，自南而西……寺前临溪，入门为虎溪桥。"《高僧传·慧远传》载慧远的精舍："洞尽山美，却负香炉之峰，旁带瀑布之壑，仍石叠基，即松栽构，清泉环阶，白云满室。复于寺内别置禅林，森树烟凝，石径苔合，凡在瞻履，皆神清而气肃焉。"唐李邕《东林寺碑文》载："如来之室，宛化出于林间，帝释之幢，忽飞来于空外。"

---

① 参见段玉明：《中国寺庙文化》，上海人民出版社 1994 年版，第 676～678 页。
② 《世说新语·栖逸》，第 660 页。

创自南齐的江苏常熟兴福寺，虽然位于虞山之麓，但青嶂叠起，古木参天，飞泉石桥，气象雄古，颇擅林泉云壑之美。

山水美学大师宗炳在《明佛论》中说："但宛转人域，罟于世路，故惟觉人道为盛，而神想蔑如耳。若使迥身中荒，升岳遐览，妙观天宇澄肃之旷，日月洞照之奇，宁无列圣威灵，尊严乎其中，而唯唯人群，匆匆世务而已哉！固将怀远以开神道之想，感寂以找明灵之应矣。"置身荒远之野，并以怀远之想、感寂之性来领悟空明庄严的佛心妙谛，才能使野逸情趣与玄远之道相合一。

谢灵运为诗禅"妙悟"之开山，他所以择山而居，就是为了体悟禅道。谢灵运在《山居赋·自注》中说："聚落时墟邑，谓歌哭诤讼，有诸喧哗，不及山野谓僧居止也"，他才依据"经教欲令在山中"的成文教诲，"旁林艺园制苑，仿佛在昔，依然托想，虽粹容缅邈，哀音若存也"。在远离喧哗的静寂野境中，想像性地感受到佛祖悲悯无极的心声。

唐张说《邕湖山寺》曰："空山寂历道心生，虚谷迢遥野鸟声。禅室从来尘外赏，香台岂是世中情？"诗人从山寺周围幽美的景色中悟出禅趣。华严宗倡"一花一世界，一叶一如来"；禅宗倡"木石有性，真如遍在"。

二、白云怡意、清泉洗心

中国的道教奉老子为教主，以崇尚自然、返璞归真为主旨。宗教都有自己的理想境界与追求，道教主张和追求的理想境界是两重的，第一是在现实的世俗世界按道教教义建立一个理想的王国，即一个极大公正、和平的世界，人人都安居乐业，竟其天年，世界上没有水旱灾害，没有战争疫病。另一种境界是超脱现实的"仙境"，得道成仙就可以外生死，极虚静，超脱自在，不为物累，在"仙境"过仙人的生活。

道教既追求长生，又要成为仙人，"仙人者，或竦身入云，无翅而飞；或驾龙乘云，上造天阶；或化为鸟兽，游浮青云；或潜行江海，翱翔名山；或食元气；或茹芝草；或出人间而不识；或隐其身而莫之见。而生异骨，体有奇毛，率好深僻，不交流俗。"① 道教徒采药、炼丹、修炼、得道成仙，最佳的环境选择自然是远离人群的深山幽地，那里多郁郁青松、悠悠白云。庐山简寂观有副对联云："天下名山僧占多，也该留一二奇峰栖吾道友；世间好语佛说尽，惟识得五

———————————

① 《释名·释长幼》。

千妙论出我仙师。"佛道都争相在名山胜境建庙修观。道教所称"十大洞天"、"三十六小洞天"和"七十二福地",道书上称这些"洞天福地",均为神仙真人栖居之所,"上帝命真人治之,其间多得道之所"。①

西北道教胜地崆峒山,相传中华民族的始祖轩辕黄帝常游天下名山与神相会,百余岁得与神通,有龙垂胡髯来迎接,"皇帝上骑,群臣后宫从上者,七十余人"。他曾"东至于海,登丸山及岱宗;西至于空桐(崆峒),登鸡头"。②《云笈七签》说西王母派玄女授兵符给黄帝,帮助他攻打蚩尤。黄帝战胜蚩尤后去崆峒山问道于广成子,得道后成为五天帝之一。崆峒山林木茂盛,峰奇石怪,山势磅礴,雄伟秀丽。山上有月石峡、羽仙峰、定心峰、千丈崖、插香台、棋盘岭、绣球峰、莲花台、归云洞、黄龙泉、丹梯崖诸胜。秦汉时,山上已有寺观建筑,以后历代都有修建,道院尤多,原有古建筑八台、九宫、十八院、四十二处观。

中国四大道教名山青城山、龙虎山、阁皂山、茅山,还有武当山和崂山。五斗米道的创始人张陵,与弟子前往四川鹤鸣山修道,创立了道教。张到青城山,曾在黄帝栖居过的轩黄台设坛传道,青城山遂为道教的发祥之地,汉、晋以后,道观兴建起来了。宫观林立,至今尚存 38 处。尤以建福宫、天师洞、祖师殿、上清宫最负盛名。"青城天下幽",古木参天,藤萝缠绕,修竹掩洞,山中除了山雀啾啾、涧水叮咚、树叶窸窣,万籁俱寂,清幽之至。崂山自古称为"神仙之宅,灵异之府",与蓬莱联系在一起,称为"神仙窟宅"。崂山东临大海,山林浩淼,富有山海之胜,至今尚有道观 22 处之多。

道教理论家、医学家葛洪,自号抱朴子,他是丹顶派道教的创始人,他在《抱朴子》中说,只有在名山、大山中才有真正的仙人居住,只有这些仙人才能帮助人们炼制出长生不老的仙丹妙药。热爱名山,也就是热爱道教。据说他曾经选择了十所居处,游遍湖山,都不中意。葛洪认为南屏景观太露,灵隐风貌太偏枯,孤山厌其浅隘,石屋憎其深沉,独保俶塔而西一带,有泉可汲,有鼎可安,而且,他处游人熙熙攘攘,此地游人过而不留,可以安然独静,故喜结庐独处。这就是杭州西湖北面横亘在宝石山与栖霞岭之间数里之处的"葛岭"。

陶弘景是南朝道教的重要思想家,年 10 岁得葛洪《神仙传》,便觉得"仰

① 张君房:《云笈七签》卷 27。
② 《史记》卷 1《五帝本纪》,中华书局 1963 年版,第 6 页。

青云白日，不觉为远矣"，性好林泉，向往隐居以求志，而"不愿处人间"。① 虽在宋末奉朝请，为诸王侍读，入齐后更得齐高帝器重，然其身在朱门却不交外物。永明十年（公元492年），上表辞禄，隐居句曲山（即茅山，今江苏西南）。梁武帝即位，屡加礼聘，仍坚辞不出。欣赏山中白云，听笙听松，对月流叹，摒绝人事，若神仙中人。当日齐高帝以"山中何所有"相问，他答以"山中何所有，岭上多白云，只可自怡悦，不堪持寄君"。他对自然的审美层次极高，"高峰入云，清流见底。两岸石壁，五色交辉。青林翠竹，四时具备。晓雾将歇，猿鸟乱鸣；夕日欲颓，沉鳞竞跃，实是欲界之仙都"，② 日负嶂以共隐，月披云而出山，他笔下的自然，生动含情，富有理性风采。诚如清蒋士铨《评选四六法海》所言："笔底自具仙气"。诗人刘长卿曾有一首《寻南溪常山道人隐居》的诗歌："一路经行处，莓苔见屐痕。白云依静渚，芳草闭闲门。过雨看松色，随山到水源。溪花与禅意，相对亦忘言。"道人居处，唯见"莓苔"、"屐痕"、白云、静渚、芳草、闲门、松色、水流和溪花，闲静悠逸，超凡脱俗，尘虑涤藻一清，自有得意忘言之禅悦。

宗教教义的需要，佛国仙境的诱人景观，优质生态环境对人体健康的需要诸方面因素，都决定了宗教园林的选址原则。

① 陶弘景：《与亲友书》，据明刻汉魏六朝百三名家集本《陶隐居集》本。
② 陶弘景：《答谢中书书》，同上。

在中华先人的自然崇拜中，名山巨岳为上帝之下都、地仙之洞天，缅邈的水域又是神仙出没居住的灵境。儒家以山水作为志士仁人的精神拟态，远离人世喧嚣的山林，最初是隐士高人栖身的理想选择，积淀着士人的高雅和风流，并衍化为中国士大夫高雅的文化范式。随着人本精神的觉醒，隐栖山林、渔钓以终，"甘心畎亩之中，憔悴江海之上"的人，魏晋以后已经不多见了。既可以像白居易那样"隐在留司官"，也可以像陶渊明那样"结庐在人境"，只要"心远地自偏"，甚至可以像杨维桢那样"大隐在关市"，只要彻悟人生，"自适"而已。这时，山水的精神大多存在于意念之中，所以，文人在为自己创设的文化环境园林之中，拳石勺水足可以象征山林江湖，山水成为中国园林最基本的抒情性物质建构，园林山水写意色彩越来越浓，体量越来越小，但其所蕴涵的思想，却越来越丰富。园林山水蕴涵着多元的文化基因，大都通过比拟、象征等手法表现出来，园林山水意象的精神性审美功能，具有浓厚的理性色彩。

第一节　一丘一壑自风流

山水是中国园林的主要标志，几乎无园不山，无园不水。大自然就像一本百科全书般的大字典，造园艺术家们从中拣出片石勺水，按照自然美的规律进行了艺术创作。构园艺术家创作的自然美，是社会美与自然美的统称，即自然物的自然属性与人类的社会属性统一的产物，而不仅仅单指诸如云光霞彩、高山大海、小桥流水、珠玉贝壳、花草鸟兽等等的美。因为自然的美只有在和人发生了一定关系，自然对人才有美的价值。①

山水有很深厚的社会情感积淀。在某种意义上说，山水记载着高人的足迹、文人的心路印痕、名士的风流雅韵，山水情已经成为古人心向往之的风雅范式。《汉书·叙传》曰："渔钓于一壑，则万物不奸其志；栖迟于一丘，则天下不移其乐。"后以"一丘一壑"表示隐栖山林。《世说新语·品藻》篇载："明帝问谢鲲：'君自谓何如庾亮？'答曰：'端委庙堂，使百僚准则，臣不如亮；一丘一壑，自谓过之。'"宋辛弃疾《鹧鸪天》词："书咄咄且休休，一丘一壑也风流。"

一、山水与隐逸文化

中国古代农耕社会是自给自足的小农经济生活方式，相对来说，茂林、深山、海滨，是王权统治力量比较薄弱的地方，因而也就成为各类隐逸之士的自由乐土。

隐而不见于世称隐士，也称高士、处士、逸士、幽人、高人、处人、遗民、逸民、隐者、隐君子等。② 庄子称"就薮泽，处闲旷，钓鱼闲处，无为而已矣"者为"江海之士，避世之人，闲暇者所好也"。③ 汉代末年隐遁到深山老林的隐士已经被称为"山林逸士"或"高士"。

历史上，隐逸高士都与山水结缘。皇甫谧的《高士传》载晋以前的高士96人，清高兆《续高士传》载晋至明143人。他们大多隐居在山林水滨。许由隐颍阳间，闻尧欲禅，乃临颍而洗耳。商朝的伯夷叔齐隐居首阳山。"舜以天下让其友石户之农。石户之农曰：'捲捲乎，后之为人，葆力之士也。'以舜之德为未至也。于是夫负妻载，携子以入于海，终身不反也"。④ 孔子在理想受挫时也曾叹道："道不行，乘桴浮于海。"⑤《楚辞·渔父》展示了一幅淳朴率真的水乡风

---

① 蒋孔阳：《浅论自然美》，见《文艺研究》1983 年第 3 期。
② 参见蒋星煜：《中国隐士与中国文化》，第 1 页。
③ 《庄子》外篇《刻意》。
④ 《庄子》杂篇《让王》。
⑤ 《论语》第 5《公冶长》。

情画：

> 渔父莞尔而笑，鼓枻而去。乃歌曰："沧浪之水清兮，可以濯吾缨。
> 沧浪之水浊兮，可以濯吾足。"遂去，不复与言。

朴衣塞裳，无礼仪之繁琐；终日打鱼，去俗务之劳心。掘泥扬波，与世人同浊；酒后酣睡，与世人偕醉。静观落日，体自然之妙；鼓枻放歌，声震于凌霄。沧水若清，可濯我缨；沧水若浊，聊濯我足。笑天下之熙熙，皆为利来；讥世人之攘攘，皆为名往。其反映出的人生哲理也更具说服力，让人如梦初醒，易于接受。所以，这首诗对后世影响很大，"沧浪"、江海都成为隐逸的象征符号。《后汉书·逸民列传》中所列隐士，大多以山水为依托。如向长，游"五岳名山，竟不知所终"，逢萌，于王莽时，"将家属浮海客于辽东"，光武即位，"乃之琅邪劳山，养志修道"。与东汉开国之君刘秀有同学之谊的严光，不受征召，垂钓于富春江。高凤"隐身渔钓"，台佟"隐于武安山"，韩康采药名山，矫慎"隐遁山谷，因穴为室"，戴良辞官"逃入江夏山中，优游不仕以寿终"，庞公"携其妻子登鹿门山因采药不反"。此后，晋有"竹林七贤"，唐有"竹溪六逸"等等。

早期隐者隐居在真山真水之中，生活简陋清苦，甚至还有生存危险。传说尧时的巢父"以树为巢，而寝其上"，①《晋书·郭文传》载，当洛阳沦陷时，郭文遁入余杭大辟山中的穷谷不毛之地，倚树搭起窝棚作居室，时有野兽入室为害。

在中国文化史上，早期的隐士为后世奠定了德高誉尊的基础。

《易经》称誉隐士们"不事王侯，高尚其事"，注疏曰"不复以世事为心，不系累于职位，故不承事王侯，但自尊高慕，尚其清虚之事，故云高尚其事也。"《诗经》对退处深藏山水间的贤人歌之颂之："考槃在涧，硕人之宽。"② 毛传曰："考，成；槃，乐也。山夹水曰涧。"赞美隐居之得其所，"读之觉山月窥人，涧芳袭袂"。宋朱熹《诗集传》曰："诗人美贤者隐处涧谷之间，而硕大宽广，无戚戚之意。"清钮琇《觚剩·杜曲精舍》盛赞"'缁衣'之好，'槃涧'之安，两得之也"。"槃涧"也就成为山林隐居之地的文化符号。网师园就有水

---

① 皇甫谧：《高士传·巢父传》。
② 《诗经》卷1《卫风·考槃》。

涧名"槃涧"。

《荀子》称美隐士是"德盛者也",《淮南子》以为"处人以誉尊"①,颜师古也称颂古逸民是"有德而隐居者",②何晏说是"节行超逸者"。③商朝的伯夷叔齐是孤竹君之子,周灭商后,他们因耻食周粟隐居首阳山,采薇充饥,最后觉得薇草也属于周王朝,遂饿死,其行为被后儒赞颂,被看作保持气节、不事二君的高尚典范。《论语·季氏》:"伯夷叔齐饿于首阳之下,民到于今称之。"韩愈《伯夷颂》称他们是"特立独行"之士,是"昭乎日月,不足为明。崒乎泰山,不足为高。巍乎天地,不足为容也"。

隐士也备受历代统治者的礼待,或委之以重任,或待之如上宾,或事之如国师。《论语》:"举逸民而天下之人归心。"早就有姜子牙垂钓渭水不设鱼饵以求"愿者上钩",后人视之为大贤。《庄子·让王》篇载"中山公子牟谓瞻子曰:'身在江海之上,心居乎魏阙之下,奈何?'"《后汉书·逸民列传序》:"光武侧席幽人,求之若不及。"光武帝"侧席幽人"之举后儒艳誉不绝。

魏晋六朝时期,不管是"身在江海之上,心居乎魏阙之下",还是"心缠机务而虚述人外",只要"体玄识远者,出、处同归",④已经在思想和实践中消弭了出处的区别,只要博得高名,就会受到统治者的礼遇。梁武帝诏请隐居茅山的陶弘景出山,他拒绝了,并画了一幅画,上有两头牛,一牛徜徉水草边,安闲自在,一牛被著以金笼头。明白地告诉武帝,自己不愿意像牛一样被著以金笼头。但梁武帝对他还是"恩礼愈笃",在《答陶弘景请解官诏》书中,梁武帝说:"卿遗累却位,尚想清虚,山中闲静,得性所乐,当善遂嘉志也。若有所须,便可以闻。"仍赐帛十四,烛二十挺。后来,"国家每有吉凶征讨大事,无不前以咨询。月中常有数信,时人谓之'山中宰相'。二宫及王公贵要参候相继,赠遗未尝脱时。"⑤据《大唐新语·隐逸》记载,自隋文帝至唐中宗、睿宗、玄宗等皆对隐者优渥有加,唐代皇帝诏令"有'嘉遁'、'幽栖'养高不仕者,州牧各以名荐"。在这样的文化背景下,造就了卢藏用一类的"随驾隐士",山水隐逸文化异化为出仕的"终南捷径"。后来,随着士人对"中隐"即"朝隐"方式的

① 《淮南子》卷9《主术训》。
② 颜师古注《汉书》卷21《律历志》。
③ 《论语》第20何晏注"逸民"。
④ 《世说新语·文学》注引谢万《八贤论》中孙绰之语。
⑤ 《南史》卷66《隐逸下》。

服膺和弘扬，大自然的真山真水变成了园林中的"人化山水"，"深山太濩落，要路多险阻。不如家池上，乐逸无忧患"。①

二、澄怀观道、逍遥适真

中华民族将与自然山水亲和、统一、感应、交融视之为真善美的统一体，中华哲人很早就开始了对自然宇宙的观察。战国中期的庄子，特别善于对自然物进行细致观察和生动描绘。如对百围大树"窍穴"的描绘："似鼻，似口，似耳，似枅，似圈，似臼，似洼者，似污者"，细致真切，风吹树孔发出的声音，"激者、謞者、叱者、吸者、叫者、嚎者、宎者、咬者，前者唱于而随者唱喁，冷风则小和，飘风则大和，厉风济则众窍为虚，而独不见之调调，之刁刁乎？"② 声形毕肖。写秋水百川灌河时，两涘渚崖之间，不辨牛马，浩荡无垠的空阔景象写得也形象生动、气势磅礴。③ 面对自然，庄子感到了："山林与！皋壤与！使我欣欣然而乐与！"④ 山水审美是人类的高级审美活动，是文明社会的产物，庄子不仅能体察自然山水的各种形态美，而且从人与自然一体、在自然中获得精神解脱的角度观赏山水并获得审美快感。庄子业已摆脱了对自然的"比德"，进行了人类的高级审美活动，是魏晋山水审美的先导。

魏晋士人对自然美的欣赏，更趋自觉。玄学理想把亲近、观赏自然山水之美作为追求超脱玄远的人格理想的重要途径，一时间纵情山水蔚成风气。魏晋艺术尽情抒写自然美，比西方整整早了一千多年！荀中郎在京口登北固山望海，说："虽未睹三山，便自使人有凌云之意。若秦汉之君，必当褰裳濡足。"⑤

山水名胜，是陶冶心情的环境，也是游览审美的场所。刘勰从理论上总结了山水自然之美，存在于名山大川之中："日月叠璧，以垂丽天之象；山川焕绮，以铺理地之形。此盖道之文也。"⑥

《南史·宗少文传》，晋宋时代的宗炳是集隐士与佛教信徒于一身的人物，他妙善琴书，以"栖丘饮谷"为志，不踏仕途，好游山水，有疾还江陵，叹曰：

---

① 白居易：《闲题家池寄王屋张道士》，《白居易集笺注》卷36。
② 《庄子》内篇《齐物论》。
③ 《庄子》外篇《秋水》。
④ 《庄子》外篇《知北游》。
⑤ 刘义庆：《世说新语》第2《言语》。
⑥ 刘勰：《文心雕龙·原道》第一。

"老疾俱至，名山恐难遍睹，惟当澄怀观道，卧以游之。凡所游履，皆图之于室。"澄怀就是使情怀高洁，不以世俗的物欲容心，即进入一种超世间、超功利的直觉状态，然后去玩味、寻索那表现于世间万象之中的佛的"神明"或"神道"，领悟佛理，达到解脱。

"澄观"的意境，广泛地被运用于园林景观的构思之中。清乾隆有"澄怀观道妙，益觉此间佳"的咏叹。北京颐和园有"澄怀阁"，中南海丰泽园有"澄怀堂"，承德山庄有"澄观斋"，拙政园也有"澄观"阁。均表现了对卧游山水的认同。

第二节 无俗韵和爱丘山

陶渊明回归田园后，写了《归园田居》五首诗，高吟"少无适俗韵，性本爱丘山"。晋诗人左思也极写山林隐居之乐，"何必丝与竹，山水有清音"，直到清原济《题画〈山水〉》诗仍深情地唱吟："山水有清音，得者寸心是。寒泉漱石根，泠泠豁心耳。何日我携家，耕钓深云里。念之心弥悲，春风吹月起。"

如果说秦汉以前的山水，还带有若干自然崇拜的因素，但魏晋以后，山水已经作为独立的审美对象，成为自然美的文化载体。人们崇尚自然、迷恋山水，向往与大自然的融合，自晋以后，就成为我国文人审美心理的重要特征。

一、寄意丘壑、寝馈山林

林下正始之风，指的是正始年间阮籍、嵇康为代表的"竹林七贤"寝馈山林的隐士风度，他们"放情肆志"、"思长林而志在丰草"，借此获得遗形忘忧、怡情悦性的感官愉悦，"于时风誉扇于海内"。[①] "七贤"的生活方式，阮籍、嵇康强烈的人格和精神的独立意识，极大地吸引着后代士人，虽然龙性难驯的嵇康并未能"优游卒岁"，"七贤"中走向庙堂的山涛、王戎、向秀等人，也成了晋之股肱，但依然不废优游园池，经营林水，"以儒、道为一"，[②] 颇符合后世士人的精神人格取向，所以，林下正始之风成为永恒的风雅，甚至连风流皇帝也心向往之。

---

① 刘义庆：《世说新语·任诞》注引《晋阳秋》。
② 谢灵运：《辨宗论》，见《全上古三代秦汉三国六朝文·全宋文》卷32。

"日涉成趣"的园林中的假山，成为士人寄意丘壑、寝馈山林的物质载体。园林中的山，有真山或真假参杂之山，或纯系假山，大致为土石相间堆掇而成，以"一峰则太华千寻"的写意手法为之。"石山离土，则草木不生，是童山矣"，① 土多者，是土山带石，石多者则是石山带土。根据假山所处位置，又可分为园山、厅山、楼山、阁山、池山、内室山、峭壁山等，加上峰石、林木，都旨在营造正始林下雅趣，作为归隐山林的可视标志。只是大多采用了象征和比喻、联想等诗画艺术手段，将寓意融进了美的形式之中。

这些假山是艺术家"搜尽奇峰打草稿"后构筑而成的，是大自然真山的缩影。假山妙品都造得盘道逶迤，山势险峻，重峦叠嶂，有时还有茂树浓荫、深壑幽涧，一派山林气氛。将自然界可能并不存在的险峰佳境、千仞万壑浓缩于方丈、尺寸之间，以满足文人士大夫寄意丘壑的隐逸情思。

体态玲珑通透，婀娜多姿的湖石自唐以来就被用来建造贵族庭院假山，成为文人观赏的重要审美对象。所谓"卷石洵幽奇，一一罗窗户。根含莫厘云，穴滴太湖雨……"苏州环秀山庄的湖石假山被称为犹如诗歌中的李杜，不可不看。此山属于意境造型：假山仅占半亩之地，一山二峰，主山气势磅礴伸向东南，客山箕踞西北与之呼应。峰峦、

图 38　环秀山庄假山

幽谷、崖道、飞梁、洞室、峭壁，曲尽变化。山上蹊径长达六七十米，洞谷长约十二米。悬崖中空作栈道，有千里之势，其下深壑、曲涧横贯崖谷，宛似三峡，盘旋上下，山势峥嵘峭拔。经石洞，天窗隐约，钟乳垂垂。踏步石，上磴道，站在石梁，仰望青天一线，俯看清流盘曲如带，蜿蜒深邃。幽谷森严，阴翳蔽日。山脚止于池边，犹如高山山麓截溪。石缝中间植以花草树木，倍觉幽深自然。身临其境，仿佛步入千岩万壑之中，俨然真山，有"山形步步移"、"山形面面看"之妙。

黄石假山，厚重粗犷，有棱角峻嶒之势，挺拔突兀之姿，使人感到群峰巍巍，绵亘不断，颇具山野田园风味。苏州耦园黄石假山堪称杰构。此山用巨大浑厚、苍老竖直、节理挺拔刚坚的黄石块体叠成耸立的峰体。一条崖壁如峭的"邃

─────────────────
① 李渔：《闲情偶寄·居室部》，第 217 页。

图39 耦园黄石假山

谷"将山分为东西两部分。东为峰洞洞室假山，是主山，山势增高，转为绝壁，临近水面处转成悬崖削壁，直泻而下。西部副山较小，自东向西山势渐低，坡度平缓，余脉止至西边长廊，连绵于池边，有余脉不尽之意。绝壁、蹬道、峡石，加上崖壁间伸出的一枝枝葛藤萝条，或攀缘坚石，或紧缠老树，越发增添了深山林壑之感。山后铺土疏植山茶、绣球、紫薇、腊梅、天竺、女贞、黄杨、扁柏、国槐等花木，春夏季节，鲜花绚丽，绿叶苍翠，山花野鸟，分外迷人。

土石相间的假山，朴实无华，蕴蓄内秀，越发接近自然，游人可获得更为真切的山林野趣。苏州沧浪亭土石假山甚为典型。假山土多石少，混假山于真山之中。山为土阜，山脚垒黄石护坡，沿坡砌筑蹬道，山体狭长，天然委曲。山间小径，曲折高低，上架石梁，下有溪谷，石藓草苔，老树浓荫。更有箬竹披拂，藤萝蔓挂，野花丛生，满山葱笼，和真山老林毫无二致。真如当年欧阳修遥想的那样："荒湾野水气象古，高林翠阜相回环。新篁抽笋添夏影，老卉乱发争春妍。水禽间暇事高格，山鸟日夕相啾喧。"

二、石不能言最可人

爱石、品石、咏石，赋石以人格，以石为友，是文人风雅之所在，石是文人寄情抒情之物。"石令人古"，[①] 石，含茹着太古的历史意蕴，具有"古"的文化品格。中国文人对石的崇拜，实际上反映了文人们对史前文化的一种恋旧心理。

奇石是大自然的精灵。孔传《云林石谱序》云"天地至精之器，结而为石"，具有一种返璞归真的自然美。崇拜石头也即对自然的崇拜。

自中唐开始，李德裕、牛僧孺等权贵就大量搜集奇石，展列在园林欣赏。白居易就已经赋石以灵性、人格，"待之如宾友，视之如贤哲，重之如宝玉，爱之如儿孙"。[②] 五代岭南南汉主刘䶮宫苑"九曜园"，直接以奇石名园。刘䶮于此兴建楼阁亭台，广植名花异木，聚方士在此炼药，因此地名仙湖及药州，盛极一

---

① 明文震亨：《长物志·水石》，江苏科技出版社1984年版。
② 唐白居易：《太湖石记》。

时。园中有太湖奇石九块，叠为九曜石景。据《粤东金石略》载："石凡九，高八九尺，或丈余，嵌岩峰兀，翠润玲珑，望之若崩云，既堕复屹，上多宋人铭刻。"石上铭刻米芾墨迹，现存石刻"药州"二字，传为乾隆年间名士翁方纲摹写。

壶中九华

宋代崇石之风达到鼎盛，苏轼、米芾、叶梦得等人堪为风雅典范。明林有麟《素园石谱》记载了苏轼有"小有洞天"名石。苏轼在《壶中九华诗并引》中曾说："湖口人李正臣，蓄异石'九峰'，玲珑婉转，若窗棂然，予欲以百金买之，与'仇池石'为偶。方南迁，未暇也。名之说'壶中九华'，且以诗记之。"在苏轼逝世的这一年（65 岁），还因思念这块奇石写了一首诗，诗曰："清溪电转失云峰，梦里犹惊翠扫空。五岭莫愁千嶂外，九华今在一壶中。天池水落层层见，玉女窗明处处通。念我仇池太孤绝，百金归买小

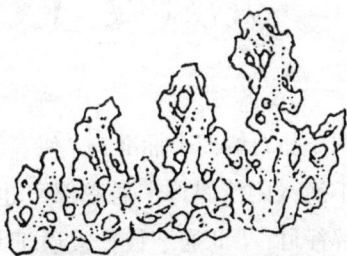

图 40　壶中九华名石

玲珑。"成为后世盆景艺术的形象写照。"壶中九华"属于"仇池石"，产于广东韶州东南的仇池，图 40 为见于《素园石谱》的"壶中九华石"。

宋代文学家叶梦得酷爱石头，自号"石林山人"。当年他曾得湖州西门弁山之地，那里产石奇巧，罗布山间，色类灵璧，而精润尤胜。叶梦得酷爱此景，在其间建成号为"石林"的园林，中有"兼山堂"，旁建有"石林精舍"。

宋徽宗的书画学博士米芾，更是爱石至于颠狂。据《梁溪漫志》和《石林燕语》等笔记小说记载，米芾在担任无为军守的时候，见到一奇石，大喜过望，特令人给石头穿上衣服，摆上香案，自己则恭恭敬敬地对石头一拜至地，口称"石兄"、"石丈"，被时人传为美谈。米芾也就被称为"米颠"。士大夫对此举却津津乐道，认为"唤钱作兄真可怜，唤石作兄无乃贤。望尘雅拜良可笑，米公拜石不同调。"[1] 膜拜孔方兄、对权贵拜路尘，才是可笑庸俗之人，米芾既贤且雅，连文天祥都要"袍笏横斜学米颠"。[2]

米芾把他最珍重的一块太湖石称为"洞天一碧"，洞天乃道教中的神仙世界，意思是这灵石出自仙窟灵域，所以，"米芾拜石"也称"洞天一碧"。米芾

---

① 费衮：《梁溪漫志》卷6 周紫芝诗。
② 文天祥：《周苍崖入吾山作图，诗赠之》，见《文天祥全集》卷1，第64页。

图41 米芾拜石①

特别喜爱水石盆景，他将名石作为砚台使用，称为"研（砚）石"，据传他有好几块"研石"，最著名的是珍藏在书斋"宝晋斋"中的一块名石，载《辍耕录》，有图，有"右此石是南唐宝石，久为吾斋研山……"的文字。贾似道《悦生随抄》记有米芾曾用一研山石换得丹阳甘露寺下傍江一古基，即后号"海岳庵"者，此石"径长才逾尺，前耸三十六峰，皆大犹手指，左右则引两阜坡陀，而中凿为砚。"该书中有"海岳庵研山"，见图42。米芾还发明了品石的四个标准："瘦、皱、漏、透"，几乎成为后世品评石头的圭臬。清李渔《闲情偶寄·居室部》也说："言山石之美者，俱有透、漏、瘦三字。"并解释道："此通于彼，彼通于此，若有道路可行，所谓透也；石上有眼，四面玲珑，所谓漏也；壁立当空，孤峭无倚，所谓瘦也。"而所谓皱，实即同于绘画之皴，指石之表面多皱，如同画笔皴出的纹理。

号称"江南三大名峰"的是"瑞云峰"、"绉云峰"和"玉玲珑"。童寯《江南园林志》说："江南名峰，除瑞云之外，尚有绉云峰及玉玲珑。李笠翁云：'言山石之美者，俱在透、漏、瘦三字。'此三峰者，可各占一字：瑞云峰，此通于彼，彼通于

图42 海岳庵研山

此，若有道路可行，'透'也；玉玲珑，四面有眼，'漏'也；绉云峰，孤峭无倚，'瘦'也。"

苏州留园主人也酷爱石头，他得到北宋"花石纲"遗物冠云峰，外形孤高特立，磊落清秀，高达6.5米。峰顶似雄鹰飞扑，峰底若灵龟昂首，呈"鹰斗龟"之形态。又于左右置朵云、岫云配侍，三峰之造型意境本于《水经注》："燕王仙台有三峰，甚为崇峻，腾云冠峰，高霞翼岭。"三峰北盖"冠云楼"，额"仙苑停云"，陶渊明曾作《停云》诗四首，"思亲友也"，其二有："停云蔼蔼，时雨蒙蒙"，可见主人将三峰作为"亲友"一样思念。原为苏州留园的著名石峰

---

① 见黄全信主编：《中国五百吉祥图典》，北京燕山出版社1997年版，第437页。

"瑞云峰"，峰高5.12m，宽3.25m，厚1.3m。高大且秀润，涡洞相套，褶皱相叠，状如"云飞乍起"。此石由嵌空石峰和盘石底座两块湖石组成，峰、座相配，宛若天成。远望如饥狮搏食，谛视则涡洞相套，褶皱相叠，有"此通于彼，彼通于此，若有道路可行"之妍妙，透漏兼备，秀媚而雄浑。为北宋"花石纲"遗物，石上刻有"臣朱勔进"四字。据明袁宏道记载："此石每夜有光烛空"，"妍巧甲于江南"①。

图43　玉玲珑

上海豫园的"玉玲珑"，亭亭玉立，高4m，宽2m，石体内有72孔，四面八方洞洞通窍，一孔注水，孔孔出水，焚香一孔，上下孔孔冒烟，奇巧无比。清诗人陈维成《玉玲珑石歌》称其"一卷奇石何玲珑，五个巧力夺天工。不见嵌空绉瘦透，中涵玉气如白虹……石峰面面滴空翠，春阴云气犹濛濛。一霎神游造化外，恍疑坐我缥缈峰。耳边滚滚太湖水，洪涛激石相撞春。庭中荒甓开奁镜，插此一朵青芙蓉。""压尽千峰耸碧空，佳名谁论玉玲珑。焚音阁下眠三日，要看缭天吐白虹。"

杭州的绉云峰，现存杭州缀景园，为英石所叠置，英石，产于广东英德县，"色积如铁，具迂回峭折之致"，质稍润，细蕴绵联。峰高2.6m，狭腰处仅为0.4m，形同云立，纹比波摇，如行云流水，十分空灵。

图44　绉云峰

米芾尝得一奇石，径长愈尺，前耸三十六峰，皆大犹手指，左右则引两阜坡陀，而中凿为砚，称砚山，后号"海岳庵研山"，竟换来了江南苏氏甘露寺下傍江多树的一座住宅。

也有人为了一块石头，不惜倾家荡产。典型的莫过于明太仆、书画艺术家、勺园主人米万钟了，他在房山开采到一块巨石，长三丈，广七尺，色青而润，准备运到勺园，可惜运费过大，财力耗尽，

① 　袁宏道：《园亭纪略》，《袁宏道集笺较》，第180页。

到良乡就不能再运了，因此后人称之为"败家石"。清乾隆见之，执意将之运到清漪园，名之为"青芝岫"，今置颐和园乐寿堂前庭院中。

米颠拜石成为园林赏石的著名典故，颐和园的石丈亭、怡园的"拜石轩"、留园"揖峰轩"、狮子林的"揖峰指柏轩"都效米芾拜石。

人们痴迷石头，赋石以生命、灵魂，欣赏和玩咏的是石的品格。宋代诗人黄庭坚从石上不仅看到"蛟龙出没三万顷，云雨纵横十二峰"，而且认为赏石可以"清座使人无俗气，闲来当暑起清风"。清郑燮见到一幅柱石图，甚至想到了陶渊明不为五斗米折腰的傲骨："挺然直是陶元亮，五斗何能折我腰？"①

人们每每根据石形赋予它一定的文化内涵。如留园涵碧山房南面有一直立巨石，形似"济癫"，名"济仙石"。"济仙"即宋末僧人济公和尚。据传他扬善惩恶、扶贫济厄，民间奉之为神仙。"济仙"身上，寄寓了人们的美好理想和愿望。留园的冠云峰，一说乃"观音"之谐音。如果人们在此石后的西北方向望之，这婷婷石峰，确实很像那南海的送子观音，怀抱婴儿翩翩而至。

有的石峰形状具有某种吉祥含义，赢得"主人"青睐。如留园有石名"奎宿"，是一块外形如英文手写字母 n 的普普通通的石头，却与二十八星宿中的奎宿星相似。奎宿乃白虎七星之首宿。"奎"与"魁"谐音，故"奎星"又可视作"魁星"，主昌文运，"魁星"高照，象征着连登科甲，当然为无上吉利。这块奎星石在人们的思维联想中也就具有了深远的含义。

有的石峰留下的仅仅是先人在探索生命历程中的历史记忆。如卓立在怡园锁绿轩前的一块奇石名"承露茎"，使人联想到汉武帝时的承露盘。汉武帝迷信神仙，幻想长生不死，曾于神明台上作承露盘，立铜仙人舒掌以接甘露，以为饮之可以延年益寿。

三、池上饮、林间醉

"一个小园儿，两三亩地，花竹随宜旋装缀。槿篱茅舍，便有山家风味。等闲池上饮，林间醉。"②

私家园林占地局促，特别讲究通过山水的巧妙组合，创造出令人回味的无穷意境。如园林厅堂前后左右所掇的假山、点缀的石峰，创造了一个"幽人不出

---

① 郑燮：《柱石图》，《郑板桥集》，上海古籍出版社 1979 年版，第 227 页。
② 朱敦儒：《感皇恩·一个小园儿》，《全宋词》第 2 册，第 482 页。

门，岚翠环廊庑"的理想境界。耦园西花园的书斋"织帘老屋"，四周环抱着叠石假山、石峰，象征着园主这对情真意笃的夫妇双双在这山林深处，一起读书明志、双双织帘的主题意境。

廊抱楼台水映山，山水组合成高远山水、平远山水、深远山水等景观，也创造和丰富了意境。如耦园气势雄浑的黄石假山与山池组成了"山水间"的自然野趣，既寓欧阳修"醉翁之意不在酒，在乎山水之间也"的雅人深致，又寓耦耕夫妇双双高山流水知音的情愫，与园林主题相得益彰。

拙政园远香堂北部较宽广的水面，从西至东置有"荷风四面"、"雪香云蔚"、"待霜"三岛，旨在表现渤海中三座浩渺冥迷的蓬莱、方丈、瀛洲神山。留园的"小蓬莱"，创造的是海上仙岛意境。留园西部假山，中间多土，沿山脚叠石高约米许，盘纡曲折的磴道两侧垒石如堤，漫山植枫与银杏。山南环以"之"字形小溪，潺潺绿水，通过小桥，流向西南，两岸植以桃柳，小溪尽头壁上嵌有"缘溪行"三字，以象陶渊明《桃花源记》中武陵渔人见到的世外桃源："缘溪行，忽逢桃花林，夹岸数百步，中无杂树，芳草鲜美，落英缤纷。"内涵十分深邃而含蓄。

第三节 山水比德与园林

山水比德，是儒家著名的美学命题，园林里的山水都负载着与道德相联系的情愫。

一、仁者乐山，智者乐水

《论语·雍也》篇："子曰：'知者乐水，仁者乐山。知者动，仁者静。知者乐，仁者寿。'"孔子认为水之美，在于它具有与君子或知者的德、仁、智、勇等品质相类似的特征；[①] 而仁者愿比德于山，故乐山，高山具有与"仁者"无私品德相比美的特征。

汉韩婴《韩诗外传》卷三："问者曰：'夫仁者何以乐于山也？'曰：'夫山者，万民之所瞻仰也。草木生焉，万物植焉，飞鸟集焉，走兽休焉，四方益取与

---

① 《荀子》28《宥坐》。

中·国·园·林·文·化

焉，出云道风，从乎天地之间，天地以成，国家以宁。此仁者所以乐于山也。'"又"问者曰：'夫智者何以乐于水也？'曰：'夫水者，缘理而行，不遗小间，似有智者；动而下之，似有礼者；蹈深不疑，似有勇者；障防而清，似知命者；历险致远，卒成不毁，似有德者；天地以成，群物以生，国家以宁，万事以平，品物以正。此智者所以乐于水也。'"

刘向《说苑·杂言》中对"知者乐水"的原因作了详尽的阐述：

> "夫智者何以乐水也？"曰："泉源溃溃，不释昼夜，其似力者；循理而行，不遗小间，其似持平者；动而之下，其似有礼者；赴千仞之壑而不疑，其似勇者；障防而清，其似知命者；不清以入，鲜洁以出，其似善化者；众人取平品类以正，万物得之则生，失之则死，其似有德者；淑淑渊渊，深不可测，其似圣者。通润天地之间，国家以成，是知之所以乐水也。诗云：'思乐泮水，薄采其茆；鲁侯戾止，在泮饮酒。'乐水之谓也。"

董仲舒《春秋繁露·山川颂》中，都有类似的以君子之德比喻山水的解释。晋·王济《平吴后三月三日华林园诗》："仁以山悦，水以智欢。"晋·王羲之《答许询》："取欢仁智乐，寄畅山水阴。"宗炳《画山水序》云："山水以形媚道，而仁者乐。"山水以其形象美好地表现了圣人的道德精神品质，故仁人君子感到愉悦。

荀子将水比作"德"的化身："夫水遍与诸生而无为也，似德。"[1] "渊泉而不尽，微约而流施，是以德之流润泽均加于万物"。[2]

水还被赋予了人格的魅力。"智者"之所以"乐水"，是因为水具有着川流不息的特点，而"知者不惑"，[3] 捷于应对，敏于事功，同样具有"动"的特点。[4] 儒家在人生观上强调"入世"，这种积极主动的处世方式使得他们对水"动"的特性极为推崇，将其人格化，进而归纳出"其似力者"、"其似勇者"、"其似有礼者"、"其似知命者"、"其似善化者"等基于水"动"的自然属性之

中 编｜园林物质建构要素与中国文化

---

① 《荀子》28《宥坐》。
② 《管子·宙合》。
③ 《论语》第 14《宪问》。
④ 李泽厚、刘纲纪：《中国美学史》，安徽文艺出版社 1999 年版，第 137 页。

上的哲学美学蕴涵。

《荀子》中记载了这样一则故事，子贡问孔子为什么每次见到大水都要停下观看，孔子讲述了他的理由，其中有一点便是"盈不求概，似正"。[①]"水至平，端不倾，心术如此象圣人"，[②] 端正自己的品行，才能矫正他人的过失，成为天下的表率，而品行端正是水人格魅力的重要表现之一。

《说文解字》谓："水，准也。"《释名》亦云："水，准也；准，平物也。"《周礼》："水之以视其平沈之均也"、"衡者中水"，[③] 所以管子认为"是以水者，万物之准也"。[④] 于是，水也往往被用来比喻人品的端正，如"量之不可使概，至满而止，正也"，[⑤] "概"是古代刮平斗斛的一种工具，计量水则不必使用"概"，水满了便会自动停止增加，这是由于它的端正持平。

水也用以衡量道德修养之优劣。《孟子·离娄》篇引用一首《沧浪歌》后，"孔子曰：'小子听之，清斯濯缨，浊斯濯足矣。自取之也。'夫人必自侮，然后人侮之；家必自毁，而后人毁之；国必自伐，而后人伐之。太甲曰：'天作孽，犹可违；自作孽，不可活。'此之谓也。"这里，用水本身的清浊，比喻各人的道德修养之优劣。"天作孽，犹可违；自作孽，不可活"，强调了自我修养的重要意义。

水又作为时间"意象"，对人起警示激励的作用。孔子所看到的"逝者如斯夫，不舍昼夜"；希腊哲人所看到的"濯足清流，抽足再入，已非前水"，所以时时刻刻有它无穷的兴趣。

古人从水之动静体悟到了养生的精髓。拙政园临流的"梧竹幽居"中，有一幅赵之谦书写的名联："爽借清风明借月，动观流水静观山。"

"流水不腐，户枢不蠹，动也。形气亦然，形不动则精不流，精不流则气郁"，[⑥] 水的生命力在于它的运动不止，"形不动则精不流，精不流则气郁"，养生之道首先在于"动"；同时，"水静则明烛须眉，平中准，大匠取法焉。水静犹明，而况精神！圣人之心静乎！天地之鉴也，万物之镜也。夫虚静恬淡寂寞无

---

① 《荀子》28《宥坐》。
② 《荀子》25《成相》。
③ 《周礼》第6《冬官考工记》。
④ 《管子·水地》。
⑤ 《管子·水地》。
⑥ 《吕氏春秋·季春纪·尽数》。

为者，天地之平而道德之至也。故帝王圣人休焉。休则虚，虚则实，实则伦矣。虚则静，静则动，动则得矣。静则无为，无为也，则任事者责矣。无为则俞俞。俞俞者，忧患不能处，年寿长矣"，① 水静就可以清楚地照见容颜，心静则可以明知万物。自身虚静才能顺应天道而自然成长，心平气和则不会受到烦恼忧患的侵扰，故能"年寿长矣"，养生之道又在于"静"。

"动"和"静"共同构成了古人对生命规律的认识，不过它们两者并不是矛盾对立的，而是和谐统一在一起。"水之性，不杂则清，莫动则平；郁闭而不流，亦不能清；天德之象也。故曰：纯粹而不杂，静一而不变，淡而无为，动而以天行，此养神之道也"。② 水不流动便可以平静清澈，但久而久之就会变得腐臭浑浊。生命的规律亦是如此，"形劳而不休则弊，精用而不已则劳，劳则竭"，③ 形体过分地疲劳则会耗竭精气，而郁滞不动又会变作一潭死水，丧失生气，所以，只有注重动和静的和谐统一，做到"静一而不变，淡而无为，动而以天行"，才是真正体悟到了养生的精髓。

道家的创始人老子便从水"静"的特性中总结出了处世治国的道理："大邦者下流，天下之牝，天下之交也。牝常以静胜牡，以静为下"，④ 水为什么可以以弱胜强，正是由于它能做到以静制动、以不变应万变，所以个人或国家要想不断完善自己，立于不败之地，也必须以静为本。清静无为思想是老庄学派的核心思想，故而他们更注重水"静"的特性，并以水为"象"，赋予了它静修养生、以静制动等哲学意涵。

君子比德于山水，成为儒家传统的审美意识，并深刻地影响了中国园林山水的文化内涵。

二、水能性淡为吾友

水是园林的血脉，无水不成园，它不仅具有形态美、虚灵美、音乐美、色彩美、动态美等外在美，更重要的是具有意境美。小小水面，象征的是十里风荷，悠悠烟水，寄托的是回归江湖之情。园林理水，水形有池沼、溪涧、泉源、渊潭等，源于自然界的江湖，溪涧、泉瀑，与真水无二。但并非自然江河的简单模仿

---

① 《庄子》外篇《天道》。
② 《庄子》外篇《刻意》。
③ 《庄子》外篇《刻意》。
④ 《老子》第 61 章。

或缩影，而是对自然作抒情写意的艺术再现，如苏州网师园表现的是渔隐主题，象征着潇洒的渔翁活动的天地应该比较开阔，但作为小园的网师园，园中彩霞池虽只有半亩，却显得辽阔旷远，有水乡漫漶之感。水池略呈方形，岸低近水，盈盈池水，吞吐朝晖，接纳夕霞，虽无"日月之行，若出其中，星汉灿烂，若出其里"的壮观气魄，但苍穹天宇，四时景色，也足耐寻味了。池东南有溪口，石拱小桥，拦出水涧和水闸，曲折深奥。西北伸出一水湾，平板曲桥，池水似乎去来无踪，顿觉水广波延，若渊源之无穷。池岸以黄石叠砌，大小错落挑出各种穹凹岩穴，形如水口，望去幽邃深黝，碧波涟涟，水面不植荷莲，不设岛屿，加上环池而筑的亭榭廊轩，体量娇小，更加突出了平波浩渺的水乡气氛。网师园的水池神似龟形，池西北角的大水湾恰似龟首，东南之窄涧溪形似龟尾，中部池岸略呈方形，则如龟身。这一首一尾，一湾一涧，增加了池的景观层次，还具有龟呈示的吉祥意蕴。

水之清浊，往往用来暗喻世道的清浊。《楚辞·渔父》那首"沧浪之歌"，水清濯缨，水浊濯足，一则表示自由不羁的人生理想，泛舟江湖，如不系之舟；二则表示出处的原则，即"达则兼济天下，穷则独善其身"，园林中诸如"沧浪亭"、"小沧浪"等表面歌颂着"水清"，即世道清明，其潜在意境实际指"水浊"，世道溷浊，即晋左思"振衣千仞冈，濯足万里流"之谓也。

古人说"真水无香"、"水能性淡为吾友"，洁净明亮的水犹如澄澈的心境；水能"隔尘"、"隔凡"，如沧浪亭园外一湾曲水，潭清潦尽，水明天淡，就有"隔绝尘嚣"的哲学意义。它可使人悠然便有濠梁意。使游之者"胸次浩浩焉，落落焉，若游于方之外者"。[①]

水能涤秽洗襟，使人联想到对心灵的净化，所谓"临深使人志清"，拙政园临水处就有"志清处"，"圣人以此洗心"，士人用来"涤我尘襟"（畅园旱船名）。

庄、惠的濠梁观鱼、庄子的濮水垂钓，为文人追踪效法，象征着对名利的超脱，标举着人格的高洁，也构成园林水的重要文化意蕴。

三、外供耳目之娱，内养仁智之心

中国皇家园林的山大多用来比喻君主，因此，山，也就成为皇帝的精神拟

---

① 清宋荦：《沧浪亭记》，见蒋吟秋编《沧浪亭志》。

态，以表示君主的"仁寿"。自北宋以来，皇家园林的山几乎都以"万寿山"为名。① 至正八年（公元1348年），元代统治者将"上苑"之山赐名万寿山，一称万岁山，山半有"仁智殿"三间。避暑山庄的兴建，固然有"怀柔、肆武、会宾客"等方面的政治目的和"北压蒙古、右引回部、左通辽沈、南制天下"的军事意义，但康熙经过始建后五年的酝酿才定名为"避暑山庄"，显然是基于孔子关于山的仁德之说，以比德于山。颐和园的山也叫万寿山，北海的白塔山和故宫北的景山也都称万寿山，都是比德于皇帝的。避暑山庄有不少景点的题名，含蓄地表达了这一寓意。原清漪园的"勤政殿"，慈禧时为了标榜自己是仁义之主，改成颐和园"仁寿殿"，作为颐和园中政治区的中心，在慈禧63岁、68岁、69岁和70岁时，在此进行过四次庆寿活动。

皇家园林中也不乏标榜皇恩浩荡，与民同乐之意。颐和园扇面殿名"扬仁风"，承德山庄的"延仁风"、"延薰"，北海的"延南薰"，都是"奉扬仁风，慰彼黎庶"之意。

《礼·乐记》载："昔者舜作五弦之琴以歌南风。歌词是：'南风之薰兮，可以解吾民之愠兮，南风之时兮，可以阜吾民之财兮。'"迄后便成为仁君、仁风相传了。

皇家园林中的山水组合，除了象征传统的一池三岛仙境外，还有组合成九州禹域，表达"宸宇一统、天下太平"的帝王心理，如圆明园中环绕湖区布置九个岛屿象征"九州"，南部正中最大的岛屿上建正殿，名"九洲清晏"，表达出"太平时世，河清海晏"的景观主题。

水和石舫也每每用来象征君民关系。《荀子·王制》说："《传》曰："君者，舟也；庶人者，水也。水则载舟，水则覆舟，此之谓也。"② "君者，盘也，盘圆而水圆。君者，盂也，盂方而水方"，③ "蛟龙，水虫之神者也。乘于水则神立，失于水则神废。人主，天下之有威者也。得民则威立，失民则威废。蛟龙待得水而后立其神，人主待得民而后成其威"。④ 后世有见识的封建政治家常用水舟关系为诫，如唐魏征曾一再以此进谏唐太宗。唐太宗教训太子，也"见其乘舟，又谓之曰：'汝知舟乎？'对曰：'不知。'曰：'舟所以比人君，水所以比黎庶。水

---

① 参见孟兆祯：《避暑山庄园林艺术》，第12～17页。
② 《荀子》9《王制》。
③ 《荀子》12《君道》。
④ 《管子·形势解》。

能载舟，亦能覆舟，尔方为人主，可不畏惧'"。① 皇家园林中的旱船，如颐和园的旱船"清晏舫"、避暑山庄的"云帆月舫"，表面上都有"水能载舟，亦能覆舟"的儆诫之意。颐和园的清晏舫乾隆时称"石舫"，乾隆在《御制石舫记》中说他建此石舫之本意，"非徒欧米之兴慕也"，而是意在"凛载舟之戒，奠磐石之安"。②

图45 避暑山庄云帆月舫图③

以雨露来比喻君主之恩泽，始于先秦。"湛湛露斯，在彼杞棘。显允君子，莫不令德"，④ 这是《诗经》中描写诸侯在宴会上祝颂周王的两首诗。"是故明君之行赏也，暖乎如时雨，百姓利其泽。"⑤《孟子·滕文公下》将人民渴望商汤兴德行之师，讨伐无道，比喻大旱盼望甘霖。以后成为歌颂皇恩的习惯用词，如苏州怡园有"湛露堂"。颐和园仁寿殿匾额"德风惠露"，德政如风之传播，皇恩如雨露沾，又匾额"瀓泽旁敷"，皇帝恩泽广施四方。

---

① 《贞观政要·教戒太子诸王第十一》。
② 欧，指宋欧阳修之画舫斋，米，指宋米芾之嗜石。
③ 郭俊纶编著：《清代园林图录》，上海人民美术出版社，第1页。
④ 《诗经》卷2《小雅·湛露》。
⑤ 《韩非子》卷1《主道》，《韩非子集释》，上海人民出版社1974年版，第68页。

第三章
园林建筑中的文化因子（上）

建筑被黑格尔称为"最早诞生的艺术"，他说建筑是"凭精神本身通过艺术来造成的具有美的形象的遮蔽物"。①建筑是园林的主要物质构成，有无建筑，是区别园林和自然风景区的标志。建筑是凝固的历史，是文化的直接载体。

"在世界上最为流传的要算是以所谓'石头的史书'来比拟建筑了，你看，那耸如高山、恢宏阔大的金字塔，是由石头砌筑而成的；那连绵万里、蜿蜒盘垣的古老长城，是由石头砌筑而成的；那工程浩大、技艺精湛的古罗马斗兽场、输水道，也是由大量的石块建筑而成的。还有，雅典卫城的千年遗迹、圆明园内的残壁废墟，无一不是这部'石头史书'中留下的历史见证……"②埃及金字塔三四千年的悠久历史，古罗马的万神殿也有1900年之久，基本完好，至今还是一座气势宏伟的大建筑。中国最早的建筑也是石建筑，即隋李春造的赵州桥，土木建筑最早的是梁思成和林徽因夫妇发现的唐寺。

中华文明初始，华夏重大建筑因袭原始建筑土木结合的技术传统，选择了土木相结合的"茅茨土阶"的构筑方式，成为与古埃及、西亚、印度、爱琴海和美洲并列为世界古老建筑的六大组成之一，

---

① 黑格尔：《美学》，朱光潜译，第 3 卷上册第 31 页。
② 汪正章：《建筑美学》，第 70 页。

是世界原生型建筑文化之一。①中国建筑，确切地说，是"木头的画卷"。

中国建筑成型于原始社会后期到春秋战国时期，成熟于秦汉到三国时期，魏晋南北朝时期是中国原有建筑形式吸收佛教建筑时期，至隋唐两代达到高峰。宋元两代为古建筑风格的转变期，明清为渐进期，官式大型建筑完全程式化、定型化，体现在建筑形式中的封建意识已经积淀为一种心理定势。②在此过程中形成了具有独特风格的建筑空间和装饰艺术，独特的斗拱、飞檐，是力学和美学的最佳结合。中国古建筑是历史的"物化"，它凝聚着中华先人的生存智慧，经受了时代的洗礼，是艺术和历史之和。建筑理念中的自然生态意识又成为可持续发展的精神资源。

第一节 中国园林建筑的基本文化品格

中国的建筑思想，蕴涵着多元的哲学、美学意识。如关于人伦、行为规范、等级、奉天法古、礼乐教化、兼济天下、森严、凝重的对称、灵巧的自由式、天人和谐、因天循道、虚静恬淡、隐逸清高、清静无为、独善等。建筑艺术的风格，包含建筑的内部空间形式和构成空间的实体的艺术形象、时代特征，反映了当地社会集团的生活方式和社会意识，各民族和部族的心理素质的民族特点，各社会阶级、阶层的心理等。

中国园林建筑是古建筑中一个很独特的体系：建筑材料普遍采用暖和的木材和草泥，而非阴冷的石头，表现出人和自然的亲和关系；单体建筑的立面构图灵活多样，观赏性和实用性兼具，表现了生理需求和精神享受的同一性；建筑空间强调人与宇宙同一的关系，具有明晰的环境生态意识；建筑的平面布局以庭院为

① 侯幼彬：《中国建筑美学》，黑龙江科技出版社 1997 年版，第 1 页。
② 程裕祯：《中国文化要略》，外语教学与研究出版社 1998 年版，第 208 页。

单位构成线性系列，接近日常生活，体现出浓厚的生活气息；建筑的环境处理反映了高度的环保意识。

一、人居本位与世俗情调

中华民族严格区别神和人，望祭天地日月星辰岳渎之神各各有别。《书·舜典》："肆类于上帝、禋于六宗，望于山川，遍于群神。"这里所指的"类"、"禋"、"望"是指对不同神灵的不同祭祀方法，六宗包括天宗日、月、星和地宗河、海、岳。《礼记·祭法》："祭日于坛，祭月于坎，以别幽明，以制上下。祭日于东，祭月于西，以别内外，以端其位。"对人鬼，则仍以人居居之，北人尊仙，南人敬神，以人鬼待之、居之。

中国皇家或私家园林建筑中，虽然也有若干礼佛建筑，但最美丽宜人的是住宅和花园，中国建筑强调一般日常情感的感染作用，情理结合，欢歌在今日，人世即天堂。中国园林以人居建筑为本位，而西亚和欧洲则以宗教为本位。

中国建筑"重在生活情调的感染熏陶"，① 是建立在对自然和人生独特的思想情感观照和对生命内省式的体验基础之上的，园林建筑是宫苑和住宅的延伸，根据居住、读书、作画、抚琴、弈棋、品茶、宴饮、憩游等功能，建造厅、堂、轩、斋、馆、亭、台、楼、阁、榭、舫等建筑，因而处处体现了人与社会生活的关系，它"可望"、"可行"、"可游"也"可居"，"堂以宴、亭以憩、阁以眺、廊以吟"，是人们生理需要和精神享受需要的双重选择，这就决定了其单体建筑类型的丰富多彩，每种类型中又有多种结构、形式和造型。

应用最广的是长方形平面，中国宫苑的宫区和私家园林的住宅、寺庙殿堂的平面布局都为长方形，园林中单体建筑如厅堂楼阁、斋馆房榭的基本形式也大多为长方形。凸字形平面是在长方形建筑前造雨搭或抱厦所构成的一种平面形式。

图46　天地一家春②

为了突出主体建筑，并借以防日晒雨淋。圆明园的镂云开月中的纪恩堂，坦坦荡荡中之素心堂，汇芳书院中之抒藻轩等等。

正方形，多见于园林小亭。如苏州园林中沧浪亭、拙政园的嘉实亭、拥翠山

---

① 李泽厚：《美的历程》，第63页。

② 引自孙大章：《中国古代建筑史话》，中国建筑工业出版社1987年版，第177页。

庄的问泉亭等。十字形平面是正方形平面附抱厦组合而成，屋顶造型复杂，形象玲珑华丽。如圆明园中"濂溪乐处"的十字形亭。

扇形，"前檐如唇，后檐如齿，两旁如八字，其中虚棂，如折叠聚头扇。"[1]拙政园与谁同坐轩扇面亭位于西部东侧水池转折处，扇形的弧面和池岸相协调。亭小巧玲珑，亭内空窗，天花、石桌等均为扇形，两侧门洞形式精巧。笠亭位于西部土山南，隐于水际、花木之间。亭平面为圆形，屋顶呈圆形攒尖顶，形似笠帽。有趣的是如果将笠亭的圆形攒尖顶镶嵌在扇亭的顶端，恰似一把倒立的折扇。

颐和园中的佛香阁是八面三层四重檐，山、阁浑然一体，成为湖山构图中心，最为华丽端严。

田字形平面的建筑，内部空间贯通，形成大环套小环，环环相套的往复无尽的流通空间，成为供奉罗汉塑像的佛殿特有的格局。圆明园"澹泊宁静"也曾采用此种平面形式。乾隆《澹泊宁静诗序》："仿田字为房，密室周遮，尘氛不到。"

月牙形建筑呈弧形的特殊平面形式，如圆明园四十景中汇芳书院的眉月轩，面临池沼，形如一弯新月。

还有取花形的平面，如海棠、梅花、栀子花等。环秀山庄海棠亭位于湖石砌筑的基座上，后有花木衬映。亭构思精巧，从整体到细部都以海棠花为主题。大如平面海棠花瓣形，柱子断面为海棠花瓣形，其他如天花藻井，装饰图案花纹，无一不是海棠花瓣形。栀子形平面如栀子六瓣花形。宋代陶穀《清异录·居室》记载杜歧公别墅所建薝葡馆"室形亦六出，器用之属俱像之"。《本草》载，栀子一名木丹，一名越桃，即西域薝葡。这种平面的屋顶和檐部结构十分复杂。

多样的平面结构，体现了精神审美和物质需求的统一。如避暑山庄模仿杭州苏堤的芝径云堤，"逶迤曲折，径分三枝，列大小洲三，形若芝英，若云朵，复若如意。"如意洲，形如如意。卍字形平面，"卍"为万德吉祥的标志，在古代被认为是太阳和火的象征，佛教作为佛法无边的标志，印在释迦牟尼胸口。著名的特例为圆明园中的万方安和建筑，据乾隆《圆明园四十景图咏·万方安和诗序》："水心架构，形作卍字，略约相通，遥望彼岸，奇花缬若绮绣……此百尺

---

① 李斗：《扬州画舫录·冈西录》，永报堂集本。

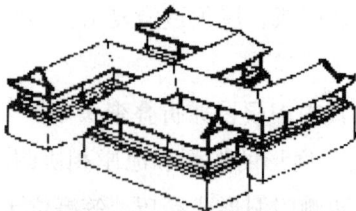

图 47 万方安和①

地宁非佛胸涌出宝光耶!"寓意吉祥平安,且因建筑构架在水池之上,乾隆自注曰:"是地冬燠夏爽,四序皆宜,亦皇考所喜居也。"

苏州残粒园,至今还属于私人所有,园颇狭小,为了符合生活上的多种需要,园中惟一的建筑"括苍亭"踞于湖石假山之上,是园景的构图中心。亭内部处理巧妙,后部因下有石级处理成坑床形式,侧面为书架和博古架。山中有石洞,入洞循石级可上亭。

园林建筑的观赏性功能特别突出,除了采用各类形式之外,还经常将多种建筑样式组合起来。比如,同为鸳鸯厅,梁架、椽子的形式变化,也呈现各种不同的样式。如留园林泉耆硕之馆,厅南梁架为五界回顶圆作,厅北圆作为五界扁作,正间为屏门,次间为精美的圆光罩,边间为纱槅,用以分隔南北。两侧山墙上景窗,南为八角形,北为方形。狮子林燕誉堂厅南部梁架为五界回顶扁作,椽为菱角形;厅北部梁架为五界回顶圆作,椽为鹤胫形。

拙政园住宅东花厅,厅南、北两部分平面大小相同,均有纱槅挂落相隔,如同鸳鸯厅;厅南、厅北梁架均有轩和内三界,如同轩、馆;南部梁作为扁作,椽呈菱角形和鹤胫形,北部梁架为圆作,椽呈船篷形,又如同鸳鸯厅的特色;前后步柱不落地,是花篮厅的做法。狮子林真趣亭形体较大,结构特殊,亭内前二柱为花篮吊柱,后用纱槅隔成内廊,亭内天花装饰性强,扁作大梁上为菱角轩和船篷轩,雕梁画栋,彩绘镏金,鹅颈椅短柱柱头为坐狮,独具风格。

我国新石器时代的西安半坡原始村落,其布局井然有序,中间有一处被建筑学家称作"大房子"的活动中心,平面呈 12.5 米 × 12.5 米的正方形,它的四周环绕着氏族村民们的圆形小屋。② 已经表现出建筑与现实生活紧相联系的特点。它不是以单一的独立个别建筑物为目标,而是以空间规模巨大、平面铺开、相互连接和配合的群体建筑为特征。出土的汉代画像砖上的建筑,院落分明。伊东忠太说:"中国建筑之美,为群屋之联络美,非一屋之形状美也。"③ "它不是以单个建筑物的体状形貌,而是以整体建筑群的结构布局、制约配合而取胜。非常简

---

① 引自孙大章:《中国古代建筑史话》,第 177 页。
② 刘敦桢:《中国古代建筑史》,中国建筑工业出版社 1980 年版,第 24~27 页。
③ 伊东忠太:《中国建筑史》,上海书店 1984 年版,第 48 页。

单的基本单位却组成了复杂的群体结构，形成在严格对称中仍有变化，在多样变化中又保持统一的风貌……这种本质上是时间进程的流动美……体现出一种情理协调、舒适实用、有鲜明节奏感的效果，而不同于欧洲或伊斯兰以及印度建筑。"① 建筑的平面纵深空间的组合则和音乐一样，是一个乐章接着一个乐章，有乐律地出现，它常用不同的形状、大小、敞闭的对比、阴暗和虚实等，步步引入，直到景色的全部呈现，达到观景高潮后遂再逐步收敛而结束，这种和谐而完美的连续性空间序列，呈现出强烈的节奏感和乐律美。这种平易的、非常接近日常生活的内部空间组合，使人感受到生活的安适和对环境的主宰，实用的、入世的、理智的、历史的因素在这里占有明显的优势。从而排斥了反理性的迷狂意识。

龙庆忠说得好："从中国建筑之明快爽垲而观之我民族性。中国建筑常择爽垲之地以建之，且恒为南向。又其建筑中之门栊窗棂玲珑透彻，台基高起，飞檐翘举，廊庑漫回，院宇深沉，冬有炕，夏有楼，涂沟通，溷秽除。其他如井灶必洁，沐浴必勤，无不表示我民族居之善于摄生也。"②

二、同化力和融摄力

中国的文化品格是"有容乃大"，高度成熟的中国园林建筑同样表现出对"异质"建筑文化的强大同化力和融摄力。龙庆忠总结出："独创亦兼收，自尊亦宽容，始蔚为今日之伟观也。"③

首先表现在对外来宗教建筑文化的同化力。宗教建筑如佛寺、石窟、道观、伊斯兰清真寺、基督教教堂等，不管是本土宗教还是外来宗教，建筑结构和式样上都有"中国化"的特点，它们都模仿木结构殿堂，有的还有大屋顶。殿堂的天花板上往往绘有彩绘和藻井图案。如伊斯兰教是从阿拉伯半岛传入中国，伊斯兰寺院主要供教徒聚会作礼拜的，也称礼拜寺。伊斯兰教在元代传入中国，所建寺院皇帝赐名"清真"，称颂清净无污染的真主。大体有早期通商口岸的清真寺、新疆地区的清真寺和内地的清真寺。早期的清真寺完全依照阿拉伯礼拜寺的形式建造，全部用石头筑造，门楼用尖券，布局不采用中轴对称，光塔为圆筒形

---

① 李泽厚：《美的历程·建筑艺术》，第64页。
② 龙庆忠：《中国建筑与中华民族》，华南理工大学出版社1989年版，第5页。
③ 龙庆忠：《中国建筑与中华民族》，第3页。

上下两段，称邦克楼等。新疆接近中亚，因此，清真寺保留了更多的阿拉伯礼拜寺的形制。而内地的清真寺，则扬弃了阿拉伯地区伊斯兰教建筑的形式，采用了中国内地传统的建筑样式。建筑个体按规则的中轴对称布置，组成前后规整的院落。原来细高的邦克楼成了多层楼阁；圆拱形的穹隆顶见不到了，代之以几座屋顶相并连的殿堂，阿拉伯的礼拜寺变成了中国内地的清真寺。① 中国寺庙有伽蓝七堂之制，由法堂、僧房、库厨、西净、浴室等组成，佛僧共处，有浓郁的世俗气氛，如浙江的天童寺。

佛塔的变化可以看出佛教建筑中国化的过程。塔是随着佛教传入中国以后才出现的，后来几乎成为寺庙的标志性建筑。据黑格尔称，塔在印度，是生殖崇拜的物质象征。在印度，用崇拜生殖器的形式去崇拜生殖力的风气产生了一些具有这种形状和意义的建筑物，一些上细下粗非中空的生殖器形的石坊。在起源时，这些建筑物有独立的目的，本身就是崇拜的对象，后来才分外壳和核心，在里面开辟房间，安置神像，变成了塔。② 希腊的可随身携带的交通神的小神龛还保存着这种风尚。一般认为是由埋葬释迦牟尼佛骨即舍利的墓塔，为半圆形的覆盆式形状的坟墓，称窣堵波或称浮图，窣堵波是佛的象征。图48为印度桑契佛塔。③

图48　印度窣堵波

中国心理膜拜的对象是崇高、华丽的，即多层楼阁。因此，覆盆式的印度窣堵波形状的塔在中国并没有流行，而被改造成中国固有的楼阁和印度"窣堵波"相结合的产物，即中国式的佛塔："多层的楼阁在下，楼阁顶上置放'窣堵波'形式的屋顶，称为刹顶，这就是中国最初的楼阁式佛教塔的形象。"④ 塔寺并举相配，印度佛教原朴意味十分浓烈；佛教完成中国化改造以后，受到中国传统建筑文化的影响，塔不仅在结构、用材上，而且在配置、装饰上都带上了浓重的中国色彩，如可供登临的空心塔、楼阁式木塔等相继出现。密檐式塔、亭阁式－覆钵式、金刚宝座式、花式、过街式、门式、多顶式、阙式、圆筒式、钟式、球式、高台式、经幢式等。

① 楼庆西：《中国古建筑二十讲》，第141页。
② 黑格尔，朱光潜译：《美学》，第3卷上册。
③ 孙大章：《中国古代建筑史话》，第80页。
④ 楼庆西：《中国古建筑二十讲》，第117页。

塔的屋檐数大都采用奇数制，因为"奇"在中国即"阳"，阳即"乾"，即"天"，"佛"与"天"近，是天国之神。平面一般以正四边形、正六边形、正八边形、圆形为多见，正方是地的象征，圆是天的象征，中国崇尚四方思想，契合佛教中"苦、集、灭、道"四圣谛说的教义。正六，象征"六道轮回"、"六根清净"的佛性；正八，象征八正道、八不中道、八相说教；正十二，表示十二因缘；圆形，佛教意义中有圆寂、圆通、圆满无缺、团圆、圆融等，而将观念形态的佛教义理同客观形态的佛塔建置联系起来，并统归于"求佛"的作法，是"天人合一"意识的

图49　苏州楼阁式的北寺塔

又一反映；塔高大，同无境界，古塔上那种或圆、或尖、或其他形状的塔刹专用以表示崇尚高大意向，塔刹上贯套的圆环，佛家称"相轮"，取圆寂、涅槃之意和圆融、高显、说道、瞻仰等复杂的佛性内容，有九轮、十三轮、二十一轮、三十轮；佛塔须弥座，佛经说像须弥山中的细坛座。须弥山是佛经所想像的居于"世界"之"中心"的神山，也是"天帝释所住金刚山"，① 象征为世界之"中"，又符合中国尚"中"的观念。蕴涵有符合中国人审美心态的"天人合一"意向，世俗民间建筑中也有，最终被人们削除了其中神秘宗教色彩，广泛地应用到中国古代高品位的宫殿、庙宇及宅邸建筑中。诚如王世仁所说的，"中国佛塔是'人'的建筑"，"它凝聚着'人'的情调"，"它有浓烈的人情味"。②

　　本书在上编第八章第四节中论述了中国近代对西方建筑文化的融摄力，尽管西方建筑样式随着他们的洋枪洋炮曾经强行入驻中国沿海城市，加上"西学东渐"强劲浪潮的冲击，但是，中国高度成熟的木构架建筑技艺具有它的技术惯性和文化习惯上的因循性，因而西方建筑文化始终没有成为中国建筑文化的主流。

中·国·园·林·文·化

---

① 《注维摩经》（一）。
② 王世仁：《塔的人情味》，见《美学》第4期，第307页。

第二节　园林建筑与中华礼仪文化

　　中国建筑特别是住宅建筑，自古以来就受到等级名分和尊经法古的制约，其建筑方式成为"圣王之制"的建筑标记、礼的典章制度所认定的建筑标本，其建筑形制也成了标示名分等级和表征礼制正统的物态化标志。

　　营造礼仪十分繁缛和隆重，择地卜宅、择时动土、择时上梁，建筑落成后的奏乐祝祷，还要祭祀土地神灵。奴隶主甚至用大量的人作为牺牲，商代在建筑过程中，大量的奴隶成为牺牲，城邑或宫室的正位、奠基等建筑仪式，成为"经国家，定社稷，序人民"的"礼以体政"的重要方面。①《尚书·盘庚》："盘庚既迁，奠厥攸居，乃正厥位。"

一、礼制规范与建筑

　　梁思成谈到中国建筑在环境思想方面的特点之一，是"着重布置之规制"，他说："古之政治尚典章制度，至儒教兴盛，尤重礼仪。故先秦两汉传记所载建筑，率重其名称方位，部署规制，鲜涉殿堂之结构。嗣后建筑之见于史籍者，多见于五行志及礼仪志中。记宫苑寺观亦皆详其平面部署制度，而略其立面形状及结构。均足以证明政治、宗法、风俗、礼仪、佛道、风水等中国思想精神之寄托于建筑平面之……分布上者，固尤深于其他单位构成之因素也。"②

　　"礼"不仅决定古代中国社会一系列的人伦关系、道德规范、是非标准等，还有一系列具体的规则。早在唐代的《唐六典》就明确制定了国家建筑规范，明代官民建筑等级定型化、建筑设计标准化、施工木结构模数化了，清初在此基础上颁布了《工程做法则例》，统一官式建筑的大小等级，制定出 27 种具体的房屋标准。建筑礼制主要体现尊卑贵贱的等级秩序，强化天尊地卑的所谓宇宙秩序，从日常服饰、房舍、车舆、器用都受到"礼"的规范、制约。建筑形制、大小、高低等，并将其列入国家颁布的营缮令法和建筑法式，强制性执行，僭越逾等者属于犯法。侯幼彬在《中国建筑美学》中列出了系列等级礼制，诸如城制、组群规制、间架做法等级、装修、装饰等级；理性的列等方式，诸如"数"

---

　　① 朱立元、王振复主编：《天人合一》，上海文艺出版社 1998 年版，第 46 页。
　　② 梁思成：《中国建筑史》，第 19 页。

的限定、"质"的限定、"文"的限定、"位"的限定等，从而严重束缚了人们的建筑创新意识。①

台基的高度很早就纳入等级范围。《礼记》记载："礼有以高为贵者，天子之堂九尺，诸侯七尺，大夫五尺，士三尺。""堂"指的是"台基"。

官式屋顶的形制有一套严格的九级品位，由高级到低级依次为：重檐庑殿、重檐歇山、单檐歇山、单檐庑殿、单檐尖山式歇山、单檐卷棚式歇山、尖山式悬山、卷棚式悬山、尖山式硬山、卷棚式硬山。当然，观赏性的园林建筑属于杂式建筑，主要用攒尖顶，不受等级制约。唐《营缮令》规定：帝王宫殿用庑殿式、五品以上官吏正堂用歇山，六品以下官吏及平民只能用悬山式。房子的开间，《明会典》规定：公侯，前厅七间或五间，两厦九架，造中堂七间九架。后堂七间七架，门屋三间五架。一品、二品官，厅堂五间九架；三品至五品官，后堂五间七架；六品至九品官，厅堂三间七架。

程万里《古建琉璃作技术》谈到明清对琉璃瓦的使用、颜色和装饰题材有极严格的规定：琉璃瓦一般只用于宫殿和皇家大寺、坛庙、园林建筑及亲王府第。清代钦定工部则例规定：官民房屋坛垣不许擅用琉璃瓦、城砖，如违，严行治罪，其该管官一并议处。所以，私家园林中是没有人使用琉璃瓦的，琉璃瓦几乎成为皇家园林和坛庙的材质符号。

二、"以礼合天"的园林格局及建筑

"体天象地"是园林建筑格局的原则。王振复先生称中国建筑文化理念是"大地上的宇宙"，颇为形象。由于中华先民认为神秘的"天"是统治宇宙万物的至上神，居住在紫微垣星群之中枢的北极。因为北极星移动非常缓慢，给古人造成极星不变的错觉，很早就产生了北极崇拜，认为北极的"光耀"是王者"当天心"的标志，并与人间的"王者"相联系。"象天"就是以想像中的天宫秩序为蓝本，建造地下宫苑。儒家一直将"天道"与"人道"合一，"象天法地"、"天尊地卑"是天经地义。弗洛伊德在《文明及其缺憾》中也说过，人类社会的秩序，是从自然界模仿来的。人类通过对浩瀚的天体规模的观察，不仅发现了把秩序引入生活的模式，而且也找到了这种做法的出发点。

秦汉宫苑如此，已如前述，中国历代的皇宫作为皇权的象征都沿着这一思路

---

① 侯幼彬：《中国建筑美学》，第163~170页。

中·国·园·林·文·化

营建，天子所居之宫与紫微垣对应，称为紫宫（后改称紫禁），皇帝的寝宫象征北极帝星所在。如北京故宫乾清宫为皇帝寝宫，象征北极帝星。由京城之外进入皇宫，必须走过象征北斗七星的七座宫门：正阳门、大明门（清朝改名大清门，故址在今人民英雄纪念碑处）、天安门、端门、午门、太和门、乾清门，然后才到乾清宫。故宫中的太上皇宫殿，前朝以皇极殿、宁寿宫为主体，规制分别仿太和殿、乾清宫和坤宁宫，皇极殿居中，为太上皇临朝受贺的正殿，重檐庑殿顶如太和殿，而面阔降至 7 间，青白须弥座，汉白玉栏杆，殿前丹陛如乾清宫。皇极门采用三券七楼琉璃门形制，地位相当于午门，门对着五色九龙琉璃影壁，影壁正中为紫色坐龙，穿过皇极、宁寿两门，与皇极殿内宝座遥遥相对，象征天子居紫微正宫。

皇家园林也体现了这一精神。颐和园以万寿山为中心，前山是全园的中心，从万寿山最高处的建筑智慧海顺次而下，是佛香阁、德辉殿、排云殿、排云门到云辉玉宇坊，构成一条中轴线。排云殿为万寿山正中的一座主殿宇，所以，殿前排云门前牌楼题额是"星拱瑶枢"，即众星拱卫着北极星。颐和园内的"仁寿殿"一直是皇帝在园内办公的地方，仁寿殿对联称："星朗紫宸明辉腾北斗，日临黄道暖景测南荣"，将此皇帝办公之地称为星光照耀的帝宫。

中华古人也有北斗崇拜，"齐七政斗为号令之主"，图 50 为山东济宁嘉祥武梁祠石刻画像，画中天帝坐在北斗斗杓组成的车上，沿斗柄指向循行四方，并配有与四季对应的苍龙、玄武、白虎、朱雀四象。

中编 园林物质建构要素与中国文化

图 50　斗为帝车图①

2003 年 4 月，河南电视台、中央电视国际台在衢州发现了 2500 年前一个部

---

① 山东济宁嘉祥武梁祠石刻。

族居住的龙游石窟，呈现北斗星形，有青石像，挂着玉佩，下有一把剑，是姑蔑族崇拜的英雄。

讲究"以人合天"的儒家，视封建礼制为规范人们回归"天道"的金科玉律。古代宇宙论中的盖天说，即"天圆地方"说，极大地制约了园林的选址和布局。《晋书·天文志上》载："蔡邕所谓《周髀》者，即盖天之说也。其庖牺氏立周天历度，其所传则周公受于殷高，周人志之，故曰《周髀》。髀，股也，股者，表也。其言天似盖笠，地法覆槃，天地各中高外下。"

皇家园林中的宫殿区和私家园林中的住宅建筑在设计上多取方形或长方形，由多进院落组成，讲求"顺天理，合天意"的礼制，强调中轴线意识及"天定"的尊卑等级秩序，在南北纵轴线上安排主要建筑，在东西横轴线上安排次要建筑，以围墙和围廊构成封闭式整体，展现严肃、方正，井井有条。

《老子》有"万物负阴而抱阳"之说，但先秦时期还没有确立以面南为尊的意识，随着对皇权的推崇和神圣化，建筑格局上的"阳尊阴卑"等级秩序的强调也越来越严格，位尊者处于中央地位，面东西者次之，面北者最低。

宫殿、坛庙、官署、士大夫宅第之类，都受到封建礼教的约束，为儒家的伦理思想所支配，平面布局为"礼式布局"，其结构、位序、配置皆必须依礼而制。龙庆忠曾指出：

> 中国建筑平面之布局中礼式布局，常为南面有中轴，取左右均齐之方式。……其礼式之布局，不仅为用最广，且自古至今仍然不变，实为世界建筑中之奇迹也。此盖以我民族为有礼仪生活之民族，其能广用此种布局迄于今者，实不足为奇也。盖中国社会乃礼教社会，而居不可一日无礼也。礼为社会秩序之实现，乃中国人所共由之道也。而伦常又为中国社会所重视，如男女有别、长幼有序。礼式建筑乃为实现此等理想之工具也，亦即实现中国民族生活之容器也。①

如"静明园"整体布局平面呈现的是非规整非对称状，但它的建筑东岳庙、圣缘寺、含晖堂、书画舫等呈中轴线对称意识；颐和园中的谐趣园整体布局不对

中·国·园·林·文·化

---

① 龙庆忠：《中国建筑与中华民族》，第2~3页。

称，但涵远堂、知春堂、澄爽斋、湛清轩、知春亭等强调中轴线意识；承德山庄宫殿区九进院落处在一条中轴线上。

梁思成、林徽因发现了建于唐贞观年间、并还基本保留着唐式平面的北京卧佛寺，从琉璃牌楼一直到后殿，都建立在一条中轴线上。从游廊向东西方向，再折而向北，其间虽有方丈客室和正殿的东西配殿，但一气连接，直到最后面，又折而东西，回到后殿左右，这一周的廊，东西十九间，南北四十间，成一个大方形，中间虽立着天王殿和正殿，却不像普通的庙殿，将全部寺院用四合头式，前后分成几进是少有的。据梁思成说，这种平面布置在唐宋时代是很平常的，敦煌壁画的伽蓝就是如此布置。在日本各地，也有飞鸟平安时代这种遗例，而在北京唐式平面只剩下卧佛寺了。林徽因认为，这种布局的建筑美学特点，与欧洲的一些宗教建筑竟有异曲同工之美。古典美学的思想倾向，在于它的经典性，由亚里士多德、毕达哥拉斯、维特鲁威，以及文艺复兴时期的阿尔伯蒂、帕拉第奥等人建立倡导的和谐论、完善论、整一论，都可以在卧佛寺建筑布局中找到注脚，而且它们已晚了几个世纪。

这类建筑格局，显得均衡、整肃、对称、协调。有典雅庄重之美，反映的正是"大圆地方"的宇宙意识和空间观念：中轴对称表示"天圆"；四周围墙或围廊则表示"地方"。美国学者克里斯蒂·乔基姆这样说："作为中国建筑基础的有关神圣空间的观念就被同心、南—北轴心、东—西对称这三条原则所统制，所以这些反映了中国人对宇宙秩序的理解。"①

皇家宫苑建筑的高度也处处符合"天数"。如故宫三大殿和颐和园排云殿的高度，都是九丈九尺高。北海、天坛中的许多建筑和装饰都和"9"有密切的联系。就连天坛回音壁近侧的一棵柏树也叫九龙柏。中国古代称个位数的单数为阳数，而"9"为阳数之颠，所以称"9"为"天数"，而且，"9"又与"久"谐音，极合乎帝王追求自身"万岁"和王朝永久的心理。

单体建筑遵循的礼仪和文化习惯也体现着"天圆地方"的宇宙观念。《大戴礼记》曰："明堂者，凡九室，一室而有四户八牖，以茅盖屋，上圆下方，所以明诸侯尊卑也。"西汉桓谭《新论》解释道："王者造明堂，上圆下方，以象天地，为四方堂，各从其色，以郊四方，天称明，故命明堂。"

根据"天圆地方"、"天南地北"的朴素宇宙观，"祀天圜丘，祀地方泽"。

---

① 克里斯蒂·乔基姆：《中国的宗教精神》，上海人民出版社 1990 年版，第 99 页。

天坛位于北京正阳门外，居南，地坛设在北郊。天坛圜丘，坛墙上面为圆形，下面方形，取"天圆地方"之意，圆形象天，方形象地，故称"天地墙"。祭坛，南为圜丘坛，北为祈谷坛，二坛同处在一条南北轴线上，天坛即两坛的总称。

天坛圜丘，是一座白色的露天三层圆坛，象征天，圜坛的第一层台面中央为一圆石，名"太极石"，其周围用石板砌成环形，共九层，第一层有石板9块，依次按9的倍数递增，最下一层为81块。天坛祈年殿，中央有4根龙井柱，代表一年四季；中间12根金柱，代表12个月，外圈12根檐

图51　天坛祈年殿

柱表示12个时辰，内外共24柱，象征24节气，三围共28根柱子，暗合28宿，龙柱上8根短柱，象征八卦与八方。屋顶三层蓝色琉璃瓦，逐层收缩向上，冠有镏金宝顶，象征天。

小小的亭子也是天地的象征：地基为方，亭盖为圆形，以圆法天，以方象地，以八卦数理象征阴阳秩序。

三、宇宙代码与神话表象

园林建筑小品和装饰图案，常常激发人们的哲理思考，因为园林单体建筑符号的平面代码基本为方形、圆形、三角形的变化组合，源自天体符号和自然物体符号，代表了宇宙的基本图形，诸如天、地、日、月、北斗星、飞云、冰纹、雪花、山脉、流水、灵芝、葫芦等，成为美的标准。其中，三角形、方形等几何形等自然物体，为了使其融于自然山水之中，尽量将方形以圆角或圆转的折线收束，以减少视觉的坚硬感和对环境的冲击力，以淡化其数理特征，疏远纯理性的几何形，追求富于情感的自然造型，赋予纯造型以自然韵味。

圆者都为天体象征，源于日崇拜。由圆形演变成的扇形、梅花形、双环形，计成《园冶》中设计了菱花式、如意式、梅花式、葵花式和海棠式等五种门窗图案样式，都是由圆形演变而成。李渔在《闲情偶寄》中发明的便面式窗、花卉式窗、折扇形状，也是由圆形演变而来。园林中的月洞门、片月门、地穴门洞

等，都是直接取像日月的建筑图形，给人以饱满、充实、亲和、活泼动感和平衡感。

方者则为地的象征，源于地崇拜，由方形演变成的长方形，给人以单纯、大方、安定、开阔、舒展、平易、亲切、平静、永久之感。方圆结合乃为天地之交感。长八方式、执圭式、莲瓣式、如意式和贝叶式等，或为长方形、圆形所演变，或为两种基本图形的结合，实际上都是宇宙物体的代码。

飞云是园林建筑花纹雕饰中常见的自然符号，不仅图案优美，颇似灵芝仙草，而且具有独特的意境美，那飘忽缤纷的流云伴随着神仙、神禽、宝物等，犹如在你眼前呈现一片笙歌悠扬、腾云架雾的神幻气氛。古人凭云色察吉凶，五彩缤纷为祥云，黑云翻滚为恶云。云纹在装饰形象上有行云、朵云、层云、片云、团云，还有云海、云气等，催人遐思。木雕构件图案中也用以云、鹤为主题的山雾云、以云鸟为主的抱梁云、瓦当上卷云纹、云雷纹等吉祥图案。

园林建筑小品中出现的葫芦①及由葫芦形演化而成的瓶状小品，反映了中国哲学宇宙发生论的观念，是葫芦剖判创世神话的意象。原始神话在描述创世前的情形时使用了各种"异形而同质"的象征性意象，如混沌、元气、鸡卵、葫芦、肉蛋、人体等等。中国古代宇宙论认为创世之前的混沌状态是以天地合为一体的有机整体为特征的，其物化形象乃是葫芦，其人格化形象则是盘古、伏羲、女娲等。从混沌到世界的创生过程，被形象化地叙述为葫芦从中央剖开，亦即所谓天地剖判，阴阳分离。《诗经·绵》便有"绵绵瓜瓞，民之初生"的记载，葫芦剖判的神话母题衍生出大量洪水方舟型的故事，葫芦作为容器成为人类再生的象征。② 闻一多先生在《伏羲考》第五部分"伏羲与葫芦"中指出，神话中作为创生之祖的男女二神伏羲女娲均为葫芦的拟人化。或者说是一对葫芦精。③ 日本的比较神话学家伊藤洛司指出，葫芦在7000年以前的浙江河姆渡遗址中就已出土。④ 另外，从六七千年前的陕西半坡、姜寨遗址中，也发现了葫芦形状的陶器，可见在中国，葫芦文化从古时便发达起来。仰韶文化的

---

① 葫芦，古作壶卢、蒲芦、胡卢、瓠、匏或壶。参见明李时珍《本草纲目·菜部·壶卢条》。
② 参见叶舒宪、田大宪：《中国古代神秘数字》，社会科学文献出版社1996年版，第22～23页。
③ 《后汉书·南蛮传》称南方的少数民族始祖是盘瓠狗与高辛氏之女，可能该民族以葫芦为图腾。在三国徐整的《三五历记》中，盘瓠即为开天辟地的人类祖先盘古。
④ 浙江河姆渡遗址中就已发现了小葫芦的种子。

葫芦瓶是葫芦崇拜的再现（见图52）。青铜器中也有葫芦状的容器。台湾排湾族，就有首领诞生自葫芦的传说，平民则来自百步蛇和人的后裔。可见，上古时代，葫芦已经成为中国先民生活中不可缺少的东西。在非洲西部的尼日尔河流域和印度南部，葫芦被认为是女性的象征，有些民族则干脆视为能孕育生养的子宫。① 在上古中国的结婚礼仪中，还保留着这一原始象征哲学的表象，即所谓"合卺"。《礼记·昏义》记载的结婚仪式中行夫妇"共牢而食，合而卺"一项，孔颖达解释说，合卺指的是一只葫芦瓜剖分为二瓢。新郎新娘各执一瓢相互用酒为对方嗽口，这种象征和合的行为就叫合卺。后代民风中干脆把结婚叫合卺，而原有的合卺礼则演变成了喝交杯酒。宋人孟元老《东京梦华录·娶妇》中记载当时婚俗说："用两盏以彩连结之，互饮一盏，谓之交杯酒。"②

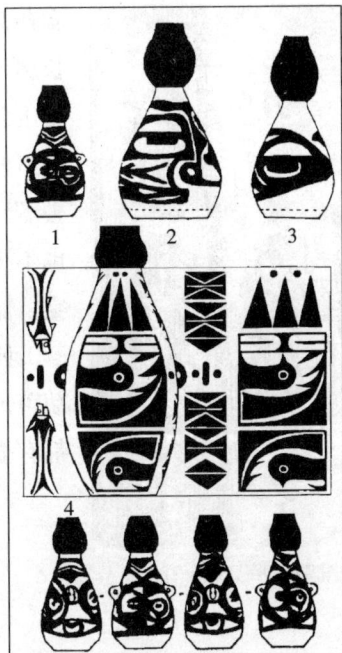

图52　姜寨葫芦形陶器

图53　葫芦形门洞

葫芦剖判神话和母性象征，都含有新生、母爱等涵义。葫芦多子，有子孙满堂的寓意。由葫芦及其蔓带组成的图案可以象征家族的绵延无穷，因为蔓与万同音，蔓带与万代谐音，寓意子子孙孙、万代长春吉祥涵义。后演化为宝瓶，成为观音盛圣水的器皿，也成为八仙之一的李铁拐普救众生的宝葫芦。神话中将海中三神山称为"三壶"。南朝梁萧绮《拾遗记》载："海上有三山，其形如壶，方丈曰方壶，蓬莱曰蓬壶，瀛洲曰瀛壶。"成为仙境模式。道教中的"壶"，不仅盛满仙药，而且还是方外世界的意象。《后汉书》载："费长房者，汝南人也，为市椽，有老翁

---

① 伊藤清司：《神话中的性——被视为妇女和命体的葫芦》，陈晚林译，《民间文艺季刊》1987年第4期。

② 叶舒宪、田大宪：《中国古代神秘数字》，第33页。

图54 万代长青门把

卖药悬壶于肆头，及市罢，常跳入壶中，市人莫视。惟长房于楼上睹之，异焉。因往再拜，乃与俱入壶中。惟见玉堂严丽，旨酒甘肴，盈衍其中，共饮毕乃出。乃就楼口候长房曰：'我神仙之人，以过见责，今乃毕，当去。"于是就有壶中天地之说，园林中命名为"壶园"的也不少，也用在装折意境上，《园冶·装折》："板壁常空，隐出别壶之天地。"

园林中门洞、花窗、铺地中的瓶状构图，或直接为葫芦形或由葫芦演化而来，亭的宝顶也有不少为葫芦状，都有壶中仙境和上述多种吉祥涵义。

建筑装饰图案是自然崇拜、图腾崇拜、祖先崇拜、神话意识等和社会意识的混合物。建筑装饰的品类、图案、色彩等反映了大众心态和法权观念，也反映了民族的哲学、文学、宗教信仰、艺术审美观念、风土人情等，它既是我们可以感知的物化的知识力量构成的物态文化层，又属于精神创造领域的文化现象。中国古典园林建筑上的装饰图案，密度最高，文化容量最大，因此，园林建筑成为中华民族古老的记忆符号最集中的信息载体，在一定意义上可以说是中华民族的"心态化石"。

"西方人爱用雕塑和嵌饰去美化建筑，中国人爱用绘画和色彩去美化建筑，西方的石头建筑表现出'雕塑性'的装饰美，中国的木头建筑表现了'绘画性'的装饰美……总之，人类进入文明社会的几千年间，大凡是美的建筑就必然伴随着美的装饰，'没有装饰就没有美'的建筑观念，一直支配着建筑艺术的广阔领域。"①

第一节　建筑装饰与原始图腾崇拜

园林的建筑装饰主要指分布在裙板、绦环板、屏壁、罩心、天花、藻井等部

---

① 汪正章：《建筑美学》，1991 年版，第 24 页。

位的雕刻彩绘图案或动物、植物、自然物、几何文等雕塑以及器具、文字等。这些雕刻图案彩绘或雕塑含有深刻的哲理内涵和习俗性的文化内涵。

一、建筑装饰的历史回眸

格塞罗认为："装饰是人类最早也是最强烈的欲望，也许在部落之前，它已流行很久了……而装饰的最大、最有力的动机是想取得别人的喜悦。"① 中华先民自原始社会末期就懂得了装饰，距今约 2 万多年前，旧石器时代晚期的"山顶洞人"所制石器和骨器，已有钻孔和染色。有耳坠、项链，红绿相映，黄白衬托。距今 1 万年的新石器时代，原始先人打制的石器工具，已经过打磨，距今五千年的新石器时代后期，逐渐产生了陶器，仰韶文化和马家窑文化为代表的彩陶时期，半坡人面鱼纹、鱼纹彩陶、马家窑的舞蹈纹彩陶，绝大部分为几何形，是抽象的变形纹样，淳厚、质朴。仰韶时已用玉石制成装饰品，半坡出现了淡绿色宝石坠饰，说明人类很早就懂得使用装饰物去美化自身，美化生活，美化建筑。仰韶文化的装饰花纹已经比较丰富，见图55。②

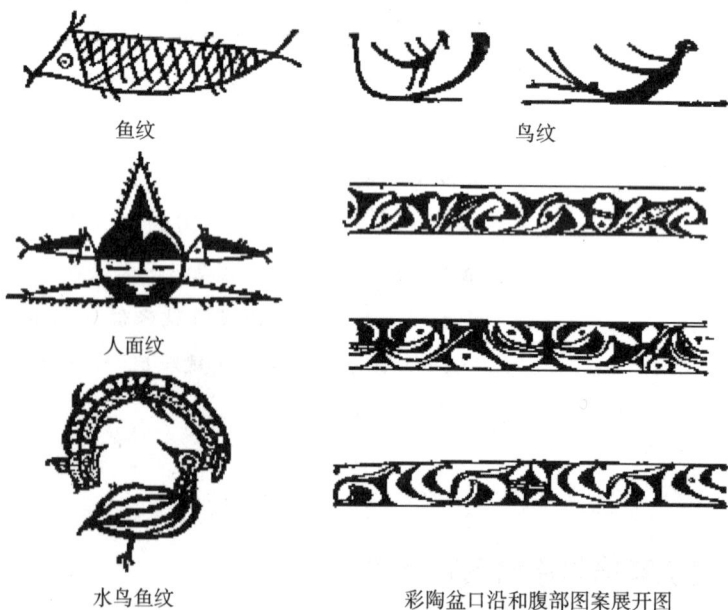

鱼纹　　　　　　　　鸟纹

人面纹

水鸟鱼纹　　　　　彩陶盆口沿和腹部图案展开图

图55　仰韶文化纹样

---

① 邓福星：《艺术前的艺术》，第 56 页。
② 庄裕光：《古建春秋》，四川科技出版社 1989 年版，第 12 页。

中·国·园·林·文·化

【中编】园林物质建构要素与中国文化

中国在殷商时代，建筑内部装饰已经十分华美，"宫墙文画，雕琢刻镂，锦绣被堂，金玉珍玮。"① 造型庄严、强烈的青铜器上，概括简练、严谨而富于变化的纹饰。

古有"屋不呈材，墙不露形"的记述，商周之际，房屋装饰已经应用彩绘、雕刻等技艺，《尚书·梓材》已经谈到"涂丹雘"，《论语·公冶长》中也说到"山节藻棁"，都是讲在建筑上施加彩绘。战国时期的建筑装饰风格多样，构思大胆活跃，题材有动物、人物、云水等图案纹饰。汉代建筑雕饰有雕刻、绘画和镶嵌三大类。雕饰题材丰富，有人物、动物、植物、文字、几何纹和云气等。动物常以苍龙、白虎、朱雀、玄武四神和马、鹿、鱼等为母题，植物纹有藻纹、莲花、葡萄、卷草、蕨纹、树木等，汉砖瓦当上有文字、动物、植物等纹饰。几何纹有锯齿纹、波纹、钱纹、绳纹，菱纹、S纹等等。② 东汉孙寿园林建筑"柱壁雕镂，加以铜漆，窗牖皆有绮疏青琐，图以云气仙灵。"③ 在汉武帝时代张骞通西域以前，中国的建筑装饰艺术为纯汉族艺术的时代，张骞通西域以后，传来了西域艺术，汉明帝时代，随着印度佛教的传入，佛教艺术开始传入中国，给予中国建筑装饰注入了新的血液，丰富了想像力，装饰文化内容更加多彩。北魏时开始应用琉璃瓦，至明清大盛，瓦色发展为黄绿蓝白黑紫红褐等各色（其中红色琉璃瓦没有使用过）。唐代装饰更大有"胡气"：忍冬花纹、驼鸟雕塑、海马、葡萄镜等，具有希腊波斯、西域风格，壁画、彩塑，典雅富丽，佛画灿烂，线画空灵明快，体现出雍容华贵的"唐风"。宋代艺术走向清秀、细腻，随着都市经济的繁荣，装饰艺术从天堂走向人间，从宫廷走向市井。④ 元明清时期，随着生产力和商品经济的发展，装饰艺术更趋精雅。

墙身除了砖石、土本色外，尚有青、白灰、红土粉、黄粉。门窗涂朱，是秦汉以来的习惯做法，并以青绿涂画门户边框。明清贴金之法——装饰门钉及棂花窗格，更增华贵之气。⑤

室内家具陈设也很讲究，从信阳、长沙战国墓出土的床、几、案等木质家具

---

① 《说苑·反质》、《竹书纪年》称"纣作琼室，立玉门。"
② 梁思成：《中国建筑史》，第65页。
③ 《后汉书》卷34《梁统列传》。
④ 参见葛春学、潘美娣编绘：《中国历代装饰艺术——纹样与造型》，上海画报出版社1998年版，第4页。
⑤ 孙大章：《中国建筑史话》，第183页。

表面有髹漆、彩画，有的已经出现了精美的浮雕。格肩榫、燕子、尾榫、透榫、勾挂榫等多样卯榫屏风得到了广泛使用。① 总的来说，进入文明时期装饰的总趋势是由粗野到精致，由低级到高级。

图56　汉画像砖上生动的人物形象②

　　清故宫砖刻图案是一幅幅精美的绘画小品，又含蕴着丰富的吉祥意义，如芝兰秀石图，芝兰生于深林，不以无人而不芳，君子修德，不为困穷而改节，兰，又有四清之说：气清、逸清、神清和韵清，所以，芝兰比喻人品德操之美。"芝"也为仙草，且与"之"谐音。石，坚贞，所以，芝兰秀石图，寓意为君子之交。喜鹊和梧桐图，寓意"同喜"，喜鹊，古被称为神女，具有先知先觉的神异本领，名之为"喜"，为喜鸟，而梧桐为圣雅之树，能招来凤凰，"桐"与"同"谐音。竹石图，竹为三教共赏之物，石又为文人赏爱之物，荷塘、金鱼、莲藕和牡丹花等，表示连年有鱼、富贵等吉祥寓意。

---

① 杨耀：《明式家具研究》，中国建筑工业出版社2002年版，第3页。
② 北京纺织科学研究所编：《中国古代图案》，人民美术出版社1986年版，第62页。

图 57　清故宫砖刻①

二、建筑装饰的"原发性"和"继发性"

"原发性"指出于建筑的功能需要，"继发性"指艺术加工。中国古建筑始终注意把"有用的东西"和"装饰的东西"结合在一起。龙庆忠说："构架之呈材，房顶之自然，毫无掩盖，以示其构造之纯正，此质之为壮者也。至于再于其上作种种形态之变化（如斗栱之衬托，房盖之重檐），或作种种雕饰之点缀（如雕梁画栋，刻角丹楹），以示匠心之富丽，此乃文之为丽者也。其中盖说明我国民族文质并重之好尚也。"②

最能说明中国建筑审美现象的，要算是那飘卷翻翘的"大屋顶"了。它的"如跂斯翼，如矢斯棘，如鸟斯革，如翚斯飞"，号称"反宇"的优美曲线，几乎成为中国古代建筑艺术形象的最显著特征。这一被日本建筑家伊东忠太称颂的

①　北京纺织科学研究所编：《中国古代图案》，第 80 页。
②　龙庆忠：《中国建筑与中华民族》，第 2 页。

"盖世无比的奇异现象"① 是如何产生的呢？一说利于雨雪之排除；又说为了"采光"之需要；亦说构造施工上"内坡大、外坡小"之缘故；还说是"汉民族的美学趣味"，得形于中国书法的曲直有致、刚柔相济及龙飞凤舞的线条神韵；甚至可以追溯到远古"游牧民族的帐篷"、"喜马拉雅山的杉树"。② 不管如何众

图58　中国传统的大屋顶建筑

说纷纭乃至离奇古怪，一个被建筑学家公认的历史事实是，中国的大屋顶既是功能结构的产物，又是艺术加工的产物。大屋顶的优美曲线的产生，为建筑美的"原发性"和"继发性"的两层次需求之说，提供了一个生动有力的历史见证。

在西方建筑中，也同样存在着结合"原发性"物质需求而进行"继发性"艺术加工的美学现象。一样的砖石结构，因"继发性"加工的不同，便出现迥然相异的建筑形式美，如古希腊的柱式美，古罗马的拱券美，伊斯兰的尖券美等等。一样的古典柱式结构，既有"多立克"的刚劲美，又有"爱奥尼克"的柔曲美，还有"科林斯"的纤丽美。

建筑各部位的装饰构件，几乎都起结构作用，与建筑本身构件相结合。功能性与装饰性的统一，是其根本特点。如古建筑中两个屋面相交而成屋脊，为了使屋面交接处不漏水，屋脊就需要用砖、瓦封口，高出屋面的屋脊做出各种线脚就成了一种自然的装饰，两条脊或三条脊相交必然产生一个集中的节点，对节点进行美化处理便成了各种式样的鸱吻和宝顶。其他诸如梭柱、起拱的横梁、富有弹性的月梁、尖瓣形的瓜柱、弯曲的扶梁，驼峰状的垫木、兽形斜木、几何形的撑栱和牛腿，梁枋穿过柱子的出头，被加工成菊花头、蚂蚱头、麻叶头、门钉，木板拼门，在后面加上横向串木，用铁钉将木板与横串木固定的铁钉钉头。铺首实际上是叩门和拉门的门环。门簪是固定连楹木与门柱的木栓头，饰以葵花。门下的石磴，为承受门下轴的基石，露在门外面的部分可加工为狮子或只作简单的线脚处理，或雕成圆鼓形即抱鼓石。还有须弥座、石柱础、窗格等都具有保护大门

①　李允鉌：《华夏意匠》，中国建筑工业出版社1985年版，第221页。
②　同上。

不受强力的碰撞，支撑枋柱和保证柱子不遭受腐蚀、不下沉等功能，因而都为建筑功能上的需要。

楼庆西说："在一个构件上，装饰作用的滞留时间远比结构作用要长，我们可以将这种现象称为装饰的惰性或者称装饰的滞后性。"① 后来，实用性被淡化，装饰性被逐渐强化，甚至将原来的结构作用变为纯粹的装饰。

宋代建筑中，正脊和垂脊内部有一个贯串的铁链，两端固定在鸱尾或垂兽内部的大铁钉上。这铁链有效地加固了屋脊。鸱尾和垂兽本来是保护铁钉用的，后来变成了很美的装饰品。戗脊前面的仙人走兽的起源也是这样的，它们之所以排得比较密，是因为这一段没有铁链，不得不逐个把很重的脊瓦用铁钉钉在角梁上或大椽木上。② 清代官式建筑的鸱尾身上有把利剑，传说是仙人为了防止能降雨消灾的脊龙逃走而用剑插入龙身。其实，原来也是建筑功能上的需要，脊龙背上需要开个口以便倒入填充物，剑靶是作为塞子用来塞紧开口的。只是把这个塞子似的构件附会脊龙的象征而做成了剑靶的形象而已。体现着理性与浪漫的交织。③

三、原始宗教和图腾崇拜

作为建筑附属物的图腾，常以雕刻、绘画或祭物形式出现在建筑中，如史前旧石器时期绘有犀牛、猛犸象和熊的岩洞壁画，某些用石、牙、骨做成的室内雕像，它们均具有明显的图腾意义。其中，有的出于某种宗教巫术动机，有的用来祈祷神灵保佑，使这些图腾信物成为"房屋坚固"、"人身安全"的庇护物。④

图腾说创自西方学者，⑤ 认为原是美洲印第安鄂吉布瓦人（或曰奥日贝人）的方言，具有"彼之血族"、"种族"、"家庭"、"我的亲属"等意思。王大有等研究认为，"图腾"一语源于上古中华，美洲印第安人的"图腾"一语乃由中华传入，图者，文也；腾者，媵也，婚媾也，因此，图腾是"联姻双方的氏族标志的整合图符"，⑥ 是联姻的标志化或血缘关系的标志化等意义。约·弗·麦克伦

---

① 楼庆西：《中国古建筑二十讲》，第 250 ~ 251 页。

② 赵正之：《中国古代建筑工程技术》，见清华大学土建系建筑历史教研组《建筑史论文集》第 1 辑，1964 年版。

③ 侯幼彬：《中国建筑美学》，第 72 ~ 73 页。

④ 岑家梧：《图腾艺术史》，学林出版社 1986 年版，第 27 页。

⑤ 严复于 1903 年译英人甄克里的《社会通诠》首次把 totem 译成"图腾"，遂成为中国学术界通用译名。

⑥ 王大有、王双有：《图说中国图腾》，人民美术出版社 1997 年版，第 9 页。

南《动植物的崇拜》说"图腾制是拜物教加外婚制和女系的血缘关系",图腾的亲属观念是最早最基本的观念。在一种图腾符号下是一家人,进而把原始个体合成氏族,吉祥图腾符号成为一个民族最初凝聚力的标志,借此寻觅"亲族"、"先祖"的踪迹,以便求得心灵的庇护,这样,图腾成为恩神、保护神。图腾祖先的某一部分、某一特征,往往成为原始人超自然的力量化身。①

从岩洞、地底下考古发掘出的木石刻到自然打制成的日、月、熊、虎、鹿这些动物、天体符号或与生存食物有关的图画可以看出,这些图像能帮助人类面对严酷的大自然,所以是一种信心、力量和希望的吉祥物。图腾就是最初的特殊的吉祥物。

图腾制是建立在狩猎生产的经济基础之上的。因为地域的固定,狩猎范围乃专门化而形成猎取一定动物的生产集团,生产集团与动物名称相连接,即产生图腾的名称。②

图腾部属的成员,为使其自身受到图腾的保护,就有同化自己于图腾的习惯,或穿着图腾动物的皮毛或其他部分,或编结毛发,割伤身体,使其类似图腾,或取切痕、黥纹、涂色的方法,描写图腾于身体之上。住所屋宇、武器、用具,也取图腾画雕刻描写图腾记号于其上,形成一种特殊的艺术活动(见图59)。③

图腾痕迹产生在世界上任何民族。如古埃及尊鹰为保护神,埃及国王自称为鹰的子孙,头上戴的是神鹰的王冠。希腊崇拜蛇,神庙里供养大蛇。罗马军旗上描写的狼、马、野猪、鹰、牛头人身的怪物,实际上都为图腾记号。

在中国的神话传说中,太皞是居住在东方的"夷族"中一族的酋长,姓风,说他人头蛇身(一说龙身),可能该族就是以蛇(或龙)为图腾的一族。"犬戎族"是居住在西北方的一族,自称祖先为二白犬,应是以"犬"为图腾。居住在南方的"蛮族",其中九黎族最早进入中部地区,传说首领为81个(一说72个)兄弟,个个是兽身人头,铜头铁额,耳上生毛硬如剑戟,头上有角,可能该族是以猛兽为图腾的。炎帝在神话中是牛头人身,大概是以牛为图腾的氏族。黄炎两族在阪泉大战多次,黄帝率领以熊、罴、貔貅、虎等为图腾的各族打败了炎帝族。

---

① 王大有、王双有认为中国的姓氏是图腾徽铭直接存遗,见《图说中国图腾》。
② 岑家梧:《图腾艺术史》,学林出版社1986年版,第145页。
③ 岑家梧:《图腾艺术史》,第31页。

图 59　韩国的图腾柱

　　人们把图腾物类、祖先像转形为赐福的祥瑞生命符号。如《礼记·礼运》所称四灵：麟、凤、龟、龙，都是由远古图腾崇拜演变而成的理想动物。

　　龙原为东夷族和夏民族的图腾，它与原始社会创始神话有关，综合了各氏族的图腾，将蛇身、鸡爪、马毛、鬣尾、鹿脚、鱼鳞等合成龙体，成为中华民族的图腾，成为超自然力量的化身。[①] 龙及它的"九子"最受中华先民的尊崇。作为神兽标记符号，在半坡彩陶上就有（约六千年以前）龙的形象，内蒙古三星他拉地区发现的玉龙是距今约五千年前的遗物，至战国时代就用在建筑上了。后来，皇帝为了神化自己的统治，将自己与龙联系起来，成为皇帝的代表，成为皇家建筑装饰的突出形象。龙的子孙所谓"九子"也以各种形态参与着建筑的装饰，楼庆西列举了鸱吻、嘲凤、椒图、螭首、赑屃、金猊等九种，[②] 且各有所好，分别用在不同的建筑部位。

---

　　① 龙的起源有蛇图腾的演变说、鳄鱼说及自然现象生物化等说。
　　② 楼庆西：《中国古建筑二十讲》，第 269～270 页。按：在西方的童话和神话中及《圣经》中，龙是恶魔"撒旦"的化身，是只多头怪兽，能喷火。贝奥武甫、西古尔德和圣·约朗就是为解救纯洁少女和被困的城市，或为了夺取被龙抢劫、藏匿的巨大财产而与龙这一"恶魔"进行生死搏斗的英雄。

麟，《史记索隐》称："雄曰麒，雌曰麟，其状麇身、牛尾、狼蹄，一角。"《春秋感精符》称"麟一角，明海内共一主也"，"麒麟生，和平合万民"、"德及幽隐，不肖斥退，贤者在位则至"。它武而不为害，不践生灵，不折生草，是仁慈、吉祥和统一与太平的象征。东晋王嘉《拾遗记》刻绘的《圣迹图》谓：孔子生，庭中出现麒麟，见麟吐玉书，后来孔子成万世师表，因此后人有"麒麟送子"之说，麒麟送来的童子长大后必成圣贤有德之人。"麒麟送子"成为建筑装饰画常用的题材。

龟鹤虽为实有动物，但也涂上神性色彩，具有了非凡的神性力量。故中国古代龟鹤崇拜十分盛行。

龟崇拜由来已久，早在彩陶时期，就出现了龟形装饰图案。而陶器、陶塑上的彩画往往是自然图腾的直接模拟。据王大有等考证，商周天鼋轩辕徽铭·姬之臣即龟背侧视，平（俯）视则为"黄"，黄帝犹言龟帝或臣帝。龟背13甲，或有左旋卐字火纹，为离火龟，所以，28宿中土星（填星）居十三重天之上，为中央黄帝土。轩辕星为龟象，说明黄帝天鼋本是龟。有蛟少典为蛇、鸟、虎图腾，故黄帝又为龟蛇之象。见图60的图纹：

图60 黄帝天鼋龟形

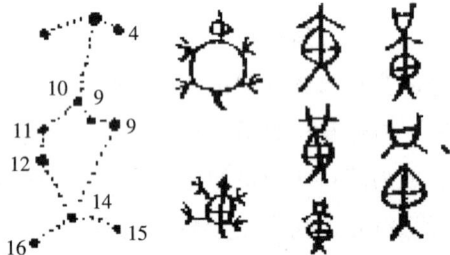

图61 轩辕星图

从图61的图纹可以看出，轩辕星图与殷文天鼋龟轩辕星、龟、黄同位一义[1]：

龟者，神异之介虫也，玄采五色，上隆象天，下平象地，它左睛象日，右睛象月，头又像男性的命根，一身而具天地人之像，自是神奇莫测。

龟能忍受饥渴，可以长期不饮不食，生命力极强，传说它"生三百岁，游于

---

[1] 图文等均见王大有、王双有：《图说中国图腾》，第32页。

蕈叶之上，三千岁尚在蓍丛之下"，故成为长寿之动物，人以"龟龄"比喻长寿。

龟能知存亡吉凶之忧。传说伏羲在龟甲的裂纹中发现了八卦，郭沫若说："八卦是天人之间的通路，龟便是在这通路上来往着的宣传使者。所有人的祈愿由它衔告上天，所有天的预兆由它昭示下民，一切的吉凶祸福都可前知；龟当然可以成灵而谁也不敢违背了。谁敢违背，那便是凶。"① 殷周时，卜人以灼龟甲为统治者预卜吉凶。龟还用于祭祀，因而与鼎、宝玉皆为国家重器，汉后"龟钮"作为官印的代称。

传说中海里的大龟或大鳖称鳌。唐宋时期，宫殿台阶正中石板上雕有龙和鳌的图像，凡是科举考中的进士要在宫殿台阶下迎榜。按规定第一名状元要站在鳌头那里，因此称考中状元的为"独占鳌头"，图案以一品鸟仙鹤立于鳌头来象征。

神话传说中的龟曾经参加创世，《淮南子·览冥训》记载，女娲"炼五色石以补苍天，断鳌足以立四极……苍天补，四极正，淫水涸，冀州平，狡虫死，颛民生"，所以龟背上驮着宇宙的柱石，海中神山也是让龟驮着的。古代碑座往往刻作龟形，称作龟趺，也名赑屃，是传说中龟的一种，或说实为龙所生，形状似龟。明杨慎《丹铅总录·龙生九子》："俗传龙生九子……一曰赑屃，形似龟，好负重，今石碑下龟趺是也。"龟还是财富的象征，古代曾以龟壳为货币。② 出土的战国楚币"郢爰"就呈龟形。

鹤的崇拜也很早。鹤在中华文化中，一向视为"仙"物，称"仙鹤"，"伟胎化之仙禽"，③《文选》注引《鹤经》曰："鹤，阳鸟也，因金气，依火精，火数七，金数九，故十六年小变，六十年大变，千六百年形定而色白。"又说它是"盖羽族之宗长，仙人之骐骥也"，它形迹不凡，"朝戏于芝田，夕饮乎瑶池"。④《十洲记》云"芝田"乃是居住在海中仙山"钟山"上的地仙所耕种的地，上种仙芝草。因此，鹤长与神仙为侪，或成为仙人的坐骑。《列仙传》载，仙人王子乔好吹箫，作凤凰鸣，后乘白鹤驻嵩高山缑氏岭之顶，"举手谢时人，数日而

---

① 郭沫若：《中国古代社会研究》，人民出版社1954年版，第46页。
② 古代中国人以为龟只有雌性，只能通过意念才解决传宗接代，又说是借助蛇完成的，至元代干脆把纵容妻子行淫者比喻为"缩头龟"，从此破坏了龟的高贵和神圣的形象，元以后遂无人称"龟"。东南亚一些国家将龟视为男子性的象征，也讨厌说龟。
③ 鲍照《舞鹤赋》，见《文选》卷14。
④ 同上。

去"。葛洪《抱朴子》中的神仙"太上老君"或"元始天尊"、老子都是骑龟骑鹤。或以鹤为化身,《搜神后记》载丁令威化鹤归来。

鹤既千六百年形定色白, 孕, 也可以千六百年饮而不食, 故《淮南子》有"鹤千年, 龟万年"之说。古代隆重的葬礼都要舞鹤。据东汉赵晔的《吴越春秋》记载: 春秋时期吴王阖闾的女儿滕玉自杀身亡后, 阖闾将其厚葬于苏州城西的阊门外, 举行了隆重的"舞鹤"仪式, 有"千万人随观之", 苏州有"鹤市"之别名, 今舞鹤桥犹存。李约瑟曾说:"亚尔姆斯特朗发现, 鹤舞本身是祭祀和丧葬仪式中艺术表演的一部分, 这种仪式是从爱琴海经过肥沃的新月地带传到中国和东南亚的。仙鹤后来和道家的神秘主义相结合, 已是众所周知的了。格兰纳特已经证明, 鹤舞的仪式与关于雷电、风雨、丰收和投胎的巫术有关。"① 说鹤舞之仪式为西方传入根据不足, 也许是西方人的思维习惯, 属于臆断, 但这种仪式与投胎的巫术有关, 确实是有道理的, 由于鹤具有"仙"和"寿"之灵性, 故以舞鹤仪式来祝祷死者投胎复生。②

在帝王时代, 鹤被作为一品鸟而应用于有相当品级官的各种装饰中。鹤在现实领域中, 人们或取"仙", 表示城市山林的主人, 犹羽客谢红尘, 翩翩欲仙; 或取寿, 怡性养寿。园林中养鹤成为常事, 苏州怡园养过两只鹤, 留园有"鹤所"、艺圃有"鹤砦", 都是养鹤之所。松鹤长寿图案因为有长寿吉祥的寓意而成为园林建筑装饰的基本主题之一。

凤, 是远古时代鸟图腾的融合与神化, 是原始社会人们想像中黄帝的保护神。她基本形态是: 锦鸡头、鸳鸯身、鹦鹉嘴、大鹏翅、孔雀尾、仙鹤足, 居百鸟之首, 五彩斑斓, 仪态万方。凤本为雄性, 与雌性的凰相匹, 所谓凤求凰, 表示男女情爱。丹凤朝阳象征追求幸福等。后来凤成为龙的雌性配偶。凤被人们看作仁义道德和天下安宁的象征。曾被作为封建皇朝最高贵女性的代表, 与帝王的象征龙相配。

太阳为古代少暤太暤族的图腾, 以卍形纹或十字纹象征。卍在古代印度、希腊、波斯等国家被认为是太阳或火的象征, 后来运用于佛教, 作为一种护符和宗教标志, 代表功德圆满的意思, 印度的婆罗门教、佛教都采用了这个符号。佛教著作说佛祖再生, 胸前隐起卍字纹, 遂成为释迦牟尼三十二相之一, 即"吉祥海

---

① 李约瑟:《中国科学技术史》, 科学出版社 1975 年版, 第 352 页。

② 东南亚一些国家以鹤为象征色情的鸟, 尤其是其头部的图案最不受欢迎。

云相"，被认为是太阳或火的象征。其实这个符号早
就见于卜辞和我国秦汉的铜镜和他种器物。图62中
的卐、卍是发现于甘肃青海马厂型陶器装饰图纹和
发现在内蒙古翁牛特旗新石器遗址中的图案。而常

图62 卐、卍

见于殷商器物的亞形纹，学者称之为亚形纹或释为亚字，其实所谓亚形符，不过
是双钩的一种十字符号。何新曾论证了十字图纹源于中国古代的日神崇拜，而这
又与古希腊和西亚用来表示上帝的符号相同。他引用了德尔维拉《符号的传播》
中的论述："十字代表了他们的天神 Anu。它的表意符号由四个像十字的符号组
成，从圆周也可以说当中的菱形向外放射，圆周和菱形在楔形文字的碑文里代表
着太阳，太阳不正是在宇宙空间光芒四射的吗？"这个符号不仅同见于西亚古代
的印章和图饰，尤可能与卍形符号有关，而分别代表动静两态的太阳或宇宙。由
于卍字图案寓万德吉祥之意，广泛用于建筑，从卍的四端延伸绘出各种连锁的花
纹，意为绵长不断有长脚字，卍字锦、或富贵不断之称。因为它的构图容易相
连续，灵活而富于变化，被广泛地运用到廊轩挂落的图案中。《营造法式》称
"曲水万字，如水网河道，四通八达，寓吉祥富贵，绵长不断，民间称它'路
路通'"。

第二节 建筑装饰的中华文化心理

　　中国园林建筑装饰，十分巧妙地将建筑景观、文字、雕塑、绘画等艺术组织
成一个艺术整体，其中将皇家的"紫宸志"、儒、道、释三教之义、官吏之思、
富商之好、文人之雅，以诗情画意的形式，融入园林建筑之中。

一、求吉祈福，驱邪安居

　　原始图腾和自然物体大量用来作为装饰，"寄寓着追求吉祥、如意、福寿、
嘉庆、富庶、平安等语义"。[①]
　　由于帝王自命"真龙天子"，龙，成为皇家园林中随处可见的装饰。故宫金
銮殿用沥粉贴金以及和玺彩画装饰神态各异的金龙12554条，为世界上最大的龙

———————————

中
·
国
·
园
·
林
·
文
·
化

宫。大殿有72根巨大的楠柱支撑着沉重的屋顶，殿中央宝座周围的6根大柱子做成盘龙金柱，每根高10米多，周长3米多，每根柱子上都绘有一条巨龙，龙身缠绕着金柱，龙首东西相向，身材飞动，腾云驾雾。龙柱基部，绘有海水江崖图案，汹涌的海浪拍打着礁崖，激起层层浪花，烘托出巨龙扶摇直上的磅礴气势。乾清宫是皇帝的正寝，殿内外的梁枋上饰以金龙和玺彩画，每块天花板的圆光内也装饰了沥粉贴金坐龙图案。丹陛上陈设四个铜炉，日晷、嘉量各一，铜鹤、铜龟各一。北海的九龙壁，通过对栩栩如生的飞龙的刻画，在整个审美视域上给人们提供了一种神圣超然的联想余地。在私家园林中，龙体的曲线美和吉祥寓意被拐子龙代替，这是一种把龙形简单化的图案，它和蔓草画在一起称草龙拐子，连接不断的拐子龙包含着无限幸福的意义。

建筑装饰中，有"凤鸣朝阳"：凤立于梧桐树旁，对着初升的太阳鸣叫，寓天下太平之吉兆，也喻高才遇良机，福星高照，将要飞黄腾达。《诗经》中将丹凤比喻贤才，朝阳比喻明时，所以，首翼赤色的凤鸟向着一轮红日，组成"丹凤朝阳"，表示了

图63　凤鸣朝阳

"贤才逢明时"。常见的还有龙凤呈祥、百鸟朝凤、凤穿牡丹等图案，作为吉祥、喜庆的象征。图63为秦阿房宫瓦当上的凤鸣朝阳图案。

园林装饰图案中，基于谐音原理的吉祥符号成为最主要的内容。如在禄星东西两侧置仙鹤和梅花鹿，寓意"六（鹿）合（鹤）同（桐）春"。最典型的是蝙蝠形象，蝙蝠的"蝠"与"福"同音，成为专用的吉祥物广泛应用在装饰艺术中。蝙蝠为黑暗中动物，在西方是吸血鬼的丑恶和阴险的象征符号，中国诗人却赞美蝙蝠的善于韬晦避害，养身远祸："千年鼠化白蝙蝠，黑洞深藏逃网罗。远害全身诚得计，一身幽暗又如何！"[①] 并用丰富的想像和大胆的变形移情手法，把原来并不美的形象变得翅卷祥云、风度翩翩，蝙蝠的翅膀和身子都盘曲自如，逗人喜爱。飞翔的蝙蝠与云纹在一起，表示幸福自天而降。常见的有"五福捧寿"图案，五个"蝙蝠"围着"寿"字，"寿"用文字或者松鹤图案。"五福"即寿、富、康宁、攸好德、考终命。一求长命百岁，二求荣华富贵，三求吉祥平安，四求行善积德，五求人老善终。颐和园仁寿殿上有一巨大条幅，上有200多个寿字，百只蝙蝠，象征"福"，匾额"寿协仁符"。恭王府有一个蝙蝠状的厅，就径称蝠厅。水池也呈蝙蝠状称蝠池。苏州东山春在楼大厅门槛上的铜饰蝙蝠，

中
编
园
林
物
质
建
构
要
素
与
中
国
文
化

---

① 白居易：《洞中蝙蝠》。

意思是脚踏福地。

先民出于对生殖力的崇拜，鱼很早就被视为具有神秘再生力与变化力的神圣动物，由此有了"性"和"配偶"的联想，人们把盼望书信交流的美好感情称做"鱼雁传书"，将夫妇恩爱称做"如鱼得水"。"鱼"与"裕"同音，常用以比喻富裕、吉庆和幸运。《辛氏三秦记》："龙门山在

图64　福（蝙蝠）寿（桃）双全（钱）

河东界。禹凿山断门一里余，黄河自中流下，两岸不通车马。每暮春之际，有黄河鲤鱼逆流而上，得者便化为龙。"故有"鲤鱼跳龙门"之说，世间以"鲤鱼跳龙门"比喻科举中考者，赞美其光宗耀祖的荣耀，亦有希望得到高名硕望之意。明李时珍《本草纲目·鳞三·鲤》集解引陶弘景："鲤为诸鱼之长，形既可爱，又能神变，乃至飞越江湖，所以，仙人琴高乘之也。"鲤鱼又有神鱼之称，并有龙头鱼身的鸱吻造型。常见的有鲤鱼和浪花组合成鲤鱼跳龙门的寓意，由莲花和鲤鱼组成的吉祥图案，借莲与连、鱼与余谐音，表示"连年有余"，表达对生活优裕、财富年年富余的愿望和祝愿。有时借"鱼"与"玉"的同音指"玉"。如金鱼和藻纹填满圆形空间，圆形空间象征"塘"（与"堂"谐音），表示"金玉满堂"，象征富有、幸福，也有比喻才能出众、学识渊博之意。

有的直接用花草图案，如江南园林爱用绵绵蔓草的图纹，蔓草滋生延伸，蔓蔓不断，因此人们寄予它有茂盛、长久的吉祥寓意。"蔓"的读音在吴语中与"万"相接近，可以暗示福禄绵绵，或万世流芳。苏州东山春在楼门楼两旁围墙高处四扇漏窗图案是纡丝、瑞芝、藤景、祥云，寓意"福寿绵长"；围墙用板瓦筑百花脊、果子脊，寓意"花开四季，富贵长春，百果结子，多子多孙"。有许多花草，其吉祥含义已经形成大众心理共识，如牡丹象征富贵、菊花长寿、万年青青春永葆、石榴多子、荷花高洁等，园林中荷花厅、梅花阁、花篮厅几乎到处都有，苏州狮子林的问梅阁门窗地面全是梅花图案，人犹处梅花丛中。几种植物往往组合成一个吉祥图案，如佛手、桃子和石榴，组合成"三多"，即多福、多寿、多子；芙蓉、桂花、万年青组成"富贵万年"的图案；芝兰和丹桂齐芳比喻子孙发达；枣子、桂花，早生贵子等。植物和动物结合表示祥瑞，如瓜、蝴蝶，寓意瓜瓞连绵；莲花、鱼，寓意连年有余；天竹、地瓜，意谓天长地久等，不胜枚举。

图65　春在楼如意井盖

中
·
国
·
园
·
林
·
文
·
化

有的直接用吉祥的器物或雕塑表达对幸福、吉利、长寿的祝愿。如"福、禄、寿"三星、"西王母拜寿"、"和合二仙"、"牛郎织女"、"刘海戏金蟾"等雕塑和如意等器物。

有不少图案是用动物、植物、器皿等结合起来，组成生动的形象，寓巧于拙，寓美于朴。如故宫保和殿后的丹陛石，上刻高浮雕的九龙、瑞云、寿山和福海等纹饰，表示福寿祥瑞等含义。希望获得功名利禄的寓意，有的直接采用官帽形式，如官帽厅、官帽椅等。

与求福祉相关联的是驱邪保平安的装饰构件和图案。如小小古亭宝顶的形状有象征五色六彩的华盖，即"宝盖"。有象征装满神水可以用之不完的宝瓶，即宝葫芦形，为佛家的"八吉祥"之一，表示智慧圆满不漏。传说观音常以甘露瓶，上插杨柳枝，瓶中装有圣水甘露，以此来普救芸芸众生。又取"瓶"与平安的同音，表现所求平安的心愿。另有宝珠形、鹤、象的塑像，以及几何图案、植物图案和砖雕等。宝珠在佛教中称"磨尼珠"，是如意珠。"鹤"同"贺"，"象"同"祥"，有祝贺吉祥如意的含义。

中国在商代时候，就画虎于门，以示威猛。《风俗通义》载："虎者阳物，百兽之长也，能执搏挫锐，噬食鬼魅。"显然有保护门户安全的作用。狮子是佛教传入的产物，在佛教中，它是寺院这些神圣建筑的守护者，是释迦牟尼左胁侍文殊菩萨乘坐的神兽，因此在我国古代，狮子被看作法的拥护者。据历史记载，第一只狮子是大月氏献到汉朝的，那是在公元87年。东汉狮子造型古朴，线条简单有力，无华饰。最早作为仪饰迟至南朝的梁代。唐宋后，用狮子守门日益普遍，造型不固定，明清以后狮子的形象才被固定化，头颈上满是卷鬃，踞立在石台座上。右前足踏鞠（绣球）的雄狮子，一说球中有子，是性的象征；左前足踏小狮子的是雌狮子。还有雌雄狮子相戏绣球，叫"双狮滚绣球"，节庆时流行狮子舞等，被视为喜庆的象征。左狮代表太狮，是朝廷中最高官阶，右狮为少保，是王子的年轻侍卫。私家宅园的大门两边往往都有双狮蹲踞，俗称"户对"，作为守护神。门楼雕塑中也常有狮子滚绣球的喜庆形象。

木构架建筑怕火，所以不少装饰物的文化内涵揉进了人们防火求安全的心理。屋脊的鸱尾，据说是汉代"柏梁殿灾后，越巫言，海中有鱼虬，尾似鸱，激浪即降雨，遂作其像于屋以厌火祥"。① 在一些画像石和明器及地方民间建筑上可见早期的鸱尾形象，头在下尾朝上，嘴含屋脊作吐水激浪状。② 后来，鸱尾发展为龙首鱼尾的怪兽，称"螭吻"，③ 如苏州拙政园远香堂屋脊的"螭吻"，龙首吐水，鱼尾上翘，藉以阻挡风雨雷电，确保屋宇永固。

故宫太和殿正脊两端有一对鸱吻，为可灭火的海鱼。四条屋脊上的小动物，除了第一个是骑凤仙人外，全是动物：象征和谐、祥瑞的龙、凤，象征勇猛的狮子，吉祥的海马、天马，可以灭火的押鱼，刚勇的狻猊，正义的獬豸，灭火的斗牛、行什（猴子）等。

藻井是室内顶棚凹进去的部位，其形如井。《风俗通》曰："殿堂像东井形，刻作荷菱，菱，水物也，所以厌火。"张衡《西京赋》有"蒂倒茄于藻井，披红葩之狎猎"句，李允鉌解释说："茄，即荷茎，与荷藁、莲华等同属一物，绘上这些植物图案，同样也是寓意防火。'藻'是水生植物的总称，'藻井'这一名词可能就是由此而来。"④

太和殿金銮宝座上段的天花中央，是一大型的盘龙藻井。藻即水藻等水中植物，代表水；井，即天文上所称的东井，为储水之所。藻井的最初含义和鸱吻一样，应该是克火的。这口藻井上圆下方，全井分上中下三层，以斗栱承托，层层递收。中层八角井，满布云龙雕饰。穹隆圆顶内，盘卧巨龙，俯首下视，口衔宝珠，这种宝珠称轩辕镜，取自轩辕星。据《晋书·天文志》载，轩辕十七星，在北斗七星之北，为轩辕皇帝之神，系黄龙之体。《春秋合诚图》记载，轩辕星是主雷雨之神。雷雨之神坐镇于此，保证大殿的安全。当然也有标榜自己继承了中华民族始祖黄帝以来的法统之意，理念与实用完美结合。故宫养心殿顶也装饰有精美的蟠龙斗八藻井，意义一样。总之，象征着吉祥安定、消灾灭害、主持正义、剪除邪恶等，是人们文化心理的反映。在园林中，除了残存有神圣的文化遗韵外，更有一种客观的装饰功能。

春秋时为防止敌方火攻，在木构城门上包上铁板（一说涂上泥），并用戴帽

---

① 《营造法式》载《汉纪》。
② 李允鉌在《华夏意匠》里说："据说鸱尾是佛教输入后而带来的一种意念，所谓虬尾似鸱的鱼，就是'摩诘鱼'，所谓'摩诘鱼'，就是今日所称的鲸鱼，鲸鱼会喷水，因此将它的尾巴的形状放在屋顶上象征性地希望它能产生'喷水'的防火作用。"见第41页。
③ 唐代刘𫗧《隋唐佳话》："开元初年，润州江宁县瓦官寺修讲堂，匠人于鸱吻内竹筒中得之。"至迟在唐代就变鸱尾为鸱吻了。
④ 李允鉌：《华夏意匠》，第276页。

中·国·园·林·文·化

的门钉固定。据《后汉书·礼仪志》记载："殷以水德王，故以螺着门上。则椒图之形似螺，信矣。"宋代程大昌《演繁露》："今门上排立而突起者，公输般所饰之台也。《义训》：'门饰，金谓之铺，铺谓之锯。锯音欧，今俗谓之浮沤钉也。'"皇家和贵族大门上的"浮钉"，镀以镏金，奕奕煌煌，典丽堂皇，气派非凡，这种鼓状铜丁是由螺形演变而来的。两说都有取其五行中属"水"的吉祥内涵，应该有防火的实用功能。

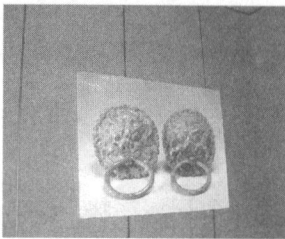

图66　铺首

门户上的门环环钮制作成兽首形，似龙似虎，叫铺首（见图66），多铜质，也有镏金，因称"金铺"。乃是龙生九子之一，叫椒图，形似螺，性好闭，便将它置于门铺。史书记载，我国从夏代开始，就在门上装饰有崇信之物，以为吉祥辟邪。《后汉书·礼仪志》称："殷人水德，以螺首，慎其闭塞，使如螺也。"门上标以螺首，是殷商时期留下的习俗。螺盖好闭，杜绝了门外的种种污秽，是一种象征性的防范。铺首之奇特造型，反映了中华民族传统文化的习尚和安居生活的心态。

"八仙过海"、"八仙庆寿"、"暗八仙"等雕刻图案为园林中习见。八仙，在历代神话传说中是不受万神之王——玉皇大帝的管辖，不听道家之祖——太上老君调遣的散仙。他们惩恶扬善，抑富济贫的故事在民间流传甚广。人们常把自己的愿望寄托在他们身上。狮子林大厅脊前正中为泥塑八仙过海造型，八仙各持法器，脚踏祥云。在传说中的每年三月十五这一天，渡东海、赴瑶池。寓意神通广大、法术无边。楼厅脊前正中为泥塑"二仙"造型：西首为八仙中的汉钟离，头梳大丫髻，露着大肚腩，浑目耸鼻，手摇棕扇。据说原为汉朝大将，后遇到仙人指点，入山修炼得道，下山后飞剑斩虎，点金济众，遂升天成仙。东为吕洞宾，头顶华阳巾，身穿白长衫，学究气十足。吕洞宾传为唐人，有一口阴阳剑，得道后曾云游江淮，斩蛟除害，寓意驱邪、赐福。但时代不同，对八仙法器的作用也就不尽相同，反映了时代的文化精神。如《能改斋漫录》十八记吕洞宾"自传"曰："世言吾卖墨，飞剑

图67　屋顶上的八仙雕塑

取人头，吾甚哂之。实有三剑，一断烦恼，二断贪嗔，三断色欲，是吾之剑也。""剑"不是道教的斩妖剑，而是佛教斩心魔的慧剑。说明了北宋盛传的钟离权、吕洞宾，反映的是当时道教内部一种对羽化飞升、祭醮禳禁等夸诞鄙俗的巫术化道教的厌恶情绪，对修心养性、归真返璞的老庄之学、明心见性的禅宗之学、复性明理的新儒学的景仰。"暗

图 68　暗八仙之一鱼鼓

八仙"即"八仙"手中所持的八件"法器"（图 68）：葫芦（李铁拐所持宝物，能炼丹制药，普救众生）、剑（吕洞宾所持，有天盾剑法，威镇群魔之能）、宝扇（汉钟离所持，玲珑宝扇，能起死回生）、鱼鼓（张果老所持，能星相卦卜，灵验生命）、笛子、阴阳板、花篮和荷花，有笔绘者，有雕刻者，含有一种祝福与信仰、消灾灭害之意。

器具纹样中，或为宝物，或为钱文，或为文房器具类，常画于小壁及喇嘛教堂宇之栏间，所谓喇嘛八宝，即八种佛具，即盖、鱼、螺、华、罐、伞、长、轮。

二、"辨贵贱"的等级语义

园林建筑装饰还是中国建筑标志等级语义的重要载体，中国建筑装饰自先秦时代起就作为"辨贵贱"的标志。《荀子·礼论》篇提出："礼者，以财物为用，以贵贱为义，以多少为异，以隆杀为要"，"故为之雕琢刻镂黼黻文章，使足以辨贵贱而已，不求其观"。门、窗、隔断、天花、藻井的品类、制式、色彩、棂格、纹样、雕饰以至于门簪个数、门钉路数、门镮材质等等，都涉及等第的限定。如苏州地区屋脊样式按照品第有螭吻脊、哺龙脊、哺鸡脊、纹头脊、雌毛脊和甘蔗脊等多种。

建筑装饰中的色彩，在帝王专制时代具有鲜明的等级区别。以色彩来区分人们的社会等级、身份贵贱、官职高低的制度也由来已久。古时人们就有重正色、轻间色的传统。《礼记·玉藻》："衣正色，裳间色。"所谓正色，是指青、赤、黄、白、黑五种纯正颜色，其他色彩如红、绿、碧、紫等都被视为间色。由于五正色历来受到统治者的推崇，所以一切大的正统活动使用的颜色都是以五正色而

展开的。由于阴阳学家将青、赤、黄、白、黑五种颜色与社会变化、朝代更替联系起来，颜色被赋予浓烈的政治色彩，以至夏、商、周、秦、汉等朝代推崇的国色都与其有直接的关联。《礼记》对大门两边的柱子（楹）的颜色有了明确规定："楹，天子丹，诸侯黝，大夫苍，士黈（灰绿色）。"魏晋南北朝以后，色彩的应用逐渐被制度化，到了隋唐时期，人们对颜色的认识又有了某些变化，正色的氛围有所淡化，其他色彩的应用逐渐广泛起来，并达到了一定的规范程度。如唐代在运用色彩区分官员等级方面就已十分详细，在唐高宗上元元年颁布的品官服色等级中规定：一、二、三品穿紫色，四品穿深绯，五品穿浅绯，六品穿绿，七品浅绿，八品深青，九品浅青，其他不入品的杂役、士卒、庶人、商贾等只能穿土黄色。明代官方规定：公主府第正门用绿油钢环，公侯用金漆锡环，一、二品用绿油锡环，三至五品用黑油锡环，六至九品用黑油铁环。清代，正式规定黄色琉璃只限于帝王（包括享受帝王尊号的神像）的宫殿，其余用绿色琉璃。作为农业大国的中国，黄色为土壤之色，万物之本，所以为五色之中心，土地是权力的象征，故黄色成为帝王专用色，最高级别的装饰色彩都为黄色。

"色彩的象征含义有局限性，它受不同国度的传统文化的影响，所以，同一种色彩往往包含数种迥然不同的含义与象征，如在日本，紫色一直代表高贵、典雅；罗马的天主教会则把紫色象征苦恼与忧愁，在荷兰却都代表毒药与不幸。"①

在中国文化中，数很早就成为政治哲学概念，超出了一般的计量范围，有人称之为数的灵物崇拜。数字崇拜施之于建筑装饰，用的是数字的象征意义和谐音联想。如因为9被视为天数，所以被普遍用在皇宫和皇家园林的装饰数量上，如皇宫殿顶用的"吻兽"或"瑞兽"，最多9个。明清时期大门门钉是等级森严的集中体现。王府大门的间数、门饰、装修、色彩都是按规制而设的。皇帝进出的大门均有纵九横九共八十一个门钉，取"九"这个数字，因为"九"是最大的阳数，《易·乾》"九五，飞龙在天"，古代以"九五之尊"指帝王之位，表示至高无上。而其他郡王、公侯等官府的门钉数则依次递减，例如纵九横七、纵横皆七、皆五等，如，清顺治九年规定"亲王府正门广五间，启门三……绿色琉璃瓦……每门金钉六十有三。""世子府门钉减亲王九分之二"。也就是说，九路门钉只有宫殿可以饰用，亲王府用七路，世子府用五路。惟北京故宫东华门的门钉

① 潼本孝雄、藤泽英昭：《色彩心理学》，成同社译，科学技术文献出版社1989年版，第43页。

却只有七十二个，或以为明思宗是由东华门仓皇出逃自缢于煤山的，因此清皇室认为东华门不吉利，决定由此门进出皇家灵柩，生为阳，死为阴，故用偶数，偶数属阴。或以为乃出于清统治者的怀旧情结，因为沈阳故宫的大清门为三十二颗钉，偶数；东华门向东，门钉如此取数，是一种有意的呼应。私家园林门上也饰以鼓丁，色彩变成暗黑，如网师园砖刻门楼大门上的鼓钉，装在水磨青砖上，既有防火的实用功能，又旌表了门第，并起到了装饰效果。作为建筑守护者的狮子头上的凸块数目也是按它所守护的主人的官阶而定。

慈禧太后所居住的储秀宫装饰，外檐采用慈禧喜欢的苏式彩画，内容有花鸟虫鱼、蔬果博古、山水人物、神话故事等，色泽淡雅，风格清秀。玻璃门窗的楠木格子，都做成万福万寿、五福捧寿等图案形式。廊檐下安置一对戏珠铜龙和一对铜梅花鹿。庭院左右墙壁，建游廊，廊下刻满了大臣们撰写的"万寿无疆赋"。屋内装修精美，五间大殿的正中间，迎门为楠木雕刻万福万寿裙板镶玻璃靠背，靠背前设地平台一座，台上摆紫檀木屏风，屏风前设宝座、香几、宫扇、香筒等。正间东西两侧为花梨木碧纱橱，碧纱橱的裙板上雕刻着竹子和玉兰，碧纱橱上面镶着大臣们画的兰草、竹子。传说慈禧乳名兰儿，她一生也非常喜欢兰草，因此室内装修、绘画多以兰为内容。陈设品中有精雕细刻的龙凤象牙船、象牙宝塔、缂丝福禄寿三星祝寿图、点翠凤鸟花卉挂屏等。

三、传统的文化标志

植根于农业文明的中国文化，受宗法与专制的社会组织结构的相互影响和制约，形成了稳定的生存系统，深刻地影响着传统社会心理和人们的行为规范，渗透到园林的建筑装饰中就出现了许多宣扬修身立德、忠孝节义，表彰忠臣孝子等儒家伦理道德的图案。装饰图案中的传记花样，将古代事迹，形之于绘画或雕刻而连用于建筑装饰。黑格尔说过："中国装饰纯粹建筑在这一种道德的结合上，国家的特性便是客观的家庭孝敬。"[①] 历史传说中的二十四孝，成为私家宅园建筑装饰的最常见的图案。如苏州春在楼大厅檐口 6 扇长窗的中夹堂板、裙板及 12 扇半窗的裙板上，完整地雕刻了二十四孝图。儒家的理想人格和价值取向是内法圣人，外讲尊王攘夷，就是治国平天下的事功，所以辅助周王灭商的姜子牙，唐朝征东的薛仁贵、征西的薛丁山，勘平安禄山、史思明之乱、福寿双全的郭子仪等历史

---

① 黑格尔：《历史哲学》，三联书店 1956 年版，第 65 页。

人物事迹，成为建筑装饰的传统图案。如苏州网师园清能早达大厅前的砖刻门楼为清乾隆年间制成，砖额两旁兜肚是文王访贤、郭子仪拜寿戏文雕刻图案。

图 69　苏州春在楼尧王访舜砖雕

　　中国向来是士大夫中心政治，在漫长的封建集权政治制度下，中国古代知识分子要想体现在社会群体中的自我价值，就得进入官场，进入官场的主要途径是通过十年寒窗，金榜题名，因此，鼓励孩子刻苦读书，也成为建筑装饰图案的内容。春在楼书房的 12 扇半窗和 8 扇长窗的裙板上刻有古人苦读、少年登科的传说掌故：对日远近、座伸颜回、万寿无疆、请面试文等；夹堂板上刻有道途磨杵、与圣贤对、不顾羹冷、囊萤夜读、随月读书等图案。连红木壁橱的门上也用篆、隶、真、草等各式书法字体，写上勉励努力读书的词句。

　　中国古典园林主要反映的是精致风雅的士大夫文化，建筑装饰浸润着书卷气和浓浓的文化艺术氛围。中国古代有对文字的崇拜，在原始人心目中，甲骨上的象形文字有着神秘的力量。后来《河图》、《洛书》、《易经》八卦和《洪范》九畴、五福等出现，对文字的崇拜起了推波助澜的作用。所以也极其重视用文字的神圣性和装饰性。如在石上写上"石敢当"的文字，遏制鬼怪邪恶的神力，守护大地等。由于汉文字是高度优雅的"一种心灵的语言、一种诗的语言，它具有诗意和韵味"，① 汉字形体优美传神，早在东周以后，"书史之性质变而为文饰，如钟镈之铭多韵语，以规整之款式镂刻于器表，其字体亦多作波磔而有意求

① 辜鸿铭：《中国人的精神》，海南出版社 1996 年版，第 106 页。

工……其效用与花纹同。中国以文字为艺术品之习尚当自此始。"① 随体诘诎的篆文有着强烈的实用装饰功能，诗意和韵味又使其超越了文字形体本身，意义更耐涵咏。建筑物的瓦当上也往往刻有文字，如秦瓦，据《石索》所载，在阿房宫旧址发现的瓦当中有"维天降灵，延元万年，天下康宁"等文字。还有一种珍贵的瓦当，下作飞鸿之图，上有"延年"二字，是秦始皇所筑"鸿台"上的瓦当。② 两汉以铭文为主的瓦当非常普遍。汉瓦当有中心为太阳鸟，周围镶嵌"千秋万岁"四字。汉高祖时营造的长乐宫和未央宫中的瓦当上刻有"长乐未央"、"长乐万岁"、"长生无极"、"千秋万岁"、"长生未央"、"延寿万岁"、"永奉无疆"、"亿年无疆"、"延年益寿"、"宜当富贵"等字，还有表示重要事件者，如"汉并天下"等。汉武帝上林苑瓦当上有刻"甘泉上林"者，白鹿观之瓦，瓦上刻鹿二（以图文代文字"禄"），并有"甲天下"三字铭，字和形合一，表示"鹿（禄）甲天下"。有的文字内容往往与其他自然物像的寓意、谐音等共同表达吉祥之意，如有的瓦当图纹以十字组成太阳，周围镶有"与华无极"四字。有表面为文字而实际已经化为一种花纹者，如寿福、喜等吉庆文字，变化为种种式样，或于器具、或于建筑部件，与其他花纹相伴用之。衬托、美化着华丽庄严的宫殿建筑。如图70为汉瓦当图案，③ 分别为鹿、虎面、双鱼和汉字家、卫、关。

在具有语音崇拜和"崇文"传统的中国，文字成为园林装饰的重要内容。以苏州园林为代表的江南私家园林尤为突出。留园门厅悬著名书法家顾廷龙书"吴下名园"额，大型玉石镶嵌的漆雕屏门上刻有"留园全景图"，背面为晚清朴学大师俞樾撰、著名书法家吴进贤书《留园记》。有"江南第一厅堂"之

图70　汉瓦当图文

---

① 郭沫若：《青铜时代·周代彝铭进化观》，人民出版社1954年版。
② 伊东忠太：《中国建筑史》，第101页。
③ 见北京纺织科学研究所编：《中国古代图案》，第72页。

称的留园楠木厅，正中四扇红木银杏屏门，南刻晋王羲之的《兰亭集序》全文，北面刻唐孙过庭的《书谱》180字。纱槅东南角红木落地圆心字画插屏的正面，写有唐刘禹锡《陋室铭》全文。至于建筑物上悬挂、镌刻的匾额楹联和砖刻、摩崖、书条石等，成为园中不可或缺的典雅装饰品，使园林充满了氤氲的文气。退思园九曲回廊则用李白的诗句"清风明月不须一钱买"直接镶嵌在九个漏窗中，将园景"诗化"（图71）。

图71 清风明月不须一钱买漏窗

古典名著雕刻图案也为园林增添了文学色彩（详后）。文化名人风雅韵事雕刻，则增加逸趣。如留园活泼泼地室内堂板、裙板上刻有林和靖《放鹤图》、苏轼《种竹图》、周敦颐《爱莲图》、倪云林《洗桐图》等。

"书画琴棋诗酒花"是士大夫文人的所谓七大韵事，也是他们在园林中的主要文化活动，有的也反映在装饰构件和图案上。如狮子林有古琴、棋盘、函装线书、画卷四个漏窗，称为"四雅"、"四艺"，它是千年来传统文化生活的组成部分，是历代文人雅士必备之物，象征着生活安

图72 琴棋书画漏窗

逸，并且有高度的知识和修养。四艺也指音乐、围棋、书法和画，常用四位古人代表：伯牙（前500年）象征音乐，赵颜（公元3世纪）象征棋，王羲之（东晋）象征书法，王维（唐）象征画。

第三节　建筑的情感象征

中国园林建筑不单是一般地实现其物质功能，更重要的是在精神上、艺术上给人以强烈的象征性，建筑美的本质特征在于抽象，从广义上讲抽象就是象征。园林建筑具有丰富的文化内涵，显得意境隽永，展示出一种理想美的人生境界。

一、念祖怀旧

园林有些建筑中蕴涵着念祖怀旧心理。梁思成、林徽因在20世纪30年代初期考察北京西山的寺庙建筑时，曾意外地发现了建于明正统四年香山之南法海寺拱门的建筑特色，林徽因在《平郊建筑杂录》写道：

"因为这寺门的形式是与寻常的极不相同；有圆拱门洞的城楼模样，上边却顶着一座喇嘛式的塔——一个缩小的北海白塔。这奇特的形式，不是中国建筑里所常见。"这圆拱门洞是石砌的。东面门额上题着'敕赐法海禅寺'，旁边还有一行'顺治十七年夏月吉日'的小字。西面额上题着三种文字，汉、满、蒙各占其一。门上那座塔的平面略似十字形而较复杂。立面分多层，中间束腰石色较白，刻着生猛的浮雕狮子。在束腰上枋以上，各层重叠像阶级，每级每面有三尊佛像……最顶尖上有仰月的教徽。法海寺门特点却不在上述诸点、石造及其年代

图73　恭王府中的翠云岭

等，主要的却是它的式样与原先的居庸关相类似。"这使人想起恭王府中的榆关城墙翠云岭来。顺治年间清人主中原不久，他们对象征着祖先居住地的榆关①也

---

① 榆关在山海关附近，后被拆除。

是深深地怀念着，这类建筑上实际刻着清代皇帝贵族的深深的怀旧情结。

苏州艺圃住宅前厅世纶堂，园主文震孟为文徵明曾孙，文徵明 54 岁时，曾由苏州巡抚李克成推举为贡生，到北京参加吏部考试，取为优等，授职"翰林院待诏"，曾参加编写《武宗实录》，待诏之职，执掌内朝起草诏书。《礼记·缁衣》云："王言如丝，其出如纶。"所以后来中书省皇帝草拟诏旨，称为掌丝纶。文震孟在明天启二年（公元 1622 年）"殿试第一"，授修撰之职，后官至礼部左侍郎兼东阁大学士，父子或祖孙相继在中书省任职的称为世掌丝纶。杜甫《奉和贾至舍人早朝宫舍人先世掌丝纶》云："欲知世掌丝纶美，池上于今有凤毛。"堂名"世纶"，有文氏追念祖先功业的意味。园内主体厅堂又名"念祖堂"，寓不忘亡明之意。厅屋五开间，宏敞质朴，陈设古朴典雅。园内"思嗜轩"，是艺圃第三代园主姜埰之子为思念先父嗜好红枣所建。园主姜埰在明末因上书而遭廷杖，为了表白自己对明朝的赤胆忠心，借枣之赤心以明志，曾在园里种植几棵枣树，"种此赤心果，于焉情所寓。"其长子安节为寄托对父亲的怀念之情，特构筑此轩，并写诗曰："纂纂轩前枣，攀条陟岵时。开花青眼对，结实赤心期。似枣甘风味，如爪系梦思。只今存手泽，回首动深悲。"真是"昔日怡老颜，今日悲肠断"，孝子要"抚柯坠双泪"了。不过，思念之中，也含有"永怀嗜枣志"之意。

二、述志抒怀

建筑图案蕴涵着丰富的人文精神，如《园冶·门窗》曾举菱花式、如意式、梅花式、葵花式、海棠式、长八方式、执圭式、葫芦式、莲瓣式、如意式和贝叶式等数种窗式图案，还有汉瓶式、剑环式、菁草瓶式、月窗式、片月式、葵花式、海棠式、栀子花式等。有些图案的象征性是非常明显的，除了天体符号日月和葫芦如前所述外，其他如"如意"，是佛门的一种法物，僧人在举行法会时，由说法者手持，以显示权威，又是常人所说的称心如意的象征。"圭"者，上为剑头形（或圆）下方。据清朴学大师俞樾《儿笘录》四考证，圭乃"卦"之古字，是象形字。古人卜筮，必画地识爻，其下之一，象地，其上之十，一纵一横，象画之形。土上又作土，象画内卦又画外卦。因经传多借圭为"珪"，本义遂为所夺。"珪"为古代帝王、诸侯在举行隆重典礼时拿的一种玉器，形制大小因各人的爵位及用途不同而异。所以，"执圭"者，必为有爵禄的大臣。莲花是佛花，贝叶，又叫贝多罗页，可以用来书写的树叶，古印度时，常以针在贝叶上刺书佛教经文，因此，贝叶也可以视为佛经经文的象征，藉以表达情志。蓍草，古代作为占卜之物，《易·系辞上》："是故蓍之德，圆而神。"铺地用的人字形图案，原来是专为御道铺设的，意思很明显，表示皇帝乃人上人、高踞万人之上者。

园林旱船，在皇家园林中有君民载舟覆舟的寓意，在士大夫园林中，则正是"不系舟"的含义，《庄子·列御寇》云："巧者劳而知者忧，无能者无所求，饱食而遨游，泛若不系之舟。"这是伯昏瞀人忠告列子之语，意谓擅长技巧的人多劳累，运用智慧的人多忧虑，只有无知无为的人，才不去追求什么，饱食鼓腹自由地遨游，飘浮不定好像没有拴

图74　留园舟舫式明瑟楼

系的船只，这才算得上是毫无思想负担而能逍遥的人。宣扬了一种具有哲学意味的超功利的人生境界。"不系舟"正好可以用来象征文人们那种飘泊不定、来去自由、不受羁绊、精神上绝对自由等心理需求。李白诗云"人生在世不称意，明朝散发弄扁舟"。"不系舟"表现了文人追求独立自由的人格抱负。舟舫式建筑，在私家园林中是士大夫文人寄托江湖之思的象征物，又是士大夫文人处世济险颇有象征意义的理想工具。宋欧阳修《画舫斋记》云："凡入予室者，如入乎舟中……盖舟之为物，所以济险而非安居之用也。"又说："予闻古之人，有逃世远去江湖之上，终身不肯返者，其必有所乐也。"旱船所以能济险，因为它所处的地方没有政治风浪。苏州园林旧有船厅名"少风波处便为家"，不受政治风浪左右，安安稳稳地过太平日子，怡养天年，这是文人们对官场生活的反思和否定。怡园"画舫斋"有一条园主顾文彬集辛弃疾词的集联，将此意说得甚清楚："还我渔蓑，依然画舫清溪笛；急呼斗酒，换得东家种树书。"苏州洽隐园（俗称惠荫园）旱船，即名"渔舫"，有李翰章跋语，云："颜其水榭曰渔舫，异日得遂初服，临流而渔，当不减濠梁之乐也。"渔舫门联对句说："幸城郭依然渔隐，但消闲钓舫，何异绿蓑青笠，荡入吴天。"都将旱船与绿蓑青笠的烟波钓徒联系在一起，表示隐归江湖。

有的旱船径以抒情性的题咏言志抒情。苏州畅园船厅名"涤我尘襟"，洗涤尽世俗的灰尘，也就是襟怀澄澈，获得了完美的人性。拙政园的旱船名"香洲"，取意屈原《九歌·湘君》中的"采芳洲兮杜若，将以遗兮下女"诗意。香

洲即芳洲，是地名，近水。《述异记》中载："洲中出诸异香，往往不知名焉。"杜若是香草，古代青年男女借此表达情意。旱船临水，又把荷花比作香草。明文徵明书额，有跋语：

> 文待诏（即文徵明）旧书"香洲"二字，因以为额。昔唐徐元固诗云："香飘杜若洲。"盖香草所以况君子也。乃为之铭曰："撷彼芳草，生洲之汀；采而为佩，爰人骚经；偕芝与兰，移植中庭；取以名室，惟德之馨。"

屈原用"善鸟香草以配忠贞"，把内在的、诉之于理智的、善的内容化为外在的、诉之于感官的、美的形象来感染读者，把善提升到了鲜明强烈、色彩缤纷的美的境界。显然，旱船香洲是作为一种高洁的人格象征。

完全建在山地的船厅，主要以建筑形象本身来调动人们的想像力，而浮想出深涧幽谷、孤峰独秀、群峦叠翠的种种情景来，船厅也仿佛在这些峰峦涧谷中行进一样。如拥翠山庄的月驾轩，取《水经注》中"峰驻月驾"之意，即在月光朗照下驾驶着小艇穿行于峰峦中。此轩南北都接以小轩，形同船艇。轩东的湖石假山，峰

图75 月驾轩

石起伏，山上白皮松、紫薇、黄杨、石榴，葱葱笼笼，小艇犹如穿行于山峦丛中。月驾轩有匾"不波小艇"，苏州状元陆润庠书联："在山泉清，出山泉浊；陆居非屋，水居非舟。"上联集杜甫《佳人》诗句，原诗喻佳人的贞洁，宁可在山中幽谷保持一身贞纯，也不愿离山堕入污浊的红尘，借以表达清高出尘之志。下联用的是南齐张融的典故："张融假东出，世祖问融住在何处？融答曰：'臣陆处无屋，舟居非水。'后日上以问融从兄绪，绪曰：'融近东山，未有居止，权牵小船于岸上住。'"表示清贫寡欲，不尚荣利。对联进一步强化了月驾轩这一船形建筑的情感主题。寺庙园林中的旱船，则有超渡众生到彼岸世界去的宗教含义。

《孔子家语·辨乐》、《礼记·乐记》疏引《尸子》和《史记·乐书》集解

中·国·园·林·文·化

[中编] 园林物质建构要素与中国文化

中，都引述过虞舜作五弦琴，歌《南风》的传说，《南风》蕴涵帝王像舜那样关心黎民百姓的意蕴。颐和园"扬仁风"小庭园内有一栋小小的扇面殿，殿前地面用汉白玉砌成扇骨形，形象地图解了"奉扬仁风，慰彼黎庶"、"扇披皇恩，体恤民心"的意蕴。北海琼华岛后山的"延南熏"扇面形建筑意蕴与此相同，都有标榜如舜之德的意思。①

中国园林的"人化"景观，积淀着深厚的情感因素，建筑、山水、植物都成为抒情符号。如怡园园主珍藏了北宋文学家苏东坡的玉涧流泉古琴，因筑坡仙琴馆，其旁筑石听琴室，悬一幅嵌字联："素壁写归来，画舫行斋，细雨斜风时候；瑶琴才听彻，钧天广乐，高山流水知音。"琴室北窗下置二峰石，似二人正俯首听琴，北置玉虹亭，取宋陆游"落涧奔泉舞玉虹"诗意。这样，整个景区内，室内主人弹琴，室外二石听琴，内外呼应，面对落涧奔泉，烘托出高山流水得知音的意境。拙政园西部假山之巅有一笠亭，亭身浑圆，恰似渔父头戴之斗笠，下临一湾流水，颇似一位渔父正蹲在山巅垂钓，让人浮想联翩。

南浔小莲庄有个建筑名"诗窟"，是园主和诗友们切磋学问、进行诗会的地方，有趣的是室内分为两间，藻井分别做成升、斗样式。无名氏《释常谈·八斗之才》记载："谢灵运尝曰：'天下才有一石，曹子建独得八斗，我得一斗，天下共分一斗。'"这里的升、斗是衡量诗才的特殊计量单位。房屋四个角上分别塑八仙像，意为"八仙过海，各显神通"。

花窗中的梅兰竹菊的雕刻和冰梅图案，都是为了表明高洁不凡的品格。有的以地面铺地为环境背景，创造出图案之外的意境和韵味。如计成在《园冶·铺地》中说的："废瓦片也有行时，当湖石削铺，波纹汹涌；破方砖可留大用，绕梅花磨斗，冰裂纷纭。"在栽梅花的庭园，用破方砖磨斗成冰裂纹地面，老梅似傲寒于"冰裂纷纭"之中，给人以晶莹高洁之感，造成冷艳幽香的境界。拙政园"玉壶冰"前庭院铺地用的是冰纹形，与馆格扇花纹以及题额丝丝入扣；用废瓦片削铺成波浪纹地面，有助于造成峰石立"波涛汹涌"之中的意象，给人以山水的联想。扬州何园有座船厅，厅前地面铺成大片水纹，强化了船厅的主题。网师园"潭西渔隐"庭院铺地为鱼网形，与"网师"相恰。拙政园"海棠春坞"地面上用青、红、白三色大小卵石铺砌成万字海棠图案，与书卷型砖额

---

① 侯幼彬：《中国建筑美学》，第282页。

"海棠春坞"、院内所植海棠相谐，令人如置身于海棠丛中，春意烂漫。狮子林的"问梅阁"中，门窗和地面上也全为梅花。

图76　扬州何园船厅前的水纹铺地

第五章
园林植物中的文化因子

园林从滥觞时期开始，就和花木结缘，经过了漫长的历程，园林花木以及依附于花木的景观品类越来越丰富繁杂，形态内涵越来越深厚，多层次、多方面地满足着人们的需要。园林作为"替精神创造一种环境"，"一种第二自然"，①这个"自然"要具备"生境"、"画境"和"意境"等"三境"，而花木是构成这"三境"的重要因素。"三境"涉及生理、心理、生态及意识形态诸方面，既立足于自然美，又绾结着社会美……是客体和主体的历史积累和交叉，孕育和促进着花木景观类型序列和价值系统的繁衍和分化。

第一节 "人化"自然中自然美的象征

园林植物是营构自然美、创造山花野鸟之间那种朴野撩人气息的不可或缺的物质材料。在园林这一"人化"自然中，植物营造出"生境"，② 美化着"生境"，也优化了"生境"，园林植物是自然美的象征。

一、营造"生境"

"生境"就是自然境界，就是清叶燮所说的本乎天然自有之美也，即大自然

---

① 黑格尔著，朱光潜译：《美学》，商务印书馆1984年版，第3卷上册第103页。
② 此借用孙晓翔之三境说，见宗白华等著《中国园林艺术概观》，江苏人民出版社1987年版，第423页。

所固有之美。园林的"生境"营造的是"人化"的环境，它是通过人对自然的再创造形成的，比自然更集中、更理想，但又"宛自天开"。纯粹的自然美是有缺陷的、不完美的，园林将植物本身具有的自然美的素质，诸如色、香、姿、声、光等组成独立的景观表象，或作为其他景观的组合材料，按照美的规律，配植在一定的位置，如窗前月下，梅枝古拙，一叶芭蕉，几竿修竹，半掩窗扉，隐现石笋，梧阴匝地，槐荫当庭；插柳沿堤，栽梅绕屋，结茅竹里，夜雨芭蕉，晓风杨柳……①营造出舒适宜人的自然环境。植物生态特色，还能引来飞禽走兽，鸢飞鱼跃，或直接将动物引进园林，造成生动活泼的自然景象。

杨鸿勋在《江南园林论》一书中提出了园林花木具有的九大造园功能，其中除了"隐蔽围墙、拓展空间"、"陈列鉴赏，景象点题"、"根叶花果，四时清供"等更多属于美学或实用范畴外，其他几大造园功能诸如：笼罩景象，成荫投影、分隔联系，含蓄景深、装点山水，衬托建筑、渲染色彩，突出季相、表现风雨，借听天籁、散布芬芳，招蜂引蝶等，都可以说是为了营造人化的自然环境，就是生机勃勃的生态环境，也就是园林"生境"。

如拙政园中部野水回环的小岛西北角土山上有雪香云蔚小亭，亭旁梅影摇曳，枫、柳、松、竹掩映生辉，禽鸟飞鸣山巅，溪涧盘行，温馨新鲜的山野气息扑面而来，真是"山花照坞复烧溪，树树枝枝尽可迷。野客未来枝畔立，流莺已向树边啼"，抬头一看明代倪元璐草书额"山花野鸟之间"，真是画龙点睛，一个野趣盎然、宁静恬美的意境创造出来了。

创造大自然"声景"，如松涛竹韵、桐雨蕉霖、残荷听雨、柳廊闻莺、高槐蝉唱、苔砌蛩吟等，都是天籁之音。沈周《听蕉记》说："夫蕉者，叶大而虚，承雨有声，雨之疾徐、疏密。响应不忒……蕉静也，雨动也，动静戛摩而成声，声与耳又相能相入也。迨若淜淜渹渹，剥剥滂滂，索索渐渐，床床浪浪，如僧讽堂，如渔鸣榔，如珠倾，如马骧，得而象之，又属听者之妙矣。"苏州拙政园听雨轩，轩前有碧池一潭，几片青荷，几丛翠竹、几株芭蕉，均是借听雨声的最好的琴键。每当潇潇雨落时，它们仿佛如键盘乐合奏团，无数看不见的手指按着这一片片绿叶，便有了各种合弦，因取唐李中"听雨入秋竹"诗意名之。"大叶偏鸣雨，苦心又展风"，这是园林中大叶花木创造的别具幽趣的自然之音。

"曲径通幽处，禅房花木深"，花木在此，还创造了幽深之景。清沈复游览

---

① 计成：《园冶》，第51页。

江南名园海宁安澜园时，见到"池甚广，桥作六曲形，石满藤萝，凿痕全掩，古木千章，皆有参天之势，鸟啼花落，如入深山。"袁枚《安澜园席上诗》称其"擎天老树绿槎枒，调羹梅也如松古"。大树形成了园内主要的风景画面。故宫御花园在明代称宫后苑，园内有松、柏、槐、桐等古树160多棵，古树参天，虬枝蔽日。

避暑山庄山岳区景点"山近轩"，处在山庄松云峡中部、南坡半山腰，坐东北朝西南，是山庄苑中大型的山地园林之一。乾隆诗曰"草房虽不古，而松与古之……"

植物的垂直绿化具有独特的艺术效果，它可以柔化墙面，隐蔽不美观的墙体和有碍观瞻的构建物，提供私密性空间。

在对园林花木的处理上，中国古典园林不像古代的欧洲人那样过多地用理性及秩序去干预，而是不仅注重保持花木的"天造"风格，更注重在山、水、建筑、人、天、地相契相合的气氛中，赋予花木一种精神性的"合一"色彩。所以，中国园林花木，注重传统的民族特色，为了与园林中的自然山水的风格协调，古典园林中的植物，喜欢自然形态的树种，如雪松和广玉兰都是外来品种，园林中引进了广玉兰，而排斥雪松，因为广玉兰造型自然，且与中国的玉兰同名，而雪松形态颇有几何造型，与自然山水难以协调，反映了鲜明的民族审美心理。承德山庄充分利用了当地树木花卉品种，也自外地引进了一些植物，有引自五台山的金莲花，敖汉的白莲，江南的桂花，兰草也在塞外园林中生根开花，原产在兴安岭的野果引种到山庄取名"草荔枝"，移自南疆的无子绿葡萄等，大大丰富了山庄的植物品种。

园林植物采取自然式种植、刻意追求"疏林欹倒出霜根"、"苔痕上阶绿，草色入帘青"的天然境界。如承德山庄有占地58公顷的天然草原，绿草如茵，佳木成林，有石碣曰"万树园"。绿树丛中散点着洁白的蒙古包。山庄东南部，地肥土厚，康熙时曾开辟为农田、瓜圃，真是桑麻千顷绿，草树一川明，这里因地制宜地种植各种树木花草，突出自然生态。山区成片混交林，配上野生灌木和山花野草，使山林景色锦绣天成。"万树园"芳草如茵，古榆成林，形成疏林草地；湖沼水面种植荷、菱、蒲等水生植物，形成了富有自然情趣的园林风景。植物配置多采用不规则的自然式配置方法。松云峡植以茂密苍劲的松林，构成莽莽林海的自然景观，增强了山谷幽邃的自然气氛。梨树峪、榛子峪沟浅谷平，则种植宜于近赏的花灌木，背山面峪。花繁枝密，别有一番景象。

由于园林内植物繁茂，水源充沛，为各种野生和驯养动物的生存繁育，提供了良好的生活环境，它们与大自然融合在一起，产生了富有生机的动态画面。林中麋鹿漫游，赤狐野兔出没草丛，珍禽异鸟宛啭枝头，松间灰鹤翱翔，湖中游鱼戏水，这些动物成为造景中不可缺少的题材，承德山庄72景中有不少景点与飞禽走兽有关。如驯鹿坡、试马埭、知鱼矶、莺啭乔木、松鹤清樾、石矶观鱼等。山庄喂养了许多动物、禽类，如鄂伦鹿、马鹿、羊鹿、狍子、野猪、驼水驴、鹖鸡、仙鹤、象、虎、豹、熊、罴、鄂罗斯犬、鸵鸟、类人猿等。① 山区占地440公顷，深山密林，一派天然野趣，"鹿不避人窗下过，鹤如陪客阶旁窥"，"鸟似有情依客语，鹿知无害向人亲"。② 人与大自然相亲相和，水乳交融。私家园林也都将飞禽走兽鱼等组织在园中，如拙政园的"卅六鸳鸯馆"，馆前池中放养鸳鸯，效法汉代霍光在园中大池植五色睡莲，养鸳鸯36对，望之烂若披锦。怡园中部养两鹤，留园有鹤所，艺圃有鹤砦，园中水池都养观赏的红、黄色金鱼、鲤鱼，既有观赏价值，也有净化水质的作用。③

二、美化"生境"

陈淏子在《花镜》中形象地描写了园林花木随着季相时序之变化呈现出的美丽色彩。三春乐事："梅呈人艳，柳破金芽。海棠红媚，兰瑞芳夸。梨梢月浸，桃浪风斜。"夏天为避炎之乐土："榴花烘天，葵心倾日，荷盖摇风，杨花舞雪，乔木郁翁，群葩敛实。篁清三径之凉，槐荫两阶之粲……"清秋佳景："金风播爽，云中桂子，月下梧桐，篱边丛菊，沼上芙蓉，霞升枫柏，雪泛荻芦。晚花尚留冻蝶，短砌犹噪寒蝉……"寒冬之景：枇杷垒玉，蜡瓣舒香，茶苞含五色之蕊，月季逞四时之丽……且喜窗外松筠，怡情适志。"

园主们追求的是"一年无日不看花"，所以都种植四季花卉，突出季相变化。如拙政园，春日到海棠春坞赏海棠，夏天在远香堂上看荷花，秋上待霜亭观橘，冬去雪香云蔚亭看梅花。承德山庄植物品种繁多，现存的各种植物就达一千

---

① 朴趾源：《燕岩集》卷14《山庄杂记》、《象记》。
② 乾隆：《山中》，《避暑山庄碑文释译》，第41页。
③ 如鲤科鱼类，不同的鲤科鱼类生活在不同的水层，生活在中间水层的青鱼喜欢吃贝类动物，它们的排泄物培养了生活在浅水层的白鲢吃的浮游生物，白鲢的排泄物喂养了生活在水底的鲫鱼和鲤鱼。草鱼喜欢吃草，夏天它们每天吃的水草与自己的体重一样多，成年的鱼吃的草的重量可高达35公斤。荷兰用养殖的草鱼来保持运河的干净。

二百余种。植物的花期和叶色变化，使园林风景既有色彩变化，又突出了季相交替，使人们领略到山庄四季的不同景色。

园林色彩增加构图意趣，颜色影响感情和空间距离的变化，如红色给人以热情兴奋和活力感、白色呈纯洁和悠闲淡雅的气氛、绿色有宁静舒适感和欣欣向荣的生命力、暖色具有"趋近"的感觉，冷色具有"远离"的趋势等。

园林中植物以长绿者多于落叶者，如四季常青的翠竹、苍松、绿水等，满目绿色，给人以一种真正的满足。绿色平静安定，不向任何方向移动，没有相当于诸如欢乐、悲哀或热情的感染力。江南私家园林创造的是恬静幽雅的生活环境，以表达飘渺的意境和清朗、明净、闲适的心境，当然以青绿色彩最为相宜。因地制宜地种植花卉，效果极佳，如承德山庄苍劲挺拔的油松，使山庄四季长青；万树园中散植古榆，湖泊堤岸广植垂柳，湖滨满布菱荷、蒲苇，各得其所。

植物具有美感熏陶作用，清人张潮《幽梦影》有所谓"梅令人高，兰令人幽，菊令人野，莲令人淡，春海棠令人艳，牡丹令人豪，蕉与竹令人韵，秋海棠令人媚，松令人逸，桐令人清，柳令人感"之说。

三、优化"生境"

人类基于生理的、心理的结构和机能，需要新鲜而洁净的空气、良好而适宜的气候、安静而美好的环境。而园林中的绿色植物恰恰能为人类提供这样的理想的生存空间。

绿色植物具有调节改善小环境的气候、保持水土、滞留、吸附、过滤灰尘以净化空气、杀菌、吸毒、吸收噪音等作用，对人类有医疗保健功能。

所谓"小气候"指从地面到不受地面影响高度的气候，是人类生活和植物生长的区域和空间。盛夏炽热的太阳光辐射，一部分可以被树冠阻挡反射回天空；一部分则被稠密的树冠层所吸收，用于它自身的蒸腾散热，只剩一部分辐射热射到地面。绿化植物庞大的根系像抽水机一样，不断从土壤中吸收水分，然后通过枝叶蒸腾到空气中去。一般一株中等大小的榆树，一天至少可蒸腾 100 升水。[①] 如果一株树木每天能蒸腾 88 加仑（1 加仑等于 4.5460 升）水，即可产生 1 亿焦耳的热量消耗，它抵得上五台一般室内空调机每天运转 20 小时。[②] 绿色植

① 冯采芹编：《绿化环境效应研究》，中国环境科学出版社 1992 年版，第 39 页。
② 同上，第 172 页。

物的蒸腾过程须要蒸发大量水分，使树的绿色部分发凉，太阳的辐射被蒸发冷却。科学家们检测发现，一片杉幼林，每天由于蒸腾作用能消耗太阳辐射能的66%，由于树冠的覆盖，减弱了光照，从而也降低了周围的空气温度。

植物有截留降水保持水分的作用，减少了水分的流失。由于绿地夏季气温比裸地和道路等气温低，冷空气密度大，比重大；热空气比重小，因此，绿地冷空气下沉产生压力，迫使裸地热空气上升。因而产生风和空气垂直对流，使污染物质得以向高空驱散，同时补充新鲜空气。

植物不但能通过光合作用和基础代谢，呼出氧气，而且能吸收二氧化碳、二氧化硫、氯气等对人体有害的气体。

大气中散布广泛、危害较大的污染物二氧化硫。据实验和测定结果估算，15年生的侧柏树，每公顷每月可吸收二氧化硫 45.5 公斤，每平方米的侧柏林每天可净化二氧化硫约 20 毫克，试验证明，叶面吸收量约占全株 70%，1954 年，波兰生化家阿侬等证明叶绿体不仅能放氧，而且也能同化二氧化碳，20 世纪 50 年代，美国卡尔文证明二氧化碳进入叶绿体后，经一系列反应，生成蔗糖或淀粉成三碳植物。

树木可以降低风速，使空气中携带的大颗粒粉尘下降。绿化植物能充分利用空间展示强大的净化作用，吸滞大量粉尘和有毒物质，树叶和草坪植物叶面凝聚露水和本身的湿润性，具有很大的滞尘能力。一株 12 年生旱柳，其遮荫面积一般占地不到 20 平方米，而其总叶面积是 640 平方米，是其占地面积的 32 倍，茂密的野牛草，其叶面积为其占地面积的 19 倍。具有叶面宽大、平展、硬挺、风吹不易晃动、叶面粗糙多绒毛等特点的植物，吸滞粉尘的能力较强，针叶树的针叶总面积大，并能分泌油脂，滞尘能力也较强。榆树叶面多皱纹、荚迷叶表面粗糙、沙枣叶表面多绒毛、松叶多油脂，有利于阻挡、吸附和粘滞粉尘，覆盖粉尘叶子经雨水冲洗到地面，又恢复其滞尘能力。榆树每平方面积的滞尘量达 12.27克，加杨 2.06 克，绣球 0.63 克，林地减尘率夏季可达 61.1%。

植物本身是一种多孔材料，具有一定的消音作用，投射到树木叶层的噪声，一部分被树叶向各个方向不规则反射而减弱，一部分因声波造成树叶微振而使声音消耗（即被吸收），因而使环境变得安静。常绿阔叶树具有良好的减噪效果，浓密的人工林带可降低噪声 10～20 分贝。

水生植物也具有净化水体、增进水质的清洁与透明度等功能。如芦苇、水葱、水花生、水葫芦等不仅具有良好的耐污性，而且，能吸收和富集水体中硫化物等有害物质，净化水质。植物还可防止硝酸盐污染地下水。①

　　花木的滤菌、杀菌功能，以及空气中负离子、泉水中的有益微量元素和植物的有益气味等，都对人体具有养生保健作用。

　　植物芳香就能杀灭多种病菌。现代科学研究表明，各种花香由数十种挥发性化合物组成，含有芳香族物质，如酯类、醇类、醛类、酮类、萜烯类等物质，可刺激人们的呼吸中枢，促进人吸进氧气，排出二氧化碳，充足的大脑氧供应能使人保持较长时间旺盛的精力。民谚有"花中自有健身药"、"七情之病也，香花解"之说。赏花乃雅人逸事，在心旷神怡之时，便拥有了宽松的心灵空间，对慢性疾病如神经官能症、高血压、心脏病患者，有改善心血管系统、降低血压、调节大脑皮质等功能。花草繁茂的地方，空气中的负离子特别多，可调节人的神经系统，促进血液循环，增强免疫力和机体的活力。在花蹊中漫步 1 小时，能呼吸 1000 升花味空气，对醒脑健脑大有裨益。

　　空气离子，尤其是负离子对人体有良好作用。它促进人体的生物氧化和新陈代谢，使琥珀酸加速转变为延胡索酸，缩短神经肌肉传导时间；改善呼吸、循环系统功能，负离子使血管壁松弛，加强管壁纤毛的活动。正离子使血管收缩，负离子使血管扩张。负离子可使血液凝血酶、纤维蛋白元、中性多核白细胞带电量增加，调节内分泌。正离子是 5 羟色胺释放剂，负离子对抗其作用加速氧化游离的 5 羟色胺。此外，负离子还有增强免疫、稳定情绪、促进生长发育等作用。有人将空气离子的良好作用比喻为"空气维生素"或"空气长寿素"。② 2002 年 4月 6 日《参考消息》载文《树木似神医》，引俄罗斯《晨报》3 月 28 日文章《树木治病法》，谈的就是借助树木治病、防病。印度瑜伽术认为，树木可以把从宇宙中得到的一种物质传给人，不同的树种，带的能量不同。现代从事树木治病的生物定位专家认为，树木有生物场，树木对人有治疗作用正是生物场发挥了效能。印度瑜伽术认为，橡树让人精神振奋，云杉能吸收不好的能量，松树可以传递有益的能量，山杨树皮能治牙疼。

　　莫斯科信息波研究所所长认为，橡树和白桦可以使慢性病患者的免疫系统发挥作用，治疗多种关节炎，调整血压，治疗神经系统紊乱症，橡树还能改善大脑活动。白桦能治疗感冒。松树、椴树、苹果树和白蜡树等能提高人体的紧张度和

---

　　① 冯采芹编：《绿化环境效应研究》，第 55 页。
　　② 冯采芹编：《绿化环境效应研究》，第 181 页。

抗病能力，消除疲劳。

承德山庄有三分之一的景名是树木花卉，"塞山树万种，就里老松佳"，"逢草逢花莫不香"，乾隆在《松鹤清樾诗序》中写道："进榛子峪，香草遍地，异花缀崖。夹岭虬松苍蔚，鸣鹤飞翔。登蓬瀛，临昆圃，神怡心旷。洵仙人所都不老之庭也。"乾隆诗曰："寿比青松愿，千龄叶不凋。铜龙鹤发健，喜动四时调。""一丘一壑，向背稍殊，而半窗半轩，领略顿异"。

第二节 园林植物的"人化"特征

在中国传统文化中，花木又是人们寄寓丰富文化信息的载体，以及托物言志时使用频率很高的媒介。古代哲人意识到了人的伦理道德精神生活同自然规律有一种内在的密切联系，两者在本质上是互相渗透、协调一致的，自然也具有社会精神的意义。

我国最早的诗歌总集《诗经》，作者善用比兴手法"托物言志"、"藉物抒情"，日本学者冈元凤编辑了一本《毛诗品物图考》，其中涉及到草木的有三卷，123 种花木。如《大雅·卷阿》："凤凰鸣矣，于彼高冈。梧桐生矣，于彼朝阳。"梧桐招凤凰，成为圣雅之植物。成为后世园林中的凤池馆、碧梧栖凤、梧竹幽居等景点的文化渊源。《诗经》中人化植物方面的美感意识，影响深远，并成为文化领域中的优良传统。屈原的《离骚》以香草比喻君子，作为人格高洁的象征，反映了当时人们的自然美意识。自宋以来，在花谱、艺花书籍以及对植物的诗赋杂咏中，都写出了人们在观赏花木时引起的思想情感。康熙明确地道出园林草木的比德意义："至于玩芝兰则爱德行，睹松竹则思贞操，临清流则贵廉洁，览蔓草则贱贪秽，此亦古人因物而兴，不可不知。"①

一、情感载体和文化符号

中国古典园林广泛采用诗画艺术习用的比拟、联想等艺术手法，借花木的自然生态特性赋予人格意义，借以表达人的思想、品格和意志。所谓"有情芍药含春泪，无力蔷薇卧晚枝"，② 是人们重要的情感载体，极大地丰富了园林的抒情

① 《钦定热河志》卷 25《行宫一》。
② 秦观：《淮海集》卷 10《春日》。

性。植物更多地是用来比喻人的社会属性，这些花木，各含特殊的文化意义。中国园林中，作为情感载体运用频率最高的要数松、梅、竹、荷了。

松柏苍劲挺拔、蟠虬古拙的形态，抗旱耐寒、常绿延年的生物特性，常被人们作为保持本真、坚强不屈、永葆青春的象征。松柏苍老盘曲的树干，树龄长逾千年，木质不易遭虫害和腐烂，象征坚毅、高尚、长寿和不朽等。故《礼记·礼器》曰："其在人也……如松柏之有心也……故贯四时不改柯易叶。"孔子有"岁寒，然后知松柏之后凋也"的著名格言，《庄子》言"天寒既至，霜雪既降，吾知松柏之茂。"

松柏作为正义神圣的象征，成为中国园林文化精神中永恒的审美意象。拙政园"得真亭"即取《荀子》文意："桃李茜粲于一时，时至而后杀，至于松柏，经隆冬而不凋，蒙霜雪而不变，可谓得其真矣。"赞美"松柏有本性"① 的傲岸品格。狮子林古五松园，前之古柏树，象征独立天地，风骨长存。留园古木交柯，门宕上镌刻"长留天地间"砖

图77　松风水阁

刻点题，明代廊边有古柏一株，后花坛古柏边长出一株女贞，与古柏缠绕连理。六朝品评人物时用松来形容人的神姿，如《世说新语》中称嵇康身长七尺八寸，风姿特秀，或云"萧萧如松下风，高而徐引"；山公云："嵇叔夜之为人也，岩岩如孤松之独立，其醉也，傀俄若玉山之将崩！"

"风入寒松声自古"，松风传雅韵，成为松树又一特征。听松风也就成为文人雅士的风雅之举。《南史》载"山中宰相"陶弘景"特爱松风，庭院皆植松，每闻其响，欣然为乐"。陆游《松下纵笔》之三曰："陶公妙诀吾曾受，但听松风自得仙。"无意间，便若神仙中人。苏州园林中专为听松风的景点有拙政园松风水阁（见图77），横额为"一亭秋月啸松风"；怡园有松籁阁，阁边都植松。"万壑松风酒一壶"，何其潇洒！

"松柏为百木长也而守宫阙"，为长生的象征。据传，晋荥阳郡南石室中，隐居着一对夫妇，室后有孤松千丈，这对夫妇年岁数百，死后化为双鹤，绕松而翔，故有松鹤延年之说。日本园林的"仙岛"，就以松树象征长生不死。松柏常

---

① 刘桢：《赠从弟》，见郁贤浩、张采明笺注《建安七子诗笺注》，巴蜀书社1988年版，第214页。

常作为"寿"的象征出现在园林铺地的图案中。

松柏枝繁叶茂，新枝茁壮，旧枝不凋，新枝被称为"子孙枝"，苏轼有"庭松应长子孙枝"的诗句，因此有子孙兴旺、绳其祖武的寓意。《诗经·斯干》篇作为新屋造好以后颂祷之歌，其中有"如竹苞矣，如松茂矣"之句。《诗经·小雅·天保》中有"如松柏之茂，无不尔或承"等句。网师园女厅前门楼砖雕"竹松承茂"正为此意。

梅树属于落叶乔木，深秋后便枝桠嶙峋，瘦影可怜，但天孕花蕾于隆冬寒风之中，率万木之先开花于早春二月。

梅花生性耐寒，冬末即开花，"一树独先天下春"，所以是春的信使。古有寄梅送春的典故，《荆州记》载："陆凯与范晔相善，自江南寄梅花一枝，诣长安与晔，赠诗曰：'折梅逢驿使，寄与陇头人。江南无所有，聊赠一枝春。'"寄梅送春，成为表达友谊的高雅之举。王维"昨日绮窗前，寒梅着花未"① 的诗句，清空如话，固是诗家化境，不问他事，问梅花，更觉闲淡趣别，成为爱梅、惜梅之典故。

图78　竹外一枝斜更好

梅花与文人结缘很早，据传，晋武帝院中的梅花树，独爱好文之士，每当武帝好学务文之时，也是梅花盛开之时，反之则都不开花，因而，梅花有"好文木"之雅号。日本水户的"偕乐园"，初名"梅园"，亭名"好文亭"。

梅花神清骨爽，娴静优雅、人格清贞，与遗世独立的隐士姿态颇为相契，深合宋人尚雅心理，宋文人爱梅赏梅，蔚为风尚，《全宋诗》中有咏梅诗4700多首。王安石赏其耐寒："墙头数枝梅，凌寒独自开。"陆游美其节操："零落成泥碾作尘，只有香如故。"执着、机敏、坚韧、冰肌玉骨、孤芳自赏，本色不变，象征

---

① 按：狮子林问梅阁额颜"绮窗春讯"，桌子、椅子、藻井、铺地都用梅花形，窗纹为冰梅纹，八联隔扇的书画内容也均以梅花为题。

气节。

　　"铁杆虬枝绣古苔，群芳谱里百花魁"，花姿秀雅风韵迷人，品格高尚节操凝重。"梅花百株高士宅"，玉洁冰清，象征着纯洁；傲骨嶙峋、贞姿劲质，又象征着坚韧和气节。这就是文人园林窗户、铺地、雕刻上经常能见到"冰梅"图案的文化意义。文人把植梅看作陶情励操之举或归田守志之行。宋刘翰《种梅》诗云："惆怅后庭风味薄，自锄明月种梅花"。元萨都剌诗曰："今日归来如昨梦，自锄明月种梅花。"为怡园"锄月轩"（又名"梅花厅事"）所本，轩额即用"自锄明月种梅花"。两诗实渊源于陶潜的"带月荷锄归"，讲隐逸生涯的。戴叔伦《咏南野》"披云朝出耕，带月夜归读"，耕读况味。

　　梅花风姿绰约，清香可人，有"花魁"之誉。梅以横、斜、倚、曲、古、雅、苍、疏为美。苏轼《和秦太虚梅花》极赏"江头千树春欲暗，竹外一枝斜更好"，颇得梅的幽独闲静之趣和欹曲之美，成为网师园"竹外一枝轩"的立意（见图78）。梅花之香，浓而不艳，冷而不淡，清幽宜人。拙政园雪香云蔚、狮子林双香仙馆、沧浪亭见心书屋等，皆以梅花立意。梅花花姿秀雅，花开五瓣，人称"梅开五福"，其像吉祥，成为园林铺地的吉祥图案之一。

　　文人雅客赏其醉人心目的风韵美和独特的神姿。宋林逋妻梅子鹤，他的《山园小梅》诗有"群芳摇落独暄妍，占尽风情向小园。疏影横斜水清浅，暗香浮动月黄昏。霜禽欲下先偷眼，粉蝶如知合断魂。幸有微吟可相狎，不须檀板共金樽。"成为咏梅绝唱。"暗香"、"疏影"，调动游观者的嗅觉和视觉感受，去品赏梅花。所以，文人雅士在梅花丛中建个小亭，也会造成梅花样式，并且还不忘在亭的宝顶上兀立一只鹤，显示出林逋的幽雅脱俗，如苏州香雪海的梅花亭。宋代王淇咏《梅》说："只因误识林和靖，惹得诗人说到今。"

　　人们爱用"梅"的谐音"眉"，与喜鹊组合为"喜鹊登梅"的图案，寓意"喜上眉梢"，广泛地运用在落地罩雕刻图案上，营造欢乐祥和的气氛。"数点梅花天地心"，梅花还具有哲理含义，这就是沧浪亭"见心书屋"的立意。

　　竹为"三教"共赏之物，积淀着深厚文化意韵。竹，秀逸有神韵，纤细柔美，长青不败，象征青春永驻，年轻。春天（春山）竹子潇洒挺拔、清丽俊逸，翩翩君子风度。竹子空心，象征谦虚。品格虚心能自持，竹的特质弯而不折，折而不断，象征柔中有刚的做人原则，凌云有意、强项风雪、偃而犹起，竹节毕露，竹梢拔高，比喻高风亮节；品德高尚不俗，生而有节，视为气节的象征。唐张九龄咏竹，称"高节人相重，虚心世所知"。① 淡泊、清高、正直，代表了中国文人的人格追求。元杨载《题墨竹》："风味既淡泊，颜色不赋媚。孤生崖谷间，有此凌云气。"

竹既有美的意象，又与士大夫文人的审美趣味、伦理道德意识契合。因此，自魏晋以来，竹就成为风流名士的理想的人格化身，敬竹、崇竹、引竹自况，蔚为风气。王徽之"不可一日无此君"，宋苏轼《于潜僧绿筠轩》诗云："可使食无肉，不可居无竹。无肉令人瘦，无竹令人俗。"明张风题《竹林高士图轴》："一竿二竿修竹，五月六月清风。何必徜徉世外，只须啸咏林中。"竹篱茅舍也是隐士居地的象征，竹，成为隐者名士的代名词、名士风雅的标志，所谓"修竹三竿诗人家"，竹，可使日出有清阴，月照有清影，风来有清声，雨来有清韵，露凝有清光，雪停有清气。令人神骨俱清，逸致横生。所以，居必有竹，以陶情励志，爽清气息。

竹为春天的象征，扬州"个园"，以颂竹为主题。"个"为一片竹叶之状，"个"园单取一根竹，更含有独立不倚、孤芳自赏之深意。园内大片竹林，又以竹造"春山"。苏州春在楼廊间柱子全为竹竿式样，以符"春长在"之意（见图79）。

图79　春在楼竹式柱

苏州沧浪亭有各类竹子20多种，微风乍起，万竿摇空，如细雨沙沙轻落，日光掠过竹枝，疏影斜洒，如烟似雾。曲尺形的小屋"翠玲珑"，前后皆竹，绿意萦绕，取园主苏舜钦"日光穿竹翠玲珑"诗句意，"风篁类长笛，流水当鸣琴。"翠玲珑北面竹丛前是五百名贤祠，颇有借竹称颂之深意。

怡园有四时潇洒亭、玉延亭，玉延亭行书跋文中曰："主人友竹不俗，竹庇主人不孤。万竿戛玉，一笠延秋，洒然清风。"以竹为友，静坐竹畔，聆听那风摇绿竹的戛玉之声，延来洒然清风，感到身心俱适。

竹还有象征子孙兴旺的意思，如网师园的"竹松承茂"门额。"竹报平安"，出自唐时爱竹的典故：北地少竹，只有童子寺有竹寮，主持僧极为珍视，相传每月都派僧徒探视，通报竹子平安无事。后以"竹报平安"喻平安的家书。又因

---

① 张九龄：《和黄门卢侍郎咏竹》，《曲江集》卷2，四库全书本。

竹与祝谐音，"爆"与"报"谐音，人们用竹子做成爆竹，在喜庆的节日燃放，驱邪恶祈祷平安，"报竹平安"。

竹子还是佛教教义的象征，所谓"青青翠竹，尽为法身"。法显的《佛国记》和玄奘的《大唐西域记》中都记载了古印度两个最早的寺庙之一的"竹林精舍"在中印度的迦兰陀村，据说是释迦牟尼在舍卫城宣传佛教时，迦兰陀长者归佛以后，将他的竹园献出，摩揭陀的国王频毗婆罗在园地上建立精舍，请释迦牟尼居住，释迦牟尼在此宣传佛教的时间比较长。竹子是佛教教义的形象载体：如节与节之间的空心，是佛教概念"空"和"心无"的形象体现。唐崔峒《题崇福寺禅院》："清磬度山翠，闲云来竹房。"柳宗元也有"道人庭宇净，苔色连深竹"之句。① 据说，观音菩萨在往昔之时，现身于南海普陀山的紫竹林中，听潮起潮落，悟苦空无我，修成耳根圆通，能"寻声救苦，大慈大悲"。竹子就与佛教教义结缘。自号"香山居士"的白居易著《养竹记》云："似贤何哉，惟直以立身，心空以修道。"寺庙中都植竹，狮子林南部小阁，周围密植竹林，题名"修竹阁"，就是仿效洛阳古寺，以重名声。留园"亦不二亭"、"伫云庵"、"参禅处"，原为园主参禅学道之处，也植竹子一片，精心养护，那里氤氲着佛教气氛，感受异于别处。印心石屋为一石洞，一丈见方，取意"方丈室"，源于《维摩诘所说经》中维摩诘菩萨所居之方丈石室，其室虽小，但能容无量大众，听其讲经说法。石屋前假山草书摩崖"圆灵证盟"，圆灵，即月，"圆灵证盟"犹"指月"，证盟，佛教徒对佛理之印证，佛教徒喜欢用月作为禅理的某种意象，其意境只有传法者与受法者方知。石屋之上建有看山楼，取意禅宗"日里看山"、"看山是山"的公案。看山楼周围都是竹子，竹心空空，正为佛教教义"空"、"无"作图解。

晋朝的"七贤"、唐之"六逸"因为都与禅有关，故都冠以"竹"名，分别称为"竹林七贤"和"竹溪六逸"。陈寅恪指出："（以）外来之故事名词，比附于本国人物事实。如袁宏《竹林名士传》、戴逵《竹林七贤论》、孙盛《魏氏春秋》……等所载嵇康等士人，固皆支那历史上之人物也。独七贤所游之'竹林'，则为假托佛教名词，即'velu'或'veluvana'之译语，乃释迦牟尼说法处，历代所译经典皆有记载。"② 辋川的竹里馆，正是王维禅思的地方，他的

---

① 柳宗元：《晨诣超师院读禅经》，见《柳河东集》卷42，上海人民出版社1974年版，第686页。

② 陈寅恪：《寒柳堂集》，北京三联书店2001年版，第180页。

《竹里馆》诗，"独坐幽篁里，弹琴复长啸。深林人不知，明月来相照"，蕴涵很深的禅意，在一个远离俗尘的萧瑟静寂、冷洁但又身心自由的小天地里，观照般若实相，心净土净，体会维摩诘菩萨的"身在家，心出家"的真谛。清末朴学大师俞樾筑曲园，也置"小竹里馆"，植彭玉麟所送方竹，同样含有王维《竹里馆》诗的禅意。

竹子与道教也有缘分。上清派道教领袖陶弘景，本是儒佛道三教兼修的人物。《南史·陶弘景传》载其临终遗令："既没不须沐浴，不须施床，止两重席于地，因所著旧衣上加生袆裙及臂衣靺，冠巾法服，左肘录铃，右肘药铃，佩符络左腋下，绕腰穿环，结于前，钗符于髻上，通以大袈裟覆衾蒙首足，明器有车马。"他仿照佛经的格式编纂道经，全面承袭佛教的科仪、咒术、梵呗等宗教形式，系统地改造了道教，如仿《佛说四十二章经》造出旨在规范道教戒律的《真诰》。他曾经在句容茅山佛道双修，"善辟谷导引之法，年逾八十而有壮容。深慕张良之为人，云'古贤莫比'，曾梦佛授其菩提记，名为胜力菩萨。乃诣鄮县阿育王塔自誓，受五大戒。"[1] 陶弘景认为在园内北宇植竹可使子嗣兴盛，并据五行之术解释道："竹者为北机上精，受气于玄轩之宿也。所以圆虚内鲜，重阴含素。亦皆植根敷实，结繁众多矣。公（简文帝为相王时）试可种竹于内北宇之外，使美者游其下焉。尔乃无感机神，大致继嗣，孕既保全，诞亦寿考。"[2] 东晋的王谢两世族大家都是天师道世家，他们南下后，不容于三吴土著贵族，只能在会稽周围开山辟田，深得"正始"以来名士风范，《世说新语·任诞》尝载王子猷（徽之）"尝暂寄人空宅住，便令种竹。或问：'暂住何烦尔？'王啸咏良久，直指竹曰：'何可一日无此君！'"他的《绿竹引》诗也称："含情傲睨慰心目。何可一日无此君。"称赏至今。

荷花，在中国文化中，也是三教共赏之物。《群芳谱·荷花》云："花生池泽中最秀。凡物先华而后实，独此华实齐生，百节疏通，万窍玲珑，亭亭物表，出淤泥而不染，花中之君子也。"成为美丽、纯洁、坚贞的代表。《诗经》有"灼灼芙蕖"，美其形，屈原"制芰荷为衣兮，集芙蓉以为裳"，取其洁。

魏晋以降，荷花渗入了佛教意蕴，荷花为佛教的象征。佛教创自干旱、酷热的印度，印度人的绿荫碧水情结与生俱来，自然喜爱那绿叶如盘的出水芙蓉，婆

---

① 姚思廉：《梁书》卷51《陶弘景》，中华书局1982年版，第743页。
② 陈寅恪：《金明馆丛稿初编·天师道与滨海地域之关系》，北京三联书店2001年版，第8页。

罗门教相传创世大神大梵天就是坐在莲花上出生的。佛教迎合大众的爱莲心理，借莲华以弘扬佛法。佛教以淤泥秽土比喻现实世界中的生死烦恼，以莲花比喻清净佛性，《华严经探玄记》描述真如佛性曰："如世莲花，在泥不染，譬如法界真如，在世不为世法所污"，"如莲花有四德：一香、二净、三柔软、四可爱，譬如真如四德，谓常乐我净"。佛祖"转法轮"时，坐于"莲花座"，故成专坐，座势叫"莲花座势"。莲花于是成为"佛花"，为佛土神圣洁净之物，成为智慧与清净的象征。莲花与佛教创始人、菩萨、佛教教义等紧密联系在一起。

相传摩耶夫人坐于莲花座上生下佛祖释迦牟尼，释迦牟尼降生的时候，池中生出千叶莲花。《观音菩萨授记经》说，观音菩萨和大势至菩萨都生于莲花，他们都住在阿弥陀佛的极乐世界。于是佛、莲同一，中国东晋高僧慧远创白莲社，后之净土宗亦叫"莲宗"。

佛教有步步生莲的传说，据《佛本行集经·树下诞生品》载，释迦牟尼在兰毗尼园"生已，无人扶持，即行四方，面各七步，步步举足，出大莲花"。另有鹿女步步生莲的传说。《杂宝藏经·莲花夫人缘》记载说，在雪山边学仙的婆罗门提婆延，"常石上行小便，有精气流堕石宕。有一雌鹿，来舐小便处，即便有娠。"足月后生下一女，端正殊妙，人称"鹿女"，长大"既能行来，脚踏地处，皆莲花出"。鹿女后为乌提延王王妃，生五百子，皆成"辟支佛"。刘长卿《送杨山人往天台》："山岛怨庭树，门人思步莲。"步步生莲花寓有走向清净解脱之道的神圣意义。这应该是园林中莲花铺地的神圣涵义。以荒淫闻名的南朝齐主"东昏侯"萧宝卷，弱冠践祚，拜爱妃潘氏为贵妃，于阅武堂起芳乐苑。山石皆涂以五彩；跨池水立紫阁诸楼观，壁上画男女私亵之像。种好树美竹……凿金为莲花贴地，令他心爱的潘妃行其上，称"此步步生莲花也"。① 袁枚《潘妃》诗曰："玉钗生自劈楞伽，尼子归来步步花。"② 这实在是对佛教步步生莲神圣意义的亵渎。

荷花，在道教中又成为八仙之一的何仙姑手中的法器。亦僧亦道的朱耷，选择的居住环境也是"竹外茅斋橡下亭，半池莲叶半池菱"。③

中华自古爱莲，早在周代的青铜器和陶器上，就有荷花的装饰图样，也是各

---

① 《南齐书·东昏侯》卷7。
② 袁枚：《小仓山房诗文集》，周本淳标校上海古籍出版社1988年版，第32页。
③ 朱耷：《题荷花》。

种建筑装饰、雕塑工艺及生活器皿上最常用最美的图案纹饰和造型。

清张潮称"莲以濂溪为知己",① 指的是以"濂溪自号"的宋代理学家周敦颐,他筑室庐山莲花峰下小溪上,写了情理交融、风韵俊朗的《爱莲说》,云:"水陆草木之花,可爱者甚蕃,予独爱莲之出淤泥而不染,濯清涟而不妖,中通外直,不蔓不枝,香远益清,亭亭净植,可远观而不可亵玩……莲,花之君子也。"周对莲作了细致传神的描绘,赞美莲花的清香、洁净、亭立、修整的特性与飘逸、脱俗的神采,比喻了人性的至善、清净和不染。把莲花的特质和君子的品格浑然熔铸,实际上也兼融了佛学的因缘,构成了"远香堂"、"藕香榭"、"香远益清"、"濂溪乐处"等园林景点意境。周敦颐《爱莲说》犹一曲不朽的"莲花颂","赢得芳名万载传"。

荷花"有五谷之实,而不有其名;兼百花之长,而各去其短",② 不事张扬,委实可敬、可爱。

广叶青阴、繁花素色的梧桐在《诗经》中就与凤凰相联系。梧桐招凤凰,成为圣雅之植物。成为后世园林中的凤池馆、碧梧栖凤、梧竹幽居等景点的文化渊源。苏州的残粒园,取杜甫"香稻啄余鹦鹉粒,碧梧栖老凤凰枝"之意,也有自比凤凰之意。"桐"因为与"同"谐音,常常作为吉祥图案与其他物体配合,如与喜鹊配合,组成"同喜"的吉祥图案,与梅花鹿、仙鹤配合组成"六合同春"的吉祥图案。

山茶花,枝软形奇,英姿神韵,色香俱绝,且"常共松杉守岁寒",像松柏一样经冬历霜,冒着料峭春寒怒放,"独能深月占春风",别具内美。拙政园西部鸳鸯厅南半厅为"十八曼陀罗花馆",曼陀罗乃山茶之别名。厅前有山茶十八枝,名东方亮、洋白、渥丹、西施舌等。当年有宝珠山茶三四株,高柯合理,得势增高。巨丽鲜妍,纷披照瞩,为江南所仅见。清初诗人吴伟业有《咏拙政园山茶花》诗,赞其艳如天孙织云锦,吐如珊瑚缀火齐,后人追和者甚众,传为佳话。

《本草纲目》:"群芳中以牡丹为第一,故世谓'花王'。"至宋代已经有"魏紫"、"姚黄"等近百种品种。牡丹雍容华贵,唐王公贵族以观赏牡丹为热,李正封有"天香夜染衣,国色朝酣酒"诗句咏之,故有"天香国色"之誉。唐诗

---

① 张潮:《幽梦影》。

② 李渔《闲情偶寄》。

"翠雾红云护短墙，豪华端称作花王。"牡丹有"洛阳花"的别名，据《事物纪原》记载，谓唐武则天冬月游后苑，下令百花开放，惟独牡丹不畏强权，没有开花，遂被贬洛阳。"强项若此，得贬固宜"。李渔《闲情偶寄》曰："是花皆有正面，有反面，有侧面，正面宜向阳，此种花通义也。然他种犹能委屈，独牡丹不肯通融，处以南面即生，俾之他向则死，此其肮脏不回之本性，人主不能屈之，谁能屈之？"精神为人所敬。

牡丹花姿美，花大色艳，富丽堂皇，雍容大度，欧阳修赞"天下真花独牡丹"，故有"富贵花"之号。长期以来，牡丹成为富贵、繁荣昌盛的象征。隋炀帝在洛阳建西苑，诏天下进奇石花卉，易州进牡丹二十箱，植于西苑，自此，牡丹进入了皇家园林。由于牡丹被视为"富贵、吉祥"之物，含有"兴隆、发家"之意，故千余年来大量用于园林之中。苏州园林中绘有雍容牡丹的花瓶、花盘、花缸，置于室内、案头、几上，几乎随处可见。园林厅堂裙板、铺地、砖雕门楼、砖雕桥面上都刻有牡丹图案，牡丹与其他吉祥植物图案的组合也大量出现在园林的雕刻中。如牡丹与芙蓉、牡丹与长春花表示"富贵长春"；牡丹与海棠象征"光耀门庭"；牡丹与桃表示"长寿、富贵和荣誉"；牡丹与水仙是"神仙富贵"的隐语；牡丹与松树、寿石又是"富贵、荣誉与长寿"的象征；牡丹还常与荷花、菊花、梅花等画在一起，象征四季，牡丹代表春天所开的花。

月季为花中"皇后"，"惟有此花开不厌，一年长占四时春"（苏轼）。月季花艳，月月留春，青春永驻。瓶中插上月季，象征着四季平安。

海棠娇媚却不娇气，嫣然一笑竹篱间。她适应性强，植于庭前、路边、池畔、盆中皆可。宋刘子翚以为她集梅、柳优点于一身："幽姿淑态弄春晴，梅借风流柳借轻……几经夜雨香犹在，染尽胭脂画不成……"风雨摧残清香犹存，风骨铮铮。

海棠花窈窕春风前，"雪绽霞铺锦水头，占春颜色最风流"，春海棠成为春天的象征。园林中除了观赏的海棠花外，海

图80　狮子林海棠门洞

棠花图案触目皆是：落地长窗、洞窗、塑窗、门洞、铺地等构图，常常是美妙的海棠图案。海棠门，就有春天永驻、春意浓浓的含义（见图80）。厅堂斋馆中的海棠窗，给人春满厅堂的感觉。铺满海棠图案的院子，自然产生春色满院的美感。拙政园的海棠春坞，是以海棠为独立欣赏对象所设的景点，虽然庭院内只有一株被文震孟赞为"真如妃子醉态"① 的垂丝海棠，和一株娇媚动人的西府海棠，由于庭院铺地图案全为海棠花，入入其中，犹如置身在海棠花丛之中。

菊以渊明为知己，梅以和靖为知己，竹以子猷为知己，莲以濂溪为知己，桃以避秦人为知己，杏以董奉为知己……荔枝以太真为知己，茶以卢仝、陆羽为知己，香草以灵均为知己，莼鲈以季鹰为知己，蕉以怀素为知己，瓜以邵平为知己……②花木成为特殊的一种文化符号。

菊花为花中"隐士"，晋陶渊明辞官归田后，"采菊东篱下，悠然见南山"，被后世文人称为"隐逸之宗"。宋檀道鸾《续晋阳秋》："陶潜尝九月九日无酒，宅边东篱下菊丛中，采摘盈把，坐其侧。未几，望见白衣人至，乃王弘送酒也。即便就酌，醉而后归。""陶菊"象征着陶渊明不为五斗米折腰的傲岸骨气。菊花的品性，已经和陶渊明的人格交融为一，真如明俞大猷《秋日山行》所说的："一从陶令平章后，千古高风说到今。"因此，菊花有"陶菊"之雅称，九月为菊花花神。东篱，成为菊花圃的代称。宋李清照《醉花阴》"东篱把酒黄昏后，有暗香盈袖。莫道不消魂，帘卷西风，人比黄花瘦。"

早在屈原的《离骚》："朝饮木兰之坠露兮，夕餐秋菊之落英。"菊花又为高洁的象征。宋人对菊花的品格更是称颂不已：朱淑真《黄花》"宁可抱香株上老，不随黄叶舞秋风"。南宋郑思肖《寒菊》："花开不并百花丛，独立疏篱趣未穷。宁可枝头抱香死，何曾吹堕北风中！"宋史正志《菊谱前序》："菊性介烈高洁，不与百卉同其盛衰。"《花镜·菊花》："菊有五美：圆花高悬，准天极也；纯黄不杂，后土色也；早植晚发，君子德也；冒霜吐颖，象贞质也；杯中体轻，神仙食也。昔陶渊明种菊于东流县治，后因而县亦名菊。"

园林中随处可见的垂柳，婀娜多姿，涵蕴文化意义却颇为深厚。垂柳不择肥瘠，剪取一枝，即可插扦繁殖，对环境有很强的适应能力，成为生命力的象征。

---

① 文震亨：《长物志·花木·海棠》。
② 张潮：《幽梦影》，见《明清名家小品精华》，安徽文艺出版社1996年版，第753页。

每当隆冬刚过，冰雪消融，万木乍醒之时，垂柳已抽出万缕长丝，摇曳于淡云疏雨间，真可谓"依依袅袅复青青，勾引春风无限情"，垂柳实为春的信使。垂柳小枝细长下垂，叶狭长如披针形，唐贺知章《咏柳》诗曰："碧玉妆成一树高，万条垂下绿丝绦。不知细叶谁裁出，二月春风似剪刀。"正是春风像剪刀一样裁剪出片片柳叶。细柔如丝的垂柳，随风摇曳，委实风流可人。

《诗经·采薇》中，征战归来的士兵在雨雪霏霏之时，想起离开家乡之时，正值春光明媚，"杨柳依依"，柳枝的"依依"撩人，恰如离家时征人难舍难分的情感。"柳"又与"留"谐音，"柳"也就成为寄寓留恋、依恋的情感载体，自此折柳送别成为朋友分别时的惯例。

柳也是家庭和家乡的象征。《诗经·东方未明》中有"折柳樊圃"，陶渊明钟爱的家也是"桃李罗堂前，榆柳荫后檐"，柳积淀着"家"的情感因子，因此，李白诗有"此夜笛中闻《折柳》，何人不起故园情"，《折柳》曲子正是描写故园之情的。为了安慰游子，客舍旁植柳，"客舍青青柳色新"，[1] 以营造客至如归的氛围。

柳还有"武昌柳"、"陶家柳"之特称，前者为晋陶侃典故。晋陶侃有远概纲维宇宙之志，以匡主宁民为己责，《世说新语·政事》引《晋阳秋》曰，陶侃性俭厉，勤于事。在武昌"尝课营种柳，都尉夏施盗拔武昌郡西门所种。侃后自出，驻车施门，问：'此是武昌西门柳，何以盗之？'施惶怖首伏，三军称其明察"。后以所植武昌官柳，代指勤于公事。后者因陶渊明写《五柳先生传》以自况，"宅边有五柳树，因以为号焉"，泛指具有情致高雅脱俗的隐士居处环境。

杨柳枝在中国文化中还具有治疗疾病、驱除鬼魅和澄净人心和环境的功能。古人每于"正旦取杨柳枝著户，百鬼不入家"，大慈大悲的观音菩萨经常是左手胸前拿净瓶，右手微举杨柳枝，净瓶在印度原来是用金属品制成的澡罐，它表示用洗濯罪垢污秽来使心净洁，菩萨用以医治世间的疾病及导引民众至于不死地位。观音菩萨把柳枝投入净瓶里而遍洒甘露，向人祝福。

杜鹃为花中西施，又附丽了一个凄婉的传说：相传蜀帝蒙怨死后，化作一只杜鹃鸟，日日啼叫诉冤，嘴角的血滴落在杜鹃花上染红了杜鹃花。此后，杜鹃花也成为人们恋乡思亲的情感寄托。

水仙为凌波仙子，"莹浸玉洁，秀含芳馨"，相传为舜妃子娥皇、女英的灵

---

① 王维：《送元二使安西》，《王右丞集笺注》，第263页。

魂化成，娟娟不染尘俗之气。

桂花有"仙友"、"仙客"之称。在诗人笔下，它不是凡种："我到月中收得种，为君移向故园载"，因此，桂花"清香不与群芳并"，世上无花敢斗香。桂花之香、婆娑之姿、摇曳之清光，都被染上脱俗之气。于是，"清香馆"、"金粟亭"、"天香馆"、"云外筑婆娑"等都成为园林景点立意的高雅主题。桂花被烙上科举文化的烙印，蟾中折桂，象征登第，故每每在书房外植桂，具有特殊的文化意蕴。桂花属于木樨科，自从宋代文学家、书法家黄庭坚将木樨的香味作为悟禅的契机以后，"木樨香"遂成为三教教门中常用的典故，含蕴着深刻的禅宗哲理，成为园林中"闻木樨香轩"、"无隐山房"、"小山丛桂轩"等园林景点的深层意境。

花草承载着特殊的文化意义。如椿（香椿）作父亲大案代词、《庄子·逍遥游》载，上古有大椿长寿。《论语·季氏》述孔鲤趋庭接受其父孔子训导之事，后因以"椿庭"为父亲的代称，简称"椿"。萱（萱草）为母亲大案另称。《诗经·卫风·伯兮》："焉得谖草，言树之背？"谖即萱，背，北，古代母亲居住北堂，故"萱堂"为母亲或母亲居处的代称。此亭位于北。就连不起眼的沿街草，据说是出于山东淄川东汉大学者郑玄（字康成）读书处，为郑玄所爱，因它草叶如韭而更长，人们比之为书带，故一称"书带草"、"郑公草"，也和文人结缘而叠见歌咏。李白咏"书带留青草，琴堂蒙素尘"，苏轼歌"庭下已生书带草，使君疑是郑康成"。

在中国传统文化中，还有许多花木因各种原因，具有特殊的吉祥含义，广泛地引入园林或成为装饰图案。如兰花不仅誉为"花中君子"，而且还被尊为"香祖"。她素而不妖，娟秀典雅，花香清冽，春深时节，幽岩曲涧，窈然自芳。《易经·系辞上》："二人同心，其利断金，同心之言，其臭如兰。"言两人同心协力，无坚不催；共同的心声，气味香如兰花。因此兰花象征友谊，同心的语言被称为"兰言"，结拜弟兄被称为"义结金兰"。紫荆的叶子形状如"心"，故用以象征同心和团结。石榴喻意多子，① 橄榄象征平安；紫薇、榉树比喻达官贵人；萱草意含忘忧；杞梓喻能人；毛白杨象征坚忍不拔、奋发向上；火棘表示大

---

① 古人有"三多"之说：《庄子·天地》曰："尧观乎华，华封人曰：'嘻，圣人，请祝圣人，使圣人寿。'尧曰：'辞。''使圣人富。'尧曰：'辞。''使圣人多男子。'尧曰：'辞。'""多子"为其一。

公无私、刚正不阿；甘棠喻能臣等。

二、有生命的历史

园林中最难求的是古树，古树名木具有不可替代的历史文物价值，古树之"古"作为一种文化品格，它是历史文化的积淀，是园林中的活文物。这种古的文化品格，常常被看作民族、江山的象征，如《论语·八佾》："哀公问社于宰我，宰我对曰：'夏后氏以松，殷人以柏，周人以栗。'"松、柏、栗遂成夏后氏、殷、周的社稷之木。《楚辞·哀郢》："望长楸而太息兮，涕淫淫其若霰。"人们常常以"桑梓"隐指故土等。

园林中的古树名花还往往与历史名人有关，承载着不可替代的文化信息，它们是活的文物，往往构成独立的景点。

相传为中华民族的共同祖先轩辕黄帝手植的黄陵"轩辕柏"，具有 5000 年历史；武汉晴川阁禹王庙传有大禹手植的"禹柏"；山东莒县定林寺内的"银杏寿星"，高 24.7 米，腰围 15.7 米，春秋时期鲁公子莒在此杀鸡会盟，挂牺牲于上，树龄达 2500 年以上，郭沫若称"银杏为东方的圣者，中国人文有生命的纪念塔"；曲阜孔庙大成门内的"先师手植桧"，挺拔苍翠。有的还附丽许多掌故传说，曾被历史名人予以特殊的命名，如北京潭柘寺银杏被清代皇帝命名为"帝王树"、承光殿后庭的白皮松，树干碧白交织，纹理清秀，乾隆封为"白袍将军"、那棵括子松，树冠亭亭如盖，也因乾隆曾于树下纳凉，而被封为"遮荫侯"。古人曰"松柏阅世"。原静宜园（香山）有 5800 多棵松树，姿态各异，附丽着美丽的传说，如见心斋北门外石桥前一松枝杆酷似孔雀引首东望，名"凤栖松"；香山碧云寺山门前南北各有一高达 20 多米松树，上面相对生长的虬枝像两个虔诚的佛教徒拱手听讲，乾隆皇帝将这两棵树命名为"听法松"；昭庙牌楼前四棵古松依次排开，俨如四个大将军守护着家园，名"四大金刚"等。拙政园有明文徵明手植紫藤（见图 81），400 多年了，主干胸径 22 多厘米，至今依然郁郁葱葱，万千条藤缠绕盘曲，花时璎珞流苏，垂串紫玉，藤架下竖石碑一方，上书"文衡山先生手植藤"，是清光绪三十年（公元 1904 年）江苏巡抚端方所书，还有"蒙茸一架自成林"的题款，堪为生动写照，近人金松岑写有《拙政园文衡山手植古紫藤歌》，李根源将其与瑞云峰、环秀山庄假山并誉为"苏州三绝"。

苏州天平山庄有一棵高 10 米、胸径 70 厘米的罗汉松，干皮剥落，顶部枝繁

图81　拙政园文徵明手植藤

叶茂，椭圆形的石碑上镌刻着"相传唐伯虎手植罗汉松"十个字，顿使人刮目相看。另外，鹤园中有一枝呈八角形的丁香树，花坛下方石碑上镌刻着"沤尹词人手植丁香"，落款是"彊村师昔尝假馆鹤园手植此花鹤缘今爱护之，比于文衡山拙政之藤以增美矣。弟子邓邦述记。"彊村，即著名词人朱祖谋。

古树因为时代久远，饱经风霜，大多具有奇特的形象，画意横生，成为活的画本。如网师园里的古柏，是南宋万卷堂遗物，已经历了900多个春秋，顶梢早枯，饱经历史沧桑，但3根侧枝却枝叶扶疏，依然葱郁，给人以勃勃生机，极富画意。最典型的是苏州邓尉庙里的四株汉柏，相传为东汉大司徒邓禹手植，历劫磨难，仍势极蟠曲，风姿各异，乾隆皇帝南巡至此，大为叹服，题为"清、奇、古、怪"。清人孙原湘这样描写：清者，"一株参天鹤立孤，倔强不用旁株扶"，树干挺拔，群枝四垂，碧郁苍翠。奇者，"一空其腹如剖瓠，生气欲尽神不枯"，主干折裂，一空其腹，但顽强不屈。古者，"一株卧地龙垂胡，翠叶却在苍苔铺"，周身皱纹盘旋而上，如百索绕躯，古朴庄重，粗犷憨厚，其冠遭雷击断，落地生根，复为两株，株繁叶茂，生机盎然。怪者，"其一横裂纹萦行，瘦蛟势欲腾天衢"，被雷一劈为二，一株卧地三曲，形如强弓，一株伏地昂首状若蛟龙，状如一幅幅立体的画。

天坛的"九龙柏"，主干自下而上有许多条交错突出的凹凸纹理，状如许多蛟龙盘绕，这种树木本身因细胞的裂变不均匀造成的病理现象，竟成了植物景观中的一绝。北海团城的"探海松"，枝干向西屈卧，树冠橡过雉堞下倾，俯瞰着太液池，饶有画意。

以上花木既能使人产生怀古的幽思，又可获得审美快感。

第三节　植物配置的文化心理

园林的植物配置，必须符合功能上的综合性、生态上的科学性、风格上的民族性与地方性。但由于花木蕴涵着丰富的文化内涵，园主往往通过对花木品种的选择、配置，附以诗文题名，将自己的人格理想、情操节守等文化信息透露出来，藉以表现、衬托景点主题的主要手段。

一、人格情操的表白

苏轼赞文与可梅竹石云："梅寒而秀，竹瘦而寿，石丑而文，是为三益之友。"① 松、竹、梅被誉为"岁寒三友"，表示在风霜严寒中结成的忠贞友谊，亦用以表示经得起严酷环境的考验，具有坚贞节操的人品。怡园的"岁寒草庐"、退思园的"岁寒居"均撷此意。

松、竹、梅称为"岁寒三友"，欣赏他们的傲雪凌霜的风骨，园林中有许多以松、竹、梅为主题的景点，如"岁寒居"、"岁寒草堂"等。以松柏为主题的很多。诸如"得真亭"、"听松风处"、"松籁阁"、"万壑松风"、"松鹤清樾"等。以竹子为主题的"四时潇洒亭"、"个园"等。梅花为主题的有"锄月轩"、以荷花为题的"曲水荷香"和"观莲所"等。以枫树为题的"青枫绿屿"，以香草为主题的有"香草垞"、"药圃"、"离蓁园"、"香草居"、"香洲"等，俯拾皆是。

园林中有许多以植物为观赏主题的景点，都具有一定的比德意义。如网师园"殿春簃"前的芍药，殿春即芍药，军行后为殿，芍药花时在春末，故曰殿春。"多谢花工怜寂寞，尚留芍药殿春风"，宋陈师道《谢赵生惠芍药》诗云："九十风光次第分，天怜独得殿残春。"当"魏紫姚黄扫地空"的时候，仿佛是大自然的偏爱，芍药花特别得到机会在最后分享了春色，"天意再三珍雅艳，花中最后吐奇香"，殿春的品格受人倾敬。

皇家园林中种植果蔬，表达皇帝务本、重农的思想。如康熙时承德山庄还种了一些瓜、稻和麦之类的农作物，渲染了"山庄"田野风趣。"深柳疏芦"配置在"江干湖畔"，成为士大夫们回归江湖、归隐田园的象征，如拙政园"劝耕亭"旁几枝芦苇摇曳，给人以乡野之感。

封建社会的文人乃至帝王，精神上都无不以归依陶渊明为高，依据陶渊明《桃花源记》的艺术意境为园林构景的，俯拾皆是。如清圆明园的"武陵春色"，曲折的溪流和湖泊将四周环水的岛屿，分成形状不同的三块，创造出幽僻、深邃的意境，具有山林隐逸之意。为符陶渊明笔下的桃花源景色，特植"山桃万株，

---

① 罗大经：《鹤林玉露》卷5。

参错林麓间。落英缤纷，浮出水面。或朝曦夕阳，光炫绮树，酣雪烘霞，莫可名状"①。私家园林更多，如苏州留园北部的"小桃坞"，原来都种植了蔬菜，以象田园风光。

二、趋吉心态的物化

从文化心理学角度看，园林中的植物的配置讲究吉祥如意。植物组合要寓意吉祥。建筑物主题与植物配置相一致，如颐和园"乐寿堂"，前后庭院遍植玉兰、海棠和牡丹，寓意"玉堂富贵"。苏州狮子林燕誉堂，庭院置有花台、石笋、牡丹丛植，并夹峙两株木兰，每到春天，构成一幅华丽的立体图画，其题意为"玉堂富贵"。苏州网师园"清能早达"大厅南庭院植两株玉兰。后庭院植两棵金桂，合"金玉满堂"之意。南方住宅前后所植树木，有"前榉后朴"②的习惯，"榉"，即中举，"朴"即仆人，中举，荣华富贵，就有仆人伺候。

植物名的读音、形态、色彩要吉利，如忍冬，又叫"金银花"，花为金黄色和白色；枇杷，色黄如金，有"摘尽枇杷一树金"之说，均为大吉大利之物，园林中种植较多。反之，银杏树，却因又名"白果"而不讨口采，园主不爱种。紫藤喜附乔木而茂，有攀附向上的特性，意含青云直上，又花时，紫色满园，深含"紫气东来"之意。所谓"紫气东来"，出于道教故事，《史记·老子传》索隐引刘向《列仙传》："老子西游，关令尹喜望见有紫气浮关，而老子果乘青牛而过也。"所谓"西望瑶池降王母，东来紫气满函关"，③皆谓仙人居处。所以紫藤在庭院中常见。

利用花木之同音或谐音，还可组成别有深意的内容，如海棠、棠棣之花比喻兄弟和睦，玉兰、牡丹、海棠、桂花，谐音为"玉堂富贵"等。如网师园大厅前天井东西各植玉兰、后天井东西各植桂花，东为金桂，西为银桂，即取此意。曲园"乐知堂"庭院中植金桂、玉兰，以应砖刻"金干玉桢"之意，以喻子孙兴旺发达等。梅、竹、兰、菊为四君子；荼蘼、茉莉、瑞香、荷花、岩橘、海棠、菊花、芍药、梅花、栀子为韵；雅、殊、静、仙、名、佳、艳、清、禅乃

---

① 乾隆：《御制诗·序》。
② 按：或者屋前种"榉"（中举），屋两旁为"朴"（仆人侍候）。
③ 杜甫：《杜工部草堂诗笺》卷32《秋兴》之五。

"十友"；牡丹，赏客；梅花，清客；菊花，寿客；瑞香，佳客；丁香，素客；兰花，幽客；莲花，静客；茶花，雅客；桂花，仙客；蔷薇，野客；茉莉，远客；芍药，近客等为十二客。

避暑山庄松鹤斋，当年斋内"常见青松蟠户外，更欣白鹤舞庭前"，并有驯鹿悠然庭中，故乾隆题诗曰："岫列乔松，云屏开翠嶝；庭间驯鹿，雪羽舞阶前。"是取鹤鹿同春、松鹤延年之意。

三、门第高贵的旌表

古树名木，乃是活的历史，有些植物和配置，还作为一种文化的标志，能唤起历史记忆，已经成为民族文化的活化石。宅园门前的槐树就是其一。

《花镜·槐》称："槐一名櫰，一名盘槐，一名守宫槐。"我国古代盛传的《地理心书》上说：中门种槐，三世昌盛。

早在我国周朝时期，朝廷在外朝种槐树三棵和棘树九枝，公卿大夫分坐其下，左九棘，为公卿大夫之位，右九棘，为公侯伯子男之位；面三槐为三公之位，三公即太正大臣、左大臣和右大臣。后因以槐棘指三公或三公之位，由此称三公为三槐，称三公家为槐门，"三槐九棘"乃指高官厚禄之家。所以，槐树，成为旌表门第的标志。

古人以为，槐树还具有拒恶引善的功能，《太公金匮》载曰："武王问太公曰：'天下神来甚众，恐有试验者，何以待之？'太公曰：'请树槐于王门内，有益者入，无益者距之。'"所以，据《春秋元命包》曰："树槐，听讼其下。"古代官府有在槐树下办案的习俗。槐，一名櫰，言怀也，又具有"怀人"之德。

槐树很早就东传日本，日本古籍《和名抄》和《本草和名》中就出现了槐树之名。镰仓第三代将军源实朝将自己的诗集名为《金槐和歌集》，"金"指镰仓"镰"字的部首，"槐"即暗示自己的显赫地位，《金槐和歌集》实际上表示了"镰仓大臣和歌集"之意。镰仓初期内大臣藤原忠亲的日记、江户中期朝臣近卫氏的言行录也都以"槐"字命名，以示自己的身份。

日本平安时代，大臣贵族家的门前和园前都植槐树，并引进园林。《作庭记》在"树事"一节中说："槐应该植于门边。大臣门前植槐，被称为槐门，是由于大臣怀人仕帝之故。"日本的武士道精神强调对主人（大名）的忠诚，所以槐树除了门第象征外，其"怀人"之德的寓意，也被日本武士们用以突出对各自从属的大名的忠诚，武士出身的大臣们也都在大门边种上了槐树。就这样，中国的"槐观"被"偷梁换柱"，完成了"日本化"。

苏州的网师园和狮子林门前庭院所植的两棵槐树，就是上述历史意蕴的文化表征（见图82）。

图82　网师园前庭园盘槐

第六章
园林与中国古代文学（上）

　　园林作为综合艺术，与中国古典诗文的关系最为密切，可以说是"盘根错节，难分难离"①，所以，陈从周认为"研究中国园林，似应先从中国诗文入手，则必求其本，先究其源，然后有许多问题可迎刃而解。如果就园论园，则所解不深。"②这是深谙中国园林艺术渊源的不刊之论。

　　代表高品位中国园林艺术的文人园林，与中国山水诗、山水画同时诞生在山水审美意识觉醒的魏晋南北朝，均属于以风景为主题的艺术，且均为士大夫文人吟咏性情的形式。从波时开始，人们就将自然美作为审美对象，崇尚自然，返璞归真，成为时代风尚。《文心雕龙·原道》："云雾雕色，有逾画工之妙；草木贲华，无待锦匠之奇；夫岂外饰，盖自然耳。至于林籁结响，调如竽瑟；泉石激韵，和若球锽。故形立则章成矣，声发则文生矣！"自然界之美出自天然，而非人工所为，天籁之鸣本身就是美妙的诗章，所以，刘勰提出了"窥情风景之上，钻貌草木之中"③的美学命题，将自然风景纳入诗美范畴，感情内容转化为可以直觉观照的物色形态。殆及盛唐，出现了传为王昌龄的《诗格》，提到了"三境"之说：

---

① 陈从周：《中国诗文与中国园林艺术》，见《中国园林》，广东旅游出版社1996年版，第239页。
② 同上。
③ 刘勰：《文心雕龙·物色》。

一曰物境：欲为山水诗，则张泉石云峰之境，极丽绝秀者，神之于心；处身于境，视境于心，莹然掌中，然后用思，了然境象，故得形似。二曰情境：娱乐愁怨，皆张于意而处于身，然后驰思，深得其情。三曰意境：亦张之于意而思之于心，则得其真矣。

宋人更将诗画渗融为一，"画者，文之极也" ①，苏轼激赏王维"诗中有画"、"画中有诗" ②，并将诗情画意巧妙地融入园林，"诗扬心造化，笔发性园林"。明清文人更是将山水作为"地上之文章"来"写"。西方园林像蕴涵强烈理性色彩的史诗和色彩浓厚、形体感浪强的油画，雄浑、规整，理性化的情，理性化的意，寓理于景；中国园林则像抒情诗，吟咏情性者也，寓情于景，托物言志，情在词外，状溢目前，具有田园诗、山水画的意境之美，浪漫、飘逸，恬静、雅逸。中国园林这种诗画渗融之美，最为摄人心魄。

第一节 筑圃见"文心"

中国古典园林大多出乎文人、画家与匠工之合作，这些诗画家和匠工是计成所说的"殊有识鉴"的"能主之人"。历史上诗画艺术家经常参与其他园林的设计规划、品评，自己也喜欢文化环境建设，一个小园，两三亩地，垒石为山，筑亭其上，引水为池，种花莳竹，新句题蕉叶，浊醪醉菊花，于焉逍遥。唐山水田园诗人、画家王维、中唐大诗人白居易、宋代诗人苏舜钦、文史家司马光，元大

---

① 邓椿：《画继》。
② 苏轼：《经进东坡文集事略·书摩诘蓝田烟雨图》。

画家倪云林、明文学家王世贞、清代文学家袁枚、集文学艺术与造园理论家及工艺家于一身的李渔等皆热衷于构园。大凡艺术素养很高的帝王热衷参与造园者也不少，宋徽宗和清乾隆堪为其中之最。

造园艺术家们往往通过文学题咏和景观布局，将中国文学史上许多著名文学家的诗文意境，融进园林，达到"境若与诗文相融洽"，正因为是揣摩诗意构园，所以园林各景区也就具有寓意深永的诗文意境，人们就能从诗文所提供的"信息"和"目中景"，去揣摩、生发、再创造，从中获得中国古典诗文的醇香厚味。陈从周曾从苏州诸园玩味出诗词的境界：网师园若晏小山词，清新不落套；留园秀色夺人，犹吴梦窗词；拙政园中部，清空骚雅，如姜白石词风；沧浪亭蕴涵哲理，耐人涵咏，则具宋诗神韵；怡园仿佛清词，集萃式的传统词派的模拟……等。

一、中国园林的"文心"

中国园林之筑皆出于文思，主题意境确定以后，造园艺术家们往往因地制宜地结构各欣赏空间的意境，并以诗文形式作出概括，再仔细地推敲山水、亭榭、花木等每个具体景点的布置，这就是清陈继儒所谓的"筑圃见文心者"。寻绎中国古典园林的"文心"，《诗经》风雅、庄骚、唐诗、宋词等无所不有，或为直摹化境，或神行而迹不露。

《庄子》的"濠濮之情"和超功利的人生理想，是文人的心魂所系。《庄子》一书"极天之荒，穷人之伪"的想象和"汪洋恣肆，仪态万方"的行文，使人读其文，如临春风，如饮醇醪。庄周派的思想成为封建士大夫思想建构的重要精神支柱，并深刻地影响着中国园林的思想和艺术意境。

庄子理想人格的根本是保持精神超然、心志高远，强调独立人格，渴望人生的自由。中国园林中的观鱼台、钓鱼台的意境，都源出《庄子·秋水》篇中"濠梁观鱼"一段有趣的问答：

> 庄子与惠子游于濠梁之上。庄子曰："儵鱼出游从容，是鱼之乐也。"惠子曰："子非鱼，安知鱼之乐？"庄子曰："子非我，安知我不知鱼之乐？"惠子曰："我非子，固不知子矣；子固非鱼也，子之不知鱼之乐全矣。"庄子曰："请循其本。子曰'女安知鱼乐'云者，既已知吾知之而问我。我知之濠上也。"

惠子是讲究逻辑的名家，庄子则极重视感觉经验，庄惠对答，极富理趣，它涉及到美感经验中一个极有趣味的道理。庄子说他是在濠水上知道鱼快乐的，反映了他观赏事物的艺术心态。他看到儵鱼"出游从容"，便觉得它乐，因为他自己对于"出游从容"的滋味是有经验的。心与物通过情感而消除了距离，而这种"推己及物"、"设身处地"的心理活动是有意的、出于理智的，所以它往往发生幻觉。鱼并无反省意识，它不可能"乐"，庄子拿"乐"字来描写形容鱼的心境，其实不过是把他自己"乐"的心境外射到鱼的身上罢了。物我同一、人鱼同乐的情感境界的产生，只有在挣脱了世俗尘累之后方能出现。所以，临流观鱼，知鱼之乐，也就为士大夫所竞相标榜了。园林中不乏"鱼乐国"、"安知我不知鱼之乐"、"濠上观"、"知鱼槛"、"知鱼濠"等景点，都再现了庄惠濠梁观鱼的意境。如颐和园谐趣园的"知鱼桥"，桥下绿水盈盈，鱼戏莲叶，当月到风来之时，浪拍石岸，呈现出"月波潋滟金为色，风濑琤琮石有声"的清幽意境。

园林中的观鱼台，也都叫钓鱼台。文人自比钓翁、钓公、钓叟、烟波钓徒等，成为"隐士"的符号。这也得溯源于庄子。《庄子·秋水》篇里有一则庄子濮水钓鱼的故事：

> 庄子钓于濮水，楚王使大夫二人往先焉，曰："愿以境内累矣!"庄子持竿不顾，曰："吾闻楚有神龟，死已三千岁矣；王用巾笥而藏之庙堂之上。此龟者，宁其死为留骨而贵乎？宁其生而曳尾于涂中乎？"二大夫曰："宁生而曳尾于涂中。"庄子曰："往矣，吾将曳尾于涂中。"

这则钓鱼故事反映了庄子远避尘嚣、追求身心自由、悠然自怡的人生理想。这正和封建士大夫们兴适情偏、怡情丘壑的审美趣味相契合，并用来标榜恬淡寡欲、闲雅超脱之情。庄子濠梁观鱼和濮水钓鱼的深邃思想内涵，成为历代文人笔下的"濠濮"之情。苏州留园中部曲桥东方亭额"濠濮"，亭中匾上题"林幽泉胜，禽鱼目亲，如在濠上，如

图83 避暑山庄"濠濮间想"图①

---

① 郭俊纶：《清代园林图录》，第34页。

临濮滨。昔人谓'会心处便自有濠濮间想'，是也"。留园冠云台匾额为"安知我不知鱼之乐"。避暑山庄、北海的"濠濮间想"，"清流素湍，绿岫长林，好鸟枝头，游鱼波际，无非天适，会心处在南华秋水矣"①，都为个中之意，融进了玄理，耐人玩味。

《庄子》的理想境界是"返璞归真"、"天人为一"，以达到"天地之美"。途径就是"无己"、"无功"、"无名"而绝对自由。达到《庄子·列御寇》中所说的"泛若不系之舟"这样超功利的美的人生境界，成为私家园林旱船"不系舟"的立意。

追求超功利的人生境界，就要守其素朴，知足长乐。《庄子·逍遥游》："鹪鹩巢于深林，不过一枝。"又曰："覆杯水于坳堂之上，则芥为之舟。"芥即小草。后之文人常比喻为栖身之地，所以便有"一枝园"、"半枝园"、"芥舟"园等频频出现。庄子赞美拙朴的生活，抨击机巧。苏州拥翠山庄的"抱瓮轩"，出自《庄子·天地》篇，子贡见老人抱瓮灌园，用力甚多而见功寡，就劝其用机械汲水，老人认为这样做了人就会有机巧，故羞而不为。后以比喻安于拙陋、弃绝机巧、心闲游天云的淳朴生活。

颐和园后山"看云起时"景点，用王维著名诗句"行到水穷处，坐看云起时"的意境；颐和园"云松巢"景点，用李白"吾将此地巢云松"诗意；避暑山庄湖泊区的烟雨楼，用唐诗人杜牧"南朝四百八十寺，多少楼台烟雨中"诗意而设，烟雨濛濛之时，湖水渺淼，上下天光，楼台倒影，不啻神境仙域。园林植物的配置也往往借鉴古典诗文的优美意境，创造浓浓的诗意，令人玩味无穷。如苏州怡园，冬有赏梅花的南雪亭，取杜甫《又雪》诗"南雪不到地，青崖粘未消"诗意。秋天赏桂花，金粟亭匾"云外筑婆娑"，撷唐韩愈《月蚀》诗"玉阶桂树闲婆娑"之意。

园林中也流溢着宋词的轻岚。如退思园水园有着姜白石词的骚雅之气：悬挑水面的"水香榭"，夏日里绿荫荷香，"嫣然摇动，冷香飞上诗句"，令人尘襟一洗，邈然有遗世之想。背临荷池的"菰雨生凉"轩，周围荷花菰蒲，芦苇摇曳，轩南植芭蕉棕榈，夏秋季节，轩内凉风习习，荷香阵阵，如果阵雨突至或者细雨淅淅之时，那荷叶、菰蒲、芦苇、芭蕉、棕榈都成了奏乐的琴键，充满了天籁之音，"翠叶吹凉，玉容消酒，更洒菰蒲雨"的意境油然而生。湖中"闹红一舸"

---

① 《御制避暑山庄诗》，参见郭俊纶：《清代园林图录》，第34页。

石舫由湖石托起，半浸碧波，夏秋之际，荷花绕舟，几只鸳鸯在荷叶间嬉戏，那无数的荷花荷叶，似玉佩，似罗衣，在清风绿水间摇曳，碧绿的叶子散发着凉爽的气息，美玉般的花朵，带着酒意消退时的微红。这时，如果有一阵密雨从丛生的菰蒲中飘洒过来，荷花优美地舞动着腰肢。此时，清风徐来，绿云自动，耳闻水声潺潺，诗人薄荷而饮，诗兴勃发，诗句上顿时染上了一股迷人的冷香。以上三处景点中描写的"意象幽闲，不类人境"之意境，皆由姜白石《念奴娇·闹红一舸》一词化出。

有的将诗句直接镶嵌在建筑构件中，起到诗化景观的艺术效果。退思园的九曲围廊廊壁间九个图案雅致的漏窗中间，镶嵌着"清风明月不须一钱买"的诗句，取自唐李白的《襄阳歌》，下句是"玉山自倒非人推"，这里，"清风明月"指自然美景，"玉山"指人身，用晋嵇康醉倒后"如玉山将倒"的风度之典故。形容水园旖旎的风光，让人们陶醉，犹如喝了高醇度的陈年老酒一样，醉倒了。含蓄、典雅，淋漓尽致地渲染了水园的自然美景。

有的园林造景集萃了诗文意境，最典型的是天平山庄的构园置景。张岱《天平山庄》记道：

> 山之左为桃源，峭壁回湍，桃花片片流出；有孤山，种植千树；渡涧为小兰亭，茂林修竹，曲水流觞，件件有之。

山左之桃源设计，乃取陶渊明《桃花源记》及诗的意境，今存"桃花涧"。昔时，涧边桃树成林，暮春时节，桃花盛开，"桃花逐流水，未觉是人间"，令人恍如置身于桃源仙境。孤山，即拟取北宋诗人林逋隐居植梅之地——杭州西湖孤山。林逋，恬淡好古，不慕荣利，于孤山结庐隐，居二十年不入城市，一生不娶，惟喜梅养鹤，有"梅妻鹤子"之称。所写《山园小梅》诗，乃千古传诵咏梅绝唱。小兰亭，自有东晋王羲之等文人雅集的会稽山阴兰亭之遗韵。

地必古迹，名必古人，似乎成为中国园林置景的共识。因此，文学典故、古人雅兴、雅士遗存等在园林中触目皆是。

如颇具名士风流典范意义的"曲水流觞"，自从晋王羲之的《兰亭集序》问世后，成为文人雅士风流的圭臬。文中描绘"崇山峻岭，茂林修竹"的自然胜景以及流觞所需曲水，成为中国古典园林置景的蓝本。苏州东山的"曲溪园"，利用其地"有崇山峻岭，茂林修竹"，再于流泉上游拦蓄山洪，导经园中，再泄入湖中，造成"清流急湍，映带左右，引以为流觞曲水"的实景。《园记》诗云："五湖烟水称幽居，玩毫时作右军书；短筇花径行随月，小艇林荫坐钓鱼。"道出了筑园之匠心。苏州园林中还有会意"流觞曲水"的景点，如留园的"曲溪"楼，曲园的"曲池"、"曲水亭"、"回峰阁"等均取"曲水流觞"之意。上海青浦县清代也有"曲水园"等。

有的是文学故事的物化。如宋代文人造园，特别喜欢用古人故事，以司马光的"独乐园"为例："'读书堂'取汉董仲舒专心读书，'下帏讲诵……三年……不观于舍园'之意，'钓鱼台'以切汉严子陵富春垂钓之故实；'采药圃'借汉韩伯休'常采药名山，卖于长安市，口不二价'的佳话而设；'种竹斋'融晋王子猷暂时借居也要种竹，'何可一日无此君？'的千古韵事而造；'见山堂'为晋陶渊明《饮酒》诗'结庐在人境，而无车马喧……采菊东篱下，悠然见南山'的意境而筑；'弄水轩'取唐杜牧《池州弄水亭》诗意而建；'浇花亭'寓唐白居易韵事而造。"①

承德山庄"小许庵"，说的是尧帝访贤的典故：许由为上古高士，拥义履方，隐于沛泽。尧帝走访他，并欲让位于他，许不受，便遁耕于箕山之下、颖水之阳。尧又欲召他为九州长，许由不愿听，并在颖水边洗耳以示高洁。

有的景点是物化的历史。如梁朝丹阳陶弘景，道教领袖，人称"玄中之董狐，道家之尼父"②，时人称他"张华之博物、马钧之巧思、刘向之知微、葛洪之养性，兼此数贤，一人而已。"③ 他栖隐山林，然梁武帝时时以国事诏问，时称"山中宰相"。《南史》本传说他"特爱松风，庭院皆植松，每闻其响，欣然为乐。有时独游泉石，望见者以为是仙人"。既似仙气十足的隐士，又是不上朝的公卿大员，很为后之士大夫所折服。苏州园林中有以他的爱好所置的景，即怡园"松籁阁"、拙政园"听松风处"。承德避暑山庄也有"万壑松风"等。

颐和园有一条用叠石构成的石洞，苔径缭曲，护以石栏，寻幽无尽，用唐李贺寻诗的故事，称"寻诗径"。《唐诗纪事》："李贺每旦出，骑弱马，从小奚奴，背锦囊，遇所得赋诗，书投囊中。"松江清顾大申的私园"醉白池"，是园主仰慕唐代诗人白居易晚年醉酒吟诗的风度而造，以池为主，环池布景。

---

① 司马光：《独乐园七题》。
② 贾嵩：《华阳隐居传序》。
③ 萧纶：《陶隐居碑铭叙》。

追慕"米颠拜石"风范的景点不胜枚举。颐和园的"石丈亭"、苏州怡园的"拜石轩"等均本此典。

南宋名将岳飞之孙岳珂在江苏镇江甘露寺下沿江处，就大书法家米芾海岳庵遗址筑园。海岳庵本米芾用研山换取而得，岳珂乃为新园取名研山园。园中景物名称，亦都摘自米芾诗句，有宜之堂、抱云室、涉献亭、英光祠、小万有、彤霞谷、春漪亭、鹏云厅、里之楼、清吟楼、二妙堂、洒碧亭、静香亭、映岚（山房）、涤研（池）等；静香亭中，存有米芾当年所收藏的一块最好的奇石。

宋理学家周敦颐的《爱莲说》成为圆明园"濂溪乐处"、"映水兰香"、避暑山庄"香远益清"、拙政园"远香堂"等景点的依据。

颐和园的"邵窝殿"、苏州耦园的"安乐国"是以宋哲学家邵雍隐居之所命名的。邵雍居处有两处，一在河南辉县苏门山百源上，一在河南洛阳县天津桥南，均名"安乐窝"。《宋史·邵雍传》载："雍岁时耕稼，仅给衣食，名其居曰安乐窝。"乾隆诗称"两字题楣慕古修，仁者安仁智者智，百源仿佛昔曾游。"是为仰慕邵雍所题。

"苏门四学士"之首的黄庭坚，据《罗湖野录》载："黄鲁直从悔堂和尚游，时暑退凉生，秋香满院，悔堂曰'吾无隐，闻木樨香乎？'公曰：'闻。'悔堂曰：'香乎？'尔公欣然领解。"说的是悔堂禅师以启发黄庭坚脱却知见与人为观念的束缚，体会自然本真，生命的根本之道就如同木樨花香自然飘溢一样，无处不在，自然而永恒。借物明心的理趣和用语意语言来暗示精深微妙境界的表达方式，为后代文人所喜爱。留园"闻木樨香轩"、苏州"渔隐小圃"中的"无隐山房"都本于此。

有的景点是历史文化的实物留存。它们可以使游人的联想和想象超时空地奔驰，赞叹人类文明的灿烂结晶，启示对未来的无限信心。如：古朴的沧浪石亭，使人油然想起北宋诗人苏钦坎坷短暂的一生，想起"与之从"的"一时豪俊"，想起当年的文坛主帅欧阳修的《沧浪亭》长诗。又如怡园"坡仙琴馆"，因园主珍藏了北宋大文学家苏东坡的玉涧流泉古琴而置的景。为了突出"琴"，这里还同时构筑"石听琴室"，琴室北窗下置二峰石，似在俯首听琴，北置玉虹亭，取宋陆游诗句"落涧奔泉舞玉虹"意。这样整个景区为：室内主人弹琴，室外二石听琴，内外呼应，面对落涧奔泉，烘托出高山流水得知音的意境。

确如张岱所感叹的："地必古迹，名必古人，此是主人学问"① 也。

二、写在地上的绝妙好辞

园林中大量摄取古典诗词、文学家高人雅事置景，所以徜徉园中，细细咀嚼玩咏，犹穿行徜徉于古代诗文之中，给人以无尽的回味和永久的魅力。游中国园林如读诗文，既要"身游"，更应"心游"。特别是以苏州园林为代表的中国士人园，代表了最高品位的中国园林文化，都是文人在地上"写"的"绝妙好词"，必须要认真地"读"，你会感受到靖节诗的恬淡、辋川诗的冷寂、屈赋的幽情。

首先是园名的解读。如苏州的"拙政园"，不能简单地从汉语词典中找解释，而必须从中国文化中去寻觅其深沉的蕴涵。在中国古代文化中，"拙"与"巧"常常作为人物人格情操高低的价值评判。中华民族传统品格是质朴、尚实的，因此，扬"拙"抑"巧"是儒家的传统思想和道德行为准则。孔子十分厌恶那些虚伪的花言巧语，认为这是"鲜仁"、"乱德"的可耻行为，他主张一个人应该直率诚恳，直言正色，"仁者，其言也讱"②，讱，迟钝也；"刚、毅、木、讷近仁"③，讷，不善言辞之谓也。西晋的潘岳，将"拙"、"巧"喻从政之穷达：《晋书·潘岳传》载潘岳仕宦不达，乃作《闲居赋》，称其尝读《汉书·汲黯传》，至司马安四至九卿，而良史书之，题以巧宦之目，未尝不慨然废书而叹。潘岳在《闲居赋·序》中说："庶浮云之志，筑室种树，逍遥自得，池沼足以渔钓，春税足以代耕；灌园鬻蔬，以供朝夕之膳；牧羊酤酪，以俟伏腊之费，'孝乎唯孝，友于兄弟'，此亦拙者之为政也。"于是"拙政"与"巧宦"相对。这里的拙，指不会巴结逢迎于官场。"巧"用来形容人的言行方式和仕宦，则往往与巧伪逢迎同意。那些善于钻营谄媚的官吏，用"巧"来形容，就成"巧宦"。《汉书·汲黯传》载汲黯姐子司马安"文深巧善宦，四至公卿"，清王先谦《汉书补注》曰："文深者，外文饰而内刻深。巧善宦，其人巧猾而善宦也。后世省文言之曰巧宦，亦云善宦。"

东晋，号为"隐逸诗人之宗"的陶渊明以"归田园"为"守拙"之举，

---

① 张岱：《天平山庄记》。
② 《论语·颜渊》。
③ 《论语·子路》。

"拙"更增加了信守本性，质朴，率直的内涵，文人以此表示自己志趣的高洁、品格的耿介。白居易《卧小斋》："拙政自多暇，幽情谁与同！"他在《咏拙》诗中说："我性拙且蠢，我命薄且屯……以此自安分，虽穷每欣欣……。"北宋理学家周敦颐以"拙"命名其庵称"拙庵"，并作《拙赋》曰："巧，窃所耻也。且患世多巧也。喜而赋之曰：巧者言，拙者默；巧者劳，拙者逸；巧者贼，拙者德；巧者凶，拙者吉。呜呼！天下拙，刑政彻，上安下顺，风清弊绝。"① 黄庭坚写《拙轩颂》，盱江曾节夫有"拙斋"，张栻为之作记，叹"士病不拙也久矣"②。陈继儒欣赏杜玄度以"用拙"名堂，并希望普天下皆躬行"拙"道。清俞樾被罢官后建书斋花园曲园，自得地说："足以养吾拙。"明代王献臣用"拙政"名其园。王献臣为弘治进士，是正统的文人，但仕途不达，授职行人，又迁为御史，因弹劾失职武官，被东厂（明特务机构）所诬而被降职，正德四年（公元1509年）失意回乡，自比西晋潘岳，"余自筮仕抵今，余四十年，同时之人或起家至八坐，等三事，而吾仅以一郡倅老退林下，其为政殆有拙于岳者，园所以识也。"这样，可以说是"读懂"了"拙政园"的主题。

然后身临诗境地"读"。如苏州耦园，原名取陶渊明《归去来兮辞》中的"园日涉以成趣"之意名"涉园"。三面都是水面。清末园主沈秉成、严永华夫妇为表达俩人双双归隐并耕，兼采宋诗人戴复古的"东园载酒西园醉"的诗意易名"耦园"，两人协同并耕叫"耦耕"，《论语·微子》有"长沮、桀溺耦而耕"的描写。园林将"耦"（偶）的抒情主题巧妙地融进建筑布局之中：中部为住宅，东西各一园，园成"双"。走进用上等竹片拼接而成，再漆上栗色油漆的大门，入轿厅，门楼砖额"平泉小隐"，是园主效法唐李德裕游息的别庄"平泉庄"，厅内悬挂邓石如抱柱对联一幅："逍遥于城市而外，仿佛乎山水之间。"在喧闹的城市外逍遥，好像徜徉在山水之间。虽然是"结庐在人境"，但因为"心远地自偏"，就仿佛身处在山水之间一样。"识破嚣尘，作个逍遥物外人。"客厅名载酒堂，取南宋戴复古《初夏游张园》诗中"东园载酒西园醉"诗意，映射出园主不同流俗、洒脱不羁的名士风范。东边侧廊砖额"载酒"、西边侧廊砖额"问字"。西汉的扬雄是个饱学之人，他好酒，但家里很贫困，想向他求教的人经常"载酒"去拜访，扬雄是个文字学家，经常有人向他学作奇字，称"问

① 周敦颐：《周子全书》，卷17。
② 张栻：《拙斋记》，见《南轩文集卷十二》。

字"。园主将客人比作扬雄，谦称自己为"载酒"、"问字"的人，并诗曰："卜邻恰喜平泉近，问字车常载酒迎。"对联其一："东园载酒西园醉，南陌寻花北陌归。"集戴复古和陆游诗词中句。其二："左壁观图右壁观史，西涧种柳东涧种松。"后为楼厅呈凹字形，五开间。厅前的砖细门楼上，有砖额："诗酒联欢"。住宅部分反映了古代士大夫文人的处世态度和生活理想。

东园有"无俗韵轩"，取自东晋陶渊明《归园田居》五首之一："少无适俗韵，性本爱丘山。"轩连曲廊半亭，砖刻横额是："枕波双隐"。用晋人孙楚"枕流漱石"的典故，横额下镌刻了一副耦园著名的对联："耦园住佳耦，城曲筑诗城。"耦园里住着一对隐逸归田、情真意笃的好夫妻，城边开出了写诗作文的一方净土。出于耦园女

图84　耦园"诗酒联欢"门楼

主人严永华之手，更使游人把玩不已。沈氏夫妇在此园偕隐了八年，伉俪情深。曲廊从西侧贴墙曲折而东，再向南延伸。廊西多种丛桂名"樨廊"。廊东多植竹子，新竹称"筠"，故名"筠廊"。廊中有碑亭，亭壁有王梦楼画"抡元图"、园主夫妇题跋的碑石，留下历史印痕。城曲草堂为东园的主体建筑，取自唐李贺《石城晓》"女牛渡天河，柳烟满城曲"诗意，像牛郎织女般过男耕女织的生活，也寄寓了园主夫妇不羡慕锦衣玉食、华堂高屋的贵族生活，而甘愿过城边"草堂白屋"清苦日子的意趣。堂内对联："卧石听涛，满衫松色；开门看雨，一片蕉声"，将自然界的山石、松色、以及涛声、雨打芭蕉声等作用于人们视觉或听觉的自然景象组合在一起，一片天籁。楼名"双照"，取梁王僧孺《忏悔礼佛文》："道之所贵，空有兼忘，行之所重，真假双照"之意。"照"即"明"，"双照"可指夫妇在此隐居学道、双双明道之意。沈秉成好道书，故以道义名之。藏书楼一名"鲽砚庐"，传说沈秉成在京师得到一块汧阳石，剖之发现有鱼形，制为两砚，与夫人严永华共掌。鲽的体形侧扁，两眼都在身体的右侧，属于比目鱼一类，因名之为"鲽砚"。这里原为主人读书的地方。楼中间有一幅对联："清闷云林题阁，英光米老名斋。"将这书楼与倪云林的清闷阁和米芾的英光斋媲美。城曲草堂和还砚斋之间的小屋，取意宋理学家邵雍隐居地"安乐窝"之意名"安乐国"。元关汉卿《四块玉·闲适》："意马拴，心猿锁，跳出红尘恶风波，槐阴午梦谁惊破？离了名利场，攒进安乐窝，闲快活。南亩耕，东山卧，世态人

情经历多。闲将往事思量过：贤的是他，愚的是我，争什么？"此用来表示超脱名缰利锁，隐退山林之志。还砚斋是书房，额含念祖之意，沈秉成找到了祖父沈炳震晚年丢失的砚台，因名还砚斋。斋内《看松读易图》两侧悬挂着清刘墉书写的对联："闲中觅伴书为上，身外无求睡最安。"意味深长，很富道家色彩。池名"受月"，临池而筑的小亭曰"望月"，月夜赏景，山水可人，野气盈盈，令人爽神悦目。靠廊小亭名"吾爱"，取晋陶渊明《读山海经·孟夏草木长》诗意，诗云："众鸟欣所托，吾亦爱吾庐。既耕亦已种，时还读我书。"藉以写志。曲桥"宛虹杠"似彩虹高架于受月池之上，下映春波，倒影逗人。至水阁"山水间"，北临一泓南北狭长的水池，黄石假山矗立于池西，能饱餐山水间情趣。在山水间醉饮，就有欧阳修《醉翁亭记》中"醉翁之意不在酒，在乎山水之间也。山水之乐，得之心而寓之酒也"的逸兴。更深层的涵义还在于：面对高山流水，园主夫妇伉俪情深，犹钟子期之于伯牙，堪为人间知音一双。沈秉成和夫人严永华均能诗善画，夫妇在此吟诗酬唱，抚琴度曲，情意相投，真是佳偶一对。如对联所说："佳耦配当年林下清风绝尘俗；名园添胜概门前流水枕轩楹。"水阁内置大型杞梓木"岁寒三友"落地罩，双面透雕松、竹、梅，精美绝伦，图案内涵更深化了"佳偶"的内涵。园东南角"听橹楼"依外围墙转角而建，与外内城河仅一墙之隔，船舫来往不断，橹声频频传来。活现了宋陆游在《发丈亭》诗中所说的"参差邻舫一时发，卧听满江柔橹声"的诗意。"魁星阁"和"听橹楼"由阁道相通一楼一阁，互相依偎，恰似一对情侣佳偶。东园中一座黄石假山，悬崖峭壁、峻峰高耸、深潭临下。东侧假山主山较大，峰顶石刻"留云岫"，取古乐章"留云借月"之意。峰洞石刻有"搅云洞"。上建石室；西侧小山摩崖有"桃屿"，上筑平台；主次两山间的谷道，宽仅一米多，两侧削壁如悬崖，深邃似谷，有摩崖"邃谷"，这是对自然界的峡谷所作的抒情写意的艺术再现。

进入西花园，迎面一座湖石假山，自西南向东北方向呈绵延起伏之势。湖石空灵，具有阴柔之美，而东花园的黄石大假山，厚重峻峭，呈现出阳刚之美，一阴柔，一阳刚，恰好成为美满一对。西园的主体建筑是书房"织帘老屋"，为鸳鸯厅的形式，四周湖石环抱，象征着夫妻双双在深山读书，像前辈南朝齐吴兴人沈骥士一样，一面诵读诗书，一面编织竹帘。《织帘图》两旁挂着对联："织帘高士传家法，卜筑平泉负令名。"两侧有左宗棠撰书的抱柱联："涧道余寒历冰雪，洞口经春长薜萝。"形象地刻画了耦园一种幽静、冷寂的城市山林景色。落地罩两边，写有"怡然自得"、"清泉洗心"八个字，给人以山林野逸、自然忘机的美感。楼南庭院中有宋代古井一口，与东花园的受月池遥遥相对，"东池西井"，又成一双。耦园恰如用山水、建筑谱写的爱情颂歌。

第二节　中国园林的陶渊明情结

陶渊明是中国文化史上的一个奇特现象，他的审美理想、超功利的人生风范以及审美的心理特征等，深刻地契合了中国农业文化的深层底蕴、美学基本特征以及文人士大夫的内心情结，"为后世士大夫筑了一个'巢'，一个精神家园"①，文人士大夫们还把这个积淀在心理深层的精神堡垒"物化"，融入可居、可游、可观的山水园林，稳稳地、惬意地逍遥在陶渊明创设的桃源仙境之中。

陶渊明是随着中国主题园的诞生，才被文人们"解读"进自己营构的小园中的。中国园林肇始于幻想中的仙岛神山和"象天法地"的帝王宫苑。"山水方滋"于汉季，但彼时人们的"山水之好，初不尽出于逸兴野趣，远致闲情，而为不得已之自慰藉"②，因此，"有若自然"的文人山水园南北朝才诞生。而那时，陶渊明的思想和诗文，似乎还只是中国文化史上一个奇特的"早产儿"，并不见重于当世，在钟嵘的《诗品》中仅置于"中品"。融诗画意境于山水别墅，始自盛唐诗人王维的辋川别业，但还没有一个领冠全园的主题，那时的人们对陶渊明似乎是褒贬随意，李白得意时贬抑之为"龌龊东篱下，渊明不足群"，失意时则仿效之为"清风北窗下，自谓羲皇人"。杜甫恨陶诗之"枯槁"③。我国主题园滥觞于中晚唐，中唐的白居易爱渊明高玄的"文思"④，"慕君遗荣利，老死在丘园"⑤，但"其他不可及，且效醉昏昏"⑥。宋代文人才真正"解读"陶渊明，欧阳修激赏《归去来》，苏轼体味出陶诗的"质而实绮，癯而实腴"⑦。但宋人在"解读"陶渊明时，陶渊明已经开始部分失去"本我"，明清文人承之，他们

① 袁行霈：《中国文学史》，第二卷，高等教育出版社1999年版，第70页。
② 同上。
③ 杜甫：《遣兴》五首。
④ 白居易：《题浔阳楼》。
⑤ 白居易：《访陶公旧宅》。
⑥ 白居易：《效陶潜体诗十六首》。
⑦ 苏轼：《与苏辙书》。

"想望其高风",欣赏其文风。虽然欣赏中的陶渊明离其"本我"越来越远,但却有着许多共同点,诸如对美好生活的企求、对人生真谛的领悟、对生命存在的关注等,而这一切,恰恰凝聚着中华民族千百年来的审美实践,反映了民族的审美心理和审美基本特征。

一、田园理想的诗化

中华民族是以农耕为主的民族,农、林、渔作为"一主二副的生产方式,深刻地影响了中国的士大夫文人,他们都有着深深的田园情结。而陶渊明第一个成功地将"田园情结诗化为一种美的至境。

陶渊明笔下的田园风光是美的,令人陶醉。"平畴交远风,良苗亦怀新",农居生活也美,那远人村、墟里烟、狗吠、鸡鸣、草屋、榆柳、桃李,无不恬美静穆、诗意盎然。农耕生活也美,可以咀嚼沮溺的高洁,南山种豆、带月荷锄、夕露沾衣。与农民的友情更美,更淳朴。"日入相与归,壶浆劳近邻"、"过门更相呼,有酒斟酌之。农务各自归,闲暇辄相思"①。这是一方未被世俗污染的纯洁乐土。这种"美"与尔虞我诈的官场之"丑"形成强烈的对比,这种"美"是与"善"相结合的,具有纯洁高尚的道德感。"人生归有道,衣食固其端",因而,"诗书敦宿好,林园无世情。……商歌非吾事,依依在耦耕。"② 要"静念园林好,人间良可辞"③。

集"美""善"于一体的桃花源,是陶渊明构想的农耕社会的"伊甸园",那里"土地平旷,屋舍俨然,有良田美池桑竹之属。阡陌交通,鸡犬相闻。其中往来种作,男女衣著,悉如外人;黄发垂髫,并怡然自乐。"有开阔的土地、房屋、良田、美池,桑竹,蚕丝兴旺,"相命肆农耕,日入从所憩。桑竹垂余荫,菽稷随时艺。春蚕收长丝,秋熟靡王税。"虽有《老子》"甘其食,美其服,安其居,乐其俗"的小国寡民的思想投影,但是却并无"小国",故也无"王税",那里是"虽有父子无君臣"④,不废父子老幼之礼。那里的"民"也不"寡",不是老死不相往来,而是"往来种作","相命肆农耕","怡然有余乐,于何劳智慧"。人际关系雍雍和和,热情、好客,"童孺纵行歌,斑白欢游诣","黄发

---

① 陶渊明:《移居》。
② 陶渊明:《辛丑岁七月中赴假还江陵夜行涂口》。
③ 陶渊明:《庚子岁五月中从都还阻风于规林》。
④ 王安石:《桃源行》。

垂髫，怡然自乐"。这种无君思想是陶渊明汲取了同时代思想家的思想营养滋育出来的。《礼记·礼运》宣扬了大同世界。阮籍《大人先生传》中提及到"无君而庶物定，无臣而万事理"。鲍敬言《无君论》"有司设则百姓困，奉上厚而下民贫"的思想等等。陶渊明用文学手段，"直于污浊世界中另辟一天地，使人神游于黄、农之代。公盖厌尘网而慕淳风，故尝自命为无怀、葛天之民，而此记即其寄托之意。"① 桃花源中人是避乱至此，隔绝了汉晋以来的社会动乱，才获得宁静、和平、幸福的生活，所以，桃花源又是世外仙境，令人神往。

桃花源虽然是心造的海市蜃楼，但其动力，"是未被满足的愿望，每一个幻想都是一个愿望的满足，都是一次对令人不能满足的现实的校正"，"梦的内容在于愿望的达成，其动机在于某种愿望"②，是现实的折光。

不少唐宋诗人把桃源视为神仙之境，苏轼曾将南阳菊水、武都仇池比作桃花源，"桃源小隐"、"桃园"、"小桃坞"等园林及景点题咏足以说明问题，连清代皇帝也欣赏"武陵春色"（圆明园），忘情于"湖山真意"（颐和园），在"古柯庭"悟得陶渊明爱丘山之"性"（北海画舫斋古柯庭、得性轩）。

二、人生境界的范式化

陶渊明真率自然的人性美和隐居守节、安贫乐道的人格美，通过他的诗文得到了充分的展示，陶渊明的人生风范艺术化了，这种风范对封建时代的文人士大夫具有范式意义。

在情伪万方、佞谗日炽的时代，陶渊明所作所思，始终未被世俗所异化，保持了一种非人为的自然状态。

陶渊明对仕隐道路的选择，颇为任真自得。作为晋宰辅陶侃之后裔，陶渊明少时也有绳其祖武、高举远骞的愿望。据段熙中《陶渊明事迹新探》③，陶渊明20岁时，远走会稽，当镇军将军的参军；37岁时，桓玄领荆、江二州，辟为江州祭酒；41岁时，为建威将军江州刺史刘敬宣的参军，尝"谓亲朋曰：'聊欲弦歌，以为三径之资可乎？'执事者闻之，以为彭泽令。"④ 是年八月改任彭泽令，原因是"余家贫，耕植不足以自给。幼稚盈室，瓶无储粟，生生所资，未见其

---

① 丘嘉惠：《东山草堂陶诗笺》卷5。
② 弗洛伊德：《作家与白日梦》。
③ 《文学研究》1957年，第3期。
④ 萧统：《陶渊明传》。

术……遂见用为小邑。于时风波未静，心惮远役，彭泽去家百里，公田之利，足以为酒，故便求之。"① "岁终，会郡遣督邮至县，吏请曰：'应束带见之。' 渊明叹曰：'我岂能为五斗米折腰向乡里小儿！'即日解绶去职，赋《归去来》。征著作郎，不就。"② 他称自己"质性自然，非矫励所得。饥冻虽切，违己交病……自免去职"③。陶渊明是为了生计、为了酒，"求"为彭泽令，不久因产生"归欤之情"，又不愿为五斗米折腰，"自免去职"，赋辞归来，高蹈独善。虽然"汉唐以来，实际上是入仕并不算鄙，隐居也不算高"④，虽然陶渊明出处选择也有诸多无奈，但在后人眼里，陶渊明想做官就做官，想不做就不做，何等自由，何等洒脱！让士大夫们艳羡不已。

陶渊明人生和情感经历与封建士大夫们有着很多相似之处，陶渊明立足于内在的独立和自由，超越仕隐方式，保持"悠然自得之趣"的潇洒人生境界，正好与以退为进的朝隐思潮吻合，实在太合乎士大夫们的审美要求了。只是文人士大夫们大多像宋代的吴德仁那样："夫欲为元亮，则陋穷而难安，欲为乐天，则备足而难成；吴德仁居两人之间，真率仅似陶，而俸养略如白，其放达则有之，岂非贤者！"⑤ 仅仅学其真率而已！出仕，那是为筹集"三径之资"，这又为后世士大夫提供了多么堂皇、体面的借口！城市宅园是体现这一儒道互补思想的最合适载体。

在"三五道邈，淳风日尽"之时，陶渊明遂以复古来"保真"，"古"就是简朴、淳美的代名词。他感叹"羲农去我久，举世少复真"⑥，他呼唤上古时代的那种淳厚真朴的民风的回归，于是怀古、思古："悠悠上古，厥初生民。傲然自足，抱朴含真。"⑦ 桃花源中人"俎豆犹古法，衣裳无新制"，特别是每年的"五、六月北窗下卧，遇凉风暂至，自谓是羲皇上人！"⑧ 这就是士大夫始终追怀那理想中的"遂古之初"，并修筑那么多"遂初园"的缘由。

陶渊明诗文着眼点定格在日常生活上，用家常话写家常事，从训子、春游、

---

① 陶渊明：《归去来兮辞·序》。
② 萧统：《陶渊明传》。
③ 陶渊明：《归去来兮辞·序》。
④ 鲁迅：《且介亭杂文二集·隐士》。
⑤ 宋胡仔：《苕溪渔隐丛话》前集卷4引张耒语。
⑥ 陶渊明：《饮酒》。
⑦ 陶渊明：《劝农》。
⑧ 《宋书·陶潜传》。

登高、交友、读书、酿酒、个人嗜好等俗事中掘出雅意，将生活琐事诗化、雅化，蕴美于日常生活，反映了人伦之美、人情之美。"富贵非吾愿，帝乡不可期"，他不想奔走求荣，也不愿意服药成仙，只在凡尘俗世之中求得心灵超脱的境界：趁着良辰美景，孤来独往，躬操农桑，登山成啸，临水赋诗，置酒弦琴，或盥濯于檐下，采菊于东篱，晨烟暮霭，春熙秋阴，无不化为美妙的诗歌。体现了作者对世俗的态度及对个人精神和情感世界的理想化追求。中国人的心魂所寄，为现世今生，中国美学的基本特征之一是强调认知与直觉的统一，是把人们日常生活引入一种合乎至善的人格理想和人生境界，陶渊明的诗歌，于平凡生活中体会无穷之人情美，这种人情美，有"空灵蕴藉、清逸淡远"的特色，符合一般士大夫的现实需要，切合中国园林的人本精神，也与亲亲宗法社会的情感趋向一致，这正是陶渊明诗文久而弥淳的魅力所在。

陶渊明的旨趣、个性倾倒了无数的文人士大夫。据萧统的《陶渊明传》记载，陶渊明"少有高趣，博学，善属文，颖脱不群，任真自得"，嗜酒，"贵贱造之者，有酒辄设。渊明若先醉，便语客：'我醉欲眠，卿可去！'其真率如此。郡将尝候之，值其酿熟，取头上葛巾漉酒，漉毕，还复著之。"他甚至连自己籍贯姓字都不详，只神往于门前五株柳，就自名五柳先生，"闲静少言，不慕荣利。好读书，不求甚解；每有会意，便欣然忘食"，"常著文章自娱，颇示己志。忘怀得失，以此自终。"[1] 作诗不存祈誉之心，无矫情也不矫饰，"无心于非誉、巧拙之间"[2]，"酣觞赋诗，以乐其志，无怀氏之民欤？葛天氏之民欤？"[3] 陈师道说"渊明不为诗，写其胸中之妙尔！"[4] "正以脱略世故，超然物外为意"，"何尝有意欲以诗自名"[5]，所谓"意到语自工，心真理亦邃"，行为法则和精神观念统一在任意无为的人生态度之上的"自然之工"。"浮华落尽显真淳"，真淳就意味着最彻底的人格自由。

陶渊明遣愁消忧的高雅方式，也使后代文人竞相仿效。看似悠悠然的陶渊明并非浑身静穆，恰恰相反，"陶潜酷似卧龙豪"[6]，而且他才广而多情，"智者"

---

① 《宋书·陶潜传》。
② 黄彻《䂬溪诗话》卷五。
③ 陶渊明《五柳先生传》。
④ 陈师道《后山诗话》。
⑤ 叶梦得《石林诗话》卷下。
⑥ 龚自珍《舟中读陶诗》。

多忧，陶渊明确实有太多的现实悲哀：六籍沉沦、儒道坠失的感愤、有志不获骋的悲凄、岁月荏苒的恐惧、寒馁长糟糠的危机乃至儿子不才的无奈等。但是，陶渊明肆志委任、"自然"排解，他引壶觞自酌、乐琴书以消忧，在艰难的生活处境中仍然可以找到美，得到审美的快乐和慰藉。

萧统尝言："有疑陶渊明诗篇篇有酒，吾观其意不在酒，亦寄酒为迹者也。"[1] 而酒是诗的催化剂，它可引发蓄积的情感，激发创作的灵感，使人获得一种精神升华，将人们引入自由抒发情感的诗的国度。"所谓酒中趣即是自然，一种在冥想中超脱现实世界的幻觉。"[2] 即使是因饥饿而乞食，陶渊明也能和"主人""谈谐终日夕，觞至辄倾杯。情欣新知劝，言咏遂赋诗。"[3] 陶渊明从饮酒中体悟人生真谛，酒成为陶渊明的象征。

陶渊明也曾仿效石崇的金谷唱酬、王羲之等人的兰亭觞咏，于义熙十年春，作斜川之游。时"天气澄和，风物闲美"，与二三邻曲，同游斜川，作有《斜川诗》并序，诗曰："气和天惟澄，班坐依远流……提壶接宾侣，引满更献酬……中觞纵遥情，忘彼千载忧。且极今朝乐，明日非所求。"陶渊明虽每每酣饮致醉，但并无阮籍的放荡之行，也写"金刚怒目"的诗歌，但不至于像嵇康般亢烈取祸，一切顺遂自然，委身自然，复出流俗，淡泊渊永，堪为魏晋风流的代表，成为寄托中国古代文人理想的人物形象，文人士大夫们常常从他身上去寻找新的人生价值，并借以自慰。

园林雅集，举行文酒之会，酬唱应和，品藻文章相沿成习。成为文人士大夫清雅文化生活的模式、中国游园的一种特殊方式。李白在阳春烟景之时，与他的弟兄们"会桃李之芳园，序天伦之乐事"[4]，咏歌、幽赏、高谈，幽怀逸趣，潇洒风尘之外。中唐开始，园林文人雅集更益之以书、画、歌舞。宋以后，园主在园中以文会友，畅聚名流，赋诗品园，玩赏书画、品藻词章，遂成社交常态。随园有室名"诗世界"，专藏当时名贤投赠的诗稿，墙上贴满了四方名流之士的赠诗，南浔"小莲庄"有"诗窟"，苏州耦园有"载酒堂"，"东园载酒西园醉"，可以"诗酒联欢"。很多园林的白壁上绘刻着当年文人雅集的图画。如苏州沧浪亭就有《沧浪五老图咏》、《七友图》、《沧浪小座图》等石刻。据李斗《扬州画

① 萧统《陶渊明集序》。
② 王瑶《中古文学史论》。
③ 陶渊明《乞食》。
④ 李白《春夜宴桃李园序》。

舫录》卷8记载，在乾隆盛世的几十年中，扬州诗文之会，以马氏"小玲珑山馆"、程氏"筱园"及郑氏"休园"为最盛。文人还在园中结文酒诗画社。如苏州怡园常常举行诗会、画会、琴会、曲会、花会。光绪间创"怡园画集"，后又创"怡园画会"、"怡园画厅"等。

陶渊明忠于自己的自然本性，追求真淳的天性，顺应自然，随遇而安，乐天知命，如蓝天白云，舒卷自如，山间清流，清澈率真。超然于是非荣辱之外："千秋万岁后，谁知荣与辱?"① 委运乘化，既不任真忤时，也不徇名自苦，"纵浪大化中，不喜亦不惧。应尽便需尽，无复独多虑。"② 达到了超功利的人生境界。这种文化模式深刻地契合了具有高度文化修养的封建士大夫独特的文化心理。萧统称陶文观后，"驰竞之情遣，鄙吝之意祛，贪夫可以廉，懦夫可以立"③，宋元以来更成为文人认同的对象，备受推崇。特别是那些政治舞台上的落荒者，可藉以在逍遥自负中慰藉失落的心灵。宋代仕途屡遭困踬的苏轼，就将陶渊明诗文作为消忧特效药，"每体中不佳，辄取读，不过一篇，惟恐读尽后，无以自遣耳"!④陶渊明巨大的人格力量来自他的高尚节操。"自真风告逝，大伪斯兴，闾阎懈廉退之节，市朝驱易进之心"⑤，天道茫昧，为善无报，"性刚才拙，与物多忤"的陶渊明，只好隐居自适。"愿言蹑清风，高举寻吾契"，如同"有时而隐"的"达人"，诸如荷蓧丈人"日夕在耘"、长沮桀溺"耦耕自欣"、于陵仲子"养气浩然，蔑彼结肆，甘此灌园"、张长公"高谢人间"、丙曼容"望崖辄归"、郑次都"垂钓川湄"、薛孟尝"眷言哲友，振褐偕徂"、周阳珪"寄心清尚，悠然自娱"、"曰琴有书，顾盼有俦"⑥。宋朱熹说："晋宋人物，虽欲尚清高，然个个要官职，这边一面清高，那边一面招权纳货，陶渊明真个能不要，此所以高于晋宋人物。"⑦ 正因为如此，钟嵘称他为"古今隐逸诗人之宗"⑧。

虽然东汉的张衡早就在《归田赋》中描写了田园渔钓之乐，但他并没有身体力行，陶渊明的"守拙归园田"之举，遂为后代文人士大夫找到了一条最安

---

① 陶渊明：《自挽诗》。
② 陶渊明：《神释》。
③ 萧统：《陶渊明集序》。
④ 苏轼：《书渊明〈羲农去我久〉诗》。
⑤ 陶渊明：《感士不遇赋》。
⑥ 陶渊明：《扇上画赞》。
⑦ 《朱子语类》。
⑧ 钟嵘：《诗品》。

全、最根本的退路，"归去来兮，田园荒芜何不归"！"归来"遂成为古典诗文和属于同一载体的中国古典园林的重要主题。封建社会中许多士大夫，无论是遭到贬谪的还是倦游回归的，都纷纷构筑"归来园"，以抚慰因官场失意而受伤的心灵。李清照夫妇屏居乡里十年，清照自号"易安居士"（审容膝而易安），就在"归来堂"中烹茶赌书，"甘心老是乡矣"[①]！王心一修"归田园居"，王献臣"守拙归园田"（拙政园），效法陶渊明。权臣也陶醉在"归耕堂"；士大夫文人则"结庐在人境"（人境庐）……

诚然，陶渊明的隐居生活十分贫困，"倾壶绝余沥，窥灶不见烟"，"夏日抱长饥，寒夜无被眠"。但是他被褐自得，屡空晏如，坚守自己的风节操守，"所惧非饥寒"，虽然贫富常交战，"道胜无戚颜"[②]，这个"道"，即他个人的品德节操，"宁固穷以济意，不委曲而累己"，要像孔子弟子原宪一样，虽然"弊襟不掩肘，藜羹常乏斟"，但却"清歌畅商音"。元嘉三年，陶渊明"偃卧瘠馁有日矣，江州刺史檀道济馈以粱肉，麾而去之"[③]。陶渊明保持了"忧道不忧贫"的传统文人的完整人格。

中国古典园林中，我们每每可以看到如下园名和景点题名：五柳园（效法五柳先生）、日涉园、涉园（"园日涉以成趣"）、东皋草堂、寄啸山庄、舒啸亭（"登东皋以舒啸"）、见山楼（"采菊东篱下，悠然见南山"）、夕佳亭（"山气日夕佳，飞鸟相与还"）等，无论是平静和谐的精神，还是对山林气的爱好，都染上了陶渊明的悠闲和孤清，展示了一个陶渊明式的人格化的自然。

三、园林意境的具象化

陶渊明平淡自然、高尚闲远的诗文风格与中国古典园林风格高度一致，陶渊明诗文艺术意境与园林境界深刻契合，陶渊明诗文的创作构思与中国古典园林艺术创作原则惊人吻合，奠定了陶渊明在历代造园艺术家心中的至尊地位。

中国古典园林以"虽由人作，宛自天开"的"天趣"为最高境界，避免"俗气"和"匠气"，园林遵循老子"见素抱朴"、庄子"法天贵真"的哲学美学原则，"素朴而天下莫能与之争美"[④]，自然朴素看成是一种不可比拟的美，素

---

① 李清照：《金石录后叙》。
② 陶渊明：《咏贫士》其五。
③ 萧统：《陶渊明传》。
④ 《庄子·天道》。

中·国·园·林·文·化

中编 园林物质建构要素与中国文化

朴而富有野趣，回归自然，以自然脉络秩序为上，以人工斧凿的理性规范为禁，进入"天和""常乐"的至境，成为中国园林的追求。这一点与陶渊明诗歌在精神内涵和行为法则上有了深刻的契合，并与陶渊明在精神上求得了自觉的认同。

陶渊明爱自然而不雕琢，善于将自己的审美感受物化出来，他欣赏的农村风物之美，无华奢铺张，也无烟霞秋虫、舞凤病鹤的病态呈示，是那样的清新、淡泊。如《归园田居》、《咏酒》"秋菊有佳色"、《拟古》"东方有一士"等。《归园田居》其三：

> 种豆南山下，草盛豆苗稀。晨兴理荒秽，带月荷锄归。道狭草木长，夕露沾我衣。衣沾不足惜，但使愿无违。

无一奇字僻典，随意吐属，自然高妙，纯为"田家语"，轻描淡写，沛沛然肺腑中流出。他的创作主体是自然率性的，艺术创造过程也是自然无为的，艺术活动本身已经消融在"悠然自得"、随心无为的生命存在之中，故涉笔成趣，所寓皆妙，"未可于文字语句间求之"①。与当时汩没在诈伪矫饰的氛围中的镂金错采之文迥然异趣。惠洪称"才高意远，则所寓得其妙，造语精到之至，遂能如此，似大斧运斤，不见斧凿之痕。"② 陶渊明的诗歌是在平淡的外表下，含蕴着炽热的思想感情和浓郁的生活气息，韵味醇厚，淡而有味。"自出机杼……谓洞庭钧天而不淡，谓霓裳羽衣而不绮"③。不重风致，而重在意味，"质而实绮，癯而实腴"、"发纤秾于简古，寄至味于淡泊"，表现得充裕"有余"，所以是最有韵的，故范温说："是以古今诗人，唯有渊明最高，所谓出于有余者如此。"④

中国古典园林注重意境构思，注重道家主张的动静结合、虚实结合、有无结合、大小结合，做到情景交融、物我同一、主客相契，进而达成自然之"道"与人心之"道"的往复交流。王毅在《园林与中国文化》中将中国古典园林分为无限广大和涵蕴万物的宇宙模式、无我之境、有我之境以及和谐而永恒的宇宙韵律等四重境界。并认为陶渊明的诗文对古典园林这最高境界的理解和表现是前

---

① 《竹庄诗话》引苏轼语。
② 惠洪：《冷斋夜话》。
③ 宋洪迈：《容斋随笔》，卷3。
④ 范温：《潜溪诗眼》。

无古人的。① 暂不去探究陶渊明是否"理解"了中国古典园林的最高境界，但他的诗歌意境和的审美心理特征却确实与园林追求的最高境界契合。陶渊明的诗歌颇有高尚闲远的隐士情怀。他的思想出入儒道，最后顺随自然，乘化归尽。清刘熙载以为他的诗歌"素怀洒落，逸气流行，字字寰中，字字尘外"②，潇洒夷旷，旷情逸致，反复吟诵，翩然欲仙。如《读山海经》"孟夏草木长"一首，写隐居生活："众鸟欣有托，吾亦爱吾庐。既耕亦已种，时还读我书"、"微雨从东来，好风与之俱"，高风逸调，无一点风尘俗态，一派天机。陶忆念中的世界，均浸润在一种和谐的逸韵之中，所以陶诗中的花木飞鸟、无不萧散闲远，意境悠远，与他高举远引的心情，相契无间。如陶渊明的《饮酒》组诗二十首就是用飘逸而又略带恍惚的诗语，营造起一种个人与自然、内心与外界浑然一体、不分彼此的美妙境界。"采菊东篱下，悠然见南山"③，诗人悠然无意中与南山遇合，全部身心与大自然的韵律契合，"境心相遇"、泯除物我，达到庄子所谓"天地与我并生，万物与我为一"的审美化境。"山气日夕佳，飞鸟相与还"，山气灵动美妙，飞鸟返归了自然，得其所哉！这里，人的悠然与自然的悠然融而为一，意境高远拔俗。"此中有真意，欲辩已忘言"，本于《庄子》中狂屈答知问时"中欲言而忘其所言"的典故，诚如王毅所说"真意"就是在心灵深处体味到的和谐而永恒的宇宙韵律。

　　陶渊明的审美心理境界正是园林艺术中刻意追求的一种更高境界。"渊明不解音律，而蓄无弦琴一张，每酒适，辄抚弄以寄其意"④，听之不闻其声，视之不见其形，但却充满天地，包裹六极，审美感受不是单纯的感官知觉，而是在感官知觉中同时伴随有理性精神，"无听之以耳而听之以心"，"无听之以心而听之以气"，精神上进入了"万物与我为一"的境界，可以"备于天地之美"，达到"身与物化"的化境。这种超功利的高度净化了的审美趣味，太投合追求幽、闲、雅、逸物化的文人园的趣味了，文人们在园中的全部审美情感、意趣直至潜意识的审美心态与一切园林景观完全的、无时无处不在的浑融凑泊，以至"洒然忘其归"⑤。《饮酒》其五中陶渊明关于"结庐在人境"的观点，与计成《园冶》

----

① 王毅：《园林与中国文化》，上海人民出版社 1990 年版第 272～304 页。
② 刘熙载：《艺概·赋概》。
③ 陶渊明：《结庐在人境》。
④ 萧统：《陶渊明传》。
⑤ 苏舜钦：《沧浪亭记》。

中城市地造园的理论如出一辙："足征士隐，犹胜巢居，能为闹处寻幽，胡舍近方图远？"城市隐居，犹胜隐迹山林，何必舍近求远？陶渊明醉心于"园日涉以成趣"，计成则以为"得闲即诣，随兴携游"。陶渊明认为"心远地自偏"，用"心远"隔绝"人境"的车马喧嚣，"心远"，是"萧条淡泊，闲和严静，是艺术人格的心襟气象"、是"心灵内部的距离化"①，"心远"成了他维护独立人格的一道精神屏障。计成以为"邻虽近俗，门掩无哗"，用"门掩"隔开凡尘。这种选址原则，使士大夫们既能坐享山林田园之美，又不去遁迹深山，只在"城市山林"中诗意地做起"隐士"，"不下厅堂，尽享山林之乐"，陶渊明恰好提供了一个两全的模式，心灵与生理可获得双重满足。

陶渊明诗文浪漫主义的想象方式，受庄子"得意忘言"、"言为意筌"的文艺思想和佛教崇尚"象外之趣"的文艺思想的影响，注重运用寄言出意的象征方法，含蓄地表达超现实的思想与感情。陶渊明常常运用具体的、习见的事物来象征"道"的境界和超现实的理想。这种象征手法，和园林用山水花木建筑等物质实体来抒情写志、创构意境的手法契合。

园林追求"片山多致，寸石生情"②，"在涧共修兰芷，径缘三益"，兰芷梅竹，高洁雅逸。菊花由于陶渊明的吟咏，成为他的人格象征，"陶菊"成了中国文学和园林中象征高情远致的意象。

正因为陶渊明是用"人境"来象征"仙境"的，所以又使"仙境""具象"化成为可能，被创造出来，亲切而又虚幻莫测。寄奇幻如实境的《桃花源记》就成为园林造景的蓝本。

《桃花源记》采用了记实方式和引人入胜的结构处理。武陵人因"渔"遂"缘溪行"，专心于"渔"遂"忘路之远近"，遂意外地"忽逢桃花林"，使渔人"甚异之"，一异蓦然出现的桃林，二异"芳草鲜美，落英缤纷"的幽雅之景，激发了"欲穷其林"的愿望，当"林尽水源"之时，似乎是"山穷水尽疑无路"，却又"便得一山，山有小口，仿佛若有光"，"光"再次导引渔人舍船"从口入，初极狭，才通人，复行数十步，豁然开朗"，经过四个转折，悬念迭起，逐层递进，一切似乎都超出寻常蹊径，建构起一个别具出尘之姿的人间仙境。中国园林以幽曲为上，以直挺平阔为禁；幽曲的桃源路径，符合园林山、水、花

---

① 宗白华：《美学散步》，上海人民出版社1997年版，第27页。

② 计成：《园冶》。

木、建筑等景物组合中的韵律变化特征，并成为中国园林障景创作的基本原理，符合中国艺术讲究"隐秀"含蓄的风格特点。文中有生动的故事情节，又明确记时写人，时间、地点，人物形象、对话，写景真切如画，写人神态毕现。又写及"好游于山泽"的历史人物刘子骥，[1]愈增加可信性。但最后"遂迷不复得路"，暗示着它的"非人间"。"黄绮之商山，伊人亦云逝。往迹浸复湮，来径遂芜废"，奇幻莫测。

苏州拙政园的入口就传神地"再现"了武陵渔人发现桃花源的过程。旧园门设在住宅界墙间窄巷的一端。进入旧园门，走进夹道，只见两旁界墙高耸，夹道曲折逶迤，不见尽头，惟有隶书砖额"得山水趣"，透露出稍许山水信息，逗引人们继续前行。再试探着走过一段漫长的窄弄，仍不见山水踪影，游人在狐疑中北行，良久，始见一腰门，上有隶书"拙政园"三字额。步入腰门，纵横拱立在游人眼前的，却是一座峻奇刚挺的黄石假山。山上石笋参差，山径窈窕，藤萝漫挂，石隙中时有花卉枝条迎风摇曳。假山挡住了游人视线，走近假山，见山有小口，幽邃可通人。进入石洞曲折摸索前行，须臾，即见洞口有光，循光而行，即出石洞，始见小池石桥，主厅远香堂回抱于山池之间，走近远香堂，明窗四面，眼前豁然开朗，茂林碧池，亭榭台阁，环列于前，恰似武陵渔人初见桃花源的情景，意味无穷。

综上，中国古典园林的陶渊明情结，反映了农耕民族审美的基本特征，代表了封建文人士大夫文化模式，体现了后世官场失意者的心理需求和价值选择，也表现了陶渊明诗文与园林艺术规律的交互渗透的关系。

第三节 "中国文化的名片"——文学品题

明代书画艺术大师董其昌说："大都诗以山川为境，山川亦以诗为笔。名山遇赋客，何异贤士遇知己，一入品题，情貌都尽。"中国古典园林讲究形美与意美两者兼美，园林是"无文景不意，有景景无情"。

中国建筑品题，最早见于南朝宋羊欣《笔阵图》，言"前汉萧何善篆籀，为前殿成，覃思三月，以题其额，观者如流。"《世说新语·巧艺》篇中记载了曹

---

[1]《晋书·隐逸传》。

魏时期韦仲将登梯题榜。但题额有深刻的寓意、鲜明的文学形象则始于中唐以后。如白居易题"虚白堂"、"忘筌亭"等采撷自《庄子》语以见志。宋代题额多撷历代诗文名篇、名句之意而成。石峰题字也于此时大量出现，宋徽宗在艮岳石峰上题了很多字，后遂蔚为风气，颐和园"青芝岫"上除刻有乾隆题字、题诗外，还刻有大学士汪由敦、大臣蒋溥、钱陈群等人的题字，诸如"玉英"、"太青"、"湖芝"、"石岫"、"莲秀"等。在现存的中国园林中汉字品题和满文品题琳琅满目，或刻之崖石，镌之砖墙；或大书于木，悬之中堂。主要被用作园名、景名，陶情写性，藉以抒发人们的审美情怀和感受，也有少数用来颂人写事的。成为一种独立的文艺小品，内容涉及形、色、情、感、时、味、声、影等，读之有声，观之有形，品之有味。而且，这些匾刻，大都撷自古代那些脍炙人口的诗文佳作，这些优美的诗文能引发游人的诗意联想，显得典雅、含蓄、立意深邃、情调高雅。它融辞、赋、诗、文意境于一炉，使诗情画意系于一词。对景观表象和心灵境界作了审美概括，也透露了造园设景的文学渊源或人文内蕴，将园林意境作了美的升华，也是对园林景观的一种诗化，具有很高的审美价值。楹联是从古典诗词发展而来的，源于五代的桃符，发展于宋代，普及和兴盛于明清两代。元代楹联已经悬于殿堂、酒楼，但作为园林建筑的美化和装饰艺术记载较晚。明代计成《园冶》和文震亨的《长物志》中都不见论述，直到清初李渔的《闲情偶记》中才列《联匾第四》专篇，论及"大书于木"、"匾取其横，联妙在直"的楹联。乾隆间盛极当时的扬州园林，就凡是建筑物都有楹联①。用悬匾挂联的形式，在建筑艺术上，不仅有重点的标志作用，而且已经成为界定室内视觉空间的特殊手段之一。园林文人品题成为构成中国园林诗画艺术载体的重要组成部分。

　　悬挂在厅馆楹柱上的楹联是随着骈文和律诗成熟起来的一种独立的文学形式，对仗工稳、音调铿锵，琅琅上口，融散文气势与韵文节奏于一炉，浅貌深衷，蓄意深远，既具有工整、对仗、平仄、整齐对称的形式美，又具有抑扬顿挫的韵律美、写景状物的意境美和抒怀吟志的哲理美，是具有民族传统性的一种文学样式。

　　"编新不如述旧，刻古终胜雕今。"园林品题"述旧"和"刻古"的文化品格，使品题含蕴了丰富的历史和人文内容。

① 李斗：《扬州画舫录》。

文学品题与景观空间环境相融合，已经成为中国古典园林艺术的有机组成部分，也是中国古典园林的独特风采，被人称为"中国文化的名片"。

一、浓化了园林的人文环境

中国园林，是园主文化活动的场所，历代文化名人也都鸿爪留踪，品题是承载这些历史信息的重要载体，品题大大浓化了人文环境，使人产生深厚的历史感，如与古人寤言，如睹古人风采，如闻古人吟哦。

初建于北宋诗人苏舜钦的苏州沧浪亭，园中的很多品题撷自他的诗文，记录了他的深沉感慨和忧虑。园中曾有"苏长史祠堂"，对联直接评价诗人：

湖州长史昔贬谪，守道好学，发愤懑于歌诗，风云变化，雨雹交加，一时豪俊多从之游，磊落轩昂，足知文士有光价；

商丘中丞嗜吟眺，景贤修废，以精神相依凭，密迩宫墙，扫除芜秽，三吴流传追寻其地，前倡后继，爰饬祠宇肃豆笾。

上联内容取自《宋史·文苑传略》、苏舜钦本传以及宋欧阳修的《祭苏子美文》。苏舜钦当年遭到诬陷，并累及朋辈，"故愤懑之气不能自平。时复嶂于胸中，一夕三起，茫然天地间无所赴诉"①。故"时发愤懑于歌诗，其体豪放，往往惊人"②。欧阳修《祭苏子美文》云："子之心胸，蟠曲龙蛇，风云变化，雨雹交加。忽然挥斧，霹雳轰车，心惊胆落，震仆如麻。须臾霁止，而四顾百里，山川草木，开发萌芽。"庆历八年（公元1048年）朝廷给他复职，任湖州长史，但他未及赴任，便赍志以没。下联叙述宋荦抚吴时主持修复废园沧浪亭，宗旨为复苏子美沧浪旧观，新构的建筑，全取子美诗文中语名之，故联语曰"景贤修废，以精神相依凭"，子美赢得了身前身后名。这条对联不啻是一篇苏舜钦的本传。

沧浪亭石柱楹联写了苏舜钦买园本事以及和欧阳修的友谊："清风明月本无价，近水远山皆有情。"这幅集联出于欧阳修的《沧浪亭》长诗和苏舜钦的《过苏州》诗。联语将北宋两位文学家和志同道合的朋友绾结在一起。当年苏舜钦以四万青钱买下废园并筑沧浪亭后，遂邀请好友欧阳修作《沧浪亭》长诗，诗中

① 苏舜钦：《与欧阳公书》。
② 《宋史》苏舜钦本传。

有"子美寄我沧浪吟，邀我共作沧浪篇……清风明月本无价，可惜只卖四万钱"句，反映了俩人的挚情深谊。联语既描写了沧浪亭的自然美景，又妙合苏舜钦买园本事。沧浪亭主体厅堂额"明道堂"，取自苏舜钦《沧浪亭记》："形骸既适则神不烦，观听无邪则道已明。"苏舜钦所明之道，是指悟到的人生之道，即《记》中的"返思向之汩汩荣辱之场，日与锱铢利害相磨戛，隔此真趣，不亦鄙哉！"原水边有一轩，额"自胜"，也出苏舜钦《沧浪亭记》："古之才哲君子，有一失而至于死者多矣，是未知所以自胜之道。予既废而获斯境，安于冲旷，不与众驱，因之复能乎内外失得之原，沃然有得，笑闵万古，尚未能忘其所寓，自用是以为胜焉！""自胜"者，战胜自我也。宋人善于反思生活、思索人生，带有思辨的抽象和演绎色彩。当年苏舜钦在沧浪亭中，徜徉吟诗，有些诗歌则浓缩为匾额的形式，锁定建筑上。如苏舜钦有《沧浪静吟》诗："独绕虚亭步石矼，静中情味世无双。山蝉带响穿疏户，野蔓盘青入破窗。二子逢时犹死饿，三闾遭逐便沈江。我今饱食高眠外，惟恨醇醪不满缸。"原临水亭匾额就叫"静吟"。表达了苏舜钦安于冲旷、逍遥于山林自然的生活情趣，也透露出几丝愤懑的情思。

扬州平山堂一字排列三块匾："平山堂"、"坐花载月"、"风流宛在"。"平山堂"，是宋欧阳修在扬州做太守时所建。"风流宛在"，追忆欧阳修当年常常在此宴饮宾客，击鼓传花，"我亦且如常日醉，莫教弦管作离声"的风雅生活。"坐花载月"则主要描写了该地美丽的风月，也写了人吟风弄月的风流。堂内长联曰：

"几堆江山画图中，繁华自昔。试看奢如大业，令人讪笑，令人悲凉。应有些闲兴雅怀，才领得廿四桥头，箫声月色。

一派竹西吹路，传颂于今。必须才似庐陵，方可遨游，方可啸咏。切莫把秾花浊酒，便当居六一翁后，余韵风流。"

出句勾勒出古代广陵的风韵，古广陵为兵家必争之地，历经战乱，自隋炀帝大业以来，又复繁华，"青山隐隐水迢迢，秋尽江南草未凋。廿四桥头明月夜，玉人何处教吹箫"[①]。如画江山，阅尽人间的兴废盛衰、歌哭悲欢！对句缅怀宋

---

① 杜牧：《寄扬州韩绰判官》。

代风流太守欧阳修，平山堂曾是他饮酒赋诗、凭栏远眺之地，这位"六一居士"，平生遨游啸咏，在此竹西佳处，留下千载风雅。全联情中有景，景中含情，充满了令人怦然心悸的怀古情思。

网师园殿春簃庭院西壁砖刻："先仲兄所豢虎儿之墓。"为近百年来所未有的国画大师张大千（公元1899～1984年）所书。从苏州市园林局所刊跋语中知道："大千居士，昔年（公元1932年）随兄善孖卜居此园，大风堂人文荟萃，极一时之盛。善孖先生擅画虎，有虎痴之誉，曾饲一幼虎，号之虎儿。虎儿死后，即葬是处。事隔五十年，大千先生怀念旧居，寄情虎儿，为题墓碑，自台湾辗转遥寄苏州，故园之思，溢于言表。"虎儿是当年善孖先生用来揣摩写生的，据说，虎儿十分乖巧，且能"令之则行，禁之则止"，深受善孖喜爱，虎儿病死后，善孖十分伤心。这里留下了不少善孖和虎儿的故事。大千曾与善孖合作画虎十二幅，称为《十二金钗图》，虎为善孖作，大千补景，善孖以《西厢记》中的艳词题虎，如："怎当她临去秋波那一转"、"哈，怎不回过脸儿来"、"羞答答不肯把头抬"等，给一白虎题"可喜宠儿淡淡妆，穿一件缟素衣裳"，善孖自题云："……慨世局之沧桑，学曼倩（东方朔）之善孖……十二金钗藉实甫之艳词，为山君之注解，抑有识者为我非乎？"①

园林是文人诗酒流连之地，品题使人想见当年诗酒唱和的名士风流。袁枚的随园有"诗世界"，南浔小莲庄的"诗窟"，都是文友写诗作画之地。

有的品题直接描写了当年诗酒唱和的盛况，如拙政园玲珑馆楹联曰："曲水崇山，雅集逾狮林虎阜；莳花种竹，风流继文画吴诗。""文画"：指明文徵明的画。王献臣初建此园，文徵明曾依园中景物绘图31幅，各系以诗。"吴诗"，指吴伟业的诗歌，吴伟业有《咏拙政园山茶花》诗并引。联语旨在咏歌文人雅集之乐，令人心往神驰。

颐和园仁寿殿前太湖石上题着一首诗："风瑟瑟，水泠泠。溪风群籁动，山鸟一声鸣。斯时斯景谁图得，非色非空吟不成。"这是乾隆为圆明园"水木明瑟"所题的《水木明瑟词》的一部分，前面还有"用泰西水法引入室中，以转风扇，泠泠瑟瑟，非丝非竹，天籁遥闻，林光逾生净绿。郦道元云：'竹柏之怀，与神心妙法；知仁之性，共山水效深。'兹境有焉。"无疑，它记录了圆明园的辉煌，后人从中看到了圆明园的耻辱。乾隆为庆祝其母六十寿辰在清漪园建堂名

---

① 参见尤玉琪：《网师园之虎》。

"乐寿"，并撰对联曰："乐在人和，肯寄高闲规宋殿；寿同民庆，为中尊养托潘园。"意思说他取规宋高宗筑德寿殿和明潘恩修豫园，都为养老之园。但想到宋高宗赵构是偏安临安的皇帝，已经失去中原，又不图恢复，"退居德寿，晏安谢责"，也有乐寿老人之称，很有点后悔，又在乐寿堂的后门上题了一副对联："动静得其宜，取义异他德寿；性情随所适，循名同我清漪。"强调了他题的"乐寿"与宋高宗乐寿老人的"乐寿"的不同。体会乾隆题咏的苦心，可以遥想当年乾隆的微妙心理。颐和园是慈禧太后挪用海军经费而建，她也常年在那里居住，她和光绪皇帝不和是众所周知的事实，颐和园中的"玉澜堂"就是慈禧囚禁光绪的地方，但是，颐和园中有不少歌颂母爱、表示孝心的题额，如仁寿殿中的"春晖承暄"，有的还出自光绪之手，如慈禧寝宫，光绪亲自写了"乐寿堂"三字额，此堂附近的匾额、楹联多为奉承慈禧的，如对联："亿载诒谋德超千古；两朝敷政泽洽九垠。"说慈禧有亿年传世的谋略，德行超过了古代所有的帝王，两朝执政，恩泽施及远方。匾额"渊芳馥风"，歌颂她美好的声誉好似香郁的风一样传扬。光绪至于慈禧，其小心翼翼、如履薄冰的心境和处境我们也可从中品出一二。

避暑山庄原有御碑20多座、摩崖5、6处，现存碑11座，完整的有9座。碑文和诗歌多出于康熙、乾隆之手，也有嘉庆两首后题的诗。诗文为帝王写景抒怀之作，透露了帝王的心迹。康熙题三十六景，并写三十六景诗。乾隆也增题三十六景，并写三十六景诗。如康熙"芝径云堤"诗：

> 万几少暇出丹阙，乐水乐山好难歇。
> 避暑漠北土脉肥，访问村老寻石碣。
> 众云蒙古牧马场，并乏人家无枯骨。
> 草木茂，绝蚊蝎，泉水佳，人少疾。
> 因而乘骑阅河隈，湾湾曲曲满林樾。
> 测量荒野阅水平，庄田勿动树勿发。
> 自然天成地就势，不待人力假虚设。
> 君不见，磬锤峰，独峙山麓立其东。
> 又不见，万壑松，偃盖重林造化同。
> 熙妪光临承露照，青葱色转频岁丰。
> 游豫常思伤民力，又恐偏劳土木工。

命匠先开芝径堤，随山依水揉辐齐。

司农莫动帑金费，宁拙舍巧洽群黎。

边垣利刃岂可恃，淫荒无道有青史。

知警知戒勉在兹，方能示众抚遐迹。

虽无峻宇有云楼，登临不解几重愁。

连岩绝涧四时景，怜我晚年宵旰忧。

若使扶养留精力，同心治理再精求。

气和重农紫宸志，烽火不烟亿万秋。

诗中，康熙赞美了山庄优美的环境和优越的生态"草木茂，绝蚊蝎，泉水佳，人少疾"，但笔墨最多的是表达他的"俯察庶类"的"紫宸志"，以及"自然天成地就势，不待人力假虚设"、"随山依水揉辐齐"、"宁拙舍巧洽群黎"的构园思想，正如乃孙乾隆在《避暑山庄百韵诗序》中申明的："我皇祖建此山庄于塞外，非为一己之豫游，盖贻万世之缔构也。"乾隆有《林下戏题》诗：

偶来林下坐，嘉荫实清便。

乐彼艰偻指，如余未息肩。

炎曦遮叶度，爽籁透枝穿。

拟号个中者，还当二十年。

写于乾隆四十年（公元1775年），通过他的自注文，我们知道了55岁的乾隆当时的某种愿望。他从已经成为"林下人"的沈德潜、钱陈群、张开泰、邹一桂诸人，想到尚未退休的朝臣，又联想到自己，认为只有他想象的"林下人"，才能静享"林泉之乐"。最后表示，"余尝立愿，至八十五岁即当归政，距今尚有二十年，方得遂林泉之乐耳。"乾隆处处效仿乃祖康熙，康熙在位六十载，故他也立下誓愿，在位不超过六十年。

二、营造了园林的诗意空间

园林品题以其形式的活泼自如，区别于其他的文学样式。园林中的匾额砖刻等，字数不拘，有两字的，如"槃涧"、"寻云"、"夕佳"；三字的，如"樵风径"、"云松巢"、"缘溪行"；四字的，如"见天地心"、"廓然大公"、"可以栖迟"；五字的，如"汲古得绠处"、"旧时月色轩"；有的更长，如"生意生物之府"、"山花野鸟之间"、"一亭秋月啸松风"、"安知我不知鱼之乐"、"无风波处便为家"、"清风明月不须一钱买"等等。

园林品题用诗一般的文学语言写景状物，广泛采用象征、比喻、拟人、双关等文学艺术手段，文采飞扬，形象生动含蓄，可"使游者入其地，览景而生情文"。这样，联对成为美育辅导的生动指南。如避暑山庄"镜水云岑"，水如明镜，小山上烟云蒙笼。该建筑"后楹依岑，三面临湖，廊庑周遮，随山高下，波光岚影，变化烟云，佳景无边，令人应接不暇"①，乾隆描写此景，"水镜涵虚朗，岑云远接连"，"岚影落空翠，波光合暝烟"，正是对"镜水云岑"的阐释。

圆明园"上下天光"题额，我们会想到范仲淹在《登岳阳楼记》中描写的"浩浩荡荡，横无际野"的洞庭湖的景色：上下天光，一碧万顷的湖天风光。颐和园谐趣园中的"清琴峡"和"玉琴峡"、避暑山庄的"玉琴轩"、圆明园的"夹镜鸣琴"和寄畅园的"八音涧"、杭州的"水乐洞"，都是取意晋左思的《招隐诗》"山水有清音，非必丝与竹"，将流水比喻为优美的音乐，或如清越的琴音，或如古曲"风入松"（"玉琴峡"石上题"松风"）。

品题将审美意象客观化、对象化，并为景观传神写照，具有鲜明的形象性。如颐和园有一重檐八角阁，悬额"画中游"，位于听鹂馆北的山腰，左右岩间有曲廊，东西各有一楼，东曰爱山，西名借秋，在此环顾皆美景，正如乾隆诗所咏："层楼雅号画中油，四面云窗万景收。只有昆明太空阔，破烟几点下闲鸥。"正殿前的石坊横额，将美景作了描写："山川映发使人应接不暇，身所履历自欣得此奇观。"用的是《世说新语·言语》篇中顾长康赞美会稽之典，用江南山水美景来形容此地所见，并十分庆幸自己能置身画景饱览一切，道出了该景观的特色并游人的惊喜之情。两条楹联都分别写出了景中情和情中景，其一："幽籁静中观水动；尘心息后觉凉来。"浸润在天籁之中，静观湖水波动，澡漱新性，涤尘去秽，心灵得到净化。其二："闲云归岫连峰暗，飞瀑垂空漱石凉。"人们在此，流连忘返，直至"曳过雨脚云归岫，涌玉山头月满楼"之时，远山蒙笼，瀑布飞泻，犹觉孙子楚漱石枕流的凉意。

园林品题往往将大自然人化，赋予自然以生命、灵气，与人的情感交感映

---

① 《御制避暑山庄诗》。

发。如避暑山庄万壑松风对联："云卷千峰色，泉和万籁吟。"行云生龙活虎，力卷千峰，千峰秀色可掬，脉脉含情。泉和万籁，则合奏起大自然的交响曲。

有些题咏与物景妙合无垠，难分彼此。如网师园"小山丛桂轩"北面正中一扇红木镶边的正方形大窗框构成框景，窗外假山一角恰如镶嵌在窗上的一幅天然画图：但见山势盘旋曲折，重峦叠嶂，乔木丛生，画意横生。东侧引静石拱微形小桥下有一狭长沟壑，水流注其下，蜿蜒远去。两侧悬挂着一副清何绍基的对联：

> 山势盘陀真是画，
> 泉流宛委遂成书。

将此情此景描写得淋漓尽致，这里"窗非窗也，画也；山非屋后之山，即画上之山也"，是李渔笔下的"尺幅画"，将外界能给人以美的景物摄入镜头，"高情逸思，画之不足，题以发之"，对联恰似写在"尺幅画"上的题款，题咏本身成了国画的一个有机成分。

园林品题着意进行文学意境的创造与开拓，赋予景观以高层次的精神内涵。意境构成的基本因素是情和景。"人情之游也无涯，而各以其情遇"，园林审美是同感知、想象、情感等各种心理因素溶化在一起的，特别是包蕴在情感之中的，所以，园林意境的创造，是构园艺术家与欣赏者共同完成的。园林匾额题刻较多地渗透着构园者的情趣，建筑品题往往牢固地把握住景象特征，将游移的景观意境凝固起来。对联则或对景观意境进行深化延伸；或纯为欣赏者对于外在世界和心灵世界的一种审美概括。用他们自己的生活经历、思想情感、审美理想去补充再造艺术家所塑造的艺术意象。"景生情，情生景，哀乐之触，荣悴之迎，互藏其宅"。情和景是相互生发、相互诱导、相互包容的。如颐和园知鱼桥联美在写景："月波潋滟金为色；风籁玲琤石有声。"桥位于谐趣园的饮绿亭和知春堂之间，上联写眼中所见：桥下波光潋滟，阳光下闪耀着粼粼金波，下联写耳中所感，清风拂面，水流潺潺，与石相撞击，发出美玉相碰般的玲琤之声。幽雅、宁静、清朗，环境静谧。加上"知鱼"题额蕴涵的庄惠濠梁观鱼问答的哲理启示，使这个"诗家之景"的情趣更为丰富，"如蓝田日暖，良玉生烟，可望而不可置于眉睫之前也"。

无论是景中写情，还是情中写景，都必须是"思与境偕"、"神与境合"、

"意与境会"。如避暑山庄"云帆月舫"对联："疑乘画棹来天上，欲挂轻帆入镜中。"舫形的建筑实景，使人形超神越，情感内涵是触景而生的。引发了作者的诗意联想，情和景相互生发与相互诱导，把人们引入具有"飞动之趣"的艺术空间，激起人们思想的遨游，涵咏乎其中，神游于境外，获得"言外之意、味外之味、弦外之音"，进一步向精神空间升华。

明代的计成，设想了这样一种幽雅的园林氛围："风生林樾，境入羲皇。幽人即韵于松寮；逸士弹琴于篁里。"有幽雅的境界，有幽人，有逸士，松籁、竹篁、琴韵，使人获得"味之无穷"的美感。这样的"幽趣"。我们可以在苏州拙政园的"听松风处"、"听雨轩"、"留听阁"，怡园的"松籁阁"，曲园的"小竹里馆"等景点营造的"幽境"之中获得。

徽州园林大多利用天然湖山坡地，园林与山水乡村浑融为一，涵烟浸月，野逸而有幽致。徽州檀干园镜亭长联描写了个中真趣：

> 喜桃露春秾，荷云夏净，桂芬秋馥，梅雪冬妍，地僻历俱忘，四序且凭花事告；
>
> 看紫霞西耸，飞瀑东横，天马南池，灵金北倚，山深人不知，全村同在画中居。

上联写四季不败之花，下联写四周山水之景，园林在鲜花簇拥之中，大自然山水环抱之间，将徽州园林的特色概括无遗。

园林雅静，是体悟天人之际关系的最佳场所。北海"标青"对联："一室之中观四海，千秋以上验平生。"上联表现了理学的宇宙观、美学观，所谓"将合万类为一己，每以内观当外游"，身居一室之内，却能观四海风云变幻，花香鸟语、月霁风清也都了然于心。下联十分自信地让历史来评价自己的千秋功德。晋祠难老泉楹柱上的对联，与此异曲同工："昼夜不舍；天地同流。"言简意深，难老泉，取《诗经》"永锡难老"之意，不舍昼夜、汩汩不息的风姿，又使人想到《论语·子罕》中孔子发出的哲理性叹息："逝者如斯夫！不舍昼夜。"既赞誉了泉水的永流，可与天地同在，也昭示出生生不息的宇宙规则。

园林中的对联，除了具有工整、对仗、平仄、整齐对称的形式美和抑扬顿挫的韵律美以外，并无禁忌，既有律句联，也有散句联，形式也十分丰富，诸如采用象声、叠字，或者嵌字、拆字、回文等形式，含蓄而又俊逸，成为一种清新奇巧的文化娱乐，构思新颖、意趣深远。

著名的温州江心寺联以同音假借的手法，写出了妙趣：

> 云朝朝，朝朝朝，朝朝朝散；
>
> 潮长长，长长长，长长长消。

上联原意是"云朝潮，朝朝潮，朝潮朝散"，"朝"音为"招"；下联原意是"潮常长，常常长，常长常消"，"长"读"涨"。此联构思精巧奇妙：既切合此地碧海青天、海潮浮云竞相入目的景观环境，又体现了汉字游戏趣味，且包含着深刻的哲学理趣。云有聚散，潮有长消，这既为气象景观的描写，又是对宇宙盈虚消长的自然规律的刻画，耐人含咏，故备受文人推崇。

纪昀为承德避暑山庄的"万壑松风"景点写了这样一幅对联：

> 八十君王，处处十八公，道旁介寿；
>
> 九重天子，年年重九节，塞上称觞。

出句中，八十即"木"，君王则指树中之松，"十八公"就是"松"之拆字，"介寿"出《诗经·七月》"为此春酒，以介眉寿"，祈求或祝颂长寿；对句的"九重"指天子居处，《楚辞·九辩》有"君王之门以九重"之句，"九节"即重阳节，举起酒杯以介眉寿。全联以"松"为中心，以"寿"为祝颂，构成一幅"万壑松风""称觞介寿"的风物画图。联中运用拆字、颠倒对仗等手法，严谨工巧，但却依然显得自然飘逸。

麟庆为北京半亩园题的一幅嵌字联也很妙："湖上笠翁，端推妙手；江头米老，应是知音。"将明末清初的李渔和宋代的米芾两人的字和姓嵌入，自成意趣，恰如其分地映衬出主人的身份、爱好。

园林品题中也经常使用一些约定俗成、涵蕴着特定意义的词汇。如：三径、沧浪、不二、澄观、抱瓮、槃涧等。"槃涧"二字，包蕴着很丰富的内涵，取自《诗经·卫风·考槃》中"考槃在涧，硕人之宽"之诗意。毛传曰："考，成；槃，乐也。山夹水曰涧。"咏隐居的贤人退处深藏山水间，赞美隐居之得其所，"读之觉山月窥人，涧芳袭袂"。宋朱熹《诗集传》曰："诗人美贤者隐处涧谷之间，而硕大宽广，无戚戚之意。"后因以"槃涧"指山林隐居之地，所谓"《缁衣》之好，'槃涧'之安，两得之也。"①

杭州灵隐寺，匾额题"灵鹫飞来"，意指灵鹫山结集的佛教盛事，印度僧人慧理迢迢东来创建灵隐寺，寺庙恰恰坐落在飞来峰前，言简意赅，形象生动，催人遐思，堪称妙思巧构。上述词汇，在一定意义上说，都已经衍为一种文化符号。

品题绝大多数采撷自中国古典诗文中脍炙人口的名言佳句，借助古代诗文中的优美意境深化景观文化内涵加大美学容量，引发人们的艺术情思，规范人们的接受定向，拓展人们的诗意联想，扩大作品的审美信息量，使人们获得尽可能丰富的美感。

园林中有大量集联，有的集自诗人的同一首诗歌，如拙政园"与谁同坐轩"的对联："江山如有待，花柳更无私。"集自杜甫的《后游》诗，江山、花柳，含情脉脉，期待着人们观赏，极富人情味；有的则融裁了多篇诗文佳句，如拙政园见山楼下藕香榭的对联："西南诸峰，林壑尤美；春秋佳日，觞咏其间。"出句取欧阳修《醉翁亭记》语，对句取意陶渊明《移居》诗中"春秋多佳日，登高赋新诗"句和王羲之的《兰亭集序》中"一觞一咏，亦足以畅叙幽情"句意。高情雅兴，令人胸襟舒卷。

苏州怡园主人顾文彬集宋金元词为《眉绿楼词联》，并遍请当时的书法名家分写，挂在园中各个景区，为吴中名园一绝。《眉绿楼词联》全书计收词联170幅左右，涉及到周邦彦、苏轼、秦观、张先、辛稼轩、姜夔、吴梦窗、周草窗、史达祖、张炎等数十位词人的作品。以婉约词中的"雅词"为主要选录对象。这些词联，能将婉约词柔美香软的词境妙合无垠地融进"杏花春雨江南"的文人园境之中，词景相称，情韵兼胜，使人获得艺术快感。集诸词为一联，能够不着痕迹，恍如己出，方称集联上乘之作。怡园每一副集联，均选自多首词作，有裁云缝月之妙思。如"坡仙琴馆"联语撷取苏轼词：

　　　步翠麓崎岖，乱石穿空，新松暗老；
　　　抱素琴独向，绮窗学弄，旧曲重闻。

集自苏轼《哨遍·为米折腰》、《念奴娇·赤壁怀古》、《水龙吟·楚山修竹如云》

----

① 清钮琇《觚剩·杜曲精舍》。

和《行香子·冬思》等词。出句咏古琴乃托峻岳之崇岗，含天地之醇和，吸日月之光明，非寻常之物。对句咏园主之子学琴本事，"旧曲重闻"，亦寓"故人不见"之意，激发思古之情。

品题大多采撷自诗文，具有不尽韵味，因为选取的字眼是"诗眼"，是作者极力锤炼的警策之处，也是一句甚至是全篇的审美情思的凝聚之点，最能够传达作者的情趣、神采，有此，则通篇生辉，境界全出，无之，则平庸无奇，死气沉沉。简洁的用词，含蓄蕴藉，"余味曲包"，给欣赏者留下充分想象的余地，并极大地调动欣赏者的想象力，使之在审美想象的飞翔中，开拓出一个意韵丰富的艺术空间。反之，"尽则浅露也"。如鹤园的"岩扉"、"松径"四字砖刻，实际上浓缩了唐孟浩然《夜归鹿门山歌》中后半首诗歌的意境："鹿门月照开烟树，忽到庞公栖隐处。岩扉松径长寂寥，唯有幽人夜来去。"景色清幽绝妙，隐士心情恬静，引人咀嚼回味，诗香满口。

游历中国园林是品诗读画的美学经历，是审美的过程、净化心灵的过程，心灵经过诗的熏染的过程，这就是文学家袁枚所谓的"鸟啼花落，皆与神通"①。

---

① 袁枚《随园诗话》。

中国古代园林追求诗的意境和画的美景，充满氤氲的文气，其审美趣味、气质、情操和个性特色，千姿百态：潺潺清泉，如柳文之细腻；镜湖微澜，似欧阳修文的闲适；浩淼昆明湖，犹苏文之雄浑；至于"沙上并禽池上暝，云破月来花弄影"、"柳径无人，堕飞絮花影"、竹影移墙等绮美灵动的意象，表现出含蓄精蕴的园林审美境界。这种美的环境，注注成为文人雅集、吟诗、听曲的最佳选择，也是小说戏曲中人物抒写情感、展示个性的美好环境。所以，不仅因为园林这一实体本身因浸染文学因子而令人感受到景外之情、物外之意，而且，由于这一装载着文学因子的实体，注注成为诗文的催化剂，小说、诗文、戏曲中都有大量的园林描写，成为小说戏曲人物活动的典型环境，园林与文学产生的这种互动关系，使园林文学更加丰富，也增添了园林的文学与人文的色彩。

第一节　园林与中国古代小说

古典小说中的人物、环境和对环境建设的描写中，往往都涉及到园林。

一、园林理论的诗化

在中国古典小说中，全面地、完整地描写园林艺术的首推《红楼梦》。曹雪芹在《红楼梦》中设计了一个衔山抱水、千丘万壑、崇阁巍巍、"天上人间诸景备"的大观园，园林以水为主，融南北园林技巧、风格于一体，是中国古典园林理论与实践结合的典范，它和明代计成的《园冶》一样，被研究者誉为具有过去时代造园的建筑学教科书的资格。从园林的设计原则、总体布局、院落划分、空间对比、植物栽培、景点点缀以及显示出的大与小、曲与直、虚与实、添与减、藏与露的辩证艺术和文与景、人与园融为一体的造园特点等方面，不仅发表了许多精到的园林艺术理论见解，而且还有生动的描写，使园林理论形象化。如在《大观园试才题对额》一节中，作者巧妙地用"游园"来代替演说，读者似乎身临其境，与作者同步欣赏：

> 贾政则至园门前……秉正看门，只见正门五间，上面桶瓦泥鳅脊；那门栏窗，皆是细雕新鲜花样，并无朱粉涂饰；一色水磨群墙，下面白石台矶，凿成西番草花样。左右一望，皆雪白粉墙，下面虎皮石，随势砌去，果然不落富丽俗套……

其中"桶瓦泥鳅脊"、"一色水磨群墙，清瓦花堵"，"五间清厦连着卷棚，四五出廊，绿窗油壁"，大门顶是"筒瓦泥鳅脊"，都如江南建筑风格。"下面虎皮石，随势砌去"，又为北方砌法。"见迎面一带翠嶂挡在前面，众清客都道：'好山，好山！'贾政道：'非此一山，一进来园中所有之景悉入目中，则有何趣。'"

这是对园林障景的精彩见解。贾政、宝玉一行来到稻香村，又有一段关于"自然"的理论，与计成《园冶》所说的"虽由人作，宛自天开"的创作原则如出一辙：

> ……'天然'者，天之自然而有，非人力之所成也。"宝玉道："……此处置一田庄，分明见得人力穿凿扭捏而成，远无邻村，近不负郭，背山山无脉，临水水无源，高无隐寺之塔，下无通寺之桥，峭然孤出，似非大观。争似先处有自然之理，得自然之气，虽种竹引泉，亦不伤于穿凿。古人云'天然图画'四字，正谓非其地而强为地，非其山而强为山……"

书中还有许多精辟的构园见解，如文学品题的重要性、家具的陈设布置等。

在大观园中我们处处可以见到南北园林的影子，如园内的花草，如潇湘馆、怡红院的芭蕉、栊翠庵的红梅、藕香榭前山坡上盛植芭蕉的芭蕉坞，都是南方常见植物，在北方则只能做盆景，放在室内。大观园"借元春之名而起，再用元春之命以安诸艳"，气势宏大、格局别致，具有皇家贵族园林的规模。大观园不是某一园林的摹本①，而是集南秀北雄大成之作，是曹雪芹对中国造园艺术的文学概括和总结。20世纪60年代初，中国的红学家、建筑学家和园艺工作者做了一座"大观园"模型展品，在日本东京展出（见图84），将"人人心目中的玉苑琼楼"变成了实体，在日本引起轰动②。

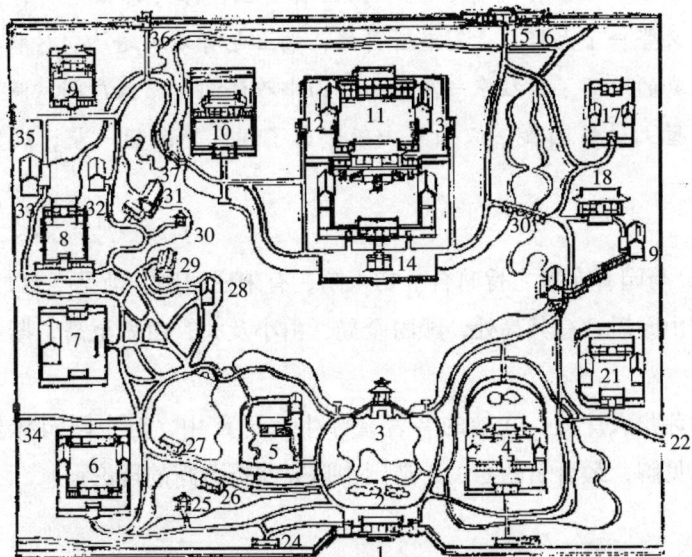

图85 大观园图

①大门 ②曲径通幽 ③沁芳亭 ④怡红院 ⑤潇湘馆 ⑥秋爽斋
⑦稻香村 ⑧暖香坞 ⑨紫菱洲 ⑩蘅芜院 ⑪大观楼 ⑫含芳阁
⑬缀锦阁 ⑭省亲别墅坊 ⑮后门 ⑯厨房 ⑰佛寺 ⑱嘉荫堂
⑲凸碧堂 ⑳凹晶馆 ㉑栊翠庵 ㉒角门 ㉓班房 ㉔议事厅
㉕滴翠亭 ㉖柳叶渚 ㉗荇叶渚 ㉘芦雪亭 ㉙藕香榭 ㉚牡丹亭
㉛芭蕉坞 ㉜红香圃 ㉝榆荫堂 ㉞角门 ㉟角门 ㊱后角门
㊲折带朱栏板桥 ㊳沁芳闸桥

① 《红楼梦》大观园摹本有苏州拙政园、南京随园、北京恭王府诸说。
② 参见1965年1月3、4、5日香港《文汇报》史集之《"大观园"落成记——记赴日"红楼梦展"的大观园模型》。

中
·
国
·
园
·
林
·
文
·
化

《金瓶梅》对园林布局、景观等也作了生动的描写,无异是对中国造园理论的想象图解,童寯认为是我国小说描写园林最详细者之一,如写内相花园云:

> 但见千树浓荫,一湾流水。粉墙藏不谢之花,华屋有藏春之景。武陵桃放,渔人何处识迷津;庾岭梅开,词客良辰联好句。端的是天上蓬莱,人间阆苑……下轿步入园内……慢慢的步出回廊,循朱栏,转过重杨边,一曲荼蘼架。过太湖石松风亭,来到奇字亭。亭后是绕屋梅花三千树,中间探梅阁,阁上名人题咏极多……又过牡丹台,台上数十种奇异牡丹。又过北是竹园,园左有听竹馆、凤来亭,匾额都是名公手迹。右是金鱼池,池上乐水亭,凭朱栏俯看金鱼,像是锦被一片,浮在水面……又登一个大楼,上写着听月楼,楼上也有名人题诗,对联也是刊板砂绿嵌的。下了楼往东一座大山,山中八仙洞,深幽广阔,洞中有石棋盘;壁上铁笛洞箫,似仙家一般。出了洞,登山顶一望,满园都可见到。

"以上所述,与园林布置之旨暗合。初入园,有朱栏回廊,渐见亭台,然后到池,而以楼及假山殿后;登其高处,顾盼全局,由小及大,由卑至高,斯经营位置之定律也。"①

清初的苏州人沈复,在他的名著《浮生六记》中,对中国园林艺术有许多独到的精辟见解,最著名的是关于造园中讲究曲折藏露的理论:

> 若夫园亭楼阁,套室回廊,叠石成山,栽花取势,又在小中见大,大中见小,虚中有实,实中有虚,或藏或露,或深或浅,不仅在周回曲折四字。

对插花、盆景艺术也有详细的描写和精深的美学见解,如在《闲情记趣》中,作者李渔写他"爱花成癖,喜剪盆树",沈复在扫墓时捡得一块峦纹可观之石,回来与妻子芸娘共同构思制作盆景:

中
编
园林物质建构要素与中国文化

---

① 童寯:《江南园林志》,第42页。

用宜兴窑长方盆叠起一峰，于左而凸于右，背作横方纹，如云林石法，巉岩凹凸，若临江矶状。虚一角，用河泥种千瓣白萍。石上植茑萝，俗呼云松。经营数日乃成。至深秋，茑萝蔓延满山，如藤萝之悬石壁。花开正红色，白萍亦透水大放。红白相间，神游其中，如登蓬岛。置之檐下，与芸品题：此处宜设水阁，此处宜立茅亭，此处宜凿六字曰"落花流水间"，此可以居，此可以钓，此可以眺；胸中丘壑，若将移居者然。

作者还详细记述了培养碗莲的过程："以老莲子磨薄两头，入蛋壳使鸡翼之，俟雏成取出，用久年燕巢泥加天门冬十分之二，捣烂拌匀，植于小器中，灌以河水，晒以朝阳；花发大如酒杯，叶缩如碗口，亭亭可爱。"美学哲理深刻性和知识分子精神生活中的灵逸之气全在这娓娓叙写中自然流露出来。

二、艺术人生的诗化

小说特别是明清一些被称为"忆语体"的小说，用平易的笔触，描写了一些文人的生活情趣和生活细节，极富生活实感，因而感人尤深，细细品味，这正可谓艺术人生、人生艺术。

李渔是明末秀才，入清后，决意仕途，甘愿当个"托钵山人"、"快乐浪子"，一生遨游于公卿间。他是多才多艺的文学家、戏曲家和造园艺术家。他的话本小说，颇有个性特色，那里有他的身影、人生趣味和精神理想。是他艺术人生的理想图解，也是他艺术趣味的外化。他自称"生平有两绝技"，即撰写词写曲、审音度曲和巧构园池。他认为"人之葺居治宅，与读书作文同一致"，营构园池上焉者，"能自出手眼，如标新创异之文人"①。"他沟通了文章之学和居家园艺之学，把设计房舍园亭当成写一篇自出手眼的文章，反转过来，他自然也会把经营小说艺术体制当成设计一座标新创异的园亭楼阁。以建筑学的匠心入小说体制，乃是李渔的一大创造。"② 李渔小说《十二楼》，取十二地支之数和中国园林建筑设计中建筑群体所特有的"群体的联络美"的灵感，形成系列小说的规模，表现了精神世界中风光旖旎的楼阁群。杨义先生分析了小说内容后说："李渔在精神世界建楼十二座，一半建在才子佳人的温柔乡中，一半建在名士风流的

---

① 李渔：《闲情偶寄》卷4《居室部·房舍第一》。
② 杨义：《中国古典小说史论》，中国社会科学出版社1995年版，第380页。

中
·
国
·
园
·
林
·
文
·
化

云水间。"① 在这个集子中李渔给楼阁的品题，也确实体现了园林品题对小说构架和内容立意的重要性。他题的楼额都是小说的主题，如"合影"、"夺锦"、"三与"、"夏宜"等，名别景异。如"三与楼"，作者将这座三层楼分别题为底层为待人接物的客厅"与人为徒"；读书临帖的书房"与古为徒"；顶层有道教经卷，"与天为徒"。完全是作者精神趣味的物化，与园林建筑品题同一情趣。十二楼错落有致，也与文人园林纯任自然的建筑风格一致。

《浮生六记》是"忆语体"小说中的佼佼者，记叙的是夫妇间平凡的家庭生活，由于对亡妻的一往情深，作者在笔墨间自有一股缠绵哀感之情，沈复夫妇间高素质的艺术素养的相互吸引，平凡中透出清雅的生活情蕴，令人回味再三，获得高雅纯净的艺术享受。如他对沧浪亭的描写其情其景犹令今人神往：

> 时当六月，内室炎蒸，幸居沧浪亭爱莲居西间壁，板桥内一轩临流，名曰"我取"，取"清斯濯缨，浊斯濯足"意也，檐前老树一株，浓荫覆窗，人面俱绿，隔岸游人往来不绝……携芸消夏于此，因暑罢绣，终日伴余课书论古，品月评花而已……中秋日……过石桥，进门，折东曲径而入叠石成山，林木葱翠。亭在土山之巅，循级至亭心，周望极目可数里，炊烟四起，晚霞灿然……携一毯设亭中，席地环坐，守者烹茶以进。少焉，一轮明月已上林梢，渐觉风生袖底，月到波心，俗虑尘怀，爽然顿释。②

中
编
园林物质建构要素与中国文化

距今 200 多年的沧浪胜景犹在眼前。沈复和妻子芸娘夫妇将审美生活化，他们追求的不是口味的感官享受，更多的是在于一种心灵的体验，夫妇琴瑟和谐，共同的爱好、高洁的生活情趣，溢于字里行间，即使吃饭烹茶之生活琐事，也写得情高趣逸："芸为置一梅花盆，用二寸白磁深碟六只，中置一只，外置五只，用灰漆漆就，其形如梅花，底盖均起凹楞，盖之口有柄如花蒂，置之案头，如一朵墨梅覆桌；启盖视之，如菜装于花瓣中。"这是吃的美趣。"夏月荷花初开时，晚含而晓放。芸用小纱囊撮茶叶少许，置花心，明早取出，烹天泉水泡之，香韵尤绝。"这是喝的雅韵。这种诗意的生活，是"化世俗为非凡"的审美。

---

① 杨义：《中国古典小说史论》，第 381 页。
② 沈复：《浮生六记·闺房记乐》，作家出版社 1996 年版，第 16 页。

经济颇为拮据的作者，主张"贫士起居服食，以及器皿房舍，宜省俭而雅洁"，因此，即使是局促的斗室居然也能布置得十分艺术：

> 贫士屋少人多，当仿吾乡天平船后梢之位置，再加转移其间。台级为床，前后借凑，可作三榻，间以板而裱以纸，则前后上下皆越绝，即不觉其窄矣。余夫妇侨寓扬州时，曾仿此法。屋仅两椽，上下卧房、厨灶、客座皆越绝，而绰然有余。

艺术的生活化到了无处不可的地步，当年沈复和芸娘夫妇热爱生活、美化生活的手段，实际上都是一种将园林艺术生活化、世俗化的艺术实践。对我们今天还有相当的启迪，难怪这本小说，备受林语堂、俞平伯等文学大家的推崇了。

明末清初的复社著名文人冒辟疆（公元 1611~1693 年），文学世家出身，筑朴巢、水绘园、深翠山房诸胜，交会四方文士，读书酬唱以终。他携金陵名妓董小婉隐居在如皋的水绘园，将旧园重整，使其更具有诗、书、琴、棋气息。洗钵池畔取杜甫"残夜水明楼"诗意建水明楼，楼下为董氏琴台。冒辟疆在此编辑《四唐诗集》，董小婉天天帮他稽查抄写、潜心批阅选摘。两人一起细品香茗、阅唐诗、读楚辞、抨击世间不平之事。不幸的是结婚 9 年，董小婉就去世了，冒辟疆觉得自己也死了，叹曰："一生清福九年占尽，亦九年折尽矣。"缱绻之情，倾注在著名笔记《影梅庵忆语》一书中。忆语对才色为一时之冠的秦淮名妓董小婉，如何矢志从良，历经周折，终于成为作者之妾，互为知己，作了生动的追忆；然后通过日常生活中的细节描写，形象地展现了董的聪明才智与高雅优美的心灵，处危境、历险厄而爱情弥坚，勤渠善良，生活淡泊而多雅致，可谓出淤泥而不染。凄恻缠绵，情致动人。文笔洗练，描述委曲细致，写情而能超脱"漫谱情艳"之俗。杜茶村评"此种精诚，格天彻地，呕心剖心"。

三、人物环境的诗化

《红楼梦》中的大观园，是曹雪芹艺术镜头聚焦点，无疑，这里是曹雪芹为小说人物设置的典型环境。是《红楼梦》中的主要人物活跃的舞台、重要故事情节发生展开的场所，大观园占地面积三里半，有怡红院、潇湘馆、蘅芜院、秋爽斋、紫菱洲、稻香村、栊翠庵、大观楼、缀锦阁、含芳阁、蓼风轩、稻香村、藕香榭、暖香坞等主要建筑，紫菱洲、荇叶渚、花溆、芦雪庭、沁芳亭、凸碧堂、凹晶馆等主要风景区。

中国园林景观，是倾注了设计者情感的人化环境，一花一草见精神，所以，大观园中的主要建筑无论是院馆建构、花木配置，还是室内陈设，无不作为人物塑造的典型环境来构思，园景和人物描写融为一体，是人物气质、情操的物化，达到了"意与境浑"的化境。

林黛玉选中的潇湘馆，是大观园的第一处院落，那里是：

"一带粉垣，里面数楹修舍，有千百竿翠竹遮映……入门便是曲折游廊，阶下石子漫成甬路。上面小小两三间房舍，一明两暗，里面都是合着地步打就的床几椅案。从里间房内又得一小门，出去则是后院，有大株梨花兼着芭蕉。又有两间小小退步。后院墙下忽开一隙，得泉一派，开沟仅尺许，灌入墙内，绕阶缘屋至前院，盘旋竹下而出。"

格局小巧，院外"花光柳影，鸟语溪声"，"阶下新出的稚笋"，室内布置别致。林黛玉最喜欢的是"千百竿翠竹遮映"的幽深静谧，"竿竿青欲滴，个个绿生凉"，结合娥皇、女英泪竹成斑的神话传说，加强了林黛玉的多愁善感的悲剧性格。她以翠竹为知己，向它们倾诉心中隐秘："窗外亦有千竿竹，不识香痕渍也无？"因得"潇湘妃子"之雅号。竹子那迎风玉立的神姿、斑斑滴滴的泪痕、岁寒不改的坚贞，正是她自身形象的写照。人物性格就在这诗一样的环境里展开。此后，书中反复渲染的是"竹影苔痕"。如二十六回"潇湘春困"，作者设计了这样一幅景色：潇湘馆周围，一派葱茏，"凤尾森森，龙吟细细"的竹子、阔叶芭蕉、苍苔满地，花事已尽的大株梨花，呈现出青、翠、碧、绿等不同层次的色调，一切都显得静谧异常。贾宝玉信步走入，只见湘帘垂地，悄无人声，走至窗前，觉得一缕幽香从碧纱窗中暗暗透出。写出了潇湘馆的特有风神宝玉题对联："宝鼎茶闲烟尚绿，幽窗棋罢指犹凉。"极力形容此处的幽深清凉，鼎炉焚香烹茶，袅袅烟雾都染成绿色；幽静的窗户下弈棋消闲，连手指都会浸润凉意，这是"千百竿翠竹遮映"产生的特有意境。三十五回，紫鹃扶着林黛玉回潇湘馆，一进院门，"只见满地竹影参差，苔痕浓淡……"。四十回，贾母、刘姥姥进此院，"只见两边翠竹夹路，土地下苍苔布满，中间羊肠一条石墁的路……"四十五回"潇湘秋雨"，写林黛玉旧病复发，那天"不想日未落时，天就变了，淅淅沥沥下起雨来。秋霖脉脉，阴晴不定，那天渐渐的黄昏时候了，且阴的沉黑，兼着那雨滴竹稍，更觉凄凉。"秋雨滴竹稍，林黛玉心情更觉凄凉。情不自禁地吟出"秋花惨淡秋草黄，耿耿秋灯秋夜长；已觉秋窗秋不尽，那堪风雨助凄凉"！原来那秋风秋雨象征着林黛玉的心情。

九十八回写"绛珠归天"，林黛玉在生命的最后一刻，挣扎着焚稿、烧诗帕，和紫娟诀别，直声呼喊后，潇湘馆里"惟有竹梢风动，月影移墙，好不凄凉冷淡"！"思与境偕"①，竹子记录了她的全部情感生活。清雅脱俗的"翠竹"，紧紧地扣着"潇湘妃子"的特征。而室内陈设只一句"合着地步打就的床几椅案"，又通过刘姥姥的眼睛，见到"窗下案上设着笔砚，观书架上放着满满的书"，以为"这必是那一位哥儿的书房了"，也暗示了林黛玉只有到书本中去寻找生活乐趣的悲苦命运。

怡红院是贾府宠儿贾宝玉选中的地方。陈设布置新颖别致，与他处不同。粉垣环护的院落中，铺着石子甬路，有几块山石，几本芭蕉，绿柳周垂，花木繁盛，"竹篱花障编就的月洞门"，"院中满架蔷薇宝相"有"其势如伞，丝垂翠缕，葩吐丹砂"的西府海棠，俗名"女儿棠"。这正符合宝玉同情、体贴女孩子，好簪花弄粉的性格特点。院内一带竹篱花障编的月洞门，一个石头镶岸、百石横架的水池粉垣环护绿柳周垂、游廊、石子甬路、几块山石、几本芭蕉、一树西府海棠，还有一个石头镶岸、百石横架的水池。室内陈设复杂精美，五彩销金嵌玉的雕空玲珑木板墙，设鼎、安置笔砚、供设花瓶、安放盆景、悬琴、剑等古董玩器、碧绿凿花砖、葱绿撒花软帘、带有西洋机关的大穿衣镜、两层碧纱橱、熏笼、香鼎、书架、床帐。如绣房般的精致华丽，衬托出贾宝玉在府内的娇贵身份。布局重门别户，巧无间隔、曲折迷离。

薛宝钗所入住的蘅芜院房外是"异香扑鼻，那些奇草仙藤，愈冷愈苍翠"，房内是"雪洞一般，一色的玩器全无，案上只有一个土定瓶中供着数枝菊花，并两部书，茶杯茶瓯而已，床上只吊着青纱帐幔，衾褥也十分朴素"，这种朴素与脖戴金锁的宝钗似乎更显矫情，但朴素淡雅的环境与薛宝钗"藏愚守拙"的"冷美人"的性格倒非常协调。她的院中最大的特色是奇石异草、味芬气馥，愈冷愈苍翠，符合她"山中高士晶莹雪"、服食"冷香丸"、"任是无情也动人"的"冷美人"的特点。这里"一枝花木也无"又与她"从来不爱这些花儿粉儿的"的特点相适应。她超乎常人的冷静以至冷漠及她尊奉礼教、矫情而不自然的性

① 司空图：《与王驾评诗书》，参见《司空图诗品解说·附录》，安徽人民出版社1980年版，第106页。

格，也只能安放在这类似隐士居住的环境里。

"三春"中的佼佼者探春，"才自精明志自高"，精神亦高洁无暇，她自称"我最喜芭蕉"，并自称"蕉下客"，芭蕉直立高大，体态粗犷潇洒，但蕉叶却碧翠似绢，玲珑入画，兼有北人之粗豪和南人之精细，芭蕉成为她的性格符号。探春的住所是秋爽斋，不仅斋前有芭蕉，斋后有梧桐，而且，房屋陈设一如芭蕉般阔大：房舍三间，不曾隔断，显得阔朗大方；室内中间有一张花梨大理石大案，案上设大鼎，左边架上放着一个大观窑的大盘，盘内盛着数十个娇黄玲珑的大佛手，一大幅米襄阳"烟雨图"，都是以"大"为特点，自有一股不让须眉的英气，处处衬托出她性格中潇洒的一面。也就在这里，这位"蕉下客"与大观园中的贾宝玉和姐妹们结海棠诗社，公开抗议男权："莲社雄才，独许须眉；不教雅会东山让余脂粉耶？"

稻香村又是一番风光："倏而青山斜阻，转过山怀中，隐隐露出一带黄泥筑就矮墙，墙头皆用稻茎掩护，有几百株杏花，如喷火蒸霞一般，里面数楹茅屋，外面却是桑、榆、槿、柘，各色树稚新条，随其曲折，编就两溜青篱，篱外山坡之下，有一土井，旁有桔槔辘轳之属，下面分畦列亩，佳蔬菜花，漫然无际。""里面纸窗木榻，富贵气象一洗皆尽"，好似一处乡村隐士的居处。这正符合青年守寡，心如死灰的李纨性格，她的青春和欢乐都已经随丈夫一起被埋葬了，在这里她"竹篱茅舍自甘心"，只守着儿子挨日子了。

"气质美如玉，才华馥比仙"的妙玉，孤标傲世，性格乖僻，为世难容，因而脚踩祥云、身不由己被赶出了人世间，她为了"舍身消灾"，寄身在大观园中的栊翠庵里，那里脱尽浅陋凡俗，寄情于玄虚缥缈中，伴随她的是经卷、蒲团、青灯、佛殿，在"星月皎洁、明河在天"的晚上，庵内"龛焰犹青，炉香未烬，几个老道婆也都睡了，只有小丫头在蒲团上垂头打盹"，但她又非一般的道婆女冠，唯求香火以资糊口的谋衣之辈，"芳情只自遣，雅趣向谁言"，内心形成了一个痛苦的形神矛盾的旋涡。

第二节 园林与古代诗文

一、以辞绘园　情景交融

陈从周在《中国历代名园记选注·序》中说："深叹园与记不可分也。园所以兴游，文所以记事，两者相得益彰。第念历代名园，其存也暂，其毁也速，得以传者胥赖于文。李格非记洛阳名园，千古园记之极则，故园虽荡然，而实存也。余尝谓造园固难，而记尤不易，盖以辞绘园，首在情景交融、境界自出，故究造园之学，必通园记。园记者，有史、有法、有述、有论，其重要可知矣。"南宋周密的《吴兴园林记》，记其"常所经游"的吴兴城内外园林 30 多处。明代田汝成的《西湖游览志》、刘侗的《帝京景物略》、清李斗的《扬州画舫录》等著作，都或详尽或简略地记载并描写了该时期该地区的大量园林。

中国古典名园大多有园记，园主自己撰文或请著名文人代笔，专门描写该园的历史沿革、营建过程、景点命名的由来、艺术特色等，并刻碑立于园中或镌刻在墙上。名篇佳作叠出，既是研究园林史的重要资料，又是十分优美的文学作品。唐白居易的《草堂记》和《池上篇序》，勾勒的草堂风貌和履道里园的水竹琴酒的风雅生活，以及精警的构园理论、人生体验，至今仍令人心向往之。北宋苏舜钦的《沧浪亭记》、明代归有光的《沧浪亭记》同时都是文学名篇。明代著名文学家王世贞喜好林泉园林，游历并为之作记的园林也很多，如《游金陵诸园记》、《安氏西园记》、《灵洞山房记》等，描景状物，文笔隽永，意境优美，还闪烁着不少造园理论的光辉。他在家乡江苏太仓建园颇多，最著名的有占地 70 多亩的"弇山园"，为该园作记 8 篇。铺叙园林周围实景即"辅吾园之胜者也"、总写全园景观及特征、园居之苦乐、意境情趣及园名由来等。并介绍筑园之山水构法、规划原则，记中将园之气象景观之胜概，用"六宜"铺写，将自然界的山水风花雪月有机地纳入园林，境界天成：

> 宜花：花高下点缀如错绣，游者过焉，芬色滞眼鼻而不忍去；宜月：可泛可陟，月所被，石若益而古，水若益而秀，恍然若憩广寒清虚府；宜雪：登高而望，万壤千甍，与园之峰树，高下凹凸皆瑶玉，目境为醒；宜雨：蒙蒙霏霏，浓淡深浅，各极其致，縠波自文，倏鱼飞跃；宜风：碧篁白杨，琮成韵，使人忘倦；宜暑灌木崇轩，不见畏日，轻凉四袭，逗勿肯去。

充分体现出以景寓情、妙造自然的造园原则。明郑元勋撰《影园自记》中，生动地叙述了园林借景之妙：邻近借水，使园得水而活；遥远借山，得蜀冈蜿蜒起伏之势；环借园外之柳、荷，得景之丰。明竟陵派文学创始人之一的钟惺，为许自昌私园写的《梅花墅记》，生动描述了该园理水之妙，最后论述了园林因园主的个性、禀赋、修养与园林风貌之间的关系，都是十分中肯之论。明代祁彪佳的《寓山注》，用生动的比喻来形容构园："与夫为桥、为榭、为径、为峰，参差点缀，委折波澜，大抵虚者实之，实者虚之，聚者散之，散者聚之，险者夷之，夷者险之，如良医之治病，攻补互投；如良将之治兵，奇正并用；如名手作画，不使一笔不灵；如名流作文，不使一语不韵；此开园之营构也。"颇得构园之理。

园记笔涉兴衰，往往浸润着作者的情感，如明末官宦之子张岱《快园记》，将快园往日的清丽美色作了工笔刻画：果实满园，奇花异木，水阁凉亭，角鹿盘礴。"朝曦夕照，树底掩映，其色玄黄，是小李将军金碧山水，一幅大横披活寿意"，简直是方外仙苑，人间天堂，"别有天地非人间也"。但接下去写今日之快园，败屋残垣、子孙零落，"从前景物，十去八九，平泉木石，亦止可仅存其意也已矣"！语虽含蓄，但笔带凄凉，国破家亡的剧痛、故国之思，渗于字里行间，令人唏嘘。

园林墨宝中有许多是优美的文学作品，如前面我们提到的园林中的文人品题，包括匾额、楹联、砖刻等本身就属于文学小品，具有文学价值。除此之外，刻在园中的大量园记，也是优美的文学作品，如苏州的"沧浪亭"，宋代苏舜钦的《沧浪亭记》和明代归有光的《沧浪亭记》都是文学名篇。书条石中有许多是诗歌和散文名篇，如留园书条石中有苏轼的《前赤壁赋》，那是文学史上脍炙人口的散文赋名篇，景、情、理三者交融为一，笔法挥洒自如，骈散相间，美不胜收。大量的园林诗文深化、拓展了园林意境。

历代著名的文学家写有大量的寺庙文，其中有许多名篇，以碑碣塔铭、书条石等形式保存在园林中，以唐宋为例：

唐王勃《益州绵竹县武都山净惠寺碑》，记述了四川绵竹武都山净惠寺毁于隋末兵乱和唐代重修的经过。文章用精美的文字描述了寺周之幽胜：

> 苍松蓄吹，临绝径而疏寒；黛筱防烟，绕回疆而结荫。春岩橘柚，影入山堂；秋壑芙蓉，光浮水殿。亦有山童采葛，入丹窦而忘归；野老行花，向清溪而不返。山神献果，送出庵园；天女持花，来游净国。实窈冥之秘诀，托幽深之逸境。

文章一反庙碑文的程式，辞藻华丽而萧爽，用佛教典故贴切，切合佛寺，虽为骈体，但酣畅淋漓，音节和谐，别出心裁，不仅使净惠寺周的清幽环境跃然纸上，而且优美的文字给人以无穷的美感。

唐韩愈的《柳州罗池庙碑》，为柳宗元庙撰写的碑文，文章打破了一般庙碑文呆板的体制，语言激情洋溢，既颂扬柳宗元政绩，又为其"贤而有文章，尝位于朝，光显矣，已而摈不用"的遭遇鸣不平。明茅坤赞之为可"追《九歌》"①、清曾国藩称"此文情韵不匮，声调铿锵，乃文章第一妙境"②。宋文学家苏轼手书《迎送享神诗》，这样，留下了"韩诗苏字柳事""三绝"之美谈。

《隋太平寺碑跋尾》，是欧阳修写在此碑后的评注，跋文写得苍劲古雅，为其他文体所罕见，而且还在文中高度评价了唐代古文运动的巨大成就："芜秽荡平，嘉禾秀草争出，而葩华美实，灿然在目矣。"

苏轼的《潮州韩文公庙碑》，为唐文学家韩愈庙所作的碑文，文章以议论为主，常有对偶排比句式加强文章气势，音韵优美，并带有浓厚的神话色彩，遒劲雄浑。写得"段段如有神助"，"丰词瑰调，气焰光彩，非东坡不能如此，非韩文公不足当此，千古奇观也。"③

宋黄庭坚《法安大师塔铭》，通过简练具体的记述刻画，把一个淡泊豁达、万事随缘的高僧形象突现纸上，成为一篇优秀的传记文学作品。云南姚安兴宝寺《兴宝寺德化铭》，全文采用骈体形式写成，议论纵横捭阖，喻理明快，叙事简洁轻灵，意境幽深。

以辞绘园中还包括一些无力构园的寒素文士心营目想的纸上名园，如吴石林的《无是园记》、刘士龙的《乌有园记》、黄星周的《将就园记》等，虽只能称之为纸上名园，甚至有人讥之为"画饼"，但也非清江片石题《无是园》所说的"卖向人间不值钱"，其造园创作构思，代表了当时的构园风格和特色。

二、赋诗品园　名流觞咏

冯天瑜在《中华元典精神》中谈到诗歌是人类最早的精神创造之一，富有诗情画意的园林，最能触发人的诗情。诗文兴情而造园，"然亭台树石之胜，必待名流宴赏、诗文唱酬以传。"④《重刊园冶序》也说："王侯第宅，罕有留

① 高步瀛选注：《唐宋文举要》引，上海古籍出版社 1980 年版，第 311 页。

① 高步瀛选注：《唐宋文举要》引，上海古籍出版社 1980 年版，第 311 页。
② 同上。
③ 吴楚材、吴调侯选：《古文观止》卷 11 评，文学古籍刊行社 1956 年版，第 503 页。
④ 钱大昕：《网师园记》。

遗甚久者，独于园林之胜，歌咏图绘，传之不朽，一沤一垤，亦往往供人凭吊。"诗人与园林的关系犹如鱼水相得。文人以追求清雅的文化生活为尚，卖文修园、筑园者不胜枚举。清人吴绮归隐江都，宅园荒芜，无钱整治，凡上门求诗文者，均要求以竹石花草为酬，数月后，园中花木繁茂，吴绮于是命名为"种字林"。

自古以来，咏园诗词汗牛充栋，先秦到六朝，著名的如《诗经·灵台》、司马相如《上林赋》，西汉初期"梁园"主人梁孝王刘武广招天下文士在梁园唱和，有枚乘、邹阳、司马相如、羊胜、路乔如、公孙诡、韩安国等，宾主相得，文酒高会，有很多咏园诗赋，如枚乘的《梁王菟园赋》、《忘忧馆柳赋》等。修筑华林园的魏文帝曹丕，和建安诸子"行则连舆，止则接席，何曾须臾相失。每至觞酌流行，丝竹并奏，酒酣耳热，仰而赋诗，当此之时，忽然不自知乐也"[1]，他们"并怜风月，狎池苑，述恩荣，叙酣宴"[2]，开创了文人雅集的先河。曹丕自己写了许多游园诗，如《芙蓉池作》是描写"西园"景色的："双渠相溉灌，嘉木绕通州。卑枝拂羽盖，修条摩苍天。惊风扶轮毂，飞鸟翔我前。丹霞夹明月，华星出云间。"[3]《于玄武陂作诗》，纪游玄武池等，文词富丽，模山范水。王羲之等《兰亭诗》、石崇金谷园诗酒唱酬、陶渊明的《桃花源记并诗》、庾信的《小园赋》等都是在中国园林史上产生巨大影响的诗歌。

宋以后，园主在园中以文会友，畅聚名流，赋诗品园，玩赏书画、品藻词章，遂成社交常态。效法王羲之等人的兰亭之会，可从顾诒禄所作的《三月三日归田园修禊序》中窥见一二：

> 吴中名园，"归田"独存。王君四怀，克绍前烈。招我友朋，续修禊事。维时春风方和，百物呈祥，绿草夹径，紫藤挂空，新荷舒钱，幽篁拂粉。坐危石，荫乔柯，陟前贤之故墅，逢佳日以娱宾，致足乐焉。于是解衣磅礴，散发咏歌，谈仙释之玄理，征古今之逸闻。林鸟来窥，渊鱼聚听，锋铦尽泯，俯仰皆宽，寄躯寰中，结想天外矣。迨主客既醉，少长忘年，手搦悬溜，身卧落花。慨彼桎梏轩冕，驰驱市朝，明月

---

① 曹丕：《又与吴质书》，见《曹丕集·书》。
② 刘勰：《文心雕龙》卷2《明诗》。
③ 王士禛选：《古诗笺》，上海古籍出版社1980年版，第47页。

碧云，失之当境。曷若抗迹巢由，追踪支许，鸿飞鹄举，离尘避弋之适
乎。未知右军兰亭，视此何如也。

当时文人在拙政园"归田园居"中的文酒之会确实与兰亭之会毫无二致。园林
成为文人雅集，进行"文字饮"、"竹林宴"的主要场所，成为中国游园的一种
特殊方式。

江南学人自古以文墨相尚，在园林自由结社，评书论文、诗酒唱和，所以园
林中四方博雅之士、洪笔丽藻之客，接踵而至，前映后辉。或吟咏其中以娱老，
或聚玩耽味为歌诗，或慕名而以诗文相叹美，所以江南名园，叠见咏歌，几乎每
个园林都可以整理出一部诗文咏歌集。真可谓园林今胜地，昔日古诗坛。

元代昆山顾瑛"玉山草堂"，风流映照一时，无数诗人为之梦萦魂牵。吴地
每岁常有联诗，聘一、二文章巨公主之，四方名士毕至，宴赏穷日夜。张士诚
时，文期酒会仍不绝于时。部属饶介"延诸文士作歌"，曾聚众名士赋《醉樵
歌》，成文坛一段佳话。

明代武英殿大学士王鏊，号为"天下士"，唐伯虎称他是"海内文章第一，
山中宰相无双"。王鏊少子王延喆为其父修筑了怡老园。王鏊晚年在此园中，徜
徉于园中，日与沈石田、吴文英、杨仪部结文酒诗社，苏州才子文徵明、祝枝
山、唐伯虎等人也经常在园中写诗论文，前后长达14年。东山壑舟园，据王鏊
在园记中所说，名流一时云集，歌诗作绘，酬唱不绝。据清王昶的《渔隐小圃
记》，清时苏州江村桥畔的"渔隐小圃"，"春秋佳日，吴中胜流名士，复命俦啸
侣无虚日，而远方贤士大夫过吴者，拿舟造访，填咽于江村桥南北，撙酒飞腾，
诗卷参互"。文徵明当年还和王宠等人结吟社于隐士徐政在横山西南的别业凝翠
楼。清初时涉园主人陆锦，杜门却扫，老屋数间，缥缃卷轴，日供清玩，意泊如
也。他杜绝与俗客交游，却闲于花晨月夕，与度东皋、顾芝庭、缪南有、蒋西原
诸先辈结诗酒之社，选歌征舞之外，各有诗一卷，为四方所传诵。

李斗记载了乾隆盛世的几十年中扬州园林举行诗文之会的情况：扬州诗文之
会，以马氏"小玲珑山馆"、程氏"筱园"及郑氏"休园"为最盛。至会期，于
园中各设一案，上置笔二、墨一、端砚一、水注一、笺纸四、诗韵一、茶壶一、
碗一，果盒茶食盒各一。诗成即刻发，三日内尚可改易重刻，出日遍送城中矣。
每会酒肴俱极珍美，一日共诗成矣，请听曲。邀至一厅甚旧，有绿琉璃四。又选
老乐工四人至，均没齿秃发，约把九十岁矣，各奏一曲而退。倏忽间命启屏门，

门启则后二进皆楼，红灯千盏，男女乐各一部，俱十五六岁妙年也。①

咏园诗词不少出自文人园主之手，他们大都过着"镫火夜深书有味，墨华晨湛字生香"（网师园"殿春簃"联）的生活，赋诗作文的卷中岁月，既是他们"神仙也似"生活的重要内容，所以名篇佳作，也就自然琳琅满目了。如苏舜钦当年写下了许多歌咏沧浪亭的诗，有《沧浪怀贯之》、《沧浪亭》、《沧浪静吟》等。王心一有诗集名《兰雪堂集》（兰雪堂为拙政园堂名），其中有和陶渊明的《和归田园居》五首、《放眼亭观杏花》等。园主能诗善文，其眷属亦多工书诗文者。如耦园主人沈秉成的继室夫人严永华，工诗善书，著有《纫兰室诗钞》、《鲽砚庐联吟集》一卷等。大学士陈之遴于顺治十年（公元 1653 年）得拙政园中西部，其妻徐灿，雅如吟咏，尤喜为长短句。陈之遴将她的诗词编成《拙政园诗余初集》一部。

出于园主诗友及追慕者之作也很多。文徵明集中的咏园诗约有二百首，题咏最多的是拙政园、挚友汤子重的小隐堂和王鏊及子女辈的园林。宋苏舜钦筑沧浪亭，邀欧阳修共作沧浪篇，写下了著名的《沧浪亭》长诗。"长史作记欧公赋，金钟大镛声相宣，斯亭遂与人不朽"。时梅尧臣亦作《沧浪亭》诗应和之，成为诗坛佳话。"如何蹑得苏君迹，相招一和白云篇"，因仰慕园主的才情人品，后人或次其韵而和，或踵其迹而颂，这类诗文，往往以浸透着人文因素的景观为主题。如沧浪亭，仅清代著名的就有宋荦《沧浪亭用欧阳公韵》、尤侗的《沧浪六咏》、陈廷敬的《沧浪亭用欧阳公韵》、王士禛《沧浪亭诗宗牧仲中丞》以及朱彝尊、石韫玉、梁章钜等几十人的咏歌，他们或"想见嶔奇人，岸帻幽篁里"，或叹"苏君在日不得志，精魂此地栖云烟"等，思古之幽情。艺圃主人姜埰的品性行事，也叠见咏歌，以相叹美②。

留寓客居名园的四方名贤，也为园林留下许多佳作。如著名的诗人袁枚是拙政园中部复园的主人蒋棨的姻亲，屡居园中，留下了许多诗文。时蒋氏园中藏书万卷，又极为好客。春秋佳日，名流觞咏，极一时之盛。著名学者、诗人赵翼与钱大昕等相继来此，流连忘返，逍遥赋诗。袁枚《宿苏州蒋氏复园题赠主人诗》说，"人生只合君家住，借得青山又借书"。顾诒禄《三月三日归田园修禊序》记载，陈之遴得到拙政园后，名流接踵，司寇公集胜国之衣冠，遴汝先联两朝之耆旧，相与镂金戛玉，投辖衔杯。大诗人吴梅村为陈氏姻亲，亦居园中。园内有

① 李斗：《扬州画舫录》卷 8。
② 参见徐崧、张大纯纂辑：《百城烟水》，南京·江苏古籍出版社 1999 年版，第 129～130 页。

宝珠山茶三四株，花时巨丽鲜艳，为江南所仅有，时有"十亩名园宰相家，花时门外集香车"之称，赏花吟诗。吴梅村作著名的《咏拙政园山茶并引》。此后就有陈维崧的《拙政园连理山茶歌》、吴蔚光《次梅村集中〈咏拙政园山茶花〉》、姚承绪《拙政园—用吴梅村拙政园山茶花韵》诗等。原拙政园"玉兰堂"

图86　吴梅村《咏拙政园山茶并引》

内壁面悬有吴梅村的《咏山茶花诗》，共四块银杏木刻屏条，行楷为清张枢所书，现刻于旱船"香洲"的屏板上。

　　赁居园林的名流也写了许多佳作，如耦园和鹤园曾一度成为词坛盟主朱祖谋（号疆村）赁居之处。借住耦园西园"织帘老屋"，写有《忆西园池上红梅·六么令》、《别西园作·清平乐》、《西园载酒咏枇杷·红林檎近》等著名词作。赁居鹤园的时候，四方名士，接踵其庐。今园中尚有丁香一本，邓邦述为之篆书"沤尹词人手植丁香"八字，镌诸石而嵌于花坛。

　　自晋以来，文人山水园林有大开园门听人来游之风。唐贺知章有"主人不相识，偶坐为林泉"诗句。宋邵雍《咏洛下园》诗称"洛下园池不闭门……遍入何尝问主人"句。江左园林，亦多如此。五代时钱氏之南园，是后来宋诗人王禹偁常常携客醉饮赋诗之地，"他年我若功成后，乞与南园作醉乡"，即为那时所赋之名园。苏州涉园，花时也洞开其广，纵人游观，弗之禁。钱泳《履园丛话》载，留园在道光二年始开园门，来游者无虚日，倾动一时。网师园在瞿远村时，园中盛植牡丹、芍药，每当春日，园主即开园纵人游赏，游人纷至沓来，时人有"看花车马声如沸"之诗句。随园有室名"诗世界"，专藏当代名贤投赠的诗稿。墙上贴满了四方名流之士的赠诗，赵翼游览随园，写《游随园题壁》七律二首，中有"名满九州身一壑，辋川庄遂属王维"，"问渠何福能消受，四十年来住画图"之句，以袁枚拟王维①。游园诗代有佳作，极大地丰富了中国园林的诗情

---

①　参见王英志：《袁枚与赵翼》，见《文史知识》1998年第7期。

画意。

寺庙园林在古代具有公共游像的特色，大约到唐代，寺庙成为一切晓行夜宿的所有人的居所，甚至可以长年借住。幽雅宁静、清逸超尘的环境激发了古代文人的创作灵感，历代文人写下了无数脍炙人口的寺观诗词。著名的有苏州寒山寺、常熟的破山寺（兴福寺）、杭州的灵隐寺、香积寺、山西的普救寺、晋祠等。唐宋文人中，王维、孟浩然、韦应物、李白、杜甫、韩愈、白居易、杜牧、曾巩、苏轼、黄庭坚、陆游、辛弃疾、杨万里、文天祥等，都创作了众多的寺庙诗歌，许多优秀作品，至今犹令人齿颊生香，百读不厌。很多诗篇通过碑碣、书条石等形式保存在园林中。如寒山寺大殿两侧壁间，还嵌有唐诗僧寒山子诗歌36首和历代诗人题咏诗10余首，诸如唐韦应物《宿寒山寺》、张祜《枫桥》、皎然《闻钟》、张师中《游寒山寺》、程师孟《寒山寺》、《游枫桥偶成》、高启《赋得寒山寺送别》、《枫桥》、沈得潜《枫桥夜泊》二首等。

宋之问《灵隐寺》，"楼观沧海日，门对浙江潮。桂子月中落，天香云外飘"，蕴有天行物移、造化不私之哲理，从中蕴出"桂子"、"天香"之清远恬淡景物，暗用佛典以象众动复归于静，写景戛戛独造，不落俗套。王维的《过香积寺》，"泉声咽危石，日色冷青松"，山涧幽深冷僻，诗境渗以淡淡的宗教意识，恬淡飘逸，幽雅静美。杜甫的《上牛头寺》，"花浓春寺静，竹细野池幽。何处啼莺切，移时独未休。"花浓竹细，春景如画，莺啼未休，以动衬静。韦应物《寺居独夜寄崔主簿》，在幽人不寐，木叶凋落的深夜，"寒雨暗深更，流萤度高阁"，几笔简澹的笔墨，把作者幽独之情融进寺庙的夜色萤光之中，将萧瑟凄凉的意境烘染得淋漓尽致。韩愈的《山石》写了他和友人"黄昏到寺蝙蝠飞"的山寺独特景色，并铺写了翌日遍游山水的经过。陈寅恪《论韩愈》也说此诗既有诗之优美，复具文之流畅，韵散同体，是诗文合一的代表作，脍炙人口。以上诗歌，都是作者在寺庙园林这一独特的氛围中创作出来的佳作。

苏州常熟的兴福寺里，有一块著名的"米碑亭"，亭壁嵌着宋著名书画艺术家米芾所书的唐诗人常建的名诗《题破山寺后禅院》：

清晨如古寺，初日照高林；
曲径通幽处，禅房花木深。
山光悦鸟性，潭影空人心；
万籁此皆寂，但余钟磬音。

这是以写静境载誉于时的常建最为传诵的名诗，二、三两联，以禅悦态度静观景物，写出妙察物趣所摄取之深微兴象。殷璠称此二联为“警策”，欧阳修最爱重“曲径”一联，以为不可及。第二联景融禅理，晴岚翠霭，群鸟欢悦适性，天光山色映照潭影，人们的心灵澄澈洁净。与禅机默契：有山则有光，鸟性自悦，岂须待悦于山光；波平云尽，人心自净，何必藉空于潭影。尾联写寺之玄寂，浑融无迹。脍炙人口的名诗、书画大师遒劲洒脱的书法、名匠精美的镌刻，相得益彰，号为“三绝”。

唐诗人张继于安史乱后，避地吴中，写下了千古传诵的《枫桥夜泊》诗：

月落乌啼霜满天，江枫渔火对愁眠。
姑苏城外寒山寺，夜半钟声到客船。

宋王珪、明文徵明、晚清俞樾、当代刘海粟都先后书碑，立于寺内。描写江南水乡秋夜冷月映霜、寒鸦哀啼、江枫摇曳、渔火闪烁的景象，那万籁俱寂中徐徐传来的声声沉钟，与静谧中的旅人无际之愁绪，意境高绝，令人遐思。

咏园词在风雅之风遍被朝野的宋代，得到了蓬勃发展。宋初闲雅而有情思的晏殊留下了“一曲新词酒一杯，去年天气旧亭台。夕阳西下几时回？无可奈何花落去，似曾相识燕归来。小园香径独徘徊”的咏春小词。欧阳修留下了“庭园深深深几许”的不朽名句，《朝中措·平山堂》展现了他潇洒旷达的风神：“平山栏槛倚晴空，山色有无中。手种堂前垂柳，别来几度春风。文章太守，挥毫万字，一饮千钟。行乐直须年少，尊前看取衰翁。”杨海明先生谈到宋代士大夫重“雅玩”，他们营建的园池，“自然地成了他们‘雅玩’的对象之一”①，他分别以时称“园池、声妓、服玩之丽甲天下”张镃和相对清寒的毛滂的园池词为例，进行了分析。张镃以南湖别墅中的建筑“玉堂照”来命名他的词集，《玉堂照词》共存词80余首，其中描写自家园池的词就达二分之一。他把在园池观赏荷花垂露、碧虚明月、南湖对菊、醉卧花心等赏心乐事看作神仙般的享受，“会享人天清福”，善“雅玩”。毛滂是武康（浙江湖州）的县令，他只是把官衙内已经是“菌生梁上，鼠走户内，蛛网粘尘，蒙络窗户”的“尽心堂”从新改造一番，更名为“东堂”，再在其旁造生远楼、画舫斋、潜玉庵、寒秀亭、阳春亭、

① 杨海明：《唐宋词与人生》，河北人民出版社2002年版，第242页。

花屿、蝶径，垒石为渔矶，编竹为鹤巢，植荼蘼花于阳春亭西窗之旁，便成为"自吴兴刺史府与五县令舍无得与之争广丽"的宅园。他的《东堂词》大致描写其欣赏山水竹石，月下饮酒，松斋夜雨留客，秋寒秀亭观梅，或在花屿蝶径徘徊。他们"在其作为士大夫时，往往只能扮演一位'俗吏'的社会角色；而当他们回归自己的私人园池，与其身边的花草树木、月影鸟声作'对话'时，他们顿又变成了一批'萧然尘外'的风雅文人。"①

园林词一直是词中重要内容，如上文说到的雅爱词章的苏州怡园主人顾文彬，集《眉绿楼词联》挂在园中各景点，并写《怡园好词》，堪为其中代表。

三、小说中的园林诗

诗歌对其他文学形式以深刻影响，从唐传奇开始到明清，我国的小说都有运用诗歌的传统。《金瓶梅》每回都有诗词。用诗词来描写人物形象、表现人物性格，已经形成中国古代小说艺术的民族形式的基本特征之一。"崇文"的中国古典园林讲究"雅趣"，即表现知识与高雅的文艺修养，诸如诗词歌赋、琴棋书画、竹林玄谈、曲水流觞、收集古董、考据文物、钻研金石、潜心印章、参禅证道、顿悟因缘、醉心泉石、巧异盆景、品茗论诗、焚香抚琴等，这样的审美情趣，只有在园林这样的文化环境中才能得以充分展开与发挥。曹雪芹在《红楼梦》中创作了100多首诗词，其中许多诗词是为人物"定身"创作的。仅以大观园诗会为例。

大观园是以"富贵闲人"为中心的"女儿国"，那些"天地间灵气所钟的"女儿们在这个诗化了的、又是真实的小说世界里，她们纵横挥洒，旁若无人地抒发自己的才华。作者用许多笔墨描写了大观园中的多次诗会。

大观园题咏是第一次诗会，那是才选凤藻宫的贵妃贾元春省亲时游览大观园，宝玉等人应皇妃之命所作的应制诗、应景诗，内容和形式受到很大的限制，容易落入俗套。但由于都是赞美大观园的建筑和自然风光的，各篇的角度或侧重有所不同，所以，汇集到一起，全面地描绘大观园的秀丽幽雅的景色，反映了典型环境的基本轮廓。

"秋爽斋偶结海棠社"，咏白海棠诗会是继大观园题诗之后的一次重要诗会。大观园中的女儿们，这些"天地间精华"在此尽情地抒发她们的才华。咏白海

---

① 杨海明：《唐宋词与人生》，河北人民出版社2002年版，第248页。

棠诗，用丰富的想象和联想，精练的语言，纯熟的技巧，刻画出白海棠的神态。

　　蘅芜院菊花诗会，是将螃蟹筵宴与菊花诗会结合在一起，形成了大观园诗会的高潮。

　　芦雪庭宴会时的大观园，已经是"夕阳无限好，只是近黄昏"了，《芦雪庭即景联句》描写了吟风弄月的闲情逸致，反映出大多数士大夫的园居生活的一个侧面。芦雪庭诗会后又出现了四篇咏梅诗，已经是"流水空山"，"落霞"片片了。《柳絮词》是大观园里最后一次诗会，词调凄凉，缠绵悱恻，大观园的繁华就像那柳絮一样飘零。

　　大观园的诗会，和《红楼梦》全书的内容休戚相关。诗歌诗化了生活、诗化了环境，也诗化了人物感情与性格。

　　大观园儿女们的结社吟诗、弹琴下棋，描鸾刺凤、斗草簪花、低吟悄唱，给这些天真烂漫的儿女们抹上了一层诗的氛围，也给她们的性格涂上了一层诗的气质。下面，我们来看看在历次诗会中，贾宝玉、林黛玉和薛宝钗"创作"的诗歌。

　　在大观园题咏的诗会中，贾宝玉作了三首应制诗，分别为《咏有凤来仪》、《咏蘅芷清芬》和《咏怡红快绿》，实际上分别是林黛玉、薛宝钗和贾宝玉三人后来的住所。三首诗没有感恩戴德的辞藻，这既是贾宝玉反对等级俗节的叛逆思想性格的曲折流露，也是他特殊地位赋予他的"特权"。第一首《咏有凤来仪》："秀玉初成实，堪宜待凤凰。竿竿青欲滴，个个绿生凉。迸砌防阶水，穿帘碍鼎香。莫摇分碎影，好梦昼初长。""堪宜待凤凰"表面颂圣，实际上却歌颂了林黛玉，因为这里是潇湘馆。"莫摇分碎影，好梦昼初长"，可以与三十六回"潇湘馆春困发幽情"的艺术画面对看，寓意着对他们纯真爱情的向往。《咏蘅芷清芬》："蘅芜满静苑，萝薜助芬芳。软衬三春草，柔拖一缕香。轻烟迷曲径，冷翠湿衣裳。谁谓池塘曲，谁家幽梦长。"和蘅芜院的写景一样，突出了"香"、"冷"和"幽"，和薛宝钗的性格暗合。《咏怡红快绿》："深庭长日静，两两出婵娟。绿蜡春犹卷，红妆夜未眠。凭栏垂绛袖，倚石护清烟。对立东风里，主人应解怜。"则格调柔美，温雅，表现了对"花木"的无限哀怜。有"女儿"气。

　　贾宝玉《咏白海棠》："秋容浅淡映重门，七节攒成雪满盆。出浴太真冰作影，捧心西子玉为魂。晓风不散愁千点，宿雨还添泪一痕。独倚画栏如有意，清砧怨笛送黄昏。"用拟人化的笔法、丰富的联想，刻画了白海棠的神态，

"出浴太真冰作影，捧心西子玉为魂"，反映了高情雅意，格调高雅，是宝玉诗中的上品。《访菊》"闲趁霜晴试一游，酒杯药盏莫淹留。霜前月下谁家种？槛外篱边何处秋？蜡屐远来情得得，冷吟补尽兴悠悠。黄花若解怜诗客，休负今朝挂杖头。"《种菊》："携锄秋圃自移来，篱畔庭前处处栽。昨夜不期经雨活，今朝犹喜带霜开。冷吟秋色诗千首，醉酹寒香酒一杯。泉溉泥封勤护惜，好和井径绝尘埃。"无非是东篱把酒，黄花霜冷。《访妙玉乞红梅》："酒未开樽句未裁，寻春问腊到蓬莱。不求大士瓶中露，为乞嫦娥槛外梅。入世冷挑红雪去，离尘香割紫云来。槎枒谁惜诗肩瘦，衣上犹沾佛院苔。"很有方外之思，内容也脱俗尘气，"槎枒谁惜诗肩瘦，衣上犹沾佛院苔"，构思别致，处处带有笼翠庵的高洁。

林黛玉是大观园里最有才华的少女，她多愁善感，具有诗人热烈的感情和冲动，美丽而才华横溢。曲高和寡、"孤高自许"、"目下无尘"的黛玉，以感情的追求作为人生的目标，以高傲的性格与环境对抗，以诗人的才华去抒发对自己命运的悲剧感受。"愿奴胁下生双翅，随花飞到天尽头。天尽头！何处有香丘？未若锦囊收艳骨，一抔净土掩风流。质本洁来还洁去，强于污淖陷泥沟。"为保持自己的人格尊严和纯洁爱情而付出全部的生命。在大观园写诗时的林黛玉，显得特别俊迈、潇洒，表现出才子的风采！林黛玉深受古典文学的熏陶，使她摆脱"谁家秋院无风入，何处秋窗无雨声"的现实世界的，唯有诗的境界，在那里，她可以沉醉其间，获得精神饥渴的满足。

大观园诗会她题诗两首，《题世外桃源》："宸游增悦豫，仙境别红尘。借得山川秀，添来气象新。香融金谷酒，花媚玉堂人。何幸邀恩宠，宫车过往频。"《代拟杏帘在望》："杏帘招客饮，在望有山庄。菱荇鹅儿水，桑榆燕子梁。一畦春韭熟，十里稻花香。盛世无饥馁，何须耕织忙。"诗中虽有对元妃省亲的颂扬，但主要讴歌了浓郁的芳香鲜艳的花朵，透露了林黛玉追求自由境界、向往纯洁事物的思想因素，透露了她对自然的热爱和灵秀透脱的才思与性格。

《咏白海棠》："半卷湘帘半掩门，碾冰为土玉为盆。偷来梨蕊三分白，借得梅花一缕魂。月窟仙人缝缟袂，秋闺怨女拭啼痕。娇羞默默同谁诉？倦倚西风夜已昏。"构思委婉，形象清新。"偷来梨蕊三分白，借得梅花一缕魂。月窟仙人缝缟袂，秋闺怨女拭啼痕。"表现了她聪明灵敏，卑视庸俗，而又伴随着悲苦的性格。

《咏菊》："无赖诗魔昏晓侵，绕篱欹石自沉音。毫端蕴秀临霜写，口角噙香对月吟。满纸自怜题素怨，片言谁解诉秋心？一从陶令评章后，千古高风说到今。"《问菊》："欲讯秋情众莫知，喃喃负手扣东篱。孤标傲世偕谁隐，一样花开为底迟？圃露庭霜何寂寞？雁归蛩病可相思？莫言举世无谈者，解语何妨话片时。"《菊梦》："篱畔秋酣一觉清，和云伴月不分明。登仙非慕庄生蝶，忆旧还寻陶令盟。睡去依依随雁断，惊回故故恼蛩鸣。醒时幽怨同谁诉：衰草寒烟无限情。"这三首菊花诗的情调，是符合林黛玉性格的，如"满纸自怜题素怨，片言谁解诉秋心？"、"孤标傲世偕谁隐，一样花开为底迟？""醒时幽怨同谁诉：衰草寒烟无限情"，明显带有林黛玉个性，表现她的精神状态，是菊花诗中最美的篇章。

脂砚斋批林黛玉所题诗曰："格调熟练，自是阿颦口气"，"阿颦之心臆才情，原与人别，亦不是从读书中得来。"是的，林黛玉凭的是真性情。

薛宝钗，美丽温顺，城府很深，善于逢迎，上下安抚，信奉"女子无才便是德"的封建道德。她是对人冷漠的"冷美人"，对金钏投井、尤三姐自刎等都毫无反映，"你我只该做些针黹纺织的事……最怕看了这些杂书，移了性情，就不可救了"，"德貌工言俱全"的薛宝钗"行为豁达，随分从时"，善于以现实的利害来规范自己的言行。在大观园中，她的诗才虽然可以与黛玉抗衡，却缺乏诗人气质和激情。

大观园诗会题诗《题凝晖钟瑞》："芳园筑向帝城西，华日祥云笼罩奇。高柳喜迁莺出谷，修篁时待凤来仪。文风已著宸游夕，孝化应隆归省时。睿藻仙才瞻仰处，自惭何敢再为辞？"充满了庄严肃穆的气氛，诚惶诚恐的感情，表现了浸透着封建伦理道德的薛宝钗的思想品质。《咏白海棠》："珍重芳姿昼掩门，自携手瓮灌苔盆。胭脂洗出秋阶影，冰雪招来露砌魂。淡极始知花更艳，愁多焉得玉无痕。欲偿白帝宜清洁，不语婷婷日又昏。"格调雍容典雅，"淡极始知花更艳，愁多焉得玉无痕"，用平淡和乐观的色彩装饰了封建淑女的风度。她竭力想把自己塑造成一个"完美"的淑女形象。《忆菊》："怅望西风抱闷思，蓼红苇白断肠时。空篱旧圃秋无迹，冷月清霜梦有知。念念心随归雁远，寥寥坐听晚砧迟。谁怜我为黄花瘦，慰语重阳会有期。"《画菊》："诗余戏笔不知狂，岂是丹青费较量？聚叶泼成千点墨，攒花染出几痕霜。淡浓神会风前影，跳脱秋生腕底香。莫认东篱闲采撷，粘屏聊以慰重阳。"

"柳絮"的飘零是大观园没落的征兆，贾宝玉、林黛玉和薛宝钗的题咏，都采用了最富抒情意味的词形式，缠绵悱恻的抒情，精美的艺术技巧，内容最具个性色彩。

贾宝玉《南柯子·柳絮半阕》："落去君休惜，飞来我自知。莺愁蝶倦晚芳时，纵是明春再见——隔年期！"贾宝玉好像也有了"莺愁蝶倦"的预感，有一种无可奈何花落去的不祥征兆。

林黛玉《唐多令·柳絮》："粉堕百花洲，香残燕子楼。一团团、逐队成球。飘泊亦如人命薄：空缱绻，说风流！草木也知愁，韶华竟白头。叹今生、谁舍谁收！嫁与东风春不管：凭尔去，忍淹留！"调子十分悲苦，她似乎觉察到自己飘零无着的命运，想到自己的孤苦无依，所以叹吟"叹今生、谁舍谁收"！"草木也知愁，韶华竟白头"，采用了拟人化的笔法，草木深知人间悲苦，如何让洁白无瑕的柳絮飘零，而难以青春长驻？分明是黛玉内心难排难遣隐痛的流露：缱绻哀婉的思绪、青春难驻的担忧、薄命漂泊的创痛……

薛宝钗《临江仙·柳絮》："白玉堂前春解舞，东风卷得均匀。蜂围蝶阵乱纷纷：几曾随逝水？岂必委芳尘？万缕千丝终不改，任他随聚随分。韶华休笑本无根：好风凭借力，送我上青云。"词中丝毫没有末世之感，有的是踌躇满志、勃勃野心。"韶华休笑本无根：好风凭借力，送我上青云。"自视春风得意！

第三节 园林与中国古代戏曲

一、东山风流 抚琴度曲

古人把良辰美景、赏心乐事称为人间"四美"，而"四美"兼具的就是园林了。其中，抚琴赏乐，歌舞观戏，亦为风流雅事。

图87 颐和园戏楼

园林中建戏院戏台司空见惯。颐和园中的"德和园"是慈禧观赏戏剧的地方，恭王府里有大戏台，上海豫园的点春堂有"凤舞鸾鸣"唱台，扬州棣园有戏台和观戏厅，留园"东山丝竹"是苏州第一戏台，在那里园主效仿谢安的"东山风流"，正如戏台对联所写："一部廿四史，演成今古传奇，英雄事业，儿女情怀，都付与红牙檀板；百年三万场，乐此春秋佳日，酒座簪缨，歌筵丝竹，问何如绿野平泉。"

昆曲的"调用水磨，拍挨冷板，声则平上去入之婉协，字则头腹尾音之毕习，功深熔琢，气无烟火，启口轻圆，收音纯细"①。轻柔缠绵、委婉悠远的昆曲"水磨调"，摇漾在江南园林的粉墙花影之间、画舫碧水之上，天然和谐。

耿鉴庭在《扬州昆曲丛谈》说："扬州小金山的桂花厅，是一所半环的建筑，外有半环形围墙包围，但上半为花墙，可以透风漏月，墙内遍植桂花，在此赏月品茗，则声、色、香、味具备。隔墙闻笛听戏，别有一番风味，极尽雅部'雅'字之能事。又如夏秋间，清晨或傍晚，乘小游船撑入五亭桥小洞之内，唱者卧于藤睡椅之上，口对上面的圆拱唱，使曲声与笛弦声由拱顶撞回，再从桥洞放散出来，的确别有一番风味。"

拙政园西部园主张履谦及其孙张紫东，都酷爱昆曲，主体建筑卅六鸳鸯馆，是专供曲友在此拍曲休闲的，北为水池，与假山上浮翠阁相对，南为小院。此馆梁架为四轩相连，轩式为船篷轩和鹤胫轩，上有空间较大的草架，是典型的满轩形式。馆平面为方形，中间用纱隔与挂落将厅分为平面、空间大小相同的南北两部分，前后厅的梁架一为扁作，一为圆作，南半部宜于冬春，北半部宜于夏秋，是鸳鸯厅形式。馆的四隅各建耳室一间，作演唱侍候等用。此馆不仅可以隔热防寒，而且音响效果极佳，声音可以绕梁萦回，经久不息，既适合园主看戏度曲的需要，也可以饮宴会客，赏花观景。曲坛俞粟庐经常在此默默听曲，粟老的监场使大家感到拘束，园主又在侧面造了一个阁，专供粟老在里面休憩、听曲，装修精美，遂取名"留听阁"，名为阁，实为一层建筑。平面形状接近方形，内设四柱，柱间用纱隔挂落飞罩分隔成内廊。拙政园的卅六鸳鸯馆，是专为拍曲而建。园主张履谦和他的孙子张紫东都是昆曲爱好者，他们自己经常在这里粉墨登场，还请曲坛大师俞粟庐为老师。当年在那里拍曲的孙善实老人透露了鲜为人知的趣闻：

据张逸侪（张紫东三弟）说，当时在卅六鸳鸯馆里拍曲时，粟老爷（对俞粟庐的尊称）常会不声不响坐在厅上听，大家一看他在场，就吓煞！因为粟老爷授教昆曲认真不苟是出了名的……他听人唱曲，若你唱得好，便拎起三弦为你伴奏（三弦的节奏是最能压准板眼的），唱的人经他的三弦一托一衬，便能唱出无穷的妙趣来，这是对唱曲人最高的奖励。若你的唱不太令他满意，他便打开手中的折扇，开始玩赏起扇

① 沈宠绥：《度曲须知》，转引自周武忠《城市园林艺术》，东南大学出版社2000年版。

面上的字画来。若他认为你唱得不好，干脆站起身欣赏墙上的书画，这时唱的人更要心慌意乱，开始"吃螺丝"、"打个疙瘩"，该唱好的地方也唱不好在哉。正因为如此，大家觉得唱曲时粟老爷最好不要监场，善解人意的张家就在卅六鸳鸯馆侧面造了一个阁，专供粟老爷在里面休憩、听曲，因为是专为粟老爷造的，所以装修十分精美高档，并取名为"留听阁"。这也是该阁名称的最早由来①。

不光是昆曲，苏州的评弹和中国古琴与山水园林也是天然和谐相得的，评弹和古琴的弹奏都要求清、幽、雅、洁的环境和古、淡、静、闲的心境，园林是最合适的场所。邓云乡曾建议说，到苏州园林，"那不妨再加一点评弹的叮咚弦索声。蒙蒙细雨中，走到长长巷子的青石板路上，隔着长满苔藓的高墙……传出一两声叮咚弦索声……给人的都是纯东方的盈漾着悠久历史文化的艺术感受。"至今在颐和园的苏州街茶室里，还播放着评弹悠扬的乐曲。

中国古琴是居传统四大雅趣的"琴棋书画"之首，备受文人推崇和喜爱，是当今世界上起源最早、技艺最成熟、理论最完善、内涵最丰富、绵延至今仍在演奏的惟一音乐艺术。2003 年 11 月，古琴艺术与世界上 28 种文化艺术表现形式共同入选联合国"人类口述和非物质遗产代表作"。古琴艺术可追溯到约 3000 年前，古传神农"削桐为琴，绳丝为弦"，又相传伏羲作琴，舜弹五弦琴而天下治，后来周文王、周武王各加一弦，遂成七弦。古琴在礼乐社会作为古代士人修身养性的重要标志性乐器。《礼记·曲礼下》："士无故不彻琴瑟。"琴瑟作为与"士"等级阶层相配合的乐器，应该时刻不离其左右，以便随时弹奏。孔子常"弦歌"诗三百，在"杏坛讲学"时也少不了弹琴。《孔丛子·论书》："退而穷居河济之间，深山之中，作壤室，编蓬户，常于此弹琴以歌先王之道。"士大夫园林都备琴，"有琴方是乐"，琴为书斋重要陈设。所谓"琴者，禁也，禁邪恶之所生也"。嵇康作《琴赋》，认为音乐"可以导养神气，宣和情志，处穷独而不闷"，而"众器之中，琴德最优"。琴是文人士大夫修身养性的必备之物。"琴清月当户，人寂风入室"，古人弹琴，只要体认得静、远、澹、逸四字，有正始风，悉去俗情，也即臻于大雅了，所以，"虽不能操，亦须壁悬一床"。琴尚有"铁琴"之称，即铁骨琴心之谓也。有的园林专辟"琴室"，但大多数将琴置于

---

① 孙善实口述：《卅六鸳鸯馆和留听阁的来历》，《苏州园林》2002 年 4 期。

书房。成为古代文人最为惬意而风雅之事。留园"汲古得绠处"就有朱彝尊一幅对联："汲古得修绠，开琴弄清弦。"琴还染有隐士气，"岩前倚杖看云起，松下横琴待鹤归"，既有山林气，又有文士们的悠闲和孤芳自赏的气质。琴亦可聊以消忧，自娱自慰。王逸《九思·伤时》云："且从容兮自慰，玩琴书兮游戏。"陶渊明隐归田园，"悦亲戚之情话，乐琴书以消忧"。

苏州怡园常常琴会、曲会不断，昔日抚琴度曲，极一时之盛。如今，太仓明代万历首辅王锡爵赏梅植菊的南园中，恢复了"大还阁"琴馆，纪念明代著名琴家徐上瀛，著有《大还阁琴谱》、《溪山琴况》、《万峰阁指法秘笺》等琴学理论，提出了"和、静、清、远、古、澹、恬、逸、雅、丽、亮、采、洁、润、圆、坚、宏、细、溜、健、轻、重、迟、速"的二十四字要诀，在我国古代音乐美学史上有很高的地位。

二、戏文雕刻　委婉陈情

园林中的雕刻题材不少是传统戏文，它补充或扩展了建筑物的艺术意境，渲染了一种文学艺术氛围，雕饰的戏文人物故事会使人产生戏曲艺术的联想。园林雕饰所用的戏文人物，常常以传统的著名剧本为艺术蓝本，经匠师们的提炼、加工刻划而成。

园林中的雕刻包括砖雕和木雕，常常取材于传统的历史剧和著名戏文，借助戏文的文化内涵和历史人物的生平事迹，含蓄地传达出文人的理想愿望和审美趣味，是雕刻艺术与戏曲艺术的嫁接。

如网师园砖刻门楼上的"文王访贤"和"郭子仪上寿"戏文雕刻，"文王访贤"即姜子牙见周文王的戏文图案。说的是周文王访得姜子牙之事。文王姬昌，史称他"笃仁、敬老、慈少。礼下贤者，日中不暇食以待士，士以此多归之"，是大德之君。姜子牙多兵权与奇计，曾隐于海滨。有一次，文王将出猎，令人占卜，曰："所获非龙非彲，非虎非罴，所获霸王之辅。"文王出猎，果然遇姜子牙于渭河之滨，与语大悦，曰："自吾先君太公曰：'当有圣人适周，周以兴'，子真是邪？吾太公望久矣。"故号之曰"太公望"，载与俱归，立为师。文王以大德著称，姜子牙以大贤著名，"文王访贤"，喻意为"德贤齐备"。郭子仪为唐玄宗时朔方节度使，戡平安禄山、史思明之乱，功立第一。后又与回纥会军，大破来犯之吐蕃，以一身而系时局安危者二十年，累官至太尉、中书令，封汾阳郡王，号"尚父"，世称郭汾阳，亦称郭令公。他年寿很高，活了八十四岁。八个

中
·
国
·
园
·
林
·
文
·
化

儿子、七个女婿都为朝中命官。郭子仪堪称"大贤大德"、"大富贵，亦寿考"，故"郭子仪上寿"砖刻寓"福寿双全"之意。

"八仙庆寿"也是园林雕刻中不休的主题。八仙是神话传说中的不受万神之王玉皇大帝管辖，不听道家之祖太上老君调遣的散仙，他们到处惩恶扬善、抑富济贫，深受广大人民的喜爱。他们分别为：李铁拐、吕洞宾、汉钟离、张果老、韩湘子、曹国舅、蓝采和、何仙姑。八仙和陈抟的戏剧很多，仅元杂剧中就有《陈抟高卧》反映陈抟参破功名、弃绝仕途之意。清初无名氏的《蟠桃会》也是以陈抟故事为题材的。《吕洞宾三醉岳阳楼》写吕洞宾超度贺腊梅和郭马儿，《黄粱梦》写钟离权奉华东帝君之命前往度化书生吕洞宾。明杂剧有《吕洞宾花月神仙会》、朱有燉的《瑶池会八仙庆寿》言西王母欲招福禄寿三星和八仙开蟠桃会，派金童玉女迎接八仙赴会，三星及吕洞宾各奉寿词，其他七仙各献寿礼。祝寿已毕，共赴瑶池宴会。两旁莲花垂柱上端刻有"和合二仙"，"和合"原为中国古代神话中象征夫妻恩爱的神名，本为一神，其像蓬头笑面，身着绿衣，左手擎鼓，右手执棒，传说祀之，可使人即便在万里之外亦能回家，宋时称"万回哥哥"。后衍为二神，蓬头笑面，身著绿衣，一人持荷花，一人捧圆盒，为和好谐美的象征。门楼两侧厢楼山墙上端左右两八角窗上方，分别塑圆形的"和合二仙"和"牛郎织女"，寓意夫妻百年好合，终年相望。

苏州同里崇本堂的落地长窗上雕刻着《红楼梦》十二钗的戏文图案，拙政园秫香馆门窗上雕刻着《西厢记》的戏文图案。

取材于历史剧的雕刻很普遍。如网师园濯缨水阁屏风上的《三国志》人物图案等。苏州东山春在楼的门楼左右兜肚、前楼及大厅六扇长窗的中央堂板、裙板及十二扇半窗的裙板上，都精心雕刻着戏文故事，前楼包头梁的三个平面上的黄杨木雕，几乎把《三国演义》戏文故事精刻下来了：从《桃园结义》、《三顾茅庐》、《赤壁之战》到《定军山》、《走麦城》，直至《三国归晋》等三十四出，恰似一部《三国演义》戏文连环图书。留园《西厢记》戏文图案、春在楼大厅刻有《三国演义》中的故事图案45幅，画面刻画了武战人物大气磅礴的气势和威武的神态，人物的上半身大于下半身，且人大马小，以突出武战人物的形象，注重人与马的动势和谐，以突出武战人物的精神气质，并缩小背景，用特写手法雕凿三、五人的交锋，以使构图饱满，这是苏州香山帮建筑装饰简洁浑厚、大刀斧凿手法的一大特色。

元杂剧《薛仁贵衣锦回乡》写庄农之子薛仁贵发迹变泰的故事，肯定了"立身扬名，荣耀父母"的要求。因此，成为宅园中住宅门楼的绝好题材，如苏

【中
编】

园林物质建构要素与中国文化

州木渎"榜眼府第"的砖刻就取"薛仁贵衣锦回乡"。

三、不到园林，怎知春色如许

中国许多戏曲中，往往也少不了园林环境，一些以"偷香窃玉"为题材的戏曲作品中，"私订终身后花园"几乎成了一种程式。

元代杂剧《墙头马上》，将男女主角发出爱情火花和剧情发展的关键都放在花园。工部裴尚书之子裴少俊到洛阳购买奇花名木，路过宗室李总管家花园时，见到了在墙头向外窥望的李总管的女儿李千金，二人一见钟情，互传书柬，约会，私奔，在裴府花园生下一双儿女，直到七年后，被裴父在花园撞见小儿女，裴父母不认私奔的媳妇，逼裴少俊休了李千金，后来，裴少俊考上状元，裴尚书牵羊担酒向李千金赔礼道歉，李千金在痛斥了裴尚书后，才与裴少俊重归于好。剧中的花园，成为青年男女爱情的滋生、发展、开花、结果的主要场所，也是反抗礼教、自主婚姻的媒介和见证。

园林在《牡丹亭》里，是自然、春色、自由天地的象征。《牡丹亭》是明戏剧艺术大师汤显祖《临川四梦》之一，因是他在临川自营的宅园"玉茗堂"所写，写的也与花园有关，所以，又称"玉茗堂四梦"之一，玉茗，为白色的山茶花，寄予了园主与世俗泾渭分明的磊落胸怀。

牡丹亭的故事发生在姹紫嫣红开遍的小庭深园中，整个故事几乎都围绕着优美的园林环境展开。写的是明代南安太守杜宝的独生女儿杜丽娘被牢牢地关在闺房里，虽"年已及笄"，居然连自己家的花园在哪里、有什么景致都不知道，礼教将她与自然隔开，直到丫头春香告诉她花园里"有亭台六七座，秋千一两架。绕的流觞曲水，面着太湖山石。名花异草，委实华丽"，这才使杜丽娘感到惊愕，决定游园。封建礼教的禁锢随着被冲破。明代园林更以自然为蓝本，更多山林野趣，作为"自然"和"春"的象征，对生活在浓郁的理学气氛中的杜丽娘具有惊心动魄的力量。外面的世界太美了："朝飞暮卷，云霞翠轩；雨丝风片，烟波画船"。雕梁画栋，飞阁流丹，云蒸霞蔚，碧瓦亭台，和煦的春风夹带着蒙蒙细雨，烟波浩淼的春水中浮动着美丽的游船……多么迷人而又略带怅惘色彩的春景啊！游园，对杜丽娘来说，是让自己的身心到真实的自然景色中去作一次短促的巡行，是一个主观世界和客观世界怡然溶和的绝妙艺术片段。在这里，杜丽娘发现了一个更真实、更美好的天地，"不到园林，怎知春色如许！"她同时也发现了自己。花园里春色撩人，"梦回莺啭，乱煞年光遍"，"莺啭"惊醒了她的春梦，唤醒了她的春情，"可知我一生爱好是天然"，在这里，人和自然在一片勃勃生机中互相感应着，体味到自己与自然的特殊亲和关系，天然的环境与天然本性融合，杜丽娘发现了自我！感到了灵魂的震颤，因而发出了深深的感慨："原来姹紫嫣红开遍，似这般都付与断井颓垣，良辰美景奈何天，赏心乐事谁家院！"娇艳的春色，是她青春的象征，而代表封建礼教的深闺，就如枯竭的井、倒塌的墙，情与景的矛盾，突出了杜丽娘微妙的心理波澜，由此吐出了"锦屏人忒看的这韶光贱"郁积在心理的愤懑。由鲜花的易凋联想到自己青春的短暂，回房后，杜丽娘满心充溢着一种青春的紧迫感，自叹、自伤、自恋："可惜妾身颜色如花，岂料命如一叶乎！""春呵，得和你两留连"。由是神思恍惚、茶饭无心，惊梦、寻梦，在梦中享受着她们的青春和理想。终于为"情"而死，葬于牡丹亭畔、太湖石边、芍药栏前的梅树下，但最终又为"情"而复生。

园林环境为戏剧主人翁提供了特殊的机遇和特别的审美效果。由于唐代后，寺庙成为一切晓行夜宿人的居所，甚至可以长年借住。所以，《西厢记》的男女主角也得以在寺庙见面。中唐元稹传奇小说《会真记》载："张生游于蒲，蒲之东十余里有僧舍曰普救寺，张生寓焉。适有崔氏孀妇，将归长安，路出于蒲，亦止兹寺。"此后，金董解元《西厢记》诸宫调、元王实甫的《西厢记》杂剧，尽管故事的主题情节都有所变化，但爱情故事发生的环境都安置在普救寺这一寺庙园林里，它的特殊的审美价值首先为男女主人翁提供了一见钟情的最合理妥当的场地。当然也获得了余秋雨所说的思想文化意义："让正常的恋爱和婚配与禁欲主义的佛门构成一种对比，从而在反衬中弘扬了人类正当、健全的生活形态的情感形态"；"让男女主角的恋爱活动，获得一个宁静、幽雅的美好环境和氛围，让他们诗一般的情感线索在诗一般的环境氛围中延绵和展示"①。

还有直接以名园之名为剧名的，如明代桑绍良《独乐园司马入相》写司马光因与王安石政见不合，自愿投闲置散，在洛阳修筑独乐园修《资治通鉴》。致仕居洛的富弼、文彦博等十二名老臣，请司马光同结耆英之会。司马光以十九年的时间修成《资治通鉴》。司马光生辰，诸老到独乐园致贺。朝廷降旨，命司马光还朝，复官擢升，封温国公。明姚子翼的《上林春》写武则天催春，下诏催花，独牡丹不发，武则天大怒，将牡丹贬往洛阳云云。其他还有明沈嵊的《绾春园》、吴炳《西园记》、清朱素臣的《翡翠园》等。

① 余秋雨：《中国戏剧文化史述》，湖南人民出版社1985年版，第236页。

第八章
园林与中国绘画

诗画渗融是中国传统的艺术观。中国山水园林是山水诗、山水画的物化形态。自宋以来，更将诗画渗融为一，《画继》所谓"画者，文之极也"，"诗中有画"、"画中有诗"的王维画为苏轼所激赏。宋人并将诗情画意巧妙地融入园林。

中国画中的青绿山水、浅绛山水、金碧山水以及写意画、界画、钩折、钩勒、点苔、白描、工笔等技法，都在园林建筑、构图和装饰中起着重要作用。中国文人画对中国园林的美学思想及艺术表现手法都产生过深远影响。中国的园林构园基本遵循了山水画论的构图落幅原则，中国的山水园林是"立体的画"。

第一节　中国画家与园林

中国古典园林大多出乎文人、画家与匠工之合作，这些诗画家和匠工是计成所说的"殊有识鉴"的"能主之人"。历史上诗画艺术家经常参与其他园林的设计规划、品评，自己也喜欢文化环境建设，一个小园，两三亩地，垒石为山，筑亭其上，引水为池，种花莳竹，新句题蕉叶，浊醪醉菊花，于焉逍遥。园林与画家结下不解之缘。18 世纪著名园林家钱伯斯称中国的造园家"是画家和哲学家"，并不像意大利、法国"任何一个不学无术的建筑师都可以造园"①。黑格尔

---

① 转引自杨存田：《中国风俗概观》，北京大学出版社 1994 年版，第 137 页。

说："花园并不是一种正式的建筑，不是运用自由的自然事物而建成的作品，而是一种绘画，让自然事物保持自然形状，力图摹仿自由的大自然，它把凡是自然风景中能令人心旷神怡的东西集中在一起，形成一个整体，例如岩石和它的生糙自然的体积、山谷、树林、草坪、蜿蜒的小溪、堤岸上气氛活跃的大河流，平静的湖边长着花木，一泻直下的瀑布之类。中国的园林艺术早就这样把整片自然风景包括湖、岛、河、假山、远景等等都纳到园子里。"①

一、中国山水画及其他

中国以描写山河自然景色为题材的山水画，号为中国文化四绝之一。它的兴起与变迁，揭示了中国士大夫阶层思想审美情感的历程。战国以前的各类艺术品中，很难发现山水场景和山水绘画，汉代出现了不少山水场景，但形式简略稚拙，为几何形或仅为剪影，真正的山水画滋育于东晋，顾恺之的《庐山图》被誉为"山水之祖"。晋戴勃有《九洲名山图》、《风云水月图》等，至南北朝山水画有了长足发展，南朝张僧繇画过"没骨山水"。刘宋时代的宗炳昌"畅神"说，以道家的"万物与我为一"思想为创作动力，曾将所见山水画于壁上，以作"卧游"，并写了《画山水序》。王微的《叙画》明确提出"画之情"，主张画家将感受到的山川之美，形诸笔端，所谓"望秋云，神飞扬，临春风，思浩荡"，即刘勰所说的"登山则情满于山，观海则意溢于海"②。但唐前的山水画迹都已亡佚，所能见者，多为张彦远《历代名画记》所说的，"群峰之势，若钿饰犀栉，或水不容泛，或人大于山，率皆附以树石，映带其他，列殖之状，则若伸臂布指"，可见笔法、布局都很拘泥，技法古拙。隋初展子虔的《游春图》被誉为"唐画之祖"，描写了江南二月桃杏争艳时人们春游情景，为我国卷轴山水画最早的杰作，也是山水画幼稚期结束的标志。

山水画获得地位是在唐代。经过大画家李思训、李昭道、吴道子和王维、张璪等杰出的山水画家的艺术实践，山水画论和山水画的技法丰富多彩，才成为国画中的重要一支。

唐代李思训，属唐宗室，官左武卫大将军，时人称为"大李将军"，其子李昭道，称为"小李将军"，父子均善山水，创立了青绿山水的画法，以矿物质石

---

① 黑格尔：《美学》第3卷上册，商务印书馆1984年版，第103～104页。
② 刘勰：《文心雕龙》卷6《神思》。

青、石绿作绘画材料。有大青绿、小青绿之分：大青绿山水多钩轮廓，少用皴笔，着色浓重，装饰性很强，在皇家园林建筑装饰中，常常再加上一层泥金色，金碧辉煌、富丽堂皇；小青绿山水则是在水墨淡彩的基础上薄薄地罩一层青绿，淡雅朦胧，能增添园林的抒情气氛。

吴道子于李思训的工笔重色的密体之外，别创笔势纵恣的"离披点画时见缺落"的疏体，他以运斤如风之大笔，勾勒出物象轮廓，已备形神，无须布色，荆浩称他"有笔而无墨"。吴道子实践了南北朝隐士宗炳在《画山水序》中"意求"、"心取"的理论。《广川画跋》中说，唐明皇思念嘉陵江的山水，命吴道子画出来，三百里嘉陵江一日画成，李思训费数月之功，唐明皇皆称妙绝。他在继承"曹衣出水"之外，一变而为"吴带当风"，开创"吴装"新局。郭若虚《图画见闻志》说："至今画家有轻拂丹青者，谓之'吴装'。"

山水诗人、画家、音乐家王维突出了诗书、音乐和山水画的有机联系，强调用活墨的光彩而反对死墨，在笔的统摄下做到笔墨互济，以增神采，反映人的主观情思和艺术意境，创破墨山水。所著《画学秘诀》为画论之嚆矢。王维《雪中芭蕉图》是"袁安卧雪图"的局部，将佛理寄寓在画中，宋僧惠洪《冷斋夜话》说："诗者妙观逸想之所寓也，岂可限以绳墨哉？"

王洽在王维水墨画基础上成"自然天成，倏忽若造化"① 的泼墨山水。

张璪把山水画推进一步，《唐朝名画录》称"张璪员外，衣冠文学，时之名流，画松石山水……惟松树特出古今"，唐人符载《观张员外画松石序》说张璪的山水画乃"物在灵府，不在耳目，故得于心，应于手。孤姿绝状，触毫而出，气交冲漠，与神为徒。"他已经将融化于内心的自然美本身呈现于笔端。他在画论《绘境》中强调"外师造化，中得心源"，以及禅宗的"千百法门，同归方寸。河沙妙德，总在心源。"② 将自然美升华为艺术美，成为中国艺术创作的圭臬。

中唐之后，禅宗精神的形成，才把"神"的位置完全转移到人的"内心"，禅宗取决于自我内心瞬间顿悟的心境中，发现"自性"、"自心"，是人人可行的解脱方法，普遍被士大夫作为一种生活方式和人生哲学而接纳。李泽厚"禅由于有瞬刻永恒感作为'解悟'的基础，便有这种人生态度，心灵境界与宇宙合一

---

① 《宣和画谱·王洽条》。
② 普济：《五灯会元》卷4，中华书局1984年版，第209页。

的精神体验。"

五代北宋山水画大兴，作家纷起。五代以荆浩、关仝为代表，荆浩山水，特善云中山顶，四面峻厚，笔墨横溢，为唐末之冠。关仝师荆浩，间参王维清远之趣，喜作秋山寒林，与村居野渡，幽人逸士，渔市山驿，使见者悠然如在灞桥风雪中，三峡闻猿时，不复有朝市抗尘走俗之状。荆、关为代表的北方山水内画派，创造出大山大水式的北方全景式山水。

"迨于宋朝，董源、李成、范宽三家鼎立，前无古人，后无来者，山水之格法始备。"①《画鉴》评曰："董源得山水之神气，李成得体貌，范宽得骨法，故三家照耀古今，而为百代师法。"

李成、范宽继承了荆浩以水墨为主的山水画传统，表现北方雄浑的自然风光，忠实、客观地描写对象，虽也经过提炼、概括，但以追求形似为主。范宽先学李成，后又"舍其旧习，卜居于终南太华岩隈林麓之间，而览其云烟惨淡，风月阴霁难状之景，默与神遇，一寄于笔端之间"②。他们的笔下，是理想化的山水，但画家主观感情色彩并不十分强调。继起者有高克明、郭熙、李宗成、王诜等。王诜的山水学李成，清润可爱，着色师李思训，他的着色山水不今不古，别开新路。

董源、巨然为代表的画家以描绘南方丘陵地带山水为主，采用"披麻皴"、"墨点"和"矾头"等手法，用水墨画江南。董源创浅绛山水，在水墨钩勒皴染的基础上，敷设以赭石为主的淡彩山水画。

北宋苏轼、文仝等文人创作的画，注重笔情墨趣，以简易幽淡为神妙，北宋末年在文人画思潮影响下，出现了"米家山水"，米芾山水，远仿王洽，近学董源，以积写点写，点染烟云，满纸淋漓，天真焕发，自成一家。其子米友仁继承其父风格。开创了"文人画派"的先河，以少胜多。青绿山水一度中落。

南宋画家更讲究意境的创新和笔墨的简括。李唐、刘松年、马远、夏圭号称"南宋四家"，创"水墨苍劲"一格。马远、夏圭摒弃了北宋全景式构图，撷取山水精华之一角，人称"马一角"、"夏半边"，恰与写意园原理相通。南宋山水画以含蓄、准确地表达一种诗的意境为山水画创作的目标，大胆剪裁，把与主题无关的可有可无的景物一律删除，画面留出大片空白以增强形式美的因素，景物

---

① 潘天寿：《中国绘画史》，上海人民美术出版社 1983 年版，第 135 页。
② 《宣和画谱·范宽条》。

刻画精巧、深入，以少胜多。画家王希孟、赵伯驹、赵伯骕以擅长青绿山水著称。

南北竞辉，达到高峰，从此山水画成为中国画中的一大画科。

元代文人画兴盛，人们在审美趣味上出现了一系列重大变化：山水已经不强调内在的结构与韵律，而只是作为移情寄兴的手段，表现画家个人的人格与个性，因而趋向写意，以虚带实，逸笔草草，不求形似，画风简淡高逸、苍茫深秀，体现了士大夫文人的审美趣味；侧重笔墨神韵，以书法用笔入画，追求点、线和墨韵的形式美、结构美；强调诗、书、画、印相结合的综合艺术情趣，直接表露出画家的意兴心绪，把情感寄于山水画中，使画家主观意兴得以充分发挥。作品多意境高远，以为隽永。标举"士气"、"逸品"，崇尚品藻，代表人物是"元四家"，即黄公望，字子久，号大痴，又号一峰道人。王蒙，字叔明，号黄鹤山樵、香光居士。黄公望发展了始创于董源的浅绛山水，称"吴装"山水。《芥子园画传》说："黄公望皴，仿虞山石面，色善用赭石浅浅施之，有时再以赭笔钩出大概。王蒙复以赭石和藤黄着山水，其山头喜蓬蓬松松画草，再以赭色钩出，时而竟不着色，只以赭石山水中石面及松皮而已。"清丽高雅的浅绛山水，适宜于格调素雅的私家园林的建筑装饰。黄公望的《富春山居图》，描写浙江富春江一带的秀美景色。富春江两岸峰峦树木，似初秋景色，几十个峰，一峰一状，几十棵树，一树一态，雄秀苍茫，变化多端。茂林村舍，渔舟小桥，亭台飞泉，令人目不遐接，丰富自然。对以后水墨山水画的发展有很大影响，对造园置景亦产生深刻启迪。倪瓒，字元镇，号云林；吴镇，字仲圭，号梅花道人。均师法董、巨，又各有个性特色。

图88　黄公望《富春山居图》部分

元后，士大夫"文人画"家成为画坛的主流，青绿山水在元初赵孟頫、钱选偶有涉及外，后继无人。士大夫的私家园林所体现的意境神韵和清高脱俗与文人画的精粹是一脉相承的。

明代流派众多，前期以戴进为代表的"浙派"，继承马远、夏圭水墨苍劲的院体风格。中期"吴门派"独领风骚,沈周、文徵明、唐寅、仇英被称为"吴门四家",又称"明四家",沈、文多承"元四家"画风,唐、仇则兼学南宋,但均重视文学修养,画中有诗,属文人画体系。明末随着"吴门派"的衰微,以董其昌、顾正谊为代表的"华亭派"、赵左的"苏松派"和沈士允的"云间派"等,他们都"宗南贬北"。

明代流派众多,有以戴进为代表的"浙派"、以周臣、唐寅、仇英为代表的"院体派"、以沈周、文徵明为代表的"吴门派"、以董其昌为代表的"松江派"等。徐渭以风格豪放、泼辣的大写意水墨画蜚声画坛,使诗、书、画、印的结合获得新的发展。清初有代表性的画家是"四王"和"四僧",前者即王时敏、王鉴、王翚、王原祁,以临摹古人为能事。王时敏、王原祁的追随者形成"娄东派",王翚绘画以景色优美、用笔严谨著称,形成"虞山派"。后者为朱耷、原济、髡残、弘仁,另有龚贤、梅清等,能突破古人樊篱,大胆革新,在理论和实践上将传统山水画推向一个高峰。代表人物是原济,字石涛,号大涤子、清湘老人、苦瓜和尚、瞎尊者,明宗室。绘画风格多样,不拘一格,反对摹古,主张创新、抒写自我,提出了"搜尽奇峰打草稿"、"黄山是我师,我是黄山友"、"借笔墨以写天地万物,而陶泳乎我"、"法自我立"等理论主张①。康熙、乾隆时期以郑板桥为代表的"扬州八怪"以及恽南田、任颐、吴昌硕等都是清画坛重要画家,他们画的意境、技法、风格等对园林产生很大的影响。

明清时代花木竹石图等风景小品的发展达到高潮,这些小品成为园林小品构图的重要范本。

界画同样对园林建筑及装饰具有重要作用。界画是利用界尺和笔等作画工具,以宫室楼台、屋宇廊榭为题材,精确地表现建筑物状貌的绘画,又称"宫室"或"屋木"。唐尹继昭、五代胡翼、卫贤、宋代的郭忠恕都是界画名家。宋元后文人画在画坛逐渐占主导地位,视界画为"匠气",此画派在明后日就渐灭。实际上,界画并不等同于今天的建筑画,它不强调建筑的体量,而是强调建筑与自然环境的融合,给人以舒适感受,和文人画一样,蕴涵着道家的价值体系②。在传统的园林建筑中,界画的规整化、标准化与建筑物显得协调,有利于表现皇家园林及大型建筑物的宏伟气派。

---

① 均见《苦瓜和尚语录》

② 可以参看邓国祥:《从界画看中国古代的建筑意识》,见《文艺研究》2003 年第 6 期。

凹凸画是一种强调主体凹凸效果的古印度画法，远看立体感很强，近看并非浮雕。相传南朝的张僧繇在金陵一乘寺用当时称作"天竺法"的画法绘制图画。唐初尉迟乙僧绘制的"功德、人物、花鸟，皆是外国之物像，非中华之威仪"，作品虽加晕染，但有明暗投影变化，因而立体感强。其实是引进了西洋绘画中的明暗表现法。凹凸画法用于园林建筑产生很强的装饰趣味。

二、胸有丘壑　寓画于园

被后世尊为写意山水创始人、南宗文人山水画之祖的王维，不仅创作了"画中有诗"的山水画、"诗中有画"的山水诗，开创了水墨山水的"破墨法"，成为中国画中颇具特点的一种技法，而且他修筑了诗、画结合的物质实体——"辋川别业"。

明董其昌《兔柴记》云："幸有草堂、辋川诸粉本，……盖公之园可图，而余家之园可园。"一则寓园于画，一则寓画于园，盖至此而园与画之能事毕矣①。

中国古典园林是画家们以山水为皴擦在三度空间里所作的"画"。在中国园林史上，画家参与构园具有悠久的传统。和王维一样，自己亲自构筑园林的，不胜枚举。

亲自谋划、指挥造园，最早、规模最大的是北宋皇帝宋徽宗赵佶，他是历史上的著名画家，作画重形似，追求逼真。他利用皇帝的无上权力，亲自当总设计师，集当时宫廷画院画家的智慧，组成设计绘图群，无论是选材、规划立基、山水塑造，都绘成图纸，严格地按图施工，遂构成祖秀《阳华宫记》所说的"括天下之美，藏古今之胜"的写实派园林杰构——艮岳。计有建筑景点46处、水景13处、山景28处，非胸有丘壑者难以成此。

中国文人画成为画坛主流的元明清时代，画家构园或参与构园成为风尚。活跃在江浙地带的有吴门画派、浙派、虞山派、云间派等画派，大多参与造园。特别是崛起在明代中叶的"吴门画派"，其流风余韵影响达四百多年。他们将文人画的意境构思、美学意念、意态风格乃至线条色彩、技法手段等都运用到文人园的构图设计、写意造景中来，体现了"师造化夺天工"的空间写意性格。

"元四家"之一的倪云林，在元末卖去田庐，寄情山水，终身浪迹江湖，与渔樵僧道为侣，既是著名画家，亦是元代士大夫傲视权奸，不与统治者合作，精

---

① 参见童寯：《江南园林志》，中国建筑工业出版社1987年版，第45页。

神寄托山水庭园间的杰出代表，人称"倪迂"。他好作疏林坡岸、浅水遥芩之景，以简取胜，意境萧条淡泊，自谓所画者"不过逸笔草草，不求形似，聊以自娱耳"。其傲骨风姿为元代士大夫文人的代表。33 岁时，他家境优裕，在故里无锡大厦村宅院旁，构建写意山水园林——清闳阁，利用乡村天然条件，掇山理水，沟通乡间水网，以河为墙，种花植树，"浓荫匝十里，四周烟翠连"，一派山林野趣，所居有阁，幽回绝尘，在园中可杖屦自随，逍遥容与，咏歌自娱，望之者以其为世外之人。与他清丽旷逸的画风一致。

明代初年的刘珏，是苏州的名画家，为沈周祖父沈澄的朋友。他在苏州齐门外相城构寄傲园，仿卢鸿《草堂十志图》厘为十景。在长洲相城筑"小洞庭"，有"藕花洲"诸胜。

沈周在相城筑"有竹居"，"风流文采，照映一时"，文徵明在苏州高师巷筑停云馆、唐伯虎在桃花坞筑唐家园、文徵明曾孙文震亨筑香草垞、文震孟筑药圃（即今存之艺圃）等。

明朝苏州阊门外徐默川的紫竹园，是文徵明为其布画、仇英为藻饰。东山建于湖滨山麓的启园，当年园主邀请著名画家蔡铣、范少云等议定的方案。东山依绿园，是清隐士吴时雅私园，园林规划经营者全为高手：著名画家王石谷亲手绘图、叠石名家张然为之叠山、诗人叶九来加以品题，园林诗情画意俱足。耦园修筑时请的是画家顾沄设计的；退思园的设计者是画家袁东篱。怡园乃园主之子著名画家顾承亲自设计，并邀请画友任阜长等画家参与商榷后拟出稿本，寄给任上的父亲顾文彬过目修改，然后照图兴建。因参与图划的画家，既精山水又善花鸟，故今怡园中的一丘一壑，也表现出山水及花鸟画的章法。

大画家石涛倡"一画"说："太古无法，太朴不散，太朴一散，而法立矣。法于何立？立于一画，一画者，众有之本，万象之根，见用于神，藏用于人……一画之法，乃自我立，立一画之法者，盖以无法生有法，以有法贯众法也。"[①]并说："且山川之大，广土千里，结云万重，以一管窥之，即飞仙恐不能周旋也，以一画测之，即可参天地之化育也。"[②] 就是将创作法则化为己用，面向自然，入而能出，以意命笔，总揽无数线条，高度丰富了"绘事后素"中白色线条界

---

① 石涛：《石涛语录》《一画章》第 1。
② 石涛：《石涛语录》《山川章》第 8。

划若干色面，以成其文的这一基本法则，充分地表达自己的独特感受①。

石涛将画化作扬州小园"片石山房"。穿过月影墙，面前是一条小径，径右一榭一亭，倚湖而建，古趣且具韵味，径右一池绿水，几株古树。方池上有太湖石山子一座，傍墙耸立，高五、六丈，甚奇峭，伸入池中的石

图89　扬州片石山房

矶下有明晃晃一轮明月。设计者使日光透过多孔石隙，在水中留下一轮明月。石涛提出"皴有是名，峰亦有是形"，皴本是中国画中根据各种山石的形质提炼概括出来的一种用笔墨表现阴阳脉理的特殊线型技法，石涛所说的皴法，已不单纯只是一种笔墨技巧，而是根据表现对象即山石的不同形质，有不同的皴法。他精心选石，再根据石块的大小、石纹的横直，分别组合模拟成真山形状，运用"峰与皴合、皴自峰生"的画论指导叠山，叠成"一峰突起，连冈断堑，变幻顷刻，似续不续"② 形态，这座石山被誉为石涛叠山的"人间孤本"。据有关专家考证，石涛的《醉吟图轴》中所画主峰，与片石山房假山颇为相似，很可能是他为叠山所画的粉本③。重修时也如此。我们可以从不同的角度品赏它们的"画意"。石涛发现了超时空的艺术规律："无法而法乃为至法"！他的立论和艺术创造，要早于西方现代画之父塞尚二百年！

明代北京的勺园、湛园、漫园三园，为米芾后裔米万钟私园。米万钟工书画，与邢侗、张瑞图、董其昌齐名，人称"邢张米董"，亦称"南董北米"。悉以画意布局园林，风景如画，各呈佳姿。他亦写园画园，有《湛园杂咏》十八题，还绘有《勺园修禊图》，并绘勺园图于灯上，京都人称为"米家灯"。

清初常州长春巷的"近园"，是江南名士杨兆鲁的私园，为著名绘画理论家

---

① 参见伍蠡：《中国画论研究》，第48页。
② 石涛：《苦瓜小景》。
③ 刘天华：《画境文心》，三联书店1995年版，第220页。

笪重光和画家恽格、王翚共同策划而成，园成后，他们又常聚集在园中吟诗作画，王翚作有《近园图》传世。

在清廷如意馆供职的画家，均直接参加了清代皇家园林的规划设计，如康熙时善书画的高士奇、工花卉的蒋廷锡、工人物的焦秉贞、冷枚、意大利人马国贤和西波尔工雕刻。乾隆时的董邦达、钱维城、蒋溥生、金廷标、邹一桂、张若澄等都参与了构园设计。当年构筑圆明园时，来中国传教的少数几个西洋画家如蒋友仁、郎世宁等也参加了绘图设计。郎氏为意大利教士，康熙五十四年至北京，供奉画院，他工西洋画，后兼习中国画，后参酌中西画法，别立折中之"新体"。

畅春园是江南籍的山水画家叶洮主持规划、叠山名家张然叠石的。有的景点直接以名画为蓝本构图的，如避暑山庄"万壑松风"①，长松环翠，壑虚风度，如笙镛迭奏声，不数西湖万松龄也②。此景直接以宋画家李唐的万壑松风图为艺术蓝本。

图90　避暑山庄"万壑松风"

康乾远师古人，近谘画师，使承德避暑山庄无处不飞绿，峰岭林泉皆能入画，"所赢赵（伯驹）、李（成）、倪（云林）、黄（公望）者，春夏秋冬景各殊"，"迎人苍翠意无尽，正是夏山如滴时"③。参与修园者也多画家，如清末民初为贝家主持修园的是苏州知名画家刘临川，他早年宗王原祁，后学王石谷，今可见的狮子林图就是他重绘的。如留园楠木厅前的假山，灵巧自然，洞壑东西通达，西洞边石径盘曲，直上西楼，山上花木藤蔓点缀得宜，画意横生，那是40余年前重修时画家与叠山师商量而成的作品。

《园冶·园说》云："岩峦堆劈石，参差半壁大痴。"大痴即"元四家"之一的黄公望，他所画千丘万壑，愈出愈奇，重峦叠嶂，越深越妙。所作水墨，皴纹极少，笔意简远。也常用王蒙皴法。王蒙，元四家之一，隐居黄鹤山，因号黄鹤

---

① 郭俊纶编著《清代园林图录》第27页。
② 乾隆：万壑松风诗序。
③ 《热河志》卷39《行宫》15弘历《对画亭》诗。

山樵。用墨得巨然法，用笔亦从郭熙卷云皴中化出，纵逸多姿。明江苏丹徒张凤翼的乐志园，有许晋安选石堆叠的假山，侧岭横峰，径渡参差，洞穴窈窕。水池东岸，仿黄公望皴法作峭壁，上下数丈，狰狞崛兀，似鬼搏人。

图91　缀云峰

拙政园兰雪堂前观赏石峰"缀云峰"（见图91），原为明代画家、叠山高手陈似云用大小不等的湖石叠成，自下而上，逐渐硕大，其巅尤壮伟，其状如云。1943年突然倒圮，1959年，能书善画的汪星伯指导假山工人恢复现状，峰顶用黄鹤山樵（王蒙）云头皴法，缀成峥嵘一朵。

三、随举一石　迁回入画

中国造园史上出现的造园名家，大都精通画艺，能以画意叠山造园，"见其随举一石，颠倒置之，无不苍古成文，迁回入画"，所以，园中掇山之技法非工山水画者不精。

如明之计成，能诗善画，他在《园冶》自序中谈到自己"少以绘名"，最喜爱荆浩、关仝两位山水大师的笔意，"每宗之"。阮大铖的《冶叙》中也评说他"所为诗画，甚如其人"，《园冶》中常常以园喻画，"小仿云林，大宗子久"云云。他为人营构园林，掇石而高，搜土而下，令乔木参差山腰，蟠根嵌石，宛若画意。依水而上，构亭台错落地面，篆壑飞廊，想出意外①。

明代造园家张南阳，知画，善用画家手法叠假山，随地赋形，万山重叠，变化神奇。为陈所蕴营构"日涉园"，陈推重备至："予家不过寻丈，所衷石不能万之一。山人一为点缀，遂成奇观。诸峰峦岩洞，岭巇溪谷，陂坂梯磴，具体而微。"②

明代工艺家朱三松，兼工造园，善画远山淡石、丛竹枯木。上海南翔古漪园就是他的作品。

明周秉忠，制瓷家和雕塑家，也是画家，他为留园园主徐泰时叠山，叠成一

中·国·园·林·文·化

---

① 计成：《园冶·自序》。
② 陈所蕴：《竹素堂集》卷17。

座高三丈、阔可二十丈的石屏，袁宏道极为叹赏，称之为"玲珑峭削，如一幅山水横披画，了无断续痕迹，真妙手也"。

清造园艺术家张南垣及其子陶庵，都精通绘事，清王士祯《居易录》称，张陶庵是以意创为假山，以营丘、北苑、大痴、黄鹤画法为之。峰壑湍濑，曲折平远，经营惨淡，巧夺天工，是按照李成、董源、黄公望、黄鹤山樵等画家的笔法来堆山叠石的。

仇好石和董道士都能以画意掇山。《扬州画舫录》载："扬州以名园胜，名园以叠石胜。余氏万石园出道济手。仇好石垒怡性堂宣石山，淮安董道士垒九狮山。"

戈裕良用湖石叠置的环秀山庄主景假山，以大块竖石为骨，又以小石细心掇补。他既采用斧劈皴法使石块刚健矫挺，又创钩带法，钩带大小石造环桥，使之与真山洞壑不少差。他承大画家石涛笔意，洞皆拼镶对缝，纹理统一，浑然天成。他叠的黄石假山杰作"燕谷"，也用同样的方法。小灵岩山馆的叠石峰，和李公麟的某些山石皴法相近。

假山名品都是精通绘画的高手所成，今天识者能从中看出名家画意。如苏州耦园东花园主景黄石假山，刘敦桢在《苏州古典园林》中激赏其不论绝壁、蹬道、峡谷、叠石，手法自然逼真，石块大小相间，有凹有凸，横直斜互相错综，而以横势为主，犹如黄石自然剥落的纹理，山巅平台护栏按主峰造型采用竖向岩层结构叠成竖向造型，平台不置建筑物，和黄公望画山之法同，黄公望所画之山，"顶多岩石"、"山之外伦极力奇峭"。此假山与明嘉靖年间张南阳所叠上海豫园黄石假山几无差别。拙政园中部土山随宜叠置的黄石群，基本上用倪云林侧峰表现的折带皴法。

第二节　画理即构园论

我国最重要的造园理论著作《园冶》和《长物志》都出于画家之手，集文学艺术家、造园理论家与工艺家于一身的李渔，是《闲情偶寄》的作者，他们都热衷于构园。在某种意义上可以说，造园论就是画论。

一、意在笔先

构园与绘画一样，首先是"意在笔先"，有"意"就有境界。

上焉者意与境浑，其次或以境胜，或以意胜，苟缺其一，不足以言文字①。

上乘的文学作品，都是意与境浑的，上乘的文人园也是如此。园林只有景（境）而无意，那只能是花草、树木、山石、溪流等物质原料的堆砌，充其量不过是无生命的形式美的构图，不能算是真正的艺术。成熟的文人园林大多为"主题园"，都有深邃的立意，正是这个"意"引动了游观者的情思意蕴，从而产生了永久的艺术魅力。

私家园林大多反映了在中国这个农业文明的社会里的心理选择：农、渔、樵作为中国传统文化的"一主二副"，成为士大夫文人心理最稳定、最安全的退路，其象征就是田园、江湖和山林。中国私家园林主题，以"不矜轩冕穷林泉"，泛舟江湖、回归田园为首选，苏州的沧浪亭、网师园、拙政园、艺圃等，是隐逸江湖、归隐田园的咏叹。而园林的"能主之人"具有将内心构建的超世出尘的精神绿洲、精心外化为"适志"、"自得"的生活空间的能力，因此，这一方方小园，也就如陈志华在《外国造园艺术散论》中所说的，往往回荡着整个封建时代士大夫的进退和荣辱、苦闷和追求、无奈和理想。也有表达知足常乐、谦抑中和、随遇而安的传统文化心理的，如一枝园、半枝园、曲园、残粒园等。还有表达陶融自然、游目骋怀的乐趣的，如畅春、可园、清华园、清晖园等，直接表现方外之思的，如拿山园、壶园、小瀛洲等，当然也有乐志园、豫园、怡园等娱亲言志的。

皇家园林表达的是皇帝的"紫宸志"，包括生活的和政治的。如清雍正《圆明园记》释名："取圆而入神，君子之时中也；明而普照，达人之睿智也。""颐和园"，为颐养天年，天下太平。《易·颐》曰："天地养万物，圣人养贤以及万民，颐之时大矣哉"，"和"者，"太和"也，即太平。光绪为取悦慈禧而将"清漪"改为"颐和"，也含"以喻孝养"之意。

二、经营位置、空间构图

园林的造型布局原则，和画论的"经营位置、空间构图"等山水布局艺术原则一致。

---

① 王国维：《人间词话·乙稿序》。

宋郭熙《林泉高致》云："山以水为血脉，以草木为毛发，以烟云为神采。故山得水而活，得草木而华，得烟云而秀媚。水以山为面，以亭榭为眉目，以渔钓为精神，故水得山而媚，得亭榭而明快，得渔钓而旷落。此山水之布置也。"

郭熙实际上已经涉及到园林物质四要素：山水植物和建筑，以及精神要素，即"渔钓精神"。所谓"渔钓"，不仅单指隐于渔钓的立意，也隐括了出世的、超然物外的、超功利的人生境界诸内容。中国山水园林，大多以水为中心，山或在水际，或在门口，或置水中，亭榭面水而筑，或掩隐于花木之中，皆一任自然式布局。山不同形、树不成列，水聚散不拘，随形高下。注重横直的线条对比、仰俯的形势对比、轻灵厚重的体量对比，并注意了光线的明暗、位置的高低、物体的大小、境域的宽窄、环境的动静、色彩的浓淡等。这些悉如画理。

中国山水画中有"六远"之说，即郭熙在《林泉高致》中说的"平远"、"深远"和"高远"。韩拙在《山水纯全集》则提出的"迷远"、"阔远"和"幽远"。宋郭熙《林泉高致》云"山有三远：自山下而仰山巅，谓之高远；自山前而窥山后，谓之深远；自近山而望远山，谓之平远；高远之势突兀；深远之境重叠；平远之意冲融而缥缥缈缈。"韩拙在《山水纯全集》说："有近岸广水，旷阔遥山者，谓之阔远；有烟雾暝漠、野水隔而仿佛不见者，谓之迷远；景物至绝而微茫缥缈者，谓之幽远。"郭熙的"三远"就人们视点的高低俯仰所见而论，韩拙的"三远"则重在对视觉造成景象的一种形容和概括，并不矛盾。事实上，一幅具体的画是根据具体情况，选择以某一种"远"为基本，辅之以其他几种"远"法。"远近法"使山水画面层次清晰。

园林布局深得"六远"之神髓，它通过因借、障景、对景、点景等手法，对周围的风景画面进行剪裁、取舍、分割，将园内外的自然美巧妙地摄入视阈画面，形成丰富多彩的园林欣赏空间。如远借造成的是一幅幅"迷远山水"。中国古代有登高观景的传统，所谓"欲穷千里目，更上一层楼"，园中楼阁或高阜小亭等高视点的建筑物、寺庙中的塔，都可借眺远景，园林有"按景山巅"之说。如颐和园的排云殿、承德避暑山庄小金山，拙政园的见山楼、远翠阁，沧浪亭的看山楼，网师园的撷秀楼等。"江流天地外，山色有无中"，郊野的平岗曲坞、叠陇乔林、江湖的悠悠烟水、淡淡云山、山林的千峦环翠、万壑流青，均可入目。田野水气的蒸腾、晨雾暮霭的笼罩，望之如烟云缭绕，也深得"以烟云为神采"的画理。这种虚虚实实、时隐时现的薄雾轻烟造成的迷离之景，最能感发游人的联想和移情，获得情景交融的完美境界。园林中常常采用的"镜借"，造成虚实对比，"镜里云山入画屏"，很有韵味。颐和园中，如自排云门仰望佛香阁，为高远；自佛香阁、智慧海俯瞰后湖，为深远；自万寿山巅往西平眺玉泉山、香山，为平远。平远山水见到的景观，实际上往往产生一种迷离的朦胧的美感，也就是韩拙所说的"迷远"之韵味了。

中国的山水画采取视点运动的鸟瞰画法，即"散点透视"，又叫"移动视点透视"。绘画透视，是对客观存在的形体使之在纸上壁上或其他平面上表现出具有空间、立体的感觉。"散点透视"，因为"散"，就得"聚"、"合"，像画成一幅画，就得将移动的视点整合在一幅画中。而这是鸟瞰动态连续的风景画构图，符合中国园林的构图原则，中国园林是空间与时间的综合艺术，它的构图呈线性系列，像一幅山水画长卷，令人移步换景。景观画面上，或近推远，或远拉近，步步看，面面观。园林中的长廊、粉墙、花窗、假山等往往将单一的有限空间巧妙地组成多种广袤深邃的景观，构成动观序列，这就是障景的妙用。障景造成"山重水复疑无路，柳暗花明又一村"的景观感受。但一般都是"隔而不围"、"围必缺"，似隔而非隔，或用渗透性的虚障，令人探幽纵目，处处有堂奥幽深、"庭院深深深几许"的韵味。

刊行于康熙十八年的《芥子园画传》一书所讲的山石法、画山起手法、诸家峦头法、流泉瀑布石梁法之类的绘画方法，几乎可以原状不变地运用于林泉构筑中，其程序比自然形态更为洗练与概括，更具典型性[①]。

中国画既遵循透视上的基本法则与规律，但也不拘泥，而是随作者的创作意图，打破焦点透视的视阈范围去摄取景物，使画面所表现的内容更全面、更生动。王维《山水诀》云："咫尺之图，写百千里之景，东西南北宛尔目前，春夏秋冬写于笔下。"便是中国山水画对透视运用的要求，也成为园林对景观写意置景的基本特点。

三、默契神会、得意忘象

"默契神会、得意忘象"、"以一点墨，摄山河大地"等画理之精髓，与"片山多致，寸石生情"、"一峰则太华千寻，一勺则江湖万里"[②] 等构园理论完全重合。中国古典园林中除了大型的皇家园林，植物很少丛植，小型园林大多以散植

---

① 李锌：《古典园林·文人画家与画论》，载《海南大学学报》，1995 年第 1 期。
② 文震亨：《长物志·水石》，江苏科技出版社 1984 年版，第 102 页。

为主，以少胜多，拙政园"海棠春坞"小院，一共才植两枝海棠花，深得"以一点墨，摄山河大地"的画理。对园林四季植物的配置，也符合宋韩拙"春英、夏荫、秋毛、冬骨"的画理。春天叶细而花繁，宜种迎春、连翘、紫荆、绣球等花；夏天叶密而茂盛，宜植广玉兰、枫杨树；秋天叶疏而飘零，宜种枫、乌桕、柿树；冬天叶枯而枝槁，落叶树为主。画理谓"宾者皆随远近高下布置"，丛植的植物，都是俯仰有姿、主宾分明，株间高下相间，距离不一。树木往往种在山腰石隙之中，参差蟠根镶嵌于石缝，"林麓者山脚下有林木也"、"林峦者山岩上有林木也"，低山不栽高树，小山不配大木，避免喧宾夺主，对面积小，但非得在山颠配置树木者，也是用峰石将树根遮住，符合"远树无根"之画诀。

四、不着一字、尽得风流

绘画艺术强调"虚、白"的意蕴。粉墙白色、黑色和灰色在色彩学中均属无彩色，也可以说是无色或本色，中国古典美学所崇尚的，正是这种无色之美、本色之美，而其思想根源，可追溯到古老的"白贲""尚质"的美学思想。"贲"为（周易）的卦名，本义为装饰，即绚丽华饰之美；"白贲"则是其反面，《周易·贲卦》说："上九，白贲，无咎。"指的正是这种无色或本色之美。而刘熙载在《艺概·文概》中，对《周易》中的"白贲"之美进一步作了高度的概括和评价，指出，"白贲占于贲之上，乃知品居极上之文，只是本色。"他把"白贲"评为"品居极上"之美，足见这种美的独特魅力。

白粉墙即如绘画之"留虚"。园林的白墙往往成为园林中景物有意味的背景。陈从周在《书带集》中说："江南园林叠山，每以粉墙衬托，益觉山石紧凑峰探，以粉墙画本也。若墙不存，则如一丘乱石，故今日以大园叠山，未见佳构者正在此。"意大利达·芬奇也有类似的论述："太阳照在墙上，映出一个人影，环绕着这个影子的那条线，是世间的第一幅画。"[1]

园林"峭壁山""藉以粉壁为纸，以石为绘也。理者相石皴纹，仿古人笔意，植黄山松柏、古梅、美竹，收之园窗，宛然镜游也"[2]。如网师园"琴室"的峭壁山，山下竹丛摇曳，俨如竹石图。以白粉墙当纸，通过日光或月光，使墙移花影，蕉荫当窗，梧荫匝地，槐荫当庭，都可产生喜人的意境和艺术审美效

---

① 达·芬奇：《笔记》，麦克兑英译本，1906年版。
② 计成：《园冶》卷3《峭壁山》，第213页。

果。白墙下点缀湖石花木，并于粉墙上镶嵌题匾，如此组成的一幅山石花木图，更是妙不可言。如拙政园的"海棠春坞"，以丛竹、书带草、湖石和墙上书卷形题款，组成一帧国画小品。植物以古、奇、雅、色、香、姿为上选，特别是古、奇，形态古拙、奇特，富有画意。如梅贵"横斜、疏瘦、老枝奇怪"等。如留

图92 拙政园的"海棠春坞"

园的"花步小筑"，一株爬山虎苍古如蟠龙似地攀附在粉墙上，天竺、书带草伴以湖石、花额，似一帧精雅的国画。

扬州珍园的"不系舟"所处地面狭小，实际上只是沿墙构筑了个船头，船头伸出墙外，墙面上方堆嵌了山石，使人觉得船舫刚刚驶出山谷，颇得远山则无脚，远树无根，远舟见帆而不见船身的画理。苏州退思园的闹红一舸与此异曲同工：石舫见头不见尾，半浸碧水，舫由湖石托出，水流潆越湖石孔穴，潺潺有声，彷两侧的湖石，又仿佛船行时激起的浪花，既有动感，又有声感，可谓形神皆备。

图93 窗虚蕉影玲珑

明清多竹石花鸟小品，李渔将其运用到建筑，他曾将石湖游舫两侧用木板、灰布遮蔽，独虚其中，构成"便面"（即扇面）之形。人"坐于其中，则两岸之湖光、山色、寺观、浮屠、云烟、竹树，以及往来之樵人、牧竖、醉翁、游女，连人带马，尽入便面之中，作我天然图画，且又时时变幻，不为一定之形"，"同一物也，同一事也，此窗未设之前，仅作事物观；一有此窗，则不烦指点，从俱作画图矣"[1]。李渔还把他的这一审美体验移于庭院、轩室，创造了所谓"观山虚牖"。他游姑苏曾这样描述："非虚其中，欲以屋后之山代之，坐而观之，则窗非窗也，画也；山非屋后之山，即画上之山也……"[2] 这种框窗得画之审美技艺，在园林中得到广泛运

---

[1] 李渔：《闲情偶寄·居室部》，第182页。
[2] 同上。

用。或"窗虚蕉影玲珑"、"移竹当窗",使窗前、门外都有花木成景,如李渔所说的"尺幅窗"和"无心画",以替代屏条、立轴。塑成秋叶、海棠、葵花、梅花、松。竹、柏、牡丹、兰、菊、芭蕉、荷花、桃、狮子、虎、鹿、鹤、扇形、心形、卍形及琴棋书画等的"透漏窗",月牙形、古瓶形、葫芦形、圆月等的洞门、壁洞内用支架堆塑成花草、树木、鸟兽等画面的壁窗、厅堂内四面空透的窗格等,都是取景框。如拙政园"梧竹幽居"方亭的四面白墙上,都有一个圆洞门,透过这些圆洞门望中部景物,通过不同的角度,可以得到无数不同的画面。园林中四面厅中,四周是设有玻璃花格的长窗,在室内逆光向外透视,这些窗格就成了一幅幅光影交织的黑白图案画。白天,落地长窗的一个个窗格,也仿佛成了一只只取景框,人们从厅内不同的角度都可以获得无数画面。如网师园"小山丛桂轩"、拙政园的"远香堂",都可以通过厅内窗格,环顾四周无数景物画面。真是"四面有山皆入画,一年无日不看花"!

宗白华说:"最高的文艺表现,宁空毋实,宁醉勿醒。西洋最清醒的古典艺境,希腊雕刻,也要在圆浑的肉体上留有清癯而不十分充满的境地,让人们心中手中波动一痕相思和期待,阿波罗神像在他极端清朗秀美的面庞上仍流动着沉沉的梦意在额眉眼角之间。"[1] 中国画和园林画面所遵循的正是"最高的文艺表现"。

园林营造的"静、远、曲、深"之景,也是文人追求的澹泊宁静心态的物化,能让人感受到"风生林樾,境入羲皇。幽人即韵于松寮;逸士弹琴于篁里"[2] 的园林逸韵雅趣。颐和园后园水流曲折蜿蜒,两岸浓荫蔽天,鸟鸣高树,这是皇家园林的静远曲深。清陈氏安澜园,占地百亩,"重楼复阁,夹道回廊;池甚广,桥作六曲形,石满藤萝,凿痕全掩;古木千章,有参天之势力;鸟啼花落,如入深山"[3],这是大型私家园林的静幽之景。这些亦与中国画追求的静远、曲深之理相通。

第三节 中国画与园林美

明代书画艺术家董其昌在《画禅室随笔》中把山水画分成"南宗"和

---

① 宗白华:《略论文艺与象征》,见1947年《观察》第3卷第2期。
② 计成:《园冶》,第243页。
③ 沈复:《浮生六记》卷4《浪游记快》,第81页。

"北宗"。

> 禅家有南北二宗，唐时始分。画之南北二宗，亦唐时分也；但其人非南北耳。北宗则李思训父子着色山水，流传而为宋之赵幹、赵伯驹、伯骕、以至马、夏辈。南宗王摩诘始用渲淡，一变勾斫之法，其传为张璪、荆、关、董、巨、郭忠恕、米家父子，以至元之四大家……要之，摩诘所谓云峰石迹，迥出天机，笔意纵横，参乎造化……

《画旨》中说："文人之画自王右丞始。其后董源、巨然、李成、范宽为嫡子、李龙眠、王缙卿、米南宫及虎儿皆从董、巨得来，直至元四大家黄子久、王叔明、倪元镇、吴仲圭皆其正传，吾朝文、沈则又远接衣钵。若马、夏及李唐、刘松年又是大李将军之派，非吾曹所当学也。"

南宗指王维开创的写意水墨山水一派，基本可以代表文人画、水墨写意画，强调书卷气、气韵神思、意境和画家天赋灵感等，偏重于虚幻想象，浪漫感性思维。北宗指以唐代李思训父子开创的金碧山水画风。代表画工画、院画，工笔重彩，偏重匠气、实境、形似和画家工力，偏重于面对现实，具有经验理性思维的特点。董其昌的南北二宗说，虽然有明显贬北崇南的倾向，但大体上符合南秀北雄、南虚北实、南轻北重、南淡北浓、南雅北俗等地域特点。南北园林色彩上的区别主要在建筑色彩上。

一、楼台金碧将军画

皇家宫苑建筑宏伟，装饰富丽堂皇，制作部件大多使用黄色琉璃瓦顶和朱红门墙。琉璃瓦色彩鲜明，有黄、蓝、红、紫、白、绿、黑等多种颜色，其中黄色最高贵，只有与帝王有关的建筑或皇帝特准的建筑才能使用。明清时的帝王宫殿多饰金，含金量根据等级高低来决定，最高等的图案是金龙、金凤、和玺，故皇家园林是"台榭参差金碧里，烟霞舒卷画图中"，金殿玉宇，雍容华贵，体现出宫廷气势和皇家气派。如颐和园，排云殿、佛香阁建筑群，一律是金黄色琉璃瓦顶，在昆明湖浩淼碧波蓝天和苍郁的万寿山映衬下，格外显得金碧辉煌。北海的五彩琉璃九龙壁，绿色琉璃砖的须弥座砌在青白石台基上，壁顶为黄琉璃瓦，壁身两面各有九条龙，两个侧面一个为旭日东升，一个为明月高挂的浮雕图案，飞脊、垂脊、筒瓦脊、陇垂及斗栱下面都是龙，一共有大小龙635条，条条造型生动、立体感强、金碧辉煌。皇家园林多雕镂精美的牌楼，北海有 10 座之多，颐和园东门外木牌楼上刻有金龙 176 条，金凤 36 只，垂兽、吞脊兽、结兽、走兽 100 个，色彩全是金灿灿的。寺庙园林如受到皇帝垂青，房顶也可以用黄琉璃瓦，如雍和宫，因为乾隆的厚爱，全部换成黄色琉璃瓦顶，带有些皇家气派。圆明园"蓬岛瑶台"一景，也是仿自李思训的山水画意设计的。避暑山庄的"芝径云堤"，弘历诗称"丹黄四面展画屏，一幅关仝色乍设"，康熙觉得"锤峰落照""似展黄公望《浮岚暖翠图》"。

二、水木清华仆射诗

"水木清华仆射诗"，谢安之孙谢混，曾为尚书左仆射，他写过一首《游西池》诗，其中有"景昃鸣禽集，水木湛清华"。水木清华是以苏州园林为代表的私家文人园林的色彩特点。文人画，写意画，只有文人才能具备这些条件。傅抱石在《中国绘画变迁史纲》中总结了文人画的特点：在野的绘画，注重水墨渲染、主观重于客观、挥洒容易、有自我的表现、平民的。中国文人画具有古淡天然的写意风格。古淡，即古雅平淡，而平淡是与雄放奇险的画风相对而言的，也是针对敷彩浓淡来说的。

被尊为文人画之祖的王维始以水墨作画，"藏文章，散五彩"，将五彩的世界，纯以水墨出之，明暗浓淡，点染成画，别有一种洒落之趣。王维的画注重的是内在精神世界的玄妙变化，专以适性写意为主，画面上摒去了外在世界的五光十色，和王维淡泊高古的诗风是一致的。文人画抒情写意的性格决定了它的色彩运用偏于混茫、明静的偏冷色调，因为水墨淡彩才能使丰富的心灵内容获得它真正的生动表现。"淡是无涯色有涯"，雅淡的色彩是符合文人士大夫们的审美要求的。而且符合人们感官上的生理要求。

色觉的产生过程基本如下：光线通过角膜、瞳孔、水晶体、玻璃体到达视网膜，在这里转换成特殊的信号，经由视神经传入大脑，从而产生色觉。视网膜拥有两种感光细胞，即圆锥细胞与圆柱细胞。圆锥细胞是感色细胞，大量密布于视网膜中央的凹陷处（中央窝），圆柱细胞是昏暗时的感光细胞，多分布在视网膜的边缘部位。人凝视某物体时，物体影象集中于视网膜的中央窝，中央窝锥体细胞密集，感色功能极强[1]。淡雅的色彩对于感色功能极

---

① 藤泽英昭等：《色彩心理学》，第 9 页。

强的中央窝锥体上密集的细胞来说，不会产生强烈的刺激而感觉疲倦，相反，素静淡雅，协调统一，给人以安静闲适的感觉，因而可以持久。从色彩学来说，彩色较黑白更为真实，让你停留在此时此地而已，而不能给人以更深刻、更抽象的形象。

颜色与绿色的草木石池配合，雅洁淡彩，正是美学上的高度境界。且这种色彩，"其佳处是与整个园林的轻巧外观，灰白的江南天色，秀茂的花木，玲珑的山石，柔媚的流水，都能相配合调和，予人的感觉是淡雅幽静"①。

文人园林建筑色彩"随类赋形"，讲究秾纤得中、灵气惝恍。园林敷彩，崇尚古雅平淡。为了适应南方夏季炎热的特点，建筑色彩取冷色，屋顶多用灰黑色的砖瓦，墙面用白色。门厅、廊柱上略施色彩，梁枋、木柱与门窗多用黑色、栗色或本色木面，大多用广漆油漆，有些室内墙壁下半截铺水磨方砖，淡灰色和白色对衬。家具陈设品均以枣红、黑、栗壳等三色为主要色调。粉墙瓦檐等黑白色调，显得恬静自然，古色古香，幽雅清新。

三、园中画与画中园

中国园林以画境构图，在园林中举目入画，包括二度空间的壁画、装饰彩画、图绘园林的画和三度空间的立体"无心画"等。

园林中见到的二度空间的画，主要有堂幅，通常叫"中堂"，画幅既宽又长，均悬挂在堂屋正中。条幅，指直幅书画，可卷可挂，有一种特别窄长、形如古琴的叫作"琴条"。屏条，形如条幅，常见的悬挂数为 4 条、6 条、8 条、12 条、最多为 16 条，内容多为春夏秋冬景或仿古之作，形如扇面状的画，等等。

图94　拙政园中的郑板桥墨竹图

彩绘装饰起源于材料防护和建筑审美的双重因素，历史悠久，发展到宋代，彩画尚多有写生之遗意，包括花草写生及飞天人物等题材，明清以降，改为程式化的和玺彩画、旋子彩画，装饰意味更强。彩画设色上交替使用青、绿、黄、朱等冷暖色，又以黑白、金色为分界线，不使其相混，创造了既有了强烈对比效

---

① 陈从周：《清雅风范——苏州园林鉴赏》，参见宗白华等：《中国园林艺术概观》，江苏人民出版社1987年版，第109页。

果，又有一定基调倾向的绚丽彩色图画。彩绘艺术可以说是古代建筑艺术中独具东方特色的艺术之一①。

图95　艺圃乳鱼亭明代夔龙彩绘

用于园林建筑的主要是苏式彩画，它是由图案和绘画两部分组成，苏式彩画中较早吸收西洋的画法，表现在运用了透视原理且相互交错形成灵活的画面，图案多为各种回纹、万字、夔纹、汉瓦、连珠、锦纹等。绘画包括各种人物故事、山水、花鸟、虫鱼等，另外还有一些装饰画，如折枝黑叶花、异兽、流云、博古、竹叶、梅花等。画题多加寓意，比喻美好、吉祥。

艺圃乳鱼亭位于水池东岸，三面环水。此亭建造年代较早，具备有明代建筑风格，四周用老戗支撑灯心木，屋顶坡度平缓，戗角起翘较低，宝顶形式简炼，亭内空间显得高敞。斗栱、搭角梁、直昂、额枋和天花上绘有造型别致、色彩素白的苏式草龙形象彩绘。极简化的龙形符号，虬曲腾越。

颐和园长廊梁枋上绘有14000多幅人物、山水、花鸟等彩画，故又称画廊。画上有古代文学名著《三国演义》、《红楼梦》、《水浒传》、《西游记》、《西厢记》、《聊斋志异》等，也有山中宰相、王羲之爱鹅、陶渊明爱菊、周敦颐爱莲等高人雅事，还有"牧童遥指杏花村"、"松下问童子"、"举杯邀明月"等名诗题材，内容丰富多彩。故宫长春宫保留着晚清《红楼梦》壁画颇为珍奇。回廊中的《红楼梦》壁画是光绪时代的作品。采用西洋透视学原理，用中国古代绘画的手法绘制。布局完整系统，一草一叶、一眉一发，笔笔挺秀，毫无懈怠之处。画面中，有高悬"怡红快绿"匾额的怡红院，怡红公子贾宝玉端坐室中；有"凤尾森森，龙吟细细"，翠竹幽篁的潇湘馆；有惜春正在作画的暖香坞；有菊社联吟的秋爽斋；还有湘云醉眠的红香圃……其中有一画面非常别致，大观园内，两个丫鬟用行椅抬着贾母逛园，一丫鬟打着高柄遮阳伞，贾宝玉前引，众人尾随。可能溶进了慈禧的意旨，推算画作于光绪时期慈禧居长春宫时。

---

① 孙大章：《中国建筑史话》，第183页。

中·国·园·林·文·化

[中编]园林物质建构要素与中国文化

绘画艺术融进园林，园林画境成为画家的无上粉本，历代画家在园林中吟诗作画，留下了无数园林画，有许多画被刻绘在园林中。明洪武六年（公元1373年），倪云林过狮子林的时候，寺院已日显冷落，他应如海方丈之请，为狮子林作图，自此狮子林名声大噪，成为文人雅集、觞咏之地。天如门人善遇所编的《狮子林别录》称"倪高士元镇每过狮子林，爱其萧爽，为之绘图。徐幼文复图之为十二景，高季迪诸人题咏相继。"乾隆题诗称"倪氏狮林存茂苑"。使人遥想倪云林当年的超逸风神。

吴门画家代表作中多园林画。有以园林中斋室、别号为题材者，画家用心处不在描绘斋室建筑，而是根据斋室别号之寓意来撷取借以突出主人品质的景物，如文徵明为其好友华夏所画的《真赏斋图》，华夏富收藏，号"江东巨眼"，故画中突出斋主所藏古玩、书籍和用品，同时渲染斋外的山水树木蕉竹环境，构成一幅典型的园林小景图。

图96　文徵明真赏斋图之一

有以庄园、庭园为题材者。以描绘园林景物为主，着意于天然山水与人造庄园的一体性。如文徵明的《拙政园图册》、《东园图》（留园）、《洛原草堂图》等，沈周绘吴宽的《东庄图》册等。也有以文人雅事为题材者。凡琴棋书画品茗赏古、清谈、晏坐，皆文人生活中的雅事。多突出雅事活动的外在环境。如沈周的《盆菊幽赏图》、文徵明的《南窗寄傲图》等。

沈周、唐寅、文徵明、仇英等"明四家"创作了许多表现园林风貌、反映园居生活的绘画。据不完全统计，"明四家"等人的存世作品中，园林图就有三十种之多。有沈周的《东庄图》册、文徵明的《东园图》卷、《洛原草堂图》卷、仇英的《园居图》卷、钱谷的《求志园图》卷、文伯仁的《南溪草堂图》卷等。其中最著名的是沈周的《东庄图册》和文徵明的《拙政园图册》两种册

图 97 东庄图册·知乐亭

页。沈周是吴门画派鼻祖，他布衣终身，他的《东庄图册》画的是挚友吴宽的私园，"一水一石皆从耳目之所睹"，写出了"溪山窈窕，水木清华"的自然景色，共有 21 幅图，诸如《东城》、《西溪》、《北港》、《振衣冈》等。其画"出入宋元，如意自在，位置既奇绝，笔法复纵宕，虽李龙眠《山庄图》、鸿乙《草堂图》，不多让也……"①"东庄之名以文字传，亦藉是图以传"（潘世璜跋语）。沈周的学生、吴门画坛盟主文徵明曾为其友

王献臣的拙政园画过四次图，三十一幅图，每图描画一个景点，各系以诗，"凡山川花鸟、亭台泉石之胜，摹写无遗"，是"无声画、无声诗两臻其妙"②。清吴骞《文待诏拙政园图并题真迹跋》中说："犹可征当日之经营位置，历历眉睫。又如身入蓬岛阆苑，琪花瑶草，使人应接不遑，几不知有尘境之隔。"今观其画，古淡天然，一片野趣。如"倚玉轩"图：敞轩一座，四壁皆空，轩旁美竹成林，面有昆山石，竹林土山，一翁伫立轩中栏前，目对竹、石，真是"春风触目总玲琅"。"小沧浪"图：一汪沧浪水莽莽苍苍，流向远处，浅滩、绿洲参差水湾，傍水构一虚亭，绿水绕楹，水岸坡地，树木葱郁。既有风月供垂钓，又有孺子唱濯缨，真是"满地江湖聊寄兴，百年鱼鸟已忘情"。水木明瑟，令人旷远，足可表现江湖之思、濠梁之感。文徵明还作有《辋川图》、《独乐园图》、《停云馆图》、《石湖草堂图》、《狮子林图》、《二宜园图》、《园亭图》、《洛原草堂图》等二十多幅园林图画，何绍基《题文徵明拙政园图册》评他的画是"意精趣别，各就其景，自出奇理，以腾跃之故，能幅幅入胜"。

袁枚的随园有画家袁起，仿王维《辋川图》故例，作《随园图》，一一标上四十余处景点名目。"西湖十景"主要是院画家马远、夏圭辈的产物：春夏秋冬、昼夜晨昏、风花雪月、莺啼鱼跃、山容水意、花态柳情、黄昏塔影、古刹钟声，构成多层次、多方位、立体交叉、四维渗透的天然图画，动静相合、虚实相

① 明末画坛巨擘董其昌跋文
② 参见董寿琪：《吴门画派与苏州古典园林》，《文物天地》1999 年第 4 期。

生、有声有色、有景有情，形成一个艺术整体，既是西湖风采与神韵之所在，也是古往今来骚人墨客梦寻梦忆的灵感世界、艺术天堂。

清代宫廷画家冷枚画《避暑山庄图》，描绘了康熙时期的避暑山庄，生动细致。乾隆时画家钱雏城《避暑山庄图》，描绘的是避暑山庄全盛时期的情况。沈瑜画《避暑山庄三十六景》，清乾隆年间宫廷画家沈源、唐岱绘制了《圆明园四十景图》等都是著名的园林图卷。

第九章
园林与中国书学

唐张彦远在《历代名画记·叙画之源流》中说：
"书画异名而同体。"中国古代文士、诗僧，大都具
有"诗、书、画"的才艺，书法艺术在古典园林中
尽情地展示了它的魅力，园林中名家墨迹琳琅满目，
中国园林还是名家翰墨之宝库，名家翰墨在园林中
一般是以碑刻、书条石、砖额、摩崖石刻和品题墨
迹等形式存在的，汇集了中国历代名家墨迹和异彩
纷呈的书体样式，创造了文气氤氲的园林环境，雅
化了建筑空间，也是历史、人文精神和书法美的
进化。

书法是中国特具的艺术门类，它是以汉字的字
体和字形为素材的点线艺术。书法家通过文字的结
构、用墨的浓淡、落笔的轻重、整体的神韵来表现
文字的美感和书写者的个性，使欣赏者能够从其中
获得艺术的享受。

钱穆在《中国民族之文字与文学》一文中，比
较了埃及、巴比伦和中文字，其先皆以象形为宗，
但就三者之体制比较，中国最优。"巴比伦楔形文
字，尽作尖体，纵横撇捺，皆成三角，又一切用直
线，如手字作◇，日字作◇，颇难繁变。埃及文则
竟如作画，其文字颇未能脱离绘画而独立。中国文
字虽曰象形，而多用线条，描其轮廓态势，传其精
神意象，较之埃及，灵活超脱，相胜甚远。而中国
线条又多曲势，以视巴比伦专用直线与尖体，婀娜

生动，变化自多……巴埃古文字，室于演进，于是
有腓尼基人变其趋向，不用字母集合，而用分音集
合。借形定声，拼声成字。希腊人袭其成法，以子
母音相配，遂为近代欧洲文字之肇始。"①西方的各
种拼音文字虽然也讲究书写的美化，但主要以规整
美为主，有很强的工艺性，从来没有形成一门独立
的艺术。下表为西亚楔形文字演变图②。殷商的甲
骨文已经初具线条、结构和章法，成为书法"甲骨
体"的蓝本，甲骨文属大篆，此后小篆、汉隶、行
真草等，至晋代已经发展到颠峰，隋唐以下，因书
写工具的全面普及和质量的提高，又因科举的影响，
书法成为每个读书人必备的功课。直到西学东渐的
近代，随着毛笔的被扬弃，书法遂渐渐不受重视。

最初象形字	楔形文字中的象形字	苏美尔文	亚述文	最初或引伸义
		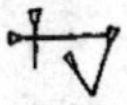		鸟
				牛
	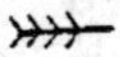			谷
	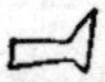			立走

图 98　楔形文字的演变

第一节　书法美的历史流程

　　一个时代的书法作品，反映了该时代的群体学识修养及社会文化思潮，是时

---

① 　钱穆：《中国文学论丛》，三联书店 2002 年版，第 6 ~ 7 页。
② 　朱龙华：《世界历史——上古部分》，北京大学出版社 1991 年版，第 175 页。

代文化发展的体现，反映了不同社会时代的韵味风流：两周金文之遒朴、秦汉瓦当印鉴之拙朴、魏晋风度、隋唐法度、宋人之意、元人之态、明清之纷呈……

一、晋人书取韵

六朝特别是东晋时代，由于玄学的影响，书法神韵潇洒、气韵生动，特征是平和含蓄。明董其昌评"晋人书取韵"①，明方孝孺也云："晋间人以风度相高，故其书如雅人胜士，潇洒蕴藉，折旋俯仰，容止姿态，自觉有出尘意。"② 在临摹前人书体的基础上创新，注意文字的美化和装饰效果、刻意求工、精雕细琢，而排斥情感表现，表现出理性主义的审美观。

三国魏人钟繇是书法南派的开山祖。楷书，字体古雅。他是楷书第一大家，历代书法家都称其所书"高古纯朴，超妙入神"。钟书楷体用的是隶书的笔法篆书的结构，非规规楷划。

被后人尊为"书圣"的王羲之，字逸少，官至右军将军，世称王右军。书法承钟繇风骨而自辟新境，为南派书体的创制者。王字超妙入神，刚健婀娜兼之。其楷书改钟繇翻笔为曲笔，字字如珠玉圆润，标志着楷书的成熟。他的《兰亭集

图99　王羲之"兰亭序法帖"

序》，流美而静，风姿峻秀，世称"天下第一行书"，唐李嗣真《书品后》称它如"清风出袖，明月入怀"，唐孙过庭《书谱》称其"志气和平，不激不厉而风规自远"，显出平和静穆之美。他的儿子王献之，子敬，世称"小圣"，合称"二王"。他的风格笔意和乃父属同一类型，世称其书"墨彩飞动，英雄豪迈"。"二王"书法正是晋人书法的典范。

---

① 董其昌：《容台集》，参见《佩文斋书画谱》卷7。
② 明方孝孺：《逊志斋集》，见《佩文斋书画谱》卷7。

二、唐人书取法

唐代特别是初盛唐，是中华帝国的盛世，国家统一，社会安定，人们追求事功，书法艺术呈现出刚劲雄健的时代特色。董其昌评"唐人书取法"，强调了书法的社会作用和伦理意义，书尚法，且以"楷法遒美"为选官条件之一，"体现了更多的社会与时代情感的类型化色彩。"① 主题情感得不到充分展现。尽管有唐一代，书体由行草楷发展为行草、狂草，由初唐的娟秀，变为盛唐的肥壮，中唐的瘦劲，但都重法。

初唐书坛都是宗王的，风流潇洒、工整流丽，遵循和谐、平衡、严谨、华丽的优美风格和美学传统。欧阳询的"欧体"，刚劲遒逸、笔法谨严；虞世南，早年学书于王羲之第七世孙智永，笔法秀润；褚遂良少年时学书虞世南，后直追王羲之，字体疏瘦劲练，三人都是学王书而稍有变化。盛唐颜真卿初从张旭处学得王派书法，后自创新体，

图100 "虎丘剑池"颜体

世称"颜体"，祛净了虞褚等人书体的娟秀之习，加强了腕力，字体壮严端正，具有冠冕垂笏的庙堂气。晚唐柳公权创"柳体"，吸取了"欧体"的方和"颜体"的圆，成为方圆兼有的形体，结体险怪，骨力清劲。张旭和怀素为唐代草书之冠冕，他们是狂草派。张旭挥毫落纸如云烟、如流星，变动犹鬼神，不可端倪；怀素笔力精妙，飘逸自然。俩人笔势和气韵，具有一种阳刚之美，然草法仍不离王派规矩，狂而有法。唐时书论大都拘泥于法，欧阳询《传授法》要求书家在创作时"收视反听，绝虑凝神，心正气和"，虞世南《笔髓论》强调"四面平均、八边具备、短长合度、粗细折中"。

后人习惯将"二王"为代表的晋人法度和以颜、柳为代表的唐人法度并称为"晋唐楷法"②。

三、宋人书取意

董其昌评"宋人书取意"，宋代文人崇尚雅健，追求个性的自由豪放，书法

---

① 卢辅圣、江宏：《历史重负与时代抉择》，载《书法研究》1987年第1期。
② 徐利明：《中国书法风格史》，河南美术出版社1997年版，第310页。

变晋唐"尚法"为"尚意",讲意态,求情趣,极力发掘和强调书法艺术的超功利性,具有很强的消遣、抒怀的表现功能,"天真浪漫是吾师",以"逸"为基调,书作注重笔势,大多是侧取势、大小参差、出奇制胜的姿意之作,打破魏晋平和含蓄和唐人法度,大张个性和情感。

苏轼自言"作字有至乐处"、"于静中自是一乐事"①、"凡物之可喜,足以悦人情者,莫若书与画"②,它使苏轼感到如饮了美酒一样可以消百忧。米芾更无意功名,将书画当作游戏和珍玩,米芾《书史》曰:"要之皆一戏,不当问工拙。意足我自足,放笔一戏空",强调了自娱,强调了主体情感意趣对外物客体的统摄和超越。黄庭坚把书法作为排遣苦闷、自我解脱的手段。苏东坡说:"我书意造本无法,点划信手烦推求。"黄庭坚强调观"韵"、米芾重"趣",注重的是感性、灵气、尽兴的创造意识,同时,强调书法的字外功夫,表现出"学问"和"书卷"气③。宋"苏黄米蔡"四大家,苏东坡居首,他首先废弃晋唐人的"悬腕法",把腕衬着纸写字,其字既有颜体之丰腴,又有"二王"之流畅秀劲。他学习古人书法不尚形似而重神韵,书法自然富有天趣,毫不造作。黄庭坚擅长草书,取法颜真卿及怀素、张旭,亦受杨凝式的影响,尤得力《瘗鹤铭》,但其笔意更多的地方是旨在表现他的个性,他创立了一种"中宫敛结,长笔四展"的风格,人称"辐射式"。南宋朱熹就讲"至于黄、米而欹侧怒张之势极矣"④。清刘墉有绝句评苏黄书法:"苏黄佳气本天真,姑射丰姿不染尘。笔软墨丰皆入妙,无穷机轴出清新。"米芾以晋唐人墨迹为先路,受"二王"和褚遂良影响较深,然善于博采众长,自成一格。钱咏《论书》称"米书笔笔飞舞,笔笔调动,秀骨天然"。蔡襄,字君谟,擅长各种书体,蝌蚪篆籀、正隶飞白、行章颠草,靡不精妙。尤长于行,笔甚劲而姿媚有余,有龙飞凤舞之势。《宋史》本传推其为当世第一。

四、三代出入晋唐

书法艺术至宋代,形成了晋、唐、宋三种风格,元明清三代实际上是这三种风格的延续、糅合和发展。

---

① 《苏轼题识》卷4《与君谟论书》。
② 《苏东坡集》前集卷33《宝绘堂记》。
③ 参见傅合远:《宋代书法美学思想的"尚意"特征》,见《文史哲》1993年1期。
④ 《朱子文集》,见《佩文斋书画集》卷7。

潘伯鹰在《中国书法简史》中说："二王这一系统的笔法在宋朝受了挫，到元朝才又恢复。"陆深说，终元之世，出入赵孟頫、鲜于枢两家①。"专以古人为法"②的赵孟頫，笔划圆润秀丽，结构端正谨严，行书流利娟秀，别有一种妩媚之姿，是摹仿"二王"一派的丰韵又加以变化而成的，秀逸典雅，一反宋人尚意之风，力追晋唐法度。他的楷书与颜、柳、欧同列，号称中国"四大家"。

明书坛气氛虽比元代活跃，然在复古思潮影响下，"钟王"笔法仍占主导地位。明董其昌，号香光，书学赵孟頫，后自成一家。书风潇洒超逸、淡泊清雅，是追踪王派书系传统的最后一位大家。其书为清康熙帝酷爱，曾风靡清代，名闻海外。

"吴门四才子"之一的文徵明，书法清丽古雅，集"二王"、欧、虞、褚、赵等名家之长，被称为唐开元以来无此笔者。

"吴门四才子"之一的祝允明，五岁即能作径尺大字，学书宽广，集百家之长，真行草皆工，既有平和清逸之作，又有狂放颠逸之作。小楷精绝，直逼"钟王"，狂草承张旭、怀素、黄庭坚之笔意，名动海内，独步一时。

倪元璐，字汝玉，号鸿宝，上虞人，天启进士，官至户部尚书。能诗文，善画山水，工行草书，自成一家。被袁宏道称为"八法之散圣，字林之侠客"的徐渭。

康有为《广艺舟双楫·体变》称清代书坛有四变："康、雍之世，专仿香光（董其昌）；乾隆之代，竞讲子昂（赵孟頫）；率更（欧阳询）贵盛于嘉、道之间；北碑萌芽于咸、同之际。"

翁方纲、刘墉、梁同书、王文治，号称清代书法"四大家"。翁方纲，号覃溪，又号苏斋。书法学欧虞，兼写篆隶，曾为书坛盟主多年。刘墉，字崇如，号石庵、青原、香岩、日观峰道人。博通经史，书法集帖学之大成，讲究魄力，论者比之以黄钟大吕之音，用墨厚重，时称"浓墨宰相"。梁同书，字元颖，号山舟，晚自署石翁，清钱塘人。王文治，字禹卿，号梦楼、探花，诗文书画皆能，其书法楷书学褚、草书学王，精行楷，专取风神，时称"淡墨探花"，秀逸天成，"时有天下三梁（梁巘、梁学士、梁文定）不及江南一王"之美称。

碑学兴起，突破了帖学的一统天下。清何绍基探源隶篆，晚年喜分篆，周金

---

① 陆深：《俨山集》，见《佩文斋书画集》卷3。
② 《佩文斋书画集卷37·赵孟頫条》。

汉石，无不临摩，融入行楷，自成一家，为晚清书坛最有影响的书法家之一。其书法作品以对联为多，被誉为"书联圣手"。其书沉雄峭拔，恣肆中见逸气。郑板桥少工楷书、晚杂篆隶、间以画法，自称"六分半书"，似隶非隶，似楷非楷，似魏非魏，且有篆籀笔意。章法行款上，大小肥瘦、疏密整斜，各得其所，人称"乱石铺街体"或"板桥体"。"无古无今，自成一格"，独具风神。赵之谦以写碑受法，他的书法受邓石如影响，又参以隶书、魏碑，善于将森严方朴的北碑，用宛转流丽的笔行所无事地写出来。

吴昌硕专工石鼓，俞樾善以隶笔作楷书，古雅拙朴。吴大澂以秦篆参古籀文，书法益进。

其他如工分书，名重一时的杨岘、学习宋米芾书法的查士标、善各体书兼工铁笔的书法家吴熙载、娴熟籀篆，于大小二篆，融会贯通，自成一家的杨沂孙、工草隶的张廷济等，琳琅满目。

第二节 中国园林书迹

中国历代书法家的各体书法，都以各种形式留存在园林中，园林也是中国书法艺术的宝库，足可供人观摩、欣赏，涵咏、寻味其中的文化美学韵味。

一、碑志塔铭题记

书法艺术最早进入的是寺庙园林。早在秦始皇登峄山、泰山等地时，就令丞相、小篆名家李斯刻石记功，有峄山刻石、泰山刻石，成为我国小篆书法难得的珍品。李斯被称为"作楷隶之祖，为之不易之法"、"学者之宗匠"（唐张怀瓘《十体书断·小篆》）。汉名碑有：《乙瑛碑》（又名《孔庙置守庙百石杂史碑》）、《苍颉庙碑题铭》等。《礼器碑》，又名《韩勑造孔庙礼器碑》，全文隶书十六行，行三十六字，书法瘦劲雄强，高妙古逸，变化若龙，一字一奇，字体典雅，无镁不备，清翁方纲等夸为汉隶第一。现存山东曲阜孔庙的《史晨碑》，笔致古厚朴实，端庄遒劲，气象和穆，为东汉名碑。《西岳华山庙碑》，康有为《广艺舟双楫·体系》称其"修短相副，异体同势，奇姿诞谲，靡有常制者"。

在佛教兴盛、寺庙勃兴的魏晋南北朝时期，书法名家迭出。

清代姚孟起的《字学臆参》探讨过书法与佛教结缘的原因，他找到了书法与佛法相通之处：佛教的不执着于外物有形之"相"与书法的不能停留在具体的笔画形态，而要以自己的性灵去会通；佛教"非有非无"的"双遣"与书法最高境界即忘了法则的"非法"相通，书法要求"凝神静思"与佛家的"入定"在状态上也有相同之处。佛家好书，书家好佛，书佛结缘。寺庙成为书家施展身手的广阔场所。名噪一时的书法家如钟繇、皇象、卫瓘、索靖、王羲之父子等均在寺庙园林中以庙碑或塔铭的形式留过真迹。

北朝则全注意于石窟造像，书法以碑志塔铭、造像题记、幢柱刻经等形式流传。魏碑，指元魏的碑志塔铭造像题记等刻石文字，包括北魏、东魏和西魏，北魏代表了北朝书法水平。北

图101 礼器碑

魏书法"方峻遒劲，朴拙奇肆，雄强野逸，个性鲜明，刀味石趣极浓；同时，粗犷、野逸，草率中又具严谨、端庄之感。"[1] 康有为《广艺舟双楫·十六宗》评南北碑有十美："一曰魄力雄强；二曰气象浑穆；三曰笔法跳越；四点画峻厚；五曰意态奇逸；六曰精神飞动；七曰兴趣酣足；八曰骨法洞达；九曰结构天成；十曰血肉丰满。"现存西安碑林第三室的《晖福寺碑》，是北魏书法的代表作。此碑从隶书演变而来，但已经基本上脱去了隶书的痕迹。用笔尖而圆，笔道遒劲厚实，结体收敛，力求方正之美，严谨而规矩。康有为称其为"妙品"，"书法高简，为丰厚茂密之宗，隶楷之极则"。

龙门石窟有魏碑法式之一的《龙门二十品》及题记和其他碑刻3680种。山西耀县药王山北朝造像题记最为珍贵。

隋唐时期，书家为寺庙留书再兴高潮，并蔚为风气，数量多、品位高。今洛阳白马寺有唐代经幢、元代碑刻。

西安大雁塔南门两侧砖龛内，嵌有褚遂良《大唐三藏圣教序》和《述三藏圣教序记》二碑。西安碑林藏有汉魏、隋唐、宋、元、明、清各代碑志2300余件。有汉《曹全碑》、《熹平石经》残石、晋《司马芳残碑》、唐玄宗亲笔用隶书

----

① 吴为山、王月清：《中国佛教文化艺术》第83页。

写成的《石台孝经》、唐刻《开成石经》等十三经，是我国现存最完整的经籍石刻。

唐代著名书法家的作品都有：如虞世南的《孔子庙堂碑》，用笔俊朗圆腴，外柔内刚，萧散洒落，为虞书妙品，后世奉为楷模。欧阳询的《九成宫醴泉铭》，正书，碑额篆书，立骊山。书法浑厚沈劲，腴润中见峭劲，气韵生动，为楷书登峰造极之作，书家推为唐楷第一。如颜真卿《多宝塔感应碑》，又叫《多宝塔碑》、《千福寺多宝塔碑》。额首篆书"大唐多宝塔感应碑"，现藏西安碑林第二室。是颜真卿44岁时所写，为其传世书迹中最早的楷书作品，代表了他早期的书风特点。用笔方折腴润，结字严谨遒密，布白紧凑规整，端庄而不呆板，方正而不瘦细，为唐楷的典范作品。颜真卿《颜氏家庙之碑》，每一笔都沉实有力，结字从容自然，庄严肃穆，寓险于平，方严正大，浑厚拙朴，大气磅礴而又内涵丰富，最能体现颜真卿的风格。

柳公权的《唐大达法师玄秘塔铭》，书法遒劲谨严，有骨力，为柳书代表作。

欧阳通《道因法师碑》，规矩森严，神态飘逸；运笔拗折，方笔多于圆笔；隶意极浓，锋颖外露，多有挑出之笔。其他如褚遂良《孟法师碑》和《雁塔圣教序》、薛稷《信行禅师碑》、魏栖梧《善才寺碑》、李邕《岳麓寺碑》、李阳冰篆书《三坟记》和《城隍庙碑》等，均为书法名碑，后世奉为楷模。

晋祠有李世民《晋祠之铭并序》碑，是我国现存最早的一块行书碑。置立于"贞观宝翰亭"中，碑高1.95m，宽1.2m，厚0.27m，正上部以飞白体书"贞观七年正月廿六日"九字，碑阴刻一系列功臣衔名。碑阳刻李世民撰书的《晋祠之铭并序》，全文计1203字，颂扬唐叔虞政绩，宣扬"贞观之治"和他的文治武功。李白、

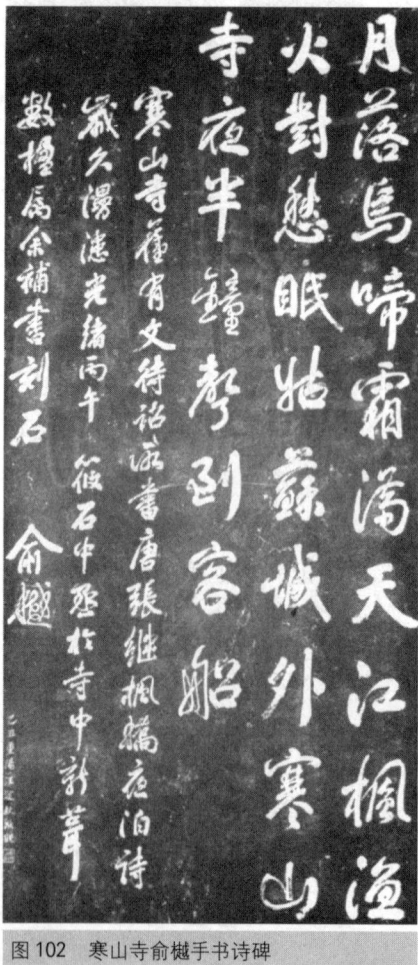

图102 寒山寺俞樾手书诗碑

白居易、范仲淹、欧阳修、元好问等都留有题咏。释怀仁集王右军书《大唐三藏圣教序》、怀素草书《千字文》和《圣母帖》等，均为书法瑰宝。

各地孔庙内都有碑刻，山东曲阜孔庙碑刻上自两汉、下迄民国，真草隶篆等书体皆备，共有 2000 余块。

寒山寺俞樾手书诗碑墨拓早已东渡扶桑，宋抗金名将岳飞手书真迹："三马蹀阔氏血，五伐旗枭克汗头"，"文章华国，诗礼传家"名闻遐迩，另有宋代著名书法家张樗寮所书 38 块《金刚般若波罗密经》，也为传世珍品。

纪念性园林中也多碑刻，如"三苏祠"纪念的是宋代苏洵、苏轼和苏辙父子，"一门父子三词客，千古文章四大家"，碑亭内竖有古碑数十通，有苏轼亲笔写的《马券碑》、《乳母碑》、《柳州碑》等。

皇家园林和私家园林中也多碑刻。避暑山庄原有御碑 20 多座，还有五、六处摩崖刻字。有《绿毯八韵悲》、《古栎歌碑》、《林下戏题碑》、《文津阁碑》、《月台碑》、《锤峰落照碑》、《登高碑》、《永佑寺碑》、《避暑山庄后序碑》、《舍利塔碑》等，有诗有文，有的是用满、汉两种文字书写，有的用满、汉、藏、蒙四种文字书写。私家园林中也立碑刻，如沧浪亭一园就有碑刻数百方；虎丘有五代、宋代、元代、清代碑刻二百余方。狮子林中有"文天祥诗碑亭"，镌刻文天祥狂草手迹《梅花诗》："静虚群动息，身雅一心清。春色凭谁记，梅花插座瓶。"

这些碑刻塔铭不仅具有书法价值，而且具有人文价值。

二、园林法帖墨宝

摹刻在石或者木版上的书法，包括它的拓本，为学书者玩味，知其用笔之意，称为"法帖"。南朝禁碑，书法以帖的形式流传。宋后禅宗败落，大盛帖学，风气为之一变，名书家大多不屑书经题碑，明清时期，一般书家更淡于题碑书经了。寺庙所留仅为诗题联书。自创一派的杰出书僧已很罕见。佛门中文化素质和艺术修养的总体水平下降。清后如石涛和八大山人这样杰出的诗画僧已经十分罕见了。

"南帖"大多以"书条石"的形式镶嵌在私家园林中曲折长廊的粉墙上、厅堂壁面间，黑白辉映，作为美化墙壁的书条石。

私家园林均有所谓翰墨林，以壁悬晋唐墨迹为尚。园主不仅效法书画家米芾、倪云林建楼筑斋珍藏之，而且热衷于在园中用书条石的形式摹刻在粉墙上，成为园林艺术中重要特征之一，也是中国园林的一大景观。书条石又称"诗条石"，一般采用条形青石制作，上面镌刻着园主收藏的名家书法法帖，或文章、书信、诗词、图画等，大都镶嵌在园林廊壁上，与园中的匾额、楹联、摩崖、砖刻、碑刻等共同营造出氤氲的"书卷气"，使书法艺术与建筑、文学等艺术浑然融合，给人以高品位的文化享受。

苏州园林是书法艺术与其他艺术门类结合得最完美的典范。园林的碑刻和书条石质量高、数量多、内涵极为丰富，包括了我国自晋及清的名人书法，展示了篆隶行楷等书法字体的美的历程。

书条石以留园、怡园和狮子林最为丰富。有"留园法帖"、"怡园法帖"之专称。

留园现存书条石370多方，包括了自书法南派开山祖三国魏人钟繇始，至晋、唐、宋、元、明、清各时期的"南派帖学"诸家100多人的作品，翻刻自《淳化阁帖》、《仁聚堂法帖》、《一经堂藏帖》、明董刻《二王法帖》等，成为"南帖"的集大成者，被誉为"帖学"的百科全书。留园的四个景区以曲廊作为联系脉胳，廊长700多米。循长廊至中部的西南景区，沿壁嵌有书法石刻95块。"二王"151帖，58石，卷首第一帖为《破羌帖》，又名《王略帖》，被赞为"天下法书第一"，收自米芾宝晋斋法帖。"闻木樨香轩"北面游廊，有王羲之《鹅群帖》71块、王献之的《鸭头丸帖》、《地黄汤帖》等，颇为壮观，足可饱人眼福。"曲溪楼"下东边的廊壁上，分布着唐褚遂良、欧阳询、虞世南、薛稷、颜真卿、李邕、杨凝式以及张旭、怀素、孙思邈、李怀琳、狄仁杰、毕諴、陆柬之、韩择木等人的书法。如褚遂良的《随清娱墓志》、虞世南的《孔子庙堂碑》、《汝南公主墓志铭》、颜真卿的《送刘太冲叙》、李邕的《唐少林寺戒坛铭有序》。"留园法帖"中，还保存了"宋四家"及韩琦、范仲淹、欧阳修等近80家的法书。在"还我读书处"有95块宋贤56种；爬山廊北头"墨宝"处的"宋四家"中，有苏东坡《赤壁赋》，其字壮严稳健、意气风发；蔡襄的《衔则》，其字潇洒俊美、超然遗俗；米芾为蔡襄《衔则》写的跋，其字沉着飞翥、骨肉得中；黄庭坚为范仲淹《道服赞》写的跋，其字清劲雅脱、古淡超群。另有米芾行楷书旧刻四种、"宋名贤十家帖"等。

怡园主人的"过云楼"珍藏名闻江南的《过云楼集帖》，"怡园法帖"就是当年园主顾文彬父子从过云楼收藏的50多种历代名人书法中精选出来的精品，刻成书条石95方。其中有王羲之、怀素、米芾、赵文敏、赵松雪、祝枝山、唐伯虎、文徵明、董其昌等名家墨迹。相传王羲之《兰亭集序》墨迹已为唐太宗

图 103 留园 "墨宝" 书条石

殉葬。宋代的贾似道得到与真迹无二的用纸蒙在墨迹上的摹本，由工匠王用和花了一年半时间精心镌刻在玉枕上，从而保存了王羲之真迹。今嵌于怡园 "四时潇洒亭" 墙壁的玉枕《兰亭集序》石刻，就是根据宋拓本钩摹复刻的。前人有诗赞曰：

> 翰墨风流冠古今，鹅池谁不赏山阴；
>
> 此书虽向昭陵朽，刻石犹能值千金。

怡园 "玉延亭" 中有董其昌的一幅草书石刻对联："静坐看众妙，清谭适我情。" 可以看出董其昌大字草书那种 "龙蛇云扬，飞动指腕间" 的笔意和境界。怡园有明文徵明《苍山十咏》、《南山十咏》、《前山十咏》等诗帖，褚遂良《千字文》、明末被魏忠贤迫害的东林党人五君子手札等。怡园主人有《过云楼书画记》、《过云楼续书画记》记载所藏书画。

狮子林《听雨楼藏帖》书条石刻 67 方，"听雨楼" 是清周於礼之号，藏帖乃周氏汇刻，据《听雨楼帖始末》记载："周……取所藏唐宋元人真迹，钩模入石……其搜择之精、摹勒之善，足与在《汉文学史纲要》中指出的汉字具有三美之特性：'意美以感心，一也；音美以感耳，二也；形美以感目，三也。'"①藏帖的第一方为近代书法名家吴昌硕78岁时所书。其他有唐褚遂良的行书《枯树赋》、颜真卿的《述张长史笔法十二意》、宋苏轼的行草和小楷《九成台铭》、《游芙蓉城诗》、米芾的《虹县诗》、《研山铭》、黄庭坚的《伏波神祠诗》、蔡襄的《谢赐御书诗表》等。

拙政园今有32方书条石。有宝贵的历史资料：文徵明《王氏拙政园记》附张履谦《补园记》、沈德潜《复园记》；有书法珍品：西部水廊有孙过庭草书《书谱》17块，"过庭草书《书谱》，甚有右军法"（米芾《书史》）。其中文徵明80岁时写的《千字文》蝇头小楷，笔势玄灵飞动，与孙帖均为珍稀墨宝。

其他园林亦有多少不等的名家墨宝。河北保定莲池园的碑廊，有碑刻82方，其中《淳化阁帖》碑，有晋王羲之、唐怀素、颜真卿、宋米芾、明王阳明、董其昌等书法大师的杰作。宁波天一阁凝辉堂内陈列明代上石的神龙本《兰亭序》、文徵明小楷《薛文时甫墓志铭》等珍稀帖石，园东碑廊内，收藏历代碑石173通，号称明州碑林。始建于1911年的上海青浦县朱家角的课植园，也有20m长的碑廊，廊内汇集了明代江南四大才子唐伯虎、祝枝山、文徵明和周大球的真迹碑刻。

皇家园林收藏大量名家法帖，并镌刻于园中。

故宫养心殿暖阁临窗的三希堂，是乾隆读书的书斋，专用来珍藏历代书法真迹的"三希堂"。《养古斋丛录》卷17载："三希堂者，乾隆时以右军（王羲之）《快雪时晴帖》大令（王献之）《中秋帖》（近代专家考证为唐宋时的摹本）、王珣（王羲之从孙）《伯远帖》墨迹，皆希世珍也，藏之而名堂曰三希，读御制《三希堂记》，则又兼取希贤、希圣、希天之意……乾隆间《三希堂帖》32卷8函，以大内所藏晋、魏至元明名人真迹，钩勒8石，嵌置琼华岛西麓之阅古楼壁间。续刻者，在惠山园（即颐和园内的"谐趣园"）之墨妙轩，自唐褚遂良始。"

清代乾隆皇帝刊《三希堂法帖》行于世。按乾隆本义，"三希"有二解：一曰："士希贤，贤希圣，圣希天"，即士人希望成为贤人，贤人希望成为圣人、圣人希望成为知天之人，用以不懈追求、勤勉自励的；二曰"珍稀"，古文

---

① 鲁迅：《汉文学史纲要·自文字至文章》。

"希"同"稀"; "三希"即以上三件稀世珍宝。在当时,这两层含义是并重的。《伯远帖》(真迹)笔法劲削挺拔,锋棱毕现,结构严整,笔意贯通。在各字排列上,笔画疏密相间,艺术处理非常成功。全文笔势略向左方倾侧,险峻而端肃,表现了晋人书法的风骨、神韵,是后世难以达到的。

北海阅古阁,是乾隆十二年(公元1747年)诏令将魏晋以来名家墨迹《三希堂法帖》32卷摹勒上石,共刻495方,后镶嵌在阅古楼墙壁上。是我国历代书法的重要汇编。北海湖西北有"快雪堂",乾隆四十四年得到冯铨所藏的《快雪时晴帖》后,专辟此堂,将王羲之的《快雪时晴帖》勒刻上石。今堂内两廊石壁内镶嵌了46放书条石,均为历代名家真迹。

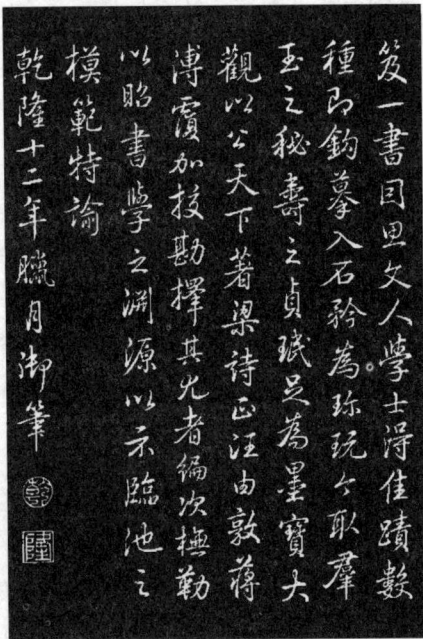

图104 乾隆手书《三希堂序》墨迹

第三节 园林书法美的魅力

书法艺术美的魅力,来自书者点画用笔之美、字形结构之美和意境内蕴之美。园林书法作品还有一种古雅之美和人文的历史之美。

一、形美以感目

鲁迅在《汉文学史纲要》中指出了汉字具有三美之特性: "意美以感心,一也; 音美以感耳,二也; 形美以感目,三也。"形美就是书法特有的美,包括点画和结体之美,它能直接给人以美感。

书法是一种点、线艺术,它作为形象艺术、抽象符号,是以富于变化的笔墨点划及其组合,从二度空间范围内反映事物的构造和运动规律所蕴含的美的艺术。

形体之美就是笔画之美,而这种美源于生活中的美的意象。张旭观公孙大娘舞剑而草书大进、怀素见夏云多奇峰、飞鸟山林、惊蛇入草而悟草书大进、宋雷太简卧听江涛怒涨，想其汹涌奔腾之状，起而书江声帖等等①。所以，东汉蔡邕《九势·笔论》："夫书肇于自然。自然既立，阴阳生焉；阴阳既生，形势出焉。"以为构成书法艺术美的基础是"形"与"势"，故必须将人或自然的某种形态化入字体之中，汉蔡邕著《笔论》"为书之体，须入其形，若坐若行，若飞若动，若往若来，若卧若起，若愁若喜，若虫食木叶，若利剑长戈，若强弓硬矢，若水火，若云雾，若日月。纵横有象者，方得谓之本矣。"

人们品评欣赏书体美也是以生活中常见的物像来比况的。如称点像一块石头，一捺像一把尖刀，或以金刀、漫游鱼、游鱼、三折腰等美的印象，竖像圆柱等，和钩结合的各种曲线的写法，可造成浮鹅、龙尾、凤翅、飞雁等美的印象②。唐孙过庭《书谱》曰："观夫悬针垂露之异，奔雷坠石之奇，鸿飞兽骇之姿，鸾舞蛇惊之态，绝岸颓峰之势，临危据桥之形，或重若崩云，或轻如蝉翼，导之则泉注，顿之则山安，纤纤乎如初月之出天涯，落落乎犹众星之列河汉。"晋卫恒：《四体书势》称美的隶书结构"高下连属，似崇台重宇"。这里，浮鹅、飞雁、悬针、垂露、奔雷、坠石、鸿飞、兽骇、鸾舞、蛇惊、绝岸、颓峰、蝉翼、崇台重宇等都是生活中司空见惯的自然现象。

用笔之美还要显示运动的力量和气势的动态美。汉蔡邕《大篆赞》称，大篆"或象龟文，或比龙鳞，纤体放尾，长翅短身，延颈负翼，状若凌云"、小篆"画如铁石，字若飞动"、"其势飞腾，其形端俨"③。由小篆演化而来的隶书，又有古隶、汉隶之别，改变篆书的圆转，笔画以波磔为特点、楷书减省隶书的波磔而成，隶书和楷书的上下左右挑起或拖曳的笔势，居于草、楷之间的行书、草书着重表现了动态美，草书如飘风骤雨，落花飞雪，龙蛇走、惊电闪，状同楚汉相攻战④。

字体本身要肥瘦适度、骨肉相称。康有为所说的："书若人然，须备筋骨血肉，血浓骨老，筋藏肉洁，加之姿态奇逸，可谓美矣。"⑤ 古人创造了了"永字八法"，笔画瘦劲，结构匀称而富于变化，对称、对比、韵律、秩序、和谐等，欧阳询《八法》指出，"四面停匀，八边具备，短长合度"。古人同时也指出了牛

---

① 刘纲纪：《书法美学简论》第21页。
② 《七十二例法》，参见《佩文斋书画谱》卷4。
③ 唐张怀瓘：《十体书断·小篆》。
④ 李白：《观怀素草书》，见《李太白诗集》卷7。
⑤ 康有为：《广艺舟双楫·碑评》，第18页。

头、鼠尾、蜂腰、鹤膝、竹节、棱角、折木、柴担等"八病"等书法艺术具备的形式美。字与字、行与行之间也要错落有致，顾盼有姿，也就是章法之美。

二、意美以感心

"深识书者，惟观神采，不见字形。"① 能感受到鲁迅说的"意美以感心"，"意美"就是"神采"、"意境"之美。

书法是自然精神和人的精神的双重迭合，它同时反映了人的情感。诸如以"竖画"表现力度感、"横"表现劲健感、"撇画"表现潇洒感、"捺"表现舒展、"方画"表现坚毅感、"圆"表现流媚、"点画"表现"稳重"、"钩画"表现韧性感等。线条的运动节奏，形成"势"而表现为"骨力"；墨色的淋漓挥洒，蓄积着"韵"，表现出"气"，通过骨势气韵的流动变化，又写出了作者情感的波动节律、个性的阴阳刚柔、人格的刚正斜佞、理想的追求寄托、生活的进退浮沉等精神信息。西汉的扬雄说："言，心声也；书，心画也；声画形，君子小人见矣。"② 将笔画都看作有生命的个体，后世遂衍为书法艺术的人化审美评价。几千年来，中国人所创造出的各种各样多彩多姿的书法艺术，是人们的思维、性格、气质、品德、意志、情感、理想等精神因素的物化形态，集中了数不胜数的中国古代知识分子的智慧，既反映了个人时代的遭际，也是民族性格气质的体现。

孙过庭《书谱》对王羲之写不同帖时的内心感情对书法的影响有如下描述："写《乐毅》则情多郁，书《画赞》则意涉瑰奇，《黄庭经》则怡怿虚无，《太师箴》又纵横争折。暨乎兰亭兴集，思逸神超；私门诫誓，情拘志惨。"颜真卿书"观《中兴颂》则闳伟发扬，状其功德之盛，官《家庙碑》则庄重笃实，见其承家之谨……"③ 宋人敬重颜真卿，品评时带有强烈的个人色彩，米芾评颜真卿书法作品"如项羽挂甲，樊哙排突，硬弩欲张，铁柱特立，昂然有不可犯之色。"④

三、古雅与人文之美

园林中的丛帖碑刻、匾额楹联，不仅是园林景观的绝妙点缀，它们本身就具

---

① 《渊鉴类函·巧艺部·书一》引《法书要录》。
② 《扬子法言·问神》，四库全书本。
③ 《佩文斋书画谱卷28·颜真卿》，四库全书本。
④ 《佩文斋书画谱·宋米芾续书评》

有文物鉴赏价值，具有古雅之美。

如避暑山庄"绿毯八韵碑"，雕刻精美，面南的额首上雕有祝寿图，碑趺上刻着八仙，人物情状飘逸，神态潇洒，眉眼传神，口鼻有情，颇有呼之欲应、扇之欲动之势。面北的额首上雕刻着蝙蝠，翔姿逼真；碑趺上刻的麋鹿神态自若①。园林中匾、联的名称和样式都古雅可爱。如李渔在《闲情偶记》中提到的几种式样，情韵俱佳：

"蕉叶联"，制作成蕉叶状的对联，《闲情偶寄》云："蕉叶题诗，韵事也；状蕉叶为联，其事更韵。"古有"蕉书"之韵事，据唐陆羽作《怀素传》载，唐书法家怀素，家贫无纸可书，常於故里种芭蕉万余，以供其挥洒②。

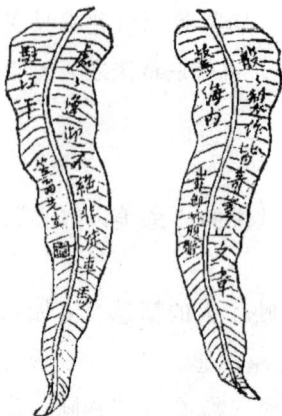

图105 蕉叶联

"秋叶匾"，制成如秋叶状的匾额。《闲情偶寄》称："御沟题红，千古佳事；取以制匾，亦觉有情。"取"红叶题诗"的典故，唐范摅《云溪友议》载："卢渥舍人应举之岁，偶临御沟，见一红叶，命

图106 秋叶匾

仆拿来，叶上乃有一绝句。置于巾箱，或呈于同志。及宣宗既省宫人，初下诏，许从百官司吏，独不许贡举人。渥后亦一任范阳，获其退宫人，睹红叶而吁嗟久之，曰：'当时偶题随流，不谓郎君收藏巾箧。'验其书迹，无不讶焉。诗曰：'流水何太急，深宫尽日闲。殷勤谢红叶，好去到人间。'""秋叶"发红，遂与男女奇缘的情事联系起来。

"此君联"，用竹片制成的楹联，用晋名士王子猷之典，《世说新语·任诞》载："尝暂寄人空宅住，便令种竹。或问：'暂住何烦尔？'王啸咏良久，直直竹曰：'何可一日无此君！'"楹联与名士风流联系在一起，故李渔说："以云乎雅，则未有雅于此者；以云乎俭，亦未有俭于此者。"③

"虚白匾"，即镂空字白而底黑的匾额，名称取的是《庄子·人间世》"虚室

---

① 参见杨天在：《避暑山庄碑文释译》，第5页。
② 参见宋黄庭坚：《戏答史应之》诗之三："更展芭蕉看学书。"任渊注引周越《法书苑》。
③ 李渔：《闲情偶寄》，第207页。

生白，吉祥止止"之意①，与虚静空明的境界联系起来，真有灵光满大千，半在小楼里的意韵。

"石光匾"也是"虚白"的一种，"用于磊石成山之地，择山石偶断外，以此续之。"②虽亦用薄板镂字而成，但因漆同山色，周围补以山石，板与山石合成一片，竟似石上留题一般。

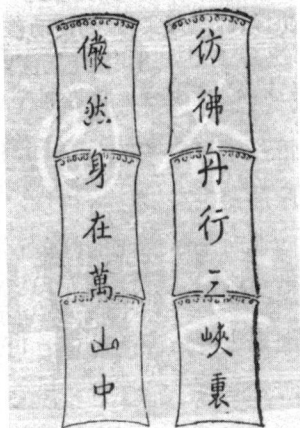

图 107　此君联

形如碑帖的三字匾名"碑文额"，或效石刻为之，白地黑字，或以木为之，地用黑漆，字填白粉。用在墙上开门处，"客之至者，未启双扉，先立漆书壁经之下，不待骞帷入室，已知为文士之庐矣。"③制成书画手卷形式的"手卷额"，白粉作地，字用石青石绿，或用炭灰代墨。如"天然图卷，绝无穿凿之痕，制度之善，庸有过于此者乎？"④册页状的"册页额"，更是如古书似图画，古雅可爱，耐人玩赏品味。

图 108　留园钱大昕书额

有些书条石和碑文的内容本身也是"石头的史书"，具有历史和人文之美。如《大秦景教流行中国碑》，碑下端和侧石，刻有叙利亚文，记述了千余年前基督教中的一派——景教由中亚传入我国的情况，是中西交通史的珍贵史料。唐代中尼合文的"陀罗尼经幢"，是我国人民和尼泊尔人民友好交往的历史见证。唐徐浩书《广智三藏碑》记载了印度僧人一生在中国的经历以及密宗传入日本的师承关系。唐《素谅妻马氏墓志》，用中文和巴科维文合刻，是当时中国人民与波斯人民友好相处的历史见证。

沧浪亭"五百名贤祠"，室内三面壁上嵌有 125 方书条石，镌刻 594 幅半身历史人物线刻石像，每幅人物肖像均注明朝代、职位及姓名，配以四句 16 字的简略赞词，以供后人景仰。他们是从春秋至清代大约 2500 年间同苏州历史有关的名人。正如清薛时雨所撰对联所说："千百年名世同堂，俎豆馨香，因果不从罗汉证；廿四史先贤合传，文章事业，英灵端自让王开。"他们是"千百年名世同堂"，是"廿四史先贤合传"。

---

① 李渔：《闲情偶寄》，第 212 页。
② 同上，第 213 页。
③ 同上，第 209 页。
④ 李渔：《闲情偶寄·居室部》，第 210 页。

四川成都武侯祠中，有一"刘备殿"，两廊偏殿有关羽、张飞以及蜀汉文武将 28 人小石碑，每一小石碑上镌刻着本人传略，具有史料价值。

清代康熙和乾隆都曾六次下江南，苏州园林里也就有他们的"御碑亭"，沧浪亭中有康熙的对联和诗歌，对联曰："膏雨足时农户喜，县花明处长官清。"康熙博学多能，善诗文，能绘画，工书法，酷爱明董其昌书法。此联是康熙皇帝南巡时书赠当时的江苏巡抚吴存礼的。出句表现了康熙重农爱民、俯察庶类的思想。康熙是清代第二代皇帝，在中国历史上属于颇有作为的君主，史学界有人把他拟之为俄国的彼得一世。政治上他励精图治，尚务实精神，重视农业，了解农时气象，经常巡视各地，察看水利灾情，访求民隐。对句典出西晋潘岳。潘岳在河阳当县令时，多植桃柳，号称花县，以表示自己的清高廉洁。康熙用此典，含有鼓励、表扬地方吏治之意。康熙十分重视倡导地方官吏清廉的风气，亲任赏罚，整肃纲纪，这一点在诗中表现得更为殷切："曾记临吴十二年，文风人杰并堪传。予怀常念穷黎困，勉尔勤箴官吏贤。"

乾隆曾六游苏州狮子林，乾隆二十二年，首次带着倪云林的图，展卷对照游览，有"假山似真山"、"疑其藏深谷"诗句。五年后，又游狮子林，见园内"一树一峰入画意，几弯几曲远尘心"，赐匾"画禅寺"。1765，乾隆三游狮子林，见石峰俯仰多姿，石洞剔透空灵，环境幽雅静穆，写下《游狮子林即景杂叹》七绝三首与七律一首，并赐"真趣"匾，意即"忘机得真趣"之谓。

林语堂在他写的《中国人》中有这样一段耐人寻味的话："通过书法，中国学者训练了自己各种美质的欣赏力，如线条上的刚劲、流畅、蕴藉、精微、迅捷、优雅、雄壮、粗犷、谨严或洒脱，形式上的和谐、匀称、对比、平衡、长短、紧密，有时甚至是懒散或参差之美。这样，书法艺术给美学欣赏提供了一整套术语，我们可以把这些术语所代表的观念看作中华民族美学观念的基础。"

下编

多维视野中的中国园林文化特质及其历史成因

在世界文明史上，古埃及、巴比伦、古希腊和中国并称为世界四大文明古国，都创造出灿烂的古代文化。

据说，距今10万至4万年之前遍布欧、亚、非三大洲的"古人"（尼安德特人），并无体质、毛发、肤色等差别，直到距今2万至4万年前的"新人"时代，才逐步分化为欧罗巴人种和蒙古人种。说明了人类自身及其文化深受所处环境的影响，这个环境包括自然生态环境、经济结构和政治生态环境等。这种人文基因层面上的根源性差异对东西方哲学思想、美学思想、思维特点和价值观等方面的影响都是根深蒂固的，也就是说，生活环境、发展模式与文化心态有着同

构关系，所谓"得江山之助者"，各民族的文化，是"自然界的结构留在民族精神上的印记"，[①] 地理环境给予人类文化的创造提供了某种特定的历史舞台，在一定程度上影响并制约了人们文化创造的发展趋向，从而塑造了各种不同的文化类型和文化特性。导源于自然崇拜的古典园林亦如此，世界各民族在驾驭地形、地貌，选择构园素材、经营山水与建筑、创造艺术意境等方面，都各有不同的文化表征，因而形成了具有鲜明民族特征的世界三大园林系统：中国、西亚伊斯兰与欧洲。中国为自然山水画意式园林，西方园林和西亚园林则都以几何式园林形态为基本特征。即使同属于中国造园系统的日本园林，也呈现出同源异质的文化特征。

本编试图用跨文化比较研究的方法，将中国的园林文化置于世界文化的大环境中，在多维的文化视野中，阐释中国园林文化的基本特质及其历史成因。

---

① 丹纳：《艺术哲学》。

第一章
文化的自然场与园林

世界三大园林体系，都植根于各自不同的生态环境构成的文化土壤之中。古希腊人把意味着深海色彩的"紫色"视为无上高贵和神圣，并把产于腓尼基的一种紫色看得特别贵重。①正如神像的光圈用精神的眼光看是天蓝色因而将蓝色看成"天堂的色彩"②一样，中国则将象征土地颜色的黄色视为神圣高贵之色。以古希腊为代表的海洋文明，偏于动态，具有流动性、冒险性、竞争性等特点，中国内陆代表的农业文明，则偏于静态，具有定居性、保守性、封闭、忍耐性等特点。尽管在人类文化史上，各民族创造的文化是相互激荡和渗透的，但文明初创伊始，由于交通工具的原始，文化的民族性和地域性特征十分明显。本章探讨中西园林风格特征形成的原生态背景，即自然经济生态与园林特征之间的文化接榫点。

第一节　自然经济生态与园林

中国具有广袤的国土、丰富的地景地貌和植物资源，成为园林得以发展的物

---

① 温克尔曼：《论希腊人的艺术》，载《世界艺术与美学》第 2 辑，文艺美术出版社 1983 年版，第 347 页。按：希腊这种紫色是从大海中的骨螺中提取出来，给贵人染衣服之用。中国道教象征超生出世的紫色，乃是指道观所在的山岭间的紫气。

② 康定斯基：《论艺术里的精神》，同上，第 81 页。

质基础和园林文化的精神源泉。

一、中国园林的天然画本

《尚书·禹贡》描写中国的版图是："东渐于海，西被于流沙，朔南暨声教，讫于四海。"上古的治水英雄大禹，曾将中国分为九州，从此，中国的版图也就称为"禹域"或"九州"。打开世界地图册，面积约960万平方公里的中国，像一只硕大无比的公鸡，雄赳赳地仁立在亚洲的东方，她不仅是亚洲第一大国，而且也是世界上面积仅次于俄罗斯和加拿大的第三大国。

中国位于欧亚大陆的东部和太平洋的西岸，西北为帕米尔高原，山路崎岖，仅有一线可通，这块巨大而高寒干旱之区，在整个古代仍是一个难以逾越的西北地理极限。西南有世界上最高的喜马拉雅山，成为中国与南亚诸国的天然分界。北方为广漠无垠的草原与沙漠，东面自黑龙江东部沿海直到东南沿海，有2万多公里的海岸。中国四周的天然屏障，形成了相对封闭的地理环境，而在大陆内部构成了体系完整的地理单元。

这一点与古代印度颇为相似，"印度的土地是一个巨大的三角形，天的底基是那崇高的兴都库什和喜马拉雅山脉，它的尖端是一个不规则的、楔形的酷热平原，向南远伸入印度洋。印度本身差不多自成一个大陆。它像中国一样，由于沙漠和高山的天然障碍，同欧洲和近东隔断。此外，它的三分之一的疆界受到海水的冲刷。"① "在西方殖民者进入亚洲以前，没有一次军事行动能够到达中国。"②

辽阔的中华大地，形成复杂的地形地貌，气候多样，为中国文化的丰富内涵和多元特点提供了有利的发展条件。我国地势西高东低，山地、丘陵和比较崎岖的高原占全国面积的三分之二。盆地和平原大约有三分之一。按高度的明显变化，我国地势自西向东构成了落差显著的三级阶梯：西部青藏高原平均海拔四千米以上，是第一阶梯；其以北以东及东南，有蒙古高原、黄土高原、云贵高原及塔里木盆地、准噶尔盆地、四川盆地等浩瀚高原与巨大盆地相间分布，海拔降到2000米~1000米以下，是第二阶梯；北起大兴安岭，中经太行山，南至巫山一线以东及云贵高原东缘以东的中国东部地区，其平均海拔低于500米。滨海地带更低于50米。如此落差显著的三大阶梯，像一把巨大无比的躺椅，西北背靠亚

① 海斯·穆恩·韦兰：《世界史》，第88~89页。
② 张岱年、方克立：《中国文化概论》，北京师范大学出版社1994年版，第27页。

欧大陆，东南面向太平洋，形成热带、亚热带、暖温带、中温带、寒温带从南向北递变的地理环境。四大高原都集中在西部，四大平原东北平原、华北平原、长江中下游平原和珠江三角洲平原都分布在东部。①

中国有丰富的山岳风景资源，是个多山的国家，山地面积占全国土地总面积的66.1%，有著名的五岳和四大佛教名山。丰富的地貌形成了多彩的景观特色：泰山之雄、黄山之奇、华山之险、峨眉之秀、青城之幽、洞庭之旷，兼而有之。喀斯特地貌带来了太湖石、石林、溶洞、钟乳石、岩丘和峰林；火山活动形成的火山地貌景观，如火山锥和熔岩流形成的台地；桂林山水、路南石林为岩溶地貌；峡谷，如长江三峡和黄河三门峡等；冰山、冰塔林等高山风景；低山风景，诸如"丹霞地形"武夷山，黄山、华山峰林状高山花岗岩地貌；神奇美丽的岩溶地貌，著名的有桂林芦笛岩、肇庆七星岩、彭泽龙宫洞、桐庐瑶琳洞、宜兴善卷洞等。

水域风景资源也十分丰富：江河风景，境内的黄河和长江像中华民族肌体上两条璀璨晶莹的大动脉，还有黑龙江、珠江、淮河、雅鲁藏布江、怒江等，以及世界上最长的京杭大运河。湖泊风景，长江中下游沿岸、青藏高原和云贵高原等地区，分布着130多个美丽的湖泊，著名的有青海湖、鄱阳湖、洞庭湖、太湖、洪泽湖等，还有城市湖泊，如杭州西湖、台湾日月潭等。瀑布风景，如贵州黄果树瀑布、云南大叠水瀑布、长白山瀑布、广西冷水瀑布、山西壶口瀑布等。泉水风景，长白山温泉、阿尔山温泉、骊山温泉、塔格加间歇喷泉等。海滨风景，包括礁岩海岛风景，如鼓浪屿、西沙群岛及砂岸海滨风景，北戴河海滨、福隆海滨等。

众多的风景名胜和奇特景观，点缀在中国大地上，给人以雄奇险秀幽旷等美的熏陶，壮丽的山河、秀美的景色，对中华民族的文化心理及审美趣味产生了深刻影响，培养了中华民族早熟的山水审美意识，成为中国自然山水园林胎生的土壤，也成为园林模山范水的无上蓝本。

二、中国园林的物质资源

中华的地形、地貌和气候形成了不同的经济类型。中国大部分地区处于中纬度，气候温和，季风气候发达，大部分地区半年雨热同季，温度和水分条件配合

---

① 参见阴法鲁、许树安主编：《中国古代文化史》，北京大学出版社1989年版，第5～8页。

良好，是农业发展的最优越的自然条件。"从秦朝开始直到清朝初年，历代最稳定的、设置行政区域的疆域范围，基本都是阴山山脉和辽河中游以南，青藏高原、横断山脉以东的中国大陆。"①

黄河中下游地区以种植粟稷为主，长江中下游地区则以稻作为主。以定居的男耕女织的小农经济构成主体，养育出礼制法规齐备、温文尔雅的农耕文化，在中国占主导地位的传统文化就形成于这样一个辽阔的文化区域。历史上随着文化中心的南迁②和江南土地资源的开发，江南以稻作农业文化为主体的经济迅速超过了北方。自唐代开始，北方生活来源就要依靠南方接济。南方气候温和，雨水充裕，山河秀丽，水路交通便利，园林文化伴随着高度发展的农业、商业、丝绸、陶瓷、茶渔盐等文化，迅速发展起来。

处在亚热带山地的南中国民族，如苗、黎、彝、高山等民族，他们的游耕方式与中原定居的农耕方式不同，长期处于刀耕火种的落后状态，尽管迁徙不定，但基本在南方山地游移。与中原的农耕文化没有产生过激烈的生存冲突。干寒的西北高原和草原地区，则以游牧为主，繁衍着无城郭、无礼仪善骑战的骠悍的游牧民族。自先秦时代起，农耕文化与游牧文化之间就发生无数次的冲突与融合，长城是中华文化圈内农耕与游牧这两大部类文明形态的分界线，是农耕人护卫先进农耕文明，使其不致在游牧人无止境的袭击中归于毁灭的防线。③ 但农业区与游牧区及农牧民族发展常分野清楚而又天然地互相依赖，互相补充。农耕文化虽然与游牧文化长期对垒，历史上游牧民族也以武力入主过中原，但在文化上无一不成为农业文化的俘虏，粗犷强悍的游牧文化，成为中原稳健儒雅的农耕文化的"补强剂"，④ 这和欧洲农牧结合的特点形成了鲜明的对照。

辽阔的版图和复杂的地形地貌，蕴藏着丰富的矿产资源，1949 年以来，已经发现的矿产 162 种，是世界上矿产品种齐全、配套较高的国家之一。目前已经探明储量的矿产有 148 种，其中有 45 种主要矿产储量的潜在价值较高，位居世界第三位。在人口不多的古代中国，完全可以说，中国是个资源大国。⑤

---

① 张岱年、方克立：《中国文化概论》，北京师范大学出版社 1994 年版，第 27 页。

② 按：中华汉文化由北向南有过三次大的迁移：一是永嘉之乱和晋室南迁，中原人士大规模南迁，唐代安史之乱和宋室南迁。

③ 张岱年、方克立：《中国文化概论》，第 115 页。

④ 张岱年、方克立：《中国文化概论》，第 35 页。

⑤ 参见唐得阳主编：《中国文化的源流》，山东人民出版社 1993 年版，第 71～77 页。

植物是园林四大物质构成之一，而丰富的地质地貌和复杂的自然条件，使中国成为世界上植物最为丰富的国家之一，仅次于马来西亚和巴西。高等植物有32000余种，其中，木本植物有8000多种，乔木占2800多种，而北美洲仅有600多种，欧洲有250种。我国特有的植物有196属，约占我国植物的6.8%。而且，植物中多单型属或少型属，两者共约1135属。植物中，奇花名木多。如杜鹃花在全世界约有800种，其中有650种生长在中国。全世界共有竹类135个属、1500余种，中国就有39个属类、500余种，占世界三分之一。

中国动物资源也十分丰富，陆栖脊锥动物近2000种，其中爬行类420余种，鸟类1186种，约占世界鸟类的13.5%，兽类400多种，特别是保存着大量的古老珍奇原种和残遗种动物，著名的如大熊猫、金丝猴、东北虎、梅花鹿、丹顶鹤、鸳鸯等。这些动物既有经济价值，又具观赏价值，珍稀

图109 承德木兰围场

动物观赏价值尤高。中国园林自滥觞时期的园囿开始，对动物的观赏和象征性的狩猎活动，就成为游园的重要内容，清代的承德山庄旁边还专辟了木兰围场。动物还作为原始图腾信仰和古代吉祥的象征，广泛地成为园林建筑雕刻图案的主题。

三、一体多元的中华园林

中国是世界上人口最多的多民族国家，有汉族、蒙古、回、藏、维吾尔、苗、彝、壮、布依、朝鲜、满、侗、瑶等56个民族，其中，汉族人口占全国94%，中华民族是由多源汇聚复合而成的民族共同体。

中国文化具有一体多元的特点，中国拥有北方的草原游牧文化、南方山地游耕文化和中原定居的农业文化三个文化类型。

中国长江以南的江、浙、闽、粤沿海地区及台湾、海南、香港等地区海洋化文化的特征比较明显，长江三角洲地区是海洋文化加大陆文化这两大文化圈的结合部和近代中西文化交流的前哨，深受中原内地大陆文化的影响。中华文化实质上是一种以旧式农业文化为主体，包含一定的游牧文化和海洋文化的混合体。复杂的地形、土壤气候和水文环境，构成了千姿百态的区域特色，并在各区域社会

结构和历史条件的作用下，形成大同小异的文化面貌。① 所以，在中华大地上，出现了具有山水园林共同特征但有鲜明区域性特点的园林样式。而且从滥觞时期的皇家园囿开始，始终停留的山水园林的状态，没有发展出像日本的茶亭和枯山水的样式。中国的园林文化是一体多元的。区别于园林样式基本没有差别的多源一体的日本园林。

以黄河流域为核心地带的北方农业区，形成雄壮的北方园林特色，以北京和承德的皇家园林为代表。

带有海滨文化特色的江南农业区，孕育出秀丽的江南园林，以苏州园林为代表，有山麓园、滨湖园、山地园、城市山林，以宅园居多。同为江南园林，徽州园林特别讲究将远山近水、村舍田野借入园内，与园内的住宅、溪流、亭榭交融为一，获得天然之趣。扬州处于江淮之间，园林大多出于徽商之手，建筑厚重，雕饰繁复，风格兼有南方之秀和北方之雄，注重园林与四周环境的关系，环境自然山水化。如个园假山兼南北派叠法：一部分用黄石叠成，山腹有曲折磴道，盘旋到顶，是为北派石法；一部分用太湖石叠成，流泉倒影，逶迤一角，是为南派石法。两种石法，象征着山水画的南北宗，统一于一园之内。又如竹园，楼阁仿颐和园建筑风格，园内回廊、漏窗、池泽、假山则体现了苏州私家园林的手法。瘦西湖边的白塔和湖上的五亭桥，刻意模仿北海而小。扬州园林由于大多出于商人之手，会馆园林中筑有众多的歌楼、戏台，较多世俗情韵。

闽台、岭南②层峦叠翠，又濒临沧海，大致都是先进的中原文化逐渐取代土著越族文化，但还保留了越族文化中的某些成分，糅合进海洋文化的特色。③ 园林作为这一文化的载体，既没有北方皇家园林的常规祖制，也不具备江南文人园林的严谨章法，园景构图根据生活内容的需要适当处置，随机应变，各种设施求实重效，顺从人意。匠师们吸收融合了北方的、江南的、外国的园林艺术，挥洒自如，不拘一格。

新疆和内蒙古是比较单一的游牧文化区域，东北和宁夏为半农半牧文化区；青藏高原边缘、云贵高原，是历史上农业文化和游牧文化冲突交汇的避风港，在高山峻岭、幽深缅冥中保留了古老文化的原态，这些地区主要有一些具有宗教色

---

① 方宝璋：《略论中华区域文化》，见《文史知识》1996 年第 2 期，第 16 页。
② 按：岭南是我国南方五岭（大庾岭、骑田岭、都庞岭、萌诸岭和越城岭）以南地区的概称。
③ 同①，第 17 页。

彩的寺庙道观园林。宗教色彩的园林，也有寺庙园林、道观园林、伊斯兰园林之别。虽然其布局原则均渊源于中国的传统建筑，但也有些差别。如元代全真教纯阳宫，"殿阁巍巍，按天上之九星而罗列；道院森森，照地下之八卦而排成"。[①]喇嘛庙的平面布局也有四种，组群布局分匀称与不匀称两类，平面布局分为方形与圆形两种。主体建筑居中，附属建筑或呈十字展开，或居四角，以合佛教五方四天之说，如西藏拉萨的布达拉宫。

伊斯兰园林建在中国西北部的新疆等地，由于独特的自然条件、风土人情和宗教文化的影响，风格独具一格。建在被沙漠包围的绿洲，建筑多砖土拱顶，外以木柱构成连拱廊檐，装饰有彩画或木雕，广置果木，多选择抗旱、耐寒、耐盐碱树种。中原传统文化与西亚园林相渗透，形成花果式之艺术风格，如喀什艾提尕尔之大清真寺庭园，有 10 亩左右大，以方砖铺地，院中一池碧水，清澈见底，四周有参天白杨，苍劲的松柏，整个庭园充满了"绿洲"情结。其他著名的伊斯兰园林还有新疆的莎车和卓园等。

第二节　西亚和西方园林产生的自然场

西亚和西方园林的起源，都可以上溯到古埃及。而古希腊又为西方文明的母体。

一、荒漠与"绿洲"情结

古代埃及的居民自始至终属于单一的民族，它东临红海，西界利比亚，南按努比亚（今苏丹），北濒地中海。地跨亚、非两洲，大部分位于有"热带大陆"之称的非洲东北部，只有苏伊士运河以东的西奈半岛位于亚洲西南角。为亚、非、欧三洲交通要冲。

尼罗河进入国境后，经过开罗至杜姆亚特注入地中海，在埃及境内的一段长1200 公里，两岸从南到北形成宽约三至十六公里的狭长河谷，如绿色的丝带在开罗以北形成巨大的三角洲，其面积约为 24000 平方公里。河网密布，沼泽穿插其间。西部为利比亚沙漠区，东部为沙漠区，苏伊士峡区，是一条南北走向的洼

---

① 明《纯阳万寿永乐宫重修墙垣碑记》，参见《文物参考资料》1954 年第 11 期。

地。西奈半岛区，面积约六万平方公里。地中海沿岸地区属于亚热带地中海式气候，年平均降水量五十到二百毫米；其他广大地区属于热带沙漠气候，年平均降水量不足三十毫米。每年四、五月间有来自撒哈拉沙漠干热的"五旬风"危害。埃及的沙漠占全国面积的 90% 以上。惟有尼罗河流域像一条细细的绿色缎带，尼罗河是埃及的生命之源，集中了古埃及 95% 以上的人口，西方人称埃及是"尼罗河的赠礼"，古代埃及人更视尼罗河为母亲。

尼罗河发源于埃及以南非洲内陆赤道一带，全长约 6048 公里，与亚洲的长江、南美的亚马孙河和北美的密西西比河并称为世界最长的江河。尼罗河不仅为炎热干旱、雨量极少、近似沙漠的埃及带来一条水流充沛的大河及其河谷绿洲，尼罗河泛滥时，河水升到二十五或三十英尺的高度，淹没了两岸的平地，水退之后，淤积了一薄层黑色的淤泥，它大致来自赤道密林的肥沃腐殖土，恰恰为河谷耕地施了理想的天然肥料。因此，古代埃及人称他们的国土为"黑土"。尼罗河流域和幼发拉底河流域，都有古代世界谷仓之称。[①] 在很长的一段时间里，埃及只是一条长而青绿的、肥沃的、十到三十英里宽的河滩地带，夹在黄色石灰岩和沙漠之间。对于沙漠居民来说，在一片炎热荒漠的环境里有水和遮荫树木的"绿洲"乃是最可珍贵的地方，"绿洲"是古埃及人最理想的生存空间，所以，古埃及人具有与生俱来的"绿洲情结"。因此，古埃及人的园林即以"绿洲"作为摹拟的对象。

公元前 525 年，埃及被波斯人征服，结束了埃及本土人的统治。公元前 30 年以后，埃及成为罗马帝国的一部分。

古代西亚位于底格里斯河和幼发拉底河两条并行的河流之间，两河皆发源于小亚东部山区，北部山地高原与南部阿拉伯半岛之间为幼发拉底河和底格里斯河所冲积而成的美索不达米亚平原，希腊文美索不达米亚意即两河之间。这两条河流与古代文明发生的关系，和尼罗河之于埃及有点相似，但也有其特点。尼罗河源远流长，上游有大湖调节，每年河水涨落比较稳定而且准时；但是底格里斯河和幼发拉底河则是流程较短的中等河流，泛滥的水量随上游山区雨雪量的大小而变化，时间虽然在三至七月的范围内，具体日期却很不稳定，而且由于是两条河，彼此常有先后交错之差，增加了泛期的不稳定，如果同时发生洪水，南部低地便会成为一片泽国，水利又变成水害。

---

① 海斯・穆恩・韦兰：《世界史》，1974 年版，上册第 46 页。

西亚高原广布，北部多山脉，南部沙漠面积广大。地中海、黑海沿岸地区和西部山地属地中海式气候，东部和内陆高原属亚热带草原、沙漠气候，阿拉伯半岛的大部分地区属于热带沙漠气候，气候干燥，雨量稀少，农业生产主要依靠河水灌溉。

公元604年左右，阿拉伯人进入埃及，建立了阿拉伯国家，至9世纪中叶，埃及人的阿拉伯化过程大体完成。居民92%为阿拉伯人，全国94%的人口集中在尼罗河两岸、苏伊士地峡区和沙漠中的少数绿洲上。

公元7世纪，阿拉伯人征服了东起印度河西到伊比利亚半岛的广大地域，建立了一个横跨亚、非、欧三大洲的伊斯兰大帝国。尽管后来分裂为许多小国，但由于伊斯兰教教义的约束，在这个广大的地区内仍然保持着伊斯兰文化的共同特点。阿拉伯人早先原是沙漠上的游牧民族，祖先逐水草而居的帐幕生涯对"绿"和水的特殊感情在园林艺术上有着深刻的反映；另一方面又受到古埃及的影响从而形成了阿拉伯园林的独特风格：以水池或水渠为中心，水经常处于漫漫流动的状态，发出轻微悦耳的声音。建筑物大半通透开敞，园林景观具有一种深邃幽谧的气氛。

公元14世纪是伊斯兰园林的极盛时期。此后，在东方演变为印度莫卧儿园林的两种形式：一种是以水渠、草地、树林、花坛和花池为主体而成对称均齐的布置，建筑居于次要地位。

另一种则突出建筑的形象，中央为殿堂、围墙的四角有角楼，所有的水池、水渠、花木和道路均按几何对称的关系来安排。著名的泰姬陵（Taj Mahal）即属后者的代表作。

图110　泰姬陵①

欧洲西南端的伊比利亚半岛上的几个伊斯兰王国直到15世纪才被西班牙的天主教政权统一。由于地理环境和长期的安定局面，园林艺术得以持续地发展。伊斯兰传统并吸收罗马的若干特点而融冶于一炉。格拉纳达（Clanada）的阿尔罕伯拉宫（Alhambra）即为典型的例子。这座由许多院落组合成的宫苑位于地势

①　Lndia. Perspectives, 1997，第34页。

中·国·园·林·文·化

险峻的山上，建筑物除居住用房外大部分都是开敞的，室内与室外、庭院与庭院之间都能彼此通透。透过一重重的游廊、门廊和马蹄形券洞甚至可以看到苑外的群峰。再加上穿插萦流的水渠和水池，整座宫苑充满了"绿洲"的情调。宫内园林以庭园为主，采取罗马宅园四合庭院（Patio）的形式，其中最精采的是柘榴院（Court of Myrtles）和狮子院（Court of Lions）。柘榴院的中庭纵贯一个长方形水池，两旁是修剪得很整齐的柘榴树篱。水池中摇拽着马蹄形券廊的倒影，显示一派安谧、亲切的气氛。方整凝静的水面与暗绿色的树篱对比着精致繁密、色彩明亮的建筑雕饰，又予人一种生气活泼的感受。狮子院四周均为马蹄形券廊，纵横两条水渠贯穿庭院，水渠的交汇处即庭园的中央有一个喷泉，这种理水手法给予后来的法国园林以一定程度的启示。

二、古希腊文明之光

古希腊地理范围包括希腊半岛、爱琴海中的岛屿和小亚西亚半岛的西部沿海地区以及爱奥尼亚群岛。古希腊多山，气候干燥温热，土地贫瘠，粮食匮乏，主要种植的是橄榄树和葡萄。生存条件极差。但是，古希腊三面临海，海岸线长达12500多公里，沿海有无数港湾，良港甚多，便于航行。希腊人很早就从东面海岸往东北移民，远离海洋，进行商业活动，并最先进入爱琴海诸岛和小亚西亚沿岸，从事海外贸易成为古希腊的传统。

希腊人是过去的继承者，同时也是很好的遗产管理者。[1] 希腊人从文明程度很高的邻人如克里特人、腓尼基人、埃及人和亚述人那里借用手艺和技巧。

雅典是古希腊城邦国家中最突出的一个，它像一只瘦骨嶙峋的手，弯曲的手指伸进地中海，在公元前2000年的时候抓住了文明与文化的最初源头。公元前500年，以雅典城邦为代表的完善的自由民民主政治带来了文化、科学、艺术的空前繁荣，园林的建设也很兴盛。古希腊园林大体上分为源于体育竞赛场的公共游豫园林、柱廊式园林和寺庙园林三类。

公共游豫园林为了遮荫而种植了大片树丛，后来逐渐开辟为林荫道，为了灌溉而引来的水渠逐渐形成装饰性的水景。到处陈列着体育竞赛优胜者的大理石雕像，是人们观看体育活动、散步、闲谈和游览之处，也是政治家发表演说、哲学家进行辩论之地。有厅堂、音乐演奏台以及其他公共活动的设施，随着古希腊民

---

[1] 海斯·穆恩·韦兰:《世界史》，第105页。

主政体的衰亡而逐渐消失。

柱廊式园林是城市宅园，四周以柱廊围绕成庭院，庭院中散置水池和花木。寺庙园林即以神庙为主体的园林风景区。

罗马继承古希腊的传统而着重发展了别墅园和宅园这两类。别墅园修建在郊外和城内的丘陵地带，包括居住房屋、水渠、水池、草地和树林。当时的一位官员和著作家勃林尼（Pliny）对此曾有过生动的描写："别墅园林之所以怡人心神，在于那些满爬长春藤的柱廊和人工栽植的树丛；晶莹的水渠两岸缀以花坛，上下交相辉映，确实美不胜收。还有柔媚的林荫道、敞露在阳光下的洁池、华丽的客厅、精致的餐室和卧室……这些都为人们在中午和晚上提供了愉快安谧的休憩场所。"

庞贝（Pompei）古城内保存着的许多宅园遗址，一般均为四合庭院（Patio）的形式，一面是正厅，其余三面环以游廊。在游廊的墙壁上画上树木、喷泉、花鸟以及远景等的壁画，造成一种扩大庭园空间的幻觉。

三、欧洲中世纪园林

欧洲是亚欧大陆伸入大西洋中的一个大半岛。北临北冰洋，西濒大西洋，南滨大西洋的属海地中海和黑海。大陆东至极地乌拉尔山脉，南至马罗基角，西至罗卡角，北至诺尔辰角。大陆海岸线长 37900 公里，是世界上海岸线最曲折复杂的一个洲，切割最为厉害。多半岛、岛屿、港湾和深入大陆的内海。南欧和北欧的冰岛多火山，地震频繁。

地中海东部沿岸地区是西方文明的摇篮，古希腊是欧洲古代文明的发源地。海斯·穆恩·韦兰这样说："我们在许多方面受惠于希腊人是很容易认识的。在艺术和文学方面，我们的思想和理想大部分是希腊的。我们的字母是稍稍变更了的希腊字母，我们的许多词语，例如民主政治和心理学，都是希腊的词语。我们所学习的几何定理是希腊学者们推演出来的。诗歌、哲学和戏剧，有赖于希腊的都很多；甚至在我们的体育运动里，如'马拉松'和'奥林匹克'的竞赛，也使我们回想到令人惊叹的古代希腊。"①

公元 5 世纪从罗马帝国崩溃直到 16 世纪的欧洲，史称"中世纪"。整个欧洲都处于封建割据的自然经济状态，正如恩格斯所说的"中世纪是从野蛮的状态中

① 海斯·穆恩·韦兰：《世界史》，第 113 页。

图 111　意大利比萨大教堂和斜塔

发展起来的，它彻底消灭了古代的文化……中世纪从灭亡了的古代世界承受下来的惟一东西是基督教和若干半已荒废、且已失掉它的一切过去文明的城市"。当时，除了城堡园林和寺院园林之外，园林建设几乎停滞。

寺庙园林依附于基督教教堂或修道院的一侧，包括果树园、菜畦、养鱼池和水渠、花坛和药圃，布局随宜并无一定章法。造园的主要目的在于生产果蔬副食和药材，观赏的意义尚属其次。中世纪的教堂主要应用了罗马式和哥特式两种建筑形式。罗马式教堂通常建成十字架的形式，有一座长的中殿，两间短的耳堂以及一间半圆形的后殿。屋顶、门道和小窗均冠以圆弧形的拱环。最著名的是始建于 1063 年、完成于 1118 年的比萨的大教堂及斜塔。塔是作为一个洗礼场而建立的，因为地基不固而向一边下沉。哥特式教堂建筑 12 世纪起源于法国，不久风靡欧洲。哥特建筑保持并着重于十字形的建筑平面，但以尖顶代替圆拱，使用尖的和斜脊的屋顶代替圆顶，它的新奇特点是"拱柱"。

城堡园林由深沟高墙包围着，园内建置藤萝架、花架和凉亭，沿城墙设坐凳。有的在园的中央堆叠一座土山，叫做庭山，上建亭阁之类以便于观览城堡外面的田野景色。

第三节　文化的原创与"自足"

在世界四大文明古国中，中国是惟一没有发生文化断层的国家，英国人罗素说，中国是世界上"一个惟一幸存至今的文明"实体，"孔子以来，埃及、巴比伦、波斯、马其顿，包括罗马的帝国，都消亡了，但是中国以持续的进化生存下来了。它受到了外国的影响——最先是佛教，现在是西方的科学。但是佛教没有把中国人变成印度人，西方科学也不会将中国人变成欧洲人。"① 中华文化具有明晰的发轫、传承、分衍、聚合、升华过程。

一、文化的原创性

"自17世纪欧洲开始对中国有所了解时起，即有人认为中国人与中国文化来自埃及，以后又相继有人认为来自西亚、中亚、南亚或东南亚。于是有所谓'西来说'、'南来说'，还有认为来自西伯利亚、蒙古等'北来说'，一言以蔽之，皆可归入'外来说'。除了'外来说'以外，当然也有外国学者认为中华文化是起源于中华大地的土著文化。"②

而中国考古学和古人类学研究最重要的成就之一，就是发现古人类遗骸地点集中于黄河中下游和长江中游，证明了中华民族的最早祖先是来自远古洪荒时代繁衍生息于中华大地的人类。中华文化是土生土长的自发的文化。③

中国远离世界其他文明中心，浩瀚的海洋、险峻的高原、茫茫的沙漠和戈壁，使中华文明在地理环境上与外部世界形成相对隔绝的状态，使得中华先人长期以来独立发展，养成了中华民族自力更生、奋斗不息、开拓创新等优良传统。

植根于礼仪、道德、伦常的中国，具有独立于世的历史文化传统和良风美俗，诸如完备的政治制度、发达的科学技术、灿烂的文学艺术。美国人海斯、穆恩、韦兰著文说："很多世纪以来，中国就是一个相当坚固和稳定的帝国；虽然那个帝国包括了不同种族和宗教，并且被外来的侵略和内战所干扰，但它却是统一的，被一种浸透到各部分的共同文化团结在一起。"④ 从秦开始，中国就是世界上第一大国，作为主体民族的汉民族，早就是世界第一大民族。直至清中叶的中国，其中华文明之光，犹日耀九天，辐射到周边国家，形成了"儒学文化圈"，丝绸之路还直通到了雅典和罗马。

---

① 罗素：《中国问题》，转引自《文史知识》2001年6期，第1页。
② 阴法鲁、许树安：《中国古代文化史》，第8～9页。
③ 按：当代李辉·宋金峰·金力等又从解读人类谱系的基因角度，论证了人类起源于非洲，但他们认为，从发现人类化石最早的440万年前起，人类谱系的演化经历了一个相当曲折多元化的过程。约10万年前，才进化到今天的现代人类。东亚地区在地质史上是很特殊的，据认为冰川期气候在中国南方仍能适应大型捕乳动物生存繁衍，而中国古人类化石有连续性特征。很难否认会有少数10万年之前的中国（原住民，即早期智人）与后来出于非洲经由东亚进入中国的新移民，即晚期智人共同构成了现代中国人的祖先。
④ 海斯、穆恩、韦兰：《世界史》中，第638页。

中华国土辽阔，资源丰富，境内应有尽有，无须依赖外力，为民族生存、发展与创造，提供了足以回旋和施展的广阔空间，为中华文化的创造提供了宽阔的活动舞台。中国文化创造无需借助他人的土地，这是造成中国文化亘古独立、长生不灭的根本原因。历史的连续性、恒稳性，造就了中华民族文化的认祖归宗性，而强大和富足，又使中国自古以来形成了一种相对保守的自足的文化心理，缺乏外向交流的动力，容易形成万事不求人的自我封闭心态。中国园林的封闭内向、多功能的特色，形象地反映了自给自足和闭关自守的中华文化的内向特色。

二、路漫漫其修远兮

中华民族在漫长的历史进程中创造了灿烂的中华文明，包括物质文明和精神文明，作为高级文明象征的园林体系，是在漫长的历史进程中自我完善的，发展极为缓慢，真是"路漫漫其修远兮"！从殷周时期的囿圃开始算起，已经有三千多年漫长的历史了。

从对神仙境域的想像性模仿的"秦汉模式"，到南北朝自然山水园林对大自然山水的"模山范水"，"宛若自然"成为品评园林的重要美学标准，这是中国园林发展的第一次质的飞跃。

隋唐园林开始将诗画与园林景观创造结合起来，抒情写意成为园林创作的基本艺术观念，特别是中晚唐开始，园林规模越来越小，融进园林的思想内涵却越来越丰富，主题园林萌芽，直到宋代主题园的确立，园林成为容纳士大夫荣辱、理想和审美感情的诗画艺术载体，完成了园林发展史上的第二次飞跃。

明清时期，随着园林艺术理论的发展，确立了"虽由人作，宛自天开"的艺术创作原则，园林的文化艺术体系高度完善，宅园式的中国古典园林成为中国园林的大宗，完成了中国园林创作的最后飞跃。

中国古典园林的发展史，反映了中华民族艺术创作思想的逐步成熟，对理想生活环境的探索和创造的完善。中国古典园林中，展示了中华先人最理想的几种景观模式：仙景和神域景观，包括山水结合的蓬莱仙景、昆仑山仙景和闭合式的壶天模式；面水背山的风水佳穴模式；四面围合的须弥山模式等。① 桃花源理想模式和四面围廊等建筑模式都是以上理想景观的具体化。

与中国古典园林不同的是，西方园林在各个不同的历史时期形式、风格迥

---

① 俞孔坚：《景观：文化、生态与感知》，科学出版社1998年版，第76页。

然不同，古希腊的"柱廊园林"、古罗马的"山庄园林"、中世纪的"教会园林"或"城堡园林"、文艺复兴时期的"意大利台地园"等，此起彼落、更迭变化，呈现出各个地区不同形式、风格的互相影响、融合变异。

三、蓬壶开日月

清乾隆皇帝在中南海怀仁堂写有一条对联："松栋焕云霞，瑞图丽景；蓬壶开日月，仁境长年。"松树可以焕云霞，园内壶中天地也能够"开日月"，人在其间，感到无限的惬意和酣足。袁枚的随园，拥有"云山、金石，图书"（袁止水撰随园对联出句）三绝，便以著述吟咏自娱。形象地反映了从帝王到士大夫自我满足的心理。

中华民族作为泱泱大国，在创造灿烂的物质文明和精神文明的同时，产生了文化的优越感，基于文化的优越感滋生出文化中心主义，这种意识早在殷商文化中就已滥觞。殷商卜辞中常称"商"为"中商"，并与四方并举，这是殷人自以为处在世界的中心。日本汉学家山田庆儿指出，殷的京城是以城墙四边围着的，这表明了一种自为中心的内空间意识，"国"这个字，就是用武器守卫城墙中都市的象形（见图）。在那里，进行教化的中华和作为被教化的东夷、南蛮、北狄、西戎，这种古典观念的萌芽已经隐约可见了。[1]

"中国"者，居天下之"中"也，它既是一种地理学的中心意识，更是一种文化学的中心意识，是来自神话幻觉的产物，也反映了一种封闭型的文化心态。

虽然中华大地四限以外自秦汉以来已有所了解，但是，中华民族基本上仍表现为，在传统的四海范围内的多民族内向凝聚。[2]

传统儒学自古以来就有强烈的"夷夏有别"的观念。孔子认为，"夷狄之有君，不如诸夏之亡也"，[3] 落后的夷狄国家虽有君主，还赶不上中国的没有君主

图 112 国字

---

① 山田庆儿：《空间、分类、范畴》，见《日本学者论中国哲学史》，中华书局 1986 年版。
② 阴法鲁、许树安主编：《中国古代文化史》，北大出版社 1989 年版，第 6 页。
③ 《论语》第 3《八佾》。

哩。桓文等春秋五霸时代，奉行的是"尊王攘夷"政策，对夷狄大肆挞伐。孔子肯定管仲九合诸侯、一统天下的功劳后说："微管仲，吾其被发左衽矣。"① 意思是说，假若没有管仲，我们都会披散着头发，衣襟向左边开，沦为夷狄了。又《论语·子罕》曰："子欲居九夷，或曰陋如之何?"孔子想搬到九夷去住，用礼乐教化那里的百姓。

中国统治者长期以来以中国、神州自居，称邻国为"外夷"②，采取闭国政策，明清两代的统治者，都曾徒劳地禁止过对外贸易，并且封闭海岸以杜绝沿海的海盗活动和异邦政治制度的侵入。明代一度实行海禁，"制止了欧洲商人和传教士的活动。一直到16世纪，西欧才重新和中国接触……1517年，一个葡萄牙使节到了广州，但是被关进监狱。清代统治者始终都以"天朝上国"的雄姿，俯视着"四夷"。乾隆向英国政府派到中国的第一个使团头领马戛尔尼清楚而轻蔑地说："天朝物产丰盈，无所不有，原不借外夷货物，以通有无。"并说："朕不认为外来的或精巧的物品有任何价值，尔等国家制造的东西对朕没有任何用益。"③ 并坚决要求使节离开。使团人员之一的安德森写的《马戛尔尼游记》中，曾经沮丧地写道："我们如同乞丐一般地进入北京，如同囚犯一般地居住在那里，如同贼寇一般地离开那里。"④

中国的商人、帆船来往于东亚沿海已近2000年了，海上中国在欧洲殖民势力到来之前就已经存在，据当今一些欧美学者的考察，墨西哥有不少中国古代风格的墓碑、石器、壁画、建筑、文字、铜器、纹饰以及风俗习惯。认为中国上古时代就有一批中国人航海越过太平洋到达美洲，美洲委内瑞拉学者维西弗兰卡说：美洲前奥尔梅克文化，是公元前1400年左右的商朝一批移民从黄河流域东徙，渡过太平洋在中美洲登陆后，将高度发达的文化在美洲传播的结果。⑤ "中国人在航海和海上贸易的能力如此之强，以致14世纪初，明朝派出七艘大探险船去印度并跨越印度洋到达阿拉伯和非洲时，比因成功绕过好望角而开创欧洲航海新纪元的第一批欧洲人早了几乎一个世纪。如果中国愿意，可以早在欧洲人之前就把整个东南亚变成殖民地。中国并未这样做，因为海外殖民地对统治大陆中

---

① 《论语》第14《宪问》。
② 参见《元史》卷208《外夷传》。
③ 《清高宗实录》卷1435乾隆五十八年八月己卯敕谕英吉利国王。
④ 雅克·布罗斯：《发现中国》，山东画报出版社2002第版，第94页。
⑤ 《海的文明》，第50～51页。

国的官僚们没有吸引力。中国北方的政府对海上贸易不感兴趣，他们全神贯注于对付来自亚洲中部蒙古人的威胁。"①

明代，郑和七次下西洋，直达亚丁和索马里海岸，② 然而此举并未导致中华民族向海洋发展，也没有引起永久国际反响，因为"这次下西洋并非什么民族传统或民族本能的一部分"③，中国海洋文明的基调是以渔盐之利为主，而并非以海外贸易、殖民利益获得为主。中国海洋文明的"非贸易性"，当然与欧洲殖民者的海盗式贪婪迥然不同。

1971 年《纽约时报》的记者詹姆斯·罗斯顿在上海写道"中国人对生活的态度和追求使人们想知道，为什么华盛顿如此担心中国是

图 113　太仓浏河的郑和塑像

一个侵略性和扩张性的国家。他们比地球上其他民族更注重内部事物……在我们试图'包围'中国以前，他们就国门紧锁，自我满足。他们有足够的土地、资源和人口"。④

尽管中国拥有从渤海、东海到南海的漫长的海岸线，以及包括台湾、西沙和南沙群岛在内的众多海岛和辽阔的海域，也曾在《山海经》中大发海外奇思妙想，悬想过海外大荒的远国异民，《庄子·秋水》篇中出现了对海洋意识的赞歌⑤，秦始皇派燕国卢生到海中找仙人"羡门"和"高誓"，派徐福带五百童男女去海上求仙，文学作品中也不乏观海、望海、览海、赋海之佳篇，但是，大海基本上只是理想化、诗意化了的对象，中国园林中的海中三神山，因为具有象征仙境的吉祥涵义和极佳的山水组景效果，获得了很强的生命力，成为中国园林构景不朽的主题。三神山处在"海"中，琼华岛处在"北海"，"瀛台"在中南海，圆明园"蓬岛瑶台"处"福海"等，一般的私家园林中也有表现海中神山，如

①　《海的文明》，第 175 页。
②　按：照片为苏州太仓浏河郑和下西洋纪念馆中的郑和塑像。
③　弗朗西斯·约斯特：《比较文学导论》，湖南文艺出版社 1988 年版，第 142 页。
④　费正清：《观察中国》，世界知识出版社 2001 年版，第 92 页。
⑤　周中明：《公元前国人的海洋意识》，《文史知识》2000 年第 2 期。

留园中部水中的"小蓬莱"、拙政园中部三岛所处水面、常州迎园"小瀛洲"、扬州"小方壶园"所处水域，只是都不以海名。即使有表现"海"情结的则一般具有特殊背景，表现的旨意也已不在海，而重在表现其"志"。如苏州狮子林有一"飞瀑亭"，旁建人造瀑布，据亭中屏刻《飞瀑亭记》记载，主人因久客海上，听到这昼夜不停的瀑布之声，如闻涛声，寄寓着不忘航海景象、居安思危之意。恭王府的"福海"不过是"福如东海"的喻体。

真正的大海，对国人来说显得神秘、阴晦甚至感到恐怖。所以，中国园林中的水体，表现最多的还是湖泊状，如水塘、渊潭、濠濮、曲水等，表达归隐江湖之情和濠梁观鱼、濮水钓鱼之趣，与日本园林中深深的"崇海"情结不同。四面环海的日本，对大海的感情是热爱与敬畏并存。仿造海景一直是日本园林的主题之一。《作庭记》在"立石手法"一节列举了"大海式"的置、掇石方法，特别强调了"应该在所见之处铺造沙洲和白砂浜，种植松树等"。在"述各种岛形"一节，要求所有的岛屿造型均需要配以白砂浜，白砂浜成为表现海景的基本要素。滴水全无的枯山水园林，直接用白砂象征茫茫大海，散点的山石，便成了汪洋大海中的岛屿，并在白砂地上用竹枝划出了表示水波的图案。

图 114　日本龙安寺石庭

背着历史悠久、文化发达的中国士人，对外来文化采取抗阻态度，这就是鲁迅所说的，可怜外国事物，一到中国便如落在黑色染缸里似的，无不失了颜色。

外来文化要在中国落脚，非得持有中国文化的"护照"不可。中国佛教园林是个典型例证。

两汉之际，佛教通过西域传入中国内地之初，人们只是将其看作流行的神仙方术，把佛陀比附于黄老。汉代禁止汉人出家，慧皎《高僧传·佛图澄传》云：

"往汉明感梦，初传其道，唯听西域人得立寺都邑以奉其神，其汉人皆不得出家。"即使是入主中原的中华游牧民族，也同样皈依汉文化，如辽代，耶律楚材《怀古·百韵》称："辽家遵汉制，孔教祖宣尼。"辽太祖阿保机称帝后，以"佛非中国教！"否定了先礼佛教，而建孔子庙，诏皇太子春秋宣祭。忽必烈即位诏书中，提出了"稽列圣（祖宗）之洪规，讲前代（唐宋）之定制"，建年号为中统，并于至元八年（1271年），取《易经》"大哉，乾元"之义，定国号为元。定都后，"遵用汉法"。标榜文治，设学校，建官制，征召著名儒士。佛教徒要取得传播佛教文化的"护照"，必须使自己乔装打扮、改头换面一番，寻找与儒家名士们的契合点。于是，六朝时，僧侣结交名士，跻身清流，成为佛门时尚。名士们出于大倡玄风之目的，也需要佛教。佛教徒们对宇宙和人生的解释不同于传统，卓然迥异，意境新出，佛教逐渐脱去了印度纯粹思辨的色彩，渗入了中国儒、道思想文化的血液。僧侣们在翻译佛教时也作了一番"格义"，如最早佛教经典《四十二章经》中的"阿罗汉"，并无飞行住寿的文字叙述，是翻译者有意识地迎合时俗，进行了改铸。如"禅是中国人接触佛教大乘以后体认到自己心灵的深处而灿烂地发挥到哲学境界与艺术境界。"[①] 禅宗艺术精神在吸收儒道思想尤其是道家思想基础上，把老庄的艺术精神灿烂地发挥到极致的。老庄思想，是中国艺术精神的最初元素，许多概念如"心斋"、"坐忘"、"虚实"都出于老庄哲学。

佛教传到中国之时，中国木构架建筑体系已经形成，正统地位早已确立，外来的建筑形式只能融化在中国固有的建筑特色之中。汉地佛寺，发端于汉代，风靡于六朝，继盛于隋唐，没落于明清。

中国的寺庙园林建筑，也随着佛教文化在中国经历的受容期、诠释期和认同期后逐渐向中国化佛教演进。中国最早佛寺样式白马寺，仿照印度祇园精舍，佛塔作为佛的象征，置于佛寺中心加以膜拜，这是佛寺之嚆失。六朝的舍宅为寺，宅都无塔，遂以正厅供奉佛像代替佛塔。隋唐时期，住宅式寺院与塔庙布局融合，供奉佛像的佛殿转而成为寺院的主体，塔遂从塔院中心退居到次要地位，部分寺庙开始在寺旁建塔，另辟塔院，置于寺庙前后或两侧。于是，佛教建筑舍利塔，在印度带有单纯的崇拜性质与浓厚的苦修色彩，在中国寺庙里，却都演变成具有观赏性的建筑，成为寺庙园林化的因素之一，而不再是占核心地位的纯宗教

---

① 宗白华：《美学与意境》，人民出版社1987年版，第215、242页。

中
·
国
·
园
·
林
·
文
·
化

图 115　北海白塔

因素了。即使是属于印度窣堵波的喇嘛塔，在中国园林中也成为点缀，如北京妙应寺白塔和北海白塔，至于楼阁式塔，则是与中国的楼阁建造技术相结合的产物。

这样，中国的寺庙园林从以塔为中心，演化为以佛殿为中心，直到将塔置于殿旁或殿后，或者有殿无塔，趋近了宫殿建筑，与宫殿和住宅建筑同构，常为三大殿层层递进，有严格的中轴线，主体建筑设在中轴线的高潮点上，有别于古印度的宗教建筑体系。如杭州黄龙洞园林建筑如山门、前殿、三清殿等则严格地遵守规则对称的中轴线标准。承德避暑山庄的外八庙，汉式庙宇传统建筑的布局为"伽蓝七堂式"，七堂即山门、钟楼、鼓楼、天王殿、大雄宝殿和东西配殿，层层院落，严密规整，有明显的中轴线，相互对称，大体依照宫殿式样。山水部分则与文人山水园同化。寺观园林实际上只是为人化了的神安了个"家"，是神住的宅园，始终没有形成独立的园林风格样式。

第二章
家国同构的政治结构与中国园林

中国宅园的家堂上，往往都供奉着"天地君亲师"的牌位，事实上在中国古代，氏族血缘关系，始终是帝王用来控制人民、维护自身统治的工具。中国的宗法制，早在商代就已实行，西周大为完备。皇帝既是"口衔天宪"、"驾驭万民"①的天之骄子，又是天下最大的宗主和教主，集政权、族权和神权于一身。皇帝掌握天下图籍，受到四夷朝贡，具有至尊至高的地位。"中国的皇帝是高于一切的天子，他只遵从先祖、政体和孔教的遗训，不易为任何人控制。"②帝制在中国维系了数千年之久，充分体现了儒家"尊尊、亲亲"的宗法思想。效忠皇帝是帝制社会主要的道德标准，皇帝的承继系统是按照"长子继承制"，形成了一个家族统治天下的"家天下"传统和长达数千年的帝国专制。

中央集权制国家，在大一统思想的支配下，制度文化一般是通过行政手段强行实行的，作为文化传统核心的古代哲学，深刻影响并建构了中国人特别是士大夫的思维方式、价值观念、伦理道德等，但制度文化在其中也起着极大的作用。

---

① 参见《白虎通·爵》。四库全书本。
② 费正清：《观察中国》，世界知识出版社 2001 年版，第 116 页。

中
·
国
·
园
·
林
·
文
·
化

[
下
编
]
多维视野中的中国园林文化特质及其历史成因

第一节 帝王专制和雅典的民主政治

中国是个具有两千多年历史的专制帝国，西方文化源头古希腊则具有自由和理性的人文传统。

一、家天下与帝王的人情化专制

史称家天下是从禹传子开始的。《史记·夏本纪》中记载：尧知子丹朱不肖，不足授天下，于是乃以权授舜。舜子商均亦不肖，舜乃预荐禹于天，为嗣。禹亦以益代。然"三年之丧毕，益让帝禹之子启，而避居箕山之阳。禹子启贤，天下属意焉，于是启遂即天子之位"。这就是后世儒家喋喋不休称美的"禅让"，认为尧、舜、禹都是以"天下为公者，天子之位传贤而不传子也"。①

周时确立了"普天之下，莫非王土，率土之滨，莫非王臣"观念，秦始皇一统天下，"六合之内，皇帝之土"，"人迹所至，无不臣者"。从此，偌大天下，成为皇帝一家私产。

秦王朝变中国世官世禄的封建贵族政治体制为皇权专制。汉武帝则把中国专制主义皇权政治定型化。从此，朕即国家，家即是国，最高权利集中在"执长策以御天下"的皇帝一身，成为中国专制主义皇权统治的明显特点。皇帝既是枚人的象征，又是精神的教主。②供职于朝廷的臣工，实际就是皇帝的家奴、家仆，是服役于皇帝一家一姓的仆役奴才。"臣"的本意就是不敢正视主人的奴隶眼睛（见图）。政府机构的设置也是家国不分，大量的朝中重臣多带有内侍的加官，兼任内廷服役。皇位是父子继承，子子孙孙，世代传袭。皇帝"子万民"，各级官僚都成了百姓的"父母官"，残酷的阶级压迫被蒙上了一层温情脉脉的家庭关系的面纱，阶级关系变成了血缘关系的模式，国家组织与宗法组织同构，"国家"成了以帝王为家长的大家庭。所谓"王者宸极之至尊，本奉上天之宝命，同二仪之覆载，作

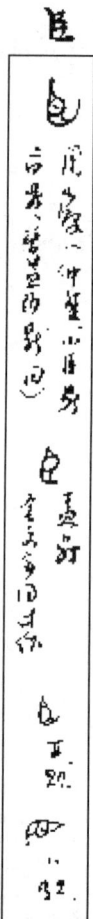

图116 臣

---

① 《礼记·礼运》孙希旦集解。
② 周良霄：《皇帝与皇权》，上海古籍 1999 年版，第 329 页。

兆庶之父母。为子为臣，惟忠惟孝"，① 皇权被神圣化，所谓"奉天承运"、"继天立极"，忠也就逻辑地成为孝在政治上的延伸。所以《孝经》说："以孝事君则忠。"忠、孝成为人伦之大伦、封建伦理的核心。② 政治伦理化，伦理政治化，这种强调个人对宗族和国家的义务的宗法集体主义人学，与西方以个性解放为旗帜的人文主义是完全不同的范畴。

帝王也是最高的"地主"，严格意义上说，任何个人"没有私有土地的所有权，虽然存在着对土地的私人的和共同的占有权和使用权"。③ 如果说，古希腊"使家庭变成一种与氏族对立的力量"，④ 而且这种力量最终冲破了旧的氏族血缘关系的束缚，建立起以个体家庭私有财产为基础的奴隶制民主共和国的话，那在中国还没有出现过个体家庭"以威胁的姿态与氏族对抗"。⑤

中国频繁地改朝换代，台湾学者柏杨的《中国帝王皇后亲王公主世系录》统计出中国古代共有 83 个王朝，有帝王 559 位，其中，真正意义上的帝王大概有 400 多人，但帝王专制制度始终没有多大的改变，中国社会也就在这样的怪圈中周而复始。改朝换代并没有触动、改变社会的基本经济要素的结构，"家国同构"始终成为中国古代社会稳定的政治机制。

更为重要的是，这种强权政治形式在精神上也是高度"专制"，士大夫们"非圣人之言不敢言"，把"为圣人立言"作为自己毕生的追求，没有"公民"意识，只有"子民"的顺从。神秘的"君权"在中国历史的演进中，却在人们心理积淀起一种"正统"的观念，这种观念维系着专制帝国的精神血脉，并由传统的科举体制的思想工厂中造就出一批"志士仁人"，深刻地影响了园林的思想内核。

二、宫苑与家天下

中国的最高统治者称皇帝，皇的原义是"大"，帝的本义是王者之称，中华远古传说中的始祖是"三皇五帝"，秦王嬴政统一中国后，遂自谓集"三皇五帝"为一身称"皇帝"，从此成为中国帝王的专称。

---

① 《唐律疏议·名例一》。
② 周良霄：《皇帝与皇权》，上海古籍 1999 年版，第 322 页。
③ 《马克思恩格斯全集》第 25 卷，第 891 页。
④ 《马克思恩格斯选集》第 4 卷，第 104 页。
⑤ 《马克思恩格斯选集》第 4 卷，第 158 页。

　　中国皇家园林的格局都为前宫后苑，故宫是前三殿为"国"，后三殿为皇帝的"家"，御花园是"家"的后花园。颐和园和承德山庄都有听政的宫区和游览的苑区，这正是"家国同构"观念的"物化"，是"物化"的历史。我们从宫苑布局的内涵中又可以读懂帝王"家天下"的含义：即六合皆入我囊中。（参见本书中编第一章第二节）

　　早在春秋战国，中国已有了"四海"与"天下"统一的学说，孔门弟子还曾讨论过只要推行仁义礼乐，不管什么民族，"四海之内皆兄弟也"。①《尔雅·释地》解释"四海"说："九夷、八狄、七戎、六蛮谓之四海。"

　　《周礼》作为后世中国封建王朝所宗仰的统一政治学说，是完成于战国，其《职方氏》条说："职方氏掌天下之图，以掌天下之地，辨其邦国、都、鄙、四夷、八蛮、七闽、九貉、五戎、六狄之人民。"也是包括少数民族在内的统一政治模式。《礼记·王制》谓"中国夷狄、五方之民皆有性也，不可推移。东方曰夷，被发文身，有不火食者矣。南方曰蛮，雕题交趾，有不火食者矣。西方曰戎，被发衣皮，有不粒食者矣。北方曰狄，衣羽毛穴居，有不粒食者矣。中国、夷、蛮、戎、狄皆有安居、和味、宜服、利用、备器，五方之民，言语不通，嗜欲不同……"于是五方整齐，形成了称为"天下"与"四海"的格局。《礼记·曲礼》说："君天下曰天子"。② 这个华夷五方相配而又都统一于"天子"的政治模式，从春秋开始到战国发展完成的。③ "华夏是蛮夷戎狄异化又同化的先进产物……无论从血统上来说，华夏都是蛮夷戎狄共同创造的。由此，可以说，中国是蛮夷戎狄共同缔造的。"④

　　中国人认为亚洲所有的民族都是黄帝的子孙，只因地域之阻隔才有了人种的区别。古典文学重"文化主义"而轻国家主义。孟子书中提及舜为东方之夷人，周文王为西方之夷人。构成了与异族合并的根据。

　　秦皇汉武都是以先秦思想家所构建的"天人之际"宇宙观为指导，依循宇宙自然观或时空意识中的天地，去想像"天界"的神人建筑，又反过来"体像天地"、"经纬阴阳"，将天国搬到人间，达到人间帝王与天帝所居的同一，作为统一大帝国和集权大王朝的象征。

---

①　《论语》第12《颜渊》。
②　阴法鲁、许树安主编：《中国古代文化史》，北大出版社1989年版，第30页。
③　同上，第27页。
④　张正民：《先秦民族结构、民族关系和民族思想》，载《民族研究》1983年5期。

下面我们仅就皇家园林中关于景点数目和题名字数这些抽象的数字所含有的时空含义，来透析囊括宇宙、包举天下的帝王营造心理。

避暑山庄康熙取 36 景，景点题额皆取 4 字，乾隆增加到 72 景，题名为 3 字额。在中国古代，有阳三阴四、天三地四之说。据汉代历算研究，当圆的直径与方的边径相等时，圆和方的周径之比为三比四，所以，确立了以三、四两数为圆方的象征。这又与中华先民的神话宇宙观"天圆地方"说完满统一，因而三、四作为天地之数中最具代表性的天数和地数。三字额和四字额，正符天地数。刘尧权、陈久金《道、儒、阴阳家成数"三十六"和"七十二"之谜探源》认为来自彝族古羌戎文化影响，古羌族遵循的太阳历，一个月是 36 天，72 天为一节气，[①] 是与天数相合。

也有人认为 36 出于道教，道教认为 36 具有与天相符的神秘意蕴，北斗丛星中有三十六天罡星，象征道教中的 36 小洞天，洞天，指天下的名山胜地，道教认为，这些名山胜地，都有秘密的洞穴相连接，构成一个往来自如的仙境系统。36 也象征着道教的"天堂"，即 36 重天。上应天星，又符天数。72，闻一多、季镇淮、何善周认为是五行思想演化来的一种术语，"发轫于六国时，至西汉而大盛。"[②] 有闻一多、季镇淮、何善周合撰的《七十二》具有至尊、圆满等神圣意义。杨希牧推论"七十二"是象征天地阴阳至极之数。是天数九与地数八之积。从一至十的十个天数中，天九地八被视为最大的天地数，也即阳数和阴数之极，两数之积，构成无与伦比的象征意义，具有天地交泰、阴阳合德、至善至美的神秘意义。[③] 所以，道教将地下的"福地"数字为 72，它们分布在名山大川之中，分别由"上仙"和"真人"统治。这里自然可以象征"七十二福地"。

圆明园 28 景，象征着天上的 28 座星宿，是"四象"七星的总和。乾隆将其扩充为 40 景，40 是 5 和 8 的倍数，5 是以"五"为中心的五行思想，是中国人对宇宙系统的信仰，天上五星运行，地下五方定位，殷商卜辞以"中商"与四方并举，是时空和方位的合成；8 是八方。八方之极，是宇宙空间向八个方向伸展，《汉书·扬雄传》："日月之经不千里，则不能烛六合耀八纮。"颜师古注："六合谓天地四方，八纮，八方之纲维。"代表空间观念，5 和 8 之乘积，是五行

[①] 刘尧权、陈久金：《道、儒、阴阳家成数"三十六"和"七十二"之谜探源》，见《中国哲学史研究》1984 年 3 月。

[②] 《闻一多全集》第 1 卷，三联书店 1982 年版。

[③] 杨希牧：《中国古代的神秘数字论稿》，台湾中研院毛难族学研究所集刊第 33 期，第 104 页。

相生观和八卦方位观的巧妙融合，故40总括了宇宙一切。圆明园中以"九洲清晏"象征中国版图，"九岛"环列在"九洲清晏"周围，东面的福海象征东海，西北角上是全园最高的土山"紫碧山房"，代表昆仑山，"昆仑当为天地之中正"。① 九岛的九本身就是表示"天数"的，又与"久"谐音，所以，《禹贡》分天下为"九州"，具有上合天数，下符江山永久的帝王心理，所以"九州"成为中国版图的象征。

圆明园中那一组欧洲文艺复兴后期风格的洛可可风格的欧式宫苑"西洋楼"，集中在长春园沿北墙不到100米的带状地，固然体现了"夷夏之别"，但也不乏包举宇内之意。其"规模之宏敞，丘壑之幽深，风土草木之清佳，高楼邃室之具备，亦可观止"，② 成为空前绝后、世界上无与伦比的园林艺术杰作。

颐和园中昆明湖表现的是"一池三岛"的神仙境界，岸西原有一组建筑群象征农桑，代表"织女"，隔岸"铜牛"则代表的是"牛郎"，神话中的牛郎织女是被天河所阻隔，则昆明湖作为银河的寓意就十分清楚了。南湖岛涵虚堂的前身是"望蟾阁"和"月波楼"，月亮称为"蟾宫"，为"月宫仙境"的象征。南湖岛的龙王庙与南面水中的"凤凰墩"（今已经不存）象征帝后的龙凤，万寿山西麓的关帝庙和昆明湖东岸的文昌阁成为左文右武的配置。

通过园林造景将"天地宇宙营造心态"表现无遗。整个园林无异是宇宙范围的缩影。

三、雅典民主政治与中世纪封建制

大约在三千年以前，古希腊人生活在爱琴海的许多岛屿和海岸上，古希腊是欧洲最先进入文明的国家，他们既不像印度人、埃及人沉溺于伟大的宗教观念，也不像亚述人、波斯人致力于庞大的社会组织，也不像腓尼基人、迦太基人经营大规模的工商业，这个种族不采取神权统治和等级制度，不采取君主政体和官吏制度，不设立经商与贸易的大机构，却发明了一种新的东西，叫做城邦……兴旺的城邦在地中海四周星罗棋布。③ 一个城邦就是一个国家，各城邦通过政治和历史纽带互相联系在一起。

---

① 明焦竑：《焦氏笔乘》卷3"地中"。
② 乾隆：《圆明园图咏》。
③ 丹纳：《艺术哲学》，傅雷译，安徽文艺出版社1991年版，第86页。

这些城邦国家是直接从氏族部落联盟演化而来的，实行的是集体剥削，城邦的事务大多是由一群出身高贵的所谓政治寡头控制。或由全体公民（所有自由的、土生土长的成年男子）决策，这就是古希腊的民主制。以斯巴达和雅典最有影响。

斯巴达是贵族共和制，古板、保守和单调。相比之下，雅典的奴隶制民主共和制比较生动、活泼。雅典只有一块狭小的领土和少量的人口，几乎可以实行一种纯粹的或直接的民主政治。

雅典政府的主要动力是公民大会……对于缔结条约，对于战争与和平，大会都有权作最后的决定；也可以撤免一个官吏，或者处他以死刑。政府事务的细节主要交给一个较小的团体，即五百人会议，这些人每年由抽签决定的。公民大会和五百人会议两者又把许多重要的工作移交给陪审团或委员会。陪审团或委员会的人选也是由抽签决定的。

但是，雅典的民主制，建立在对被征服的外族的集体剥削的基础上，脱胎于原始氏族民主制，适合于小国寡民的民主制度。它的"根本缺陷，在于它不要求其领导者具有任何特殊的知识。将社会的命运委之于缺乏真知灼见的人们的手中"，① 它虽然有效地防止了个人独裁，但无法防止野心政客们利用群众情绪进行党派斗争，无法防止极端民主化的发生。

后来，罗马的贵族共和制、元老院和人民大会制，中世纪英国的分权君主制，都有效地控制了君主个人的权威，有利于民主意识的形成。

第二节 科举选官制与园林

在西方，文官政治的确立是近代议会政治发展的伴生物。中世纪的欧洲，是贵族和教会共同把持的政教合一体制。15 世纪前的英国全部"官员"就是贵族与教主，16 世纪以前的法国、17 世纪以前的德国，统治国家的仍是割据一方的封建诸侯。日本的封建社会始终是分封制，贵族和武士都是世袭性，直到明治维新政府才断然实行废藩置县制度。

和世界上其他国家经历过的贵族政治、武人政治和宗教政治不同的是，中国

---

① 苏格拉底，参见《简明不列颠百科全书》"苏格拉底"条。

是文官政治。中国古代很早就废除了贵族的世袭制度，基本上以科举取士作为官僚机构选拔官员的制度。使大量文人进入了官僚阶层，深刻地影响了中国的历史和文化，也影响了中国园林的文化内涵。

一、天子门生

清代担任过同治、光绪两朝帝师的翁同和，官居军机大臣、总理各国事务大臣、协助大学士等要职，还兼户部尚书，他曾经写过一幅对联："门生天子，天子门生。"中国的士大夫地位再高，也是从皇帝的科举机器里制造出来的"产品"，他始终是皇帝的"门生"。

中国早在《尚书·舜典》中就有"三载考绩，三考黜陟幽明"的记载，似乎彼时已经有定时考核官吏的制度了。公元前3世纪的秦朝，秦始皇采用了李斯的建议："不立尺土之封，分天下为郡县。"① 废除了原来世袭的先秦的"世卿世禄"分封制，改为郡县制，出现了由中央政府任命和罢免的职业文官队伍。

汉承秦制，出现了汉代的举荐为主、考试为辅的察举制度。魏帝曹丕确立"九品中正制"，将士人评议品级由豪门名士之手收归中央委派的专职官吏，在一定程度上改变了东汉以来豪门名士操纵察举的局面。但此后，出现了"上品无寒门，下品无世族"的现象，引起了庶族地主阶级的强烈不满。隋朝创制了科举制，采用公开考试的办法选拔官员，严格意义上的以考试为主的科举制度产生于唐代。随着庶族地主的进一步兴起，又经过唐末五代战乱的荡涤，与重族望为特征的门阀制度密切结合的中古宗族制度同士族地主一起退出了历史舞台，彻底失去了历史因循力量而一时得以保留的社会地位。

到北宋，弥封、誊录、回避等科举立法全面完善，清除了举荐制残余，一切以考试为准，"取士不问家世，婚姻不论门阀"，② 科举制度成熟定型，而文官治国体制也正是在北宋彻底地、稳定地建立起来，贵族政治、武人政治从此基本上退出了封建中国的历史舞台。北宋从中央到地方的一切要职，全由科举出身的文官担任，甚至掌握全国军权的枢密院正、副使，各地方州县的军队指挥，都委以文官。职业军人不仅再不能干预行政、司法、钱粮等事，甚至在军队中也必须听

---

① 《汉书》卷28《地理志》。
② 《通志·氏族略序》。

命于文官，其俸禄、待遇也差得多。①

科举考试制度为庶族中小地主，乃至出身寒微的平民知识分子开辟了一条升官之路，故受到中小地主和广大知识分子的拥护，自此以后，科举延续了1300多年。宋代以后，中国封建社会进入后期。中国的科举制度，高度评价这种不论出身、财产、地位、名望等条件，唯凭个人学识进行平等的考试，竞争政府公职，与欧洲中世纪封建社会的"贵族总是贵族，平民总是平民"相比，显然是巨大的进步。

科举制度将选拔官员和学校教育、考试制度结合起来，扩大了选拔官员的阶级基础，也确实选拔出一批具有真才实学的优秀人才，造就了一支有高度文史知识素养的文官队伍，形成了一个高质量的、饱受儒家经史文学教育的知识型文官集团，同贵族、武人政治比较而言，是具有相对清明度的。② 科举制度保证了这个社会由知识分子统治，其上下阶层的分子不断地合法对流，从而阻止了权力的世袭化。

由于科举制度将权力、财富、地位与学识结合起来，这就造成了中华民族极端重视教育、刻苦勤奋读书的传统素质。

科举出身的"天子门生"依靠的不是世袭地位、名望等家族背景，而仅仅是以皇帝名义召集的科举考试，他们的地位和权力的予夺都决定于皇帝，因此，他们对专制君权有着天然的依附与畏惧，显然，科举制度强化了帝王的专制性。中国没有贵族诸侯作为专制君权的制约，而在封建德国，"只要诸侯开始感到某皇帝的权力变得非常强大，就经常引起——尤其是在有决定意义的15世纪——王朝的更替"。③

日本没有引进中国早在隋朝时期就已经完善的科举选官制度，始终以世袭等级为依据。虽然仿照唐朝建立了自己的教育制度，在中央和地方都设立了官办学校，教学内容也为五经等儒家经典，但他们对入学资格却有严格等级规定，进入"大学寮"的子弟，必须是五位以上官吏的子孙，六、七、八位官吏的子孙，只有才华出众者经过特别许可，方可入学，而庶民子弟根本没有资格入学。奈良政权也曾推行过考试制度，但是只是为了决定任命官职的高低，与能否进入上层社

---

① 金净：《科举制度与中国文化》，第98页。
② 同上，第8页。
③ 《马克思恩格斯全集》第18卷，第648页。

会无关。

中国在科举制度影响下，"科学"与"民主"成为中国传统文化中最苍白贫乏的内容。①

二、欧洲中世纪骑士和日本武士

欧洲中世纪骑士和日本武士一类的世袭阶级，具有与分封制完全不同的社会构成。

中世纪的法兰克人，战争是惟一的体面的谋生手段，骑马打仗的骑士成为最崇高的职业。法兰克骑士有一套复杂的装备，它包括一个长尖形的盾，一个套住整个头部只留出眼睛的头盔，一件铠甲，这是一件用铁网制成的内衣，把人从颈项到脚踝的整个身子都护住。这套装备非常费钱也非常笨重。而步兵只能当骑士的"扈从"。骑士需要一个随从，平时帮他背负盾和铠甲，照顾战马，战时帮他穿上铠甲，这个人称为负盾的人。骑士需要两匹坐骑，一匹供平时骑用，一匹为打仗用的战马，负盾的人也需要一匹，因为作战时的食物、帐篷等所用军需品都要自己驮带。早先所有法兰克自由人都得打仗，后来许多人负担不起这套装备，一些人成为负盾的人，而大多数人就慢慢变成专门务农的依附农民。只有大领主以及享用采邑的人才能成为骑士，这个骑士阶层就是法国贵族的最早来源。长子继承制形成后，贵族成为一个封闭的阶层，只有骑士的儿子才有资格成为骑士，骑士需要经过专门的训练，并且要举行正式的授甲仪式。在骑士阶层内部，大贵族都有世袭的爵位，像公爵、伯爵、子爵等，这些部位之间没有严格的隶属关系，也有一些没有正式封号的大贵族当时称其为勋爵。大贵族都有自己的家族族徽，如波旁家族族徽是百合花。最下一级的是普通骑士，他们的采邑仅够维持一家的生活。在中世纪，所有贵族包括国王在内都亲自冲锋陷阵，带兵作战。

双方的争端往往通过战争来解决。骑士也形成了一定的行为准则，即"骑士道德"，它要求骑士必须忠诚、勇敢作战、信守诺言（特别是不能违背誓言），这关系到骑士的荣誉。而对于骑士来说，荣誉胜过生命。如果某骑士的名誉受到毁谤或侮辱，他必须通过决斗来维护自己。很显然，这种"骑士道德"适应了封建领主制发展的要求。在法制不健全的封建时代，封建的伦理道德便是维护封

---

① 金诤：《科举制度与中国文化》，第 12 页。

建制度的重要法规，由于上述二个因素，贵族之间的私人战争，国王也不能干预。而11世纪时诺曼底公爵能够做到禁止附庸之间打仗，实在是很了不起的例外。在西方，决斗的传统一直保留到19世纪。

法国贵族最初仅指那些有封地的骑士，随着社会的发展，贵族扩展到稍大一些的范围，包括负盾的人、贵族家族中没有体力或财力成为骑士的人，某些得到国王加封的市民上层人物。贵族一般不与其他阶层通婚，否则将受到蔑视，其子女也不能正当地享受贵族的荣耀。按照法兰克人的传统，附庸以前都是住在领主家里的，他们与领主的关系越亲密，就越荣耀，做领主的贴身近侍，替领主管理家务，比如一个公爵做国王的服装总管，都是一种身份和恩宠的标志。这和罗马人的观念截然相反，罗马人认为那都是奴隶干的。后来附庸虽然住到自己的领地上，但往往将自己的孩子送到领主家中或国王的宫廷中充当扈从，侍候领主衣食，学习宫廷礼节，接受骑士训练。14世纪以后，法国兴起雇佣兵制，大部分贵族不用亲自去打仗了，他们仅保留佩剑作为标志，称为佩剑贵族。悠闲的贵族除了打猎、比武外，就是聚集在领主家中娱乐，领主的夫人以"贵妇"的资格接受他们的尊敬，成为社交的主角，贵妇人的客厅成为一个个沙龙。骑士对贵妇的礼节（吻她们的手，替她们开门，将上座让给她们等等），是近代西方"女士优先"的骑士风度的起源。①

日本自镰仓时代开始，天皇和贵族大权旁落到他们的保镖手中，日本从此变成一个由武夫统治的社会。日本江户时代，日本社会在皇室和宫廷贵族之下，分成士、农、工、商四个世袭等级，其下为人数最多的不入等的"贱民"，只能从事被批准的工作，但被排斥在正式的社会组织之外。武士是高高在上的统治者。《家康遗训百条》规定："士乃四民之长，农工商辈对士不得无礼。无礼，即心中无士也。对心中无士者，士不妨击之。"② 在德川家康平定天下之前，名将丰臣秀吉发布了"缴刀令"，收缴了农民的武器，规定了武士才有佩刀的特权，于是佩刀成为武士阶级特权的标志。

武士不能兼作农、工、商，他们享受的是大名从农民的赋税中抽取的年贡米为俸禄，而不拥有领地。武士俸禄额按照其家格来决定，武士是世袭制，和平时期的武士实际上也都是靠着祖先的地位和名誉，是无功受禄者，他们必须仰仗大

---

① 董建萍：《西方政治制度史简编》，东方出版社1995年版，第73～75页。
② 转引自鲁思·迪本尼克特：《菊与刀》，第45页注1。

名才能生存，否则就只能成为贫无立锥之地的"浪人"。德川时代的武士已经不仅舞刀弄剑，而且成为藩主财产的管理人及各种风雅艺术的专家，和平时期的武士，对日本风雅艺术的发展起着重要作用。

没有自己土地的日本武士，只能牢牢地依附在封建领主身上，仰仗他们的鼻息生存。而且，根据日本学者的估计，整个武士阶级的平均俸禄与农民的所得相差无几，只够维持最起码的生活。所以，武士以俭朴为最高的美德，① 一般的武士个人是不可能营造私家园林的，营造私家园林的都是将军（大名）。

与武士相比，中国的士人就大不一样了。

三、中国文人园林

"中国文化有与并世其他民族其他社会绝对相异之一点，即为中国社会有士之一流品，而其他社会无之。"② "士"信守的是"道"，他们认为，道源于人的本性，"文以载道"、"道法自然"，这个"道"在"士"的眼里，是高于皇权的。"志士仁人"们信守的"道统"与专制政治之"政统"产生的激烈碰撞，往往会使"志士仁人"们发出"百无一用是书生"的浩叹，于是，贬退下野者有之，急流勇退者有之，"守拙归园田"者有之，他们将平生积攒起来的钱财，为自己构筑起"安乐窝"，"只看花开落，不问人是非"，逍遥人生。有人认为，中国文人园林是隐士文化的结晶，而隐士的形成与改朝换代密切相关。改朝换代之际，士人为逃避新政，顾全气节而避世，如耻食周粟而饿死在首阳山的伯夷叔齐兄弟，被后人称为高人。隐士大批出现在汉末，《后汉书》专列"逸民传"，或为追求清高和自由的个人生活而隐，或为保持独立人格理想而隐，更多的是为避危图安、逃避乱世而隐，他们借助大自然以疗治现实的创伤，他们中的许多人将聪明才智引向文学和艺术的创作。"志士仁人"中涌现出来的这批前朝"遗民"、"逸民"，使中国园林史上多了一批"遗民"、"逸民"的园林，充溢着"不食周粟"的悲壮情怀和黍离之叹。如此周而复始，精美的中国私家园林也在这周而复始的历史循环中螺旋式前进。

德国社会学家马克斯·韦伯说："中国是一个非常重视文学教育，把它作为社会评价的标准的国家，这种重视远远超过了欧洲人文主义时期或者德国近期。

---

① 鲁思·本尼迪克特：《菊与刀》，第44～45页。
② 钱穆：《宋代理学三书随劄》，三联书店2002年版，第177页。

早在战国时期，受过文学预备教育——最初仅指通晓文字——的候补官员阶层，就作为向理性的行政管理进步的代表和一切'聪明才智'的代表，周游列国，并且像印度的婆罗门一样，构成了中国文化统一的决定性标志。"① 中国在西汉武帝时期，就规定了"察举"官吏的标准是"四科"，应劭《汉官仪》载：武帝元狩六年（前117年）"令丞相设四科之辟，以博选异德名士"。东汉明确四科："一曰德行高妙，志节清白；二曰经明行修，能任博士；三曰明晓法令，是以决疑，能案章覆问，才任御史；四曰刚毅多略，遭事不惑，明足照奸，勇足决断，才足三辅令。皆存孝悌廉忠之行。"② 基本上是"以儒取士"。班固《两都赋·序》云："至于武宣之世，乃崇礼官，考文章……故言语侍从之臣，若司马相如、吾丘寿王、东方朔、枚皋、王褒、刘向之属，朝夕论思，日月献纳"，可知武、宣之世，已有考文章、献赋的风气。后汉顺帝的时候，便实行了以赋取士的制度了。③ 魏文帝将文章看作"经国之大业，不朽之盛事"。④ 中国的科举制度考试的内容，唐朝偏重诗赋，宋朝重经义，明清以《四书五经性理大全》为考试范本，并规定用八股文体作文章。"中国最低一级的考试（生员）出题的性质，大体相当于德国文科高中毕业班的作文题目的性质，确切地说，相当于德国高等女校尖子班的作文题目。"⑤

中国科举选官制度使大批具备文学教养的文人走进了官场。因此，李约瑟认为，中国向来是士大夫中心政治，"不管什么人来统治中国，被找来管理行政的却始终是士大夫。只有他们精通书写文字、办公事的程序以及必不可少的技术，例如水利工程。"⑥

士大夫高雅文化是园林文化的主体，以"文"取士，使中国成为一个"诗"的国家，以士人山水园为代表的中国古典园林，具备"画境文心"，并容纳了完备的士大夫文化艺术体系。

与文气氤氲的中国文人园林相反，日本园林则呈现出尚武与杀伐气，从足利将军开创镰仓幕府到德川将军建立的江户幕府灭亡，日本经历了近千年的武士统

---

① 马克斯·韦伯：《儒教与道教》，王容芬译，商务印书馆1995年版，第159页。
② 《汉官仪》。
③ 参见张衡：《论贡举疏》，见《张衡集》。
④ 曹丕：《典论·论文》，见《曹丕集》。
⑤ 马克斯·韦伯：《儒教与道教》，王容芬译，第173页。
⑥ 李约瑟：《中国科学技术史》，科学出版社1975年版，第252～253页。

中·国·园·林·文·化

治。靠征伐厮杀而诞生的历代武士政权所推崇的武家文化，如"此时代的绘画笔致……不时隐含着一种杀气"。① 这一时期诞生的石庭实际上也带有一种紧张感，透露出一种莫名的杀伐之气。石庭面积狭窄，常常是满庭白沙，一无生物，令置身其中的人始终绷紧神经，恰如武士身临疆场一般。大名园林披上了浓厚的尚武色彩，甚至是杀伐之气，园林中普遍建有练马场和射箭场，成为训练武术、展示武功的场所。弓与马正是武士的象征，习马练箭成为武士的日课，故最早的武士道被称做弓马之道。即使有"和歌之园"美称的"六艺园"，当初也能闻睹马嘶箭飞。

在日本，文学始终没有成为进入官场的敲门砖，武士依靠先辈的战功，凭借自己对所事将军、大名的忠诚，获得立足之地。由于武士造园大多依靠僧侣，所以，园林中充满禅味与武士气息。

武士恪守等级秩序，园林中体现了严格的秩序、精神至上和极端的思维特点等具有武士色彩的现象。

日本社会严格的等级制度，形成了人们的一种心理定势，反映到日常生活及艺术领域，就是对各种艺术活动也都注重体现等级秩序，他们在吸收、消化外来文化的过程中，将外来文化也根据本民族的行为方式，纳入他们的"规矩方圆"，即制订出各种各样的"道"。例如，茶道、香道、花道、歌道……

茶庭中的石块也各司其责，如刀挂石、额见石、主人石、乘越石等。一面是刀光剑影，一面又是一丝不苟的彬彬有礼，这也是日本园林中出现的文化两重性，实际上却正是武士文化的特征。

第三节　皇权与宗教

中国是泛神论的宗教观，虽有些地方残留着人格神的要素，但更多的是道或理的形态（不定形或无形），认为神存在于世界万物之中，即"一草一木皆有神"，"天入人间，住于人间"，住在人间的天即天性、人性，所谓人间的天性，就是进入人间的天。儒教的泛神论产生无神论。章太炎说，中国人自古以来就是泛神论者，而泛神论即无神论的逊词。中国没有国教，也没有发生像欧洲一样的

---

① 冈仓天心：《日本美术史》，平凡社 2001 年版，第 173 页。

宗教战争。

一、皇权至上与中国寺庙园林化

中华民族天人合一的传统思维方式，决定着人们不把天人、主客、此岸、彼岸、天堂、人间分为截然相反的两个世界，因而从根本上缺少形成宗教的思想基础。先秦时由于实践理性精神的高扬也大大冲淡了宗教意识，因而中国没有真正意义上的宗教，皆趋重现世的物质的实利主义和自己主义，如中国本土的道教，"虽说神仙说怪异，而此神仙乃实在的神仙，非灵界之物，与印度教等之所谓神者不同，与耶稣教之所谓神者亦异，即道教亦非有深刻意味之宗教也。其后佛教传入，道教为与之对抗计，乃加整理而成一种宗教之形式。"①

道教是从阴阳五行和神仙方术脱胎而来，作为宗教，信仰一个超验的神仙世界，这与西方宗教一致；但作为中国本土宗教，它却与西方的禁欲主义相反，具有世俗化、现世化与迎合人的现世欲望的特征。道观园林中，现世人们企求的长寿、多财、多子、多福、消灾灭害或读书进学等，都能从道教仙籍中请来相应的神仙帮助，如财神爷、慈航道人、文昌公等。

中国历史上势力最大的宗教佛、道，总是在专制皇权的控制之中，皇权对佛教、道教或垂青、推重，或打击、毁灭，都是成也君王、败也君王。宗教在中国政治机制中始终处于从属于皇权的地位。

在中国，宗教的作用是肯定皇权的合理性。早在商周君王借助原始宗教，取得"上天之子"的特权，代表上帝行使臣服万民的职权，自此，皇帝就被称为"天子"，《诗经·大雅·江汉》有"明明天子，令闻不已"。《史记·五帝本纪》："于是，帝尧老，命舜摄行天子之政，以观天命。"于是，"天子"被蒙上了重重的神秘面纱，此后，"君权神授"又被不断地注入了新的内容。借助钟馗打鬼，把古代西方人眼里无上圣洁的伟大的神权变成孙悟空手中的如意金箍棒。北魏太武帝统一北方后，为了取得入主中原的合法认定，一方面对自己的先世进行汉化篡改，一方面请道士寇谦之宣传君权神授，"太上冥授帝以太平真君之号并冠服符箓"。② 周、隋禅代之际，道士张宾为隋文帝杨坚篡位制造符命与新历。唐李世民与道士吉善行共同导演了老子显圣的戏剧，为李氏"朕之祖先，出自老

---

① 伊东忠太：《中国建筑史》，上海书店1984年版，第41页。
② 《历世真仙体道通鉴》卷29。

子"提供证据。武则天时代，华严宗的一代宗师法藏从劝进到参政，为武则天多方效力。法藏能上殿为武则天讲经，被授予三品名誉官职，华严得朝廷支持和关心而空前发展。

篡之于孤儿寡母的赵宋江山，为了合法，赵匡胤与终南山道士共同杜撰了"翊圣"降显的神话。有人种隔阂的佛教，统治者虽然无法杜撰"佛主转世"的神话，但大量采用高僧"预言"的手段，取得不同凡响的身份，也就得到了君临天下的"神授"权力。即使是农民起义的太平天国，也认为"敬主方是真敬天"。现存的寺庙石窟佛像中就有直接以帝王之真像凿成的佛像，形象地说明了这样一个事实：拜佛就是拜天子，帝王就是"当今如来"，这是佛教对世俗皇权的一种妥协。

图117 大卢舍那佛

公元398年，北魏的道武帝迁都平城（今大同），崇信佛教，大修寺庙。道武帝时的道人统法果，曾带头礼拜皇帝，声称皇帝即"当今如来"，拜天子乃是礼佛。明元帝常去武州山祈祷，武州山成为统治者顶礼膜拜的圣地。太武帝大力灭佛，佛教势力受到沉重的打击。文成帝即位后，变本加厉地提倡佛教。公元452年，他下诏开凿石窟，雕造巨大的佛像，其形象必须跟皇帝一样。大同云冈石窟有"昙曜五窟"，编号从16号到20号，每窟都铸有大释迦牟尼像一个，分别像文成帝、景穆帝、太武帝、明元帝和道武帝。这样，礼拜佛实际上就是礼拜皇帝。第16号石窟，正中的释迦牟尼像，实际上是佛装的魏成帝的形象：他的脸庞比常见的释迦牟尼瘦削，薄唇、修目，鼻高且直。据《魏书》记载，文成帝曾经"诏有司为石像，令如帝身。既成，彦上足下，各有黑石，冥同帝体上下黑子。"第17窟的主像三世佛，正中的交脚弥勒坐像，高15米多，像没有即位便死去的景穆帝。第18窟，主像三世佛，正中身披千佛袈裟的释迦牟尼佛，高15米多，为太武帝。第19窟，主像是三世佛，窟中释迦牟尼坐像，高16米多，为明元帝。第20窟，与第19窟略同，释迦牟尼坐像高13米多,为道武帝,面部丰满,两肩宽厚,造型雄伟,是石窟中的代表作。

无独有偶,洛阳龙门山奉先寺大卢舍那佛龛主像大卢舍那佛,也是以武则天的形象为雕凿的。武后曾以皇后身份,"助脂粉钱二万",据造像铭载,唐高宗咸亨三年(公元672年),洛阳龙门山奉先寺大卢舍那佛龛,主像大卢舍那佛,头高4米,耳长1.9米,雕刻精湛细微,面容丰润饱满,修眉长目,嘴角微翘,呈微笑状,头部向下作俯视众生态,是一位睿智而慈祥的东方中年女性的形象。与史载武后"方额广颐",与大佛宽广的前额、丰满的棉颊正吻合。梵语"卢舍那"即"光明普照"之意,表明佛的智慧广大无边。武则天自己起名叫"曌",即日月当空照的意思,智慧之光普照四方。自称是净光天女化身的武则天,在这里成为一尊"卢舍那"佛像,君神合一的女皇武则天的化身。

这就是中国的寺庙园林始终没有形成鲜明个性的政治原因。

二、宗教与西亚、欧洲园林

西亚和欧洲是"政教合一"的政治和经济体制。中世纪的欧洲,有一套发展完备的教会,神权往往高于皇权或制约着皇权。法国的天主教为惟一的宗教,天主教教会的势力也渗透到政治生活和社会生活的一切领域,王权的统治有赖于教会的支持。法国路易十四时代搞专制君主制的时候,必须控制教会,方能达到目的。

基督教教会是最有势力的机构。教会的首脑是教皇,即罗马主教,教会在行政管理方面具有重要的地位,后来还有了自己的一套法庭和法律体系。教会法庭不但审讯涉及教士的一切案件,而且也审讯平民信徒的婚姻、渎神,或对遗嘱争执等案件。作为封建宗主,许多主教和修道院院长统治着广大地区,在这些区域内,行使其立法、铸币、征税等权力。教皇则为罗马城及周围的教皇国的统治者。在中世纪教会是政府中的一大势力。由于主教和国王及皇帝的关系,有时是友好的,有时是敌对的。宗教势力对皇帝具有牵制和制约作用。伊斯兰教的法律,其内容很多是直接取之宗教禁忌行为。

教皇为首的罗马教廷不仅直接支配教皇国,而且通过各级主教、修道院长干涉和控制各个天主教国家的政治。这些高级僧侣本身就是大贵族、大封建主,他们是各据一方,拥有各种权力——征税、司法、警察——的土皇帝。13世纪,教皇权势极盛时，甚至可以废黜世俗君主。①

恩格斯在论述教会在中世纪欧洲的统治地位时指出："政治和法律都掌握在僧侣手中……教会教条同时就是政治信条，圣经词句在各法庭中都有法律的效力。"②

欧洲中世纪封建社会是贵族庄园经济为基础的小国寡民社会，不同的国家、不同的民族间战争频繁、不同的文化相互替代，后来者可以给先在者以毁灭性的打击，整个欧洲在相当长的时间里都是"一条政治上杂乱拼缝的坐褥"（马克思语），西方的文艺复兴只需要挣脱一个用中世纪的生铁铸成的上帝的锁链，即可实现其本性的回归。

欧洲和西亚，宗教与战争结缘久长，中世纪震撼欧洲大陆的十字军东征，基督教的十字旗对半月旗（伊斯兰教为半月旗帜），累积八次，历时二百年，基督的旗帜指引着十字军的铁骑，战争的硝烟和宗教的朦胧气氛交织成一幅庄严、残酷的历史画面。

欧洲中世纪的所有教堂都参与了经济活动。在中古时期，天主教会占有西欧各国三分之一左右的土地，教皇、红衣主教、主教和修道院长都是大封建主。他们剥削教会领地上的农奴，又向全体居民征收什一税。此外，他们不仅通过施行各种"圣事"剥削广大教徒，还出卖所谓"圣徒遗骸、遗物"和赎罪券来诈骗钱财，因而十分富有。

主教、神甫和修造院长们搜刮来的钱财，一部分耗费于他们奢侈豪华的生活中，另一部分则转入教会首脑——罗马教皇之手。罗马教皇既是教皇国的君主，又是天主教会的世界领袖，故有庞大的财政收入……据估计，教皇每年的收入大大超过欧洲各国国王年收入的总和。③ 在商品交换的活动中，欧洲中世纪的教堂也扮演了相当重要的角色——中世纪时期，城乡间的商品交流，通常用集市的方式举行。

西方的意识形态受到的就是这种超国境现世的宗教精神的支配，在上帝面前人人平等。

欧洲和伊斯兰最美丽的都是宗教建筑，如古希腊奥林匹亚的宙斯神庙，雅典

---

① 蒋国维等主编：《世界史纲》上，贵州人民出版社1985年版，第188页。
② 《马克思恩格斯全集》，第7卷，第400页。
③ 马超群：《基督教二千年》，中国青年出版社1988年版，第73~84页。

卫城的帕提农神庙。宗教建筑随着宗教本身的发展而不断改变着自身的形式，它总是努力体现宗教的要求。中世纪的宗教建筑就是通过对宗教建筑外部形式与周围环境所造成的"意境"，以及外部形式的动势来表现天国的神圣和欢乐。

如欧洲在中世纪持续了四百年的这种被称为"哥特式"建筑，表现并证实了极大的精神苦闷。它号召所有的人超度、拯救灵魂。屋子特别大，有宏伟的正堂、侧堂、十字耳堂（正堂与耳堂的交叉，代表基督死难的十字架），顶上是巨大的穹隆，四边是巨大的支柱。走进教堂的人，好像突然一下被扔进一个巨大幽闭的空间，感到渺小恐惧而祈求上帝的保护，心理很凄惨，教堂内部罩着一片冰冷惨淡的阴影，只有从彩色玻璃中透入的光线变作血红的颜色，变作紫石英与黄玉的华彩，成为一团珠光宝气的神秘的火焰，奇异的照明，好像开向天国的窗户。玫瑰花窗连同它钻石型的花瓣，代表久恒的玫瑰，叶子代表一切得救的灵魂，各个部分的尺寸都相当于圣数。另一方面，形式的美丽、怪异、大胆、纤巧、庞大，正好投合病态的幻想所产生的夸张的情绪与好奇心。它排斥圆柱、圆拱，平放的横梁。哥特式教堂的外部以轻灵的垂直线条统治全身，扶壁、路垣和塔越往上也越多装饰，越玲珑轻巧，而且顶端都有锐利的、直刺苍穹的小尖顶。宗教建筑的局部和细部的上端都是尖的，处处充满着向上升腾的动势，体现了基督教弃绝尘寰的宗教情绪。①

拜占庭君士坦丁堡的圣索菲亚大教堂，墩和墙是用彩色大理石贴面，枝头用白色大理石贴面，柱身却是深绿或深红。柱头、柱身、柱基之间又箍以金铜拖，还用玻璃镶贴画装饰穿厌和拱顶。这样，当人们走进教堂时，就会"觉得自己好像来到了一个可爱的百花盛开的草地。可以欣赏紫色的花，绿色的花，有些是艳红的，

图118 圣保罗大教堂小尖顶

有些闪着白光，大自然像画家一样把其余的染成斑驳的色彩。一个人到这里来祈祷的时候，立即会相信，并非人力，并非艺术，而只是上帝的恩泽才能使教堂成为这样，他的心飞向上帝飘飘荡荡，觉得离上帝不远……"②

---

① 参见丹纳著，傅雷译：《艺术哲学》，安徽文艺出版社 1991 年版，第 86 页。
② 转引自陈志华：《外国建筑史》，中国建筑工业出版社，第 69 页。

图 119　圣索菲亚大教堂

这种宗教文化氛围，也为伊斯兰教建筑所刻意追求。16世纪奥斯曼帝国建于伊斯坦布尔的苏里曼清真寺，也有一个堂皇而又高大的中央穹顶，穹顶前后又各有一个半穹顶，拱门和圆顶的线条和谐而富有节奏感，圆柱和大理石壁面在色调上富于变幻，砌有黑白相间的内券石的拱廊以及自地面直到穹顶都镶有彩瓷花纹的"密扬拉布"（神宝）的华丽墙壁，再嵌以彩色的玻璃窗，法国大作家戴尔民赞不绝口：

当我们来到苏里曼清真寺的宽大的拜殿中央，在那高高的圆顶之下，前面是饰有黄金的钟乳石状装饰的神龛，其上有从五彩窗子中投射下来的像在哥特式教堂内一般的半明半暗的神秘光线，这时我们所产生的情绪是强烈而难忘的。①

难怪恩格斯也要说："伊斯兰教建筑是忧郁的……伊斯兰教建筑如星光闪烁的黄昏。"②

三、国教与日本园林寺庙化

日本学者冈仓天心认为：日本"古代文化的原动力，一是儒教，一是佛教"。③佛教对被称为"纯日本美的最高表现"④的日本园林的影响，则是使日本园林的"寺庙化"，构成日本古典园林的最突出的特点。

江户时代所成的《都林泉名胜图会》汇总了京都的各大名胜，而这当中绝大部分为寺院园林。《日本名庭100选》中有63所附属于佛教寺庙。日本代表性园林也多为寺庙园林，诸如金阁寺、银阁寺、西芳寺、龙安寺、大德寺、大仙院

---

① 雷奈·格鲁塞：《近东与中东的文明》，第163页。
② 《马克思恩格斯全集》第2卷，第63页。
③ 冈仓天心：《日本美术史》，平凡社2001版，第30页。
④ 室生犀星：《世界散文随笔精品文库·日本卷一·四季的情趣》，中国社会科学院出版社1993年版，第88页。

等。由此可见，寺庙园林的高度发达，是日本园林的一大特点。

日本园林寺庙化的根本原因，是佛教在日本具有特殊的政治、经济及文化地位。

佛教自 6 世纪中叶作为异国先进文化传到日本，得到了朝廷的官方信奉。公元 594 年推古天皇发布三宝（指佛、法、僧）兴隆诏书，圣德太子在制定日本最早的成文法《十七条宪法》时，又将"笃信三宝"列为第二条，尊崇佛法被作为法律被写入了法典，奉行佛法即王法、王法即佛法的理论。

鉴真使日，主持戒坛，为已经是太上皇的圣武天皇授菩萨戒，天皇本人在大佛前跪称"三宝之奴"，接着皇太后和皇子也依次登坛受戒。僧侣身份接近于官吏，主管整个佛教界的僧纲，是政府任命的官员，佛教完全发展成了政治性宗教。

佛教的这种强烈的政治色彩一直持续到奈良朝末期，在长达千余年的时间里，佛教受皇室和贵族的推崇，始终处在国教的特殊地位上，获得了广泛而深入的发展。

作为政治上的暴发户的武士集团，迫切需要以先进文化来粉饰自己的形象，抬高自身的地位。因此，当代表着先进文化与思想的中国禅宗传入武家政治中心镰仓后，立刻受到了幕府上下的欢迎与皈依。禅宗训练了武士、政治家、剑术家和大学生，以求达到世俗的目标，成为军事训练的手段。日本用神秘主义的修行法来训练武士单骑作战，而不是靠它来追求神秘的体验。武士把禅宗当作了自己的信仰，佛寺作为佛教的象征，自然被赋予了超越氏族、建设统一国家精神的功能。

日本佛寺的寺田享有不输租之特权，12 世纪，又获得了"守护不入权"，即指官吏永不入庙勘查土地、管理寺庙领地内的农民。寺庙由此获得了领地内的课赋权、行政权和司法权。12 世纪前后，日本甚至出现了寺庙拥兵自重、以武力干涉政治的奇特现象。

佛教受到朝廷特殊垂顾、处于国教的特殊地位长达千余年，因而获得了广泛而深入的发展。目前佛教徒占总人口的 70%。

"中国的文明，往往是以僧侣为始传入日本的"[1] 日本僧侣是学习中国文化的主体，"四千客路皆由海，数十陪臣半是僧"，还往往成为主角，僧侣们在中国不仅学习佛教，还学习中国儒家经典四书五经，文学、绘画、建筑、医学，研

---

[1] 严绍璗、刘渤：《中国与东北亚文化交流史》，第 101 页。

究中国的典章制度。成为具有较高文化水平的最大的知识群体，僧侣们担负着文化建设的使命，创造了包括佛教文化在内的灿烂的古代文化。造园艺术需要精通阴阳五行思想、道教、儒学、佛理，更需要深厚的艺术素养，最符合这一条件的正是僧侣，于是，"石立僧"成为构园主体。遍布京都大小寺庙的园林，特别是枯山水庭大多便是他们的杰作。在平安时代净土园林的"心"字形池岛、镰仓时代的枯山水，室町时代的露地等。都离不开佛教大师们对园林的探索和贡献。

著名造园大师梦窗在西芳寺廊壁上曾题诗如下："仁人自是爱山静，智者天然乐水清。莫怪愚蠢玩山水，只图藉此砺精明。"僧侣是造园技艺的主要传承者。随着佛教在日本影响的扩大，日本园林的"佛化"程度也越来越深。佛学典故对日本园林景点设置乃至全园的整体布局等都产生了巨大影响。

在景点设置上，受佛教影响而出现的代表性景点有须弥山、九山八海、三尊石、佛水东流、上坐石、坐禅石、十六罗汉、普陀山和虎溪等。

佛教不仅仅影响到了景点设置，甚至影响到了全园的整体布局，出现了完全按照佛教思想及其典故构思布局的园林。

图 120　菩萨园

《筑山庭造传前编》在阐述佛教与园林的关系时说："凡山水皆表示西方净土曼荼罗，故石悉为佛菩萨明王等御名。又，山岛、平沙皆是九品次第。"即认为园林是佛国，而山石等则是诸佛的化身。作为这一思想的具体实践，古代日本曾出现过一种纯佛园林——菩萨园，园林石全部根据菩萨名冠名。《筑山庭造传前编》对这种园林以图文进行了解说。

在平安后期和镰仓初期净土教盛行期间，追求极乐净土成为时代风潮，由此流行过净土式园林。这一时期的净土式园林中都必有佛堂和喻八功德水的莲池，当然，还有极力仿拟佛经中极乐世界的。其代表便是法成寺。运用禅宗故事构园和禅宗公案造景，十分普遍。如梦窗疏石根据中国北宋僧人圆悟克勤著佛教著作《碧岩录》和《宗门武库》中的故事，精心设计了西芳寺园林。

中·国·园·林·文·化

第三章
中华农耕文化与园林

中国古代一直是农业大帝国，奉行以农为本的国策。古希腊居民一向有从事海外贸易的传统，因此，商品经济发达。公元前5世纪中叶的雅典，凭借着优越的地理条件和庞大的海上运输力量，从事大规模的海上贸易，是当时爱琴海上的霸主。雅典成为著名的商品集散地，工商业主在社会上具有举足轻重的地位。①中国园林虽然一体多元，但体现中国园林文化主体的是稳健儒雅的农耕文化精神，伊斯兰和西方园林则呈现出宗教和商业文化色彩。

第一节　以农立国与园林

中华民族在各个历史时期，都本着以农立国的基本法则。在中国历史上游牧文化占主导地位的是蒙古统治者建立的元朝初期。蒙古本是游牧民族，是攻伐战斗的能手，蒙古铁骑曾经横扫欧亚大陆，蒙古统治者一度认为"汉人无补于国"，主张"悉空（杀掠）其人以为牧地"，② 除了需要工匠外，他们对占领区的其他人民包括儒生在内，或加以屠杀，或俘为奴隶。结果人口锐减、社会经济文化水平严重倒退，下降，政权和治安秩序也极不稳定。政权难以为继，忽必烈灭南宋统一中国不久，即下诏"诸路岁贡儒、吏各一人"，③ 并大量吸收留用南

---

① 董建萍：《西方政治制度史简编》，东方出版社1995年版，第26页。
② 《元史》卷146《耶律楚材传》。
③ 《元史》卷4《世祖本纪》。

宋归附的官员和儒生，又在大都（北京）建立国子学，教授各种儒家经典。忽必烈还亲自向儒生赵璧、王思廉、徐世隆等学习《诗经》、《孟子》、《大学》、《论语》、《资治通鉴》、《贞观政要》等，①皈依汉族农业文明。汉化程度本来就很高的满族，建立清朝以来，依然奉行重农尊农政策。今天我们在北京就能见到"先农坛"、"太岁殿"、"庆成宫"、"观耕台"等礼农祭农场所，中南海中丰泽园勤政殿西，是清皇帝演耕之所，当年曾有稻田十亩，其中一亩三分地为演耕之地。臣子扶犁、牵牛，甚至为皇帝代耕。

一、中华黄土情结

虽然"欧亚两洲开犁祈年的各种仪式，从中国皇帝的扶犁拜天到荷马所描写的阿基里斯盾牌上所画的'三行沟耕地'，或者到我们现在的耕犁礼拜一，全都有共同之处"，②但是，荒芜贫瘠的陆地对古希腊人来说，毫无价值，辽阔的大海更富有魅力，希腊人奉海神和从海水泡沫中诞生的爱和丰产女神这对夫妇是"万物之父"，而农神之女珀耳塞福涅（普罗索宾娜）只是一位黑暗冥国和地狱统治者地神哈得斯（普路同）之妻。

中国的神话传说中，宇宙创始大神女娲是"抟黄土作人"，或"引绳纟于泥中，举以为人"，③人与黄土是二而一者。开天辟地的盘古，从混沌如鸡子的天地中脱颖而出，④死后，呼吸变为风云，声音变为雷霆，两眼变为日月，肢体变为山岳，血液变为江河，发髭变为星辰，皮毛变为草木。⑤"盘古氏头为东岳，腹为中岳，左臂为南岳，右臂为北岳，足为西岳。"⑥大自然是中华始祖的身体发肤所化。后世称"天作高山"、⑦"高山仰止，景行行止"。⑧

土地是"普天之下，莫非王土"的帝王权力的象征，五行金、木、水、火、土与四象、四季、五方、五色相配时，皇家以中央后土——黄色为至尊。黄袍加身就意味着得到了天下。《左传》僖公二十三年记载，晋献公因受骊姬的谗言，

---

① 金诤：《科举制度与中国文化》，上海人民出版社1990年版，第152页。
② 李约瑟：《中国科学技术史》，第1卷·总论，第352页。
③ 《太平御览》卷78引《风俗通》。
④ 参见《艺文类聚》卷1引徐整《三五历记》。
⑤ 参见《绎史》卷1引《五运历年记》。
⑥ 任昉：《述异记》上。
⑦ 《诗经》卷4《周颂·天作》。
⑧ 《诗经》卷2《小雅·车辖》。

红夏南
前朱雀(火)

左青春东龙(木)　　中央黄后土　　右白秋虎西白(金)

后玄武(水)
北科黑

图121　四神兽

逼迫世子申生自缢身亡，公子重耳、夷吾也同时出奔。重耳出亡到五鹿之野，"乞食于野人，野人与之块。公子怒，欲鞭之。子犯曰：'天赐也。'稽首，受而载之"。重耳等人饥肠辘辘，向农夫乞讨食物，农夫却给了他一个土块。不谙世事的重耳，不知道身处危险境地，还是耍他的贵公子脾气，从臣子犯告诉他，乃"天赐"，因为土块象征着土地，有土地乃立国的预兆。所以，重耳立刻改变了态度，向田野里的农夫叩头致谢，并将土块恭恭敬敬地收下，装到了车上。这则故事生动地说明了土地在人们心目中的地位。

有的研究者从文字学的角度说明了中国对农业的重视，认为"华"即"花"，"夏"即"芽"，本民族的象征的"华夏"，是农作物的收获和种植的象征。① 我们以"社稷"称祖国江山，社是土神，稷为谷神，祭祀社稷二神自古以来最为隆重。《诗经·周颂》中的《载芟》，是春天"祈社稷之所歌"，② 从两诗的内容看，是周灭商之前周族居留豳地时的古祭歌。明代邓元锡《五经绎》曰："《载芟》、《良耜》言质淳于周颂殊音，殆其豳（颂）乎。"何楷在《诗经世本古义》中也认为两诗是公刘居豳时的蜡歌，故名豳颂。两人皆认为这两篇诗歌是《周礼·春官》所称的"《豳颂》"，是周前的农业祭歌。后世表示重农的园林景点，往往冠以"豳圃"、"豳风"之名。而《载芟》中的"千耦其耘"的耕作方式，即两人协同并耕的"耦耘"，后世或作"耦耕"，于是，"耦耕"、"耦耕身"也成为后世文人隐逸田园的文化符号，苏州的"耦园"即以"耦耕"立意。

土地不仅是作为重要的生产资料或衣食之资，而且成为财富、荣誉和地位的象征，所以才有"以末致财用本守之"③ 的举动，有"人生不可无田……有田方有福，盖'福'从田"④ 的说法。

---

① 参夏渌：《释甲骨文春夏秋冬》，载《武汉大学学报》1985 年第 5 期。
② 《毛诗序》：《良耜》是秋天"报社稷之所歌"。见蔡邕《独断》载《鲁诗说》。
③ 《史记》卷 129《货殖列传》。
④ 《清坡杂志》卷 11。

二、重农抑商的国策

中国历代皇朝的经济政策始终贯彻一条重农抑商的路线。

春秋时期的管仲曾告桓公言：士农工商四民，不可使杂处。[①] 商人居四民之末，商人不能和士农工"杂处"。

先秦的法家提倡耕战，"耕"也就是重农。在重农的同时，他们也力主抑商。《商君书·壹言第八》："治国能抟民力而壹民务者强，能事本而禁末者富。""末"指的就是工商末业，相对于把农业视为"本"而言。韩非把工商视同五蠹之一。他指斥"商工之民，修治苦窳之器，聚弗靡之财，蓄积待时，而侔农夫之利"，同为君国之大蠹，故"明王治国之政，使其商工游食之民少，而名卑以寡，趣本务而趋（当作外）末作"。[②] 秦汉的统治者把重农抑商奉为国策，是直接承袭法家思想而来的。

秦始皇曾发逋亡人、赘婿、贸人"略取陆梁地，为桂林、象郡、南海，以适遣戍"。[③]《汉书·贪货志上》注引应劭曰："秦时以谪发之名谪戍，先发吏有过及赘婿、贾人，后以尝有市籍者发，又后以大父母、父母尝有市籍者。"即所谓"七科谪"。[④] 再后就取其闾左。可知贾人的地位，更低于闾左的贫民。汉兴，"高祖乃令贾人不得衣丝乘车，重税租以困辱之。孝惠高后时，为天下初定，复弛商贾之律，然市井子孙亦不得宦为吏"。[⑤] 武帝时，发七科谪伐匈奴。又规定"贾人有市籍及家属皆无得名田"。剥夺了商人自有之田。[⑥] 沈钦韩认为，"禁其自有之田，盖利其田没入之也。"也就是说，对商人的田进行无偿没收。汉武帝又实行盐铁专卖，并推行平准均输，以及算缗、告缗等措施打击商人的发展。耕读传家成为中国人的格言。

重农抑商的政策始终贯彻在中国封建社会的全过程。王莽改制，实行五均、六莞。王安石变法，推行均输、市易，都是企图贯彻政府对商业的垄断和控制，打击商业的发展。隋文帝开皇十六年，"初制工商不得仕进"。宋代的商品经济有了巨大的发展，坊市制度开始打破，然宋代的商人仍未得报名科举考试。明洪

---

① 《管子》第20《小匡》。
② 《韩非子》第49《五蠹》。
③ 《史记》卷6《秦始皇本纪》。
④ 《汉书》卷24上《贪货志上》；又卷49《晁错传》。
⑤ 《汉书》卷24上《贪货志上》；又卷49《晁错传》。
⑥ 参见周良霄：《皇帝与皇权》，上海古籍1999年版，第327页。

图122　苏州同里"耕读传家"门楼

武二十四年，令农家着绸纱绢布，"商贾之家，止许着绢布。如农民之家但有一人为商贾，亦不许着绸纱"。① 自给自足的小农经济对于工技也采取了同样的歧视和排斥态度。《周礼·王制》："作淫声异服，奇技奇器以疑众，杀。"② "季春之月，百工咸理，监工日号，毋悖于时，毋或作为浮巧以荡上心。"发展手工业为了满足统治者的奢华生活享受。官营手工作坊的劳功者是吏、卒、刑徒和官奴婢。私营手工作坊的劳动者主要是僮仆、佣工，身份与部曲、佃客相同。手工匠人世承其业，称之为匠户。直到明朝后期，政府才正式承认，凡是"受值微少，工作止计月日者，仍以凡人论"，③ 这一变化尽管是微小的，但是从这里毕竟看到了一丝自由的雇佣劳动的晨光。④

总之，在18世纪产业革命以前，科学在一些商业发达的文明社会里受到大力提倡，中国就从未有过像古希腊和文艺复兴时代那样的商业文明社会。古中国的统治者所采取的总是一种抑制私人经营的商业和企业的政策。当一种商品成为人民的重要必需品时，国家就把它变为官营的，由官方督造的商品，如盐在周代，铁在汉代，茶在唐代，都是这样，因此，这种商品的控制权就从私人手中夺了过去。

比起中世纪欧洲来，中国的手工业和商业行会，规模都小得可怜，而且行会也从来没有发展自己的独立传统。又如古代中国人从来就没有过原子论哲学。从在欧洲原子论流行的各个时代（如古希腊和欧洲文艺复兴时代，这时原子论哲学虽很流行，但还未成为对科学有用的学说）的情况来看，原子论的观点对重视商业和个人主义的人们吸引力最大。⑤

重农轻商的观念根深蒂固，成为人们的一种思维定势，北宋的陆游在《家训》中谆谆教导他的子孙曰："仕宦不可常，不仕则农，无可憾也。但切不可迫

① 明田艺蘅：《留青日札》卷22，上海古籍出版社《瓜帝庵藏明清掌故丛刊》影印本。
② 《周礼·王制》卷13"月令"。
③ 《神宗实录》卷191。
④ 周良霄：《皇帝与皇权》，上海古籍1999年版，第327～328页。
⑤ 斯蒂芬·F·梅森：《自然科学史》，上海人民出版社1977年版，第77页。

于衣食，为市井小人之事耳，戒之戒之。"清代的曾国藩在家书中写道："大抵士宦之家，子弟习于奢侈繁荣只能延及一二世；经商贸易之家，勤勉俭约，则能延及三四世；而务农读书之家，淳厚谨饬，则能延及五六世；若能修德行，入以孝悌，出以忠信，则延泽可及八至十世。"他建议儿侄们"养鱼、喂猪、种菜、种竹"为"家政四要"。

一些商人也往往自卑其业，表示崇本尚文。苏州吴江商人建庭园"崇本堂"，表示"崇德思本"。中国的徽州，出了许多商人，史称徽商，盛极一时的扬州园林，大多为徽商所建。由于商人无优渥的政治地位，所以，他们致富后，十分重视文化建设，徽商"贾而好儒"、"儒贾结合"，十分重视并资助"振兴文教"，因

图123 崇德思本

此，徽州"人才郁起，为海内之望，郁郁乎盛矣"。《歙县志》："商人致富后，即回家立祠堂，建园第，重楼宏丽"，"盛馆舍以广招宾客，扩祠堂以敬宗睦族，立牌坊以传世显荣"。留下了统治者抹不去的历史痕迹，这实际上是在"重农抑商"政策激励下的文化产物，也是中国商人向士人文化的皈依，实践了"以末致财用本守之"① 的古训。

总之，中国自给自足的自然经济一直延续了数千年，基本的经济形态仍是自给自足的自然经济占统治地位，小农经济是这个国家的基础，官僚是这个国家的支柱，手工业和商业虽然有了某些发展，但是它们是被歧视和压抑的。直到鸦片战争以后，西方帝国主义的坚船利炮轰开了中国的大门，资本主义文化汹涌而来，中国的农业自然经济才逐步解体，以商品经济为动力源的新的经济结构开始缓慢地形成。

在西方的殖民主义冒险家眼中，中国就是这样一个如他们所描绘的神秘而落后的金字塔：

在建筑物顶端的是神在这世界里的化身——天子，紧接着是加固金字塔顶端和棱边的大军机处、总督、巡抚和整个文官等级体系；只有他

---

① 《史记》卷129《货殖列传》。

们能用特有的语言来阅读和书写。他们的任务是把皇上的旨意和帝国的价值传达给群众。然后是农民，他们是整体生存所必需的广大群众，是真正的生产者；其他阶级的存在都是为了让他们能生产；再下面是手工业者，对他们的要求是为农民的耕作提供必需的工具。最下面是商人，他们不是生产者，而纯粹是寄生虫。他们靠贸易为生；他们不创造财富；他们只是靠损害他人来攫取金钱、他们虽然富了，但并不能因此而得到尊重。①

三、土地政策

占有土地，是兴造园林的必备的物质基础。

中国早期也经历过原始土地公有制阶段，但土地私有制在先秦的秦国就已经开始确立，秦孝公任用商鞅变法，"废井田，开阡陌"，土地可以买卖，至秦国确立了"令黔首自实其田"的土地私有制。西汉时，土地买卖和土地兼并已经让人担心："《春秋》之义，诸侯不得专封，大夫不得专地。今豪民占地或至数百千顷，富过王侯，是专封也；买卖由己，是专也。"② 可以看到，土地的私有制与土地兼并是一对孪生兄弟，土地兼并是土地所有制的运动规律。

东汉以后日益强盛的土地兼并，出现了大土地所有制的庄园经济。西晋政府颁布了占田、课田制度，王公贵族均拥有封地，食其租税，又在京城附近占有一定数量的"刍藁之田"，"大国十五顷，次国十顷，小国七顷"。官员按品级占田，最高五十顷，最少十顷，各以五顷为差。百姓占田"男子一人占田七十亩，女子三十亩"。北魏实行过计口授田。

中唐以后，土地占有不均的矛盾日益突出。中国几千年的帝国政府，"理民之道，地着为本"，一家一户的小农经济是其维护政权安稳的基础，也是社会和谐目标的集中体现，所谓"民不怀其产，国之危也"。③

中国士人大多出身于大中小地主阶层，本来就拥有一定的土地，他们中一部分士人通过科举考试走进官场，但宦海沉浮使人心存芥蒂，《袁氏世范·治家》所谓，贫富无定势，田宅无定主，有钱则买，无钱则卖，只要有钱，就肯定广置

---

① 《停滞的帝国——两个世界的撞击》第 616 页，转引自周良霄：《皇帝与皇权》，上海古籍 1999 年版，第 329 页。

② 荀悦：《前汉纪》卷 8。

③ 《管子·立政》。

田产，是谓"恒产"。寒素之士，一旦登上天子堂，自然首先置下产业，《儒林外史》中的范进一中举人，张静斋就送给他田产房屋。可以说，有了"土地"这一"恒产"，他们就有了安身立命的安全"退路"。陶渊明即使只有"方宅十余亩，草屋八九间"，过的是"晨兴理荒秽，带月荷锄归"的田园生活，但也可以"逍遥齐物追庄周"了。

第二节　园林的重农安土理想

自然秩序是重农主义整个经济思想体系的基础，田园江湖这种自然经济方式，成为农业社会主要的经济形式，因此，在中国这个农业文明的社会里，农、渔、樵也就自然地成为中国传统文化的"一主二副"，成为士大夫文人心理最稳定、最安全的退路，其象征就是田园、江湖和山林。中国古典园林本身一直兼有自然经济功能，具有不容忽视的经济价值。"归隐田园"成为中国私家园林最永恒的主题，皇家园林中也不乏劝耕重农的思想内涵。

一、灌园鬻蔬供朝夕之膳

古典园林中植物栽培起源于生产的目的，早先的人工栽培以提供生活资料的果园、菜畦、药圃为主，随着园艺科学的发达才有了大量供观赏之用的树木和花卉。汉代的"上林苑"39 种植物中就有 17 种果树，包括卢橘、黄甘、枇杷、沙棠、留落（石榴）、杨梅、樱桃等，它们除了装点园景外，鲜果可以采食。西晋石崇的"金谷园"里，有清泉茂树、牧场、鱼池、水礁，尚有"众果竹柏药草之属"。南北朝的庄园都有自然经济功能。据宋朱长文《乐圃记》载，宋代的私家园林里，还有时果分畦，嘉蔬满畦，标梅沉李，剥瓜断壶，以娱宾客，以酌亲属。留园北部"小桃坞"一带原来就是农田菜畦。明崇祯十年（公元 1637 年），祁彪佳的寓山园建有山村"丰庄"，有田畴可耕作，另有"幽圃"，种有桑树、梨、橘、桃、杏、李等果树。园主称自己在此"学圃学稼，予将以是老矣"。[①]

中国古典园林特别是士大夫园林中，出现了众多的以回归田园、泛舟江湖为隐逸主题的园林。他们标榜自己是"不矜轩冕穷林泉"，甚至"自叹曾为折腰

---

① 《明清名家小品精华·丰庄》，安徽文艺出版社 1996 年版，第 629 页。

吏"。如列入世界文化遗产名录的苏州拙政园、艺圃和耦园，都明确表示了隐归田园的主题。

拙政园园主王献臣，为明弘治进士，但仕途不达，授职行人，又迁为御史，因弹劾失职武官，被东厂（明特务机构）所诬而被降职，贬谪上杭县丞、广东驿丞、永嘉知县、高州通判，正德四年（公元1509年）失意回乡。因有感于西晋潘岳仕宦不达时所作《闲居赋·序》中所说："庶浮云之志，筑室种树，逍遥自得，池沼足以渔钓，春税足以代耕；灌园鬻蔬，以供朝夕之膳；牧羊酤酪，以俟伏腊之费，'孝乎唯孝，友于兄弟'，此亦拙者之为政也。"自比西晋潘岳，"余自筮仕抵今，馀四十年，同时之人或起家至八坐，登三事，而吾仅以一郡倅老退林下，其为政殆有拙于岳者，园所以识也。"① 将"拙政"与"巧宦"相对。也正是陶渊明"守拙归田园"的意思，表示自己志趣的高洁、品格的耿介。园中绿漪亭，一名劝耕亭，1871年江苏巡抚张之万还曾在此建菜花楼，只见水流从亭边流过，水边几片芦荻，数竿苇叶，亭北棚架爬满木香花，棚下花径蜿蜒，一派田园风光。

艺圃之"艺"，即种植，寓隐居归耕之思，明末姜垛居此园时，园中还有"南村"一景，清宋荦曾写诗缅怀这位颇有风骨的"荷锄翁"，曾经在此"春风事南亩"。耦园，原名涉园，取陶渊明的"园日涉以成趣"句意，言归园田居之乐。沈秉成增其筑后改名"耦园"，表达夫妇双双"偕隐""耦耕"之意，"空明冰抱一壶清，一樽相对话归耕"，反映了对原始耕织方式的怀念。园中有"枕波双隐"半亭，上面有传为女主人严永华的题联："耦园住佳耦，城曲筑诗城"，明确地表达了归耕双隐之意。

宋代苏舜钦的"沧浪亭"，取意《楚辞·渔父》之《沧浪之歌》，表示自己也要"潇洒太湖岸"，扁舟急桨，"撇浪载舻还"，做一名渔父了。网师园的"网师"即渔翁，园主要"卷却诗书上钓船，身被蓑笠执鱼竿"，当"渔父"，以表达"隐居自晦之志"。所以清洪亮吉《网师园》诗中说主人已经"先已挂渔蓑"了。一蓑烟雨任平生，反映了文人那种超然、淡然和泰然的高远襟怀。

二、劝耕南亩，俯察庶类

中华帝国奉行重农政策，汉朝皇帝以天下第一农夫自居，并非完全出于矫

---

① 文徵明：《王氏拙政园记》引。

情，因为他们向小自耕农抽税而倚之生存，除此之外别无他法，农业是王朝的经济命脉。

皇家园林中劝耕重农的景点，是表达"紫宸志"的重要内容。康熙在《御制避暑山庄记》中说："一游一豫，罔非稼穑之休戚；或旰或宵，不忘经史之安危。劝耕南亩，望丰穰筐筥之盈；茂止西成，乐时若雨旸之庆，此居避暑山庄之概也。"

颐和园如意庄主体建筑乐农轩，崇尚农事。豳风桥，就是欣赏田园风光之桥，桥西有仿江南乡村风景的一组风景点，如延赏斋、蚕神庙、织染局、水村居等。圆明园设有"北远山村"、"多稼如云"，都是以农村为题材的造景，乾隆《御制诗序》描写"多稼如云"曰："坡有桃，沼有莲，月地花天，虹梁云栋，巍若仙居矣。隔垣一方，鳞塍参差，野风习习，被襏襫笠往来，又田家风味也。盖古有弄田，用知稼穑之候云。"承德山庄的东南部，地肥土厚，康熙时也曾开辟为农田、瓜圃，桑麻千顷，果实累累。

三、崇义绌利的农耕文化心态

崇义绌利是中国儒道释三教共仰的道德精神，所以在中国园林中处处可以感受到园林主人那种知足常乐、容膝自安的文化心理，这是在传统文化审美观确立的以"中庸"为哲学基础的原则在艺术领域的体现，是在自给自足的小农文化土壤上生长起来的偏于保守的生活观。

如简朴素雅、憩读皆宜的曲园，其主题思想，俞樾在自撰的《曲园记》中作过如下阐述：

> 曲园者，一曲而已，强被园名，聊以自娱者也……用卫公子荆法，以一"苟"字为之……世之所谓园者，高高下下，广袤数十亩，以吾园方之，勺水耳、卷石耳。惟余本寒人，半生赁庑。兹园虽小，成之维艰。传曰："小人务其小者"，取足自娱，大小固弗论也。

公子荆是春秋卫国大夫，吴公子季札曾称之为君子。孔子也对他的节俭赞美有加，《论语·子路》篇载：

> 子谓卫公子荆："善居室，始有，曰'苟合矣'。少有，曰：'苟完

矣'。富有，曰：'苟美矣'。"

俞樾心情与公子荆相似。他半生赁庑，在苏州也已经四移其居，最后因得友人资助，方得以构地建屋，"但取粗可居，焉敢穷土木"，厅堂用材都不粗大，甚至小园中的叠石和花木也均为友人资助。"卷石与勺水，聊复供流连"，也已足矣。他将其厅言"乐知堂"，也即此意。当然，园名还含有"其形曲"和"曲则全"的哲理，但知足自娱方是主人的心理境界。在苏州有南北两个半园。南半园主史伟堂颇为自得地撰了一联：

> 小有园亭山水，种树养鱼，得少佳趣；
> 虽无管弦丝竹，论文把酒，足叙幽情。

清吴云也为之题联说：

> 园虽得半，身有余闲，便觉天空海阔；
> 事不求全，心常知足，自然气静神怡。

宋程俱的"蜗庐"、清尤侗的"亦园"、民国吴待秋的"残粒园"，苏州有"绸园"，"绸"即"茧"，蚕及某些昆虫成蛹期前吐丝所作的壳称茧，极言其小。南宋尚书沈作宾在浙江湖州的私园径名"自足园"。其他如"一枝园"、"半枝园"、"勺园"等，皆为容膝自安之意。

中国园林中琳琅满目的建筑，满足生理和心理的需要，诸如满足楼台亭阁廊轩等单体建筑，以满足读书、会友、吟眺、赏月等各种需求。中国园林这种自我满足和封闭内向的特点，反映出自给自足的自然经济的文化特色，缺乏探险和开拓的特性，正如弗朗西斯·约斯特所指出的："孔夫子的所有教诲都不能使中国人去发现加勒比人的菠萝或巴格达的姑娘们"。[①]

农耕文明不追求外在刺激，偏重于内向道德型的人格取向，通过调节自身以适应外在自然，达到内心和外在双重和谐的另一种自由。希望过恬淡、安闲、自在的农耕生活，在日涉成趣的园林中，采菊东篱下，悠然见南山，涵泳、品味人

---

① ［瑞士］弗朗西斯·约斯特：《比较文学导论》，湖南文艺出版社 1988 年版，第 142 页。

生。"日出而作，日入而息"，春耕夏耘秋收冬藏，对天地自然界有深厚感情，对家庭亦感情深厚。

中国是以血缘关系为纽带的宗法社会，早在甲骨文中，就有"孝"字，故有人称中国哲学为伦理哲学，中国文化为伦理文化。儒学不是某种抽象的哲学理论、学说、思想，要点之一是把思想直接诉之于情感，把某些基本理由、理论建立在日常生活即与家庭成员的情感心理的根基上，从"三年之丧"到孟子和王船山所说"人禽之别"，首先强调的是"家庭"中子女对于父母的感情的自觉培育，以此作为"人性"的本根、秩序的来源和社会的基础；把家庭价值置放在人性情感的层次，来作为教育的根本内容。所以，在中国园林中你可以感染到中华人伦之美、天伦之乐。"怡老园"、"豫园"、"怡园"等，都是表达怡亲、娱老的。苏州狮子林大厅外廊两侧砖额"敦宗"、"睦族"，要求家族内部都应该和睦相处，为人要忠厚、诚实。小方厅东北侧走廊墙砖刻"宜家受福"，"宜家"，即"宜其室家"之意，见《诗经 桃夭》："之子于归，宜其家室。"朱熹传曰："宜者，和顺之意；室者，夫妇所居；家，谓一门之内。"也是指家庭和睦，共享大福。怡园，主人顾氏称"兄弟怡怡"，他还曾用"看到子孙"四字颜其堂。表现了浓厚的儒家伦理色彩。

西方以商立国，"商人重利轻别离，家人团聚，乃暂非常。贸易为求利润，供求间非有情感可言。无情斯亦无诗，而跋山涉海，万贯在身，骤变一富翁……辟商路，保商场，整军经武，牟富必济之以强力，罗马建国则然。"[1] 因此，具有冒险、开拓精神，家庭观念却比较淡泊，柏拉图《理想国》无家庭观念。儿童公育，职业亦由公家决定分配。个人以上，直接为国，而个人无自由可言。"[2] 西方伦理价值观念方面追求实际功效和利益，为西方文化提供了功利主义的沃土。西方人具有外向开拓精神，"外显、外向、外求、外张"。[3]

第三节　园林建筑材料与农耕文化

木构架体系在很大程度上成为中国古代建筑的总代表，一直成为中国古代经

---

① 钱穆：《中国文学论丛》，三联书店 2002 年版，第 133 页。
② 钱穆：同上，第 146 页。
③ 何秀煌：《从东西方的哲学思想看生的意义与死的价值》，《中西文化异同论》。

久不衰的建筑正统，为世界原生型建筑文化之一，迥异于西方古代建筑以石结构为主题。

中国园林建筑为什么采用了木构架？中外学者进行过各种探讨，或曰古希腊和欧洲火山频发，天然的火山灰成为石头建筑很好的胶粘剂，而中国缺乏胶粘剂。学者罗漫考证了神话传说中伯鲧用来堵塞洪水的"息壤"就是当今广泛运用于工业领域的"膨润土"，也称"膨胀土"，①说明我们早有粘合剂。或曰中国大概缺乏石头，实际上，中国的石材不仅丰富，而且中国古代的砖石构件技艺已经非常成熟，石结构的建筑也十分精美。中国很早就用石材来造桥和修坟墓。建于隋初的赵州桥，是当时世界上跨度最大的石拱桥。石塑、石雕的技艺非常高超。

图124　留园明代的花坛雕刻

诚如侯幼彬所论，中国园林因袭原始建筑土木结合的技术传统，原因很多，"不是单因决定的，它是所因子合力作用的结果"，"一部中国古代建筑史，是在

①《山海经·海内经》："洪水滔天，鲧窃帝之息壤以堙洪水，不待帝命，帝令祝融杀鲧于羽郊。"息壤在当时极其珍稀、贵重。

复杂的、不断变化着的绳圈合力推动下演变发展的"。①

其中起支配作用的应该是长期形成的文化观念。在人类发展史上，世界上的原始先民都经历过采集、狩猎和农耕阶段。马克思说过，农业是整个古代世界的决定性的生产部门。世界上各个民族都经历过"农人时代"，如公元前6000年，居住在尼罗河流域的人们开始沿着不同于非洲其他地区文明的轨道发展，除了已经有的狩猎以外，人们还把注意力投向肥沃的尼罗河淤泥地带，开始在那里耕作。但是，古埃及却发展了石构技艺，其决定因素是文化观念的差异。

一、震阳生福、代代更新的文化理念

农耕文化重视家族的兴旺发达，向往长江后浪推前浪，文化生态的代代更新，生生不息，住宅的建筑，并不追求宗教意义上的永恒，因此，住宅和园林的建筑材料采用容易腐朽的土木，而不用坚固耐用的石头，这是其一。

土木对具有黄土情结的中华先人具有天然的亲和力，它轻软、暖和，与阴冷生硬的石头异趣，这是其二。

最重要的是中国传统的《易经》哲学理念。在《易经》八卦的方位中，东方、东南方为"震卦"和"巽卦"，五行属木，是太阳升起的方位，色彩为青色，是植物生长的颜色，代表着春天和清晨，是一年四季之初和一天的开始，是朝气勃勃的方位，所以，"木"是一种含有生命的材料，它充满了朝气、生意、阳光等欣欣向荣的内涵，是阳气的体现和生命的象征。因此，中国古代民居建筑的大门喜欢朝东南方向，皇宫中皇帝接班人即太子的宫室就在东面，称"东宫"。在中国《易经》代表的文化理念中，石材营造的"气场"，不利于活人居住，因此，中国人向来称活人住的房子为"阳宅"，而埋死人的称为"阴宅"，斫木以为阳宅，垒土以作阴宅，为了追求永恒，富贵有权势者修建石结构的坟墓历代也不乏其人，成为世代相袭的法则。这种文化观念的形成，正是农业文明的特点。

在古埃及，荷鲁斯神与太阳神合而为一，称拉神，埃及法老既是全国最高的统治者，同时又是众天诸神，首先是王权之神荷鲁斯在人间的代表。有时甚至当作神的化身或本身，其地位之崇高非其他时代其他国家的任何专制君主所可比拟。就实际权力讲，法老集军、政、财、神诸权于一身，他的意志就是法律，所

---

① 侯幼彬：《中国建筑美学》，黑龙江科技出版社1997年版，第20页。

图 125　胡夫金字塔群

有的埃及人都得绝对服从他的"圣旨"，在法老面前，文武百官皆须匍匐敬拜，以亲吻法老的靴鞋为荣，甚至被法老打了一巴掌也是莫大的光荣，值得在墓志铭中大书特书。

法老是神拉在人间的化身，死后升天与太阳合一。作为法老坟墓的金字开始作成层级状，如乔赛尔层级金字塔，因为是法老上天的阶梯，由此登天成神。太阳神拉以太阳光芒为标志，所以，后来筑的金字塔，就呈尖锥几何形，象征着刺破云天的太阳光芒之辐射和升天入云的气势，塔面的干净爽利和角线的笔直精确则体现着撒向大地的太阳光芒。《金字塔铭文》说："天空把自己的光芒伸向你，以便你可以凌空升天。"胡夫金字塔高达 146 米，底边长 230 米，在世界历史上，它保持这个最高建筑物记录达 4500 年之久，直到 19 世纪，才被巴黎的埃菲尔铁塔超过。胡夫金字塔用石料 230 万块，每块重达 2.5 吨。

在古王国后期，对神拉的崇拜愈演愈烈，也使整个埃及文化的宗教色彩日益浓厚。[①]

出于神拉崇拜，埃及掌握了空前规模的采石和石造建筑的技术。石匠技能，远在希腊人之前，埃及就使用了柱廊，又在罗马人之前，他们就发明了拱门。3600 年前，这些朝代前的埃及人已经使用先进的燧石武器狩猎，制作彩绘陶器，并为当地的神祇建造神殿，后来这些神祇组成了复杂的埃及神傍。除金字塔而外，象征太阳光芒的方尖碑和神拉神庙的建造也越来越重要。卡尔纳克神庙，门楼九重，相应的柱厅、庭院亦为数众多，其中最大的柱厅面积达 103×51.8 平方米，共有 134 根圆形大石柱。

二、简捷、实用的农耕心理

农耕民族向来重视经验和实用，实用性正是农耕文化的鲜明特点。即使是神圣的祭祀活动，祭奠什么神灵都是十分实用而功利的。如《礼记·郊特牲》曰："……大蜡八。伊耆氏始为蜡。蜡者索也，岁十二月合聚万物而索飨之也。蜡之祭也，主先啬而祭司啬，祭百种以报啬也。飨农及邮、表、畷、禽兽，仁之至义之尽也。古之君子使之必报之，迎猫，为其食田鼠也；迎虎，为其食田豕也，迎

---

①　朱龙华：《世界历史——上古部分》，北大出版社 1991 年版，第 89 页。

而祭之也。祭坊与水庸，事也。"郑注："伊耆氏神农，古天子名也。"猫食田鼠，虎吃田豕，保护了庄稼，所以都成为祭祀对象。

木构架建筑因木料做成房屋的构架，先在地面上立起木柱，在柱子上架设横向的梁枋，再在这些梁枋上铺设屋顶，各个构件之间都由榫卯连接，成为软性连接，富有韧性，不易断裂，所有房屋顶部的重量都由梁枋传到柱子，经过柱子传到地面，而在柱子之间的墙壁仅起隔断的作用，并不承受房屋的重量。因此遇到地震等突然、猛烈的冲击时，可以"墙倒屋不塌"，具有防震抗震功能。在日常生活中，木质构架与人亲和，形体轻灵。中国木结构建筑采用的大屋顶，冬暖夏凉，厅堂门窗通风，透气，透光，落地长窗开合自由，拆卸方便。园林平面开间、面阔的比例、屋顶形式等也都不拘囿于程式，而根据生活实际需要而灵活变化。如屋顶形式，南方冬天寒冷而一般不生火取暖，夏天气温较高，因此园林厅堂内的天花板普遍采用轩形，有茶壶挡轩、弓形轩、一支香轩、船篷轩、菱角轩、鹤胫轩等，不仅使室内空间显得主次分明、形式丰富，还有着隔热防寒、隔尘的作用。

木材自然材质又可以根据需要选择使用，如苏州耦园的藏书楼，采用了能够吸水的杉木，以保持所藏书画的干燥。

采伐施工的便利，显然是木构架建筑的优越性所在。开山取石、制坯烧砖，费工费时。意大利佛罗伦萨用石料建造高达 107 米的主教堂穹顶与采光尖亭，穹顶为里外两层，两层之间有供人上下的周圈台梯，这些墙体、穹顶全部都由一块块石料垒筑而成，自 1420 年动工兴建，到 1470 年才最后完成，用了近 50 年的时间。建于同时期的中国明代的紫禁城，占地 72 万平方米，近千幢房屋，16 万平方米，自 1407 年开工到 1420 年就全部完工，只用了 13 年的时间，其中备料的时间花去 8 年，真正现场施工还不足 5 年。①

三、木构技艺的成熟性和因循性

中国园林建筑，具有悠久的历史，龙庆忠曾回顾了中国古建筑的历史，他说："当埃及建筑正盛、希腊建筑将欲发达之时，我周时即有独自伟大之建筑技术，后历秦汉发达，自东汉末以至南北朝，虽有印度佛教艺术以及西域西亚细亚诸国，希腊、罗马等国建筑艺术之流入，然仅摄取其装饰花纹、雕刻艺术以为富

---

① 参见楼庆西：《中国古建筑二十讲》，三联书店 2003 年版，第 2 ~ 5 页。

丽之用，而在本质上仍未见受有若何影响也。至明朝以复兴唐宋文物之关系，建筑上又复有新气象可观。嗣后历清至今，虽又遇西洋文化输入，然我民族正在世界文化大激荡、大混合中求其出路也。"① 中国园林建筑是高度成熟的。

高度成熟的中国木构架建筑技艺，作为强大的习惯势力，有很大的因循性和惰性。云南拉祜族，是北方游牧部落羌族的后裔，他们至今还是用一棵树在一天里制成一所干阑式的房屋，几年一换。

即使是石质的宗教性建筑，如苏州虎丘的云岩寺砖塔，也都是仿木结构的楼阁式外壳。这类仿木制结构的建筑，在近代园林建筑中更是司空见惯。

施工技术上也有很大的因循性。中国在长期的建筑实践中，出现了大批精通木构架技艺的能工巧匠，如传说中先秦的能工巧匠鲁班，苏州的香山木工、浙江的东阳雕刻等。能工巧匠往往成为"世家"，代代传承，他们靠的都是耳口相传，而且都为"秘传"，在重男轻女的时代，还长期信守着"传子不传女"的教条。所以，中国园林的木构架建筑，越到后来，创造性越差，因循性越突出，明清的建筑从格局到装饰内容，因循的痕迹都是十分鲜明的。

---

① 龙庆忠：《中国建筑与中华民族》，第 1 页。

第四章
中西哲学观念与园林

中华大陆封闭安和的优越自然境况，培育了天人合一、与自然同化的中国传统哲学理念，成为中国古代哲学中最古老的命题，其精神贯穿整个古代文化思想史、遍涉儒、道、佛三家，并成为中华文化发展的基础性缘由和深层次根源。天人合一观念，"发源于周代、经过孟子的性天相通观点与董仲舒的人副天数说，到宋代的张载、二程而达到成熟。" ①在中国文化中，这个"天"虽有多义性，诸如本原之天、主宰之天、命运之天、义理之天、自然之天等，但自然山水园林追求人天浑融，这个"天"主要指老庄代表的道家认为的"自然之天"和儒家所说的"义理之天"。

源自凯里特岛的孤立与贫瘠的西方文明，造成了西方人传统观念上向自然索取生存所需的天性，欧洲人崇尚理性，崇尚对自然的证服。西方哲学从古希腊以本体论为主到近代转为以认识论为主，其基本思路始终是主客二分，成为西方文化思想传统的主流。欧洲园林，以人为中心，对大自然气使颐指，呈现了几何型的人工符号。

---

① 张岱年：《中国哲学中"天人合一"思想剖析》，见《北京大学学报》哲学社会科学版）1985 年第 1 期。

中·国·园·林·文·化

下编 多维视野中的中国园林文化特质及其历史成因

第一节 自然观与中西园林

　　中国园林遵循的是"象天法地"的自然法则，园林是大自然的艺术，从大自然中摘取自然元素。园林构思从"象天"到"法地"，从对大自然的简单模拟到"虽由人作，宛自天开"的最高创作原则，都是将园林作为"艺术的宇宙图案"来构思的。法国艺术史家热尔曼·巴赞说："中国人对花园比住房更为重视，花园的设计犹如天地的缩影，有着各种各样自然景色的缩样，如山峦、岩石和湖泊。"① 推崇"人是万物的尺度"的古希腊人，开创了自由理性的传统，奠定了西方科学思维的基础，表现为以欧几里德几何学为代表的严格的逻辑体系，并施之于园林构图。

一、道法自然　万物一体

　　在中国神话里，天地万物都出于开天辟地的盘古。徐整《三五历记》② 云："天地混沌如鸡子，盘古生其中，万八千岁，天地开辟，阳清为天，阴浊为地，盘古在其中，一日九变，神于天，圣于地，天日高一丈，地日厚一丈，盘古日长一丈，如此万八千岁，天数极高，地数极深，盘古极长，后乃有三皇……"天地和盘古都是原始之气孕育而成，上古之时，天和地本来就是混沌聚在一起，不分上下，形状如大鸡蛋。盘古乃与天地同生同长，临死时，周身发生了巨大的变化，他呼出的气变成了风云，发出的声音变为雷霆，左眼变为太阳，右眼变为月亮，头与四肢变为五岳，血液变为江河。清马骕《绎史》卷一引《五运历年记》、《述异记》也有类似记载。

　　先秦时期最富有摄生智慧的老庄哲学，从哲学的层面阐述了天人合一的自然观：

　　《老子》25章曰："人法地，地法天，天法道，道法自然。"从人类法则同自然法则的关系出发，认为人的社会规则来源于自然界的法则，而自然法则来自最高的道，道是最初的源头，处于最高的地位，人只能是自然法则的模仿者。童书业在《先秦七子思想研究》中说："《老子》书里的所谓'自然'，就是自然而然

---

① 热尔曼·巴赞：《艺术史》，刘明毅译，上海人民美术出版社1989年版。
② 《艺文类聚》卷一引徐整《三五历记》上海古籍出版社1965年第2页。

的意思，而所谓‘道法自然’就是说道的本质是自然的。"①《老子》5 章说，圣人以天地的特征为模范，"天地不仁，以万物为刍狗，圣人不仁，以百姓为刍狗"，"故圣人云：我无为而民自化；我好静而民自正；我无事而民自富；我无欲而民自朴"。②"无为"来自自然法则，百姓归于自然和谐。

《庄子》则强调天人为一，《庄子·齐物论》曰："天地与我并生，而万物与我为一。"认为自然和人具有同一性，"有人，天也；有天，亦天也。"③郭象注："凡所为天，皆明不为而自然。"人和万物都是自然的，天为和人为都应该是自然无为的。

如果将自然之物进行了人为的加工，则自然物就失去了它存在的自然属性。《庄子·天地》篇："百年之木，破为牺尊，青黄而文之，其断在沟中。比牺尊于沟中之断，则美恶有间矣，其于失性一也。""所以均调天下，与人和者也，谓之人乐；与天和者，谓之天乐。"④ 要遵循天理，虚无恬淡，与天合德，要无为乎自然之间，达到纯任自然，不干涉，让其自为，使物自化。《庄子·缮性》："古之人，在混芒之中，与一世而得澹漠焉。当是时也，阴阳和静，鬼神不扰，四时得节，万物不伤，群生不夭，人虽有知，无所用之，此之谓一。当是时也，莫之为当自然。"

老庄赞美自然，要求人与自然的合一，人向自然复归，这个"自然"是不受任何外力制约、保持天然本性或状态的"自然"，使人进入一种绝对自由的、犹如自然本身的境界。庄子感到"山林与！皋壤与！使我欣欣然而乐与！"⑤ 从人与自然一体、在自然中获得精神解脱的角度观赏山水并获得审美快感。写秋水、大树，从中可看出他对自然美各种形态的体察已颇深、细，且能与自己的情感结合起来，绘声绘色地表达出来。

老庄哲学代表的中国先哲已经从宇宙的高度来认识和把握人类的意愿，这种万物一体的自然观，反映了先哲的生态智慧。中国山水园林遵循的主要是老庄天人合一的自然哲学。

---

① 童书业：《先秦七子思想研究》，齐鲁书社 1982 年版，第 113 页。
② 《老子》57 章。
③ 《庄子》外篇《山木》。
④ 《庄子》外篇《天道》。
⑤ 《庄子》外篇《知北游》。

中
·
国
·
园
·
林
·
文
·
化

[下
编]

多
维
视
野
中
的
中
国
园
林
文
化
特
质
及
其
历
史
成
因

二、主客二分的认识论

古西方文化"天人相分"的自然观，主要体现为主客二分的认识论。西方哲学以自然为客体，人站在自然、世界之外，对待、思考自然。西方的哲学传统始终是独立于科学，虽然与宗教、神学有关，而独立于宗教神学。其中心与重点都落在"知识"处，并未落在宗教处。西方的哲学传统是以知识为中心，以理智游戏为一特征的独立哲学。

以本体论为核心的古希腊哲学思想，侧重对自然、世界之本质的认识与说明。如泰利士的万物的本原是水、赫拉克利特的世界是一团不断转化的活火①、巴门尼德的自然为一个巨大的存在者、② 苏格拉底"希望知道事物的原因，知道一件东西为什么存在，为什么产生，为什么消灭"③ 等。

柏拉图则用"理念"论，把主客二分思想系统化了。亚里士多德虽然不同意乃师的理念论，但并未动摇其主客二分的哲学基本构架，认为哲学"专门研究'有'本身，以及'有'凭本性具有的各种属性"。④

中世纪的欧洲是在神学框架中的主客二分。新柏拉图主义的主要代表普罗提诺将"理念"改为"太一"说，太一是神，是世界万物之本，万物从它流溢而出，灵魂如委身于尘世现象、事物，只能取得一些"泡影"，只有超越尘世，返归"太一"，与神结合，才能进入"更高的世界里"，才能接近并且分享"真理"。⑤ 圣·奥古斯丁奉行基督教神学，他的《忏悔录》认为"宇宙间除了上帝以外，没有任何存在者不是由上帝那里得到存在"。经院哲学代表圣托马斯·阿奎的《神学大全》提出神学认识论主张，认为除了哲学理论外，还需要有神学的真理，"一种上帝启示的学问"，这种学问是"超出理智之外的"，对"这种真理的认识，关系到全人类在上帝那里得到拯救"。⑥ 近代的西方哲学，转向认识论的主体性形而上学。文艺复兴后，法国理性派笛卡尔提出"我思故我在"的理性主义本体论，⑦ 一切事物作为"在我之外"的客体，和普罗泰戈拉的理论如出一辙："人是万物的尺度，是存在者存在的尺度，也是不存在者不存在

---

① 《西方哲学原著选读》上卷，商务印书馆 1983 年版。
② 巴门尼德：《论自然》残篇。
③ 引自《西方哲学原著选读》上卷。
④ 同上。
⑤ 同上。
⑥ 《西方哲学原著选读》上卷。
⑦ 《西方哲学原著选读》上卷。

的尺度。"① 英国经验派代表培根霍布斯和洛克则相信感官经验的可靠性，科学实验的有效性。"知识是存在的反映"、"知识就是力量"。英国贝克莱认为，存在就是被感知。18世纪的西方哲学则是以主客二分为前提的启蒙哲学。法国启蒙主义思想家伏尔泰和以狄德罗等为代表的"百科全书派"，"他们不承认任何外界的权威"，要求"一切都必须在理性的法庭面前为自己的存在作辩护或者放弃存在的权利"，"为行将到来的革命启发过人们的头脑。"② 德国"古典"时期，经过康德、费希特、谢林、黑格尔和费尔巴哈，主客二分认识论得以全面完成。

三、人类中心主义

西方主客二分的自然观，使他们与自然疏远和对立。严复在《论世变之亟》中曾这样分析中西为学之道时说："中国夸多识，而西人尊亲知。其于灾祸也，中国委天数，而西人恃人力。"

西方在两千年内，在对自然的态度上，基本上是对立的，中国追求与天地自然的融合，而西方则以人为中心，自然美基本上对人是不存在的，古希腊神庙根本没有去考虑神庙周围的环境。基督教教会的经院哲学虽然信奉神本精神，蔑视人和尘世生活的价值，但它借用古希腊传统的论辩方法维护其教义，也支持了人类中心主义。《圣经》在"创世纪"第一章中，记载了"上帝"的指示："凡地上的走兽和空中的飞鸟，都必须惊恐惧怕你们。连地上的一切昆虫并海里的一切的鱼，都交付你们手中。凡活着的动物，都可以作为你们的食物，如同我赐给你们的蔬菜。"在这里，人和自然是对立的，人主宰着一切。"上帝"指示人类，可以"恃人力"去主宰自然、宰割自然，将自然作为改造和索取的对象。文艺复兴时期出现了大批多才多艺的文化"巨人"，高扬了人类理性精神，掀开了自然神秘的面纱。17世纪以后，随着科学技术的空前发展，科学的实用价值和功利主义的目的日渐突出，直至19世纪以后，科学功利主义无限膨胀。

西方对自然美发现很晚，15世纪自然美才开始进入绘画，17世纪荷兰的风景画才是真正表现自然美的艺术，文学对自然美的讴歌更迟至18、19世纪之交的浪漫主义诗作才大量涌现。直到18世纪，英国的福尔斯还这样描述道："这个

---

① 引自《西方哲学原著选读》上卷。
② 恩格斯：《反杜林论》，人民出版社1971年版。

时代毫不同情未开发的原始自然。它充满侵略野性，使人回想起那丑恶的无所不用其极的大堕落，即人类从伊甸园里放逐……甚至于当时的自然科学……也对野生自然充满敌意，把它看成驯服、分类、使用和剥削的对象。"① 崇拜自然的风气在欧洲随着浪漫主义起来以后才盛行，而且，自然的崇高美、恐怖美、怪诞美等比秀美更多地进入西方的审美视野。

我们在欧洲园林所看到的是：强迫自然接受人的指挥，如喷泉，人工加压，迫使水流向高处喷发，将树木的自然状态按人的意志改变成各种几何样式等，园林中的一切都有人工穿凿的印记。

第二节　宇宙图案与自然几何化

中西园林对自然的不同态度，影响了园林的布局和风格。中国哲学强调人与自然的统一，要求人与自然合一，人向自然复归，使人进入一种绝对自由的，有如自然本身的境界。故与自然向来是亲和、统一、感应、交融的关系。园林中的山水、植物等自然要素，虽然也经过了"人化"，但依然保持了自然化，正如英国李约瑟认为"再没有其他地方表现得像中国人那样热心体现他们伟大的设想'人不能离开自然'的原则"，连"散布在田园中的房舍，也都经常地呈现一种对'宇宙图案'的感觉"。

西方园林则处处体现了自然的几何化。

一、宇宙图案与园林自然化

中国古典园林被称为自然山水画意式园林，山水园部分在营构布局、配置建筑、山水、植物上，遵循追摹自然的原则，竭力追求顺应自然，着力显示纯自然的天成之美，呈现出来的是不规则、不对称的布局，并力求打破形式上的和谐和整一性，营造的正是与自然和谐共生的生态文明。

冯友兰在《学术精华录》中说过，在天地境界中的人最高的造诣是，不但觉解其是大全的一部分，而并且自同于大全。并认为，道家的最高境界是"得道"的境界，佛家的最高境界，是真如的境界。"真如"的境界以及"得道"的

---

① 詹姆斯·格莱克：《混沌开创新科学》，上海译文出版社 1990 年版，第 126 页。

境界，都是所谓同天的境界。中国的佛教所具有的中国精神，主要摄取于儒道两家，① 而在禅学看来，人既在宇宙之中，宇宙也在人心之中。人与自然并不仅仅是彼此参与的关系，更确切地说是两者浑然如一的整体。

魏晋玄学家"浑万象以冥观，兀同体于自然"，宋理学家追求"胸次悠然，直与天地万物上下同流"②，"将合万类为一己，每以内观当外游"，③ "水流心不竞，云在意俱迟"（颐和园"意迟云在"）。周敦颐"道出江州，爱庐山之胜，有卜居之志，因筑书堂于其麓。堂前有溪，发源莲花峰下，洁清绀寒，下合于溢江，先生濯缨而乐之，遂寓名以濂溪。"④ 筑室溪畔，名之曰："书堂构其上，隐几看云岑。"园林中的"数点梅花天地心"（沧浪亭）、"月到风来亭"（网师园）、"无边风月"（贾似道园）、"天心水面"（北京长春园）、"鱼跃鸢飞"（圆明园）、"活泼泼地"（留园）都是玄学、理学、禅宗美学观的具体体现。

宋词人张炎《祝英台近为'自得斋'赋》曰："水流空，心不竞，门掩柳阴早。听雨看云，依旧静中好。但教春气融融，一般意思，小窗外，不除芳草。"⑤ "明道先生书窗前有茂草覆砌，或劝之芟。明道曰：'不可，常欲见造物生意。'"⑥ 这就是颐和园"观生意"亭的出典。明代的沈周题诗《策杖图》，十分自得地说："山静如太古，人情亦澹如。逍遥遣世虑，泉石是安居。"在这里，我们看到，"人的思想情感和自然的动静消息常交感共鸣，自然界事物常可成为人的内心活动的象征。因此文艺中乃有'即景生情'、'因情生景'、'情景交融'种种胜境。"⑦

园林环境空间的构成手法灵活多变，藏露旷奥、疏密得宜、曲径通幽、柳暗花明，令人目不暇接。追求天趣是中国古典造园艺术的基本精神，把自然美与人工美高度结合起来，将艺术境界与现实的生活融合为一体，形成一种把社会生活、自然环境、人的情趣和美的理想交融在一起的可居、可游、可观的现实的物质空间。

早在东晋时代，士人就有因地置屋的习惯。许询好泉石，清风朗月，"隐于

① 冯友兰：《道家文化研究》，第1辑，上海古籍出版社1992年。
② 朱熹：《四书章句集注·论语集注·先进》。
③ 梁章钜：《楹联丛话》卷11。
④ 《年谱》，《周子全书》卷20。
⑤ 张炎：《山中白云词·补遗》。
⑥ 张九成：《横浦文集》附《横浦日新》。
⑦ 朱光潜：《谈文学》，安徽教育出版社1996年版，第26~27页。

永兴西山，凭树构堂，萧然自致"，① 谢灵运"策杖孤征，入涧涉水，登岭山行，陵顶不息，穷源不停，栉风沐雨，犯露乘星，研其浅思，罄其短规"，寻觅最佳的自然环境，然后因山就势，布置不同功能的建筑："面南岭，建经台；倚北阜，筑讲堂；傍危峰，立禅室；临浚流，列僧房。对百年之高树，纳万代之芬芳，抱终古之泉源，美膏液之清长。"② 白居易《冷泉亭记》："山树为盖，岩石为屏，云从栋生，水与阶平，坐而玩之者可濯足于床下，卧而狎之者可垂钓于枕上。"

建筑的自然化是中国园林的营构理念："危楼跨水，高阁依云"，"围墙隐约于萝间，架屋蜿蜒于木末"，山楼凭远，窗户虚邻，栽梅绕屋，结茅竹里，③ 建筑或面山，绿映朱栏，丹流翠壑，或临水，飞沼拂几，曲池穿牖，水周堂下。"它希求人间的环境与自然界更进一步的联系，它追求人为的场所自然化，尽可能与自然合为一体。它通过各种巧妙的'借景'、'虚实'的种种方式、技巧，使建筑群与自然山水的美沟通汇合起来，而形成一个更为自由也更为开阔的有机整体的美。连远方的山水也似乎被收进在这人为的布局中，山光、云树、帆影、江波都可以收入建筑之中，更不用说其中真实的小桥、流水、'稻香村'了。"④

因山构亭，置亭阁于山间，筑楼台于溪畔，使楼台亭阁的建筑美融于山光水色的自然美之中，体现了尊重山地的自然性、与山地取得和谐的精神，从而最大限度地保护了原生态环境。在中国古代文化中，山和亭都被看成大自然精气吐纳之地，是人与自然做精神交流的传统场所，园林构亭遵循"因势、随形、相嵌、得体"八字方针。"因势"，顺应山地状态和趋势，"随形"，选用与基地形状趋势一致的亭，并顺势构建。如拙政园在一凸形地基上建凹形扇面亭，颐和园扬仁风在凹形地基上建凹形扇面亭，均是适地随形之举。"相嵌"是亭地相融的一种有效手段，使人不经意间难分彼此，就如"从地里生长出来一样"。青城山步桥雨亭利用原有两株楠木树作为亭柱，使亭和地有机结合。"得体"，指亭与环境有合适的尺度和比例，如苏州怡园的"螺髻亭"，巧立于湖石假山的山洞之上，小巧精致，亭檐举手可触，亭周环以花卉，犹如美人正拈花微笑。亭外池岸曲折、峰回路转、姿态万千，一切景物都回旋变化于咫尺之内，既与环境相称又富于媚趣。避暑山庄棒锤峰落照亭，兼用放大构件尺寸和增加间数的方法来增大体

---

① 《建康实录》卷8。
② 谢灵运：《山居赋》，见《宋书》卷67《谢灵运传》。
③ 计成：《园冶·园说》，第51页。
④ 李泽厚：《美的历程》，第66页。

量，从而较好地起到了控制空间的作用。

乾隆在《静明园记》中写道："若夫崇山峻岭，水态林姿，鹤鹿之游，萤鱼之乐。加之岩斋溪阁，芳草古木。物有天然之趣，人忘尘世之怀。"建筑必须从属于天成的自然美。乾隆在《塔山四面记》中说："室之高下如水之有波澜。故水无波澜不致清，山无曲折不致灵，室无高下不致情；然室不能自有高下，故因山构室者其趣恒佳。"避暑山庄的120余组风格各异的古建筑，均自然地融入了塞北这块天然的山水胜地之中。在绿草如茵的草原区的东部边缘，坐落着春好轩、永佑寺、嘉树轩、澄观斋等数组建筑，有的是依树建轩，有的布置花卉与周围环境气氛相协调。山区的40余组建筑，据《热河志》记载，都是依岩架屋，曲廊上下，层阁参差。翠岭作屏，梨花万树，微云淡月时，清景尤绝。山庄"北岭多枫，叶茂而美荫，其色油然，不减梧桐芭蕉也"，盛夏枫林，"浅碧浓青，远迩一色；深秋，轻霜乍染，万叶皆赭，锦树分丛，丹霞竞彩"，与苍岩翠嶂相间，佳景天成。枫林掩映着一座设计精美的庭园——青枫绿屿。它位于平原与山区接壤处，地形类悬谷。可谓因山构室、悬谷安景的佳例。与此类似的建筑，孟兆祯列出了许多：如山怀建轩——山近轩；绝巘座堂——碧静堂；沉谷架舍——玉岑精舍；据峰为堂——秀起堂等。[1] "整个山区的风景点都是隐于几条大谷中的。除山顶有制高借远的建筑外，或傍岩、或枕溪、或跨涧、或据岗，凡所凭借以立的，非山即水。虽经建筑以后，山水起伏如故，风貌依然。甚至可运用建筑来增加山水起伏的韵律。"[2]

园林中丰富的建筑类型都体现了向大自然敞开的特点。如厅，有大厅、四面厅、鸳鸯厅、荷花厅、花篮厅、花厅等，它们都与周围环境相融合。园中的四面厅，往往四面有廊，四周设有落地长窗，山水景观扑进厅内，窗框都成了一个个取景框；鸳鸯厅形式的厅堂夏天观荷，冬天赏山茶。建筑或踞高眺远，撷远山浮翠，揽园内秀色；或飞阁流丹，水周于堂下；或前后翠竹摇曳，老树傍屋，浸润在自然美色之中。

苏州拙政园中部花园主体建筑"远香堂"，为观赏需要采用四面厅做法，四周长窗透空，四面有景，构成四面立体画廊。其名为堂，梁架却不用圆作而为六界扁作，也没有按常法在柱上立梁架，而立在四角的搭脚梁上，这样就使内部空

---

① 孟兆祯：《避暑山庄园林艺术》，紫金城出版社1985年版，第63~94页。

② 同上，第104页。

间显得开敞，与周围开阔的环境融合。

造型轻灵活泼的亭，更是随形高低、因地制宜。扇亭设于山弯，小亭高踞山顶，架于水上，或据湖心，各抱地势，钩心斗角。"常倚曲栏贪看水，不安四壁怕遮山"，"江山无限景，都聚一亭中"，[①]"惟有此亭无一物，坐观万景得天全"[②]等反映的就是这种审美感觉。

廊宜曲宜长，随形而弯，依势而曲。或蟠山腰，或穷水际，通花渡壑，蜿蜒无尽。有沿墙走廊、爬山游廊、空廊、水廊、回廊、楼廊、复廊等，各呈特色，最大限度地做到建筑与自然的融合，又避免了日晒雨淋，体现出人性关怀。

园林粉墙、漏窗、洞门、空窗，或以衬墙前的石峰、花木，接受水光树影；或丰富美化墙面，透风漏月，造成似隔非隔的庭园幽深感和景物若隐若现的朦胧美。如漏窗在园林中的功能是漏光、透气、聚景、框画。漏的是阳光、月光、灯光，诡谲变幻，晨昏不一，昼夜分明，四时异调，那普照大地，四处弥漫的光线，经由漏窗进入庭园，就成了受控之光、人为之光，艺术之光，可观之光，明光本无价，入窗无限景。漏窗"聚景"，人们可以通过遮挡物的透空之处，隐隐约约地看见探窗的红杏、临风的荷蕖，嗅知桂花的浓烈、梅花的幽香，闻听翠竹的飒竦、黄鹂的鸣咽。漏窗使景致相互渗透，使不同的景区气息交流，浑然一体。框窗框中空如，配上佳景，成为天然图画。网师园"竹外一枝轩"的南面廊墙上有一长方形框窗，南望，窗框中是一幅层次分明、山高水阔的立体山水画，北看，窗框里镶一帧师法板桥的翠竹图。

园林建筑空间处处表现出与风景互相渗透的特点，使生意盎然的自然美融于怡然自乐的生活美境界之中，以满足士大夫文人不出户甚至不下厅堂而得山水之乐，能与自然交流，悟宇宙之盈虚，体四时之变化，达到宗白华所说的"于有限中见到无限，又于无限中回归有限"。

通过"借景"组成时空融合的整体环境，体现出自然山水的精神和意境，是中国园林建筑突破空间拘囿的主要手法。"得景则无拘远近，晴峦耸秀，绀宇凌空。极目所至，俗则屏之，嘉则收之，不分町疃，尽为烟景。"[③]计成将借景

---

① 张宣题倪云林画《溪亭山色图》。
② 苏轼：《和文与可洋川园池·涵虚亭》，见《苏东坡全集》卷7，中国书店1986年版（据世界书局1936年版影印），第116页。
③ 计成：《园冶·兴造论》，第47~48页。

分为"远借、邻借、仰借、俯借、应时而借"①等法。

远借就是突破园内的空间视界，借园外之景。苏轼《单同年求德兴俞氏聚远楼诗》曰："赖有高楼能聚远，一时收拾与闲人。"通过有限，看到"江流天地外，山色有无中"的无限之景。《园冶·园说》："轩楹高爽，窗户虚邻；纳千顷之汪洋，收四时之烂漫。"如拙政园中部将苏州市的标志性建筑北寺塔"借"入园内，成为远借的经典一景。

避暑山庄等山庄园林和郊外园林，都是善于因借大自然的范本。清代的五园都借三山为景。而且，五园还互相借景。苏州园林里的远翠阁、见山楼、看山楼等题名都点出了远借特色，如网师园的撷秀楼，有清代朴学大师俞樾的跋文，云："少眉观察世大兄于园中筑楼，凭槛而望，全园在目，即上方浮屠尖亦若在几案间，晋人所谓千崖竞秀者，俱见于此，因以撷秀名楼。"建于"十里青山半入城"的常熟的赵园，以虞山南麓为依托，城西山腰上的西城楼阁、山顶的辛峰亭都是绝妙的景色，园内水波荡漾，辛峰倒影，融山光水色于一体，构成一幅天然的山水画景。北宋洛阳的环溪园，登上园内的多景楼，南望"则嵩高少室，龙门大谷，层峰翠嶂，毕效奇于前"，立风月台上，北瞰"则隋唐宫阙楼殿，千门万户，岧峣璀璨，延亘十余里"。扬州的平山堂，建于蜀冈之上，可远借江南诸山秀色。山西的绛守居园池，也得借景之妙，此园向西北能远眺故射山的雄姿，西南可见平畴沃野，东南可望城内万家灯火。徽州园林较多地利用天然的湖山坡地，园林融入真山真水之中，如竹山书院，游者无论是依窗而望还是登阁远眺，都能见到远山叠翠，近水扬帆。

"倘嵌他人之胜，有一线相通，非为间绝，借景偏宜。"②苏州沧浪亭，巧借园外的葑溪水，又在溪水边建立复廊亭台，跨溪为桥，作为入口，将葑溪水与园林融为不可分割的一部分。拙政园西部的宜两亭也为佳例。亭在假山之上，亭东一带云墙，分隔中、西两部。自亭既可俯瞰西部的亭台楼阁，还可以东眺中部的湖光山色。"绿杨宜作两家春"，人们的视线尽可突破围墙的局限，尽收隔墙春色于眼底。声借、镜借等也是一种邻借，林荫莺歌、山曲樵唱、隔岸马嘶、邻庙晨钟、远刹暮鼓、墙外橹声等都是声借。如苏州耦园的听橹楼，楼靠城河，外接娄江，船舶来往不绝，有"参差邻舫一时发，卧听满江柔橹声"的韵味。园林

① 计成：《园冶·借景》，第243页。
② 计成：《园冶·相地》，第56页。

用镜借之法来增加层次，如苏州怡园面壁亭中设一面大镜子，将北岸假山以及螺髻亭的迷人景色悉收镜中，虚实对比，别有境界。园林中还利用窗格、洞门等构成的框景，将邻近的景色"撷"进屋内、园中。无锡寄畅园用框景将惠山塔影采撷进园，颐和园将玉泉山塔影收入天然图画之中。

借助某种空间景象在特定的时间里的审美特点和意趣进行景境的创造，称"应时而借"。如承德山庄，赏雪有山巅之南山积雪亭、观鱼乐有石矶观鱼之所，听松涛有万壑松风殿，看梨花有梨花伴月，赏荷有观莲所，采菱有采菱渡，观瀑有观瀑亭等。

园林中追求的是具有自然属性的建筑色彩和线条。即使在皇家园林，宫区外的色彩也要洗去一些浓艳，如颐和园山水部分的建筑，色彩比宫区要淡雅得多。承德山庄的山水部分建筑都力去金碧，显得素净。恭王府的蝠厅甚至基本不施色彩。私家园林崇尚素淡的建筑色彩，以求与青山绿水相一致。江南园林一律的粉墙黛瓦，栗色木柱。

"俯观江汉流，仰视浮云翔"，中国园林景观园内的山水、花木、建筑和园外的空间交织结合构成的形形色色的景观，是有限和无限的统一。

二、不通几何学弗入吾门

古希腊哲学家柏拉图曾悬书门外："不通几何学弗入吾门。"[1] 在巴比伦和埃及古文明时期，由于印度河、底格里斯河和幼发拉底河、尼罗河等河流的河水，一年一度都要天然泛滥。如尼罗河每年泛滥非常准时，总是七月开始涨水，十月达到高潮，十一月必退水，水量每年虽有出入，但差别不是太大，具有罕见的定时定量的特性。尼罗河退水之后需要丈量耕地、兴修水利以及计算仓廪容积等需要，埃及人的数学和几何学知识也发展起来。于是，古埃及人也把几何的概念用之于园林设计。水池和水渠的形状方整规则、房屋和树木亦按几何规矩加以安排，是为世界上最早的规整式园林。[2]

古希腊继承了古埃及的几何学。它的第一个自然哲学家米利都的泰勒斯（公元前 625～前 545 年），曾经商到过埃及，在埃及获得了几何学的知识，还到过美索不达尼亚，在那里学到天文学。

---

① 钱穆：《中国文学论丛》，第 135 页。

② 詹姆斯·格莱克：《混沌开创新科学》，上海译文出版社 1990 年版，第 126 页。

毕达哥拉斯（公元前 582 ~ 前 500 年）派认为，数为宇宙提供了一个概念模型，熟练和形状决定一切自然物体的形式。数不但有量的多寡，也有几何形状，而且他们就是在这个意义上把数理解为自然物体的形式和形象。①

他们认为，地球、天体和整个宇宙是一个圆球，因为球形是一切几何立体中最完善的。圆是完善的几何图形。雅典哲学家阿那克萨哥拉是典型的爱奥尼亚哲学家，主张地球是一个圆柱体而非圆球。柏拉图以为，宇宙由混沌变得秩序井然，其最重要的特征就是创造主为世界制定了一个理性方案。他的宇宙观基本上是一种数学的宇宙观。他设想宇宙开头有两种直角三角形，一种是正方形的一半，另一种是等边三角形的一半。整个宇宙是一个圜丘，因为圜丘是对称和完善的，球面上的任何一点都一样。

三、刺绣花圃和绿色雕刻

与中国园林成为"宇宙图案"相反，西方园林呈现出刺绣花圃和绿色雕刻。

西方园林的艺术渊源是希腊艺术，哲学思想正是上述数的几何观。园林特色之一是大片规正的绿色草坪和广场。

古希腊、古罗马到欧洲中世纪城堡式庄园和寺院庭园，都有种草的记载，17、18 世纪法国的宫苑和英国的自然风景园草坪的运用已经十分广泛，大面积草坪已经成为欧洲园林的独特风格。

中国游牧出身的统治者如元朝忽必烈曾在宫殿内院种草，清承德山庄种草五百亩。但传统的中国园林由于植根于农耕文化，所以园林中的草，一般都种植在台地、坡地和阶前的路旁，较少刈剪成大片平整的草坪。

欧洲古典园林以建筑物为中心，是大片自然建筑化，山水花木的自然形态被抛弃，而遵守"良好的建筑格律"，成为刺绣花圃和绿色雕刻、人造的水池喷泉等几何件"建筑"。

欧洲园林风格首创自 16 世纪的意大利，园林多属郊外别墅，园林依傍建筑物，园林为自然景色，花园由建筑师设计，是按照严格的几何规则构造的建筑物和园林之间的过渡地带。

16 ~ 17 世纪，随着意大利文艺复兴文化的传播，意大利的造园艺术也影响

---

① 斯蒂芬·F·梅森著，上海外国自然科学哲学著作编译组译：《自然科学史》，上海人民出版社1977 年版，第 15 ~ 20 页。

图126 英国丘吉尔庄园草地

了法国、英国和其他欧洲国家。

17世纪后半叶，法国君主集权制发展到最高峰，他们改造了意大利造园艺术，形成了古典主义的造园风格，典范作品是勒·诺特尔为当时的财政部长富凯造的浮·勒·维康府邸以及为路易十四造凡尔赛宫苑。二者呈现如下基本特征：1. 中轴线从建筑物开始沿一条直线延伸，以该轴线为中心，对称布置其他部分，使整体统一起来。呈十字相交的水渠、各式喷泉。"维康府邸"中轴线长一公里多；"凡尔赛宫苑"中轴线长达三公里。2. 有六种造型的花坛：刺绣、组合、英国式、分组、柑橘、水花。还有多种丛林。一丝不苟地按照纯粹的几何结构和数学关系发展而来，追求明白纯净，体现出严谨的理性而完全排斥了自然。他们的基本信条是"强迫自然接受均称的法则"，形成了西方古典主义园林的风格：体积巨大的建筑物矗立于花园中十分突出的中轴线起点之上，建筑物是花园的统率；在花园的中轴线上布置宽阔的林荫道、花坛、河渠、水池、喷泉、雕塑等，中轴线一直延伸到林园里；在林园里开辟笔直的道路，交叉点上形成小广场，点缀以小建筑物或喷泉等，林

图127 欧洲园林中的刺绣花圃

园也体现了几何性；水面被限制在整整齐齐的石砌池子里。法国古典主义造园艺术影响了整个欧洲。

所谓几何化的建筑是由那些用很少几个数就可以描述的简单形状即直线和圆构成的……简单形状缺少人性。它们同自然界组织自身或者人类感官看待世界的方式不能共鸣。用一位原来专攻超导、后来从事非线性科学的物理学家爱伦堡的话来说，"为什么一棵被狂风摧弯的秃树在冬天晚空的背景上现出的轮廓给人以美感，而不管建筑师如何努力，任何一座综合大学高楼的相应轮廓则不然？……我们的美感是由有序和无序的和谐配置诱发的，正像云霞、树木、山脉、雪晶这些天然对象一样……它们的典型之处就是有序与无序的特定组合。"[1]

任何几何形状都具有一定的尺度，即特征尺寸。在曼德勒罗看来，令人满足的艺术没有特定的尺度，就是说它含有一切尺寸的要素。作为那些方块摩天楼的对立面，他指出巴黎的艺术宫，它的群雕和怪畜，突角和侧柱，布满旋涡花纹的拱壁和配有檐沟齿饰的飞檐。艺术宫的典范和巴黎大剧院一样没有特定尺度，因为它具有每一种尺度。观察者从任何距离望去都看到某种赏心悦目的细节。当你走近时，它的构造就在变化，展现出新的结构元素。

当然，西方园林也具有诗情画意，只是缺乏中国园林抒情诗般的浪漫飘逸的意境，他们犹如史诗和油画，雄浑、规整而富有立体感，是理性化了的诗和画。

第三节　"天道"与"人道"

道家特别是庄子学派则认为人不过是自然的一部分，人生的意义和价值在任情适性，求得自我生命的自由发展。它主张人应当珍惜现世的生存，对死采取一种极其达观的态度，而没有许多宗教所渲染哀叹的那种死的恐怖的思想，也不向往什么死后的不朽。对新起的奴隶社会的物质文明和精神文明采取否定态度，极其大胆地揭露了阶级社会中美与善、美与真、美与丑的对立和矛盾，并不一般地否定美，它所否定的只是它所揭露批判的那种虚假的、甚至是有害的美。在道家看来，真正的美不是世俗的人们劳心竭力地去追求的那种经常同名利富贵、纵欲享受分不开的美，而是一种自然无为、摆脱了外物的奴役，在精神上获得了绝对

① 詹姆斯·格莱克：《混沌开创新科学》，第126～127页。

自由的状态。道家第一个把审美同超功利的人生态度不可分割地联系在一起，对后世产生了极为深远的影响。

儒家从物质生存需要的满足方面来讲人与自然的统一，又从"正德"的方面来讲人与自然的统一，认为伦理道德的规律和自然的规律在根本上是一致的，天与人是相通的，"天道"与"人道"是一个道。

总之，我国古代哲人意识到了人的伦理道德精神生活同自然规律有一种内在的密切联系，两者在本质上是互相渗透、协调一致的。

一、天人合一道德观

中国儒家心中的天是具有义理和道德的"天"。孟子认为，"圣人之于天道也，命也，有性焉，君子不谓命也"，天道与天性相通，[①] "天之所生谓之人，天之所赋谓之性，秉懿之良谓之善"。[②] 《淮南子·精神训》有著名的"圆颅方趾"说："故头之圆也像天，足之方也像地。"汉代董仲舒在《人副天数》中说，人的头圆，"象天容也，发象星辰也，耳目戾戾象日月也，鼻口呼吸象风雨也"。董仲舒认为，人的知识德性来源于天，天所具有的道德品质，在人内心本来就有，只要"内视反听"，通过"修身省己，明善心以反道"即可。人性有三品：圣人之性、中人之性和斗筲之性，故提出"三纲"、"五常"作为维护帝国专制秩序的永恒道德规范。宋张载《西铭》强调了人与天地自然的关系："乾称父，坤称母，予兹貌焉，乃混然中处。天地之塞吾其体，天地之师吾其性，民吾同胞，物吾与也。"天地犹如父母，天地与人都是气所构成，天地的本性与我的本性也是统一的，人民都是兄弟，万物是我的朋友。

中医的解剖和生理理论，主要建立在人和国家以及作为小宇宙的人和大宇宙的比拟上面。如汉《内经·灵枢·邪客篇》："天圆地方，人头圆、足方以应之……天有四时，人有四肢……岁有十二月，人有十二节。"《内经·素问·灵兰秘典论篇》认为，心是"君主之官"，肺是"相傅之官"，肝是"将军之官"，胆是"中正之官"，脾、胃是"仓廪之官"，小肠是"受盛之官"，大肠是"传导之官"。

基于"天人合一"观的中华传统道德观，具体为修身、齐家、治国、平天

---

① 《孟子·尽心下》，杨伯峻《孟子译注》，中华书局1962年版，第333页。
② 《三字经注解备要》，上海古籍出版社1988年版，第1页。

下。"苟正其身矣，于从政乎何有。不能正其身，正人何？"，① "子帅以正，孰敢不正？"，② 正身，也就是修身。对于修身，儒家又有其一大串的理论。《礼记·大学》曰："古之欲明明德于天下者，先治其国；欲治其国者，先齐其家；欲齐其家者先修其身；欲修其身者，先正其心；欲正其心者，先诚其意；欲诚其意者，先致其知，致知在格物；物格后知至，知至而后意义诚，意诚而后心正，心正而后身修，身修而后家齐，家齐后国治，国治后天下平。自天子以至于庶人，壹是皆以修身为本。其本乱而末治者，否矣！其所厚者薄，而其所薄者厚，未之有也。"③ 董仲舒说汉武帝："南面而治天下，莫不以教化为大务"，而教化的根本则在于人君本人。"为人君者，正心以正朝廷，正朝廷以正百官，正百官以正万民，正万民以正四方。四方正，远近莫敢不壹于正而亡有邪气奸其间者。"④ 唐太宗也说："若要天下大安，必须先正其身，未有身正而影曲，上治而下乱者。"⑤ 成为中国古代政治理念的思维模式。孔子是以德配天的"至圣"之人，是与天合德的典范。⑥ 作为中国文化载体的中国古典园林，通过倾注中华传统道德理念的人化风景设计，将这类道德观念艺术地物化在园林中，皇家园林"以游利政"，私家园林强调在"游于艺"的过程中净化心灵，但都得"先志于道，据于德，依于仁"。

二、"奉天承运"与"紫辰志"

古代统治者都倡导所谓"君权神授"说，夏代就有"有夏服（受）天命"，⑦ 殷代出现的"德"是"礼"的辅助，周提出了"以德配天命"的理论，谓纣"失德"，故"天命"转移到周，自称"天子"、"有德者王"，为后代统治者竞相标榜，频繁的改朝换代，也成为"天命"的频繁转移。

标榜"有德"成为皇家园林的精神内核。皇帝也注重自身素质的提高，对道德纯正的追求。皇家园林中有很多倾注理想人品的人化风景点，其中不乏表达

---

① 《论语》13《子路》。
② 《论语》12《颜渊》。
③ 《礼记·大学》。
④ 《汉书》卷56《董仲舒传》。
⑤ 《贞观政要·君道》，参阅良霄《皇帝与皇权》，上海古籍1999年版，第355页。
⑥ 参见《礼记》第31《中庸》："仲尼祖述尧舜，宪章文武；上律天时，下袭水土。辟如天地之无不持载，无不覆帱……"
⑦ 《尚书·召诰》。

修身养性、励德自勉的道德原则。圆明园有"澡身浴德",在"平漪镜净,黛蓄膏停,竹屿芦汀,极望弥弥,浴凫飞鹭,游泳翔集"之时,体会到晋人所说的"非惟使人情开涤,亦觉日月清朗";① 追求"淡泊宁静"(圆明园),在"密室周遮,尘氛不到。其外槐阴花蔓,延青缀紫,风水沦涟,蒹葭苍瑟,澹泊相遭"乾隆《御制诗序》的环境中,宁静以致远。

皇帝时常想到的是创业的艰难,引历史典故以自戒。承德山庄和颐和园都有"无暑清凉"景点,典出《旧五代史·郭崇韬传》:"三年夏,雨,河大水,坏天津桥。是时酷暑尤甚,庄宗常择高楼避暑,皆不称旨。宦官曰:'今大内楼观,不及旧时长安卿相之家,旧日大明、兴庆两宫,楼观百数,皆雕楹画栱,干云蔽日,今官家纳凉无可御者。'庄宗曰:'余富有天下,岂不能办一楼?'即令宫苑使经营之,犹虑崇韬有所谏止,使谓崇韬曰:'今年恶热,朕顷在河上,五六月中与贼对垒,行宫卑湿,介马战贼,恒若清凉。今晏然深宫,不耐暑毒,何也?'崇韬奏:'陛下顷在河上汴寇未平,废寝忘食,心在战阵,祁寒溽暑,不介圣怀,今寇即平,中原无事,纵耳目之玩,不忧战阵,虽层占百尺,广殿九筵,未能忘热于今日也。愿陛下思艰难创业之际,则今日之暑,坐变清凉。'庄宗默然。"康熙咏《无暑清凉》:"谷神不守还崇政,暂养回心山水庄。"

晚年的乾隆在《御制避暑山庄后序》中戒己也告诫后人曰:"若夫崇山峻岭、水态林姿、鹤鹿之游、鸢鱼之乐,加之岩斋溪阁、芳草古木,物有天然之趣,人忘尘世之怀。较之汉唐离宫别苑,有过之无不及也。若耽此而忘一切,则予之所为膻乡山庄者,是设陷阱,而予为得罪祖宗之人矣。"

康熙在《之径云堤》诗中说:"边垣利刃岂可恃,荒淫无道有青史。知警知戒勉在兹,方能示众抚遐迩。虽无峻宇有云楼,登临不解几重愁。连岩绝涧四时景,怜我晚年宵旰忧。若使抚养留精力,同心治理再精求。气和重农紫宸志,烽火不烟亿万秋。"

康熙《御制避暑山庄记》:"至于玩芝则爱德行,睹松竹则思贞操,临清流则贵廉洁,览蔓草则贱贪秽,此亦古人因物而比兴,不可不知。人君之奉,取之于民,不爱者,即惑也。故书之于记,朝夕不改,敬诚在兹也。"

表示要学习古代的有道明君,如承德山庄有"静含太古山房",表示"山仍太古留,心在羲皇上",要学习三代以前的有道明君。

---

① 乾隆:《御制诗序》。

对"古修"的仰慕,也是皇家园林标榜"德"的一个方面,园中不少景点是以中国历史上文化名人的逸闻雅事立意的。严子陵崇尚节义、相尚以道,以"士故有志",拒绝了故人光武帝出仕要求,耕钓于富春江畔,保持了"士"之"志",表现了高尚的节操,他的"不事王侯,高尚其事"的行为,被宋儒家名臣范仲淹赞誉为"盖先生之心,出乎日月之上"可以使"贪夫廉,懦夫立,是大有功于名教也",因歌颂道:"云山苍苍,江水泱泱,先生之风,山高水长!"①"山高水长"成为圆明园四十景之一。陶渊明构想的桃花源,同样吸引着帝王,成为圆明园中"武陵春色"的艺术蓝本,"武陵春色"地处幽僻深邃的山坳,那里循溪流,植山桃万株,落英缤纷,是"桃花源"的再现。对宋代理学名儒也十分倾慕:如宋理学家周敦颐隐居濂溪,植荷花,并写出了脍炙人口的《爱莲说》一文,成为圆明园"濂溪乐处"、"映水兰香"、避暑山庄"香远益清"等景点的构景依据。颐和园的"邵窝殿",是以宋哲学家邵雍隐居之所命名的。②乾隆诗称"两字题楣慕古修,仁者安仁智者智,百源仿佛昔曾游。"明确说明是因为仰慕邵雍的仁智而题。也有表示对文学家品格的爱慕。如圆明园四十景之一的"茹古涵今",是根据杜甫"不薄今人爱古人"之言立意的,乾隆题诗曰:"广厦全无薄暑凭,洒然心境玉壶冰。时温旧学宁无说,欲去陈言尚未能。鸟语花香生静悟,松风水月得佳朋。今人不薄古人爱,我爱古人杜少陵。"甚至效仿文学家的个人癖好:如颐和园仿唐李贺寻诗的"寻诗径"、仿宋书画艺术家米芾拜石的"石丈亭"等。米万钟为之倾家荡产的那块石"败家石",硬是被乾隆搬进颐和园,名之曰"青芝岫",将其比作令人长生的灵芝。

帝王表示勤于国事,往往建殿名"勤政",如颐和园的"仁寿殿",乾隆时即名"勤政殿",殿中有乾隆手书《座右铭》:

> 凛于丰亨,遹求厥宁。思艰图易,居安虑倾。堂下万里,无恃尔克明。民方殿屎,无恃尔善听。无矜大名,无侈颂声。止欲于未萌,防危于无形。日慎一日,先民是程。夕之人有言曰:'尧业业,舜兢兢。'临渊履冰,式鉴兹铭。

---

① 范仲淹:《严先生祠堂记》,《古文观止》卷之九。
② 按:邵雍居处有两处,一在河南辉县苏门山百源上,一在河南洛阳县天津桥南,均名"安乐窝"。《宋史·邵雍传》载:"雍岁时耕稼,仅给衣食,名其居曰安乐窝。"

以德兴国、以仁德去安抚边疆、抚慰百姓。颐和园西宫门旁名“德兴殿”，芳辉殿内匾额“怀远以德”，对边疆要施德。仁寿殿匾额“德风惠露”，德政如风之传播，皇恩如雨露霑，又匾额“瀛泽旁敷”，皇帝恩泽广施四方。颐和园扇面殿名“扬仁风”，承德山庄的“延仁风”、“延薰”，都是“奉扬仁风，慰彼黎庶”之意。石丈亭匾额“咏仁蹈德”，即讲仁义行道德。

帝王们即使是享乐也要与“德”联系：颐和园中慈禧太后欣赏音乐、歌舞的地方，由大戏台、颐乐殿和后照殿等组成，名“德和园”，意义是以诗歌和音乐陶冶性情。《左传》有：“君子听之以平气其心，心平德和，故诗为万乘之宝也。”

儒家一向将“礼”，看成“天道”的规范，是天经地义。“德”是建立在遵“礼”的基础之上的。颐和园谐趣园“涵远堂”匾额“履德之基”，即申述其义。皇家园林中无论帝王如何表示追求自然、释放个性，但表示帝王尊严和权威的中轴线对称格局总是少不了的。

皇家园林中还表示帝王的管理国家之才德。颐和园仁寿殿内有一副楹联：“念切者丰年为瑞贤臣为宝；心游乎道德之渊仁义之林。”意思说：念念不忘者丰年才是祥瑞，贤臣才是国宝；心中思念的应当是道德和仁义。另有一联曰：“义制事礼制心检身若不及；德懋官功懋赏李政惟其人。”用大义处理政事，用礼法管制自己的思想，经常检查自己不足之处；有德者勉之以赏，立政重要的是选择人才。《尚书·仲虺之诰》：“德懋懋官，功懋懋赏。”长廊清遥亭匾额“斧藻群言”，表示要归纳采用群臣之言。要选贤任能，君臣和谐，如周代召康公当年跟成王游于卷阿之上，召公因成王之歌即兴作《卷阿》之诗以戒成王的那样。这就是东宫“卷阿胜境”的寓意。

事实上，在帝王专制的中国，“前主所是著为律，后主所是疏为令。”① 法是无法制约皇权的，道德对帝王也只是一种自我约束。

三、“以人合天”和“以天合人”

中国文化思想的重要特点是关注的重点从对象、客体而转向主体和人自身的“内在道德性”。中华民族的文化主体儒道禅就是建立在“天人合一”观基础之上的：儒家以人合天，道家以天合人，讲求精神超越，兼融儒道的禅宗也是以

---

① 《史记》卷122《杜周传》。

"内在超越"为特征的。① 由此展开以生命为中心的教训、智慧、学问与修行。

如果说皇家园林主要是标榜皇帝的德义，私家园林则主要体现在"遵礼"和"尚志"。特别突出的是体现古代文人士大夫的内心世界，特别是人格精神，而"人格是文化理想的承担者"。② 士人园林从本质上说是古代文人完善人格精神的场所。诚如费夏所说："观念越高，便含的美越多，观念的最高形式是人格。"③ 文化的魅力正导源于文人士大夫的人格精神。

儒家以"礼"来规范人们回归"天道"，符合天道。儒家文化的三纲六纪，是抽象理想的最高之境，已经成为传统文人的一种心理习惯和思维定势。园林体现了儒家尊礼的文化心理。网师园有"天地君亲师"的龛位。天是中国传统文化中的最高概念。实际上，在中国一向是皇天合一的，"敬主方是真敬天"，皇帝尊号中都有"奉天承运"、"继天立极"的字样，所谓"天子抚育万民"。怡园中的"湛露堂"，④ 就是诸侯歌颂周天子的恩德就像雨露一般沐浴着众人。

古代那些万民景仰的儒家名臣，都是维护纲纪的表率。儒家尚古尊先的社会文化观为士大夫所认同。苏州沧浪亭里特辟"五百名贤祠"。小园东月洞门上刻砖额："周规"、"折矩"，⑤ 意谓五百名贤皆能恪守儒家的礼仪法度。

狮子林中有碑额曰"正气凛然"，高度颂扬了文天祥的"正气"。碑上刻有文天祥身陷囹圄时寄梅咏怀的《梅花诗》："静虚群动息，身雅一心清；春色凭谁记，梅花插座瓶。"而文天祥的《正气歌》，歌颂的"天地有正气"，正是"三纲"，他认为三纲为宇宙和社会的根本："地维赖以立，天柱赖以尊。三纲实系命，道义为之根。"

艺圃第三任主人姜埰，因直谏遭崇祯廷杖，几死，但他在还念念不忘崇祯的不死之恩，种枣明志，枣甘甜而心赤，以表白自己对明王朝的赤胆忠心。其子在枣旁筑轩，额以"思嗜"二字，含有"永怀嗜枣志"之意。

儒家学说强调参与精神，士大夫也企图通过做官来体现自己的社会价值。环秀山庄的主体厅堂匾额"有谷堂"，即政治清明出仕受禄。古代以"谷"计俸禄的高下，称"谷禄"。《论语·宪问》曰："邦有道，谷；邦无道，谷，耻也。"

---

① 汤一介：《佛教与中国文化》，宗教出版社2000年版，第197页。
② 马尔库塞著，李小兵译：《审美之维》，三联书店1989年版，第34页。
③ 转引自徐复观：《中国艺术精神》，第49页。
④ 《诗经》卷2《小雅·湛露》。
⑤ 《礼记》第13《玉藻》，十三经注疏本。

政治清明时领俸禄，政治黑暗时如果还在接受朝廷俸禄，这就是耻辱。说明自己坚持的出仕原则，反映了古代知识分子"达则兼善天下，穷则独善其身"的常规心理。网师园大厅额"清能早达"，"清能"指为官者应该具备的品德才能，典出《后汉书·贾琮传》，谓要做像贾琮一样的清廉、才能卓越的官员。"早达"的"达"，即孟子所说的"达则兼善天下"的"达"，即仕途顺利、显达，与表示仕途蹭蹬、失意的"穷"对举。即使已经失意下野了，也不会忘记在自己昔日的辉煌，如艺圃的"世纶堂"（取世掌丝纶，园主曾祖文徵明曾任待诏、文震孟亦官至副宰相）、"谏草楼"（姜埰曾任谏官），曲园的"春在堂"（俞樾因"花落春仍在"诗句，获主考曾国藩的激赏），都说明了主人往日的社会地位。

网师园看松读画轩西侧小书房对联："天心资岳牧，世业重韦平。"皇帝依靠的是像四岳十二州牧那样有贤德的封疆大吏；先人的事业、功绩推重的是汉代的韦贤、韦玄成父子和平当、平晏父子，他们都能父子相继为宰相。形象地说明了"齐家、治国"的封建时代知识分子的最高理想。

儒家追求天道、天理，实质上是探求人的生命之道、生存之道；儒家将达到天道阴阳两极之"和"为最完美的人格，网师园中的"蹈和馆"额，就是这种审美理想的说明。儒家提倡"履中"、"蹈和"，即躬行中庸之道、谦和之道。

孔门四科中最先一科就为"德行"。拙政园门宕额："基德有常"，即立德有准则、常规。《左传·襄公二十四年》："德，国家之基也。"追求"清芬弈叶"，世代德行高洁。耦园轿厅砖额"厚德载福"，有大德者能多受福。《易·坤》："地势坤，君子以厚德载物。"《国语·晋语·六》："吾闻之，唯厚德者能受多福，无德而服者众，必自伤也。"厚德者，具有宽厚待人、团结群众，以"和"为贵的兼容精神。孟子推崇"以德服人"。沧浪亭面水轩有对联曰"仁心为质，大德曰生"，《孟子·离娄上》："今有仁心仁闻。而民不被其泽，不可法于后世者，不行先王之道也。"又《易·系辞下》："天地之大德曰生。"天地化育为功，故万物得以生也。注曰："施生而不为，故能常生，故曰大德也。"儒家是以山水作为道德精神比拟、象征来加以欣赏的，它和儒家诗论所讲的比兴密切相关。孔子所说的"仁者乐山，智者乐水"，[①] 成为园林欣赏的重要美学命题，追求山林仁德，主张将"情"、"志"溶入山水之间，将山水作为道德精神的比拟象征，拙政园梧竹幽居对联："爽借清风明借月；动观流水静观山。""岁寒而后知松柏

---

① 《论语》第6《雍也》，第66页。

之后凋也",① 怡园的"岁寒草庐",天平山庄的"岁寒居"都得个中之意。拙政园"得真亭"额,以长青之松柏谓得天地真气,对联"松柏有本性;金石见盟心",松柏具有坚贞的本性,金石之盟体现了牢固的誓约。士大夫文人追求人格完善,他们怀冰握玉,"直如朱丝绳,清如玉壶冰"、②"一片冰心在玉壶",拙政园"玉壶冰"就是表示心灵的高尚、纯洁、晶莹。

　　老庄等道家尊崇的天道是纯粹的自然之道。认为天道无为,人性应与天道同化,万物皆应顺应自然,应该纵情率性,保持自然之态。把自然的美与主体的"自喻适志"逍遥无为相联系的。如果说它也有象征意义的话,那是把自然作为"道"的"无为而无不为"的表现来看的。因而人对自然的审美感受,是由自然所唤起的一种超越了人间世的烦恼痛苦的自由感,是体验自然与人契合无间的一种精神状态,进入"天和"、常乐的至境。向往身心自由,他们欣赏山中白云,五峰仙馆北浣云沼东边墙对联:"白云怡意;清泉洗心。"白云愉悦心志,清泉荡涤杂念。浸染禅悦的哲理联。出句自梁陶弘景《诏问山中何所有,赋诗以答》一诗化出,云:"山中何所有? 岭上多白云。只可自怡悦,不堪持寄君。"写山居生活的可爱,终日观赏云起云合,云散云飞,非心性奇高之人味不出其中深趣。白云,一方面是隐逸的象征,一方面又是禅家常用的喻象,表征着不染不着、无拘无缚的自由心态。对句自《易·系辞上》"圣人以此洗心"句化出。云圣人可用《易》道来启导人心。此曰可以赖清澈的泉水涤荡心中的杂念,使心志纯洁专一。看花、问竹、听松,随性适情,追求的是白居易所说的"外适内和、体宁心恬",俯仰于茂木美荫之间,这是生活态度,也是养生艺术。

　　慧能创始的禅宗,自称"教外别传",强调"我佛一体"、直心见性之学说,认为人人皆有佛性,"青青翠竹,尽是法身;郁郁黄花,无非般若(智能)"。其理论核心是讲"解脱",而解脱的最高境界就是达到佛的境界,这个"佛"在自己的精神世界里。修持方法实际上是"修心",把宗教修证功夫变成为对待生活的态度,它不但不否认人世间的一切,而且把人世间的一切在不妨害其宗教基本教义的前提下,完全肯定下来了。禅宗这一高度思辨化的佛教派别,缩短了此岸与彼岸之距离,宗教色彩大大淡化,也是天人合一精神的特殊体现。

　　园林中的"问梅阁"、"指柏轩"、"印心石屋","小山丛桂轩"、"闻木樨香

---

① 《论语》第9《子罕》,第102页。
② 鲍照:《代白头吟》,四部丛刊初编·集部《鲍氏集》卷3。

轩"等，都取自禅宗公案故事，都是禅师启发人从眼前之景中获得"悟"的契机，"自识本心"、发现"自家宝藏"，使人"蓦然心会"，领悟到人生和宇宙的永恒真理。

哲学家牟宗三指出："中国文化之开端，哲学观念之呈现，着眼点在生命……儒家讲性理，是道德的，道家讲玄理，是使人自在的，佛教讲空理，是使人解脱的。……性理、玄理、空理这一方面的学问，是属于道德、宗教方面的，是属于生命的学问，故中国文化一开始就重视生命。"① 钱穆总结说："中国人重德，西方人重才，亦中西文化一大歧趋。"② 中国古典园林寓善于美的审美特征，正体现了中国文化这一主体精神。

---

① 牟宗三：《中西哲学之会通十四讲》，上海古籍出版社 1997 年版，第 11 页。
② 钱穆：《中国文学论丛》，第 138 页。

各民族的思维特征对园林艺术风格的形成起着
重要的作用。中国自先秦以来，思想家们都长于辩
证思维。辩证思维重视整体、重视关联、重视矛盾
的两端，但对事物的分析研究显得很不够。西方人
将这种思维方法称之谓"辩证法"，中国古代称之为
"辨惑法"。

西方"真正的自然科学只是从15世纪下半叶才
开始，从这时起它就获得了日益迅速的进展。把自然
界分解为各个部分，把自然界的各种过程和事物分成
一定的门类，对有机体的内部按其多种多样的解剖形
态进行研究，这是最近400年来在认识自然界方面获
得巨大进展的基本条件。"①这种思维方法，黑格尔
称之谓形而上学的方法，亦称形而上学的思维方式。

缘于辩证思维的中华艺术，相对缺少科学的理
论概括，缺少西方那种定量化、精确化的科学性，
而更多与人的精神性相对应，注重体现艺术家自身
的人品与人格。

第一节 辩证思维与园林

中国的辩证思维方法，渊源于《周易》，畅发于孔子、老子，到《周易大

---

① 恩格斯：《反杜林论》，见《马克思恩格斯选集》第3卷，第60页。

传》而集大成。《周易大传》称"一阴一阳谓之道"、"刚柔相推而生变化"、"生生之谓易"。宋代的张载揭示了对立统一的基本规律，朱熹、王夫之又发展了张载的思想，"相反相成"、"物极必反"，不仅成为儒道的共识，而且成为社会上流行的成语。

一、一阴一阳谓之道

中华先人很早就发现了宇宙之中的是物体永远处在无休止的运动变化之中，在事物和运动的变化中，都有相对的两个方面，即男女、天地、昼夜、水火、寒暑、阴晴、刚柔、动静、寿夭……相互联系而相对统一，所以，成于殷商时代的《周易》，创造了两个符号——阴阳两爻来代表万物，内蕴着生生不息变化莫测的象、数、理、占之机，充满着东方思辩哲学的智慧，它是我国传统文化的根基，被誉为"大道之源"。书中的一条主线就是一阴一阳，阴阳论是其中心思想。阴阳之间的基本关系是：相互对待（离合）、相互依存（互根）、相互消长（升降）和相互转化（生化）。

距今五千年前的红山文化遗址，人们看到，"祭坛遗址内有象征'天圆地方'的圆形和方形祭坛，建筑布局按南北轴线分布，注重对称"，[①] 它固有的对称性，反映了中华民族对自然界和社会对立关系的深刻认识，包括高低、冷暖、昼夜、阴晴、长短、轻重、左右等。基于中国文化的辩证思想，中国人一向十分重视成双成对，重视偶数，如四象、八卦等，这种辩证思维的特征之一，颇不同于仅仅遵守形式逻辑的同一律，也不同于黑格尔的辩证法。这种"度"（中、庸、过犹不及）的辩证观念，来源于实践（用）理性，而非来自语言的辩证或思维的规律（如希腊）。

这种建筑美的形式，也反映在文学艺术上，如中国文学中的格律诗、骈文，散文中的对偶句等。以中国园林中悬挂在建筑物上的对联为例，这种对联的形式，左右分列、上下相合，全联字数总为偶数，正是中国辩证哲学智慧的一种体现。[②] 中国古代汉语明显地适合于思想家用一系列对偶字来组织概念，按韵律和对称排列句子，并在与思想家用来进行思维的不对等而句法复杂的句子之间运

---

① 《辽西发现五千年前祭坛、女神庙、积石冢群址》，见《光明日报》，1986 年 7 月 25 日，第 1 版。
② 参唐得阳主编：《中国文化的源流》，第 712 页。

作。① 对联这类对仗文体，与中国固有的阴阳宇宙观很有关联，葛兰言宣称，汉语"已成功地采用韵律的形式组织思想的表达"。②

二、中和之美与园林

辩证思维方式，极大地影响于中国的园林美学，中国园林综合了孔子儒家理性主义和道家非理性主义，最高境界是"和"。园林在布局、色彩、掇山理水诸方面，都追求和谐，整体性中有一中心，有一种不和之和。如注重山水与自然之和，山水及植物的协调、山水相依，"水以石为面"，"水得山而媚"，水边"杨柳依依"，小桥横卧，流水悠悠，山间草木葱茏。行云倒影于流水，鸟飞花落，游鱼翔泳，涟漪自动，瀑布写石，动中有静，动静互融。园中旷幽结合、曲直相交，高下互际，园内外呼应，一切都是那么协调，那么相宜，那么和谐。任何的不和谐都是对美的破坏。

中国没有"酒神精神"，没有放纵的狂欢，中国儒家"中庸"思想和道家的相对论思想，成为一种审美的法则与表现尺度，在艺术上成为很有约束力的法则。理智不只是指引、向导、控制情感，更重要的是，要求将理智引人、渗透熔化在情感之中，使情感本身例如快乐得到一种真正是人的而非动物本能性的宣泄。这就是对人性情感作心理结构的具体塑造。

中国强调的是"乐而不淫，哀而不伤"，包括快乐，也要节制。规定文艺作品在表达时要掌握分寸适度，在表达情感时不能有"过"或"不及"。"过"了有伤大雅，"不及"则不能达到"兴、观、群、怨"的目的。这就必然要排斥激烈的悲欢与爱憎，保持冷静和理性的态度。内心激动的振幅不大，少深哀和极乐，因此，中国数千年没有炽热的宗教迷狂或教义的偏执，而唯理是从。

在艺术审美上，偏爱"杨柳岸，晓风残月"式的阴柔之美，抒情诗式的柔美风格，当然也不完全排斥"大江东去"的磅礴气势呈现的阳刚之美，但绝对厌恶、排斥卑下、粗野或狂热的表达方式。中国古典园林呈现出的主要是一种秀婉美，属于阴柔之美。诸如幽静美、流动美、色彩美、生物美等。日本学者中山鸠岭雄称之为"带有黏液的女性美"。

如中国园林中的长廊、粉墙、花窗、假山等往往将单一的有限空间巧妙地组

---

① 艾兰等主编：《中国古代思维模式与阴阳五行说探源》，江苏古籍出版社1998年版，第20页。
② Granet，(1950)，pairs，1950，82页，转引自《中国古代思维模式与阴阳五行说探源》第21页。

中·国·园·林·文·化

成多种广袤深邃的景观，特别是大量运用框景、漏景和对景，明清以后，游廊的大量使用，框景和漏景由静态走向动态，构成动观序列，令人探幽纵目，山重水复，犹一幅幅山水长卷，反映出完美的构图。《苏州园林花窗图案集》汇编了10座园林的216种不同的式样的园林漏窗图案。沧浪亭一园就有各种不同式样的漏窗108式。园林构图和意境，犹如陶渊明、孟浩然、韦应物的诗歌，于幽淡中见妖媚，疏朗中见俊逸，率真而含蓄，情味无穷，与日本园林呈现出的带有某些原始意味的"稚拙"之美迥然有别。

日本园林追求的"稚拙"，细小、简单、自然，甚至是畸形。日本人尊崇非对称的、不平衡的、未完成的美。纯日本式的园林充分体现了这种审美特点，呈现出幽玄之美。日本茶室露地园，林木掩道，绿苔匝地，曲径通幽。原本立于寺庙佛堂前的石灯笼则孑然立于树丛之中，若隐若现。漆黑之夜，石灯笼灯火幽然，朦胧的灯光将灯前枝叶投影于茅舍石径上，微风起时，碎影移动。这一切景物的设置都体现了茶人们对幽玄理念的追求，都是在刻意营造幽玄气氛。

三、理性思维、极端思维与园林

缘于思维方式的不同，中西乃至同源异质的日本园林风貌产生极大差异。

西方的科学思维直接导源于古希腊开创的自由理性精神。即使在基督教统治神学思维占绝对统治的时期，基督教会也借用古希腊传统的逻辑论方法维护其教义，理性在上帝和神学条律的前提下也得到一定程度的尊重。文艺复兴运动以后，更树立了"人为万物之灵"的信念，为近代科学思维奠定了基础。在这种思维指导下，人对自然具有了绝对支配权，不可避免地出现了自然的几何化。

与中国毗邻的日本，虽然同属于儒学文化圈，日本园林更是吮吸着中华园林文化的乳汁成长起来的，但由于日本孤立于大海之中，资源极端贫乏，思维方式与中华有很大的不同，园林艺术风貌也很不相同。美国的鲁思·本尼迪克特以"菊"和"刀"来象征日本人的矛盾性格，深刻而形象地指出了日本文化具有的双重性，她同时认为日本人缺乏抽象思辨和构想非现实形象的兴趣，日本人的思维方式上也似乎容易走极端，表现了"非此即彼"的极端性思维。鲁思·本尼迪克特这样说："刀与菊，两者都是一幅绘画的组成部分。日本人生性极其好斗而又非常温和；黩武而又爱美；倨傲自尊而又彬彬有礼；顽梗不化而又柔弱善变；驯服而又不愿受人摆布；忠贞而又易于叛变；勇敢而又懦怯；保守而又十分欢迎新的生活方式。"① 极端矛盾的两种禀性却能相混和，这也是日本人独一无二的民族性格。这种极端思维也体现在园林这一特殊的文化载体上。

日本园林从整体到局部的景点的构思、艺术手法、建筑色彩、植物造型等方面，处处见到"相反相成"的景观。如：

缩景与大写意两种不同的造景手段同时出现在一个园林内。缩景，与中国园林对某一景点的模仿是"略师其意"不同，而是按照比例尺忠实地缩小优秀的自然景观，俨如景观模型，基本上与原景"逼肖"。如江户时期的小石川后乐园，缩景多达 10 余处："仿唐之西湖"的园池俨然一幅真正的西湖景致。广岛的"缩景园"，也是"缩西湖之景"，甚至庭中灵物"龟"和"鹤"也尽量如实模仿等。和缩景式的造景手段相左的是，大写意的造景手法的运用，如在滴水全无的园林中，仅以白砂象征大海、立石和白砂组成的瀑布口、茫茫大海中的船只等，必须在遐想中获得对大海的联想。

简陋的草庵与金碧辉煌的建筑"和平共处"也是司空见惯的。如金阁寺中"金阁"，全以真金铂所包，而寺内草庵"夕佳亭"却依然是茅草结顶。

自然与人工的结合。日本是个热爱大自然的民族，他们喜欢花草树木的原始状态，欣赏飞鸟的自然动态，尽量追求自然的真实性，因此，园中到处可见近乎原始的树林、长满苔藓的台阶、白木的柱子、未经加工的石条，一切都充满了自然趣味。但是，园林中被修剪成球状的树木、精心加工成圆形的水中踏脚石乃至独具匠心的水手钵盖等却也随处可见。

日本造园在追求自然的同时，又是世界上最讲究造园忌讳的民族，造园必须恪守各种"道"，不可越雷池一步，"道"无疑成为"自然"的桎梏。

这种极端思维的文化根源，还是与日本的特殊文化背景有关系。日本列岛地处印度洋季节风区域。"生活在季节风区域内的日本人的生存方式也是特殊的'季风式'的"，台风季节暴雨猛烈袭击列岛，冬天是世界上降雪量最大的地区之一，"这种大雨、大雪的双重自然现象可称为'热带'、'寒带'的双重性格"，② "台风那种季节性的、突发性的双重性，形成日本人生活的双重性"。③

---

① 本尼迪克特：《菊与刀》，商务印书馆 1992 年版，第 2 页。
② 范作申编：《日本传统文化》，三联书店 1992 年版，第 9 页。
③ 同上。

日本这种极端思维与日本特有的武士文化的极端矛盾性显然也有关系，鲁思·本尼迪克特所说的"好斗黩武、倨傲自尊、顽梗不化"等习性，无不深深地打着武士文化的烙印。世界上也只有日本民族会聚焦而生武士文化。武士文化服膺强者、蔑视弱者，对主子、对强权，它恭顺、忠诚，可以切腹、集体自焚，对弱者，则刀劈、枪刺和拿来做活体试验。若技不如人，它会虚心求教；一旦自觉强大，则必然对外扩张。日本的发展史已经充分展示了这一点。武士文化崇尚优胜劣汰的社会竞争法则，在价值选择上倾向于要么"全部"、要么"全不"的极端。这实际上也是日本国资源的极端贫乏和日本统治者极端膨胀的占有欲望之间聚变而产生的怪胎。

第二节　直觉顿悟思维特征与园林

中华民族的思维特征，是不把世界看成独立于人以外的纯粹客体，它不重对客体的一般本质的抽象和普遍真理的认识；它不是一种脱离了情感、意志等心理机制的纯然的理性认知方式与过程；它更不是对客体的分割、肢解于细部的审察，相反，它并不抛弃对象的感性、个别存在，但也不停留或执着于感性存在；它是理智、情感、意志等多种心理机制合为一体对世界的一种体验；它对世界所作的是一种整体性而非分解式的把握，所追求的不是普遍真理，而是对生活、对人生的一次性独特体验。

由于它以主体的整体思维对人生、世界作整体性把握，故其方法不是推理与分析，而是直觉与顿悟。当然，这种思维较多地停留在经验的层面，还没有上升到理论层面。

一、直觉顿悟的思维特征

辩证思维方法重视整体、重视关联，属于综合思维模式。故对世界认知的方法是直接切入对象和突发性的彻悟体验，这是一种否定中间认识环节、否定循序渐进的、瞬间突发的跳跃性感受，一种不假理性概念的直觉性观照，一种不肢解对象的整体性把握，一种不割裂知情的全神贯注的一次性体验。① 获得的是一种

----

① 朱立元、王振复主编：《天人合一》，第70页。

不思考的快乐，这是区别于理性思维的诗性思维特征。

老子倡"玄鉴"说，要"塞其兑，闭其门",① "涤除玄鉴";② 庄子"凝神"、"若一志",③ 都是获得"极乐"、"常乐"和"无乐之乐"的过程。《礼记·中庸》说的"君子无入而不自得焉"，也是一种直觉妙悟状态。

禅宗，将儒道佛融通为一，更以顿悟为无上菩提。禅宗先驱竺道生曰："以不二之语，符不分之理，谓之顿悟。"④ "不二之语"即不假理性、概念、推理，而就凭直觉直接切入对象；而对象之"理"（道、本体）也非脱离感性存在的纯抽象普遍性，而是就体现于感性存在之中的整体性（"不分之理"）；"不二之悟"于"不分之离"直接相遇，相符合而获得的领悟体验才是顿悟。惠能认为顿悟乃是一种突发性彻悟体验，因人性本自清净若日月常明，只因云遮雾障而隐没，"忽遇惠风吹散卷尽云雾，万象森罗，一时皆现"，于是，"吹却迷妄，内外明彻，于自性重，万法皆现"，又"若悟无生顿法，见西方只在刹那"。⑤

玄学家王弼综合儒道，发展出"得意忘言"的言、象、意三范畴论。⑥

这种思维特点表现在对中国园林美的追求上，就是一种以我观物时感觉之美、心灵表现之美和道德判断之美，这种美是写意的、缘情的神韵之美。

二、写意与神韵美

中国园林反映自然外物的艺术手段是写意的，即不是忠实、逼真、精确地再现外物。这是中华民族思维方式在园林艺术中的反映，是中国古典园林艺术创作的重要法则，也是中国古典园林饮誉中外、历久不衰的原因。

"写意"本是诗画的一种艺术手法，绘画有"写意画"，"诗求写意不求工"，"写意"也是同属于诗画艺术载体的中国古典园林普遍运用基本艺术手段。中唐以后，"写意"手法完全渗透到园林营造的各个方面，"壶中天地"的空间原则基本确立。

"园林艺术的写意，就是以局部暗示出整体，寓全（自然山水）于不全（人

① 《老子》56 章。
② 《老子》10 章。
③ 《庄子》内篇《人间世》。
④ 竺道生：《肇论疏》。
⑤ 《六祖法宝坛经》。
⑥ 《周易略例·明象》。

工水石）之中，寓无限（宇宙天地）于有限（园林景境）之内，其奥妙就在于：中国园林艺术是立足于贯通宇宙天地的'道'去观察和表现自然的。所以咫尺山林的小小园林却给人以一种深邃的无尽的时空感。"①

秦汉宫苑，以天地宇宙为艺术模仿的对象，以神话中的仙山神水为构图模式，体量庞大，规模宏丽，并不懂得后世所遵循的"写意"、"空灵"等艺术创作原则，实际上依然是寓无限（宇宙天地）于有限。谢灵运将庄园周围的群山看为"海中三山之流"，李德裕的平泉山庄，据康骈《剧谈录》称，也是疏凿象巫峡、洞庭、十二峰、九派，迄于海门江山景物之状，安乐公主园"累石象华山，引水象天津"，② 以上园林体量还多比较大，后世士大夫园宥于有限的财力，只能在咫尺天地里建立"蜗庐"、"安乐窝"、"勺园"、"残粒园"、"片石山房"、"曲园"、"半茧园"、"壶园"、"半亩园"、"芥子园"等小园，园虽小却可以"纳须弥"，安放一个大千世界，写意色彩越发鲜明。叠山，"巡回数尺间，如见小蓬瀛"，"覆篑土为台，聚拳石为山，环斗水为池"。③ 随着士大夫自我意识的自觉以及士大夫文化艺术体系的发展和成熟，文人园林中容纳的文化信息越来越丰富，而山水的体量越来越小。即使一块小石，苏轼也体会到"太行西来万马屯，势与岱岳争雄尊。"一只小小的盆池，在宋曾巩眼里也是"苍壁巧藏天影入，翠奁微带藓痕侵。能供水石三秋兴，不负江湖万里心。"宋"文潞公东园，本药圃，地薄东城，水渺弥甚广，泛舟游者如在江湖间也"。④ 明文徵明"埋盆作小池，便有江湖适"，⑤ 清代王撝在金鱼缸中体会到"仿佛身在濠梁游，非鱼宁不知鱼乐"!⑥ 清祁彪佳称"万玉山房"中"汇卧龙之泉，渟泓小沼，虽尺岫寸峦，居然有江山辽邈之势"。⑦ 如今存的苏州园林，均为写意咫尺山水园，文震亨所谓"一峰则太华千寻，一勺则江湖万里"。

园林建筑与园林的主题相一致，它往往通过造型和文学题名表现出浓郁的写意色彩。如苏州曲园，建筑布局造型如篆书的"曲"字；苏州北半园，亭台楼池均以"半"为特征等，还有仅以狭长的内部空间或支摘窗等来勾起人们对船

---

① 张家骥：《中国园林艺术辞典》，山西教育出版社1997年版，第99页。

② 司马光：《资治通鉴》卷209。

③ 白居易：《草堂记》，见《白居易集笺注》，第2736页。

④ 《邵氏闻见后录》卷25。

⑤ 文徵明：《斋前小山秽翳久矣，家兄召工治之……赋小诗十首》之三，见《文徵明集》卷1。

⑥ 王撝：《鱼缸歌》，《芦中集》卷9。

⑦ 《越中园亭记》之二，见《祁彪佳集》卷8。

舱联想的旱船等。"写意",可以从有限到无限,激发审美者的想象力,引入更深广的境界,调动审美想象,以突破时空、语言、概念形象等方面的限制,达到"言有尽而意无穷"的艺术效果。

园林这种写意手法受到某些学者的责难,甚至认为是"病态",是中华美学研究中的"歧路",是"小聪明的所在,酸文人的天地,很多人留连忘返,傲视第一层次的愚钝","当一块石头象征成了高山,一瓢水象征成了江湖"时,"若不是有精神病,则必然是做白日梦。"① 因而称江南园林中的假山"千疮百孔",盆景"歪歪扭扭、畸形丑陋","没有什么东西比它们更丑陋了",② 与此同时,他们赞美唐宋之前讲究的"本真",③ 认为"真正美的山是泰山、衡山、华山、峨眉山这样的山。"④

名山大川固然是美的,但经过艺术提炼、加工的艺术品,应该源于自然而高于自然,比实际的自然更集中、更理想,更美,她蕴藏着一种哲学思想,是精神的载体,"丹青难写是精神"。朱光潜说:"法国画家德拉克洛瓦说得好:'自然只是一部字典而不是一部书。'人人尽管都有一部字典在手边,可是用这部字典中的字来做出诗文,则全凭各人的情趣和才学。做得好诗文的人都不能说是模仿字典。说自然本来就美('美'字用'艺术美'的意义)者犹如说字典中原来就有《陶渊明集》和《红楼梦》一类作品在内。这显然是很荒谬的。"⑤ 如果否定了艺术上的写意,就否定了中华一切艺术。

三、求善与缘情

钱穆说:"中国史如一首诗,西洋史如一本剧。中国乃诗的人生,西方为戏剧人生。"他分析两者的不同:"戏剧必多刺激,夸大紧张,成为要趋。诗则贵于涵泳,如鱼之涵泳于水中,水在鱼之外围。鱼之涵泳,其乐自内在生,非外围之水刺激使然。"⑥ 中国园林更注重抒写主题的笔墨情趣,显现自我的人格情操。作为诗画艺术载体的园林,创作中也重在"意"。

---

① 余秋雨:《行者无疆》,第 274 页。
② 余吾金:《什么是自我的困境》,见《文汇报》2002 年 8 月 25 日第 3 版。
③ 余秋雨:《行者无疆》,第 275 页。
④ 余吾金:《什么是自我的困境》,见《文汇报》2002 年 8 月 25 日第 3 版。
⑤ 朱光潜《谈美书简二种》,上海文艺出版社 1999 年版,第 148 页。
⑥ 钱穆:《中国文学论丛》,第 131~132 页。

中国艺术和美学，忠实抒写艺术家个人的一时情致、兴趣，随兴适趣、写意抒情，味象畅神，是中国艺术的特性，也是艺术家的追求。①

一切艺术都是抒情的，都必须表现一种心灵上的感触，中国古典园林艺术也是"本于心"的艺术，即源于主体的思想感情，追求味象畅神，抒写情志，以景写情，随兴适趣，体现自己的人品和人格，反映诸如喜、怒、爱、恶、哀、愁等情绪，以及兴奋、颓唐、忧郁、宁静乃至不易名状的飘忽心境。园林中虽然不乏表现儒家德性的"志"，但偏重于陆机《文赋》首次铸成的"诗缘情而绮靡"之"缘情"，"缘情"是中国诗画以及园林等造型艺术的特征。

朱光潜认为"美"字只有一个意义，就是事物现形象于直觉的一个特点，它都是"抒情的表现"。② 园林艺术要求创造出"外足于象，而内足于意"的"意象"，要求外界景物的形象与造园家的主体情思相互交融，形成充满主体感情的形象。园林山水、建筑和植物乃至鸟鸣花落、风雨雪晴、日光月影，都是抒情的琴弦，任游赏者去拨动、弹奏。所以，对具有艺术禀性的人来说，欣赏中国园林，是一种高品位的文化艺术享受，人们的性情怡养在艺术意境的甘泉中，脱去尘劳，得到精神的解放，心灵如鱼得水地徜徉自乐。如园林假山寄寓着山居崖栖、高逸遁世，园林池水象征着十里风荷，借此获得遗形忘忧、怡情悦性的感官愉悦，获得一种道德判断的满足。所以园林融入了文人对自然对人生对社会生活的许多感悟，是有诗意、画境、哲理玄思的主客观的混合体，是自然和人的完美结合。

第三节　含蓄蕴藉的象征性思维与园林

"诗者，吟咏情性也"，"盛唐诸人惟在兴趣，羚羊挂角，无迹可求。故其妙处透彻玲珑，不可凑泊，如空中之音，相中之色，水中之月，镜中之象，言有尽而意无穷。"③《文心雕龙·隐秀·佚文》："情在词外曰隐，状溢目前曰秀。"欧阳修《六一诗话》引梅圣俞云："含不尽之意，见于言外，状难写之景如在目前。"唐司空图从韵味角度谈诗歌意境的创造。好诗必有"韵外之致"、"味外之

---

① 朱立元主编：《天人合一》，第 119 页。
② 朱光潜：《谈美书简二种》，上海文艺出版社 1999 年版，第 148 页。
③ 宋严羽：《沧浪诗话·诗辨》，人民出版社 1961 年版，第 26 页。

旨"，此味是妙在"盐酸之外"的，不是意尽于句中，要"思与境偕"，[①] 这与他在《与极浦书》中标举"象外之象，景外之景"的意思是一样的。以上诸家都谈到了中国艺术含蓄蕴藉的象征性思维特点和美学韵味。

一、踏花归来马蹄香

中国诗人描写野外的香味时写道："踏花归来马蹄香"，没有比在马蹄旁画上几只翩翩起舞的蝴蝶更容易了，中国画家就是这么处理的。运用同样的暗示技巧，诗人刘禹锡这样描写宫女的香味："新妆宜面下朱楼，深锁春光一院愁。行到中庭数花朵，蜻蜓飞上玉搔头。"这种暗示型的印象派技巧，引发出一种含蓄地表达思想与感情的所谓象征性思维。

中国艺术理论中，十分推重含蓄蕴藉之美。含蓄就是有余味，刘勰倡"余味曲包"[②] 说，认为"隐也者，文外之重旨者也"；唐皎然《诗式》也说："两重意已上，皆文外之旨"；司空图讲"不著一字，尽得风流"、"羚羊挂角，无迹可求"；[③] 叶燮说："诗之至处，妙在含蓄无垠，思致微妙，其寄托在可言不可言之间，其指归在可解不可解之会，言在此而意在彼，泯端倪而离形象，绝议论而穷思维，引人于冥漠恍惚之境，所以为至也。"[④] 王夫之"无字处皆其意"等论述，都对含蓄这一美学范畴、艺术风格和表现手法作了形象的概括。

中国古典园林构园手法与之一脉相承，表现在讲究含蓄、曲折、变化，反对僵直、单调、一览无余。景物大都藏而不露、隐而不现。

中国的造园艺术家们十分善于含蓄地表现景物美，往往采用"欲扬先抑"、"曲径通幽"、"柳暗花明"等艺术造景手法。像大观园这样的入门以山为障景，成为中国古典园林的习惯程式。

含蓄的形象始终与欣赏者保持着一段神秘的距离，使人留之不得，去之不甘，从而可以强烈地激发和吸引欣赏者的注意力和兴趣，满足欣赏者参与形象再创作的需要，"藏处多于露处"，就会"趣味愈无尽"，而"尽则浅露也"。[⑤] 宗

---

① 唐司空图：《与李生论诗书》，郭绍虞主编：《中国历代文论选》，上海古籍出版社 1979 年版，第 164 页。

② 刘勰：《文心雕龙》卷 8《隐秀》。

③ 钟嵘：《诗品·含蓄》，人民文学 1980 年版。

④ 叶燮：《原诗·内篇下》，二弃草堂本。

⑤ 张戒：《岁寒堂诗话》卷上，无锡丁氏校印本《历代诗话续编》。

白华《美学散步》说："美感的养成在于能空，对物象造成距离，使自己不沾不滞，物象得以孤立绝缘，自成境界：舞台的帘幕、图画的框廓、雕像的石座、建筑的台阶、栏杆、诗的节奏、韵脚，从窗户看山水，黑夜笼罩下的灯火街市、明月下的幽淡小景，都是在距离化、间隔化条件下诞生的美景。"

中西园林中的纹饰都采用了象征手法，所谓象征并非在于要复现原物，而只是运用一种含有复杂的深层含义的象征性符号，这种符号的直观含义与旨在表达的深层含义并不相同。所以，园林中有许多象征性纹饰符号的深层含义，还需要我们去不断"解读"，如本书中编第四章中提到的各种图案。

二、求真与人体美

"西方民族从古希腊开始就注重形式逻辑、抽象思维，力求从独立于自我的自然界中抽象出某种纯粹形式的简单观念，追求一种纯粹的单一元素。"[1] 注重推理与分析，他们对美的标准是通过理性的分析，再用精确明晰的语言来表达出来，甚至通过数学公式来表示。

古希腊人文精神的核心是自由和理性，称不能自由地表达自己思想的人为奴隶，而能够自由地以理性追求人生最高境界的人称为自由人，而最高境界的体现就是"爱智慧"，即从事哲学活动。所以，希腊人追求知识旨在"求真"，而不在于实际效用，因此，可以没有功利目的。这样，我们就可以理解那些哲人和科学家们的名言了：德谟克里特"我宁愿发现一个科学事实，也不愿去成为波斯国王"，阿那克萨哥拉认为"活着所以值得，因为它能使我们思想太空和宇宙的秩序"，阿基米德坦言，他之发明各种机械，其实仅仅"是自己研究几何学时的消遣而已"。

古希腊是个"早慧"的"聪明的民族"，[2] 地中海式的气候温和宜人，人们可以自在地过着露天生活。作为战争频仍的城邦国家，战争胜败关系到每一个城邦居民，所以古希腊人自幼就树立起一种武力制胜、尚武卫国的精神。要有强健的身体，才能赢得战争中的胜利；而要有强健完美的身体，首先得制造身体强壮的种族。[3] "在他们眼中，理想的人物不是善于思索的头脑，或者感觉敏锐的心

---

① 张岱年、方克立主编：《中国文化概论》，北京师范大学出版社 1995 年版，第 144 页。
② 丹纳：《艺术哲学》，第 244 页。
③ 王德胜：《形体美的发现——中西形体审美意识比较》，第 17 页。

灵，而是血统好，发育好，比例匀称，身手矫捷，擅长各种运动的裸体"。① 以人为本，尊重人、赞美人、发挥人的体能和智能，成为古希腊的主流文化精神。

希腊神话中的神就是"人"的化身。希腊宗教神话的真谛是"神人同形同性说"。神的形体是希腊人将"一切美的品质都融合在一起"所诞生的最健康、最漂亮、最有智慧、最善良的人，即最理想的美的形体，所以，希腊人创造出了代表女性美之典型的维纳斯（阿笑罗狄忒），代表男性美之典型的大卫、阿波罗等等。

希腊人同时也把人的形体赋予了柱式的柱子。正是这样的人形赋予，柱式才具有了永恒的魅力。② 希腊柱式在人文主义文化影响下发展和定型，它渗透了尊重人、赞美人的古典精神。主持雅典卫城建设的大雕刻家菲狄亚斯说过："再没有比人体更完美的东西了，因此我们把人的形体赋予我们的神灵。"③ "模仿人体和量化各部分的比例关系，在古希腊人看来是不矛盾的。因为他们认为人体的美，照亚理士多德的说法，同样也是由度量和秩序决定的。大约在公元前 420 年左右，希腊雕刻家波利克列塔斯提出人头与全身的比应为 1：7，到公元前 344 年左右，雕刻家立西泼斯改订为 1：8，以后广泛采用。意大利的人文主义建筑师对柱式形象来自人体深信不疑，他们中有几位甚至把柱式檐部的侧影直接和人脸的侧影比照。"④ 费尔巴哈认为："艺术的至高的对象，便是人，也就是说，整个的人，从头顶到脚跟"。⑤

古希腊最主要的建筑是神庙。他们在继承克里特人端柱门廊式和借鉴古埃及列柱式的基础上，创造了多立克、爱奥尼和科林斯三种柱式。

多立克柱式柱身粗壮，下大上小，中间鼓出，略有曲线。每根柱上刻有20 条左右的垂直平行的构纹，柱头呈圆盘形，无修饰，给人以庄重、朴素和浑厚的感觉。刚健雄壮而高贵。具有男

图 128　帕提农神庙的多立克柱子

① 丹纳：《艺术哲学》，第 43 页。
② 陈志华：《外国古建筑二十讲》，第 27～28 页。
③ 转引自苏联雕刻家米尔库洛夫自传。
④ 陈志华：《外国古建筑二十讲》，第 29～30 页。
⑤ 北京大学哲学系美学教研室编：《西方美学家论美和美感》，商务印书馆 1980 年版，第 212 页。

图129　伊瑞克提翁神庙的女像柱

性的雄健庄严。有一些多立克式庙宇用肌肉怒张的裸体男像做承重构件，科林斯的阿波罗神庙和雅典的帕提农神庙为其典型代表作。

爱奥尼柱式柱身较细，由底到顶呈直线收缩着。圆柱比多利亚式高而匀称，其凹槽较多也较深，柱头有涡卷形花饰。这种柱式更注重装饰，优美、典雅，具有女性的柔和华贵。萨摩斯岛上的赫拉神庙和雅典的伊瑞克提翁神庙为典型，伊瑞克提翁神庙的侧门门廊，是由六根被雕成亭亭玉立的少女的石柱支撑起顶部的，她们头顶千斤巨石在卫城的山巅上站了两千五百个春秋，图107为伊瑞克提翁神庙的女像柱。

第三种柱式做科林斯式，模仿少女的纤柔身态。因为少女的年龄幼弱，肢体更加苗条。"① 科林斯柱式由爱奥尼式发展起来，与之大体相同，惟柱身更细长，柱头装饰形似花篮。柱基亦有装饰，显得更为华丽。雅典的奥林匹克神庙为其代表。柱头用一棵完整的、苗壮的忍冬草的形象。②

罗马人全盘继承了希腊雕塑艺术的传统，但没有能超越希腊。罗马人的成就又影响了中古时的欧洲。自18世纪开始，欧美等国曾先后掀起了复兴古希腊建筑艺术的潮流。他们曾采用希腊的多立克式和爱奥尼柱式造就了一批建筑物，尽量模仿帕提农神庙。

西方园林建筑、雕塑等都是以人的形体作为最美的装饰的，面积达三千余亩的法国凡尔

图130　科林斯柱头

---

① 维特鲁威：《建筑十书》第4书，第1节。

② 维特鲁威《建筑十书》第4书第1节记载说："一位科林斯公民少女已经临近婚期却患病去世了。埋葬之后，乳母把少女生前最喜爱的东西收集起来，装进篮子里放在墓碑上。为了使它在露天里尽可能地耐久，便在篮子上盖了一块瓦片。篮子偶然压在一棵忍冬草根上，到了冬天，忍冬草茎叶发了芽，在篮子的周边生长起来，因为被瓦压着，叶端被迫长成了涡卷。"被偶然路过的雕刻家发现，就以此式样造了柱式。

赛宫苑，其主轴和副轴的交叉点上所布置的主景，主要是以希腊、罗马神话故事为主题的雕像群喷泉。位于皇宫前主轴上的全园主景，为阿波罗喷泉。另外还有拉东娜喷泉，罗马神话中的海神喷泉、农神喷泉、花神喷泉，希腊神话中的酒神喷泉和山林水泽的仙女喷泉。这些喷泉中神的雕像，或裸体，或半裸体，他们都是最美的"人"。

图 131 凡尔赛宫庭院内的喷泉雕塑①

---

① Lsabel Bass：France，第21页。

余 论
中国园林文化的价值评价

中国古典园林，既是中国文化的重要载体，那么，对中华园林文化的价值评价，也会牵一发而动全身。

中国园林文化留下了中华先人探索人与自然关系的足迹，也留下了经过几千年探索、实践的煌煌杰作，成为"地球村"人们的共同财富。

同时我们也力图体现"批判意识、反思意识"，①即对物化于中国园林中的中国文人的情怀进行反思。"高高的围墙是阻隔了俗世与自我的联系，中国文人在自造的园林中可居可游，这当然为园林的主人提供了一个从人生的战场上败退下来以后精神上得以慰藉的避难所，使得这些文人及身临其境的人们有了一种'躲进园林成一统，只问春夏与秋冬'的暂时的逍遥。但这同时，是否也意味着知识分子自我意识的弱化，并且知识分子还在这种弱化中实际形成了中国文人的保守、畏难的心态？而生为文人，当他们又用自己的生花之笔去描述这种弱化，向社会传播，这种弱化是否还扩散成为一种民族精神上的软骨症？这是不能不令人反思的。"②我们反对民族虚无主义，割裂传统文脉，也反对妄自尊大，以我为中心，而力图客观地体现当代学人对传统园林文化的评价。

① 刘锋杰、蔡同庆：《读〈中国园林艺术论〉》，见《学术界》2002 年第 2 期。
② 同上。

中华摄生智慧的超时空魅力

中国的自然山水园林，创造了人类最理想的生存空间，成为人类环境创作的范本，中华先人早慧的生态意识，成为人类可持续发展的精神资源。

一、中国园林的摄生智慧

中国园林的环境创造，建立在中国哲学重人生、重道德的伦理型文化的基础上，园林追求"外适内和"，生存空间和精神空间环境并重，返璞归真，陶然忘机。

中国园林体现了中华先人对生命的关注、对生活质量的关注。园林中随处可见的是对"福"的追求和向往。五福以长寿为中心，这一强烈的生命意识数千年间一直萌动、鼓噪于一代又一代的中国人的心底，活跃奔腾于中国传统文化的各个层面，特别突出地物化在园林中。

近代西方哲学家弗罗姆在《逃避自由》中说过，对死亡和对生命的悲剧一面的发觉，是人类的基本特质之一。每一种文化都有应付死亡的问题。希腊人强调生命，认为死亡不过是生命的一种朦胧而阴沉的延续。埃及人把他们的希望寄托在一个信念上，相信人体不会腐朽。犹太人现实地承认死亡这一事实，他们相信，人在世间可以达到幸福与正义的境界，有这种信念，他们才能安于生命终将毁灭的这个观念。基督教认为死亡是不真实的，因此拿死后还有生命的诺言，来安慰忧心忡忡的人们。①

作为中国园林重要思想支柱的道家思想，"从一开始就有长生不死的概念。"②《道德经》第六章"谷神不死，是谓玄牝。玄牝之门，是谓天地根。绵绵若存，用之不勤。"谷是空洞的象征，是对玄牝的描绘，玄牝即子宫，也即生命的本源；生命的本源不死，才可以用来比喻"道"之永恒。

《庄子》通篇散发着长寿思想和生命气息："登高不栗，入水不濡，入火不热"、"其寝不梦，其觉无忧，其食不甘，其息深深"的自由自在地作"逍遥游"的真人、至人，为尔后道家重生恶死、以生为乐、追求生命之树常青的"仙道贵

---

① 转引自胡道静主编：《道教十日谈》，安徽文艺出版社1996年版，第120～121页。
② 李约瑟：《中国科技史》，第5卷。

生"的旗帜，织出了最初的经纬。① 黄帝战胜蚩尤后去崆峒山问道于广成子，得道后成为五天帝之一。广成子是传说中的道家仙人，隐居在崆峒山石室中。黄帝去向他讨教治身要道。广成子告诉他："至道之精，杳杳冥冥。至道之极，昏昏默默。无视无听，抱神以静，形将自正。必静必清，无劳汝形，无摇汝精，乃可以长生。"② 并送给他《自然经》一卷。《庄子·达生》："弃世则无累，无累则正平……弃世则形不劳，遗生则精不亏，夫形全精复，与天为一。"

基于对生命的关注，也就特别讲究养生之道。修德寡欲是园林养生的重要内容。心性纯正和平，看破生死，薄名利，淡宠辱，精神不消耗。道教的《太上老君养生诀》列"薄名利"为"善摄生，除六害"之首。孙思邈《备急千金要方》也说："名利败身，圣人所以去之。"齐梁陶弘景《养性延命录》曰："众人大言我小语，众人多烦而我少记，众人悖暴而我不怒，不以人事累意，不修仕禄之灵，淡然无为，神气自满，以为不死之药，天下莫我知也。"

漾荡在中国园林中的崇义绌利、超越功利的精神，与上述养生之道同一，如"可以栖迟"、"濠濮间想"、"乐知"等品题，都在标榜寡欲薄利的人生态度。

动观流水静观山，人们在园林中，享受的是清幽和宁静。中国园林养生偏重于"静"，这与中国古代养生保健精神合拍。中国古代养生以道家和中医的理论为基础，讲究五行论，重视饮食疗法和营养学、按摩法等，主张动中有静，静中有动，适可而止。《吕氏春秋·尽数》："流水不腐，户枢不蠹，动也；形气亦然。形不动则静不流，精不流则气郁。"汉代名医生华佗："人体欲得劳动，但不当使极耳。"③ 但总体上偏重于静，老子从哲学角度论定养生治身的基本原则是"静"，庄子认为惟一正确的养生之道是"从静养神"，因而提出了"心斋"、"坐忘"等静功功法。

古希腊基于战争需要，以健美和力量为宗旨，并不追求人寿的长久。养生偏重于人体外部的健康、壮实。运动员、教练员出身的"体操家"，大多采用散步、跑步、摔跤等健身方法。

中国园林即使最容易被人忽视的铺地，也注意了养生与观赏性的结合。园林中的花街铺地，喜欢用鹅卵石铺成"蜀锦"，有"冰裂纷纭"、"波纹汹涌"、"莲

---

① 胡道静主编：《道教十日谈》，第120～123页。
② 《庄子》外篇《在宥》。
③ 《后汉书》卷82《华佗传》。

生袜底"、"五蝠捧寿"等图案，赏心悦目，发人遐思；在错落有致的鹅卵石缝隙间因嵌有碎泥细土，"雨久生苔，自然古色"，充满生机，充盈美感。同时，现代医学证明，卵石具有很好的保健作用，如果穿着软底鞋或干脆赤足缓步在卵石小径上，能起到按摩足底的作用，可以活血舒筋、消除疲劳，比大理石碎片铺地显然要优越得多。卵石这一不起眼的铺地用材，却蕴涵着中华先人生存的智慧。

二、诗意地栖居文明实体

西方著名学者海德格尔强调发掘人的生存智慧，调整人与自然的关系，纠正人在天地间被错置了的位置，主张在完善天人关系的同时也完善人类自身。他认为，重整破碎的自然和重建衰败的人文精神二者完全是一致的，并把希望寄托在文艺上，认定这种最高的境界是人在自然大地上"诗意地栖居"。

实际上，中华古人早就"诗意地栖居"在园林之中了。东汉的仲长统就已经感到园林生活的诗意：与达者数子，论道讲书，俯仰二仪，错综人物，弹《南风》之雅操，发清商之妙曲。逍遥一世之上，睥睨天地之间，不受当时之责，永保生命之期"。① 至宋代，文人雅集园林，于孤松芭蕉下，设大石案，陈古器瑶琴，竹径缭绕于清溪深处，或依石执卷，或蘸墨挥毫，或横卷画画，或坐蒲团而说无生论者……水石潺潺，风竹相吞，炉烟方袅，草木自馨，尽享清旷之乐。②

中国园林创造的优美生态环境、精雅的人文环境和"心斋"、"坐忘"的超功利人生境界相结合，"诗意地生活"，体现了最高最优雅的生存智慧。

中国园林创造的理想环境的基本原型，是原始人的"满意生态环境"：环境的边缘、闭合及走廊等结构特征对原始人的生存、进化有着至关重要的生态意义，自然选择使中国人对这些环境结构有着本能的偏好，它强化了中国人对天然庇护环境的追求和依赖心态，也促进了中国人环境生态意识的早熟。

古希腊往往把建筑本身孤立起来欣赏，但是，教堂无论多么雄伟，总是有限的，中国园林则通过建筑物的门窗，接触外面的大自然，诗人咏歌不绝，"窗含西岭千秋雪，门泊东吴万里船"（杜甫），"檐飞宛溪水，窗落敬亭云"（李白），"隔窗云雾生衣上，卷幔山泉入镜中"（王维），"帆影都从窗隙过，溪光合向镜

---

① 《后汉书》卷49《仲长统传》。
② 米芾：《西园雅集图记》，《宝晋英光集·补遗》。

中看"（叶令仪）。天坛对着的是一片广阔无垠的天穹。

可望而不可即的日本禅宗枯山水园林，只能席地坐在方丈南檐下的平台上，去体味想像那海浪海风，枯涩幽玄，只是启迪人的哲理思考，不能给人以生理快感。中国园林则综合了哲学、文学、画学、戏曲、雕刻、建筑、植物、山水等众多的艺术门类，构筑成一座座艺术殿堂，给人以生理的、精神上的全方位享受。寓美于日常的生活，人们涵融在艺术美之中，无疑是最佳美的生活空间。

法国画家王致诚神父曾参与绘制圆明园四十景图。1747 年的《传教士书简》中说中国园林："再没有比这些山野之中、巉岩之上、只有蛇行斗折的荒芜小径可通的亭阁更像神仙宫阙的了。""人们所要表现的是天然朴野的农村，而不是一所按照对称和比例的规则严谨地安排过的宫殿"；无论是蜿蜒曲折的道路，还是变化无穷的池岸，都不同于欧洲那种"处处喜欢统一和对称"的造园风格，比欧洲花园更富诗情画意，更有深度。韩国英神父《论中国花园》说："人们到花园里来是为了避开世间的烦扰，自由地呼吸，在沉寂独处中享受心灵和思想的宁静，人们力求把花园做得纯朴而有乡野气息，使它能引起人的幻想。"

1997 年 12 月 4 日，世界文化遗产委员会是这样评价苏州拙政园、留园、网师园、环秀山庄这四个典型例证的："苏州四个古典园林是中国风景园林设计的杰作，其艺术、自然与哲理的完美结合，创造出了惊人的美和宁静的和谐。"联合国教科文组织派遣来苏州对园林进行评估的专家哈利姆博士说："我一生中到过许多地方，却从来没有见过这样美好的、诗一般的境界。苏州园林是我在世界上所见到的最美丽的园林，我好像在梦中一样。"

西方著名哲学家罗素在《中国问题》中甚至说："中国人摸索出的生活方式已沿袭数千年，若能被全世界采纳；地球上肯定会比现在有更多的欢乐祥和……若不借鉴一向被我们轻视的东方智慧，我们的文明就没有指望了。"

三、世界山水园的精神渊源

英国人亨利·威尔逊在 1929 年出版的《中国，花园之母》（China, Mother of Gardens）一书中说："中国的确是园林的母亲，因为一些国家中我们的花园深深受惠于她所具有的优质首位的植物，从早春开花的连翘、玉兰，夏季的牡丹、蔷薇，直到秋天的菊花，显然都是中国贡献给园林赏花的丰富资源。还有现代月季的亲本，温室杜鹃，樱草，吃的桃子、橘子、柠檬、柚等都是。老实说来，美国或欧洲的园林中无不具备中国的代表植物，而这些植物都是乔木、灌木，草本、藤本行列中最好的。"从此，中国便以"世界园林之母"闻名于世。中国的构园思想、技巧乃至融于园林的儒、道、释等，对邻邦特别是朝鲜、越南和日本等国，都是直接或间接学习了中国的构园之法。至今已经成为世界庭园大国的日本，其园林是在学习、吮吸、消融中国园林文化中创构和发展起来的，[①] 日本三大庭园样式筑山林泉式庭园、枯山水庭园和茶庭中都有鲜明的中国文化的影子。

朝鲜半岛为中国近邻，早在高丽时代，就有宫苑及离宫御苑、贵族文人的自然式园林和寺庙园林等样式，受到中国园林直接影响。古朝鲜新罗国的文武王，曾派人到唐朝学习园林艺术，建造苑囿，在御苑中作池，叠石为山，象征巫山十二峰，还栽植花草，蓄养珍禽奇兽。百济的武王于公元 634 年建造的扶余宫南池中筑有象征海中神山方丈的仙岛。现今朝鲜庆州东南月城址附近的雁鸭池，即是苑囿遗址，雁鸭池为新罗于 674 年完工的苑池，有人造山、花草、珍禽异兽，是模仿大海的自然景观而营造的莲花池，中有三岛和 1089 个庭园石形成海岸岩景，西边湖岸面有 5 个楼厅，有乌龟和花叶状水槽。如王羲之等兰亭曲水宴，很早就传到朝鲜，朝鲜正宫景福宫的曲水池、新罗王朝首都东京（庆州）南北地区的鲍石亭有椭圆形曲水渠，现只存流水渠（见图 132）。

图 132　鲍石亭流水渠

朝鲜园林中也有许多景点题名缘于中国的诗文，如景福宫的"香远池"和昌德宫的"爱莲亭"，都是用宋周敦颐《爱莲说》意境。列入世界文化遗产的昌德宫后苑，有太极亭、逍遥亭、存德亭、喜雨亭等景点。在全罗北道淳昌邑南山谷的松树丛茂密的小山坡上坐落着归来亭。

18 世纪的欧洲掀起过中国园林热，先在英国，后在法国。1772 年著名学者钱伯斯出版了《东方庭园论》、《中国建筑、家具、服装和器物的设计》、《中国园林的布局艺术》、《东方造园艺术泛论》等著作，将中国园林艺术介绍到英国。钱伯斯说："像中国园林这样的艺术境界，是英国长期追求而没有达到的。"并赞美中国造园家"是画家和哲学家"，不像意大利和法国那样，"任何一个不学无术的建筑师都可以造园"。[②] 1757 ~ 1763 年间他为王太后主持丘园设计和建造时，就在园中运用了中国园林手法：辟湖叠山，构筑岩洞，还造了一座十层八角

---

① 详见曹林娣、许金生：《中日古典园林文化比较》，中国建筑工业出版社 2004 年版。

② 转引自杨存田：《中国风俗概观》，北京大学出版社 1994 年版，第 137 页。

的地道的中国砖塔和一座亭子。18 世纪自然式造园运动的斗士爱迪生在英国首开引进中国园林特有手法之风气。接着出现英国自然风致园，顺应自然，花园能使游者移步换景，增加层次，将直线形苑路、林荫道、喷泉、树篱等一概拒之门外，只留下具有不规则形的池岸的水池及弯曲的河流。造园就像绘画般描绘出英国的风景。布朗改造了许多园，花园中不再使用轴线对称的几何构图，不再造笔直的林荫道，把花园和林园连成一片，最终形成自然风致园新潮流。

1795 年，雷普顿提出了造园的四条法则，将自然美作为造园方针的基准，既重视自然美，又注重实用。在建筑物周围筑造平台或其他建筑物，使其随着距离的增加逐渐融入自然风景之中。他创设、改造的庭园多达 200 个以上。1803 年出版的他的著作《造园的理论与实践》，成为风景式造园的集大成者。

自此，自然风致园在英国风靡一时，取代了古典主义的造园艺术，法国人称之为"英中式花园"，或"中国式花园"。

中国式花园在法国也成为时髦。路易十四仿中国南京琉璃塔风格建成"蓝白瓷宫"，内陈中式家具，名"中国茶厅"。1775 年，路易十五下令将凡尔赛花园里经过修剪的树砍光。蒙梭花园有小溪、跌水和湖泊，湖心岛上还有一幢中国式建筑，有中国式的桥和岩洞、假山。直到今天，巴黎还有 20 多处建有中国式亭子的花园。德国和瑞典等国都有中国式花园。今天，随着中国的对外改革开放和中外文化交流的频繁发展，西方的"中国园林热"重又兴起，它改变了由西方人自己建造的做法，而是由中国的园艺家设计、制造，而后作为文化产品进口，在西方国家的土地上落户。1980 年 3 月，美国大都会艺术博物馆的"明轩"正式落成，它是以苏州网师园中的殿春簃为蓝本的明式古典庭园，这是中国古典园林的第一次出口。自此以后，中国古典园林的仿制品在世界各国"落户"：纽约的"思退庄"、"寄兴园"，美国佛罗里达的"苏州苑"，美国波特兰市的"兰苏园"、英国的"燕秀园"、德国的"中国园"、荷兰的"名胜宫"、加拿大温哥华的"逸园"、新加坡的"蕴秀园"、马耳他的"中国园"、德国巴符州的"清音园"……

中国园林文化在世界各地的广泛传播，影响了其他民族园林文化的发展，说明了中国园林文化获得了世界性的文化认同，正在成为一种世界性的文化形态。

四、"须陈风月清音，休犯山林罪过"警策意义

欧洲文化中本来就缺少对自然的人性关怀，特别在资本积累之际，"恃人

力"对大自然进行掠夺性开发，从英国原始积累的圈地运动起，大片的牧场改成了烟囱林立的工厂，无数的良田受到破坏，自然环境的组织结构有所改变。

"科学的物化形式（技术）在提供人类改造自然能力的同时，也为人类提供了压迫自然的现成的工具和手段，人类非理性的妄自尊大和贪婪的任性索取，不仅造成了地球上许多物种的灭绝，打破了人与各物种之间的平衡，而且也直接导致人类自身生存环境的严重破坏，人类赖以生存的物质环境更加恶化。"① 大量的河道被填平，森林被砍伐，工业废气、废液、废料和噪声等污染加剧，使人类生态环境越来越退化、恶化：全球大气污染、酸雨频降、气候变暖、臭氧层遭到破坏、放射性尘埃积累、噪音分贝骤增、水土流失加剧、沙漠扩大、森林被伐、淡水资源匮乏、海洋湖河江遭到污染，加上人口爆炸、一些生物灭种、世界范围内流行的"城市病"等现象，整个人类生存环境令人堪忧，为 21 世纪的人类带来严重的生存挑战。

《参考》2003 年 9 月 3 日第七版转载英国《卫报》9 月 1 日的报道：《地球处于两千年来最热期》：迄今为止最为详尽的气候史研究表明，地球现在正处于两千年来最热的时期。证实了环境科学家最担心的事，非因自然气候的循环，而是人类工业活动，是大气中温室气体的积聚的结果。城市"热岛"现象越来越严重。

自然界通过对生态破坏的严厉惩罚和生态科学，又一次向人类理性启示了空前深刻的生存智慧。

恩格斯早就警告过："我们不要过分陶醉于我们对自然界的胜利。对于每一次这样的胜利，自然界都报复了我们。每一次胜利，在第一步都确实取得了我们预期的结果，但是在第二步和第三步却有了完全不同的、出乎预料的影响，常常把第一个结果取消了。"他还说，我们必须时时记住……我们连同我们的肉、血和头脑都属于自然界、存在于自然界的，因此，把人类和自然对立起来，是荒谬的、反自然的。②

当今世界，拯救地球、回归自然的呼声越来越大，上世纪以来，就出现了环境科学、城市生态学、生态伦理学、生存平衡理论、可持续发展理论等。

基于对人类整体命运的生态焦虑，西方激进主义者提出生态中心论，否定人

---

① 张绪山《西方人文精神传统与近代科学思维》，《光明日报》2004 年 7 月 6 日。
② 《马克思恩格斯全集》卷 20，第 519 页。

类在价值关系系统中的终极主体地位，他们将道德中心的对象扩展至整个生命界，构筑了以"尊重自然"为终极道德意念的伦理学体系。非人类中心主义环境伦理学，成为当代西方人文学界的一门显学。

事实上，工业革命后的西方世界，一面是永无止境地追求高产值、高物质享受，一面又表示对回归自然的渴望，始终经受着一种生态学上的"精神分裂症"的折磨。①

渗透生态意识的中国古典园林，留给人类一个最佳的生态范本。造园理论家实践家计成在《园冶》中强调造园"须陈风月清音，休犯山林罪过"，重视与自然的融合，充分体现了哲人老子认为的"高尚道德"，即繁生万物而不据为己有，帮助万物而不自恃有功，引导万物而不宰制它们。顺应自然，效法自然法则，不强行占有自然，而是将建筑与山水水乳般交融在一起。如承德山庄因山构室的经验，诸如悬谷安景、山怀建轩、绝巘座堂、沉谷架舍、据峰为堂等，反映出高度的生存智慧。

遗憾的是，当西方有识之士为寻找在新的文明模式中求得生存和发展的出路、将目光投向东方、投向中国之时，中国园林文化中天人合一的建筑理念、生态环境意识等却遭遇到当今商品经济前所未有的挑战。

表现之一是许多官员对有益的文化缺乏了解，导致了对传统建筑缺乏必要的尊重和吸纳，"聪明的平遥"② 太少，大量仿古文化赝品替代了古建筑，割断了历史的文脉，许多城市失去了独特的记忆。全国各地大搞急功近利的旅游开发，削山建屋、修索道，填河构房，伐木造楼，破坏自然的地貌景观，犯了山林罪过，"因为这是对风景骨架的摧毁"，③ 出现了经济和文化的严重错位。单就建筑色彩而言，与欧洲建筑竞争素淡相反，到处可见的是金碧辉煌的"皇家"宫廷符号，艳丽、刺激、低俗，完全掩盖了近在咫尺的自然色，这种现象几乎成为当前经济建设和风景开发上的"流行感冒"，文化常常成为铺张的点缀，少量的古建筑极不协调地夹在高耸的"水泥林"中，被人称为"城市补丁"。总之，缺少文化积淀和精神主轴，缺少足够的文化道义，表现出小农意识和爆发户心态。

表现之二是崇洋心理，全球化趋势下本土文化在日常生活领域中的日益西

---

① 俞孔坚：《景观：文化、生态和感知》，第96页。
② 艾煊：《聪明的平遥》，光明日报1998年4月2日。平遥是全国保存最完整的一座古县城，完好的城墙，周长6公里，有三千个垛口，72座敌楼，以应孔子弟子之数。
③ 孟兆祯：《避暑山庄园林艺术》，第103页。

化，甚至动辄请外国洋专家来进行环境设计，以"洋"为荣。用西方思维来阐释和评价城市环境建设，并试图将其作为走向世界的做法，实际也是一种生态错位。要知道，东西方的文化是在巨大异质性的生态系统中的产物，不能在同一个平面上互相对接或嵌合，而应该站在自身文化价值体系中对异国文化采取一种蒸馏的办法，创造出新的价值形式。如果到处是雷同化的建筑、大片欧化的草坪，那只能导致建设的趋同化、平庸化，失去的恰恰是地域文化的特色，消失的是中华自我优秀的文化精神。

第二节　园林文化新的价值形式

在全球面临重大环境危机的当今世界，中国园林环境创作的范式作用和生态意识成为可持续发展的文化资源。

当前在中华大地上，以中国古典园林为艺术范本，同时吸取异质文化因子，已经出现了园林文化新的价值形式，体现了中国园林文化可持续发展的良好态势。

一、"当代版"的苏州私园

历史上的苏州因"漂亮得惊人"而使马可·波罗叹美，拥有9个世界文化遗产名录的苏州古典园林，在改革开放后的今天，又悄然出现了"当代版"，而且已呈"燎原"之势，"当代版"的苏州私家园林，有宅园、山麓园、湖滨园。有传统型的文人园，有与商业文化接轨的私企业主，也有居民的咫尺小庭园。

被誉为"当代文人造园师"的蔡廷辉，是苏州国画院副院长、国家一级美术师，自幼从擅长金石篆刻的父亲那里学得一手金石篆刻绝活。近年来，他倾其所有，辛苦备尝，居然构筑了两座私园，美美地过了一把园林瘾，圆了他的园林梦：位于古城区内的"翠园"，占地仅400平方米，小有亭台亦耐看，且小园染上了金石篆刻艺术家鲜明的"个性"特色：园中陈列着园主自己历年篆刻的山水画和书法碑刻，其中有吴门画派大师文徵明、唐寅、沈周和仇英的精粹山水画作和书法碑刻，有《竹林七贤图》、《兰亭雅集图》、《达摩渡江图》等碑刻，飘溢着翰墨书香，园主有个宏愿，要将小园建成"吴门画派"的展览馆！为苏州古典园林填补空白。蔡廷辉的另一座园林名"醉石山庄"，位于苏州太湖东山，

图 133 翠园一角

属于滨湖园，占地 8 亩，原是块背山临水的坡地，长年荒置，作为金石家的蔡廷辉中意的却正是那些嶙峋的山石和陡峭的石壁，这正是他创作大型摩崖石刻的天然材料。他准备在那里建个摩崖石刻园。经过数年努力，他的梦想已经初步成真：园内云墙逶迤，曲径通幽，亭台楼阁，小桥流水，花木扶疏，一应俱全，还有他园所无的一片摩崖，第一块大石头上刻着著名画家华君武为他题写的"金石缘"三个大字，体现了该园的灵魂。蔡廷辉构园已经引起连锁反映，今天，苏州文人中已经或准备买地造园的已不乏其人。

海外华人叶落归根，在苏州郊外购地造园，构成又一种文化动向。旅美华人郑德明先生可谓疾足先登，这位 20 世纪 30 年代上海某大学新闻系毕业生，长年旅居美国，但作为炎黄子孙，郑老对中华传统文化情有所系，晚年执意要从事自己喜爱的事业，尽其所能，促进海峡两岸的文化交流，同时要按自己的意愿，在苏州营构一座园林，以颐养天年。于是，郑老在苏州渔洋山下的太湖山庄中买了五亩别墅用地，靠山傍湖，全权委托富有构园经验的著名的高级建筑师沈炳春规划设计，一座占地三亩、品位不俗的"悦湖园"落成了："悦湖园"以渔洋山为背景，外有太湖的一碧万顷，园内碧池一泓，小桥卧波，爬山廊蜿蜒，石峰嶙峋，小亭翼然假山之巅，精雅多姿。郑先生收藏丰富，尤多国民党要人墨宝，其中于右任墨宝尤为丰富，他准备将于右任从早年至晚年的墨迹一并摩刻于廊壁，不啻为于右任书法艺术成就的展廊，亦为苏州诸园所无。"悦湖园"引来了严家淦等一批海外名人，他们一致认为，在这样的环境里生活，才叫高品位。

苏州吴江明代造园理论家计成的故里，出现了一座静思园，占地一百余亩，耗资亿万元，堪称当代江南"第一私园"。园主是在改革开放的经济大潮中成功的私人企业家陈金根。园内山水植物、楼台亭阁、曲桥廊榭一应俱全，尤多奇石。陈虽然身处商海，却有着颇为不俗的文化追求，他自称"石奴"，为采集奇石，一掷万金，园内一座灵璧石，高有三、四层楼房，创吉尼斯世界记录，耗资数百万元。园内建有大型展厅"奇石馆"，还另辟"奇石山房"，安置琳琅满目的奇石。

可人雅洁的私家园林，同样撩拨着苏州寻常百姓的心灵，有条件的市民们也纷纷在自家的片山斗室中，小筑卧游，挖一口 3 平方米大小的池塘，种一缸荷花，养数尾锦鲤，错落置两座太湖石峰，倚墙栽若干树木花卉，铺上鹅卵石，曲径通幽，花木扶疏，同样绰约有姿。还有几户底楼居民将屋后小院连成一片，修成一座几家共享的小园林，如坐落在苏州青石皮弄的"青石皮记"小园，见图。

图 134　青石皮记

二、生生不息，继往开来

纵观苏州园林的兴废治乱，有文酒高会的风雅，有铁蹄蹂躏的悲凄，有修葺换装的喜悦，也有石焚池湮的无奈，它承载着千年历史的酸甜苦辣，与中华文明一脉相承，成为历史发展的一面镜子。园林是富贵风雅的"长物"，大凡乱世毁园，盛世构园。沉寂了半个多世纪的中国园林，重又在吴中大地出现，无疑是改革开放带来的一种可喜的文化现象。以木构架建筑体系为主的我国园林，不可能出现与孔子同岁的帕提农神庙般的古建筑，诚如余秋雨所言，中国文化观念并不看重欧洲式的宗教意义上凝固的永恒，而更重视代代更新，追求生生不息。苏州园林的"新版本"，体现了园林文化精神的"生生不息"、继往开来，这是时代经济文化繁荣的标志。

造园热，固然是人们怀旧情结的流露，但是，绝大多数的现代人不会再持有中国古代士大夫文人的心态，需要到传统文化提供的人生模式中找寻精神退路，拘囿在一个狭小的格局中孤芳自赏，盲目颂古、信古、好古、怀古。从文化意义上来说，即使是封建时代的士大夫所追怀的"遂古之初"，修筑了那么多的"遂初园"，这个"古"往往也是简朴、淳美的代名词，是对淳厚真朴的民风的一种呼唤和向往。当今的造园热，体现得更多的乃是中国文明在当前的发展情景中的一种"人的再度发现"，是人与自然关系的不自觉的自我调正，是人们精神世界的一种新的攀升。英国的海登堡大学教授弗洛姆认为，"凡是健康的人，心中永远有一种发自天籁的冲动，耳边永远有一种回归自然的呼唤"，[①] 返璞归真、回

---

① 余秋雨：《行者无疆》，华艺出版社 2001 年版，第 160 页引。

归自然，这是人类的自然天性，是人性的回归。造园热，反映的正是人们对自然纯朴美的渴求。

苏州地处美丽富饶的长江金三角，自古就有"人间天堂"之誉，古雅文明，崇文重艺，文人自己构园有悠久的历史传统。苏州文人中出现的"造园热"，正是对苏州传统"文脉"的继承和延续；营构园林，是当代文人对风雅生活的一种选择，昭示了一种新的文化导向："先富起来的"文化人，如何追求高品位的生活质量！静思园的出现，既是对传统古典园林艺术的继承，又启示了另一种文化走向：园林是成功者的象征、经济实力的展示，与企业的发展拧成一股"互动力"。反映了业主的艺术追求，同时也烙上了商业印记，可以说是园林文化精神的"转型"。咫尺小庭园的大量出现，既反映了苏州整体审美水平的提高，又反映了园林艺术走向寻常百姓家的文化趋势。历史上的中国私家园林，除了达官贵族或强权势力的奢靡之园外，大量的是素朴雅致的士人园，朴实无华。寒素之士以一勺水代海，一拳石代山，即使一株古树，一个路亭，一方小院，稍经整治便也可形成一处可人之园。园林既为放松心灵、释放个性而作，手法理应洒脱不拘，人异园别。一门艺术只有走向大众，才能得到长足的发展。

三、文化整合的价值形式

文化整合又称"文化统合"，指各种文化因素包括异质文化因素或文化成分在功能上相互协调，形成一个有机的文化整体的过程。文化整合既要抛弃某些已失去价值的文化因素，一方面又需不断地融进有价值的新文化或异文化因素。园林文化在新时期的价值体现，应该就是一种文化整合的价值形式。

居住着60亿人口的地球，人居空间越来越狭窄，特别是城市居民，大多生活在水泥建成的"火柴盒"和"鸽子窝"里，拥有花园对大部分中国人来说是一种奢侈浪漫的幻想。为满足城市人口对自然纯朴的美的渴求，公共生活领域的美化、雅化成为当今时代的新课题。古典园林的艺术符号，被广泛地运用到园林城市的创建中，城市公园、宾馆、酒楼、街坊改造、新村等公共生活领域的环境建设中。每个城市都修建公园、街头小花园、公共绿地，有假山、水池、花坛、花街铺地、亭子、曲桥、长廊等园林建筑。如苏州各大宾馆、酒楼都有美丽的庭园，小桥流水、亭台楼阁，并有诗意浓浓的题名。遍布苏州城区的小游园、候车亭、居民小区，都能看到这些赏心悦目的园林小品符号。

香港回归后，香港建筑署主持在荔枝角公园内兴建一座以广东"四大名园"

为蓝本、符合香港地区特点的传统岭南园林——"岭南园"，就是博取众园精华进行设计构思的。如"群星邀月"源自佛山梁园的"群星草堂"，以形态独特的景石为"星"，"月起薰来"，仿自余荫山房的"来薰亭"，"海阔天空"，取东莞可园"狮子上楼台"的意境，"琴石和鸣"景点中的"亚字亭"，由东莞可园的"亚字厅"而来，临湖而设的船舫，则形似"芳华园"中的"碧临舫"。① 还引用具有岭南地方特色的典故设景，如"源远流长"，即以"贪泉"的传说造景。②

"萧寺可以卜邻，梵音到耳"，③ 2000 年，在姑苏城外，以古运河为界，与寒山寺隔水相望处，崛起了一座座粉墙黛瓦、飞檐翘角的私家园林，每座占地一至五亩不等，特聘园林设计师与建筑名家设计构建。以苏州古典园林为艺术蓝本，营造庭园环境：古朴典雅的亭台楼阁，逶迤的云墙，图案各异的花窗，假山峰石，飞虹曲桥，流水潺潺，游鱼穿梭，花木掩映。在此，既可聆听寒山寺的钟鸣、运河的桨声，又可安享现代生活的舒适。这是江枫园规模化的庭园小区，私家园林群又置于江枫园这一大园林之中，大园即公共景区，建有"淇泉春晓"、"莲池鸥盟"、"霜天钟籁"、"寒山积雪"等体现四时季相的序列；"玉兰精舍"宅第的主题园内，春有琼影廊，夏有净香榭，秋有听枫轩，冬有岁寒亭……

体现了当代开发商的文化观念："继承园林一脉，凝聚古典园林艺术和现代居住理念的精髓"。

一种伟大的文明想要不至于枯萎，必须既尊重传统，又能摆脱传统观念的束缚，保持自己内在的科学和人文精神之间的张力，大胆地吸收、加工和利用异质文化，从传统文化深层基础上去发掘和创新，便能够创造出新的文化产品，形成新的文化价值形式。中国古典园林艺术是时代的产物，它已经成为不可再生的文化遗产了。但是，作为一门艺术，如果长久地踌躇不前，再伟大的艺术也要枯萎。

以古典园林为艺术范本的新型园林构件或新的园林建筑，在造型、风格、色彩，或者具体园林景点，都有明显的模仿痕迹。但在使用建筑材料方面，除了部分保持传统的木构架，或移建古建筑外，基本上都采用了新型的建筑材料，如防水涂料、乳胶漆、钢筋混凝土、塑钢玻璃窗，就是美人靠也往往用水泥钢筋浇

---

① 按："芳华园"是我国 1983 年参展的德国慕尼黑国际艺展作品，获得金质奖。

② 参见宁艳、胡汉林：《兼收并蓄，推陈出新—香港荔枝角公园"岭南园"规划设计构思》，见《中国园林》1999 年第 5 期。

③ 计成：《园冶·园说》，第 51 页。

铸，做成仿木质。水电、煤气、卫生设备等现代化设施一应俱全。室内种种设施则是新型的，外中内洋，外古内今，古典园林文化与现代需求嫁接的产物，是古代文明展现的新的生机，是古典园林文化在今天获得的一种新的价值存在。它的出现，证明了中国古典园林作为优秀的历史文化，不仅没有被现代化"化"掉，反而成为一种可持续发展的文化资源，成为人类环境创作的可资借鉴的艺术范本，所以，中国古典园林的艺术价值已经超越了时代。

传统的文化符号主要用来提示一种古雅的审美趣味和营造中国特有的文化氛围，它们只是"零件"，构成作品的观念框架是现代的，是对中国园林传统的本位论意义上的拓展。

第三节 园林人文精神的反思

中国古典园林是历史的产物，留下了一串串先民童贞时代的蹒跚足迹和帝王专制时代的文人心路烙印。

一、"道""器"说之利弊

中国儒家经典《易·系辞上》说："形而上之谓之道，形而下之谓之器。"孔子弟子子夏："虽小道，必有可观者焉，致远恐泥，是以君子不为也。"（子张）朱熹注曰："小道，如农圃医卜之焉"，不重视器用之学，不重视对于自然事物的研究。士大夫标榜"谈笑有鸿儒，往来无白丁"，无论是戎马倥偬、临危受命、临终绝命，都不忘吟诗赏月，啸傲烟霞，遨游山水。

汉唐宋元时代，多数哲学家轻视对于客观世界的实际探索。历史学家黄仁宇说："以知识为本身为目的，从未为政府提倡。公元 2 世纪张衡提出一种高妙的想法，称天为鸡卵，地似卵黄。他在 132 年监制的地震仪，据说圆径 8 尺，今日则只有后人挑出的一纸图解作为见证。与他大致同时代的王充不断地指出，自然现象和人事没有直接的关系。这两位思想家都缺乏后起者继承他们的学说，其著书也不传。反之，公元 175 年政府在太学之前树立石碑，上镂六经文句，据说每日来临摹经文的学者聚车千辆。"① 宋代程颐、朱熹"格物穷理"，以"读书讲明

---

① 黄仁宇：《中国大历史》第六章。

义理"为重点，张载"体物"，朱熹解释："此是置心在物中究见其理"，① 是主观的神秘经验，真正进入物中穷见其理，只能通过科学实验，而中国传统中缺乏的正是近代的科学实验方法。

中国传统文人不愿从他们的优越感中摆脱出来，直到近代还对西方蛮族的先进技术抱着不闻不问的态度。明明吸收了外族文化，也不予承认，如梁启超说的乾隆时期的汉学大师戴震的思想"全属西洋思想，而必自谓出自孔子"。② 甚至当部分清朝士大夫领教了洋人"坚船利炮"的沉痛教训，开始推行洋务运动时，多数士大夫仍然顽固地反对。同治六年（1867 年，即日本明治维新开始时），清朝大学士倭仁、山东监察御史张盛藻等上奏声言"立国之道，尚礼义不尚权谋，根本之图在人心不在技艺"、"朝廷命官必用科举正途者，为其读孔孟之书，学尧舜之道，明体达用，规模宏远也；岂在其习为机巧，专用制造轮船洋枪之理乎?"③

胡适曾将顾炎武和欧洲同时发生的科学运动作了明晰对比：

在顾炎武诞生前四年，伽利略发现了望远镜，并利用它革新了天文学，而开普勒则发表了他对火星的研究结果和他关于行星运动的新定律。当顾炎武研究语言学，并重新订正了古字音的时候，哈维则出版了论血液循环的巨著，而伽利略则出版了天文学和新科学方面的两大著作。在阎若璩开始对史书进行考证前 11 年，托里拆利完成了他有关气压的伟大实验，接着，玻意耳发表了他在化学上的实验结果，并确立了玻意耳定律。在顾炎武完成他的划时代巨著《音学五书》的前一年，牛顿已创立了微积分，并完成了对白光的分析。顾炎武在 1680 年为他的语言学著作的定稿写了序言，而牛顿则在 1687 年发表了他的《原理》。

胡适接着道：两者所用的研究方法极端相似，研究领域有很大差异。西方人研究星辰、球体、杠杆、斜面和化学物质，中国人则研究书本、文字和文献考证。中国人文科学所创造的只是更多的书本上的知识，而西方的自然科学却创造了一个新世界。④

---

① 《朱子语类》卷95。
② 梁启超：《清代学术概论》，载《梁启超论清学史二种》，上海复旦大学出版社 1985 年版，第 72 页。
③ 《筹办夷务始末》同治朝卷 46、47，参金净《科举制度与中国文化》，上海人民出版社 1990 年版，第 10 页。
④ 李约瑟：《中国科学技术史》第 1 卷第 1 分册，第 311 ~ 312 页。

日本学者森岛通夫在《日本为什么成功》一书中曾比较中日两国在面临西方文化挑战时的不同反应说："中国的官僚机构是由那些精通中国古典文学和擅长诗文的人组成的，而日本的武士官僚则对武器感兴趣，因而也就对科学技术感兴趣。"

牟宗三《中西哲学之会通十四讲》分析到，中国人以前几千年学问的精华就集中在性理、玄理、空理，加上事理与情理。属于道德宗教方面、生命的学问，调护润泽生命，十分注重生活和养生，关注日常生活。从殷商出现的青铜器中的大量酒器，到丰富多彩的衣料、服饰、瓷器、古玩及其他用品，我们可以看出，对生活艺术是多么重视。

统治者的目光长期关注的也是"四境之内"的事情，很少将目光投注到中国以外的世界。由于中国地大物博，生活所需应有尽有，从不觊觎他国的物产、土地，缺少向外扩张的动力，相反，对自己的发明创造并不十分重视，而且大多用在生活上。如古人的"四大发明"，对世界文明作出巨大贡献，T·F·卡特指出：欧洲文艺复兴初期四种伟大发明的传入流播，对现代世界的形成，曾起重大的作用。造纸和印刷术，替宗教改革开了先路，并使推广民众教育成为可能。火药的发明，削除了封建制度，创立了国民军制。指南针的发明，导致发现非洲，因而使全世界，而不再是欧洲成为历史的舞台。这四种以及其他的发明，中国人都居重要的地位。① 可中国人自己，却将之主要用在生活上。"四大发明"之一的指南针，汉晋间中国发明了类似西方常平架原理的卧褥香炉，用于被褥的取暖，但最终也没有能运用到稳定指南针上，西方人在中国发明的指南针的基础上，发明了更为先进的常平架指南针，用于航海，发现新大陆。

"四大发明"之一的火药，蒙古人在对宋、金的战争中学到了制造火药火器的方法，并不断加以改进，达到了世界的最高水平，以后大规模地用于对中亚、西亚诸国的战争，促进了它的西传。欧洲人于 13 世纪初期，从阿拉伯文的书籍中获得了有关它的知识。14 世纪前期，又从对回教国家的战争中学到了制造、使用火药的方法。从此，这一方法便为欧洲人掌握，并不断地加以改进，造出洋枪洋炮，成为攻城掠地的武器。

源于中国道教为求长生的炼丹术，成就了欧洲的实验化学。欧洲的化学发展建立在中世纪炼丹术的基础之上，欧洲的炼丹术源于阿拉伯，而阿拉伯则是在这

---

① T·F·卡特著，吴泽炎译：《中国印刷术的发明和它的西传·序论》，商务印书馆 1991 版。

个炼丹术影响下产生的。中国在唐初至北宋五百多年的历史中，炼丹术发展到了顶峰时期。炼丹的原料，如硝石，在阿拉伯和埃及叫"中国雪"，波斯称"中国盐"。约翰生《中国炼丹术考》记载："中国炼丹术在第 8 世纪时，在回教徒的庇护下而传入西班牙。……总之，无论中国炼丹术是直接传给罗马人，还是由阿拉伯间接地传给西班牙，来源只有一个。"阿拉伯炼丹家拉茨著《秘书》，详细记载了中国炼丹术的情况，保存了许多原始资料。公元 1187 年，《秘书》被意大利人克瑞蒙纳基拉尔翻译成拉丁文，这是炼丹术传入欧洲之始。欧洲人在此基础上，开展了近代实验化学的实践。

明宦官郑和七次下南洋，舰队巡弋于印度洋，派遣分队前往主要航线之外的地方，从波斯湾到荷姆兹，非洲海岸之桑给巴尔，红海之入口处亚丁。舰队之中有 7 人还曾往伊斯兰教圣地麦加。最大的船舶有甲板 4 层，内有家属用之船舱及公用厅房，有些船舱内设衣柜，亦有私人厕所，使用者持有钥匙。这些船舶所载出口商品为绸缎、铜钱、瓷器和樟脑，回程的入口商品有香料、珍宝、刀剪、油膏、药料及奇禽异兽。但郑和之后船员被遣散，船只任之搁置废烂，航海图被兵部尚书（军政部长）刘大夏焚毁。百多年后，中国东南沿海即要受日本来犯的倭寇蹂躏，澳门且落入葡萄牙之手，不免令读者切齿。中国从此之后，迄至 19 世纪无海军之可言。而 19 世纪向外购办之铁甲船，也在 1894 年的中日战争中被日本海军或击沉或拖去。西欧之海上威权，则待到朱棣舰队耀武于南海纵横无敌之后，又经过若干年才开始出现。①

亚当·斯密说："中国历来就是世界上一个顶富裕，也是一个最肥沃，耕耘最得法，最勤奋而人口众多的国家。可是看来她长久以来已在停滞状态。马可波罗在 500 多年前游历该国，盛称其耕种、勤劳与人口众多的情形，和今日旅行该国者所说几乎一模一样。可能远在当日之前，这国家法律与组织系统容许她聚集财富的最高程度业已到达。"②

士大夫文人负载着几百年乃至几千年相传的文人情怀与抱负，他们的心态和行为规范、价值观念，几乎没有根本的差别。直至清末民初，中国人以"文"为惟一学问的传统并未因时代的转换而消泯，实业不发达的现实尚能继续容忍知识结构的偏枯。

---

① 参见黄仁宇：《中国大历史》。
② 转引自黄仁宇：《中国大历史》。

中·国·园·林·文·化

二、心缠机务　虚述人外

中国古典园林反映出中国士大夫们崇尚清雅、高洁，处处标榜的是"寡欲"、"身外无求"，高唱陶渊明《归去来兮辞》，咀嚼王维禅宗空寂的心境，体味陶弘景听松风的妙诀，遥情谢安东山风流的神采，浸渍着林和靖《山园小梅》的境界，固然有文人对风雅的嗜好，也有对风雅的附庸，不少人是官场失败后的自我陶醉。宋代的朱熹早就揭露"晋宋人物，虽欲尚清高，然个个要官职，这边一面清高，那边一面招权纳货"。事实上，"志深轩冕而泛咏皋壤，心缠机务而虚述人外"① 的谢灵运固然是个典型，实际上大有人在。炙手可热的权臣们的园林中也不乏"箕颍外臣"、"漱石山房"等，侈谈巢父、许由、陶潜、林和靖，如宋代的贾似道、韩侂胄等，皇帝御赐的园中也有"许闲堂"、"归耕堂"，有御题的"秋壑遂初容堂"等。② 明阮大铖，崇祯时依附魏忠贤，名列逆案，失职后，居住在南京，颇招纳游侠，时复社名士顾杲等作"留都防乱揭"驱逐之。福王立，马士英秉政，引为兵部尚书，清兵渡江，走金华为绅士所逐，转投方国安。《明史·佞倖传》："大铖等赴江干乞降，从大兵攻仙霞关，偃仆石上死。"这样一个品行恶劣、气节全无，且利欲熏心、权欲横流之辈，却也号"百子山樵"，也侈谈"少负向禽志，苦为小草所绁"之类，在南京作"石巢园"，"读书鼓琴其中"，甚至说，自己愿意"着'五色衣'，歌紫芝曲，进兕觥为寿，忻然将终其身"。③ 言行如此乖逆，岂非绝妙嘲讽！

历代帝王大搞专制统治，穷奢极欲，惟我独尊，却在接受江南士人园时也吞下了与主流文化有离心力的隐逸文化思想，在园林中欣赏着桃花源的清幽，赞美严子陵的高风，侈谈节俭。帝王标榜扬仁风，却又大搞文字狱，制造冤案，滥杀无辜。

以苏州文人园为代表的士大夫园林，往往以隐逸为中心主题，但园林书房中挂着"天心资岳牧，世业重韦平"的对联，对汉代"韦平"两家父子相继为相心向往之。书房窗外往往都种有桂花树，甚至书窗下还有奎（魁）星石，期望着蟾中折桂、中举夺魁，本身就是矛盾。读书为了行孔孟之道济世利民吗？宋真宗那篇有名的《劝学文》说得很直白："书中自有黄金屋"、"书中自有千钟粟"、

余论　中国园林文化的价值评价

---

① 刘勰：《文心雕龙》卷7《情采》。
② 南宋周密：《武林旧事》卷5。
③ 参见阮大铖：《园冶·冶叙》，第32页。

'书中自有颜如玉'、"书中自有车马多如簇"。因此，真正表里如一、诚挚坚贞的"志于道"的士大夫实在为数寥寥。

士大夫们大都经中国的"科举工厂"冶铸，娴熟于"命题作文"，"为文而造情"，园林中充斥着的"道德意识"、"内圣外王"之道，矫情者多，实则肯为之"杀身成仁"者简直寥若晨星。士大夫由于多"天子门生"，登上仕途后，要仰仗"天子"，"士道"随着"王道"而"异化"，"在世庶合流的后期封建社会之初的北宋知识分子已不如唐代以前的知识分子能达成富国强兵的业绩，此后随着专制政权的强化，思想禁锢越严，中国封建知识分子就整体而论，越来越萎缩、弱化了，在精神上、文化创造力上明显一代不如一代。早在汉武帝提拔的'布衣宰相'公孙弘身上就露出了这些苗头，而在庶族最终战胜世族的'牛李党争'中，牛党士人更预示出后朝封建社会科举官僚的这些特点。"①

三、风雅与风骨

士大夫向往风雅，标榜风骨。中国私家园林推重的隐士，作为中国农业帝国的"特产"，清高孤介，洁身自爱，知命达理，视权位富贵如浮云，这些品格，相对于投机牟利、阴险奸诈之徒，自然高尚得多。时至今日，"竹林七贤"、"莲社十八高贤"、"华山三高士"、"海内三遗民"等隐士的高风亮节依然为人们所憧憬。但今天世异时变，我们总不能把自己拘囿在小园中或蛰居在山林中孤芳自赏，道不同不相为谋，杜门谢客，"虽有柴门长不关，片云孤木伴身闲。犹嫌住久人知处，见拟移家更上山"，② 或只辟"三径"，专与同类相交，静坐、清谈、吟诗、颂经、垂钓、啜茗、调琴、采药、炼丹、弈棋等，只能被时代所遗忘。

园林史上恪守"士道"、坚持气节、耻与尘俗俯仰的士大夫也有，他们往往守身如玉，为完善自己的人格而死。质本洁来还洁去。特别在明清之交，士人经受了异乎前代的考验，清统治者通过征召推荐，强迫士子出仕，使士子经受了空前的考验。众多"故臣士往往避于浮屠，以贞厥志"，出而仕者也不少，遭受灵肉的煎熬。"岂有丈夫臣异类，羞于华夏改胡装"，夷夏之大防的心理承受力，忠臣英烈远甚于前朝各代。《清史稿·遗逸传》："遗臣逸士犹不惜九死一生以图再造，及事不成，虽浮海入山，而回天之志终不少衰。迄于国亡已数十年，呼号

---

① 金诤：《科举制度与中国文化》，上海人民出版社1990年版，第85页。
② 贾岛：《题隐者居》，见《长江集新校》卷10，上海古籍出版社1983年版，第124页。

奔走，逐坠日以终其身，至老死不变，何其壮欤!"

寓园主人祁彪佳（1601～1645 年）堪为典型。祁因为颇有政绩为马士英辈所嫉，乃移疾去，隐于云门山。"自觉腰难折，柴桑是我师"。① 1645 年闰六月，清兵逼杭州，慕名邀之出山，祁"因绝粒"，家人防范甚严，"闰六月四日，至寓园，与其友人祝山人饮夜分，携烛书几上曰：'图功为其难，洁身为其易，吾为其易者，聊存洁身志，含笑入九泉，浩然留天地。'……投梅花阁下浅水中，端坐死，年四十有四。"② 黄星周豪宕超群，心地磊落，明亡不仕，康熙十九年纵酒后醉沉南浔河而死。

文徵明曾孙文震亨著有造园理论名著《长物志》12 卷，曾自构"香草垞"庭园，结构殊绝，题榜纷罗，当时被誉为"尘市中少有的名胜"。他敢于和马土英、阮大铖集团作坚决斗争，曾三次遭迫害；清兵攻陷南京、苏州，他避居阳澄湖畔，听到剃发令下投河自杀，救起后，绝食 6 日，呕血而死。

当然士人中也有"雅到俗不可耐"者，更多的恐怕是浸润在温柔富贵乡里得了精神上的软骨病。

荷兰汉学家高罗佩在《中国古代房内考》中说："明代末期在这个泛称江南的地区，住着一批有钱的乡绅，另外还住着不少富商……还住着许多从京城卸任，见过大世面的官员。他们希望在宁静的环境和宜人的气候中安度余生。所以这些有钱人都赞助作家、艺术家和手艺人。他们喜欢三日一请，五日一宴，过得轻松愉快，所以这一带的艺妓和妓女也空前发达。"历史学家顾颉刚也曾这样评价那帮有钱的苏州人：饮酒、品茗、堆假山，凿鱼池，清唱曲子，挥洒画画，冲淡了士绅们的胸襟，他们要求的只是一辈子能够消受雅兴清福，名利的念头轻微得很，所以，他们绝不贪千里迢迢为官作宦，也不愿设肆作贾，或出门经商，只是一味眷恋着温柔清幽的家园。

成于清乾隆二十四年（公元 1759 年）的《盛世滋生图》上，到处是绿树成荫，繁花似锦，庭园楚楚，屋宇轩昂。片山斗室，斤斤自喜，名流韵士，小筑卧游，流风余韵，扇被至今。高罗佩《中国古代房内考》就提出了批评："江南的高雅艺术家和文学家完全无视这种风花雪月的生活的阴暗面，一心投入对风雅生活的崇拜。"

---

① 祁彪佳：《罢官》其十。
② 徐鼒：《小腆纪传》卷 15，台湾明文书局版。

关键时刻犯软骨病的以明末吴伟业和钱谦益为典型。吴伟业为明末进士，官左庶子，弘光朝任少詹事。以会元、榜眼、宫詹学士，成为海内贤士大夫领袖，名垂一时。作为士林领袖，明亡后他不愿仕清但最终却还是违心地去当了国子监祭酒，成了"两截人"，丧失士大夫的立身之本，愧疚不已，临死还不忘反省："忍死偷生廿载余，而今罪孽怎消除？ 受恩欠债应填补，总比鸿毛也不如！"真是"千古哀怨托骚人，一代兴亡入诗史"。① 明万历进士钱谦益，官至礼部尚书，为东林党魁、清流领袖，诗中多愤慨党争阉祸、痛心内忧外患之作，"感时独抢忧千种，叹世常流泪两痕"。② 但是，南明时却依附马士英、阮大铖，明亡后，据说怕水寒不敢投水，"异时迫于朝命而出"，"始终热衷早更初服"，于清顺治二年降清仕清，为士林诟病。士人杜濬有高名，钱谦益慕名拜访，杜"闭门不与通"，以气节高标。但钱又和南明政权的抗清力量暗中联系，忍受着灵与肉激烈搏斗的煎熬。

士大夫文人过分地风雅清高，不重视实学，缺乏报效祖国的实际本领，遇事空有满腔热血，到头来也会头破血流。典型的是清代苏州人吴大澂（1835～1902），他精通书法，擅长刻印，绘画山水、花鸟皆能，又精鉴别，喜收藏，是个全才型人物。中进士后，授编修，以请裁减"大婚"经费，直声震朝中。光绪十一年，以左副都御史赴吉林，与俄使勘界，争回被侵之珲春黑顶子地，官至湖南巡抚。光绪甲午中日之战役，他主动请缨，率湘军出山海关御寇，督师朝鲜，结果大败而归，被革职。吴大澂率军失败的原因，是书生气太重。他的军中幕僚大多是手无缚鸡之力的书画家，吴江画家陆廉夫听到迫近的炮声，惊骇得从马上摔了下来。吴还随身携带一批古人名作，他亲自绘了一幅军用地图，但他并非以实战所需来作图，而是用山水画法为之，并施以青绿，设色，画得工整富丽，俨如一幅山水画。由于吴大澂心不在焉，加之指挥无能，军队节节败退，他却还在和众画师品赏研究名画。直到最后仓皇撤退，尽管溃不成军，吴大澂携带的名画一张都没有丢，就连那幅"军事地图"，也交陆廉夫保存带回。

光凭书生意气显然不行，吴大澂骨子里是个文人，他精神上的兴奋点全在艺术，实在不是一位帅才，在战场上，只能发出一声浩叹："百无一用是书生！"

世界上包括园林文化在内的一切文化，永远是多元、多彩、多姿的，我们反

---

① 陈文述：《读吴梅村诗集，因题长句》，《颐道堂诗集》卷1。
② 程先贞：《阅钱牧斋初学集却寄》，参见《海右陈人集》卷下，康熙刊本。

对文化的民族虚无主义，也反对文化的国粹主义，我们主张"地球村"人们的文化对话。罗素曾经在《中西文化之比较》中这样说："不同文化的接触曾是人类进步的路标。希腊曾经向埃及学习，罗马曾经向希腊学习，阿拉伯人曾经向罗马帝国学习，中世纪的欧洲曾经向阿拉伯人学习，文艺复兴时期的欧洲曾向拜占庭学习。在那些情形之下，常常是青出于蓝而胜于蓝的。"欧洲园林各时期的风格变化虽多，然都是互相传承相互借鉴与影响的，但保持了地域文化的固有色彩。我们在接受欧式园林符号的时候，应该考虑到中西人文基因层面上的根源性差异，因为渊源于哲学与美学的审美差异不是靠皮相的仿造来转变的，否则就会出现不伦不类的异国建筑尴尬地坐落在中国的青山绿水间的文化怪胎。

1. [宋] 朱熹：《诗集传》，中华书局据文学古籍刊行社影印宋刊本。

2. 杨伯峻：《论语译注》，中华书局 1963 年版。

3. 杨伯峻：《春秋左传注》，中华书局 1981 年版。

4. 陈直：《三辅黄图校证》，陕西人民出版社 1980 年版。

5. [汉] 司马迁：《史记》，中华书局 1975 年版。

6. [清] 王先谦撰《汉书补注》，中华书局 1983 年版。

7. [清] 王先谦撰《后汉书集解》，中华书局 1984 年版。

8. [晋] 葛洪：《西京杂记》，中华书局 1985 年版。

9. [梁] 萧统编：《文选》，中华书局 1977 年版。

10. [北魏] 杨衒之：《洛阳伽蓝记》，中华书局 1984 年版。

11. 逯钦立校注：《陶渊明集》，中华书局 1979 年版。

12. [明] 计成著、陈植校注：《园冶注释》，中国建筑工业出版社 1988 年版。

13. [明] 文震亨著、陈植校注：《长物志校注》，江苏科技出版社 1984 年版。

14. [明] 李渔：《闲情偶寄》，作家出版社 1996 年版。

15. [明] 田汝成：《西湖游览志》、《西湖游览志余》，上海古籍出版社 1985 年版。

16. [清] 沈复：《浮生六记》，作家出版社 1996 年版。

17. [清] 钱泳：《履园丛话》上下，中国书店 1991 年版。

18. 刘敦桢：《中国古代建筑史》，[北京] 中国建筑工业出版社 1980 年版。

19. 梁思成：《中国建筑史》，[天津] 百花文艺出版社 1998 年版。

20. 侯幼彬：《中国建筑美学》，黑龙江科技出版社 1997 年版。

21. 孙大章：《中国古代建筑史话》，中国建筑工业出版社 1987 年版。

22. 庄裕光等：《古建春秋》，四川科技出版社 1989 年版。

23. 中国建筑史编写组：《中国建筑史》，中国建筑工业出版社 1982 年版。

24. 陈志华：《外国古建筑二十讲》，[北京] 三联书店 2002 年版。

25. 楼庆西：《中国古建筑二十讲》，[北京] 三联书店 2001 年版。

26. 张驭寰：《中国古代建筑欣赏》，北京出版社 1988 年版。

27. 龙庆忠：《中国建筑与中华民族》，华南理工大学出版社 1990 年版。

28. 一丁、雨露、洪涌：《中国古代风水与建筑选址》，河北科技出版社 1996 年版。

29. 洪丕谟：《中国风水研究》，湖北科学技术出版社 1994 年版。

30. 俞孔坚：《景观：文化、生态与感知》，北京科学出版社 1998 年版。

31. 郭俊纶编：《清代园林图录》，上海美术出版社 1993 年版。

32. 杨天在：《避暑山庄碑文释译》，紫禁城出版社 1985 年版。

33. 袁森坡：《避暑山庄与外八庙》，北京出版社 1981 年版。

34. 承德避暑山庄管理处编印：《避暑山庄风景诗选》。

35. 承德市文物局、中国人民大学清史研究所：《承德避暑山庄》，文物出版社 1980 年版。

36. 孟兆祯：《避暑山庄园林艺术》，紫禁城出版社 1985 年版。

37. 陈从周：《说园》，同济大学出版社 1986 年版。

38. 余树勋：《园林美与园林艺术》，科学出版社 1987 版。

39. 童寯：《江南园林志》，中国建筑工业出版社 1987 年版。

40. 陈从周：《中国园林》，广东旅游出版社 1996 年版。

41. 彭一刚：《中国园林分析》，〔北京〕中国建筑工业出版社 1986 年版。

42. 王其亨：《风水理论研究》，天津大学出版社 1992 年版。

43. 陈淏子：《花镜》，农业出版社 1985 年版。

44. 徐德嘉：《古典园林植物景观配置》，中国环境科学出版社 1997 年版。

45. 钧成、成钢：《颐和园楹联镌刻浅释》，北京日报出版社 1985 年版。

46. 王毅：《园林与中国文化》，上海人民出版社 1991 年版。

47. 曹林娣：《苏州园林—凝固的诗》，上海三联书店 2001 年版。

48. 曹林娣：《中国园林艺术论》，〔太原〕山西教育出版社 2001 年版。

49. 北京纺织科学研究所编：《中国古代图案》，人民美术出版社 1986 年版。

50. 岑家梧：《图腾艺术史》，〔上海〕学林出版社 1986 年版（1937 年长沙商务印书馆初版）。

51. 王大有、王双有：《图说中国图腾》，〔北京〕人民美术出版社 1997 年版。

52. 舟欲行：《海的文明》，北京海洋出版社 1991 年版。

53. 叶舒宪、田大宪：《中国古代神秘数字》，北京社会科学文献出版社 1996 年版。

54. 宗白华：《美学散步》，上海人民出版社 1997 年版。

55. 李泽厚、刘纲纪主编：《中国美学史》，〔北京〕中国社会科学出版社 1987 年版。

56. 李泽厚：《美的历程》，〔北京〕文物出版社 1982 年版。

57. 宗白华等：《中国园林艺术概观》，〔南京〕江苏人民出版社 1987 年版。

58. 张岱年：《文化论》，〔石家庄〕河北教育出版社 1996 年版。

59. 张岱年、方克立主编：《中国文化概论》，北京师范大学出版社 1995 年版。

主要参考书目

60. 唐得阳主编：《中国文化的源流》，[济南] 山东人民出版社 1995 年版。

61. 袁行霈主编：《中国文学史》，[北京] 高等教育出版社 1999 年版。

62. 钱穆：《中国文学论丛》，[北京] 三联书店 2002 年版。

63. 杨海明：《唐宋词与人生》，[石家庄] 河北人民出版社 2002 年版。

64. 牟宗三：《中西哲学之会通十四讲》，上海古籍出版社 1997 年版。

65. 黄河涛：《禅与中国艺术精神的嬗变》，[北京] 商务印书馆国际有限公司 1994 年版。

66. 王慎行：《古文字与殷周文明》，[西安] 陕西人民教育出版社 1997 年版。

67. 郭沫若编：《商周古文字类纂》，[北京] 文物出版社 1991 年版。

68. 葛承雍：《中国书法与传统文化》，[北京] 中国广播电视出版社 1994 年版。

69. 文史知识编辑部编：《佛教与中国文化》，[北京] 中华书局 1995 年版。

70. 段玉明：《中国寺庙文化》，上海人民出版社 1984 年版。

71. 姜国柱：《儒家人生论》，[北京] 国防大学出版社 1997 年版。

72. 唐大潮编著：《中国道教简史》，宗教文化出版社 2001 年版。

73. 柴文华：《再铸民族魂——中国伦理文化的诠释和重建》，黑龙江教育出版社 1997 年版。

74. 南怀瑾：《禅宗与道家》，[上海] 复旦大学出版社 1991 年版。

75. 陈兆复、邢琏：《原始艺术史》，上海人民出版社 1998 年版。

76. 陈久金主编：《天文历法卷》，广西科技出版社 1996 年版。

77. 朱立元、王振复：《天人合一》，上海文艺出版社 1998 年版。

78. 潘天寿：《中国绘画史》，上海人民美术出版社 1983 年版。

79. 朱光潜：《谈美书简二种》，上海文艺出版社 1999 年版。

80. 徐复观：《中国艺术精神》，[沈阳] 春风文艺出版社 1987 年版。

81. 柳肃：《礼的精神——礼乐文化与中国政治》，[吉林] 吉林教育出版社 1990 年版。

82. 皮朝纲主编：《审美与生存——中国传统美学的人生意蕴及其现代意义》，巴蜀书社 1999 年版。

83. 牛枝慧编：《东方艺术美学》，国际文化出版公司 1990 年版。

84. 严绍璗、刘渤：《中国与东北亚文化交流史》，上海人民出版社 1999 年版。

85. 阴法鲁、许树安主编：《中国古代文化史》，北京大学出版社 1989 年版。

86. 黄仁宇：《中国大历史》，[北京] 三联书店 2002 年版。

87. 余英时：《士与中国文化》，上海人民出版社 2003 年版。

88. 汤一介：《佛教与中国文化》，宗教文化出版社 2000 年版。

89. 吴为是、王月清：《中国佛教文化艺术》，宗教出版社 2002 年版。

90. 杨百揆、陈子明、陈兆钢、李盛平、缪晓非：《西方文官系统》四川人民出版社 1985 年版。

中·国·园·林·文·化

91. 董建萍：《西方政治制度史简编》，东方出版社 1995 年版。

92. 王德胜：《形体美的发现——中西形体审美意识比较》，广西人民出版社 1993 年版。

93. 邓晓芒、易中天：《黄与蓝的交响——中西美学比较论》，人民文学出版社 1999 年版（猫头鹰学术文丛）。

94. 王立新：《早商文化研究》，［北京］高等教育出版社 1998 年版。

95. ［法］丹纳著，傅雷译：《艺术哲学》，安徽文艺出版社 1994 年版。

96. ［英］李约瑟著，《中国科学技术史》翻译小组译：《中国科学技术史》，科学出版社 1975 年版。

97. ［法］热尔曼·巴赞著，刘明毅译：《艺术史》，上海人民美术出版社 1989 年版。

98. ［英］帕瑞克·纽金斯，顾孟潮、张百平译：《世界建筑艺术史》，安徽科技出版社 1990 年版。

99. ［英］斯蒂芬·F·梅森著，上海外国自然科学哲学著作编译组译：《自然科学史》，上海人民出版社 1977 年版。

100. ［英］H·里德著，王柯平译：《艺术的真谛》，辽宁人民出版社 1987 年版。

101. ［日］潼本孝雄、藤泽英昭，成同社译、区和坚校：《色彩心理学》，科学技术文献出版社 1989 年版。

102. ［日］家勇三郎等：《日本佛教史》，［京都］法藏馆 1967 年版。

103. ［美］海斯、穆恩、韦兰著，中央民族学院研究室译：《世界史》，［北京］三联书店 1974 年版。

104. ［美］詹姆斯·格莱克著，张淑誉译：《混沌开创新科学》，上海译文出版社 1991 年版。

105. ［美］鲁思·本尼迪克特著，吕万和、熊达云、王智新译：《菊与刀》，商务印书馆 1992 年版。

106. ［德］马克斯·韦伯著，王容芬译：《儒教与道教》，商务印书馆 1995 年；

107. ［法］雅克·布罗斯著，耿昇译：《发现中国》，山东画报出版社 2002 年。

108. ［德］黑格尔著，朱光潜译：《美学》，商务印书馆 1984 年版。

中·国·园·林·文·化

主要参考书目

后 记

泰戈尔在《神的意象》一文中这样说：

> 他寓居于一个历史的宇宙里，他经常处于记忆的连绵环境里，一般
> 动物唯有透过种族的延续才能在时间的洪流里留下痕迹，但人类却能依
> 靠着自身的心灵，独步于天路历程。他这种知识及智慧的巧妙所在，正
> 在于他们能将自身的根溯源自亘古的往昔，并将自身的种子散布于浩瀚
> 的未来。此外，人类还能在他内在实现的领域里，建立一种非物质价值
> 的栖身之所。当它的心灵涉身于这个世界时，他的意识正像一颗种子一
> 样，静静地等待着萌芽的时机，俟时机成熟时，个人便能在他的宇宙大
> 我里，实现了自身的真理。①

跋涉在中国园林的历史长河中，溯源自亘古的往昔，好像重走了一遍先人的
心灵曾经独步过的天路历程。园林既是中国文化的"物化"，也是"物化"的历
史，涉及到中国文化的方方面面。从人文角度来看，园林文化既是士大夫人格精
神的体现，也是一般人生世相的返照，游览园林与游览名山大川一样，既能增长
阅历，感受中国文化，也能吸纳自然界瑰奇壮丽之气与幽深玄渺之趣。

中国园林文化基本上属于"精英文化"，融摄了中国文化中文学、哲学、美
学、画学、书学、戏剧、雕刻等艺术门类以及建筑文化、植物学、山水文化学、
生态美学等最精华的内容，让人含英咀华，逸兴遄飞。

中国园林追求雅逸脱俗，但又与民俗文化相互渗透，所以雅中蕴俗，俗中见
雅。特别是雅素简朴的士人小园，尽管很有一些是以愤世绝俗、孤芳自赏为主旋
律，但与自然亲和、处处贴近日常生活的格调，又使其高雅而平易。美学家朱光

---

① 牛枝慧编：《东方艺术美学》，第 106 页。

潜先生曾经打过这样的比方："一件完美的艺术品像一个大家闺秀，引人注目而却不招邀人注目，举止大方之中仍有她的贞静幽闲，有她的高贵的身份。"① 中国园林就是这样完美的艺术品。历史上那些附庸风雅、东施效颦之作，"雅得俗不可耐"者，大多被历史自然淘汰了。

诚然，一个人的艺术修养与生活阅历不同，对美的感受必然也会不同，东晋翩翩佳公子谢玄，最爱《诗经·小雅》中的"昔我往矣，杨柳依依。今我来思，雨雪霏霏"，写物态，慰人情；而位居当朝一品的谢安，则喜《诗经·大雅》中老成谋国之句"讦谟定命，远犹辰告"，以为此句偏有雅人深致。② 颜之推则喜爱《诗经》"萧萧马鸣，悠悠旆旌"句的整而静。③ 王士祯肯定谢玄和之推，而对谢安所谓的雅人深致颇不以为然。④ 对"案头文章"的欣赏是这样，对"地上文章"园林的欣赏亦然。欣赏本是一种心智活动，中国古典园林这一方小天地蕴蓄着"绝大文字"，须用心"读"出点个中之味，所谓"一滴水具沧海味，亦惟善味者知之"，⑤ 俗话说："酒逢知己饮，诗向会心吟"，此之谓也。

杜甫说过，"文章千古事，得失寸心知"，于我心有戚戚焉。中国古典园林几乎成为中华文化的百科全书，博大精深，本书涉及到的仅仅冰山一角。写作中时时有捉襟见肘之憾，尽管努力"充电"，但囿于本人学识之陋，书中难免有不妥甚至错误之处，诚恳地希望业内专家和广大读者批评指正。

曹林娣于苏州养蚕里寓所

2004 年 1 月 30 日

---

① 朱光潜《谈文学》，安徽教育出版社，1996 年版，第 35 页。
② 《世说新语·文学》，第 235 页。
③ 宋祁：《宋景文笔记》卷中。
④ 王士祯：《古夫于亭杂录》二。
⑤ 陆次云《北墅绪言·古文怡情二集序》。